식물의 정신세계

The Secret Life of Plants

식물도 생각한다

식물의 정신세계

피터 톰킨스 · 크리스토퍼 버드/황금용 · 황정민 옮김

정신세계사

지은이 피터 톰킨스Peter Tompkins는 1919년 미국 조지아 주에서 태어났다. 영국, 프랑스, 이탈리아, 스위스 등지에서 교육을 받았으며 하버드 대학, 컬럼비아 대학, 소르본 대학에서 공부했다. 졸업 후 신문사와 방송국에서 일하면서 저술 활동을 했다. 그가 지은 책으로는 《대피라미드의 비밀 Secret of the Great Pyramid》 등이 있다.

지은이 크리스토퍼 버드Christopher Bird는 1928년 미국 매사추세츠 주 보스톤에서 태어났다. 하버드 대학에서 생물학을 전공했으며 동양철학 및 동양사를 연구했고, 하와이 대학에서 인류학을 공부했다. 소비에트 문화 연구의 전문가이기도 한 그는 〈타임〉 등에 다수의 연구논문을 발표했다.

옮긴이 황금용은 1964년 부산에서 태어났으며, 한국외국어대학교 경영학과를 졸업하였다. 수차례에 걸친 장기 여행을 통해 정신세계 분야에 눈뜨고, 현재 연구 및 번역 활동을 하고 있다.

옮긴이 황정민은 1955년 부산에서 태어났다. 〈문학사상〉 기자, 〈문학예술〉, 수문서관 편집장으로 일했으며, 수년간의 산사(山寺) 생활과 여행을 통해 정신세계 분야에 눈떴으며, 현재 번역 일을 하고 있다.

식물의 정신세계

The Secret Life of Plants, Harper & Row, Publishers, Inc., New York, 1972

피터 톰킨스와 크리스토퍼 버드 짓고, 황금용과 황정민 옮긴 것을 정신세계사 정주득이 1992년 11월 6일 처음 펴내다. 정신세계사의 등록일자는 1978년 4월 25일(제1-100호), 주소는 03965 서울시 마포구 성산로4길 6 2층, 전화는 02-733-3134(대표전화), 팩스는 02-733-3144, 홈페이지는 www.mindbook.co.kr, 인터넷 카페는 cafe.naver.com/mindbooky이다.

2023년 7월 17일 펴낸 책(초판 제25쇄)

ISBN 978-89-357-0017-2 03480

머리말

아프로디테[1]말고는, 이 세상에서 꽃만큼 사랑스러운 것도, 식물만큼 소중한 것도 없을 것이다. 인류 삶의 진정한 모체는 이 대지를 뒤덮고 있는 녹색 식물이다. 녹색 식물이 없다면 우리는 숨쉬지도 먹지도 못할 것이다. 식물의 잎사귀들 이면裏面마다에는 약 100만 개의 공기구멍이 있는데, 식물은 이를 통해 이산화탄소를 들이마시고 산소를 내뿜는다. 모두 합한다면 약 6,475만 평방킬로미터에 달하는 잎사귀들이 매일같이 이 놀라운 광합성 작용으로 인간과 동물들에게 산소와 먹이를 제공해 주고 있다.

우리가 연간 소비하는 3,750억 톤에 달하는 식량의 대부분은 바로 이 식물이 햇빛의 도움을 받아 공기와 토양으로부터 만들어낸 것이다. 그 나머지 동물성의 먹거리라 하더라도 근원을 따지자면 결국 식물로부터 얻어진다. 인간이 살아가는 데 있어 필요한 것들, 즉 제대로만 사용된다면 우리에게 활기찬 생활을 안겨다 줄 음식과 음료, 각성제나 마취제, 의약품 같은

---

[1] 사랑, 아름다움, 풍요를 관장하는 그리스 신화의 여신. 로마 신화에서는 비너스.

것들이 모두 광합성을 통해 얻어지는 것이다. 광합성의 산물인 당류에서 우리는 녹말, 기름, 왁스, 섬유소 같은 것들을 만들어낸다. 인간은 요람에서 무덤에 이르기까지 이 섬유소에 의존하고 있다. 즉, 집이나 의류, 섬유, 바구니, 밧줄, 악기, 심지어 자기의 생각을 적을 종이까지도. 인간에게 유용하게 쓰이는 이러한 식물들은 업홉Uphop의 《실용식물사전》에 거의 600페이지에 걸쳐 기술되어 있다. 경제학자들도 동의하듯이 농업은 바로 국가 경제의 원천인 것이다.

인간은 식물과 함께 있을 때 가장 행복하고 편안한 기분을 느낀다. 그것은 영적인 충만감에 젖어 있는 식물들의 심미적 진동을 인간이 본능적으로 느끼기 때문이다. 꽃은 식탁을 꾸밀 때나 잔치 때뿐만 아니라 출생이나 결혼, 장례 등의 의식에 꼭 필요한 소품이다. 우리는 사랑이나 우정, 존경, 그리고 환대에 대한 감사의 표시로 꽃이나 나무를 선물한다. 우리들의 집은 정원으로, 도시는 공원으로, 국가는 국립공원으로 꾸며 놓는다. 만일 어떤 여인이 방을 아름답게 꾸미고자 한다면, 먼저 관상식물을 들여다 놓거나 꽃을 꺾어다 화병에 꽂아 두거나 할 것이다. 또한 대부분의 사람들은 낙원을 묘사할 때, 한두 명의 요정들이 노니는 아름답고 푸른 정원을 그린다. 그것이 하늘에 있건 땅에 있건 간에 말이다.

주관적인 감각이 없다 뿐이지 식물에게도 영혼이 있다고 한 아리스토텔레스의 교설은, 중세를 거쳐 18세기까지도 이어져 내려왔으며, 근대 식물학의 아버지라 불리우는 칼 폰 린네는 식물이 동물이나 인간과 다른 점은 다만 움직임이 없는 것뿐이라고 주장했다. 그러나 이러한 교설은 19세기의 위대한 식물학자 찰스 다윈이, 모든 덩굴손들은 독자적인 운동 능력을 갖고 있다는 것을 증명함으로써 무너지고 말았다. 그의 말에 의하면 식물은 "그렇게 함으로써 자신에게 이로울 경우에 그러한 능력을 나타내 보인다."는 것이다.

그러던 차에 20세기에 들어서면서, 라울 프랑세Raoul Francé라는 프랑스풍의 이름을 가진 빈Vien의 재능 있는 생물학자가 당대의 자연철학자들에게는 충격적인 이론을 발표했다. 그것은 식물도 자신의 몸을 고도로 진화된 동물이나 인간처럼 자유롭고도 쉽게, 그리고 우아하게 움직이는데,

우리가 그것을 인식하지 못하는 것은 그 움직임이 우리 인간에 비해 너무도 느리기 때문이라는 것이었다.

프랑세에 의하면, 식물의 뿌리는 대지 속을 탐색하듯 파들어 가며, 싹이나 잔가지들은 일정한 동그라미 형태로 움직이고, 잎사귀나 꽃들은 다양한 변화를 보이면서 구부리거나 떨고, 덩굴손들은 주변 환경을 살피려고 더듬기라도 하듯 유령처럼 팔을 뻗는다는 것이다. 그러나 인간들은 그러한 것들을 관찰해 보지도 않은 채, 그저 식물은 움직임도, 감정도 없다고 생각한다는 것이다.

괴테나 슈타이너같이 식물을 유심히 관찰해 본 시인이나 철학자들은, 식물이 서로 반대인 두 방향을 향해 성장한다는 것을 발견했다. 그것은 마치 한쪽은 중력에 끌리듯 땅속으로 파고 들며, 다른 한쪽은 반중력反重力이나 부상력 같은 것에 떠밀리듯 허공으로 치뻗는 형상을 이루고 있다.

다윈이 두뇌에 비유한 지렁이 모양의 잔뿌리들은 가늘고 흰 실뿌리들을 앞세운 채 토양을 맛보아 가며 끊임없이 땅 속으로 파고 든다. 이때 뿌리 끝이 중력이 끄는 방향을 제대로 찾아 가고 있는지는 뿌리 속의 작은 공간 속에 든 녹말 알갱이들이 아래로 떨어지는 움직임으로 알 수 있다.

그러나 토양이 건조해지면, 뿌리는 방향을 바꿔 수맥水脈을 찾게 된다. 알팔파의 경우엔 12미터까지도 뿌리를 뻗는데, 매우 건조할 때면 콘크리트같이 단단한 땅까지도 뚫을 수 있을 만큼 강해진다. 한 그루의 나무에 뿌리가 몇 개의 뿌리를 가졌는지는 아무도 모른다. 그러나 한 연구에 의하면, 호밀 한 포기에 약 1,300만여 개의 잔뿌리가 있는데, 그 총연장은 약 600킬로미터나 된다고 한다. 또 이 한 포기의 호밀에는 140억 개의 실뿌리가 달려 있는 것으로 추정되는데, 그것의 총연장은 무려 1만 6천 킬로미터로서 거의 남극에서 북극에 이를 만한 길이가 된다.

땅을 파고 드는 이 특수한 뿌리 세포들은 바위나 자갈, 혹은 굵은 모래 알갱이 등에 의해 닳아 버리는데, 그렇게 되면 곧 새로운 세포가 그 자리를 메운다. 그러나 일단 뿌리가 비옥한 지대에 이르게 되면, 이 두더지 같은 세포는 사라지고 대신 토양 속의 무기염을 분해해서 그 원소들을 빨아들일 새로운 세포가 생겨난다. 이렇게 해서 빨아들인 기초 영양소는 세포와 세포를 통해 식물의 위쪽으로 올려 보내져 액체나 아교질 상태의 물질인 원형질 단위를 이루게 되는데, 이것이 바로 물질적 생명의 기초가 되는 것이라고 여겨지는 것이다.

따라서 뿌리는 물 펌프인 셈이다. 즉, 보편적인 용매인 물을 이용하여 영양소들을 뿌리에서 잎사귀로 옮기는 것이다. 이렇게 하여 잎사귀로 옮겨진 물은 증발하여 하늘로 올라갔다가 다시 비가 되어 땅으로 내려와, 이 생명의 순환에 매개물로 작용하는 것이다. 해바라기 한 그루가 하루에 잎사귀들을 통해 증발시키는 수분의 양은 한 사람이 흘리는 땀의 양과 맞먹는다. 한 그루의 자작나무가 무더운 날에 서늘한 상태를 유지하려면 부지런히 잎사귀를 통해 수분을 증발시켜야 하는데, 그러려면 약 380리터나 되는 물을 빨아들여야 한다.

프랑세는 움직임이 없는 식물이란 없다고 했다. 즉 식물의 성장 자체가 일련의 움직임으로서, 식물은 부단히 굽히고, 방향을 바꾸고, 흔들리는 등의 움직임을 보이고 있다고 했다. 그는 또한 여름날이면, 낙원 같은 나무 그늘로부터 뻗어 나온 수천 개의 작은 가지들이 자기들을 받혀 줄 든든한 줄기가 자기들 밑에서 빨리 자라나기를 기다리는 열망으로 몸을 떤다고 묘사했다. 약 27분 만에 완전한 한 바퀴의 원을 그리는 포도나무 덩굴손의 경우, 어떤 버팀대를 발견하면 20초 안에 그것을 감싸기 시작하여 1시간 내로 떼어내기 힘들 정도로 자신을 그것에 단단히 붙들어 맬 수 있다. 그리고는 용수철처럼 나선형으로 감기는데, 그 감김에 따라 나무의 본체도 그 위치까지 따라오게 된다.

버팀대를 필요로 하는 식물들은 근처에서 버팀이 될 만한 것을 찾아 한사코 기어오르려 한다. 버팀대를 옮기면 포도나무는 수시간 내에 새로운 방향으로 진로를 바꿀 것이다. 그렇다면 식물은 과연 버팀대를 볼 수 있기라도 하단 말인가? 아니면 알려지지 않은 그 어떤 방법을 통해 그것을 알아내는 것일까? 만일 식물이 마땅한 버팀대를 찾을 수 없는 환경 속에 놓여 있다면, 그 식물은 아무것도 없는 지역을 피해 숨겨진 버팀대가 있는 쪽을 향해 정확히 뻗어 갈 것이다.

프랑세는 식물에게도 어떤 의지나 의사 같은 것이 있다고 주장했다. 식물들은 기막힌 공상소설에나 나올 법한 신비스러운 방법으로 자신이 원하는 것을 찾아내거나 그 방향으로 나아갈 수 있다.

고대 희랍인들이 보탄botane이라고 일컬었던 식물은 거의 움직이지 않는 것처럼 보이지만, 실상은 주위에서 일어나는 일들을 대단히 예민하게 감지하고 이에 반응을 보인다. 그것도 인간을 능가할 정도의 정교한 수준으로.

끈끈이주걱은 먹이가 있음직한 곳으로 정확히 움직여 백발백중의 실력으로 파리를 붙잡는다. 또 어떤 기생식물은 아무리 미약하게 풍기는 냄새라도 재빨리 알아채고는 정확히 그 먹이가 있는 쪽을 향해 모든 장애물을 헤치고 나아간다.

또 식물들은 어떤 개미가 자신의 꿀을 훔쳐 먹는지 알고 있는 것 같다. 그래서 그런 개미들이 근처에 있으면 접근을 못하도록 꽃잎을 오므리고 있다가, 개미들이 기어오르지 못할 만큼 줄기에 이슬이 충분히 맺혔을 때라야 꽃잎을 벌린다. 보다 절묘한 것은 아카시아의 방법으로서, 어떤 종류의 개미에게 다른 벌레나 초식동물로부터 자신을 지키게 해주는 대가로 꿀을 제공해 주는 공생관계를 맺는 것이다.

식물이 꽃가루받이를 하게 해주는 곤충의 특징에 맞게—화려한 색깔이나 향기로 유혹을 한다거나 그들이 좋아하는 꿀을 선사한다거나, 아니면 꽃가루받이가 끝나야만 벌이 벗어날 수 있도록 특별한 함정을 만든다거나, 어떤 장치를 하는 등—자라는 것은 우연한 일일까?

예를 들어, 트리코세로스 파르비플로루스*Trichoceros parviflorus*라는 난초과의 한 식물은 어떤 종류의 수파리를 꾀기 위해 그런 종류의 암파리 모습과 꼭 닮은 모양의 꽃잎을 피우고, 실제로 그런 식으로 해서 꽃가루받이가 이루어진다면, 이것은 우연한 일일까? 달맞이꽃이 밤나방과 밤나비들을 보다 잘 꾀기 위해 하얗게 피어나 황혼 무렵에 더욱 강렬한 향기를 풍기고, 캐리온carrion 백합이 파리들만 우글거리는 곳에서 고기 썩는 냄새를 피우고, 바람에 의해 꽃가루받이를 하는 꽃들은 굳이 벌레들을 끌어들이는 데 필요한 아름다움이나 향기나 독특한 형태를 띠지 않고 그저 수수한 형태로 있는 것, 이런 것들이 모두 다만 우연에 지나지 않는 것일까?

식물들은 가시라든가 지독한 맛, 또는 달갑지 않은 벌레들을 잡거나 죽일 수 있는 끈적끈적한 분비물 따위로 자신을 지킨다. 수줍음 잘 타는 미모사 Mimosa pudica는 풍뎅이나 개미, 송충이 같은 벌레들이 잎사귀를 향해 줄기를 타고 기어오르면 재빨리 이에 대처할 수 있는 능력이 있다. 즉 침입자가 자신을 건드리면 즉시 줄기를 들어 올리면서 잎사귀들을 접어 모은다. 그러면 그 오랑캐는 갑작스런 그 움직임에 놀라 가지에서 굴러 떨어지거나 혼비백산하여 나동그라지는 것이다.

늪 지대에 사는 어떤 식물들은 질소 성분을 충분히 구하지 못해, 살아 있는 벌레를 잡아 먹음으로써 이를 보충한다. 육식성 식물에는 작은 벌레를 먹는 것에서부터 쇠고기를 먹는 것에 이르기까지 500여 종이 넘는다. 또한 이들이 먹이를 잡아들이는 방법도 가지가지여서 촉수나 끈끈이털, 혹은 깔때기 모양의 함정을 갖고 있는 것 등 매우 다양하다. 육식 식물의 촉수는 입뿐만 아니라 위의 역할도 하는데, 그 촉수로 먹이를 잡아 통째로 먹고 뼈다귀만 남겨 놓는다, 곤충을 잡아먹는 끈끈이주걱은 잎사귀에 돌이나 쇳조각 같은 다른 물질을 올려놓으면 전혀 반응을 보이지 않는다. 그러나 어떤 고깃덩이에서 느껴지는 감촉에는 즉각 반응을 나타낸다. 다윈은 이 끈끈이주걱이 자신의 먹이에 대해서는 0.00000083그램의 무게까지도 감지해 냄을 발견했다. 식물에 있어서 실뿌리 다음으로 예민한 부분인 덩굴손은 0.00025그램에 불과한 비단실 한 오라기만 있어도 그것을 발견하고 든든히 매달릴 수 있다.

식물들이 어떤 구조물을 만들어내는 작업의 정교함은 인간의 건축 기술로는 도저히 따를 수 없을 정도이다. 인간이 만든 그 어떤 건축물도, 엄청난 무게에도 불구하고 지독한 폭풍우에 맞서 자신을 지켜내는 식물들을 따를 수는 없을 것이다. 외부의 힘에 의해 찢어지는 것을 방지하기 위해 새끼줄처럼 나선형으로 꼬인 식물의 섬유 구조는 인간의 기술로써는 아직도 따를 수 없는 것으로서, 소시지나 리본처럼 길게 늘어난 세포들이 서로 맞물려 얽혀 있기 때문에 좀처럼 찢어지지 않는다. 또한 키가 자라면서 늘어나는 몸무게를 지탱하기 위해 나무의 줄기는 아주 과학적으로 두터워진다. 호주산 유칼리 나무는 키가 쿠푸 Khufu[2]의 대피라미드만큼, 즉 지면으로부터 146미터 이상이나 자라지만 그 줄기는 매우 가늘다. 또 어떤 종류의 호두나무는 약 10만 개의 호두알이 열릴 만큼 크게 자라난다. 그런가 하면 버지니아 너트위드Virginia knotweed라는 식물은 스스로 닻줄 매듭을 팽팽하게 매고 있다가 건조해지면 탁 하고 부러져서 씨앗을 가능한 한 어미로부터 멀리 떨어진 곳으로 보내 그곳에서 싹이 트게 한다.

식물에게는 또한 방향이나 미래에 대한 지각 능력도 있다. 미시시피에 있는 대초원 지대를 누비던 개척자들과 사냥꾼들은 실피움 라시니아툼 *Silphium laciniatum*이라는 해바라기를 발견했는데, 그 잎사귀들은 정확하게 나침반이 가리키는 방위를 가리키고 있었다. 아르부스 프레카토리우스*Arbrus precatorius* 혹은 인디언 감초라고 불리우는 풀은 모든 형태의 전기나 자기에 대단히 민감하여 날씨를 예상하는 데 이용된다. 런던의 큐 식물원에서 이 식물에 대해 처음으로 연구하기 시작한 식물학자들은 이를 이용하여 태풍이나 지진, 화산 등을 예측할 수 있음을 알게 되었다.

고산 지대의 꽃들은 계절을 정확하게 알아내는 능력이 있다. 이 꽃들은 봄이 언제 오는가를 알고 있어서 아직 남아 있는 눈더미들을 스스로 열을 내어 녹이면서 뚫고 나와 싹을 틔운다.

프랑세는 외부 세계에 대해 그처럼 확실하고도 다양하며, 신속하게 대응하는 식물들은 바깥 세계와 교신할 수 있는 어떤 수단을 가졌음에 틀림없다고 주장했다. 그것도 우리 인간과 비슷한 감각을 지녔거나 혹은 보다 뛰어나게 말이다. 그뿐 아니라 이 식물들은, 오감을 통해 자신에게 주관적으로 보여진 세계만 보는 인간 중심적 관점에 사로잡힌 인간으로서는 도저히 알 수 없는 사건과 현상들을 끊임없이 관찰, 기록하고 있다고 했다.

식물이란 감각이 없는 단순한 자동 기계에 지나지 않는다는 인식이 지배적이긴 하지만, 이제 식물은, 인간의 귀에는 들리지 않는 소리, 인간의 눈에는 보이지 않는 적외선이나 자외선 같은 색깔의 파장까지도 구별해 내고, 특히 엑스레이나 텔레비전의 고주파 같은 것에 민감하다는 새로운 사실들이 밝혀졌다.

2—이집트 제4왕조의 왕으로 카이로 남서쪽 기자Giza에 세계 최대의 피라미드를 건설했다.

프랑세는, 모든 식물의 세계는 지구와 달, 그리고 태양계의 다른 행성들의 운행에 반응하고 있으며, 언젠가는 식물이 항성들이나 다른 천체들의 영향도 받고 있다는 것이 밝혀지리라고 예견했다. 또한 그는 식물의 외형이 일정하게 유지되고, 어쩌다 일부가 손상되더라도 다시 복원된다는 점에서, 식물의 외형을 감독하고 지도하는 어떤 의식 같은 것이 그 내부에건 외부에건 존재할 거라는 추측을 하기도 했다.

반세기도 훨씬 전에, 프랑세는 식물도 '학대에 대한 격렬한 반발과 친절에 대한 진지한 경의'를 포함한 모든 생물 공통의 속성을 지녔다고 믿었기 때문에 이 책의 제목(영문 제목)과 똑같은《식물의 신비생활 Secret Life of Plants》이라는 책을 쓸 수 있었으리라. 하지만 그가 발표한 내용은 기성 권위자들로부터 무시를 당했거나 이단적인 충격으로 받아들여졌다. 그들에게 가장 충격적이었던 것은, 그러한 식물의 지각 능력은 예수 탄생 훨씬 이전에 힌두교의 현인들이 '데바 deva'³라고 일컬은 우주적 존재로부터 비롯되었거나, 켈트족 중의 투시능력자나 다른 영적으로 민감한 사람들에게는 직접 볼 수 있고, 경험할 수 있는 요정이나 불의 정령, 땅의 정령, 공기의 정령 등과 같은 초물질적 세계에서 유래한 것일 수도 있다는 그의 시사였다. 하지만 그의 그러한 생각은 당시의 식물학자들에겐 재미는 있지만 쓸데없는 공상으로 간주되고 말았다.

그러다가 1960년대에 들어, 식물의 세계 쪽으로 세간의 관심을 끌게 하는 일이 일어났다. 몇 사람의 과학적 정신을 가진 탐구자들에 의해 놀랍고도 실험적인 발견들이 이루어졌던 것이다. 그럼에도 불구하고, 식물이 마침내 자연학과 초자연학 physics and metaphysics⁴ 사이의 결혼식에 신부 들러리가 될 수 있다는 사실을 못 믿겠다는 회의론자들도 여전히 남아

3—산스크리트어에서 '번쩍이는 것'이라는 뜻을 가진 말로, 신神을 가리킨다. 한문으로는 '天' '天神' '梵天' 등으로 옮긴다. 데바는 흔히 수레를 타고 무기를 든 모습으로 묘사된다.
4—여기서 'physics'는 고대의 학문 체계에 있어서의 자연학 physica을 의미한다. 이 경우 'metaphysics'는 형이상학 metaphysica을 의미하지만, 톰킨스와 버드는 순수한 아리스토텔레스적 형이상학을 의미하는 것이 아닌, 일종의 초월적 인식 능력과 영성 spirituality, 오컬트 occult적인 것까지를 탐구 대상으로 내포하고 있는 학문을 지칭하고 있으므로 초자연학이라고 옮긴 것이다.

있다.

 하지만 이제 식물이 단순히 살아 숨쉴 뿐만 아니라, 상호 교감도 나눌 수 있는 존재, 즉 혼과 개성을 부여받은 창조물이라는 시인과 철학자들의 직관을 받쳐 줄 증거들이 속속 제시되고 있다. 식물이 단지 단순한 자동 기계와 같은 존재일 뿐이라고 우겨대는 것은 바로 무지몽매한 우리들 자신이다. 영국의 선구적인 생태학자 윌리엄 코벳William Cobbet[5]이라면 '종기'라고 표현했을 법한 이 행성을 오염과 부패로부터 구출하여 다시금 푸르른 본래의 낙원으로 환원시키려는 헤라클레스적 대역사大役事를 벌이는 데 있어서 특히 주목해야 할 것은, 식물이 인간과 협력할 뜻과 준비를 갖추고 있으며, 또한 그런 능력도 지닌 듯이 보인다는 사실이다.

5—영국의 급진적 저널리스트(1763~1835). 군인과 군대를 공격하는 팸플릿을 발표하는 등 사회 문제에 대한 급진적 문필 활동을 벌였다. 하원의원이 된 후 보통선거법을 제정하게 했으며 노동자의 생활 개선을 주장, 옥수수 재배를 촉진시켰다.

차례

머리말		5

제1부 ▶ 식물의 초감각적 지각에 대한 최근의 연구　　17

제1장	20세기의 대발견 : 식물도 생각한다	19
제2장	인간의 마음을 읽는 식물	35
제3장	식물과의 의사소통	55
제4장	우주와 교신하는 식물들의 초감각적 지각	70
제5장	구소련에서의 연구 성과들	88

제2부 ▶ 식물 왕국의 문을 연 선구자들　　105

제6장	찬드라 보스 : 1억 배로 확대된 식물의 삶	107
제7장	괴테 : 식물의 변태와 영혼 불멸	134
제8장	페히너와 버뱅크 : 녹색 박애주의자들과의 교감	154
제9장	카버 : 한 송이 꽃에 깃들인 신의 세계	173

제3부 ▶ 우주의 화음에 귀기울이는 식물 183

제10장 클래식 음악을 즐기는 식물들 185
제11장 전자기의 세계와 식물의 신비 206
제12장 생명의 에너지장과 식물 223
제13장 식물과 인간을 둘러싼 오라의 비밀 249

제4부 ▶ 토양, 식물, 인간 267

제14장 생명의 바다인 토양 269
제15장 식탁 위의 독약과 양식 296
제16장 갈림길: 식물의 삶이냐, 지구의 죽음이냐 318
제17장 정원의 연금술사 336

제5부 ▶ 생명 파동과 방사선의 세계 359

제18장 마법의 나뭇가지 361
제19장 식물의 치유력과 신비의 방사선 387
제20장 물질을 지배하는 정신 417
제21장 황무지에서 에덴의 낙원으로 439

옮긴이의 말 455

부록 ▶ 459

참고문헌 461
인명색인 484
사항색인 493
잡지 및 정기간행물/저서/논문 색인 497

제1부

식물의 초감각적 지각에 대한 최근의 연구

제1장
20세기의 대발견 : 식물도 생각한다

뉴욕 타임스 광장이 내려다보이는 한 빌딩의 먼지 낀 유리창에는 마치 앨리스가 다녀온 거울 속의 나라 같은 이상한 광경이 비치고 있었다. 그러나 거기에는 주머니 시계를 차고 조끼를 입은 '흰토끼'¹ 대신, 작은 요정과 같은 귀를 가진 백스터 Cleve Backster라는 사나이와 검류계檢流計, 그리고 백합과의 열대 관목인 '줄무늬 드러시너 Dracaena massangeana'라는 화초가 있을 뿐이었다. 그 방에 검류계가 있는 것은 그가 미국 유수의 거짓말 탐지기 검사 전문가였기 때문이었고, 드러시너라는 화초는 그의 비서가 썰렁한 사무실 분위기를 화사하게 꾸미려고 들여놓은 것이었다. 바야흐로 백스터 자신뿐만 아니라 온 세상에 영향을 끼칠 1960년대의 그 숙명적인 연구가 시작될 참이었다.

이렇게 하여 시작된, 식물에 관한 그의 독특한 연구는 전세계 신문들의 머리 기사를 장식했으며, 각종 풍자와 만화의 주제가 되었다. 그러나 그가

1—루이스 캐럴 Lewis Carroll의 《이상한 나라의 앨리스》 제1장에 나온다.

과학을 위해 열어 놓은 판도라의 상자가 다시 닫히는 일은 결코 일어나지 않을 것이다. 식물에도 지각 능력이 있다는 백스터의 발견―백스터 자신은, 발견이 아니라 이미 알려졌으나 잊혀졌던 것을 다시 환기시켰을 뿐이라고 했지만―은 전세계에 엄청난 반향을 불러일으켰다. 그러나 그는 현명하게도 자신의 발견을 요란스레 떠들지 않고, 후에 '백스터 효과'라고 알려질 순수한 과학적 진실을 규명하는 데에만 전력을 기울였다.

이 모험은 1966년에 시작되었다. 백스터는 학교에서 밤을 새워 연구에 몰두하고 있었다. 그 학교는 세계 각처에서 온 경찰관이나 보안 담당자들에게 거짓말 탐지기의 사용법을 교육시키는 곳이었다. 연구에 몰두하던 그는 불현듯 거짓말 탐지기의 전극 하나를 드러시너의 잎사귀에 갖다 대 보고 싶다는 충동을 느끼게 되었다. 드러시너는 야자나무처럼 생겼는데, 작은 꽃들이 빽빽이 뭉쳐 이루어진 꽃송이와 커다란 잎사귀를 가진 열대 식물이다. 상처를 입으면 '드래건 블러드dragon blood'[2]라는 붉은색의 진을 흘리기 때문에 '드래건 트리'(라틴어로는 draco)라고 불리기도 한다.

백스터는 이 드러시너의 뿌리에 물을 부었을 때 잎사귀가 영향을 받는지, 또 받게 된다면 어떻게, 얼마나 빨리 받게 되는지 궁금했다.

백스터가 물을 주자, 잔뜩 목말라하던 나무는 순식간에 물을 빨아들였다. 다음 순간, 검류계를 살피던 백스터는 기대했던 것과 다른 현상이 나타난 것을 보고는 의아한 생각이 들었다. 나무가 물을 잔뜩 머금어 전도율이 높아지면 저항이 낮아지리라 여겼었는데, 검류계상의 저항 수치는 전혀 낮아지지 않았던 것이다. 전기의 흐름을 나타내는 그래프 위의 펜은 위쪽을 향하지 않고 아래쪽을 향하여 톱니 같은 모양을 그려 보이고 있었다. 검류계galvanometer란, 약한 전류가 흐르는 전선을 사람에게 갖다 댔을 때 그 사람의 심리 상태나 감정에 따라 바늘이 움직이거나, 종이 위에 그래프로 도표를 그려 내는 거짓말 탐지기의 일부분이다. 이 검류계는 18세기 말에 마리아 테레지아 여왕의 왕실 천문학자인 빈의 신부 막시밀리안 헬 Maximilian Hell이 발명한 것으로서, 그 명칭은 '동물전기'[3]를 발견한 이

2―착색에 이용하는 붉은색의 수지樹脂.

탈리아의 물리학자이자 생리학자인 루이지 갈바니Luigi Galvani의 이름에서 따온 것이다. 오늘날 이 기구는 영국의 물리학자이자 자동 전신기의 발명자인 찰스 휘트스톤Charles Wheatstone 경의 이름을 본딴 '휘트스톤 브리지Wheatstone bridge'라는 전기 저항 측정기와 더불어 사용되고 있다.

간단히 말해서, 이 측정기는 감정과 생각의 자극에 따라 오르내리는 인간 신체의 전위電位[4] 변화를 측정하는 것이다. 경찰에서는 용의자에게 '세심하게 짜여진' 질문들을 던진 후, 검류계의 바늘이 급작스레 움직이는 항목을 체크하는 방식으로 이 기구를 사용하고 있다. 백스터같이 노련한 사람들은 그래프의 기록만 보고도 금방 거짓말을 가려낼 수 있다는 것이다.

백스터를 놀라게 한 것은, 이 나무가 흡사 잠시 동안 감정의 자극을 받은 사람이 나타내는 것과 유사한 반응을 보였다는 것이었다. 식물이 감정을 나타냈다는 말인가?

그후 10분간에 걸쳐 일어난 일은 백스터의 인생에 일대 전기를 맞게 해 주었다.

인간의 반응을 검류계상에 확실하게 나타날 수 있게 하는 가장 효과적인 방법은, 그 사람을 위협하는 일이다. 백스터는 이 식물에게도 그렇게 해 보기로 결심하고, 잎사귀 하나를 뜨거운 커피잔에 담아 보았다. 그러나 검류계에는 별다른 반응이 나타나지 않았다. 백스터는 몇 분간 이 문제를 두고 생각해 보다가 좀더 가혹한 방법을 떠올렸다. 즉, 전극을 연결시킨 잎사귀를 불에 태워 봐야겠다고 작정했던 것이다. 그가 불을 떠올리면서 성냥을 가져오려고 움직이기도 전에 놀라운 일이 벌어졌다. 바늘이 급작스럽게 움직이면서 그래프의 도표가 위로 쭈욱 올라가는 것이 아닌가. 백스터가 식물 쪽으로든 기계 쪽으로든 전혀 움직이지 않았는데도 말이다. 식물이 그의 마음을 읽기라도 했단 말일까?

백스터가 그 방을 나와 성냥 몇 개를 가지고 다시 돌아가 보니, 도표에는

3—동물의 몸에서 일어나는 전기. 동전기動電氣와 정전기停電氣로 나뉨.
4—전장電場 내의 한 점에서, 어떤 표준점으로부터 단위 전기량을 옮기는 데 필요한 두 점 사이의 전압의 차.

또 다른 급격한 감정의 변화로 보이는 기록이 남겨져 있었다. 그것은 그가 자신의 계획을 실행해야겠다고 결심한 것에 영향을 받은 것임이 분명해 보였다. 그는 썩 내키지 않는 마음으로 잎사귀를 태우려 했다. 그러자 그래프는 조금 낮은 봉우리를 나타냈다. 잠시 후, 그가 짐짓 거짓으로 잎사귀를 태우려는 시늉을 해보이자, 이번에는 전혀 아무런 반응도 나타나지 않았다. 식물이 인간의 의도가 정말인지 거짓인지를 확실히 구별이라도 할 줄 아는 것처럼 말이다.

백스터는 당장 거리로 뛰쳐나가 온 세상을 향해서 소리를 지르고 싶었다. "식물도 생각할 줄 안다!"라고. 그러나 그는 그러는 대신에 이 놀라운 현상에 대한 보다 주도면밀한 연구에 착수했다. 식물이 어떻게 해서 인간의 생각에 반응을 보이는가, 또 무엇을 매개로 그렇게 할 수 있는가를 확실히 알아내기 위해서였다.

그가 맨 먼저 한 일은, 이 현상에 대한 논리적 설명에 혹시 간과한 것이 없었는가를 확인하는 일이었다. 즉, 혹시 식물이나, 아니면 그 자신에게, 그것도 아니라면 그 탐지기에 어떤 이상이 있는 것은 아니었을까 하는 것이었다.

백스터와 그의 동료들은 다른 식물들과 다른 기구를 가지고 전국을 돌아다니며 실험을 해보았으나, 결과는 비슷하게 나타났다. 이제는 보다 세심하고 심도 있게 연구를 해봐야 할 판이었다. 상추, 양파, 오렌지, 바나나 등을 비롯하여 25가지도 넘는 식물과 과일들이 실험 대상이 되었다. 관찰한 결과는 모두 비슷했는데, 이는 생명에 대한 새로운 시각을 요구하게 하였다. 그것은 과학의 세계에 폭탄이라도 터진 듯한 충격을 의미했다. 지금까지 초감각적 지각extrasensory perception(ESP)은 과학자들과 초심리학자들 사이에서 열띤 논쟁의 대상이었다. 그것은 그러한 현상이 실재한다 하더라도 그것을 명확히 증명하기란 매우 어려웠기 때문이었다. 이제까지 그 방면에서 이루어진 가장 뛰어난 업적이라면, 라인J. B. Rhine 박사가 듀크 대학에서 행했던 ESP에 관한 실험으로서, 그러한 현상들에는 우연이라고만 볼 수 없는 어떤 요인이 작용하는 듯하다는 결론을 얻은 정도였다.

백스터는 처음에, 식물이 자신의 의도를 알아챌 수 있는 능력은 일종의

ESP가 아닐까 하는 생각이 들었으나, 어쩐지 그 용어를 채택하는 것이 석연치가 않았다. ESP란 촉각, 시각, 청각, 미각, 후각 등 통상적인 인간의 오감을 초월한 어떤 감각을 뜻한다. 그러나 식물에게는 눈, 귀, 코, 입 같은 것이 있는 것 같지 않을 뿐더러, 식물에게 신경 조직이 있다고 말한 식물학자는 다윈 이래 한 사람도 없었다. 따라서 백스터는 그러한 지각 능력은 보다 근원적인 걸 거라고 생각했다.

그러한 생각 끝에 그는, 인간의 다섯 가지 감각이란 어쩌면 모든 자연이 공통으로 갖추고 있을 보다 '근원적인 지각 능력'을 가로막는 제한 요소가 아닐까 하는 가정을 하게 되었다. 그래서 그는 이런 추측을 했다. "식물들은 그래서 눈이 없어도 더 잘 볼 수 있을는지도 모른다. 인간들이 눈으로 보는 것보다 더 잘 말이다." 인간은 이 오감을 가지고 지각을 선택한다. 즉, 자신의 의지에 따라 조금만 느낀다거나, 혹은 아예 외면하기도 한다. "우리는 만약 어떤 것이 보기 싫다면 다른 것을 보거나 아예 보지 않을 수도 있다. 만일 세상 사람들 각자의 마음속에 늘 온 세상 사람들에 관한 모든 것, 그것도 늘 다른 것이 존재하게 된다면, 세상은 큰 혼란에 빠지게 될 것이다."

백스터는 식물들이 무엇을 지각할 수 있는지를 알아내기 위해 사무실을 확장하여, 우주시대에 걸맞는 과학 연구소를 설립하기로 했다.

그로부터 몇 달 동안에 갖가지 식물들에 관한 많은 기록들이 작성되었다. 식물들의 잎사귀는 그 식물로부터 떨어져 나와 있거나 혹은 전극의 크기에 맞게 잘려졌거나, 심지어 아주 작게 잘려져 전극 위에 뿌려졌거나 간에 늘 비슷한 반응을 나타냈다. 또 식물들은 인간의 위협에만 반응을 보이는 것이 아니었다. 실내에 갑자기 개가 나타난다거나 자기들에게 호의적이지 않은 사람이 나타나는 것 같은 느닷없는 위협적 상황에서도 반응을 나타냈다.

백스터는 예일 대학의 한 연구진에게, 검류계에 연결시킨 식물이 같은 실내에 있는 거미의 움직임에 어떤 반응을 보이는가 하는 것을 실험으로 보여주었다. 식물은 사람이 거미를 잡으려 하는 순간, 즉 그 거미가 미처 도망치기도 전에 극적인 반응을 나타냈다. 백스터는 이에 대해 이렇게 설명했다. "도망을 쳐야겠다는 거미의 의지가 식물에게 간파되어 잎사귀가 반응을 나타낸 것 같다."라고.

식물들은 정상적인 상태에서는 다른 식물과 서로 주의를 기울이는 듯하지만, 주위에 다른 동물이 나타나면 동료에 대한 주의가 떨어지는 것 같다고 백스터는 말한다. "식물들은 다른 식물이 자기에게 해를 끼치지 않는다고 여기는 듯하다. 그러나 주변에 다른 동물이 나타나면 그 동물에 바짝 주의를 기울이는 것 같다. 동물이나 인간은 움직일 수 있기 때문에 세심한 주의가 필요한 모양이다."

백스터는 관찰을 통해, 식물들이 도저히 감당할 수 없는 위험에 직면하게 되면 마치 주머니쥐가—사실 인간도 마찬가지지만—잠시 기절을 한다거나 완전히 실신해 버리는 것과 같은 방법으로 자기 방어의 행동을 한다는 것을 알게 되었다.

그러한 현상은, 캐나다로부터 한 생리학자가 식물들의 반응을 살펴보러 왔을 때 매우 극적으로 증명이 되었다. 백스터와 그 생리학자는 여러 그루의 식물들을 가지고 실험을 했는데, 첫번째의 식물은 아무런 반응도 나타내지 않았다. 두번째도, 세번째도 마찬가지였다. 백스터가 다시 한번 자신의 탐지기를 점검해 본 뒤 실험을 계속했으나, 네번째도, 다섯번째도 여전히 별 반응이 없었다. 그러다가 마침내 여섯번째 식물에 가서야 이제까지의 현상들을 증명하는 반응이 확실하게 나타났다.

백스터는 도대체 무엇이 다른 식물들에게 영향을 미쳤을까 궁금하여 그에게 물어보았다. "당신이 하던 작업 중에 혹시 식물에게 어떤 해를 끼치는 일이 있었습니까?" 그러자 그 생리학자는 이렇게 대답하는 것이었다. "그렇습니다. 사실 제가 하는 작업은 식물을 죽여야 하는 일이었지요. 어떤 분석을 할 때, 수분을 증발시키고 난 뒤의 무게를 알아내기 위해 식물을 오븐에다 넣고 굽는답니다."

그 생리학자가 공항으로 떠난 지 45분이 지나 안전하게 되자, 백스터의 식물들은 그제서야 다시 유연하게 반응을 보이는 것이었다.

이 일을 통해 백스터는 식물을 의도적으로 기절시키거나 최면에 빠뜨릴 수 있다는 것을 깨달았다. 그것은 마치 유대교에서 제물이 될 짐승에게 행하는 의식 같은 것이라고 볼 수 있다. 의식 집행자는 희생이 될 동물과 어떤 교감을 나눔으로써 그 제물로 하여금 편안한 죽음을 맞이하게 해주는 동시에, 그 고기에 공포로 인해 사람의 입맛에 맞지 않거나 해로울지도 모를 '화학적 성분'이 생기는 것을 방지한다. 마찬가지로, 먹는 자와 먹히는 자 사이에 참된 교류가 오가는 일종의 사랑의 의식—그리스도교의 성찬식과 같은 식의—이 행해진다면 식물이나 싱싱한 과일들 역시 인간들에게 기꺼이 먹히고자 할지도 모른다. 그러나 인간은 그런 마음은 전혀 없이 그저 늘 무자비하게 먹어 대기만 할 뿐이다.

백스터는 이렇게 말한다. "임종을 맞게 된 사람이 사후에 보다 고차원의 존재 영역에 있게 될 거라고 믿음으로써 안정을 얻듯이, 채소들 역시 쓸모없이 땅에서 썩느니 차라리 다른 생명 형태의 일부가 되는 것을 더 바랄지도 모른다."

백스터는 식물이나 그 세포가 무어라고 밝혀지지 않은 교신 방법으로 외부로부터의 신호를 알아낸다는 것을 증명하기 위해, 볼티모어의 〈선 Sun〉지 기자에게 한 실험을 보여주었다. 훗날 그 기사는 〈리더스 다이제스트〉에 요약되어 실렸다. 그는 필로덴드론 philodendron [5]이라는 식물에다 검류계를 연결시키고는, 그 기자에게 마치 그 기자를 검류계에 연결시킨 것처럼 말을 걸어 그 기자의 출생년도를 물었다.

백스터는 1925년부터 1931년까지 7년간의 연도를 차례차례 물으면서 그에게 전부 "아니오."라는 대답을 하라고 시켰다. 물론 그 중에 그 기자의 진짜 출생년도가 있었지만. 그런 뒤 백스터는 식물에 의해 만들어진 기록을 보고 그 중에 유달리 그래프가 높이 올라간 연도를 골라내 그 기자의 진짜 출생년도를 알아맞혔다.

같은 실험이 뉴욕 주 오렌지버그에 있는 로클랜드 주립병원의 연구주임이자 정신병리학자인 애리스타이드 에서Aristide H. Esser 박사와 뉴워크 공과대학의 화학자인 더글러스 딘Douglas Dean에 의해 행해졌다. 그들은 묘목 때부터 정성들여 길러 온 필로덴드론을 가져온 한 사나이와 더불

5—토란과의 여러해살이 덩굴 식물. 아프리카, 중남미 등지에 200여 종이 자람.

어 그 실험을 했는데, 거짓말 탐지기를 그 식물에다 연결시키고는 그 주인에게 질문을 했다. 그 중 몇 가지는 거짓말로 대답을 하라는 지시를 하고 나서였다. 그 결과, 필로덴드론은 검류계를 통해 너무도 쉽게 거짓말을 가려내는 것이었다. 처음에는 백스터의 주장을 비웃기만 했던 에서 박사도 드러난 사실 앞에 놀라움을 금치 못하고 다음과 같이 고백했다. "나는 백스터를 비웃었던 말들을 취소하지 않을 수 없었다."

식물도 기억을 할 수 있는가를 알아보기 위해 백스터는 또 하나의 계획, 즉 '범인 찾기'라는 실험을 생각해 냈다. 그것은 두 그루의 식물이 있는 방 안에 어떤 사람이 들어가서 그 식물들 중 한 그루를 무참히 죽인 후, 남은 한 식물이 그 범인을 찾아낼 수 있는가를 알아보려는 실험이었다. 그 실험에 백스터의 거짓말 탐지기 강의 수강생 여섯 명이 참가하겠다고 자청해 왔는데, 그 중 몇 명은 베테랑 경찰관이었다. 눈을 가린 여섯 명의 참가자들이 제비뽑기를 했다. 그들이 나눠 가진 종이들 중 하나에는 실내에 있는 두 식물 중 하나를 뿌리째 뽑아 짓밟고 완전히 박살을 내 버리라는 내용이 적혀 있었다. 비밀리에 행하는 일이었기 때문에 그 범인이 누구인지는 백스터를 포함한 다른 아무도 알지 못했다. 다만 살아 남은 식물만이 유일한 목격자가 되는 셈이었다.

그 참극을 목격한 식물에게 탐지기를 연결시킨 뒤 수강생들을 한 사람씩 지나가게 하자, 백스터는 누가 범인인지를 분명하게 골라 낼 수 있었다. 다른 다섯 명이 접근했을 때는 아무런 반응을 보이지 않던 그 식물이, 범인이 접근하자 탐지기의 바늘을 격렬하게 움직이게 했던 것이다. 백스터는 이 사실을 두고 매우 조심스런 결론을 내렸다. "그 나무가 범인을 짚어낸 것은 어쩌면 그의 죄의식을 포착했기 때문일 수도 있다. 하지만 그는 과학을 위해서였지 악의가 있어서 그랬던 것은 아니었으므로 특별한 죄의식을 갖지 않았었다. 그러므로 살아 남은 그 식물은 자기 동료를 가혹하게 해친 사람을 기억하여 지적해 냈을 수도 있다."

또 다른 일련의 관찰을 통해 백스터는, 식물과 그 보호자간에는 거리와는 상관없이 서로 특별한 교감이나 친근감이 형성된다는 사실에 주목하게 되었다. 그는 똑같이 맞춘 스톱 워치를 사용하여 자기가 옆방에 있건 아래층에 있건, 심지어 몇 건물 떨어진 곳에 있건 식물이 자기의 생각에 계속 반응을 보인다는 것을 알게 되었다. 또한 그는 24킬로미터나 떨어진 뉴저지로 여행을 갔다가 뉴욕으로 돌아가야겠다고 마음먹은 바로 그 순간, 사무실에 있는 자기의 식물이 명확하게 긍정적인 반응을 일으켰다는 사실을 확인할 수 있었다. 그것이 그가 귀향한다는 데 대한 안도의 뜻인지 환영의 뜻인지는 알 수 없었지만 말이다.

백스터가 강의차 여행을 떠나, 드러시너의 슬라이드를 보여주면서 1966년에 있었던 그 첫 관찰에 관해 강의를 할 때였다. 사무실에 있던 그 식물은 그가 슬라이드로 사진을 보여주는 바로 그 순간, 그래프에다 특별한 반응을 기록으로 남겨 놓았다.

식물들은 한번 어떤 특정인과 유대를 갖게 되면, 그가 어디에 있더라도, 그리고 아무리 많은 인파 속에 있더라도 그 사람과 계속 유대를 갖는 것으로 보인다. 세모 전야에 백스터는 노트 한 권과 스톱 워치를 가지고 사람들이 들끓는 타임스 광장으로 나갔다. 그는 북적대는 군중들 속에 자신의 세세한 행동들을 시시각각 기록했다. 걷고, 뛰고, 지하철역 계단을 내려가고, 차에 치일 뻔하거나 신문 파는 사람과 가벼운 실랑이를 벌였던 일 등등을. 연구실로 돌아온 그는 세 가지의 식물들이 각기 그가 짧은 여행중에 겪었던 여러 다양한 감정들을 비슷하게 그려 내었음을 볼 수 있었다.

훨씬 더 멀리 떨어진 곳이라면 어떨까? 백스터는, 잘 길들여진 식물들을 기르고 있는 여자 친구를 통해 그것을 확인해 보고 싶었다. 그녀로 하여금 비행기를 타고 미대륙을 가로질러 1,120킬로미터 가량 떨어진 곳으로 가게 했다. 그러자, 똑같이 맞춘 스톱 워치를 통해 그 식물들은 비행기가 착륙하려는 순간에 나타난 그녀의 감정적 스트레스를 그대로 보여주었다.

그보다 훨씬 먼 거리, 이를테면 수백만 킬로미터쯤 떨어진 곳에서도 식물의 '근원적인 지각 능력'이 작용하는가를 알아보기 위해, 백스터는 화성 탐사선에다 검류계와 함께 식물을 실어 보내고 싶어한다. 그렇게 하면 지구상에 있는 그 식물 관리자의 감정에 대한 식물의 반응을 원격 계측기를 통해 알아낼 수 있을 것이다. 원격 계측기를 통한 무선 신호나 TV 화면 같은 전자파가 화성까지 도달하는 데는 광속으로 약 6분에서 6분 30초 정도가 걸리며, 다시 지구로 돌아오는 데도 같은 시간이 걸린다. 여기서 궁금한 것은, 지구에 있는 인간의 감정에서 나오는 신호가 전자파보다 더 빨리, 혹은 백스터의 기대대로 그 즉시 화성에 가 닿지 않을까 하는 것이다. 만약 원격 계측기를 통한 메시지의 왕복 시간이 절반으로 줄어든다면, 정신이나 감정의 신호는 전자파의 영역을 넘어 우리의 시간 관념 밖에서 작용하는 셈이 된다.

백스터는 다음과 같이 말하고 있다.

"동양철학에서는 시간을 요하지 않고도 교신할 수 있다는 설이 있다. 그 동양철학에 의할 것 같으면 우주가 완전한 균형 상태를 이루고 있는데, 만약 어딘가에 그 균형 상태를 깨뜨리는 일이 벌어지더라도 그것을 알아내어 다시 바로잡는 데 100광년씩이나 기다릴 필요는 없다고 한다. 이 시간을 요하지 않는 교신, 모든 생명체 사이의 일체감, 이것이 바로 그 해결책이 될 것이다."

백스터로서는 인간의 생각과 감정을 식물에게 전하는 것이 도대체 어떤 종류의 에너지파인지 알 수가 없었다. 그래서 그는 식물을 납으로 된 용기뿐만 아니라, 패러데이 상자 Faraday cage[6] 속에까지 넣고서 외부와 차단시켜 보았다. 그러나 그 어떤 방법을 써도 식물과 인간과의 교신로를 막을 수가 없었다. 그리하여 그는 이 교신을 가능하게 하는 것은, 그것이 무엇이든 분명 전자파의 영역을 넘는 걸 거라고 생각했다. 그리고 그것은 대우주에서 소우주에 이르기까지 두루 영향력을 미치는 것 같았다.

어느 날 백스터는 손가락을 베어 요오드팅크를 발랐는데, 탐지기에 연결되어 있던 식물은 그의 손가락 세포 몇 개가 죽은 것에 대해 즉각 반응을 나타냈다. 그것은 식물이 그가 자신의 피를 보고 놀란 감정이나 요오드팅크를 발랐을 때 쓰리려 했던 감정에 반응을 보인 것이라고 볼 수도 있었다. 하지만 그는 곧 식물이 살아 있는 세포의 죽음을 목격하게 될 때면 언제나 특유의 그래프를 나타낸다는 것을 발견했다.

백스터는 식물이 자기 주변의 세포 하나하나의 죽음이라는 극히 미세한

6—접지시킨 도체망導體網의 상자. 외부 정전기장의 영향을 차단시킴.

것에도 반응을 나타낼 수 있는지 궁금해졌다.

  비슷한 현상이 백스터가 요구르트를 먹으려 할 때 또 일어났다. 그는 그 수수께끼를 도저히 풀 수 없었으나, 요구르트에 잼을 섞을 때 그 잼 속에 들어 있는 화학 방부제가 요구르트의 생균을 죽인다는 사실을 깨닫고서야 마침내 그것을 이해하게 되었다. 또한 뜨거운 물을 수챗구멍에 부었을 때 식물이 반응을 보이던 것에 대한 의문도, 그 물이 수챗구멍 속의 박테리아를 죽이기 때문에 일어났다는 것을 깨닫게 됨으로써 풀리게 되었다.

  그의 의학 고문인 뉴저지의 세포학자 하워드 밀러 Howard Miller 박사는, "모든 생물은 공통적으로 어떤 종류의 '세포 의식'을 지닌 것이 틀림없다."고 결론을 지었다.

  이러한 가설을 입증하기 위해 백스터는 모든 종류의 단세포들, 즉 아메바, 짚신벌레, 효모, 곰팡이 배양균 및 사람의 입천장에서 떼어낸 점막, 혈액, 심지어는 정자에까지도 전극을 갖다 대 보았다. 식물이 보여주었던 것과 같은 흥미로운 결과가 그래프상에 나타나리라는 예상을 하고서 말이다. 그 결과, 그 중에서도 특히 정자 세포가 보여준 민감한 반응은 실로 놀랄 만한 것이었다. 그 정자 세포는 다른 남성들이 일으키는 변화에는 전혀 반응하지 않고 오직 자기의 본체인 남성—정자의 기증자—에게만 반응을 보였던 것이다. 이 같은 현상은, 그 본체의 모든 기억은 말단의 일개 세포에까지 전해지는 게 아닐까, 그렇다면 두뇌란 기억을 저장하는 장기臟器로서가 아니라 단지 스위치 기능을 하는 것일 수 있다는 추정을 낳게 했다.

  백스터는 이렇게 말하고 있다.

  "지각이란 세포의 단계에서 그치는 것이 아니다. 그것은 아마도 분자나 원자 혹은 그보다 더 아래 단계의 것들까지도 해당되는 듯하다. 만일 사실이 그렇다면, 이제까지 무생물이라고만 보아 왔던 것에 대한 평가를 새로이 해야 할 것이다."

  과학에 있어서 매우 중요한 현상에 발을 들여놓게 되었다는 것을 확신한 백스터는 다른 과학자들로 하여금 자신의 결과를 확인해 볼 수 있도록 자신이 발견한 것들을 과학 잡지에 발표하고 싶었다. 그러나 과학적 방법론에 의하면, 그러한 반응들은 다른 과학자들이 다른 장소에서 몇 번이고 반복하더라도 역시 같은 결과가 나온다는 것이 증명되어야만 한다. 이것은 예상했던 것보다 훨씬 어려운 문제였다.

백스터가 이미 발견했듯이, 식물은 실험을 시작할 때 인간의 심리에 재빨리 동조하기 때문에 다른 실험자가 했을 때도 늘 같은 결과를 얻으리라고 보기는 어려운 일이었다. 캐나다의 생리학자가 왔을 때처럼 식물의 '실신' 사건 같은 일이 일어난다면, '백스터 효과' 같은 것이 전혀 일어나지 않는 것처럼 보일 것이다. 실험에 참여한 사람에 따라, 또는 반응이 언제쯤 일어날 것이다라고 지레 짐작하고 실험에 임하는 경우, 식물은 종종 실험에 응하지 않을 때가 있다. 그러한 현상들을 접한 백스터는, 만약 견디기 어려운 생체 해부를 받기로 되어 있는 동물은 그 고통을 빨리 끝내기 위해 시술자의 의도를 간파하고는 요구되는 효과를 스스로 만들어낸다는 결론을 내리게 되었다. 심지어 그는 식물들도 그가 세 칸이나 떨어진 거실에서 동료들과 함께 자신들이 할 실험에 대해 의논을 하고 있을 때, 그 대화의 내용을 감지하고 영향을 받는다는 것을 발견했다.

백스터는 자신의 연구가 인정을 받기 위해서는, 인간의 개입이 전혀 배제된 실험 장치가 필요하다는 것을 깨달았다. 즉, 실험의 모든 전과정을 자동화하는 것이었다. 적당한 실험을 고안하고, 그에 필요한 완전 자동화된 장치를 갖추는 데에는 2년 6개월이라는 시간과 수천 달러의 비용이 소모되었다. 자금의 일부는 고 에일린 개릿Eileen Garret 씨가 당시의 회장직을 맡고 있던 '초심리학 재단'의 지원을 받았다. 그 외에도 이 주도면밀한 실험 제어 체계를 위해 여러 분야의 많은 과학자들이 여러 가지로 조언을 해주었다.

백스터가 최종적으로 선택한 실험 방법은, 주변에 사람이 전혀 없는 상태에서 자동장치를 통해 불규칙적으로 살아 있는 세포를 죽여 식물의 반응을 살펴보는 것이었다.

그의 실험에 희생이 될 제물은 열대어의 먹이로 팔리는 바다 새우였다. 여기에서 중요한 것은, 이 새우들이 매우 싱싱해야 한다는 점이었다. 왜냐하면 싱싱하지 못한 세포는 어떤 종류의 경고를 제대로 표현하지 못하기 때문에 원격 자극을 주는 데 도움이 되지 못하기 때문이었다. 새우가 건강한가를 가리는 것은 매우 간단하다. 그것은 상태가 좋은 수새우는 계속 암새우를 좇아 다니면서 암새우에게 기어오르기 때문이다.

이 바람둥이 새우를 죽이는 방법은, 자동적으로 뒤집히는 작은 접시에다 올려놓고 끓는 물 속에다 털어넣는 것이었다. 기계 기술자는 접시가 백스터 일행조차 전혀 예상할 수 없도록 무작위적으로 뒤집히게 장치를 해놓았다. 또 접시가 물을 쏟아붓는 그 행위 자체가 도표에 영향을 주는 것을 막기 위해 때때로 새우 없이 물만 담긴 접시가 뒤집히도록 손을 써 놓았다.

세 가지의 식물이 각기 다른 방에서 각기 다른 검류계에 연결되었다. 네 번째 검류계는 고정치固定値의 저항기에다 연결시켜 놓았는데, 그것은 전력의 증감이나 실험 환경 주변의 전자파 방해 같은 예측 불허의 변수들을 체크하기 위해서였다. 또한 실험을 난처하게 만들지도 모를 외부의 요인인 빛이나 온도 같은 것도 세 방이 모두 똑같게 맞춰졌다.

실험에 선택된 식물은 필로덴드론 종류였다. 그것은 그 품종이 전극의 압력에 능히 견딜 수 있을 정도로 크고 넓적한 잎사귀를 가졌기 때문이었다.

백스터가 추구하고자 한 과학적 가설은 다음과 같다.

"식물의 생명에는 아직 무어라고 정의가 내려지지 않은 지각 능력이 있다. 식물에게 그러한 능력이 있다는 것은, 동물의 죽음이 원격 자극을 줌으로써 드러나는 것으로써 증명될 수 있다. 또한 식물의 그러한 지각 능력은 인간의 관련 여부를 떠나서 독자적으로 발휘될 수 있다는 것을 보여주고 있다."

과연, 실험 결과는 새우가 끓는 물 속에서 죽는 것과 동시에 식물이 아주 강한 반응을 보인다는 것이었다. 참관하러 왔던 다른 과학자들이 검토한 자동기록장치에는 식물들이 새우가 끓는 물에 빠질 때마다 특정한 반응을 나타냈다―그것이 우연이었을 가능성은 5분의 1 정도였다―는 것이 기록되어 있었다.

이 실험의 전과정 및 그 결과가, 1968년 겨울 〈국제 초심리학 잡지〉 제10권에 '식물의 삶에 있어서의 근원적 지각 능력에 대한 증명'이라는 제목으로 실렸다. 이제 문제가 되는 것은 다른 과학자들도 백스터와 같은 실험으로 같은 결과를 얻어 낼 수 있느냐 하는 것이었다.

7,000명도 넘는 과학자들이 백스터의 보고서에 관한 사본을 요청해 왔다. 미국 20여 개 대학의 학생들과 과학자들이 자기들도 필요한 연구 설비가 갖춰지는 대로 백스터와 같은 실험을 해보고 싶어했다.(백스터는 그 연구 단체들의 이름이나 장소가 알려지는 것을 꺼렸다. 그것은 실험을 다 마치고, 연구 결과들을 잘 분석해 본 뒤, 적절한 때가 되어 발표할 때까지는 외부의 방해를 받지 않도록 하려는 배려에서였다.) 많은 재단들이 이 실험을 보다 심도 있게 진행할 수 있도록 자금을 지원하겠다고 나섰다. 1969년 2월에 〈내셔널 와일드라이프 *National Wildlife*〉지가 이에 대한 특집 기사를 싣는 모험을 단행하자, 냉담한 태도를 보였던 각 매스컴들까지 앞을 다투어 이 흥분의 소용돌이 속으로 뛰어들었다. 그리하여 이 일은 전세계의 주목을 끌게 되어, 비서들이나 가정주부들은 자기들이 기르는 화초나 나무들에게 말을 거는 것이 유행처럼 되었고, '드라카에나 마상기나 *Dracaena massangeana*' 같은 어려운 학술용어가 일상적인 단어가 되어 버렸다.

떡갈나무는 나무꾼이 다가가면 부들부들 떨고, 홍당무는 토끼가 나타나면 사색이 된다는 이야기에 많은 독자들이 흥미를 보였다. 〈내셔널 와일드라이프〉지의 편집자들은 백스터 효과를 다른 데다 적용시켜 보면 어떨까 하는 생각을 하게 되었다. 즉, 그것을 의학적 진단이나 범죄 수사, 스파이 색출 따위에다 적용시켜 보자는 것이었다. 하지만 너무도 꿈만 같은 발상이라 그들은 그것을 감히 활자화할 엄두를 내지 못했다.

1968년 3월 21일, 〈메디컬 월드 뉴스 *Medical World News*〉지는 다음과 같은 기사를 실었다. "마침내 ESP 연구는 과학적인 존중을 받으려 하고 있다. 1882년 케임브리지에서 '영국 심령연구 학회 British Society for Psychical Research'가 설립된 이래 초감각 현상의 연구자들이 그토록 갈구해 왔던 일이 말이다."

노스캐롤라이나 주의 윈스턴 셀럼에 있는 메리 레이놀즈 배브콕 재단의 윌리엄 본듀런트William M. Bondurant 이사는 백스터의 연구 자금으로 1만 달러를 내놓으면서 이렇게 칭송했다. "그의 연구는 모든 생물체들에는 우리가 알고 있는 물리법칙을 초월하는, 순간적인 교신 능력 같은 근원적인 그 무엇이 있을지 모른다는 사실을 알려 주고 있다. 이것은 연구할 만한 가치가 충분히 있다고 보여진다."

이렇게 하여 백스터는 심전도계心電圖計라든가 뇌파 탐지기 같은 값비싼 장비들을 갖출 수 있게 되었다. 심장과 뇌로부터 방출되는 전기를 측정하는 데 쓰이는 이 장비들을 갖춤으로써 식물에게 직접 전류를 통하지 않고도 그 식물이 방출하는 전기의 변화를 기록하는 데 매우 편리하게 되었다. 심전도계는 거짓말 탐지기보다 훨씬 더 예민하게 판독해 낼 수 있게 했으며, 뇌파 탐지기는 심전도계보다 10배나 더 민감한 것까지 알아낼 수 있게 했던 것이다.

그러다가 한 우연한 사건이 백스터로 하여금 보다 새로운 영역의 탐구에 빠져들게 했다. 어느 날 저녁, 그가 애견인 도베르만종의 개에게 먹이려고 날달걀을 깨뜨린 순간, 탐지기에 연결된 식물들 중 하나가 격렬한 반응을 보였다. 다음날 저녁에도 똑같은 일이 벌어졌다. 흥미를 느낀 그는 도대체 달걀이 어떻게 느끼고 있는지 궁금하여 그 달걀을 검류계에 연결시켜 보았다.

9시간 동안 그는 그 달걀로부터 분명한 움직임의 기록을 얻어 낼 수 있었다. 그것은 부화가 3~4일 가량 진행된 병아리 태아에나 있을 분당 160~170의 심장 박동수였던 것이다. 그 달걀은 가게에서 사온 것인데다 식용으로 양산된 무정란일 뿐이었는데도 말이다. 결국 그 달걀을 깨뜨려 살펴보았으나, 그 맥박을 설명할 만한 그 어떤 생명 순환의 구조도 찾아볼 수가 없었다. 그는 현대 과학의 지식으로는 이해되지 않는 모종의 '힘의 장force fields'에 발을 들여놓은 셈이었다.

그가 새롭게 관심을 갖기 시작한 분야에 대한 유일한 단서가 있다면, 1930년대와 1940년대에 예일 대학교 의과 대학의 고 해럴드 색스턴 버Harold Saxton Burr 교수가 행했던 실험 정도였다. 그것은 식물, 나무, 인간, 심지어 극히 미세한 세포 주변의 에너지장에 관한 놀라운 실험이었으나, 극히 최근에 와서야 인정을 받게 되어 점차 이해를 넓혀 가고 있는 중이다.

　백스터는 식물에 관한 연구를 일시 중지하고 달걀을 통해 발견한 것의 의미를 탐구하기로 했다. 그것은 생명의 기원에 관한 탐구를 뜻하는 것으로서, 나중에 이것을 주제로 별도의 책을 쓸 수 있을 것 같았다.

제2장
인간의 마음을 읽는 식물

백스터가 동부 지역에서 연구에 몰두하고 있을 무렵, 캘리포니아 주의 로스가토스에 있는 IBM의 마르셀 보겔Marcell Vogel이라는 한 건장한 화학 연구원은 IBM의 기술자와 과학자들에게 '창조성'을 고취시키기 위한 세미나를 해달라는 요청을 받았다. 그리하여 준비 작업을 착수하던 그는 이내 그것이 매우 엄청난 일이라는 것을 깨닫게 되었다. "창조성이란 걸 어떻게 정의해야 할까?" 그는 스스로에게 물었다. "창조적인 인간이란 무엇일까?" 프란치스코회의 성직자가 되기 위해 수년간 신학 공부도 했었던 보겔은 이 문제에 골몰하다가 마침내 열두 차례에 걸친 2시간짜리 강의 초안을 쓰기 시작했다.

사실 보겔이 이 창조성의 영역 안으로 맨 처음 뛰어들었던 것은, 반딧불은 어떻게 빛을 내는 것일까를 궁금해 하던 어린 시절로까지 거슬러 올라간다. 어렸을 때 그는 반딧불의 불빛과 같이 열을 내지 않는 냉광冷光에 관한 자료가 도서관에서조차 얼마 되지 않는다는 것을 알고, 어머니에게 자기가 그에 관한 책을 쓰겠노라고 말했었다. 보겔과 시카고 대학의 피터

프링스하임 Peter Pringsheim 박사의 공저로 《액체와 고체에 있어서의 냉광과 그 실용》이라는 책이 출판된 것은 그로부터 10년 후의 일이었다. 그 후 2년이 지났을 때, 보겔은 샌프란시스코에 '보겔 냉광회사'를 차려 그 분야의 선도자가 되었다. 이후 약 15년 동안 보겔의 회사에서는 많은 상품들을 개발해 냈다. 형광 크레용, 벌레잡이 형광 꼬리표, 지하실이나 하수도 또는 빈민가 등지의 쥐가 다니는 길을 쥐 오줌으로 알아낼 수 있게 하는 '흑광 black light' 탐지 장치 같은 것 외에 뉴 에이지 new age 포스터의 대종을 이루는 환각적인 색채 따위가 그것이다.

1959년대 중반, 매일매일의 반복적인 업무에 싫증을 느낀 그는 회사를 팔아 버리고, IBM에 들어가 일하게 되었다. 그리하여 그는 자신의 모든 시간을 연구에 전념할 수 있게 되었다. 그곳에서 그는 자력磁力 기구나 전기 광학 장치, 액정液晶¹의 구조 등에 대한 연구에 몰두하였으며, 컴퓨터 정보의 저장에 있어서 대단히 중요한 발명을 하여 특허를 얻기도 했다. 수많은 연구로 그가 받은 상이 얼마나 많았던지, 산호세에 있는 그의 집 벽을 온통 도배할 정도였다.

IBM이 그에게 요청한 창조성에 관한 세미나 진행에 일대 전환점이 찾아왔다. 그것은 세미나 참가 수강생 중 한 사람이, 백스터의 연구에 관한 기사가 실린 〈보물선 Argosy〉이라는 잡지를 가져와, 백스터의 연구에 대한 기사를 보여주었을 때였다. 그는 '식물에게도 감정이 있는가?'라는 제목의 그 기사를 처음 접한 순간, 백스터란 인물은 지독한 협잡꾼이라고 생각하고 기사를 쓰레기통에다 내던져 버렸다. 그러나 그 연구에 관한 기사는 무언가 그의 마음 한구석을 잡아 끄는 데가 있었다. 며칠 후, 보겔은 그 기사를 다시 읽어 보고는 마음을 완전히 고쳐 먹게 되었다.

수강생들에게 그 기사를 읽어 주자, 조소를 짓는 쪽과 호기심을 갖는 쪽으로 반응이 양분되어 나타났다. 얼마간 시끄러운 소란이 있은 끝에 식물에 대한 실험을 직접 해보자는 쪽으로 의견이 일치됐다. 그날 저녁 한 수강생이 보겔에게 전화를 걸어, 〈파퓰러 일렉트로닉스 Popular Electronics〉

1—액체와 결정의 중간 상태. 작은 자극으로도 물성物性이 변화된다.

최근호에 백스터의 연구에 관한 기사가 실렸는데, 거기에 '심리 분석기 psychoanalyser'라는 기계의 도면도 실렸더라고 알려 왔다. 그것은 식물의 반응을 찾아내고, 그것을 증폭시키는 데 알맞을 것 같았다. 게다가 그것을 장만하는 데는 25달러도 채 안 들고.

보겔은 수강생들을 세 그룹으로 나누어 백스터의 성과 중 몇 가지를 재현해 보라고 했다. 그러나 세미나가 끝나 갈 무렵이 되었음에도 그 셋 중 어느 한 그룹도 성공의 기미를 보이지 않았다. 단지 보겔만이 백스터의 실험 중 몇 가지와 똑같은 성과를 얻어낼 수 있었다. 즉, 그는 식물이 잎사귀가 찢기게 될 것을 예감하고 반응을 보인다든가, 또 불에 태워질 거라든가 뿌리째 뽑히게 될 거라는 것을 예감하면 매우 격렬한 반응을 보이는 것과 같은 현상을 재현해 보일 수 있었던 것이다.

보겔은 어째서 자신만이 그 실험에 성공했는지 궁금했다. 그는 어린 시절에 이미, 인간의 마음에서 일어나는 일에 대한 것이라면 무엇이든 큰 흥미를 보였었다. 마술이나 심령학, 최면술 같은 것에도 깊이 빠져 들어, 10대에 벌써 최면술사로서 시범을 보이기도 했었다.

보겔을 특히 매료시켰던 것은, 프란츠 메스머 Franz Mesmer [2]의 이론(건강한가 그렇지 못한가는, 우주의 유체流體 universal fluid가 몸 속에서 평형을 이루고 있는가 교란되어 있는가로 판별할 수 있다는 이론)과 에밀 쿠에 Emile Coué [3]의 이론(자기 암시를 통해 무통 분만과 자가 치유를 할 수 있다고 한 이론), 그리고 여러 사람들이 언급한 '심적 에너지 psychic energy' 이론—이 '심적 에너지'라는 말은, 칼 융 Carl Jung에 의해 보편화된 용어인데, 그는 이 정신 에너지를 육체적 에너지 physical energy와 구별하면서, 양자는 비교될 수도 없을 만큼 전혀 다른 것이라고 믿었다—같은 것들이었다.

2—오스트리아의 의사(1734~1815). 막시밀리안 헬이 자석으로 위궤양을 치료하자, 흥미를 느껴 동물자기動物磁氣에 대해 깊이 연구하였다. 동물자기론을 치료법에 응용, 동물자기에 의한 최면술 요법(mesmerism)을 유럽 일대에 유행시켜 많은 논란을 불러일으켰다.
3—프랑스의 자기 암시 요법가(1857~1926). 처음에는 최면술을 연구했으나, 나중에 자기 암시에 기초하여 상상력에 호소하는 자기 암시 요법(cueism)을 창안해 냈다.

보겔은 만약 심적 에너지가 있다면 이 또한 다른 에너지들처럼 저장도 가능할 것이라는 추측을 했다. 그러나 그렇다면 어디에 저장될 것인가? 그는 IBM의 실험실에 있는 수많은 화학물질들을 바라보면서 그것들 중 어떤 것이 이 에너지를 저장하는 데 쓰일 수 있을까 궁금해했다.

골똘히 생각하던 그는 마침내 영적인 능력이 있는 여자 친구 비비안 윌리Vivian Wiely에게 도움을 요청했다. 보겔이 보여준 화학물질들을 살펴보고 난 그녀는, 자신이 보건대, 그것들 중에는 그의 문제를 해결해 줄 만한 것이 없노라고 말했다. 그러자 보겔은 자기가 부탁했던 화학물질은 무시한 채 그녀 자신에게 직감적으로 떠오르는 것이 있으면 말해 달라고 했다. 그랬더니 그녀는 자신의 집으로 돌아가 정원에서 범의귀 잎사귀 두 장을 뜯어다 하나는 침대 옆의 탁자에다, 다른 하나는 거실에다 놓아 두는 것이었다. "이제부터 저는 아침마다 자리에서 일어나 침대 옆의 잎사귀를 바라보겠어요. 계속 살아 있으라고 바라면서 말이에요. 하지만 나머지 하나는 그냥 내버려두도록 하지요. 그리고 나서 어떤 일이 벌어질지 살펴보기로 해요."

한 달이 지났을 때, 그녀로부터 카메라를 가지고 오라는 연락이 왔다. 보겔은 자신의 눈을 의심할 지경이었다. 그녀가 아무런 관심도 기울이지 않은 채 버려둔 잎사귀는 갈색으로 변한 채 썩어 가고 있었는데, 머리맡에 두고 매일같이 관심을 기울여 주던 잎사귀는 여전히 싱싱함을 유지하고 있는 게 아닌가? 마치 정원에서 갓 따온 것처럼 말이다. 자연의 법칙을 무시한 채 잎사귀를 건강하게 지켜 주는 그 어떤 힘의 실체를 본 듯했다. 보겔은 그녀와 같은 실험을 해보려고 IBM의 사무실 밖에서 느릅나무 잎사귀 세 장을 땄다. 그리고는 그것들을 집으로 가져와 침대 옆의 유리판 위에다 올려놓았다.

매일 아침 식전마다 그는 그 유리판 위의 세 잎사귀들 중 양쪽 가장자리의 두 잎사귀들에게 계속 살아 있으라고 자상하게 권하면서 약 1분간 그윽히 들여다보았다. 가운데 잎사귀는 철저히 무시하면서. 1주일이 채 못 되어 가운데 것은 갈색으로 시들어 갔으나, 가장자리의 두 잎사귀는 여전히 푸른 빛을 발하며 싱싱함을 유지하고 있었다. 그러나 보다 흥미로운 것은,

그 두 장의 잎사귀들이 나무에서 뜯겨질 때 입은 상처가 나은 것처럼 보였다는 것이다. 한편 비비안은 그녀대로 실험을 계속했다. 그리하여 다른 하나가 완전히 갈색으로 말라 비틀어졌음에도 두 달간이나 싱싱함을 유지해 온 그 잎사귀를 그에게 보여 주었다.

보겔은 자신이 심적 에너지의 힘을 실증적으로 확인했다고 굳게 믿었다. 만일 정신력이 잎사귀를 푸르게 유지시킨 거라면, 액정에 대해서는 어떤 반응이 나타날까? 사실 이 액정에 관한 연구는 그가 IBM에서 줄곧 탐구해 오던 과제이기도 했다. 보겔은 현미경을 통해 300배로 확대한 액정의 천연색 슬라이드를 수백 장이나 갖고 있었다. 영사를 통해 보면, 그것들은 마치 뛰어난 추상화가가 그린 작품처럼 아름다웠다. 보겔은 슬라이드를 만드는 동안, 마음을 편안하게 가지면 현미경상으로는 드러나지 않았던 무언가 보이지 않는 활동을 느낄 수 있다는 것을 깨달을 수 있었다.

"나는 현미경에서 다른 사람들이라면 느끼지도 못했을 그 무언가를 시각의 작용이 아닌 마음의 눈으로 잡아내기 시작했다. 그것을 느끼게 된 후로 나는 보다 높은 차원의 어떤 감성의 인도를 받아, 조명 조건을 조절하여 인간의 눈이나 카메라에도 이러한 현상들이 기록될 수 있게 하려 한다."

그리하여 보겔이 추론해 낸 것은, 결정이 고체의 물질적인 상태로 되는 것은 그 상태를 예견하는 전형태 pre-forms, 또는 순수한 에너지의 '환상 ghost images'에 의한다는 것이었다. 그래서 보겔은, 예를 들어 식물이 자신을 불태워 버리려 하는 인간의 의도를 알아채는 것으로 보아, 인간의 그런 의도가 모종의 에너지장을 형성하는 것이 틀림없다고 보았다.

1971년 가을에, 보겔은 자신의 거의 모든 시간을 다 빼앗기고 있다는 생각에 식물 연구를 중단했다. 그러나 예언자 에드거 케이시 Edgar Cayce [4] 에 관한 책의 저자이자 심리학자인 지나 서미내러 Gina Cerminara 박사의 이야기가 인용된, 보겔의 연구에 관한 기사가 산호세의 〈머큐리 Mercury〉지에 실리고, 그것이 AP통신에 의해 전세계로 퍼져 나가자, 보겔은 여러 가지를 묻는 전화에 시달리게 되었다. 그리고 그 일은 보겔로 하

---

[4] 미국의 예언가(1877~1945). 지각의 대격변, 지구 자전축의 변환, 아틀란티스 대륙의 융기 등을 예언했다.

여금 다시 연구를 계속해야겠다는 자극을 주었다.

보겔은 인간의 생각이나 감정에 대한 식물의 반응을 정밀하게 관찰하려면, 식물의 잎에다 전극을 연결시키는 방법부터 개선해야 함을 깨달았다. 그래야만 진공청소기에서 발생하는 예상치 못한 전자파 따위를 제거할 수 있을 듯싶었다. 그러한 것들은 그래프에 나타나는 기록 등에 영향을 미쳐 부정확한 결과를 초래하게 만든다. 그래서 백스터는 어쩔 수 없이 대부분의 실험을 소음이 없는 한밤이나 새벽을 택해 하지 않았던가.

보겔은 필로덴드론으로 실험해 본 결과, 그 반응 속도가 어떤 것은 빠르고, 어떤 것은 느리며, 또 어떤 것은 뚜렷하나 어떤 것은 그렇지 않은 등 매우 다양하다는 것을 알게 되었다. 그리고 한 덩어리로서의 식물뿐만 아니라 각각의 잎사귀들도 각기 독특한 특성을 갖고 있는 듯했다. 전기 저항이 큰 잎사귀는 실험 대상으로 적합치 못했고, 수분을 많이 함유한 싱싱한 잎사귀가 가장 좋다는 것도 알게 되었다. 또 식물들은 때에 따라 활동적이거나 비활동적이기도 했다. 하루 중 어느 때, 혹은 한 달 중 어느 날은 대단히 반응을 잘 나타내지만, 어느 때는 아주 게으르거나 침체된 것처럼 보였다.

이러한 현상들은 혹시 전극을 연결시키는 과정에서 비롯된 게 아닐까? 그는 그것을 확실히 알아보기 위해 우뭇가사리의 추출물에다 끈적거리는 카리karri 껍과 소금을 넣고 반죽한 끈적끈적한 물질을 만들었다. 그것을 잎사귀에 발라 놓고는, 그 위에다 잘 연마한 가로 세로 2.45센티미터, 두께 1.27센티미터의 가벼운 스테인리스 전극을 부착하였다. 이제 점액질의 한천액이 굳어지면 전극이 단단히 고착되는 것이다. 그 접착제를 사용하여 조그맣고 가벼운 전극을 잎사귀에 연결시켰다는 것은, 그 전까지 일반적인 전극을 연결시킬 때 생겼던, 압력으로 인한 실험 변수들을 사실상 제거하였다는 의미이다. 보겔은 이 장치로, 변수로 인한 진동 없이 완전하게 쪽곧은 도표상의 기준선을 얻을 수 있었다.

예상 밖의 영향을 줄 요소들을 배제시킨 후, 보겔은 1971년 봄 새로운 실험에 착수했다. 그것은 필로덴드론이 사람과 교감을 시작하는 바로 그 순간을 포착해 낼 수 있는가를 알아보기 위한 것이었다. 그는 변수가 제거된 기준선을 얻어낸, 검류계에 연결된 필로덴드론 앞에 서서 긴장을 완전히 푼 채 숨을 깊이 들이쉰 후 손가락을 그 식물에 닿을 듯 말 듯하게 뻗었다. 그러면서 마치 친구를 대하는 것 같은 아주 다정한 감정을 그 식물에다 쏟아부었다. 그가 그럴 때마다 도표에는 상향을 그리는 일련의 진동이 분명하게 나타났다. 그와 동시에 보겔은 식물로부터 분출되고 있는 어떤 에너지 같은 것을 손바닥으로 분명하게 느낄 수 있었다.

그러나 3분에서 5분쯤 지나면, 보겔이 아무리 애를 써도 식물은 더이상 반응을 보이지 않았다. 그것은 식물이 보겔의 수고에 대한 답례로 자신의 에너지를 다 소모했기 때문인 것 같았다. 보겔은 자신과 식물간의 상호 교감이 마치 연인이나 친한 친구를 만났을 때와 비슷한 것 같다는 느낌을 받았다. 즉, 서로를 보다 가까이 느끼고 싶다는 열망은 에너지를 격정적으로 쏟게 만들어 마침내는 기진해서 재충전을 해야만 하는 것이다. 보겔과 식물은 마치 연인들처럼 희열과 만족감으로 충만해 있는 듯했다.

이제 그는 식물원에서 감수성이 특별히 예민한 식물을 쉽사리 골라 낼 수 있었다. 여러 식물들 위로 손을 뻗어 어루만지듯이 훑으면 어느 식물에게서는 처음에는 약간 서늘하다가 차츰 전기 파장 같은 감각을 느낄 수 있었다. 또한 그는 백스터와 마찬가지로, 식물과의 거리를 넓혀도 비슷한 반응이 나온다는 것을 발견했다. 처음에는 집 밖에서, 다음에는 몇 구역 떨어진 곳에서, 심지어는 13킬로미터나 떨어진 로스가토스의 실험실에서도 그것을 느낄 수 있었다.

또 다른 실험에서는, 각기 다른 두 식물을 똑같은 기록기에다 연결시킨 후, 그 중 한 식물로부터 잎사귀 한 개를 잘라냈다. 그러자 다른 두번째의 식물이 동료의 아픔에 반응을 나타냈다. 그러나 그 반응은 보겔이 주의를 기울였을 때에만 나타났다! 보겔이 그 두번째의 식물을 외면한 채 첫번째 식물로부터 잎사귀를 잘라낼 때는 그 반응이 훨씬 미약하게 나타났던 것이다. 식물과 보겔의 이러한 관계는 마치 공원 벤치 위의 연인들이 서로 사랑을 속삭이다가 이윽고 그 중 한쪽이 상대방으로부터 관심을 돌리기 전까지는 행인을 의식하지 못하는 것과 비슷했다.

보겔은 자신의 경험을 통해, 요가의 대가들이나 선禪과 같은 깊은 명상법을 가르치는 교사들은 명상중에 있을 때 주위의 방해 요소들을 전혀 의

식하지 않는다는 것을 알고 있었다. 그들의 뇌파를 검사해 보면 명상중일 때와 일상적인 생활을 할 때가 사뭇 다르다는 것을 알 수 있다. 의식을 집중한 상태에서는 식물과 접하는 데 필요한 회로와 완전 일치시킬 수 있다는 것이 확실해졌다. 이 식물은 행복과 사랑을 받는다, 그래서 건강하게 자라날 것이다, 하는 분명한 생각을 가지고 초의식적인 마음을 집중시키면 식물은 잠에서 깨어나 예민한 감각을 발휘할 수 있게 된다. 이렇게 해서 식물과 인간은 서로 감응할 수 있게 되어, 일체감을 갖고 제3자라든가 발생한 사건에 대해 공감하게 된다. 또 그것을 식물을 통해 기록할 수도 있다. 보겔이 발견한 바에 따르면, 그 자신과 식물간에 서로의 감각을 예민하게 하는 데는 불과 몇 분, 길어야 30분 정도의 시간이면 족했다.

이 과정에 대한 상세한 설명을 해달라고 하자, 보겔은 이렇게 대답했다. 먼저 자기 신체 기관의 외부 자극에 대한 감각 반응을 가라앉히면, 식물과 자신 사이에 에너지 유대 관계를 느낄 수 있게 된다. 식물과 자신 양쪽에 잠재되어 있는 생체 전기의 균형이 맞춰지면, 식물은 이제 더이상 소음이나 온도, 주변의 다른 전기장이나 다른 식물 같은 것에 반응을 보이지 않는다. 오직 보겔 자신, 즉 식물 자신과 마음을 맞춘 사람—어쩌면 최면을 걸었음직한 사람—인 보겔에게만 반응을 나타내 보인다.

보겔은 이제 대중들 앞에서 이 식물에 관한 실험을 해 보여도 되겠다는 확신을 갖게 되었다. 샌프란시스코의 한 지방 텔레비전 프로에서, 식물은 보겔의 심리 상태의 다양한 변화—대담자의 질문에 대한 당혹감으로부터, 식물과 조화로운 상태로 상호 교감을 나누게 되었을 때의 조용함까지—를 도표에다 생생하게 나타내 보였다. 보겔은 또 ABC 텔레비전의 '무엇이든 물어 보세요' 프로의 프로듀서에게, 식물이 자신이나 다른 사람의 심리—방송국 측의 요청에 따라 강렬한 감정을 급격히 방출하는 따위를 포함한—에 반응하는 것을 보여주었다. 그리고 나서는 식물을 진정시켜 식물로 하여금 다시 주변 환경에 대해 일상적인 반응을 나타내게 했다.

자신의 실험에 관한 이야기를 들은 청중을 위해 마련된 강연에 초대받은 자리에서 보겔은 다음과 같이 분명하게 말했다. "인간이 식물과 교감할 수 있다는 것, 그리고 그렇게 하고 있다는 것은 분명한 사실입니다. 식물은 우주에 뿌리를 둔, 감정이 있는 생명체입니다. 인간의 입장으로 본다면 식물은 장님이자 귀머거리, 벙어리일지도 모릅니다. 그러나 나는 그들이 인간의 감정을 알 수 있는 대단히 예민한 생명체라는 것을 믿어 의심치 않습니다. 그들은 인간에게 유익한 에너지를 방출하고 있으며, 어떤 사람은 그 에너지를 느낄 수도 있습니다. 그리고 그는 그 에너지를 받아들였다가 다시 식물에게 되돌려주는 것입니다."

그러면서 보겔은 미국 인디언에 관한 이야기를 그 예로 들었다. 그들은 그 일에 관해 아주 잘 알고 있어서, 기운이 부족해지면 숲 속으로 들어가 양팔을 활짝 벌린 채 소나무에 등을 기대어 그 식물의 힘을 받아들인다는 것이다.

보겔은, 흔히들 '의식意識'이라고 일컬어지는 것과는 종류가 다른 '정신집중' 상태에 대한 식물의 감수성을 보여주려는 참에, 청중들 중에서 의심을 품거나 적개심을 갖고 있는 사람들의 반응이 자신에게 이상한 결과를 초래하게 한다는 것을 깨달았다. 그리하여 그는 요가에서 배운 복식 호흡법을 실시한 결과, 청중들 중에서 적대감을 보이는 그들만을 따로 분리시켜 반격을 가할 수 있다는 것도 알게 되었다. 그리고 난 후, 그는 라디오의 채널을 돌리듯이 자신의 마음을 다른 심상心像 쪽으로 돌렸다.

"청중들 중에서 느껴지는 적대감이나 부정적인 감정은 효과적인 교감에 장애를 주는 주요 변수 중의 하나이다. 대중들 앞에서 실험을 할 때 가장 어려운 문제가 바로 이러한 변수를 없애는 것이다. 만약 이 일에 실패한다면, 식물이나 장치들은 아무런 반응도 나타내지 않는다. 다시 긍정적인 분위기가 형성될 때까지 말이다."

"그러므로 나는 외부 환경에 대한 식물의 반응을 제어하는 일종의 여과장치 역할을 맡은 존재인 셈이다. 그것은 내가, 식물과 인간들이 상호 반응을 할 수 있도록 그 장치를 껐다가 켰다가 할 수 있다는 뜻이다. 나는 내 속에 있는 에너지 일부를 식물에게 충전시켜 줌으로써 식물로 하여금 이런 일을 수행하는 데 필요한 감수성을 갖게 할 수 있다. 식물과 인간과의 감응에 있어서 특히 명심해 두어야 할 것은, 식물의 그러한 반응은 식물 나름대로의 지성에 의한 것이 아니라, 그 상대방인 인간의 연장延長이 됨으로서

가능하다는 점이다. 그런 후에야 인간은 식물의 생체 전기장을 통해 상호 감응을 할 수 있고, 나아가 그것을 매개로 제3자의 생각이나 감정과도 감응을 할 수 있게 되는 것이다."

보겔은 모든 생명체를 둘러싸고 있는 생명력 또는 우주 에너지는 식물과 동물, 인간 모두가 공유하는 것이라고 결론을 짓고 있다. "이러한 일체감은 인간과 식물이 서로 감응을 할 수 있게 해주는 한편 식물로 하여금 그 교감을 도표로 기록할 수 있게 해주는 것이다."

인간과 식물이 감응을 할 때 서로간의 에너지가 교환되거나 혹은 일체화되는 것으로 보아, 보겔은 감수성이 아주 예민한 사람은 직접 식물의 내면으로 들어갈 수 있지 않을까—젊어서 깨달음을 얻어 다른 차원의 세계를 볼 수 있게 되었다고 알려진 16세기 독일의 신비주의자 야코프 뵈메 Jakob Böhme[5]가 말했듯이—하는 생각을 하게 되었다.

뵈메는 자라나고 있는 식물을 들여다보다가 갑자기 그러고 싶다는 생각이 드는 순간 그 식물과 혼연일체가 되어, 그것의 '빛을 향해 뻗으려는' 생명력을 느낄 수 있었다고 했다. 그리하여 그 식물의 단순한 욕망을 함께 나누고, '잎사귀가 자라나는 행복감'도 함께 즐길 수 있었다고 했다.

어느 날, 데비 새프 Debbie Sapp라는 조용하고 다소곳한 소녀가 보겔을 찾아왔다. 보겔은 필로덴드론과 금방 친숙해지는 그녀의 능력에 감명을 받았다. 그 식물이 완전히 평정에 잠겨 있을 때, 그가 데비에게 물었다. "저 식물 속으로 들어갈 수 있겠니?"

그러자 그 소녀는 말없이 고개를 끄덕였다. 그리고는 이내 다른 세계로 떠난 것 같은 고요한 표정이 떠올랐다. 그것은 정신과 육체가 분리되었을 때의 모습이었다. 그와 동시에 기록계에는 그 식물이 심상치 않은 에너지를 받아들였음을 나타내는 파동이 나타나기 시작했다.

나중에 데비는 당시의 경험을 이렇게 기술했다.

"보겔 씨는 저더러 마음을 편안하게 가지고 그 필로덴드론 속으로 들어

5—독일의 신비주의 자연철학자(1575~1624). 연금술적 자연철학과 신비주의적 범신론이 결합된 독특한 사상을 펼쳤다. 《서광 *Aura*》이 그의 대표적인 저서이다.

가는 제 모습을 상상해 보라고 하셨어요. 말씀하신 대로 실행하기 시작한 순간 여러 가지 일이 일어났어요.

사실 저는 처음에 내가 어떻게 저 식물의 안으로 들어갈 수 있을까 의심했었지요. 그러나 저는 정신을 집중시키면서 제 자신이 줄기의 밑둥치에 있는 문을 열고 식물 속으로 들어가는 것을 상상했지요. 일단 안으로 들어가자 이리저리 움직이고 있는 세포들과 줄기를 타고 올라가는 물을 볼 수 있었어요. 저는 그 줄기를 타고 거슬러 올라가는 물에다 자신을 실었어요.

잎사귀들 쪽을 향해 다가갈 때 저는 제 상상의 세계로부터 분리되어 저로서는 어떻게 해볼 수 없는 미지의 세계로 빠져드는 것을 느꼈어요. 그것은 볼 수 있는 세계가 아니라 제 자신이 활짝 펼쳐진 어떤 표면의 일부가 되는 것 같은 느낌이었지요. 그것은 제게 있어서 오직 순수 의식의 상황이었다고 설명해야 할까요.

저는 식물이 저를 받아들이고 호의적으로 보호해 준다는 느낌을 받았어요. 거기에는 오직 일체가 된 공간 속에 있다는 느낌뿐이었지, 시간의 개념 같은 것은 없었어요. 저는 제 자신도 모르게 미소를 지으며 식물과 하나가 되어 있었던 거지요.

그때 보겔 씨가 제게 긴장을 풀라고 하셨어요. 그 말을 듣자, 저는 매우 피곤함을 느꼈어요. 하지만 마음은 아주 평화로웠어요. 아마 식물과 더불어 저의 에너지를 다 써 버렸던가봐요."

도표 위의 기록을 계속 주시하고 있던 보겔은, 데비가 식물의 밖으로 나오자 갑자기 파동이 멈춰 버리는 것을 보게 되었다. 또다시 식물의 안으로 들어갔을 때, 그녀는 세포들의 모습과 그 내부 구조들을 보다 상세하게 설명할 수 있었다. 그러면서 잎사귀 하나가 전극 때문에 심한 화상을 입었다고 말하는 것이었다. 보겔이 전극을 떼어 보니, 과연 그 잎사귀는 전극이 닿았던 부분이 불에 타 구멍이 뚫려 있었다.

그후, 보겔은 다른 많은 사람들과 같은 실험을 하면서 그들로 하여금 하나의 잎사귀 안으로 들어가 그 속에 있는 낱낱의 세포들을 살펴보라고 했다. 그러자 그들은 한결같이 세포 조직의 여러 부분에 대해, 심지어 DNA

분자라는 상세한 구조까지 일치되게 묘사하는 것이었다. 그 실험을 통해 보겔은, "우리는 우리 몸 속의 세포 구석까지 들어갈 수 있다. 그리고 우리의 마음 상태로 그 세포들에 여러 가지 영향을 줄 수도 있다. 언젠가는 이것으로 질병의 원인을 규명해 낼 수도 있을 것이다."라고 주장했다.

식물의 안으로 들어가 상처 입은 부분이 어디인가를 찾아내는 능력은, 1973년 그리스도 수난일에 마침내 텔레비전으로 방송되었다. 보겔과 동료인 톰 몬텔보노Tom Montelbono 박사―그는 보겔과 1년 이상이나 함께 일해 왔다―의 실험이 CBS의 촬영팀에 의해 촬영되었던 것이다. 두 사람은 여느 때처럼 실험을 하려고 했으나, 식물이 아무런 반응을 보여주지 않자 몹시 당황했다. 보겔은 몬텔보노에게 혹시 전극에 이상이 있는 게 아니냐며 좀 살펴봐 달라고 부탁했다. 그러자 CBS 기술자들을 깜짝 놀라게 할 만한 일이 벌어졌다. 부탁을 받은 몬텔보노는 전극을 살펴보는 대신 자리에 앉아 잠시 정신을 집중하더니, 이윽고 전극을 연결시킨 잎사귀의 오른쪽 위편에 있는 세포들이 상처를 입어 그 때문에 전류의 흐름이 약하다고 말하는 것이었다. 방송 관계자들이 지켜보는 가운데 전극을 떼어내고 보니 과연 그 자리에 상처가 나 있었다.

보겔은 모든 인간들 중에서 어린이들이 가장 '열린 마음'을 갖고 있다는 것을 알고, 어린이들에게 식물과 감응하는 법을 가르치기 시작했다. 먼저 그는 어린이들에게 식물의 잎사귀를 만져 보게 한 후, 그 온도나 감촉 같은 것을 자세히 설명하게 했다. 그런 뒤 잎사귀의 앞뒷면을 부드럽게 쓰다듬어 주기 전에 그것을 구부려 탄력을 잘 관찰해 보게 했다. 만약 어린이들이 자신이 느낀 감각을 재미있어하면서 설명을 해준다면, 이번에는 잎사귀로부터 손을 약간 떼어 거기에서 분출되는 에너지를 느껴 보도록 했다. 그랬더니 많은 어린이들이 그 즉시 잔물결이 일렁이는 것 같다거나 따끔따끔한 느낌이 든다고 대답했다.

보겔은 그들 중에서도 아주 강한 느낌을 받았다고 대답한 어린이들은 자신이 하고 있는 일에 열심히 몰두하고 있었다는 사실에 주목했다. 어린이들이 그런 느낌을 받았다고 말하면, 그는 또 이렇게 말했다. "자, 이제는 긴장을 풀고 식물과 에너지를 주고받는다는 느낌을 가져 보렴. 무언가 고

동치고 있다는 걸 느낄 수 있겠니? 그렇다면 손을 아래위로 천천히 움직여 봐. 직접 잎사귀에 갖다 대지는 말고 말이야."

그러자, 꼬마 과학자들은 자신들의 손의 움직임에 따라 잎사귀도 아래위로 움직이는 것을 보게 되었다. 신이 난 아이들이 두 손을 다 움직이자, 잎사귀들은 마구 흔들리기 시작했다. 어린이들이 자신감을 얻자, 보겔은 그들로 하여금 식물로부터 차츰 멀리 떨어져서 움직여 보라고 했다.

보겔은 이렇게 말한다. "이것은 보이지 않는 힘을 잘 느낄 수 있게 하는 초보적 훈련이다. 일단 그 느낌이 잡히면, 그들은 그 힘을 임의로 조종할 수 있음을 알게 된다."

그러나 어른들은 아무래도 아이들만큼 성공적이지 못했다. 보겔은 많은 과학자들이 자신의 실험이나 백스터의 실험을 효과적으로 해내지 못하는 이유는 바로 그런 데 있다고 추측했다. "그들이 식물을 친구처럼 대하여 서로 교신을 나누려는 생각을 하지 않은 채 그저 기술적인 접근만을 하려 든다면 분명 실패하고 말 것이다. 실험을 하기 전에 먼저 모든 선입관을 버리는 '열린 마음'을 갖는 것이 그 무엇보다 필요하다." 실제로 '캘리포니아 심령 학회'에서 활동을 하고 있는 한 의사는 몇 달간이나 실험을 계속해 보았지만 아무런 성과도 못 얻었다며 문의를 해오기도 했다. 덴버 시에서 아주 유명한 정신분석가 한 사람도 그 점에선 다를 바가 없었다.

보겔은 이렇게 말한다. "식물과 인간 사이의 감정 이입이 해결의 열쇠라는 것을 깨닫고 그 방법을 익히지 못한다면, 전세계의 수많은 과학자들은 모두 실패와 실망만을 거듭할 것이다. 적절한 훈련을 받은 사람에 의해 이 실험이 행해지기 전까지는 그 누구도 만족할 만한 결과를 얻을 수 없을 것이다. 실험의 성공을 위해서는 정신적인 발달이 절대 필요하다. 하지만 많은 과학자들은 그렇게 하는 것이 자기네들의 철학에 위배되는 것이라고들 여긴다. 그러나 그것은 곧 그들이 창조적 실험에 담긴 의미, 즉 '실험 주체자가 그 실험의 일부분이 되어야 한다.'는 것을 깨닫지 못하고 있음을 말해 주는 것이 된다."

여기서, 백스터와 보겔의 연구 방법에 차이가 있다는 것이 드러난다. 그것은 보겔이 어쩌면 자기의 식물에다 일종의 최면술적인 조절을 한 반면,

백스터는 자기의 식물이 홀로 놓아두어도 주변 환경에 정상적인 반응을 보인다고 말하고 있기 때문이다.

보겔은 어떤 사람이 식물에게 영향을 미칠 수 있다 하더라도, 반드시 즐거운 결과가 나타나는 것만은 아니라고 했다. 보겔은 그의 식물 연구가 사실인가를 직접 확인해 보려고 찾아온 한 임상심리학자인 친구에게, 4.5미터 떨어진 곳에 있는 필로덴드론에게 강렬한 감정을 쏟아 보라고 말했다. 그러자 식물은 즉시 격렬한 반응을 보이더니 갑자기 '실신'해 버렸다. 보겔이 대체 어떤 생각을 했었느냐고 묻자, 그 친구는 이렇게 대답했다. "응, 우리 집에 있는 필로덴드론과 자네의 것을 비교해 보니 자네의 것이 영 보잘 것없다는 생각을 했었네." 확실히 보겔의 필로덴드론은 기분이 아주 상했는지 그날 하루 종일 어떠한 반응도 거부했다. 그리고는 거의 2주일간이나 토라져 있었다. 보겔은 식물들이 어느 특정한 사람들, 보다 정확히 말한다면 그 사람들의 생각에 혐오감을 나타낸다는 것을 의심할 수가 없었다.

이 같은 사실에서, 어느날 보겔은 식물을 통해 다른 사람의 마음을 읽을 수 있겠다는 생각을 하게 되었다. 아닌 게 아니라, 실제로 그 비슷한 일이 이미 있었던 것이다. 언젠가 보겔은 한 핵물리학자에게 어떤 전문적인 문제를 머리 속으로 한번 연구해 보라고 요청했었다. 그가 생각에 잠겨 들자, 식물은 기록계에다 118초 동안 일련의 기록을 작성했다. 그래프가 다시 기준선으로 내려가는 것을 본 보겔은 그 과학자에게 이제 생각을 멈추었느냐고 물었다. 그랬더니 그는 그렇다고 확인을 해주었다.

보겔은 과연 식물에 의해 그 과정이 도표로 나타나게 된 것인지 미심쩍었다. 몇 분 뒤 그는 그 과학자에게 이번에는 아내에 대해 생각해 보라고 부탁했다. 그랬더니 식물은 105초 동안 기록을 나타냈다. 보겔은 그 식물이 그 사람의 아내에 대한 마음의 움직임을 포착하여 기록을 한 것이라고 생각했다. 만일 인간이 그 기록을 해독할 수만 있다면 다른 사람의 생각을 알아낼 수 있지 않을까?

커피를 마시고 난 뒤, 보겔은 그에게 다시 한번 아까와 같은 방법으로 아내에 대한 생각을 해보라고 부탁했다. 그러자 식물은 조금 전과 마찬가지로 105초 동안 이전의 것과 매우 흡사한 기록을 나타내는 것이었다. 그것은 보겔로 하여금, 식물이 유사한 형태를 가진 사고의 파장을 기록할 뿐만 아니라 재생해 내기도 한다는 사실을 처음으로 깨닫게 한 순간이었다.

"이 같은 실험을 되풀이하다 보면 우리는 인간의 마음에서 나오는 에너지를 분별해서 확인하고, 해석해 내서 아직은 개발되지 않은 기계 장치를 통해 재생시킬 수 있게 될 것이다. 그리하여 하룻밤 내내 생각한 게 무엇인지가 명백히 밝혀질지도 모른다."

보겔은, 틀림없이 무슨 숨겨진 장치라든가 속임수 같은 것이 있을 거라며 자기를 의심하는 심리학자, 의사, 컴퓨터 프로그래머들을 자신의 집으로 초대했다. 그리고는 그들이 주장했었던 무슨 비밀장치 같은 게 있는가 살펴보라고 한 뒤, 둥그렇게 둘러앉아 대화를 나누면서 식물이 어떤 반응을 나타내는가를 살펴보라고 했다. 그들은 1시간 동안이나 여러 가지 주제를 놓고 이야기를 나누었지만 식물로부터는 별 반응이 없었다. 그래서 그들이 이제까지의 모든 것은 엉터리 수작이었다고 결론을 내리려 할 때, 한 사람이 "섹스에 관해 이야기해 보면 어떨까?" 하고 제안했다. 그러자 놀랍게도, 그토록 잠잠하던 식물이 갑자기 살아나서는 기록계에다 거칠게 진동하는 그래프를 그려 대기 시작했다. 그것은 섹스에 관한 그들의 이야기가 좌중에 '오르곤orgone'과 같은 성적인 에너지를 불러일으켰기 때문인 듯했다. 이 오르곤이라는 말은 빌헬름 라이히Wilhelm Reich 박사가 발견해서 이름붙인 것인데, 고대인들이 씨를 갓 뿌린 밭에서 풍요제를 지내며 성교를 했던 것은 실제로 식물에 자극을 주어 발육을 고취시키는 데 효과가 있었을지도 모른다.

또 식물은 붉은 갓을 씌운 촛불만이 밝혀진 어두컴컴한 방에서 유령 이야기를 했을 때에도 반응을 보였다. 그런 이야기 중에서도 특히, "그 홈가의 문이 저절로 열리기 시작했다"거나 "갑자기 복도 모퉁이에서 낯선 사람이 칼을 들고 나타났다" "찰스는 지하실로 내려가 관 뚜껑을 들어 올렸다" 같은 대목에서는 식물이 더욱 바짝 주의를 기울이는 듯했다. 보겔은 바로 그러한 사실들이, 상상력에 의한 공포가 사람들에 의해 에너지로 변환된 것을 식물이 알아챘다는 증거라고 생각했다.

팔로알토에 있는 스탠퍼드 연구소의 할 퍼토프Hal Puthoff 박사가 달

갈을 'E-미터'에 연결시킴으로써 얻어지는 실험의 효과를 함께 보자며, 보겔 외에 다른 과학자 다섯 명을 초청했다. 이 E-미터는 사이언톨로지 scientology⁶의 창시자인 론 허바드L. Ron Hubbard가 개발한 것으로서, 보겔이 세미나에서 수강생들과 함께 맨 처음 사용했던 전기를 이용한 심리 분석기와 거의 동일한 기능을 가진 것이었다. 퍼토프는 E-미터에 연결된 달걀이 다른 달걀이 깨질 때 어떤 반응을 보이는가 하는 것을 실증하려 했다. 그러나 달걀을 세 개나 깨뜨렸건만 아무런 반응도 나타나지 않았다. 보겔이 자기가 한번 해보겠노라면서 손을 달걀 위로 내밀고는 자기의 식물한테 했던 것과 같은 방식으로 달걀과 '관계를 맺었다.' 1분 정도 지나자 검류계의 바늘이 움직이기 시작하더니 마침내는 딱 멈춰 버렸다. 보겔은 다시 3미터쯤 뒤로 물러나 손바닥을 쥐었다 폈다 하는 것만으로 바늘을 움직이게 했다. 그것을 본 퍼토프와 다른 참석자들도 따라서 시도해 보았으나 모두 실패하고 말았다.

인간의 피부에 전극을 갖다 댔을 때 그 피부 저항의 영향 때문에 바늘이 움직인다고 여겨지는 현상을 가리켜서 '피부 전기 반응Galvanic skin response'이라고 하는데, 이는 대개 GSR이라고 줄여서 일컫는다. 그러나 식물에게는 인간적인 의미에서의 피부가 없으므로, 식물에 대한 그와 같은 효과는 '심리 전기 반응Psycho-galvanic response', 즉 PGR이라고 불린다.

보겔은 "PGR은 나무뿐만 아니라 모든 생물체에 존재한다. 이 에너지는 마음의 지시에 의해 집중되었다가, 그것을 방출하라는 명령이 내려지면 유리나 금속뿐만 아니라 그 어떤 물질도 뚫고 나갈 수 있는 일련의 파장으로 변하여 방출된다. 그러나 그것이 무엇인지는 아직 아무도 모른다."라고 말한다.

소련에서는 니나 쿨라기나Nina Kulagina라는 초능력자가 나침반 위에 손을 가까이 가져감으로써 그 바늘을 움직이게 했다. 또 그보다 더욱 놀라

6—인간의 불행은 출생 전의 세포가 느꼈던 고통의 기억에서 비롯된다고 보고, 그것을 제거함으로써 불행을 제거할 수 있다고 믿는 미국의 신종교.

운 일이 스탠퍼드 대학에서 있었다. 그것은 잉고 스완Ingo Swann이라는 비범한 감각의 소유자에 의해 이루어졌는데, 그가 성공을 할 수 있었던 것은 자신이 배운 사이언톨로지의 기술을 이용했기 때문이었다. 그는 정신력만으로 그 대학의 가장 철저하게 차단된 쿼크 검출기quark chamber[7]에 영향을 미쳤던 것이다. 그 용기는 지하 깊은 곳의 액체 헬륨 저장실에 보관된 것으로서, 이제까지 알려진 그 어떤 전자 스펙트럼의 파장도 뚫고 들어갈 수 없는 것이었다. 물리학자들은 도저히 불가능하다고 여겼던 일을 그가 해내자 놀라움을 금치 못했다.

보겔은, 자신의 의식 상태를 적절하게 바꿀 능력이 없는 사람이 그러한 식물 실험을 하는 것은 대단히 위험할지도 모른다고 역설했다. "어떤 사람이 정신을 집중하여 의식이 고양되어 있을 때 감정의 방해를 받게 된다면, 그의 몸은 치명적인 영향을 받을 수 있다."

그러면서 그는 신체가 건강하지 못한 사람은 식물과 감응을 한다거나 기타 다른 심령적인 탐구에 관여해서는 안 된다고 거듭 강조했다. 그러나 아직 증명할 수는 없지만, 야채나 과일, 견과류, 그밖의 무기질과 단백질이 풍부한 음식으로 적절하게 식이요법을 한다면 그러한 일을 하는 데 필요한 에너지를 얻을 수 있을 것 같다면서 이렇게 덧붙였다. "높은 수준의 에너지를 발휘하려면, 풍부한 영양이 필요하다."

정신력과 같은 높은 수준의 에너지가 생물의 물질적 신체에 어떻게 작용하는가 하는 질문에 답하기 위해, 보겔은 물의 이상한 특성에 관해 사색을 시작했다. 결정학자로서 그는 언제나 동일한 결정 구조를 갖는 대부분의 염류와는 달리, 얼음은 30여 가지도 넘는 다양한 결정 구조를 갖는 것에 흥미를 느꼈다. "그 방면에 전혀 문외한인 사람들은 그 결정들을 보고 전혀 다른 물질들을 봤다고 생각할 것이다. 그리고 그들 입장에서 본다면 어쩌면 그 말이 맞을는지도 모른다. 물이란 그만큼 신비로운 것이다."

보겔은 아직까지는 증명되지 않은 하나의 전제를 세웠다. 모든 생명체는

7—물질을 구성한다고 여겨지는 구극究極의 소립자, 즉 초소립자를 검출하는 장치. 현재 몇 종류의 초소립자가 발견되었다고 알려져 있다.

많은 수분을 함유하고 있으므로, 인간의 생명력이란 어느 정도 호흡과 관계된 것임이 분명하다는 것이다. 그것은 물이 온몸으로 흐르다가 숨구멍을 통해 방출되면서 기력을 충전시키기 때문이다. 이 물에 관한 가정을 푸는 첫 실마리는, 어떤 영매靈媒들이 심령 에너지 혹은 생명 에너지라 할 만한 것을 소모하는 영적 능력을 발휘한 뒤 수파운드나 몸무게가 준다는 사실이었다. "만일 매우 민감한 측정기로 그들의 체중을 재 본다면 분명 체중이 감소했다는 것을 발견할 수 있을 것이다. 이는 지독한 체중 감량을 실행하는 사람의 경우에서 볼 수 있는 것과 같은 수분의 감소 때문에 일어나는 현상일 것이다."

앞으로 일이 어떻게 진행될는지는 몰라도, 보겔은 식물에 대한 자신의 연구가 오랜 세월 동안 사람들에게 무시되어 왔던 진리를 깨닫게 해줄 것임에는 틀림없다고 믿고 있다. 그리고 지금 설계중인 간단한 훈련 도구를 개발하여, 어린이들에게 그들의 감성을 풀어 놓는 방법과 그 효과를 측정할 수 있는 방법을 가르칠 수 있으리라는 것도.

"그렇게 함으로써 어린이들은 '사랑하기'를 배울 수 있고, 자신들이 어떤 생각을 할 때 우주에 굉장한 힘을 방출한다는 사실을 알게 될 것이다. 또한 그들이 바로 그들의 생각 자체라는 것을 앎으로써, 영적, 감성적, 이성적 성장을 하려면 어떻게 이 '생각'을 이용해야 하는지도 알게 될 것이다."

"이것은 뇌파를 측정하는 무슨 기계 장치도 아닐 뿐더러, 사람들을 예언자나 신비주의자가 되게 하는 술수는 더더욱 아니다. 다만 어린이들을 순수하고 정직한 인간 본연의 모습대로 성장할 수 있도록 돕기 위한 것뿐이다."

식물에 대한 그의 연구가 갖는 중요성이 무엇이냐는 질문에, 보겔은 이렇게 대답했다.

"우리네 삶에 수많은 질병과 고통이 있는 것은 우리가 내면 속의 압박과 스트레스를 방출하지 못하기 때문이다. 우리가 어떤 사람에게 거절을 당했다면, 우리는 배신감을 느끼고, 거절을 당했다는 그 사실에 집착하게 된다. 그리하여 오래 전에 라이히 박사가 보여주었던 것처럼 스트레스가 쌓이게 만든다. 이 스트레스는 근육을 긴장시키거나 신체의 에너지장을 고갈시켜 마침내는 그 화학적 구조마저 바꿔 버린다. 나의 식물에 대한 연구는 바로 이러한 것들로부터 벗어날 수 있는 작은 길 하나를 제시해 주고 있다."

마르셀 보겔에게 있어서는, 식물이 새로운 시야를 열어 준 셈이다. 식물들은 메시지의 의도가 호의적인 것인지 악의적인 것인지를 구분해 낼 수 있는 것 같다. 식물의 그러한 판별력은 인간의 언어로써 나타내지는 것보다 훨씬 더 진실된 것이다. 그러한 능력은 아마 모든 인간들에게도 있을 테지만 현재는 그것이 폐쇄된 것일 뿐이다.

캘리포니아에서 인간 심리학과 힌두 철학을 공부하는 두 젊은 학생, 랜덜 폰티스Randall Fontes와 로버트 스완슨Robert Swanson은 보겔의 뒤를 이어 이 미개척의 땅에 들어섰다. 그들은 나이로 보나 경험으로 보나 많은 점에서 부족함에도 불구하고 IBM으로부터 빌린 현대적 장비들로 많은 발견들을 했다. 그리고 각 대학들은 '식물과의 감응'이라는 수수께끼에 도전하는 그들을 격려하기 위해 장비와 자금을 후원하고 있다.

폰티스와 스완슨의 첫 발견은, 한 사람이 하품을 하자 그것이 식물에게 감지되어 에너지의 파동 형태로 나타나는 것을 보고 다른 사람이 그것을 지적해 낸 일로부터 비롯되었다. 그러한 현상은 별 의미가 없는 것으로 무시될 만한 것이었음에도 불구하고, 그들은 고대 힌두교의 경전에서 읽었던 한 대목―하품이란 피로한 사람이 우주에 가득한 가상의 에너지인 샤크티shakhti를 받아들여 원기를 회복하기 위한 것―을 상기하여 연구에 몰두하게 되었던 것이다.

폰티스는 헤이워드에 있는 캘리포니아 주립대학의 생물학 교수인 노먼 골드스타인Norman Goldstein 박사의 도움을 받아, 아이비 필로덴드론 ivy philodendron이라는 식물의 세포와 세포 사이에 전위電位의 이행이 있음을 발견했다. 그것은 지금까지는 생각지도 못했던 단순한 신경 체계가 있음을 강력히 시사해 주는 것이었다. 그 결과, 폰티스는 텍사스 주 산 안토니오에 있는 '범과학 연구 재단Science Unlimited Research Foundation'으로부터, 인간의 의식이 생물체에 미치는 영향에 관한 연구를 지도해 달라는 초청을 받게 되었다.

한편 스완슨은 캘리포니아의 존. F. 케네디 대학에다 초심리학에 대한 지도 본부를 설립하는 데 참여하고 있다. 그곳에서 그가 할 연구의 목적 중 하나는, 정확히 어떤 사람이 텔레파시로 식물에 영향을 미칠 수 있는지를 규명하려고 하는 것이다.

제3장
식물과의 의사소통

 다음으로, 식물의 감응이라는 수수께끼에 도전한 사람은 뉴저지 주 웨스트 페터슨 출신의 '전자 전문가'였다. 그는 우연히도 롱 존 네빌Long John Nebel이라는 사회자가 진행하는 라디오 프로그램에서 백스터의 인터뷰를 듣게 되었다. ESP와 원격 최면 현상 같은 것을 열심히 탐구하는 피에르 폴 소뱅Pierre Paul Sauvin이라는 이름을 가진 이 사나이는 또한 기술자 특유의 '첨단 지식'과 '실행 가능성에 대한 감각'에 정통하여, 항공 우주 회사나 국제 전신 전화 회사(ITT) 같은 대기업에서 일해 온 아주 숙련되고 인정받는 기술자였다.
 직업적인 의심꾼인 롱 존이 백스터에게, 식물에게 그런 지각 능력이 있다는 그의 발견의 실제적인 용도가 무어냐며 그를 궁지에 몰아넣었다. 그러자 백스터는 좀 별난 대답을 했는데, 그것은 정글에서 전투를 하고 있는 병사가 그 곳의 식물에다 어떤 장치를 연결한다면 적의 기습을 미리 경보할 수도 있을 거라는 거였다. 그리고는 이런 말도 덧붙였다. "또 만약 심리학자들을 놀래 주고자 한다면, 식물에다 작은 전기 기차를 연결시켜서 다른 장치 없이 오직 인간의 감정만으로 그 기차를 앞뒤로 움직이게 할 수도 있습니다."

일반인들에게는 백스터의 말이 매우 비현실적으로 들렸겠지만, 소뱅에게는 '정신 감응 장치'라는 그럴싸한 개념으로 받아들여졌다. 그리하여 그는 퍼세익 강이 바라다보이는 자기의 방을 전자 기구들로 가득찬 마법사의 방처럼 꾸미게 되었다.

소뱅은 자기가 마치 영매라도 된 듯이 발명에 대한 수많은 영감과 발상들이 영적인 느낌으로 떠올랐다고 말한다. 가끔씩 그는 발명에 필요한 실제적 자료들을, 원리에 대한 이해나 그것이 전체와 어떻게 관련이 되는지도 모르는 채 얻게 될 때도 있다고 했다.

소뱅은 아크 방전[1] 같은 것을 일으킬 때 사용되는 고압 발전기를 가지고 마치 프랑켄시타인처럼 자신의 몸에다 2만 7천 볼트의 전류를 흐르게 하여, 헬륨을 충전시킨 커다란 도넛 모양의 진공관을 원격으로 점화시켰다. 그는 이 도넛 모양의 진공관을 전자식 위저 ouija[2] 처럼 사용하여, 그 진공관 속의 어두운 부분이 움직이는 것으로써 자신이 얻고자 하는 답을 구할 수 있었다.

또한 그는 새로운 최면 방법을 개발해 냈다. 그것은 사람을 칠흑같이 어두운 방 안에 있는 불안정한 판 위에 올려놓고, 마음의 평정을 잃게 하는 무지개 같은 빛을 비추면서 마구 흔들어 대는 것이었는데, 그렇게 하면 제아무리 잘 버텨 내는 사람이라도 최면에 걸려들게 마련이었다.

그러한 별난 전문 기술을 가진 소뱅은 오래지 않아, 식물을 통해 자신의 생각이나 감정만으로 장난감 전기 기차를 움직일 수 있게 되었다. 그는 이것을 뉴저지의 매디슨에서 60명의 관중들이 지켜보는 가운데 직접 해 보였을 뿐만 아니라, 텔레비전 스튜디오의 눈부신 조명 아래서도 성공해 보였다.

기차가 레일을 따라 움직이면서 소뱅의 몸에 연결된 스위치를 작동시켜

1—기체 중에 있는 두 개의 전극 사이에서 일어나는, 강렬한 발광을 수반하는 방전.
2—강신술降神術에 쓰이는 점괘 기록판.

그에게 찌릿한 전기 충격을 느끼게 했다. 철길 바로 앞에는 또 다른 스위치가 검류계와 연결되어 있었는데, 그 검류계는 한 그루의 보통 필로덴드론에 연결된 것이었다. 필로덴드론이 소뱅이 감전되었을 때의 느낌을 간파하자, 검류계의 바늘이 갑자기 뛰면서 스위치를 작동시켜 기차를 후진시켰다. 그런 뒤 소뱅은 직접 전기 충격을 받지 않고 단지 그때의 느낌을 되살리는 것만으로도 식물에게 아까와 똑같은 반응을 일으켜 스위치를 조작할 수 있게 했다.

소뱅은 오래 전부터 초심리학에 관심을 가져 온 터라, 사람의 생각과 감정에 반응하는 식물의 현상을 심리학과 연관지어 연구했다. 그러나 그의 주된 관심사는 어느 누구라도 쉽게 사용할 수 있도록 이 식물 장치를 간단하게 개발하는 것이었다.

소뱅은 자신의 목적을 위해서는 식물이 이성적이든 감정적이든 그런 것은 문제가 되지 않았다. 그저 식물이 자신의 감정 신호를 간파하여 스위치를 움직일 수 있기만 하면 되었다. 식물에게 '의식'이 있건 없건, 인간이 발생시키는 에너지장과 비슷한 것을 식물도 갖고 있으며, 이 에너지장들의 상호 작용은 실용화될 수 있을 것이라고 소뱅은 확신했다. 문제는, 그러한 현상의 유익한 점들을 활용할 수 있도록 적당한 기구들을 개발하는 것이었다.

소뱅은 ITT 사무실의 책상 위에 잔뜩 널려 있는 전문 잡지들을 훑어 나가다가, 〈파퓰러 일렉트로닉스〉지에 실린 연재 기사에 주목하게 되었다. 그것은 조지 로렌스L. George Lawrence라는 필명의 인물이 쓴 것으로서, 별난 전자 회로와 병기兵器 체계에 관한 내용이 담겨 있었다. 그 글에서 로렌스는, 소련에서는 공대공空對空 미사일을 목표에 정확하게 유도시키기 위해, 훈련된 고양이를 이용한 동물 유도 장치를 개발하고 있다면서, 식물을 특정한 대상이나 이미지에 대해서만 반응을 보이도록 훈련한다면 그런 식으로 활용할 수 있지 않을까 하고 의견을 제시했다.

정부의 고위층 인사가 로렌스라는 필명으로 비밀리에 이 연구서를 썼을 거라는 소문도 있었으나, 로렌스는 실은 유럽 출신의 기술자였다. 한때 캘리포니아 주의 산 베르나르니도 대학에서 시청각 예술을 지도하는 교수로 재직하기도 했던 그는 현재 자신이 설립한 연구소의 소장으로 있다.

　불행하게도, 로렌스가 고안해 낸 것과 같은 정교한 회로는—사실 그 재료비는 얼마 안 되겠지만—전문 인력의 막대한 노동력이 소요될 뿐만 아니라, 시장에서는 구할 수도 없는 것이었다. 그러나 소뱅은 정부와 계약을 맺은 출원 기술자였기 때문에 적당한 재료를 구할 수 있었다. 즉 우주의 온도에는 적합치 않다는 이유로 연구소에서 폐기해 버린 위상位相 판별기가 그것이었는데, 그것은 초정밀의 실리콘 웨이퍼silicon wafer에다 위상 판별의 기능을 집어넣은 것이었다.

　소뱅은 이 칩들로 직류가 아닌 교류의 전위를 측정할 수 있는 휘트스톤 브리지와 자동 증폭 회로를 꾸밀 수 있었다. 그것으로 식물의 에너지장의 미세한 변화까지도 구별해 낼 수 있었으면 하는 바램에서였는데, 이 장치로 그는 백스터의 검류계로 얻어 냈던 것보다 100배나 더 예민한 반응, 전기적 잡음을 거의 완전히 차단시키는 효과를 얻어 낼 수 있었다.

　소뱅은 이제 전압의 진폭뿐만 아니라, 위상 변화, 즉 두 전압간의 미세한 지체량遲滯量까지도 측정하고자 했다. 그 결과, 그는 식물의 잎사귀를 스위치로 하는 조명 조절 장치를 만들어낼 수 있었다. 식물이 외부의 환경에 반응함에 따라 그 잎사귀에 나타나는 저항의 변화로 조명의 밝기가 변하는 장치였다.

　이 장치가 작동하기 시작하자, 소뱅은 쉬지 않고 식물을 관찰했다. 아주 미세한 위상 변화까지도 잡아내기 위해 그는 식물을 오실로스코프oscilloscope[3]에다 연결시켰다. 빛으로 8자 모양을 그리는 오실로스코프는, 전류의 변화에 따라 다양하게 변화하는 식물의 반응을 나비의 날개짓 같은 모양의 초록색 환상선環狀線으로 나타냈다. 그와 동시에 음색 진동 확성기를 통해서는 아주 미세한 변화에도 다른 음색의 소리가 울려나왔다. 소뱅은 이를 통해 식물의 반응 상태도 보다 자세히 알 수 있었다. 그는 이 소리들을 WWV 국제 시간안내 방송에서 보내지는 매초마다의 단조로운 신호음에 맞추어 녹음으로 보관해 두었다. 또한 그는 스톱 워치를 가지고 길거리

3—브라운관을 사용하여 변화가 심한 전기 현상의 파장 형태를 관측하는 장치.

든, ITT의 사무실이든, 혹은 휴일에 먼 곳으로 여행을 떠나 있을 때든 상관없이 언제라도 식물에 미치는 자신의 영향을 점검해 볼 수가 있었다.

소뱅의 신기한 장비들 중 어떤 것들은 이제 그 특성을 십분 발휘할 수 있게 되었는데, 특히 자동으로 전화에 응답하고 그 내용을 녹음하는 장치 같은 것이 그것이었다. 여러 전문 잡지들에 가명으로 원고를 보내면서 자신의 본업을 유지하기 위해 그는 몇 년 동안 야근을 해야만 했다. 그런 입장에 있는 소뱅은 자신의 비밀을 지키기 위해, ITT의 상급자 눈에 벗어나지 않고도 하루 중 언제 걸려올지 모르는 잡지 편집자들의 문의에 답해 줄 수 있는 아주 기막힌 장치를 고안해 냈다. 집에다 미리 입력된 녹음 테이프를 자동으로 작동되게 장치해 놓고, 자신의 다리에는 작은 라디오 수신기를 붙들어매 둠으로써, 사무실에 앉아서도 집의 전화를 통해 메시지를 전달받고, 또 그에 대한 대답도 해줄 수 있는 것이었다. 소뱅은 그 자동 장치가 각 편집자들을 식별해 낼 수 있도록, 그들더러 전화기 가까이에다 대고 휴대용 머리빗을 손가락으로 문지르라는 간단한 방법을 생각해 냈다. 그러면 그 자동 장치는 독특한 소리의 파장을 쉽게 식별하여 적절한 회답을 할 수 있었던 것이다. 소뱅은 사무실에서의 은밀한 전화 통화를 감추기 위해, 일부러 일하는 동안 줄곧 혼자 중얼거리는 버릇을 들였다. 그래서 그는 곧 ITT에서 '주절쟁이'라는 별명을 얻게 되었다.

또한 소뱅은 이 장치를 사용하여 자기의 식물과 원거리에서도 의사소통을 할 수 있게 되었다. 즉, 자신의 고유 번호로 식물에게 직접 이야기를 하면 음색 확성기를 통해 그 반응을 확인할 수가 있었다. 그리하여 그는 자신이 어디에 있건간에 자기 방의 온도라든가 조명, 혹은 기록 장치 같은 것들을 조절할 수 있게 되었다.

식물에 전극을 연결시킬 때 소뱅도 보겔처럼, 자신과 식물간에 정신적인 일치감이 형성되었을 때 가장 좋은 결과를 얻게 된다는 것을 깨닫게 되었다. 그래서 그는 먼저 스스로 가벼운 트랜스trance 상태[4]에 빠져든 뒤, 식물이 편안해지기를 빌면서 부드럽게 그 잎사귀를 어루만지거나 물로 씻어

---

[4] 심령과학에서, 영매에 의해 죽은 자와 영적 교섭을 하게 된 상태를 일컫는 말. 일시적인 신내림의 상태.

주었다. 그러면 그는 자신의 에너지가 분출되어 식물 속으로 들어가 식물의 에너지와 상호 작용을 일으키는 것을 느낄 수 있었다.

또 백스터와 마찬가지로 그도, 식물이 주위의 생체 세포가 죽는 것에 즉각적이면서 아주 예민하게 반응하는 것을 발견했다. 그 중에서도 인간 세포의 죽음에 더욱 그러했다. 다양한 실험을 하던 중에 그는 식물에게 예리한 반응을 일으킬 수 있는 아주 단순한 신호를 발견했다. 그것은 자신에게 약한 전기 충격을 주는 것이었는데, 그 중 간단한 방법은 자신의 의자를 빙빙 돌리다가 손가락을 철제 책상에 갖다 댐으로써 정전기를 받게 하는 것이었다. 그렇게 하면 식물은 수 마일이나 떨어진 곳에서도 즉각 격렬한 반응를 보였다. 계속적인 실험 끝에 마침내 그는 기차 실험 때와 마찬가지로 그 전기 충격 때의 기억을 떠올리는 것만으로도 식물로부터 반응을 얻어 낼 수 있었다. 심지어는 130킬로미터나 떨어진 별장에서도 말이다.

소뱅의 주요 관심사는, 어떻게 하면 식물로 하여금 주변 환경들보다는 오직 자신에게만 민감하게 관심을 집중시킬 수 있도록 하느냐는 것이었다. 며칠 동안 집을 떠나 있는 동안 그는 장거리 전화로 이야기하는 것보다 훨씬 더 식물의 관심을 집중시킬 수 있는 방법을 개발했다. 식물이 자기 주인의 몸이나 그 에너지장의 일부분이 손상을 입을 때 가장 예민하게 반응한다는 것을 알고 있었던 그는, 그 식물이 보는 앞에서 자기 몸의 세포 몇 개를 '원격'으로 죽였다. 그 장치의 결과는 대단히 만족스러웠다. 하지만 문제는, 오랫동안 그 세포들을 살아 있는 상태로 유지시켜야 한다는 것이었다. 이 실험을 하는 데 있어서, 머리카락은 죽이기가 어려웠고, 피는 그런 점에서 아주 적합했다. 그러나 무엇보다도 적합한 것은 바로 정자였다. 소뱅의 말대로 그것은 피보다 얻기가 훨씬 쉬운데다 그에 따르는 고통도 없으니 말이다.

실험을 계속 하다가, 소뱅은 식물이 고통과 충격에 반응한다면 기쁨이나 즐거움 같은 감정에 대해서도 반응을 일으키지 않을까 하는 생각이 들었다. 그 스스로, 자신이 자꾸 충격을 받는 것이 짜증스러워졌을 뿐만 아니라, 비록 간접적이긴 하나 식물에게 충격을 주는 일을 자꾸 반복함으로써 자신의 카르마(업業)에 불행을 쌓게 되는 게 아닐까 싶었던 것이다. 얼마

안 있어 소뱅은, 식물이 기쁨이나 즐거움 같은 것에도 반응을 보인다는 것을 발견했다. 하지만, 그 파장의 형태는 스위치를 확실하게 작동시킬 수 있을 만큼 확실한 것이 아니었다. 그러나 그는 불굴의 의지로 좀더 대담한 실험을 하기로 작정했다. 주말에 그는 여자 친구와 함께 호숫가의 별장으로 가서 성행위를 한 뒤, 돌아와서 식물이 어떻게 반응했는지를 살펴보았는데, 오르가슴에 도달하던 순간, 130킬로미터나 떨어져 있던 그 식물도 매우 높은 파장을 휘갈겨 댄 것을 뒤에 알게 되었다. 특히 최고 절정의 순간에는 그래프의 가장 꼭대기까지 반응을 보였던 것이다. 이러한 사실은 대단히 흥미로운 것으로서, 질투심 많은 아내가 화분에 심은 베고니아 하나만으로 남편의 외도를 감시할 수 있게 하는 장치로 개발한다면 상품 가치가 대단할 듯싶었다. 그러나 식물로 하여금 확실하고도 일관되게 스위치를 조절할 수 있게 할, 간단 명료한 장치는 아직도 찾아 낼 수가 없었다.

소뱅은 멀리 떨어진 곳에서도 식물에게 영향을 줄 수 있다는 사실을 추호도 의심하지 않았으나, 아무런 과실 없이 순수하게 민감한 반응만을 얻어낼 수 있느냐에는 회의적이었다. 왜냐하면 식물은 주위의 어떤 자극, 예를 들자면 고양이 한 마리가 나타났다거나, 창 밖에서 참새가 벌레를 물었다거나 하는 일들에 대해서도 매우 민감하기 때문이었다. 그리하여 소뱅은 세 식물들을 각기 다른 방, 즉 각기 다른 환경에다 두고 그것들이 오직 동시에 반응을 보일 때만 작동할 수 있도록 고안한 하나의 회로에다 연결시켰다. 소뱅은 세 식물이 각기 다른 환경에 처해 있도록 유지시킴으로써, 언제 어디서 보내건 오직 자신의 자극에만 동시적으로 반응을 보여주기를 기대했다. 하지만 그것으로써 확실한 안전 장치가 되었다고 확신하기에는 아직 미흡했다. 왜냐하면 때로는 그 식물들 중 어느 하나라든가, 아니면 다른 두 식물이 그의 자극에 반응을 보이지 않을 수도 있기 때문이었다. 하지만 이것은 세 가지 식물이 동시에 받게 될 다른 외부의 자극을 차단시켰다는 점에서 일보 전진한 실험임이 분명했다. 소뱅은 이제 백스터의 발견을 입증할 수 있는 자신의 실험 결과들을 발표하여, 마르코니 Marconi[5]가 무

5—이탈리아의 전기 기술자, 발명가(1874~1937). 전자파를 이용한 무선 전신 장치를 발명.

선 통신으로 세계에 기여했던 것 못지않게 자기도 과학의 세계에 기여하게 되리라고 생각했다. 그러나 미국 정부나 공업청에서는, 자연과 하나가 된다는 그런 동화 같은 이야기보다는 공격용 무기라든가 사람의 마음을 감시하는 기계 장치 같은 것을 개발하는 쪽에 더 관심을 쏟고 있었다. 갖은 애를 써보았으나, 소뱅은 끝내 후원자도, 지지자도 찾을 수가 없었다.

소뱅은 대중 매체의 관심도, 〈사이언스 Science〉라든가 〈사이언티픽 아메리칸 Scientific American〉 같은 보수적인 잡지들의 관심도 끌지 못하자, 자신이 이미 고정적으로 투고를 해왔던 기술, 기계 전문 잡지들에다 이제까지의 실험 내용들을 발표하기로 결심했다. 그래서 그는 한 자동차 전문 잡지의 관심을 끌기 위해, 식물을 이용하여 자동차를 원격으로 조종할 수 있다는 이야기를 지어냈다. 사실 그것은 조그마한 무선 송신기로 입증해 보일 수 있는 아주 간단한 구조였다. 그러나 기술적인 어려움이 있다면, 시동을 걸 수 있는 열쇠에 적당한 압력을 주고, 한번에 시동이 걸리지 않으면 다시 그 압력을 반복했다가 시동이 걸리면 그 압력을 풀어 주는 그런 기계 장치를 설계하는 것이었다.

또 그는, 몹시 추운 겨울 아침에 미리 밖으로 나갈 필요 없이 따뜻한 식탁에 앉아 아침 식사를 즐기면서 식물을 시켜 차에 시동을 걸고 히터를 틀어 놓게 할 수도 있다고 했다. 그러나 소뱅이 하나 실수를 한 것은, 그렇게 하는 데 굳이 식물의 도움까지 받을 필요가 없다는 것이었다. 그런 일은 이미 무선을 통해 직접 실행시킬 수 있는 것이었다. 그는 자동차 업계나 일반인들의 관심을 끌기 위해 또 하나의 장치를 구상했다. 그것은 눈 내리는 밤에 귀가한 주인이 필로덴드론을 시켜 차고 문이나 대문을 열게 한다는 식의 장치였다. 그것은 식물이 오직 자기의 주인에게만 반응한다는 점에서, 방범에 매우 효과적일 것이다.

본격적인 연구실을 차리는 데 필요한 지원을 해줄지도 모를 진지한 과학자들의 관심을 고취시키기 위해, 소뱅은 민감한 장치에 연결시킨 식물의 도움을 받아 오로지 생각만으로 비행기를 조종할 수 있다는 것을 보여 줘야겠다고 생각했다. 사실 그는 이미 비행사 면허가 있었으며, 수년 전부터 모형 비행기 조종을 취미로 즐겨 오고 있었다. 그 중의 어떤 것은 날개 길이가 1.8미터나 되는 것도 있었는데, 그는 단지 지상에서의 무선 신호만으로 날고, 회전하고, 올라갔다 내려왔다 하는 등의 갖은 묘기를 부릴 수가 있었다. 그 무선 송신 장치를 약간만 개조한다면 식물을 통해 생각만으로 모형 비행기를 자유자재로 움직일 수 있을 것이다.

또한 그는 식물의 지각 능력을 이용하여, 탑승하기 전에 미리 공항에서 공중 납치범을 식별해 내어, 비행기와 승객들을 위험으로부터 구해 낼 수 있을 거라고 보았다. 그가 '공중 납치 작전'이라고 명명한 이 발상에 의하면, 검류계나 그와 비슷한 장치에 연결된 식물이 비밀리에 찍힌 탑승객들의 모습에서 납치범의 불안한 심리를 포착해 낼 수 있다는 것이다. 사실 공항에서의 기존 검열 방식은 승객들의 안전을 지키기 위한 것이긴 해도, 자칫 부당한 검색을 함으로써 시민의 권리를 짓밟을 수 있다는 문제점이 있었다.

미육군에서는 이미 그 계획에 관심을 보여, 버지니아 주의 벨보어 기지에서는 육군이 식물 연구에 대한 자금을 지원하고 있다. 육군에서는 식물이 어느 특정인과 미리 사귀지 않고도 사람들의 감정 상태를 알아내는 방법을 모색하는 데 관심을 갖고 있다.

해군 역시 관심을 보이고 있다. 메릴랜드 주의 실버 스프링에 있는 해군 군수품 연구소의 기획 참모이자 작전 분석가인 엘든 버드Eldon Byrd는 백스터의 실험을 재현해 보고, 어느 정도 성공을 거두었다. 미국 사이버네틱스cybernetics[6] 학회의 회원인 동시에 전자, 전기 기술자 협회의 회원이기도 한 버드는 거짓말 탐지기의 전극을 잎사귀에 연결하여, 식물이 여러 자극에 반응함에 따라 탐지기의 바늘이 움직이는 것을 관찰했다. 버드도 백스터와 마찬가지로, 잎사귀를 다치게 해봐야겠다는 생각만 했는데도 탐지기의 바늘이 펄쩍 뛰어오르는 것을 발견할 수 있었다. 버드는 식물이 물이나 적외선, 자외선, 불, 그리고 물리적 압박이나 절단 같은 자극에 어떤 반응을 보이는가 계속 실험해 보았다.

그 결과, 버드는 검류계상에 나타나는 그러한 현상들은 잎사귀의 전기

6—인공두뇌학. 동물 및 전기적으로 조작되는 자동화 기계 장치에 있어서 제어와 전달의 이론 및 기술을 비교 연구하는 학문이다.

저항 때문이 아니라, 세포의 외부막에서 내부막으로 흐르는 생체전위生體電位bio - potential의 변화 때문이라고 믿게 되었다. 이것은 스웨덴의 칼 손L. Karlson 박사가 "세포들의 덩어리는 극성을 바꿀 수 있다. 어떤 에너지에 의해 그렇게 되는지는 알 수 없지만 말이다."라고 정의했던 것과 같은 양상이었다. 버드는 검류계로 측정되어지는 것은 세포 내의 전압 변화이며, 전위에 변화를 일으키는 것은 바로 의식의 메커니즘에서 비롯된다고 믿었다.

버드의 연구는, 식물이 자신의 앞에서 자극을 받는 다른 유기체에 관심과 동정을 갖는다는 백스터의 관찰을 뒷받침하고 있다. 실험을 하는 데 있어서 중요한 문제는, 백스터가 경험했었던 것과 마찬가지로, 식물이 지나친 자극을 받으면 실신해 버려, 심지어 빛이나 온도 같은 가장 기본적인 자극에조차도 반응을 보이지 않는다는 것이었다.

백스터나 소뱅처럼 버드도 여러 가지 자극에 대한 식물의 반응을 텔레비전으로 증명해 보였다. 그 자극 중에는 식물을 태워 봐야겠다는 의도를 보이는 것도 포함되어 있었다. 또 작은 통 안에다 거미를 집어넣고 흔들어 보이기도 했는데, 그러자 식물은 약 1초쯤 머뭇거리다가 1분간쯤 계속 반응을 나타냈다. 다른 식물의 잎사귀를 잘라냈을 때는 아주 강렬한 반응을 보였다.

조지 워싱턴 대학에서 의료공학과의 석사 학위를 받았을 뿐 아니라, '멘사Mensa'—지능지수가 매우 높은 사람들만이 입회가 허용되는 세계적인 단체—의 회원이기도 한 버드였지만, 인간의 생각에 대한 식물의 반응을 설명할 수 있는 아무런 근거도 찾을 수가 없었다. 그러나 그는 지구 자기장의 변화라든가 초자연적이고 영적인 현상들, 그리고 바이오플라스마bio-plasma[7]라는 신비한 구조 같은 것들을 편견 없이 폭넓게 수용할 자세가 갖춰진 사람이었다. 1972년 '미국 사이버네틱스 학회'에 보낸 보고서에서 버드는, 소련의 과학자들이 행했던 수많은 실험들을 개괄했는데, 그것은 그들이 아직 밝혀지지 않은 에너지의 형태라고 주장하는 이른바 '바이오

7—소련의 초심리학자들이 주장하는, 생명체 주변에 존재한다는 에너지의 장.

플라스마'를 통해 생각을 전달하는 실험들이었다.

1973년 5월, 버드는 미모사의 작은 잎사귀들을 이용하여 하나의 실험을 시작했다. 미모사는 대단히 예민해서 닿기만 해도 잎사귀를 접어 버리는 식물이다. 그는 가느다란 철사로 미모사의 잎사귀를 건드린 후 특수한 증폭기를 통해 전압이나 저항의 변화를 알아낼 수 있을 거라고 믿었다. 그는 서독의 베르너 지멘스 Werner Siemens[8]가 만든 세계에서 가장 섬세한 도표 기록기를 사용하는 이 실험으로, 이제까지 눈으로 볼 수 없었던 식물의 반응을 잡아 낼 수 있으리라고 생각했다. 이 도표 기록기는 겨우 몇 미크론 micron[9] 굵기의 잉크로 그래프가 그려지는데, 그 속도는 1초에 1미터나 나갈 수 있는 것이었다.

버드는 또 길이가 5센티미터나 되면서도 단세포인 원시적 조류藻類 *Acetabularia cremulata*를 연구하려고 한다. 만일 이 단세포 식물이 '백스터 효과'를 나타낸다면, 그 핵을 떼어낸 뒤 다시 관찰해 보려는 것이다. 그래서 반응이 나타나지 않는다면, 식물이 반응을 보이는 것은 세포 핵 내에 있는 유전물질에 의한 것이라는 증거가 될 것이다.

그런가 하면, '심리 긴장 측정기'라는 이름의 보다 혁신적인 거짓말 탐지기도 버드의 실험에 대단히 유용하게 쓰이고 있다. 발명자인 앨런 벨Allan Bell―정보 관계 관리 출신들과 함께 설립한 덱터 방첩 시스템 회사의 사장이기도 하다―이 그 장비와 실험할 장소를 제공해 주었는데, 그 장비는 '진실로 말하자면'이라는 텔레비전 프로그램에서 25회에 걸쳐 모니터한 결과, 94.7퍼센트라는 적중률을 보여준 것이었다. 인간이 스트레스를 받지 않는 상태에서 소리를 낼 때는 가청可聽 음파와 불가청 음파를 동시에 사용하지만, 긴장 상태에서는 이 불가청의 FM 음파가 사라지게 된다. 인간의 귀로는 그 차이를 느낄 수 없지만, 기계는 그것을 도표 위에 나타낼 수 있다는 것이 이 장비를 발명하게 된 원리이다. 버드는 현재 식물의 연구에 이용하기 위해 이 장비의 개조법을 연구하고 있다.

일본에서도, 요코하마에서 그리 멀지 않은 아름다운 전원의 고장 카마쿠

8―독일의 물리학자, 공업가. 여러 가지 전신, 전동 기계 등을 발명했음.
9―1미터의 100만분의 1을 나타내는 단위.

라에 사는 철학박사이자 뛰어난 전자 기술자가 거짓말 탐지기를 개조하여 식물의 세계에서 이제까지 알려지지 않은 놀라운 발견을 하였다. 일본 경찰청의 거짓말 탐지기 상임 고문인 하시모토 겐橋本健 박사는 백스터의 실험에 관한 이야기를 접한 후, 자기 집의 선인장에다 비슷한 실험을 해보기로 했다.

그가 노린 것은 백스터나 소뱅, 버드가 했던 것보다 훨씬 더 혁명적인 것으로서, 식물과 직접 대화를 나누고자 하는 것이었다. 그것을 실행하기 위해 그는, 자기가 일본식으로 개조했던 거짓말 탐지기를 응용했다. 그는 경찰의 심문 절차를 보다 간단하게 하는 한편 비용도 적게 드는 새로운 탐지기를 개발했는데, 그것은 벨의 탐지기와 이치는 비슷했지만, 용의자의 반응을 기록하는 데 단지 카세트 테이프 하나만 있으면 되는 것이었다. 하시모토는 이 탐지기를 사용하여 육성의 진동을 전기적 신호로 바꾼 뒤, 그것을 일본 법정에서 인정받을 수 있을 만큼 믿을 수 있는 기록을 한 장의 종이에다 그려낼 수 있었다.

하시모토는 그것을 반대로 한다면, 즉 그래프에 나타난 것을 전기 신호로 바꾼다면 식물이 인식할 수 있지 않을까 하는 생각을 해보았다. 그래서 선인장을 상대로 첫번째 실험을 해보았으나 실패를 하고 말았다. 백스터의 보고나 자신의 기계에 결함이 있어서일 거라는 결론을 내리기 싫어서, 하시모토는 그 자신 심령 연구 분야에서는 일본에서 주도적인 인물이었음에도 불구하고, 그 실패의 원인이 자신과 식물간의 교감에 문제가 있기 때문일 거라고 결론을 내렸다.

그런데 식물을 몹시 사랑해서 어떤 식물이든지 잘 자라게 만들어, 이른바 '녹색의 손'을 가졌다는 말을 듣는 그의 아내가 금방 어마어마한 결과를 얻어 냈다. 하시모토 부인이 "얘, 선인장아, 나는 너를 사랑한단다."라고 속삭이자마자 선인장이 즉각 응답을 했던 것이다. 하시모토 박사의 전자 장치에 의해 변조되고 증폭된 그 응답, 즉 선인장의 소리는 마치 멀리 떨어진 고압 전선에서 나는 소리와 흡사했다. 아니, 그것은 오히려 노랫소리에 가까웠다. 그 음정과 리듬은 다양하면서도 즐거운 듯했으며, 때로는 온화하고 유쾌해 보이기까지 했다.

그 장면을 목격했던 존 프랜시스 다우어티John Francis Dougherty라는 젊은 미국인은, 하시모토 부인이 높은 억양의 일본어로 말을 걸면, 선인장은 선인장대로 자기 식의 억양으로 대답을 하는 것 같았다고 말했다. 다우어티는 또 이런 이야기도 전했다. 선인장과 더욱 친해진 하시모토 부부는 선인장에게 수를 세는 법과 20까지의 덧셈까지 가르칠 수 있게 되었다. "2 더하기 2는 얼마냐?"는 물음에 선인장은 어떤 소리로 대답을 했는데, 그 소리를 그래프로 전환시켜 보았더니, 네 개의 파장 봉우리가 분명하게 나타났다는 것이다.

동경 대학에서 박사 학위를 받은 하시모토 씨는 '하시모토 전자 연구소'의 소장인 동시에 '후지 전자'의 연구 담당 책임자로 있는데, 선인장의 덧셈하는 능력을 모든 일본인들에게 보여주었다.

선인장이 말과 덧셈을 할 수 있는 현상에 대해 설명해 달라는 말에 하시모토 씨—60쇄나 찍은 《ESP 입문》과, 80쇄나 찍은 《4차원 세계의 신비》라는 책의 저자이기도 한—는, 오늘날의 물리 이론으로는 설명할 수 없는 현상들이 너무 많다고 대답했다. 그는 물리학이 정의한 이 3차원 세계 저편에는 분명히 다른 세계가 있으며, 3차원의 세계는 단지 비물질 세계인 4차원 세계의 투영投影에 지나지 않는다고 믿고 있다. 또 이 4차원 세계는 그가 '정신 집중'이라고 표현하고, 다른 사람들은 '염력'이라든가 '물질을 지배하는 정신'이라고 말하는 것을 통해 3차원의 물질계를 조종한다고 믿고 있다.

이러한 정신 조절이 선한 목적에 사용되느냐, 악한 목적에 사용되느냐 하는 것은, 여러 연구가들이 당면하고 있는 큰 문젯거리이다. 소뱅의 경우, '초자연의 심령과학 사원Psychic Science Temple of Metaphysics'의 사제 서품식을 받은 이후부터 열렬한 평화주의자가 되어, 인간뿐만 아니라 동물이나 식물에 대해 정신 조절 무기를 사용하는 것을 지극히 혐오하고 있다. 그는 그러한 분야의 장치로 특허를 얻기는 했으나, '발명 13호'라고 이름 붙인 가장 예민한 발명에 대해서는 절대 발표를 꺼리고 있다. 그것은 그 발명이 국방부에 의해 '생각에 의해 유도되는 미사일'로 개조될지도 모른다는 염려 때문이다.

소뱅이 소속되어 있는 초자연의 심령과학 사원의 영적인 지도자 윌리엄 다우트Reverend R. William Daut는 '트럼펫의 영매'로 알려져 있다. 그는 어스레한 방안에서 트랜스 상태에 빠져들어, 트럼펫을 공중으로 뜨게 해서는 그것을 통해 죽은 자의 목소리를 울리게 한다. 치어 리더의 메가폰처럼 생긴 그 트럼펫은 세 조각의 알루미늄으로 만들어졌을 뿐, 거기에는 그 어떤 전자 장치나 속임수도 찾아볼 수가 없다. 트럼펫에서 나오는 소리는 단지 공기가 가느다랗게 떨려서 나오는 것 같지만, 듣는 사람들에 따라 때로는 그가 알고 있는 사람의 목소리로, 때로는 지도령指導靈의 목소리로 인식되기도 한다. 그런가 하면 더러는, 멀리서 개 짖는 소리 같은 전혀 이질적인 음향이 섞여 들리기도 한다.

소뱅은, 그러한 것들을 수련하는 목적은 사람들에게 깨달음을 전하는 데 있다고, 즉 지혜와 사랑, 그리고 삶의 영속성에 대한 심오하고도 아름다운 영적 메시지를 전달하는 데 있다고 말한다. 다우트 박사는 이렇게 말한다. "진정한 종교란 보편적인 지성을 말합니다. 그것에는 죽음도, 죽은 상태라는 것도 없습니다. 현세에서건 내세에서건 재형성reformation[10]은 절대 우리를 거부하지 않습니다."

윌리엄 다우트 박사의 트럼펫 현상을 두고 소뱅은 다음과 같이 말하고 있다. "그것은 델피의 신탁이나 고대 이집트에서 사제들을 통해 말하던 신상神像들보다 이상스러울 것이 없다. 그것은 사원이 생긴 이래 우리와 친숙해진 여러 다른 것들도 마찬가지다. 즉, 모든 인류는 하느님의 자식으로서 형제라는 것, 영혼의 불멸, 죽은 자의 영혼과 산 사람과의 교류, 인과응보를 갖는 개인의 책임, 그리고 정신과 물질을 망라한 자연의 법칙 및 식물과의 교감 같은 것들도 모두 마찬가지이다."

만일 언어를 사용하지 않고 시간과 공간의 제약을 뛰어넘어 메시지를 전하는 방법이 흔히들 '전자파'라고 일컫는 것과는 다른 어떤 에너지 파동 같은 것을 통해 이루어지는 것이라면, 인간의 상상을 초월한 차원의 보이지 않는 지성적 존재와 대화를 나눈다는 생각은 더이상 억지가 아닐 것이

---

10 — 재생rebirth과 같은 의미로 쓰였다.

다. 만일 우리가 그러한 메시지를 받아들일 방법을 알아낼 수 있다면, 우리는 우주를 향한 문을 다시 열 수 있게 될 것이다.

제4장
우주와 교신하는 식물들의 초감각적 지각

1971년 10월 하순경의 어느 날 오후였다. 유명한 팔로마산 천문대와 페쳉가 인디언 보호구역에서 그리 멀지 않은, 남캘리포니아의 작은 마을 테메쿨라 부근의 떡갈나무 공원에 범상하지 않은 과학 장비들을 실은 파란색 폭스바겐 한 대가 들어와 멈추었다. 그리고는 곧 운전석으로부터 슐레지아 출신의 47세 된 전기 기술자 조지 로렌스George Lawrence가 걸어 나왔다. 그는 야생의 떡갈나무와 선인장, 백합과에 속하는 유카yucca 같은 것으로부터 나오는 신호를 기록해 보려고 조수 한 사람과 함께 이 황량한 사막 같은 곳을 찾아왔던 것이다. 로렌스가 굳이 이곳을 실험 장소로 택한 것은 "인공적인 방해물이 없어서 전자기의 영향이 '대단히 미약한' 지역이므로, 순수하고 오염되지 않은 식물의 반응을 얻어 내기에 가장 적합하다고 여겨졌기 때문"이었다.

로렌스의 실험 장치가 백스터나 보겔, 소뱅 등의 것과 크게 다른 점이 있다면, 아주 미세한 전자기의 영향까지 차단할 수 있는 원통형의 패러데이 상자 안에다 살아있는 식물의 조직을 알맞은 온도를 유지시키면서 놓아 두었다는 것이다. 로렌스는 이 식물의 조직이 다른 식물로부터 오는 신호를 받아들이는 데는 그 어떤 전자 감지기보다도 예민하다는 것을 발견했다. 생명체로부터 방사되는 에너지의 파장, 즉 생체 방사선biological radiation은 생명체를 매개로 할 때 가장 잘 받아들여진다는 것이 그의 신념이었다.

또한 사용한 장비 면에서도 달랐는데, 그것은 로렌스가 다른 실험자들과는 달리 식물에 전극을 사용하지 않았다는 것이다. 사막 같은 곳처럼 식물들이 제각기 멀리 떨어져 있는 경우에는, 전극을 사용하지 않더라도 신호를 방해할 우려가 없기 때문이었다. 대신에 그는 구경이 큰, 렌즈 없는 원통을 대상 식물을 향하게 맞춰 놓은 뒤, 이 원통의 광학축을 패러데이 상자의 설계축과 평행을 이루게 맞춰 놓았다. 그리고 멀리 떨어진 나무를 실험 대상으로 할 때는 원통 대신 망원경으로 대체하고는, 대상 식물을 잘 식별할 수 있도록 그 나무에 흰 천조각을 걸어 놓았다.

로렌스가 가지고 온 식물의 생체 조직은 1.6킬로미터나 떨어진 곳으로부터의 신호도 잘 잡아냈다. 그는 대상 식물과 실험 장비가 있는 곳을 오가면서, 대상 식물이 확실한 반응을 나타내도록 타이머가 달린 원격 조정기로 전기 자극을 가했다. 다른 식물로부터 오는 신호가 실험을 방해할지도 모르기 때문에, 그의 실험은 대부분의 식물이 겨울잠에 빠져든 추운 계절에 행해졌다.

이 장치에서 기록되는 생체 조직의 반응은 그래프를 통한 시각적인 것이 아니라, 청각적인 것이었다. 보통 때는 발전기의 소음처럼 지속적이면서 나지막한 휘파람 소리 같은 것을 내다가, 다른 식물의 신호로 방해를 받을 때는 기복이 두드러진 파장음으로 바뀌었다.

떡갈나무 공원에 도착한 날, 로렌스와 그의 일행은 기계 장치의 원통을 하늘을 향해 아무렇게나 놓아 두고는 '9미터 정도 떨어진' 곳에서 때늦은 오후 간식을 먹고 있었다. 로렌스는 유대식으로 구운 소시지를 먹고 있는 중이었다. 그런데 설치된 기계 장치로부터 들려오던 휘파람 소리가 갑자기 기복이 매우 분명한 파장음으로 바뀌는 것이 아닌가.

소시지는 아직 덜 소화시켰지만, '백스터 효과'만은 확실하게 소화한 로렌스는, 그 소리가 자신이 소시지 세포를 잡아 먹은 것에 자극을 받아서일 거라고 생각했다. 그러나 그는 곧 그 유대식 소시지가 이미 완전히 죽은 것임을 상기했다. 기이하게 생각한 로렌스가 기계로 다가가 조사해 보니, 그 파장음은 30분간이나 계속되다가 다시 예의 그 휘파람 소리로 돌아와서는 더이상 아무것도 수신되지 않았다. 그것은 분명 어딘가 다른 곳으로부터 온 신호였다. 하지만 그의 기계는 계속 하늘을 향해 설치돼 있지 않았던가! 로렌스는 '외계로부터 무엇인가가, 혹은 누구인가가 신호를 보낸 것이다.'라는 엉뚱한 생각을 갖지 않을 수가 없었다.

집으로 돌아오는 길에 두 사람은 그 기현상의 의미에 대해 이야기를 나누었다. 그리고는 자기들이 들었던 그 소리는 어떤 신호가 아니라 기계의 결함으로 인한 것인지도 모르니, 일단 사람들에게는 알리지 말자고 결정했다. 지구 밖에 생명체가 있을지도 모른다는 생각은 그들에게 매우 당혹스러운 문제이면서도 흥분을 가져다주기에 족한 것이었다. 운석에서 유기체적 요소가 발견되거나, 유기분자를 암시하는 화성의 적외선 스펙트럼 같은 여러 가지 자료들이 제시되고 있기는 하지만, 외계에 생명체가 존재한다는 확실한 증거는 아직까지 없기 때문이었다. 테슬라 Tesla[1]와 마르코니는 별들간의 규칙적인 전파 신호를 수신했다고 주장했었으나, 사람들의 비웃음만 사게 되자 결국 입을 다물고 말았었다. 그러나 펄서 pulsar[2]로부터 발해지는 은하간 전파는 분명 있지 않은가.

몇 조 킬로미터나 떨어진 곳으로부터 오는 식별이 가능한 신호를, 단지 식물 세포만으로 수신했다고 성급한 결론을 내리는 것을 피하기 위해, 그는 몇 달간 장비를 개선하는 데 온힘을 쏟았다. 그리하여 마침내 '별들간의 신호를 수신하기 위한 생물역학장 관측소 biodynamic field station'라 불리는 장비를 만들어냈다.

1972년 4월, 소시지 사건 때 문제를 일으켰던 방향을 향해 설치한 이 새로운 장비는 역시 똑같은 신호를 수신했다. 레이저 광선 전문가이자, 그 분

1─유고슬라비아 태생의 미국 전기 기술자(1856~1943). 발명가로도 알려짐.
2─규칙적으로 전파나 엑스선을 방사하는 천체. 현재 350개 정도가 관측되었다. 자전하는 중성자성 neutron star으로 추정된다.

야에서 유럽 최초로 전문 기술 서적을 썼던 로렌스는 기계가 가리키는 방향을 면밀히 관찰한 끝에 그곳이 바로 큰곰자리, 속칭 북두칠성 자리라는 것을 알아내었다. 장비를 다른 생물체로부터 가능한 한 멀리 떨어뜨리기 위해, 그는 모하비 사막 가운데 있는 해발 700미터의 피즈거 분화구로 찾아갔다. 이 분화구는 풀 한 포기 자랄 수 없는 77평방킬로미터의 용암층으로 둘러싸여 있었다. 로렌스는 원통형 패러데이 상자, 카메라, 전자파 간섭 감시기 같은 것들을 장치한 뒤 망원경을 하늘의 좌표인 적경 10시 40분, 적위 56도에 맞춰 큰곰자리를 향하게 하고는 음향 탐지기의 스위치를 켰다. 90분 후에 짧지만 분명한 신호가 잡혔다. 좌표를 옮기지 않고 한 곳에서만 계속 측정한 결과, 몇 시간에 걸쳐 3분에서 10분간의 간격으로 예의 그 기복이 심한 파장음이 들려왔다.

지난번의 관찰을 다시 한번 성공적으로 재현해 내게 되자, 로렌스는 자기가 우연히 대단한 과학적 발견을 한 게 아닌가 싶은 생각이 들기 시작했다. 하지만 그로서는 이 신호가 어디에서 오는 것인지, 또는 무엇에 의해, 누구에 의해 보내지는 것인지 알 수가 없었다. 단지 은하의 움직임이 어떤 작용을 할 거라는 막연한 추측만을 할 수 있을 뿐이었다. "이 신호는 많은 별들이 몰려 있는 은하적도銀河赤道[3]에서 나왔을는지도 모른다. 반드시 큰곰자리에서라기보다는 그 근처에서 나왔다고 볼 수도 있을 것이다."

첫번째의 관찰을 모하비 사막에서 다시 확인한 로렌스는 자신의 연구실에서 실험을 계속했다. 하루 종일 기계를 똑같은 방향으로 맞춘 채 열어 놓고는 그 신호가 올 때까지 몇 주고, 몇 달이고 기다렸다. 그러나 일단 그 신호가 들어오면, 절대 그 신호를 놓치지 않았다. 그 음파 신호는 '부르르-르-르-르-르 빕-빕-빕' 하는 형태였는데, 로렌스는 그런 형태의 음파는 지구상에서는 낼 수 없는 것이라고 주장한다.

이 이상한 신호의 성질을 연구한 후, 로렌스는 다음과 같이 말하고 있다. "그 신호가 우리 지구인들에게 보내지는 것이라고 믿기는 어렵다. 나는 우리가 같은 지구인들간의 교신에 대해서만 다룰 뿐, 생체 교신biological

---

3—은하의 중심선에 가장 가까운 천구天球 위의 대원大圓.

communication에 대해서는 아무것도 모르고 있으므로, 이 '대화'에서 완전히 제외되고 있다고 생각한다. 나의 장비가 결코 고성능이 아님에도 불구하고 천문학적인 거리로부터 오는 신호를 분명하게 포착했던 것으로 보아, 그것은 어마어마한 출력으로 보내졌으리라 여겨진다. 따라서 그 신호는 아마 긴급 상황을 알리는 것일지도 모른다. 즉, 그곳에서 무슨 일인가 발생하여 누군가가 필사적으로 도움을 요청하고 있는 것인지도 모른다."

자신의 발견이 대단히 중요한 의미를 지닌 것이며, 이제까지는 상상조차 할 수 없었던 새로운 통신 시대의 도래를 예고하는 것이라고 단정한 로렌스는, 7페이지 분량의 보고서와 함께 떡갈나무 공원에서의 기록 테이프 복사본을 워싱턴에 있는 스미소니언 협회로 보냈다. 그 보고서는 과학사상 중요한 자료로서 그곳에 잘 보관되어 있다. 보고서는 이렇게 결론을 맺고 있다.

"그 출처와 목적지를 알 수 없는 별들간의 교신 신호가 포착되었다. 생체 감지기에 의해 수신된 것으로 보아, 그것은 분명 생체형生體形 신호일 것이라고 여겨진다. 전자기의 영향권에서 벗어난 곳에서 실험이 이루어졌기 때문에 실험 장비들은 전자기파의 영향을 전혀 받지 않았었다. 여러 차례 실험을 거듭해 보았으나 장비 자체에도 아무런 이상이 없었다. 별들간의 신호를 수신해 보고자 하는 실험은 이제까지 시도되지 않았던 것이므로, 다른 곳에서도, 가능하다면 전지구적인 규모로 확인 실험을 해봤으면 좋겠다고 제안하는 바이다. 이 현상은 그냥 무시해 버리기에는 너무도 중요하다."

로렌스는 이 테이프의 소리가 그저 한번 듣고서는 그리 즐거운 감흥을 받지 못하지만, 세 번이나 그 이상, 심지어 몇 주일이고 반복해서 들어 본 검열관들은 그 소리가 대단히 '매혹적인 환상음으로 들린다는 것을 인정'했다고 말하고 있다.

이 테이프에는 잘 조율된 음률 같기도 하고, 무의미한 지저귐 같기도 한 진동음이 점차 깊은 화음을 이루어 가는 듯한 부분도 있다. 그런 부분이 명확하게 연속적으로 반복되는데다, 전자기의 소음도 상당히 제거된 것으로 보아, 이 음파들은 지능을 갖춘 그 어떤 존재로부터 나온 것이 아닐까 하는 추측을 낳게 한다.

로렌스는, 테이프에 수록된 이 신호들을 컴퓨터가 분석해 내서 그 성질을 알아낼 수 있는 실마리를 찾게 될 날이 하루 빨리 오기를 고대하고 있다. 왜냐하면 수동으로 정보를 처리해 내기엔 그 신호들의 속도가 너무 빠르기 때문이다. 하지만 그는 컴퓨터로 분석하더라도 구체적인 성과를 얻게 되리라고 기대하지는 않는다. "만일 이 신호가 개인적인 성질의 것이라면, 현대의 그 어떤 컴퓨터 기술로도 판독해 내지 못할 것이다. 불규칙한 자료들을 읽어서 간결하고도 합리적인 정보로 옮겨 놓을 수 있는 생체형 컴퓨터가 우리에겐 아직 없기 때문이다."

생물체의 신호, 즉 생체 신호를 포착하기 위해서는 생체형 감지기가 필요하다는 로렌스의 결론은, 특히 외계와의 교신에 절대 중요한 의미를 지닌다. "현재의 전자공학은 이 분야에서 무용지물이나 다름없다. 왜냐하면 생체 신호는 이미 알려져 있는 전자기장電磁氣場의 영역 밖에 있기 때문이다."

로렌스는, 이 우주에서 오직 우리의 작은 지구만이 유일한 생명체를 가진 별이라고 주장했던 1950년대의 과학자들도 이제 주도면밀한 우주 관측과 다양한 추론을 통해 차츰 생각을 고쳐 가고 있음을 지적했다. 즉 이 광활한 우주에서 우리 인간은 결코 고독한 존재가 아니며, 우리보다 훨씬 문명이 앞선 외계인이 있을지도 모른다는 생각을 하게 되었다는 것이다.

19세기 초엽, 칼 프리드리히 가우스Karl Friedrich Gauss[4]는 시베리아의 침엽수림 지대의 원시림을 직각의 형태로 수백 마일 가량 벌채해서 인간의 존재를 우주에 알려보자고 제안했다. 뒤이어 오스트리아의 천문학자인 폰 리트로우J. J. von Littrow는 사하라 사막에 기하학적인 모양의 대운하를 파서 그 안에 석유를 채운 뒤 밤에 환하게 불을 밝히는 게 어떨까 하는 제안을 했다. 또 프랑스의 과학자인 샤를르 그로스Charles Gros는 화

4—독일의 수학자이자 과학자(1777~1855). 자속밀도磁束密度의 단위를 나타내는 가우스는 그의 이름에서 유래된 것임.

성을 향해 햇빛을 반사시킬 수 있는 거대한 거울을 만들어 세워 보자고 했다.

하지만 그런 기발한 발상들도, 1927년 여름에 관측된 무선 전파로 인해 새로이 바뀌게 되었다. 그것은 당시의 지식으로 보아, 지구가 외계에서 온 통신위성의 감시를 받고 있음을 의미하는 전파가 관측되었기 때문이었다. 요르겐 할스Jorgen Hals라는 노르웨이의 무선기술자가 네덜란드의 아인트호벤에서 송출되는 단파 라디오를 청취하던 중, 무어라 설명할 수 없는 기묘한 반사음을 들었던 것이다. 네덜란드와 영국의 수많은 과학자와 기술자들이 덤볐지만 아무도 할스가 들었던 것과 같은 소리를 재현해 낼 수가 없었다.

이 수수께끼 같은 사건은 1950년대 초까지 거의 잊혀져 있다가, 여러 분야의 전문가들이 외계에 의한 간섭설을 펴면서 다시 부각되기 시작했다. 그들은 그 현상을 두고 다음과 같은 대담한 가설을 내세웠다. 즉, 외계에서 보내진 성간星間 탐사장치가, 태양계 내에 있을지 모르는 지적 생명체의 감시와, 지구인을 포함한 그 생명체로부터 방사되는 무선 주파를 재해석해서 먼 '자기네 세계'로 돌려보내는 것이라는 주장이었다. 하지만 이 참신한 견해는 과학계의 주류로부터 무시를 당하거나, 심지어 업신여김까지 당해야 했다. 그러나 또 다른 관찰이 속속 보고되면서 그들을 비난하는 소리는 점차 수그러들었다. 그러다가 이번에는 텔레비전 화면에 3년 전에 방송되었던 것이 나타나는 사건이 벌어졌다.

1953년 9월, 런던의 브래들리C. W. Bradley라는 사람은 자기 집 거실의 텔레비전을 통해, 호출부호 KLEE - TV라는, 미국 텍사스 주 휴스턴에 있는 한 방송국의 방송을 보게 되었다. 그 후 몇 달 동안 같은 호출부호를 가진 방송이 영국의 랭커스터에 있는 애틀랜틱 전자 회사의 텔레비전 화면에 나타났다. 여기서 놀라운 점은, 그 전파가 그 먼 곳으로부터 왔다는 것이 아니었다. 실제로 그런 일은 간혹 있는 일이었으니까 말이다. 그러나 그것이 이미 3년 전에 방송된 것이고, 호출부호 KLEE는 1950년에 이미 KPRC로 바뀌었는데도 그 호출부호로 나타났으니, 그들의 놀라움은 얼마나 컸을까? 백보 양보하여, 이 전파가 지구의 상공에 떠 있는 '플라스마

plasma[5] 구름'에 머물러 있다가 다시 내려와 텔레비전의 기계 장치를 통해 화면에 나타나게 된 것이라고 가정한다 하더라도, 도대체 어떻게, 혹은 무엇 때문에 그런 일이 일어났는가 하는 물음에 대답하기에는 역부족이다. 그렇다고 이 모든 일들이 단지 짓궂은 장난이었다고 하는 것도 당찮다. 그러기엔 너무 많은 비용이 드니까 말이다.

이 현상에 고무받아, 미국의 과학자들은 무선 전파를 이용한 외계와의 통신을 진지하게 고려하게 되었다. 그러나 전파라는 매체는, 별들 사이에 있는 가스 구름이나 성운에 흡수되거나, 교신 대상인 먼 행성을 둘러싼 여러 가지 차폐층에 의해 가로막히거나, 우주 공간을 떠도는 갖가지 전파들에 뒤섞일 거라는 것을 깨닫고는 고려의 대상에서 지워졌다. 목표 지점까지 무사히 도달하기 위해서는, 중성 은하수소neutral galactic hydrogen[6]로부터 방사되는 것보다 파장이 더 짧고, 투과성이 강한 매체라야만 한다.

그럼에도 불구하고 사람들은 여전히 외계로부터의 무선 전파를 받고자 했다. 1960년 프랭크 드레이크Frank Drake 박사는 오즈마Ozma 계획을—이 계획은 소설에 나오는 오즈라는 가상국의 여왕 이름을 따서 명명했다—추진했다. 그는 웨스트버지니아에 있는 국립 전파 천문대에 직경이 25미터나 되는 거대한 전파 망원경을 설치했다. 드레이크 팀은 지구에서 가까운 두 개의 별, 즉 고래자리Cetus에 있는 타우Tau 별과 에리다누스Eridanus자리의 입실론Epsilon 별 부근에서 지적知的인 우주인이 보낼지도 모르는 신호를 발견하고자 했다. 그 결과 최근에 밝혀진 것은, 입실론 에리다니 주위를 태양계에서 가장 큰 목성보다도 여섯 배나 더 무거운 행성이 돌고 있다는 것 정도였다.

오즈마 계획은 비록 실패했지만, 과학자들은 그래도 '외계의 지성적 존재와의 교신communication with extraterrestrial intelligences'—현재는 CETI라고 줄여서 일컫는다—이라는 목표에 열을 올리고 있다.

1971년 여름. 미국 우주항공국(NASA) 산하의 아메스Ames 연구센터

5—초고온의 상태에서 바깥쪽의 전자를 잃은 원자핵이 돌아다녀서 이루는 일종의 가스 구름 상태. 태양과 같은 초고온의 상태에서는 플라스마가 충만해 있다고 함.
6—은하계에 속한 별들 사이에 충만해 있다고 하는, 이온화되지 않은 수소.

소속의 과학자들이 사이클롭스Cyclops라는 새로운 계획의 연구를 완성했다. 이 사이클롭스 계획은, 모두 합한다면 그 면적이 수 평방킬로미터가 될 1만 개의 무선 수신용 접시 망원경들을 레일로 끌어다가 뉴멕시코 사막에서 약 260평방킬로미터 넓이로 설치하는 것이었다. 뉴멕시코 주립대학의 찰스 시거Charles Seeger 교수는 사이클롭스 계획에는 약 50억 달러의 비용이 들 것으로 추산하였다. 미국 정부의 우주 탐사 예산이 삭감된 것에 비추어볼 때, 사이클롭스 계획이 현실화될 것 같지는 않다. 따라서 이 분야의 연구는 소련의 크리미아 반도에 있는 천체 물리학 관측소에서 현재 건설중인 직경 500미터가 넘는 거대한 전파 망원경에게 넘겨지고 있다.

로렌스는, 이러한 계획에 참가한 과학자들이 이 행성, 즉 지구에서 가장 효과적인 교신 수단이 전파이기 때문에 그 신호들도 전파의 형태일 거라고 가정한다며 불만스러워한다. 그의 생각엔 만일 그들이 생체 신호로 대체했더라면 보다 나은 효과를 얻었으리라는 것이다. 《점성학: 우주 시대의 과학》이라는 책의 저자인 조셉 굿어베이지Joseph F. Goodavage도 1973년 1월에 〈전설Saga〉이라는 잡지에 비슷한 견해를 제시했다. "관습과 전통에 얽매여 흡사 무슨 신앙처럼 기존의 과학 방법만을 고집하는 것은, 먼 우주에 있을지 모르는 생명체와의 교신을 가로막는 심각한 장애가 될 것이다."라고.

로스앤젤레스에 있는 우주 과학 산업체의 기계 기술자인 로렌스는 대단히 정교한 변조기―투입된 어떤 에너지를 다른 유형의 에너지로 변조시키는―를 개발하고자 했다. 열이나 환경 압력, 정전기장, 중력의 변화 같은 것을 동시에 이용해야 하는 기계 장치는 그런 일에 적합치 않다고 생각한 그는 필요한 조건들을 자연적으로 갖춘 식물을 이용하기로 했다.

1963년에 그 일을 시작하면서, 로렌스는 자기가 추구하는 바를 이루기 위해서는 식물학자나 생물학자 같은 사람들은 별 도움이 못 된다는 것을 깨달았다. 왜냐하면 그들은 물리학, 특히 전자공학에 대해서는 별로 아는 바가 없었기 때문이었다. 그는, 모든 살아 있는 세포는 보이지 않는 방사선을 방사한다고 말했던 소련의 조직학자 알렉산드르 구르비치Aleksandr Gavrilovich Gurvich와 그의 아내가 1920년대에 행했었던 실험부터 조사하기 시작했다. 구르비치는 양파의 뿌리 끝에 있는 세포가 일정한 리듬으로 분열한다는 것에 주목했었다. 그는 그것이 물리적인 에너지원으로서는 설명될 수 없는 어떤 힘에 의한 것이라고 보고, 그 힘은 가까이에 있는 세포로부터 나온 것이 아닐까 하고 생각했다.

자신의 추론을 시험해 보기 위해, 그는 뿌리 끝 조각 하나를 수평으로 놓은 가느다란 유리관 속에 넣어 레이저 총처럼 다른 뿌리의 끝—같은 모양의 유리관 속에 넣은—을 향하게 했는데, 목표가 되는 쪽의 뿌리는 일부분만 노출시키고 다른 부분은 가려 놓았다. 3시간이 지난 후, 분열된 세포의 수를 세어 보니, 노출된 부분 쪽이 그렇지 않은 쪽보다 25퍼센트나 많게 나타났다. 그것은 이웃의 뿌리에서 보내어진 생명 에너지 vital energy를 받아들였기 때문인 것으로 보여졌다.

구르비치는 생명 에너지의 방사를 차단하기 위해 얇은 석영판을 갖다 대 봤으나, 결과는 마찬가지였다. 그러나 석영판에 젤라틴을 입히거나 그냥 평범한 유리관을 사이에 넣어 보면, 세포가 전처럼 높은 비율로 분열하지 않는 것이었다. 젤라틴이나 유리가 전자기파 스펙트럼에서의 여러 자외선들을 차단한다는 사실을 이미 알고 있었던 그는, 양파의 뿌리 세포들 끝에서 나오는 방사선의 파장은 그 자외선과 같거나 아니면 그보다 더 짧은 형태일 거라고 결론을 지었다. 그는 이 생체 방사선이 세포 분열, 다시 말하면 '유사분열有絲分裂 mitosis'[7]을 촉진시킨 것이 분명하다고 보고, 이것을 '미토겐선 mitogenetic rays'이라고 이름붙였다.

구르비치의 발견은 과학계에 일대 파문을 일으켜, 과학자들은 부랴부랴 그것을 연구하기 시작했다. 많은 생물학자들은, 태양에서 오는 자외선보다도 더 강력한 새로운 방사선이 생명체로부터 발생한 것이라는 생각을 믿기 어려워했다. 그러는 가운데, 파리에서는 두 과학자가 구르비치와 같은 실험 결과를 얻어냈고, 모스크바에서는 구르비치의 같은 고향 사람 하나가 효모에다 양파 뿌리의 미토겐선을 방사함으로써 발아를 25퍼센트 증가시킬 수 있었다.

7—세포분열의 한 형식. 핵 안에 염색체가 나타나 새로 생기는 세포의 핵에 고르게 분배되는 핵분열.

베를린 근처에 있는 지멘스 할스케 전기회사의 두 과학자는, 미토겐선의 방사는 분명한 사실이라고 공언했으며, 프랑크푸르트의 한 연구가는 살아 있는 식물을 통해서가 아니라 전기적 장치를 이용하여 이 방사선을 측정하는 데 성공했다. 그러나 앵글로 색슨계의 사람들은 이 분야에 관해 아무런 결과도 얻어 내지 못했다. 미국의 명망 있는 과학 아카데미의 한 보고서는, "구르비치의 발견을 재현해 내는 것은 불가능하다. 따라서 그것은 그의 상상력의 산물이 아닐까 여겨진다."라고 발표했다. 그리하여 구르비치는 너무도 빨리 잊혀져 버렸던 것이다.

로렌스는 구르비치의 에너지 투사 장치에 강한 매력을 느꼈으나, 미토겐선을 분석해 낼 만한 자외선 분광계分光計를 가지고 있진 않았다. 그는 왠지 모르게, 구르비치의 연구에는 그 어떤 심리적이거나 '정신적인' 요소가 분명 있을 거라는 생각이 들었다. 그래서 그는 순수 감도가 아주 좋고, 임피던스impedance[8]가 높은 기구를 고안해 내어 엄밀한 조사를 해 나갔다. 그는 2.5센티미터의 두께로 얇게 자른 양파 조각의 세포들을 휘트스톤 브리지와 전위계에 연결시켜 여러 가지 자극에 각기 어떤 반응을 보이는가를 살펴보기로 했다. 그 결과 로렌스는 양파 세포들이 자극 — 담배 연기를 한 번 내뿜는 정도의 자극뿐만 아니라 심지어 어떤 해를 입혀 볼까 하는 심적 이미지까지 포함하는 — 들에 대해 약 10분의 1초 안에 예민하게 반응한다는 것을 발견했다.

무엇보다 신기한 일은, 실험자가 어떤 생각을 하고 있느냐에 따라 양파 세포의 반응도 달라진다는 것이었다. 영적인 능력이 있는 사람은 로렌스같이 실용주의적인 사람보다 훨씬 더 강한 반응을 얻어 낼 수 있었다. 로렌스는 이를 두고, "세포가 나름대로의 의식을 가졌다고 가정해 보면, 실험자에 따라서 그 반응 형태가 달리 나타나는 현상을 이해할 수 있을 것 같다."고 말했다.

이 무렵, 로렌스는 백스터의 연구를 접하게 되었다. 그래서 그는 정교한 심리적 전류 분석기psycho-galvanic analyzer, 또는 식물 반응 측정기

---

8 — 교류 회로에서 전류가 흐르기 어려운 정도를 나타내는 값.

를 만들어 보고자 했다. 새로운 장비로 실험을 해본 결과, 그는 식물로부터 일련의 '대단한' 기록들을 얻어 내게 되었다. 그럼에도 불구하고, 그는 자신의 '무지와 고전적인 프러시아인의 정통파 학설'에 얽매여, 그것은 기계의 결함 때문일 거란 생각을 했노라고 뒷날 술회했다. 그러나 그는 백스터의 업적에 힘입어, 식물 조직이 인간의 감정과 마음을 읽을 수 있는 게 아닐까 하는 의문을 차츰 굳히게 되었다. 로렌스는 수년 전 영국의 천문학자인 제임스 진스James Jeans[9] 경이 했던 말을 상기했다. "인간 지식의 물줄기는 비기계적인 실재를 향해 흐르고 있다. 우주는 위대한 기계라기보다는 위대한 '사고思考'로 보여진다. 정신이란 물질의 세계에 우연히 끼어든 것뿐이라는 생각은 이제 그만두어야 한다. 오히려 정신이 이 세계의 창조자이자 주재자라는 인식을 가져야 할 것이다."

1969년 10월, 로렌스는 자신의 독서와 연구에 기초하여 몇 편의 대중적인 기사를 발표했다. 그 첫번째가 〈일렉트로닉스 월드〉에 발표한 '전자공학과 식물'이라는 기사였다. 그는 그 기사에서, 고생대의 늪지에서 최초의 녹색 잎사귀를 드러냈던 식물이 오랜 세월이 흘러 오늘날에 와서야 마침내 처음으로 그들의 '전기역학적인 성질'에 관한 연구의 대상이 되고 있다고 썼다.

로렌스가 제기한 주요 연구 과제는 다음의 네 가지였다. 즉, 식물을 전자 장치와 결합시켜 데이터 감지기와 에너지 변환기로서의 역할을 하게 할 수 있는가? 식물을 특정의 대상이나 이미지에 반응하도록 훈련시킬 수 있는가? 그들의 이른바 초감각적 지각 능력은 입증될 수 있는가? 과학이 밝혀 놓은 35만 종이나 되는 식물들 중에서 어떤 것이 전자공학적 관점에서 가장 유망한 식물인가? 하는 것이 그것이었다.

로렌스는 초소형 전극을 연결시킨 식물 세포의 반응을 연구하는 데 관한 상세한 지침을 제공하면서, 뉴욕 주 파밍데일의 항공회사인 '리퍼블릭 애비에이션'이 개발한 '달의 정원Moon Garden'에서 있었던 일―1960년대에 그곳의 과학자들은, 우주식宇宙食으로 쓸 수 있는지의 여부를 실험하

9—영국의 천문학자, 물리학자(1877~1946). 열복사 현상을 깊이 연구했으며, 우주 진화론에 대한 창의적인 학설을 제창했다.

던 식물들로부터 '신경쇠약'이나 '완전한 욕구 불만'처럼 보이는 증세들을 유도해 낼 수 있었다는—도 아울러 보고했다. 또 그보다 좀더 앞선 것으로서, 사이언톨로지의 설립자인 영국의 론 허바드가 자신의 연구실에서 식물들이 어떤 종류의 인공 조명, 예를 들자면 나트륨 가로등이 발하는 차가운 빛 같은 것을 몹시 싫어하여 온 잎사귀 전체가 식은땀을 흘리거나 한다는 사실을 분명하게 관찰했었다.

로렌스는, 식물에 대한 이러한 연구는 전자공학의 지식만 있다고 되는 것이 아니며, '백스터 효과'를 거두는 것도 단순히 고품질의 전자 기계를 조립할 수 있는 능력 이상의 것이 필요하다고 경고했다. "이러한 실험에서는 일반적인 실험에서는 필요치 않은 요소가 있다. 그것은 '녹색의 손'과 같은 능력, 또는 식물에 대한 참된 애정이라는 요소이다."

반 년쯤 지난 후, 그는 같은 잡지에다 '전자공학과 초심리학'이라는 제목으로 더욱 논쟁거리가 될 만한 기사를 썼다. "인간에게는 현대의 통신 수단에 의해 억눌려 있는 어떤 잠재된 지각 능력이 있지 않을까?…… 오랜 세월 동안 이단적이라며 무시되어 왔던 초심리학은 이제 차츰 제 목소리를 내기 시작했다. 그 분야의 연구자들은 전자 장비를 이용하여, 현대의 정통 과학과 통신 기술에 도전하는 놀랍고도 획기적인 발견들을 해내고 있다."

ESP를 편견 없이 올바로 연구하는 데 대한 기계 장비의 필요성은, 50년 전에 이탈리아의 과학자 페데리코 카자말리 Federico Cazzamalli가 인간의 텔레파시를 실험해 보고자 극초단파를 발생시킬 수 있는 장치를 개발했을 때 이미 인식되었었다고 로렌스는 강조했다. 하지만 카자말리의 그 실험은 두번 다시 재현해 볼 수가 없었는데, 그것은 파시스트 독재자 무솔리니가 그의 연구를 비밀에 부치라는 포고를 했기 때문이라고 로렌스는 보고했다.

로렌스는 또 카자말리의 아이디어와 기계 장치의 뒤를 잇는 매혹적인 후예를 소개했다. 그것은 자이언트 록 공항에서 그다지 멀지 않은 캘리포니아 주 유카 벨리에 살고 있는 조지 반 타셀George W. van Tassel이라는 독학 발명가가 개발중인 '인티그레트론Integratron'이라는 장치를 가리키는 것이었다. 20여 년간에 걸쳐 개발되어 지금도 계속 제작중에 있는 이 장치는, 높이 11.4미터, 직경 17.4미터의 흡사 천문대처럼 생긴 비금속의 돔형 건물 안에 설치되어 있다. 이 장치는 현존하는 가장 큰 것보다도 네 배나 더 큰 전기자電氣子[10]를 이용한 정전기식-자석식 발전기이다. 반 타셀의 유니버셜 위스덤 대학의 〈회보 Proceeding〉는, 이 장치에서 발생되는 에너지장이 이 건물 전체를 에워싸고 있으며, 그 때문에 이 건물은 못이나 볼트 및 그 어떤 금속 물질도 사용하지 않고 지어졌다고 했다. 그럼에도 불구하고 마치 중국인의 퍼즐처럼 교묘하게 짜맞춰 지은 이 돔형의 건물은 상업용 건물에 관한 법령이 요구하는 것보다 6배나 더 견고하다는 것이다. 타셀은 이렇게 약속했다. "이것이 완성되면, 외계와의 교신이라는 문제의 해결뿐 아니라, 신체 세포의 회춘이라든가 반중력의 힘, 그리고 나아가 초자연적인 경험의 궁극적인 목표인 시간 여행까지도 가능하게 해줄 것이다."

그러나 정통파 과학자들을 당혹시키고, 그들 중 많은 이들을 회의적으로 만드는 것은, 이러한 현상들을 설명해 줄 아무런 실제적 이론이 없다는 것이었다. 1964년에 영국의 옥스퍼드에서 열린 초심리학 협회의 제7회 연례회의에서 롤W.G.Roll 박사는 주제 발언을 통해, '사이 장psi-fields'[11]을 제안했다. 이 사이 장이라는 것은 모든 물체들—생물이건 무생물이건—에 있는 전자기장이나 중력장과 비슷한 것으로서, 이미 알려진 물리적 장에 반응할 뿐만 아니라 다른 사이 장과도 반응을 일으킨다는 것이다.

또 다른 이론이 워서먼G. D. Wasserman 박사에 의해 1956년 시바Ciba 재단의 심포지움에서 발표되었는데, 그것은 양자역학을 기초로 한 것이었다. 그가 제시한 바에 따르면, 인간의 초상超常 현상 체험을 가능하게 해주는 이 사이 장은 고전 물리학의 물질의 장에 의해 인정되는 것보다 훨씬 미세한 '에너지 양자'를 받아들임으로써 생겨난다는 것이다.

로렌스는, 백스터 효과나 그밖의 비슷한 연구 결과들을 숙고한 끝에, "사이라는 것은 모든 생물체들을 연결해 주는 유일한 통신망의 조직인 이른

10—발전기나 전동기 따위의 회전자.
11—초상超常 현상이나 초자연 현상의 장.

바 '초상 회로망paranomal matrix'이라고 일컫는 것의 일부분이 아닐까 하는 생각을 하게 되었다. 그리고 이 초상 현상들은 현재의 물리적 법칙을 초월한 기능들이 겹쳐 입력된 바탕 위에서 일어나는 것이고 말이다."라고 말하고 있다. 그리하여 그는 이러한 생각을 바탕으로, 식물이 그 주인에 의해 감정 조절을 할 수 있게 되면 멀리 떨어진 곳에서도 그 주인의 감정과 기분에 따라 반응을 보일 수 있게 되는 걸 거라고 덧붙였다.

1971년 6월, 로렌스는 〈파퓰러 일렉트로닉스〉지에, 식물과의 교신을 실험해 보고 싶어하는 연구자들을 위해 자세한 도표와 정밀 실험용의 '반응 탐지기' 부품 명세서를 제시했다.

로렌스는, 이러한 실험에 있어서는 일정한 간격을 두고 행해야 한다는 것이 매우 중요하다면서 다음과 같이 말했다. "무리하게 실험을 계속했다가는 식물이 갑자기 녹초가 된다거나 죽어 버리는 수가 있다. 그러므로 실험자는 식물을 자상하게 다루면서 충분한 휴식을 취할 수 있게 해주어야 한다. 또 실험을 할 때는 식물을 조용한 장소에 두어야 한다. 그것은 전선에서 나오는 소음이라든가 무선 송출기 따위에 영향을 받아 잘못된 결과가 나올지 모르기 때문이다."

로렌스의 그러한 식물관은, 캐나다에 살고 있는 체코슬로바키아 출신의 출판업자이자 생리학적 심리학 연구자인 얀 메르타Jan Merta에 의해 뒷받침되고, 보다 구체화되었다. 그에게는 특이한 초능력이 있었는데, 그는 대장간에서 시뻘겋게 달구어진 쇠막대기를 맨손으로 잡고는 다른 맨손으로 그것을 훑어낼 수 있었다. 마치 선반 위의 먼지라도 훑어내는 것처럼 말이다.

캐나다로 갓 이주했을 당시, 그는 생업을 위해 몬트리얼의 한 식물 재배업자―그는 주로 열대식물을 수입해서 재배했다―밑에서 두 달간 일했었다. 고객들이 식물이 잘 자라지 않고 시들어 간다고 불평을 하면 메르타가 해결사로 보내졌다. 그는 넓은 온실에서 수천 그루의 수목들을 보살피는 동안, 식물에 대한 새로운 사실을 알게 되었다. 즉, 식물들은 동료 식물들과 멀리 떨어지게 되면 고독감을 느껴 점차 시들어 가다가 마침내는 죽어 버리기까지 하지만, 시들어 가던 것을 다시 온실에 갖다놓으면 곧 활력을 되찾아 싱싱해진다는 사실이었다.

메르타는 고객들에게 수없이 불려 다니면서, 식물들이 혼자 내버려두는 것보다 주인과 함께 있는 것을 더 좋아함을 알게 되었다. 플로리다에서 옮겨 온 키가 9미터나 되는 거대한 피쿠스 벤자미니 *Ficus benjamini*의 경우, 처음 공수되어 왔을 때는 원기가 왕성했었는데, 쇼핑 센터의 상품 진열용 실내 온실에 갖다놓자 이틀이 채 못 되어 시들기 시작했다. 그러나 온실로 통하는 사람들의 왕래가 잦은 통로에 둔 것은 여전히 싱싱함을 유지하고 있었다. 그것은, 그 식물이 지나다니는 사람들로부터 "야, 그놈 대단한데……"라고 칭찬받기를 좋아한다는 것에 대한 확실한 증거로 보였다.

로렌스는 1970년에 대학의 교직을 사퇴하고 독자적인 연구에 착수했다. 그것은 소련의 우크라이나 지방에서는 1930년대에 이미 수확량을 높이기 위해 곡물에 자극을 주려고 음파나 초음파 같은 것을 사용했으며, 미국의 농무부도 같은 방법의 실험에 성공을 거두었다는 글을 읽고 자극을 받았기 때문이었다. 그의 연구 목표는 씨앗을 자극해서 보다 실하고, 빠르게 성장시킬 수 있는 장치를 개발하는 것이었다. "저 유명한 식물 재배가인 루터 버뱅크 Luther Burbank[12]도 알고 있었듯이, 초심리학적인 방법으로 씨앗에 자극을 주어 성장을 촉진시킬 수 있다면, 작물 전체에다 특수한 신호를 보내어 대지를 망치는 화학 비료나 농약을 쓰지 않고도 작물의 성장을 촉진시킬 수 있을 것이다."

1971년 2월, 로렌스는 〈파퓰러 일렉트로닉스〉지에 고전압의 정전기장을 이용하여 식물의 성장을 촉진시킬 수 있다는 자신의 생각을 시험해 보기 위한 실험 계획을 발표했다. 그는, 전기 자극으로 식물의 성장을 촉진시킬 수 있다는 많은 기술자들의 생각이 무시되고 있는 것은 값싼 화학 비료의 발명과 그 사용 때문이라고 주장했다. 그러면서 오늘날 그러한 비료의 사용으로 비롯된 공해가 전세계의 생태계와 식수원食水源을 망치고 있는 만큼 그러한 문제들은 깊이 생각되어야 한다고 덧붙였다.

그는 자신의 생각에 입각하여, 식물에 전선을 연결하지 않고도 백스터

12―제8장 참조.

효과를 얻을 수 있는, 특수 음향 효과에 의한 식물 자극법을 특허 출원 준비중에 있다. 이러한 연구를 해 나가는 동안, 로렌스는 어느덧 단순한 기술자에서 철학자로 변모해 가고 있었다. 로렌스는 〈유기원예와 유기농법 Organic Gardening and Farming〉이라는 잡지에 이렇게 썼다. "어린 시절, 이 세상 모든 것이 살아있고, 그것을 느낄 수 있는 것처럼 보이던 때가 있었다. 나무들과도 친구가 되어, 마치 조지 엘리엇이 "꽃은 우리를 보면서, 우리가 무슨 생각을 하는지 알고 있구나." 하고 노래했듯이, 서로 생각을 주고받았었다. 그런 뒤 식물들은 그저 자라기만 할 뿐 말도 못하고, 감정도 없다고 생각하는 나이가 되었었다. 그러나 지금 나는 제2의 소년기를 맞고 있는 듯하다. 적어도 식물에 관해서는 말이다."

로렌스는 전기로 식물의 성장을 자극시키는 데 대한 관심과, 외계와 교신을 해보고 싶다는 계획 사이에서 갈등을 느끼고 있지만, 긴 안목으로 본다면 역시 후자 쪽이 더 중요하다고 생각하고 있다. 왜냐하면 CETI가 달성되면 식물과 관계된 많은 의문들이 더불어 해결되리라고 보기 때문이다.

1973년 6월 5일, 산 베르나르디노에 있는 '진리의 앵커 대학' 연구부는 현재 그 대학의 부학장직을 맡고 있는 로렌스의 지도하에, 세계 최초의 '생체형 행성간 교신 관측소 biological-type interstellar communication observatory'의 개소식이 거행되었다고 발표했다. 로렌스는 이 새로운 연구를 위해 스텔라트론 Stellartron이라는 것을 설계했는데, 그것은 3톤 무게의 전파 망원경 같은 것에다 생체 역학장 관측소의 생체형 신호 교신 시스템을 결합한 것이다.

앵커 대학의 학장, 에드 존슨 Ed Johnson은 "전파 천문학이 우주에서 오는 생명체의 신호를 포착하는 데 실패함에 따라, 우리는 전파를 통한 탐사는 시대에 걸맞지 않으므로 생체형 교신 방법을 시도해야 한다는 로렌스 씨의 의견을 받아들이기로 했다."고 말했다.

우리의 은하계에만도 2,000억 개에 달하는 별들이 있다. 로렌스는 그 별들이 각기 적어도 5개씩의 위성을 가졌을 거라고 가정한다면, 연구 대상이 되는 행성은 1조 개나 된다고 말한다. 만약 1,000개의 행성 중에 1개꼴로 지적인 생물이 산다고 가정을 한다면, 우리의 은하계에만도 10억 개에 가까운 행성에 생물이 산다고 볼 수 있을 것이다. 그리고 우리가 관측할 수 있는 우주 내에 약 100억 개의 은하계가 있다면, 지구에 어떤 신호를 보낼 가능성이 있는 행성은 대략 10^{19}개나 된다.

앵커 대학의 설립자인 앨빈 해럴Alvin M. Harrell 목사는, 외계인과의 접촉은 인류에게 지혜의 폭을 넓혀 주는 계기가 될 거라고 생각하고 있다. 그는 이렇게 말한다. "인간이 지닌 파괴적인 야만성을 두고 볼 때, 새로이 발견되는 문명은 우리보다 무한한 사랑과 자비를 가진 것이기를 바란다."

그런가 하면, 로렌스는 또 이렇게 말하고 있다. "식물들이야말로 진정한 우주적 존재가 아닌가 싶다. 무기질의 세계였던 태고의 지구를 사람이 살기에 적합한 곳으로 바꿔 놓은 그들의 재간은 거의 완벽한 마법이 아닌가! 앞으로 우리가 해야 할 일은 신비주의적인 관점으로 보아 왔던 태도를 청산하고, 교신 현상을 포함한 식물의 반응을 정통 물리학의 세계로 끌어들여 증명될 수 있게 하는 것이다. 우리가 기계를 사용하는 것은 바로 그것을 실행하기 위해서이다."

만일 로렌스가 추구하는 방법이 올바르다면, 신대륙을 발견하기 위한 콜럼버스의 항해처럼 광대무변한 우주를 발견하기 위해 인간을 실어 나를 하드웨어를 제작해 보겠다는 열망은, 콜럼버스의 범선인 산타 마리아호가 이제 더이상 쓸모가 없어진 것과 마찬가지로 쓸모 없는 것이 될 것이다. 로렌스의 연구처럼, 수십만 광년이나 떨어진 먼 곳과도 즉시 교신을 할 수 있다면, 필요한 것은 우주선이 아니라 그들과 연결될 수 있는 적당한 '전화번호'이다. 아직은 탐색 단계이지만, 그의 생물역학장 관측소biodynamic field station가 우주의 전화교환대로 연결되는 발걸음을 내딛을 때, 그 교환대의 아름답고 상냥하면서도 유능한 교환수 역할은 식물이 맡게 될 것이다.

제5장
구소련에서의 연구 성과들

1970년 10월 어느 날, 소련의 〈프라우다 *Pravda*〉지는 '잎사귀는 우리에게 무엇을 말하는가'라는 제목의 기사를 실었다. 이로써 수백만 소련 독자들은 식물이 자신의 감정을 인간에게 전한다는 희한한 이야기를 접하게 되었다.

이 소련 공산당의 기관지는 이렇게 공표하고 있다. "식물이 말을 한다……. 그렇다, 그들은 비명을 지르고 있다. 그러나 인간에게는 단지 식물이 자신의 불행을 수동적으로 받아들이고, 말없이 그 고통을 참고 있는 것처럼 보일 뿐이다." 〈프라우다〉의 기자인 체르트코프 V. Chertkov는 티미랴제프 Timiryazev 농업과학 아카데미의 인공 기상 연구소를 찾아갔을 때 목격한 놀라운 현상을 이렇게 쓰고 있다.

"뿌리를 뜨거운 물 속에 담그자, 보리 싹이 내 눈앞에서 문자 그대로 비명을 질렀다. 사실 이 식물의 '소리'는 대단히 민감한 특수 전자 장치에 의해 나타나는 것이었는데, 넓적한 종이 밴드 위에는 이 불쌍한 식물이 지르는 '끝없는 눈물의 골짜기'가 그대로 기록되어 나타났다. 단말마를 발하는 보리 싹의 고통을 말해 주듯, 기록계의 펜은 흰 종이 위에다 심한 기복을 그려 댔다. 그저 식물 자체만을 보아서는 무슨 일이 일어나고 있는지 알 수 없다. 잎사귀는 여전히 푸르고 줄기도 곧게 서 있건만, 식물의 '조직체'는 이미 죽어 가고 있는 중이었다. 그 내부의 어떤 '두뇌' 세포가 우리에게 무슨 일이 일어나고 있는가를 말해 주고 있었던 것이다."

기자는 농업과학 아카데미의 식물생리학부 부장인 이반 이시도로비치 구나르Ivan Isidorovich Gunar 교수와 인터뷰를 했다. 그는 동료들과 함께 수백 가지도 넘는 많은 실험을 해본 결과, 식물에게는 인간의 신경 감각과 비슷한, 전기 자극에 대한 감각이 있다는 것을 확신한 사람이었다. 기자는 그가 마치 인간을 대하듯이 식물들에 대해 각기의 습관이나 성격 등을 하나하나 구별하면서 말하더라고 썼다. "심지어 교수는 식물과 대화를 나누는 것처럼 보였다. 그러면 식물들은 이 온화한 초로의 신사에게 주의를 기울이는 듯했다. 언젠가 나는 말썽을 부리는 자기의 애기愛機를 꾸짖는다는 조종사의 이야기를 들은 적이 있고, 또 자기의 배에 말을 거는 선장을 직접 본 적도 있는데, 사실 이러한 능력을 지닌 사람들은 극히 드물다."

전직이 엔지니어였던 구나르의 수석 조수 레오니트 파니슈킨Leonid A. Panishkin에게, 왜 자신의 일을 그만두고 이곳에 있느냐고 묻자, 그는 이렇게 대답했다. "글쎄요, 제 전공은 야금학冶金學이었습니다마는, 여기서는 생명을 다루기 때문이지요." 파니슈킨에 이어, 또 다른 젊은 여성 연구원인 타티아나 침발리스트Tatiana Tsimbalist가 말을 받았다. "저는 이곳에서 일하게 된 후, 새로운 눈으로 자연을 보게 되었어요."

파니슈킨은, '우리의 녹색 친구'—〈프라우다〉의 기자는 식물을 그렇게 불렀다—인 식물에게 가장 적합한 환경은 무엇이며, 그들이 빛과 어둠에 어떻게 반응하는가를 연구하는 것이 자신의 주요 관심사라고 말했다. 그는 지구에 와 닿는 햇빛과 강도가 같은 특수 조명을 사용하여 실험해 본 결과, 식물은 인공으로 길어진 낮에 피로를 느껴 밤의 휴식을 갈망한다는 것을 발견했다. 그는 식물의 이러한 성질을 이용한다면, 언젠가는 식물이 살아 있는 전기 스위치의 구실을 하여 자기들 스스로 온실의 조명을 조절할 수 있는 장치를 만들어내게 될 거라고 보고 있다.

구나르 팀의 연구는, 식물 재배에 새로운 지평을 열게 될 것이다. 그들은 자기들의 기계를 가지고 단 몇 분내에, 추위나 더위 및 기타 기상 조건에 잘 견디는 식물을 가려낼 수 있다. 사실 그런 일은, 이제까지의 유전학자들이 몇 년 동안 각고의 노력을 기울여야만 겨우 얻어 낼 수 있는 성질의 것이었다.

버지니아의 예언가이자 심령 치료사인 에드거 케이시가 설립한 연구 계몽 협회 Association for Research and Enlightenment (ARE)의 파견단이 1971년 여름에 소련을 방문했다. 네 명의 의사와 두 명의 심리학자, 한 명의 물리학자, 그리고 두 명의 교육학자로 구성된 파견단은, 파니슈킨의 안내로 '식물에게도 지각 능력이 있는가?'라는 영화를 보았다. 이 영화는 여러 가지 환경 변화—햇빛, 바람, 구름, 명암 및 파리나 벌 같은 벌레의 접촉, 화학 처리나 불로 태우는 것에 의한 손상, 그리고 어떤 매달릴 수 있는 것을 덩굴손에 갖다 댔을 때와 같은 경우—가 식물에 미치는 영향을 보여주는 것이었다. 또 클로르포름 증기에 마취된 식물은, 잎사귀가 예리한 충격을 받았을 때 나타내던 독특한 파장이 나타나지 않는다는 것도 보여주었다. 그것은 소련의 과학자들이 식물의 건강 상태를 알기 위해 이 파장을 연구하고 있음을 암시하는 것이었다.

애리조나 주 피닉스에 있는 ARE 의학 연구 본부의 책임자인 윌리엄 맥거리 William McGarey라는 의사는, 그 영화에서 특히 인상적이었던 것은 자료를 기록하는 방법이었다고 보고했다. 그 영화에서, 저속으로 촬영한 식물의 성장 모습은 흡사 춤을 추는 것처럼 보였으며, 꽃들은 마치 다른 시간대에 살고 있는 존재인양 빛의 밝기에 따라 벌렸다 오무렸다 했다. 또 상해를 입었을 때 나타나는 모든 변화들은 식물에 연결된 민감한 탐지기에 그대로 기록되어 나타났다.

1972년 4월, 스위스의 취리히에서 발간되는 〈벨트보케 *Weltwoche*〉라는 신문은, 거의 같은 시기에 각기 진행됐었던 백스터와 구나르의 연구에 관한 기사를 실었다. 같은 주에 이 기사는 러시아어로 번역되어, 해외 언론에 관해 소개하는 소련의 주간지 〈차 루베좀 *Za Lubezhom*〉지—소련의 언론인 조합이 모스크바에서 발행하는—에 '놀라운 식물의 세계'라는 제목으로 전재되었는데, 거기에는 그 과학자들의 말이 다음과 같이 인용되고 있다. "식물들은 외부의 신호를 감지해서 그것을 특수한 경로를 통해 어떤 본부로 보낸다. 이 본부, 즉 신경 중추는 인간의 심장 근육과 같이 팽창했다 수축했다 하는 뿌리 세포에 자리를 잡고 있는 듯하다. 식물은 분명한 생활 리듬을 가지고 있기 때문에 정기적으로 휴식과 안정을 취하지 않으면 죽어 버린다."

모스크바의 신문 〈이즈베스티야 *Izvestiya*〉지의 편집자는 〈벨트보케〉의 기사를 읽고 자극을 받아, 마트베예프 M. Matveyev 기자에게 특집 기사를 쓰라고 했다. 그리하여 마트베예프는, 식물이 기억이나 언어, 심지어 이타심까지 보인다는 백스터의 견해를 소개했으나, 이상하게도 백스터가 가장 최근에 발견했던 것, 즉 필로덴드론이 자신을 해치려는 실험자의 의도를 알아챈다는 것은 쓰지 않았다.

"이 일은 서방 언론계에서 대단한 화제가 되고 있다."라고 보도한 마트베예프는 권위 있는 견해를 듣고자, 농업 연구소의 생명공학 연구소장인 블라디미르 그리고리예비치 카라마노프 Vladimir Grigorievich Karamanov를 찾아갔다.

이 연구소는 40여년 전, 유명한 고체물리학자이자 아카데미 회원인 아브람 표도로비치 요페 Abram Fyodorovich Ioffe의 요청으로 설립된 것이었다. 요페는 물리학을 새로운 제품의 설계라는 실용적인 면에 적용하는 데 특별한 관심을 갖고 있었다. 처음에는 공업 분야에 관심을 기울이다가 나중에는 농업 쪽으로 그 관심이 옮겨졌다. 연구소가 개소되었을 당시 젊은 생물학자였던 카라마노프는 요페의 권유에 따라 반도체와 사이버네틱스에 대한 공부를 했다. 그러는 동안 그는 마이크로더미스터 microthermistor[1]나 무게 장력계張力計 같은, 식물의 온도, 줄기와 잎사귀 내의 유속流速 비율, 수분의 증발 정도, 성장률, 생체 방사선의 특징 같은 것을 기록

1—더미스터는, 온도가 높아지면 전기 저항이 감소되는 반도체 회로 소자를 말함.

할 수 있는 장치들을 만들기 시작했다. 그는 곧, 식물이 언제 어떻게 물을 원하는가, 또 양분은 언제 더 많이 필요로 하며, 어떤 온도를 원하는가 하는 것 등을 아주 세밀하게 알아낼 수 있게 되었다. 그리하여 카라마노프는 그 첫 성과를 1959년에 소련 과학 아카데미에 '식물 경작에 있어서의 자동화와 사이버네틱스의 적용'이라는 제목으로 제출한 보고서에 발표했다.

마트베예프는, 카라마노프가 보통의 콩줄기 하나에도 자신이 얼마나 많은 양의 빛을 필요로 하는가 하는 신호를 '기계 두뇌'에다 알리는 '손' 같은 것들이 있음을 보여주었다고 썼다. 그 '손'의 신호를 받은 두뇌가 다시 신호를 보내면, 그 '손'은 지시대로 스위치를 누른다. 이렇게 하여 식물은 자신에게 가장 적절한 낮과 밤의 길이를 스스로 조절하게 되는 것이다. 또 그 콩줄기는 물이 필요해질 때면 두뇌에다 적절한 신호를 보낼 수가 있는 '다리' 같은 것들이 있다는 것도 보여주었다. "콩줄기는 자신이 완전히 이성적인 존재임을 과시라도 하듯 무작정 물을 빨아들이지 않는다. 1시간당 2분 꼴로 물 빨아들이는 것을 스스로 자제하면서 필요한 수분을 조절하고 있다."

기자는 다음과 같은 말로 끝을 맺고 있다. "이것은 실로 과학과 기술상의 충격적인 사건이자, 20세기 인류의 기술 능력에 일대 혁명을 가져오는 일이다."

백스터의 연구에 뭔가 새로운 것이 있느냐는 질문에, 카라마노프는 마지 못한 듯이 이렇게 대답했다. "새로운 것은 아무것도 없습니다! 식물이 주위의 환경을 인식한다는 것은 지구의 역사만큼이나 오래된 사실입니다. 지각 능력 없이 어떻게 환경에 적응할 수 있겠습니까. 만약 식물에게 감각 기관이 없고, 정보를 획득하거나 전달하는 그들만의 언어나 기억 같은 것이 없었더라면, 식물은 벌써 멸종되었을 것입니다."

카라마노프는 인터뷰를 진행하는 동안 백스터의 위대한 발견인, 식물에게 인간의 생각과 감정을 읽을 수 있는 능력이 있다는 것에 대해서는 결코 한마디도 언급하지 않았다. 뿐만 아니라 그는 백스터의 또 다른 성과, 즉 필로덴드론으로 하여금 '살해殺害'를 기억하게 했던 성과에 대해서도 잊고 있는 듯한 인상을 주었다. 그는 기자에게 오히려 이런 반문을 하는 것이었다. "식물이 형태를 분별할 수 있을까요? 예를 들자면, 자기에게 물을 주는 사람과 괴롭힘을 주는 사람을 식별해 낼 수 있을까요?" 그러면서 그는 스스로의 질문에 이렇게 답하는 것이었다. "현재로선 나는 그 질문에 대답할 수가 없습니다. 왜냐하면 그것은, 백스터의 실험이 완전무결하지 못하고, 충분한 반복 실험도 안 해봤을 거라고 본다거나, 갑자기 문이 닫힌다거나 혹은 방 안으로 바람이 불어 들어온다거나 하는 일 따위의 돌발 상황이 일어났을지도 모르는 일이라고 의심해서가 아닙니다. 분명한 사실은 그든, 우리든, 또는 이 세상 누구든간에 식물의 모든 반응들을 해독해 낼 만한 경지에는 아직 이르지 못했다는 것입니다. 즉, 식물이 자기들끼리 '말을 하거나' 혹은 우리에게 '소리치는' 것을 완전하게 듣고, 이해할 수 있는 사람이 아직은 없다는 것입니다."

카라마노프는 또 언젠가는 사이버네틱스에 의한 식물의 모든 생리적 과정의 조절이 가능하게 될 거라고 예언했다. 그러면서 그는, 그것이 '단순한 흥밋거리를 주기 위한 것이 아니라, 식물 자신의 이익을 위한' 것이라고 했다. 식물들이 전자 장비의 도움을 받아 외부 환경을 그들의 성장에 적합한 조건으로 자동 제어할 수 있게 된다면, 작물의 수확량이 엄청나게 증가될 것이다. 그러나 그러한 진보가 당장에 가능한 것은 아니라면서, 카라마노프는 이렇게 덧붙였다. "우리는 아직 식물과 대화를 나눈다거나, 그들 고유의 언어를 이해할 수 있는 단계에 이르지는 못했다. 현재는 다만 식물들의 생활을 조절할 수 있는 방법에 관해 연구중일 뿐이다. 어렵긴 해도 매혹적인 이 작업에는 엄청난 놀라움들이 도사리고 있을 것이다."

〈이즈베스티야〉의 뒤를 이어, 그해 여름에 〈나우카 이 렐리지야 *Nauka i Religiya*〉—과학과 종교—라는 월간지도 그에 관한 기사를 실었다. 그 잡지는 과학계에서의 최신 발견들을 소개하는 한편, 인간을 넘어선 영적 세계라는 교리적 개념을 '무신론의 이론과 실제'라는 제목의 난을 통해 가볍게 깎아 내리는 이중의 목적을 가진 월간지이다.

이 잡지에 기사를 쓴 필자이자, 엔지니어인 메르쿨로프 A. Merkulov는 〈이즈베스티야〉의 기사보다 한걸음 더 나아가, 백스터의 실험에서 식물이 끓는 물 속에서 죽어 가는 새우에 대해 어떻게 반응했는가 하는 것뿐만 아니라, 동료 식물을 죽인 범인에 대해 어떻게 반응했는가에 대한 것도 소개했다. 그러면서 그는 인간의 감정에 대한 식물의 반응 실험은, 카자흐 공화국의 수도 알마 아타의 주립대학에서도 실행되고 있다고 덧붙였다. 그곳의 과학자들도 식물이 자기 주인의 변고나 그밖의 감정 상태에 따라 같은 반응을 반복해서 나타낸다는 것을 발견했던 것이다.

식물도 '단기 기억short - term memory'[2]을 갖고 있다는 것은 오래 전부터 알려진 것으로서, 그러한 사실은 카자흐의 과학자들에 의해 확인되었다고 메르쿨로프는 말했다. 콩, 감자, 밀, 미나리아재비 같은 것은 적절하게 '가르친' 후, 제논 수소 램프xenon - hydrogen lamp를 비추면 그 깜박거린 회수를 기억할 수 있다는 것이 실험을 통해 밝혀졌다. 식물들은 메르쿨로프의 표현대로 '비상할 만큼 정확하게' 그 반짝임을 고유의 맥박으로 되풀이했다. 미나리아재비의 경우, 약 18시간이 지난 후에도 그 횟수대로 재현해 냈는데, 이것은 식물도 '장기' 기억을 하는 모양이라는 짐작을 낳게 했다.

그 과학자들은 또 '파블로프의 조건 반사'를 응용하여 필로덴드론 옆에다 광물질이 함유된 암석을 놓아 두고 어떤 실험을 시도했다. 즉, 광물질이 든 광석을 옆에 놓아 둘 때마다 필로덴드론에게 전기 충격을 주었다. 그리고는 실제의 전기 충격을 제거한 후 광석을 옆에 갖다 두었더니 식물은 또 전기 충격을 받을까봐 두려워한다는 것이 밝혀졌다. 뿐만 아니라 카자흐의 과학자들은, 식물이 광물질이 든 광석과 일반 암석을 구별할 줄 아는데, 이것은 언젠가 식물이 광맥 탐사에 이용될지도 모른다는 것을 시사하는 것이라고 말했다.

메르쿨로프는 이러한 모든 실험들의 궁극적인 목표는, 식물 생장의 전과정을 조절하는 데 있다고 결론을 맺었다. "시베리아의 한 도시 크라스노야르스크에 있는 물리학자들은 단세포 바다 식물인 클로렐라를 대상으로 생장 조절 실험을 하고 있다. 그 실험은 점차 복잡하고 큰 규모로 진행되고 있는데, 머잖아 단세포 식물뿐만 아니라 보다 고등한 식물의 생장도 조절

2—심리학의 전문 용어. 다시 기억할 필요가 없는 전화번호 같은 것을 전화를 거는 동안 잠시 기억했다가 이내 잊어버리는 것과 같은 류의 기억.

할 수 있게 되리라는 것은 의심할 여지가 없다."

메르쿨로프는 또, 그러한 조절은 아무리 거리가 멀더라도 가능할 것이라는 견해를 제시함으로써 독자들을 매료시켰다. 그는 다음과 같이 예언했다. "식물을 이해하는 방법을 연구함으로써, 식물의 욕구에 맞게 환경을 조절할 수 있는 자동 장치도 만들어내게 될 것이다. 머잖아 과학자들은 식물들이 자극제나 제초제 등에 어떻게 반응하는가 하는 것을 포함한 식물의 환경에 대한 적응과 저항에 관한 이론들을 제시하게 될 것이다."

1972년 말, 소련의 대표적인 대중 과학 단체인 '지식 사회'가 펴내는 〈즈나니야 실라 Znaniya Sila〉—'아는 것이 힘'이라는 뜻—에 보다 심도 깊은 내용의 기사가 '꽃의 회상'이라는 제목으로 실렸다. 이번에는 기삿거리를 쫓아다니는 기자도, 기발한 영감을 얻은 기술자도 아닌, 심리학 박사이자 교수인 푸슈킨 V. N. Pushkin이 그 기사를 썼다. 그는 미국의 범죄학자 백스터가 새로 발견한 것은 아무것도 없다고 하기는커녕, 오히려 그의 새우 실험에 대해 완벽한 묘사까지 하면서 이야기를 시작했다. 그리고는 자신의 젊은 동료인 페티소프 V. M. Fetisov에 관한 이야기를 언급했다. 페티소프는 백스터의 업적에 주목하여, 푸슈킨에게 백스터의 효과를 함께 실험해 보자고 했다. 페티소프는 평범한 제라늄 화분 하나를 가져와 뇌파 탐지기에 연결시켰다.

페티소프가 식물의 반응에 대한 첫 실험을 하려 할 때, 모스크바의 레닌 교육 연구소에서 심리학을 공부하던 불가리아 학생 게오르기 안구셰프 Georgi Angushev가 그 소식을 듣고 찾아왔다. 안구셰프는 여러 가지 재능을 가진 탐구가였는데, 최면술에도 뛰어난 능력이 있어 그들의 '심리 식물 실험'에서 중요한 역을 맡게 되었다.

페티소프와 푸슈킨은, 인간이 보통 상태에서보다는 최면 상태일 때가 훨씬 더 직접적이고 자연스럽게 식물에게 감정을 전달할 수 있을 거라고 추측했다. 그들은 타냐 Tanya라는 이름의 매우 사랑스럽고 감성이 풍부한 한 소녀에게 최면을 걸면서, 그녀가 이 세상에서 가장 아름다운 여자인데, 지금 지독하게 추운 날씨 때문에 얼어붙고 있는 중이라는 암시를 보냈다. 그러자 식물은 그녀의 감정에 변화가 있을 때마다 분명한 형태의 그래프를 그려 냈다. "우리는 많은 실험을 했는데, 그때마다 분명한 전기적 반응을 얻어 낼 수 있었습니다."

식물의 그러한 반응은 실험실 내의 어떤 요인에 의해 우연히 발생했을 뿐이라는 비판을 막기 위해, 그들은 실험을 하지 않을 때도 뇌파 탐지기를 계속 켜 놓았다. 그러나 최면 상태에 든 사람에게 보였던 것과 같은 반응은 결코 나타나지 않았다.

그들은 또 백스터가 주장했던 대로, 식물이 거짓을 구별할 수 있는가를 알아보기 위해 타냐에게 1부터 10까지의 숫자 중에서 하나를 골라 생각하라고 했다. 그리고는 다른 사람들이 차례대로 숫자를 하나씩 부를 때, 전부 "아니오!"라는 대답을 하라고 했다. 그러다가 숫자 '5'가 불려졌을 때, 실험에 참가했던 사람들은 전혀 아무런 낌새도 차리지 못했건만, 식물은 그녀의 내면 심리에 대한 분명하고도 확실한 반응을 나타내 보였다. 그 숫자 5는 바로 그녀가 골랐던 번호였던 것이다.

백스터의 연구를 확인하면서 푸슈킨은, 반세기 전에 파블로프가 '자연계의 왕관'이라고 불렀던 인간의 두뇌 활동에 관한 난제들을 풀 수 있을 것 같다는 생각을 가지게 되었다. 그리하여 정책적인 지원을 촉구할 기회가 왔다고 생각한 푸슈킨은, 자신들의 새로운 연구를 회의적으로 보는 사람들에게 옛날 일을 상기시켰다. 즉, 1914년 모스크바 심리학 연구소를 개소할 때, 파블로프가 두뇌와 그 활동의 신비를 푸는 연구를 두고, "그것은 이루 다 설명할 수 없을 정도로 복잡하고 방대한 일이므로, 다양한 각도로 연구할 수 있도록 완전한 자유를 인정해 줘야 한다."고 천명했던 사실을.

분명 동료학자들의 반발이 있을 거라고 예상한 푸슈킨은, 파블로프를 방패막이로 내세우면서 그 유명한 생리학자의 말은 1972년 현시점에서도 여전히 설득력이 있다고 강조했다. 그러면서 그는 자신의 말을 더욱 확실히 하기 위해 다음과 같이 덧붙였다. "자연과학, 그 중에서도 특히 물리학이 발전해 온 경험으로 보면, 인간은 새로운 발견을 두려워해서는 안 된다. 처음 접했을 때 그것이 아무리 역설적으로 보일지라도 말이다."

푸슈킨은 그 기사의 결론 부분에다, 식물의 세포는 인간의 신경계에서 발생하는 작용들, 즉 흔히들 '감정 상태'라고 일컫는 것에 반응하는 것 같다고 썼다. 또 꽃의 반응에 대해서는 "식물의 세포와 인간의 신경계 사이에는 특별한 관련이 있는 것 같다. 식물 세포의 언어는 신경 세포의 언어로 번역이 되는 것 같다. 이렇게 해서 이 완전히 별개인 두 생체 세포들은 서로를 '이해'하게 되는 듯하다."라고 설명하고 있다.

더 나아가, 그는 꽃의 세포에는 무언가 정신 작용 mentation과 관련된 과정이 있으며, 인간의 프시케 psyche[3] ─ 이 단어는 그 자신이 속해 있는 이 분야의 전문가들조차도 무어라고 분명하게 정의내리지 못한 것이지만 ─ 활동과, 그에 관계되는 지각, 사고, 기억 같은 것들은 식물 세포에서 일어나는 작용을 보다 특수화한 것에 지나지 않는다는 이론을 제시했다.

푸슈킨은 이러한 이론은 신경계의 근원에 대한 새로운 사고를 여는 계기가 될지도 모른다는 점에서 대단히 중요하다고 주장했다. 그는 인간의 사고를 구성하는 물질적 근거를 밝히기 위해 이제까지 수많은 이론들 ─ 개개의 신경 세포들이 살아 있는 컴퓨터의 요소라는 이론으로부터, 기본적인 정보의 단위는 신경 세포가 아니라 세포 내의 물질 분자라는 이론에 이르기까지 ─ 이 제시돼 왔음을 주목하면서, 그 이론들을 가볍게 뛰어넘은 것이다.

"그렇다면 실제로 꽃을 자극시키는 것은 무엇일까?"라는 자신의 물음에 푸슈킨은, 인간의 신체 기관을 벗어난 어떤 종류의 생체물리학적인 구조로부터 분출되는 그 무엇일 거라고 스스로 대답했다. 그러므로 식물은 대상이 되는 사람으로부터 그 사람의 감정 상태에 대한 정보가 실린 무언가가 전해짐으로써 반응을 일으키게 된다는 것이다. 푸슈킨은 "진실이 어떤 것으로 밝혀지든 간에 식물과 인간과의 내적 상호관계를 연구하는 것은, 현대 심리학의 가장 절박한 문제에 실마리를 제공하게 될 것임에 틀림없다."고 주장했다.

이러한 과학적인 노력의 결실로 차츰 정체를 드러내기 시작한 식물 세계의 마력과 신비로움에 대해, 유명한 대중 작가 블라디미르 솔루힌 Vladimir Soloukhin은 1972년 말에 《풀》이라는 제목으로 한 권의 책을 썼다.

3─영혼, 정신.

북부 러시아의 고도古都인 블라디미르의 변두리 시골에서 태어난 그는, 구나르의 연구에 관한 〈프라우다〉의 기사를 읽고 완전히 매료되어, 어째서 이러한 것이 많은 사람들의 관심을 못 끄는지 의아스러웠다.

"아마 그건 식물의 기억이라는 요소가 피상적으로 다뤄졌기 때문일 거야. 하지만 적어도 여기 이렇게 분명하게 씌어 있지 않은가 말이다! 그런데 아직 아무도 친구나 이웃사람한테 흥분한 목소리로 외치지를 않는군. '이봐! 그 얘기 들었어? 식물에게 감정이 있대! 고통을 느낀다나! 비명도 지르고 말이야! 식물이 모든 걸 다 기억한대 글쎄!'라고 말이다."

몹시 흥분한 솔루힌은 친구들에게 전화를 걸다가, 소련 과학 아카데미의 탁월한 회원 중의 한 사람으로서, 시베리아 최대의 공업 중심지인 노보시비르스크 교외의 아카뎀고로도크이라는 뉴 타운—대부분의 주민이 과학자들이다—에 거주하고 있는 사람으로부터 다음과 같은 이야기를 전해 듣게 되었다.

"놀라지 말게! 우리는 이런 종류의 실험을 무수히 많이 했는데, 한결같이 식물에겐 기억 능력이 있다는 결론이 나왔다네. 식물은 여러 가지 인상을 받을 수도 있고, 또 그것을 오래 기억할 수도 있다네. 우리는 실험을 하면서 어떤 사람에게 며칠간 계속해서 제라늄 한 포기를 괴롭히라고, 아니 아예 고문하라고 했었다네. 그는 그 불쌍한 제라늄에게 비틀고, 찢고, 바늘로 잎사귀를 찌르고, 염산을 붓고, 성냥으로 태우고, 뿌리를 자르는 등 갖가지 만행을 저질렀다네. 그러나 또 다른 사람은 그 제라늄에게 물을 주고, 흙을 다듬어 주고, 잎사귀에 신선한 물을 뿌려 주고, 찢어진 가지를 받혀 주고, 상처를 치료해 주는 등 다정하게 대해 주었다네. 그리고 난 뒤 우리는 그 식물이 어떤 반응을 보이는가 알아보려고 반응 측정기에다 연결시켰다네. 그러자 그 고문자가 제라늄 가까이 가기만 하면 기록계의 바늘이 아주 거칠게 움직이는 게 아닌가. 그 식물은 단지 '신경이 예민해진' 정도가 아니라 아예 공포에 떨고 있었다네. 그렇게 할 수만 있었다면, 그 식물은 창 밖으로 몸을 던지거나, 아니면 그 악당에게 사생결단으로 달려들었을 거네. 자기를 괴롭히던 사람이 자리를 뜨고 마음씨 좋은 사람이 들어오자, 제라

뉴은 그제서야 안정을 되찾았는지, 기록계에는 아주 평온하고 부드러운 파장이 나타났었다네."

소련의 과학자들은 식물이 친구와 적을 식별한다는 것말고도, 어떤 식물에게 물을 주면 그것을 갈증에 시달리는 이웃의 동료와 함께 나누는 것 같다는 새로운 사실을 보고했다. 한 실험에서 유리상자 속에 담아둔 한 그루의 옥수수는 몇 주간 물을 주지 않은 채 그대로 놔두어 보았다. 그러나 물을 주지 않은 옥수수는 몇 주일이 지났건만 여전히 죽지 않고 살아 있는 것이었다. 죽기는커녕, 이웃에 있는 정상적인 환경의 옥수수처럼 여전히 싱싱하고 건강했던 것이다. 소련의 과학자들은 그런 현상을 두고, 어떤 경로를 통해 건강한 식물에게서 유리 상자 속의 '포로' 식물에게로 수분이 옮겨진 것으로 보인다고 말했다. 그러나 그것이 어떤 식으로 이루어졌는지는 아직 알지 못한다.

식물들 상호간의 전달과 같은 신비한 현상에 대한 실험이 영국에서는 1972년 베일리A. R. Bailey 박사에 의해 시작되었다. 베일리와 그의 동료들은 온도, 습도, 조명 등만 알맞게 조절해 놓은 작은 온실에다 두 식물을 놓아 두고서 물을 주지 않은 채 전기 저항을 측정했다. 그런데 신기한 일은, 한 식물에게만 플라스틱 관을 통해 물을 주었을 뿐인데, 다른 식물도 똑같은 반응을 보이는 것이었다. 베일리는 영국의 '다우저Dowser'[4] 협회에다 그 현상에 관해 다음과 같이 설명했다. "그 두 식물 사이에는 아무런 전기적 연결 장치도, 그 어떤 물리적 연결도 없었습니다. 그러나 어떻게 해서인지 한쪽이 다른 한쪽한테서 일어난 일을 알아차렸던 것입니다."

솔루힌은 《풀》이라는 책을 통해, 소련 사람들이 자신들 주변의 식물 세계에 대한 감수성이 없음을 꼬집고 있다. 그의 책 제목인 '풀'은, 칼 샌드버그Carl Sandburg, 월트 휘트먼Walt Whitman, 피트 시거Pete Seeger와 같은 다른 작가들이 그랬듯이 광의廣意의 뜻을 함축하고 있는데, 이는 사

---

[4] 다우징dowsing을 행하는 사람. 다우징이란 다우즈dowse라는 일종의 점占 지팡이로 수맥이나 광맥 들을 찾는 행위를 말한다. 제18장 참조.

실상 성장하는 모든 것을 의미하는 것이었다. 그가 비난의 대상으로 삼은 것은 농업 관료들뿐만 아니라, 집단 농장에 속한 개개의 농부들, 벌목 관리인들, 심지어 모스크바의 꽃 파는 소녀들까지 망라하고 있다. 그는 책 첫장에서 이렇게 비꼬고 있다.

"인간은 공기가 부족해서 숨쉬기가 곤란해져서야 공기에 대해 주의를 기울인다. 나는 여기에서 '주의'보다는 '가치'에 대해서 이야기하고자 한다. 우리는 별 탈 없이 숨을 쉬는 한, 공기의 진정한 가치를 깨닫지 못한다……. 사람들은 대단한 지식을 갖고 있다고 자부하겠지만, 그것은 무선 전파에 대한 이론적 이해 없이 라디오를 수선하기만 하는 기술자나 다름없다. 그도 아니라면, 산소의 연소 과정을 이해하지 못한 채 불을 사용하는 동굴 속의 원시인 같다고나 할까. 오늘날 우리는 그 근원에 대해서 전혀 생각조차 해보지 않은 채 빛과 열을 소모하고 있다."

솔루힌은 인간의 무감각함에 대해 계속 열띤 열변을 토하고 있다. "인간은 자기 주위의 대지가 푸르다는 사실을 전혀 느끼지 못하고 있다. 우리는 풀들을 짓밟고, 트랙터나 불도저로 갈아엎어 콘크리트나 아스팔트로 덮어씌우면서 땅을 질식시키고 있다. 그리고 공산품의 부산물로 나온 폐기물을 처리하면서 폐유라든가 쓰레기, 산, 알칼리, 그밖의 독극물들을 대지에다 쏟아붓고 있다. 하지만 푸른 대지가 무한히 있기라도 하단 말인가? 나는 인간이 파국으로 치달아, 풀 한포기 없는 끝없이 황량한 불모의 땅에 서 있는 모습을 상상할 수 있다."

도시화된 소련의 청소년들에게 자연에 대한 외경심을 다시 불러일으키고자 솔루힌은 어떤 죄수의 이야기를 들려 주었다. 축축한 지하 감방에 갇힌 그 죄수는 어느 날 마음씨 좋은 간수가 건네준 낡은 책에서 아주 조그마한 씨앗 하나를 발견했다. 몇 년 만에 처음으로 그 진짜 생명의 표식을 접한 그 죄수는 너무도 감동한 나머지, 그 극히 작은 씨앗 하나가 감방 밖 넓은 세상에서 번영과 축제를 벌이던 예전의 식물 왕국으로부터 유일하게 남겨진 것이라고 상상했다. 그래서 그는 지하 감방의 햇빛이 잘 드는 곳에 그 씨앗을 심고는 자신의 눈물로 물을 주면서 경이로움이 전개되기를 기다리는 것이다.

솔루힌은 이러한 경이로움은 실로 기적이라고 여긴다. 그러나 사람들은 그런 일은 하루에도 수억만 번이나 되풀이되는 거라며 무시해 버린다. 설사 이 세상의 모든 화학 실험실이나 물리 실험실—복잡한 시약들과 정밀한 분석기, 그리고 전자 현미경 같은 것들이 갖춰진—같은 것이 그 죄수 마음대로 할 수 있도록 제공된다 하더라도, 아니 더 나아가 그가 씨앗의 모든 세포라든가 원자, 원자핵 같은 것들을 연구한다 하더라도, 그는 결코 씨앗 속에 숨겨진 신비한 프로그램을 알아내지는 못할 것이다. 씨앗이 싹을 틔워, 즙이 많은 홍당무가 될지, 달콤한 딸기가 될지, 아름다운 장미가 될지, 혹은 그윽한 향기와 아름다운 꽃을 자랑하는 국화가 될지를 결정하는 그런 프로그램은 여전히 베일에 가려져 있게 될 것이다.

솔루힌은 모스크바 대학의 지질학 교수인 자벨린 I. Zabelin 박사가 소련의 주도적인 의견 토론지인 〈리테라투르나야 가제타 *Literaturnaya Gazetta*〉에 기고한 〈위험한 착각〉이라는 글을 읽고 큰 감명을 받았었다. 그 글에는 다음과 같은 내용이 실려 있었다. "우리는 이제 겨우 자연의 언어, 즉 그 혼과, 그 이성에 대해 이해하기 시작했을 뿐이다. 식물의 '내면세계'는 77겹으로 봉인되어 우리가 볼 수 없게 가려져 있다." 바로 그 대목은 잡지의 기고란에서 전혀 강조되지 않았건만, 솔루힌에게는 '아주 굵은 글씨로 도드라져 보일' 만큼 강렬한 인상을 주었다.

파리를 여행하는 동안 솔루힌은 아무리 가난한 동네일지라도 꽃집이 즐비한 것을 보고는 여간 즐겁지 않았다. 꽃집을 찾으려면 온종일을 돌아다녀야 했던 모스크바와 너무도 상반되는 분위기였던 것이다.

솔루힌은 최근 들어, 소련 농업청 관리들의 우둔한 견해에 대해 불만스런 입장을 보이고 있었다. 그는 〈리테라투르나야 가제타〉의 1972년 10월호에다, 러시아의 유서 깊은 목초지대가 식량 증산과 가축 사료 재배지라는 명목으로 마구 파헤쳐지도록 허용된 데 대해 몹시 애통해 하는 글을 발표했다. "우리는 우리의 목초지에서 나오는 건초와 싱싱한 풀들로 전유럽을 덮을 수도 있고, 스칸디나비아에서 지중해에 이르기까지 건초더미들을 쌓을 수도 있다. 그런데 왜 그러지를 않는가?" 그러나 그의 수사적修辭的인 질문은, 자신의 지위 유지에만 신경을 쓰는 소련 농업청 장관의 분노에 찬

반론만을 불러일으켰을 뿐이었다.

솔루힌은 생태계도 고려치 않고 그저 생산 증대라는 이름으로 강이나 호수를 오염시키고, 숲을 파괴하는 산업화주의자들을 끊임없이 비난하고 있다. 이 '자연의 열렬한 애호가요, 수호자이자 음유시인'—솔루힌의 책을 펴내는 출판업자 중의 한 사람은 그를 그렇게 표현했다—은 자국민들에게 반세기에 걸친 공산당의 공식 의견들을 파기해 버리고, 자연을 정복하기보다는 자연에 협력하자고 열심히 권하고 있다.

1973년 〈키미야 이 지즌 *Khimiya i Zhizn*〉—화학과 생활—지에 석탄, 석유, 천연 가스—식물에 의해 보존된 태양 에너지의 세 가지 형태—대신 공해 없이 태양으로부터 직접 에너지를 얻는 방법이 소개되었다. 그것은 광합성 작용에 대한 연구로 노벨상을 탄 미국의 과학자 멜빈 캘빈Melvin Calvin의 연구를 소개한 기사였다. 멜빈은 식물의 엽록소가 햇빛을 받게 되면 전자電子를 방출하여 산화 아연 같은 반도체로 바뀔 수 있다는 사실을 발견했다. 멜빈은 동료들과 함께 1평방센티미터당 0.1마이크로암페어에 가까운 전류를 만들어내는 '엽록 광전소자green photoelement'를 만들어냈다. 그러나 식물의 엽록소는 몇 분이 지나면 감도가 떨어지거나 생명력이 고갈되는 것 같았다. 이에 대해 연구를 한 끝에, 전해질의 역할을 하는 소금물에 하이드로키논hydroquinon[5]을 첨가하면 그 생명력을 연장시킬 수 있다는 것을 알게 되었다. 이때 엽록소는 전자를 하이드로키논으로부터 반도체로 옮기는 전자 펌프 역할을 하는 듯했다.

캘빈은 10평방미터의 엽록 광전소자로 1킬로와트의 전력을 일으킬 수 있다고 계산했다. 그는 앞으로 25년 안에 이러한 광전자가 공업적인 규모로 제조되어 현재 쓰이고 있는 실리콘 태양 전지보다 100배나 더 싼 비용으로 실용화되리라고 내다보았다.

식물의 엽록소를 이용하여 태양의 빛을 직접 에너지로 바꾸는 작업이 설사 2000년대까지 실현되지 않는다 할지라도, 최소한 식물이 석탄으로 바뀌게 되기까지 수백만 년을 기다려야 할 만큼의 긴 시간이 걸리지 않을

5—사진 현상제나 산화 방지제로 쓰이는 화학 약품.

것임은 분명하다.

언젠가 식물을 이용하여 태양으로부터 직접 필요한 에너지를 얻을 수 있으리라는 이야기가 알려지는 동안, 한편에서는 구나르 교수가 젊은 소련 과학자들과 함께 식물의 감지 작용을 알아보는 작업을 계속하고 있었다. 그것은 예를 들자면, 식물의 그러한 반응으로써 보리나 오이, 감자 같은 여러 작물들의 혹서나 혹한, 질병에 대한 저항력의 지표로 삼을 수 있지 않을까 하는 것을 알아보는 것이었다.

구나르가 영감을 얻어 소련 사람들에게 엄청난 반향을 불러일으킨 일련의 식물 연구를 하게 된 것은, 1958년에 시뉴힌A. M. Sinyukhin이 발표한 논문에서 그 출발점의 열쇠를 찾을 수 있을 것이다. 구나르의 동료인 그는 그 기사에서 인도 출신의 한 탁월한 생리학자이자 생물물리학자에 대해 언급했는데, 그의 연구는 그가 살아 있을 때는 서양 과학자들에 의해 완전히 묵살되었었고, 그가 죽고 난 후에도 거의 인용되지 않았다는 것이다. 그러나 시뉴힌의 그러한 언급이 있기 전인 1920년에 이미 클리멘트 아르카디예비치 티미랴제프Kliment Arkadievich Timiryazev[6]—모스크바 농업 아카데미의 명칭은 그를 기념하여 지어졌다—는 그 사람의 업적을 가리켜, 과학계의 새로운 시대를 열게 했다며 다음과 같이 소개했다. 이 잘 알려지지 않은 천재는 그 단순성과 민감성 면에서 실로 획기적인 장치를 개발하여, 식물 조직에서의 정보 전달은 순전히 유체역학적이라는 굳어진 생각에 대항했다. 그는 여러 다양한 식물들의 줄기를 따라 신호가 전달되는 데 필요한 시간을 수백분의 1초 단위로까지 측정해 낼 수 있었다.

시뉴힌은, 소련의 식물학자들이 이 인도인 과학자의 업적에 감명을 받아, 오랫동안 무시되어 왔던 그의 결론에 기초하여 연구를 시작하게 되었다고 밝혔다. 1958년 12월, 소련 과학 아카데미의 주회의실에서는 이 인도인 과학자의 탄생 100주년을 기념하는 모임이 열렸다. 그 자리에서 세 사람의 주재主宰 과학자들은 그 인도인 과학자의 경이롭고도 획기적인 발견, 즉 식물생리학뿐만 아니라, 당시로서는 전혀 별개의 분야로 여겨졌던 물리

---

[6]—러시아의 식물학자(1843~1920). 식물생리학, 특히 광합성에 대한 훌륭한 연구 성과를 남겼다. 러시아의 농학 발전에 크게 기여했다.

학과 생명과학의 접목에 관한 그의 업적 발표로 청중들의 주목을 끌었다.

소련 내에서 방사선 생물학과 우주 의학의 개척자로 널리 알려진 레베딘스키A. V. Lebedinsky는 이렇게 발표했다. "생물물리학의 분야에 그의 회오리바람이 몰아친 이래 많은 세월이 흘렀다. 그가 연구하던 시대와 오늘날의 우리 시대와는 많은 시간의 격차가 있음에도 불구하고, 그의 저서들을 읽어 보면, 거기에는 오늘날의 과학에서 보여지는 모든 아이디어들을 하나의 고리로 연결하는 뜻밖의 풍부한 아이디어의 원천이 있다는 것을 알게 된다."

또 다른 과학자는 이 위대한 작업을 가리켜, "고정되어 있고, 무감각한 것이라고만 여겨지던 녹색의 세계는 이제 살아 움직이며, 인간이나 동물에 못지 않은, 아니 때로는 그보다 훨씬 더 민감한 감수성을 지닌 존재로 부각되고 있다."라고 말했다.

그로부터 6년 후, 소련은 이 무시돼 왔던 자가디스 찬드라 보스Sir Jagadis Chandra Bose라는 과학자의 명성을 빛내 주고자 그의 연구 성과를 풍부한 주석을 곁들여 두 권의 선집으로 펴냈다. 그 선집에는 반세기 전인 1902년에 보스가 《생물과 무생물에 있어서의 반응》이라는 제목으로 쓴 책도 포함돼 있는데, 거기에서 그는 20세기에서 구하고자 하는 핵심적인 요구를 해결해 놓고 있다. 그것은 바로 고대 동양의 지혜와 현대 서양의 정밀한 과학 기술과 언어를 융합시킨다는 문제이다.

제 2부

식물 왕국의 문을 연 선구자들

제6장
찬드라 보스 : 1억 배로 확대된 식물의 삶

인도 대륙의 동해안, 벵골 주 캘커타 대학 북쪽의 아차랴 프라풀라-찬드라 가도에서 조금 떨어진 곳에, 회색과 자줏빛 잔돌로 지은 고대 인도식의 건물들이 자리잡고 있다. 그중 '인도 과학 사원Indian Temple of Science'이라고 알려져 있는 주건물에는 다음과 같은 명문銘文이 새겨져 있다. "인도의 영예와 세계평화를 위해 이 사원을 신의 발 아래 바친다."

입구 바로 안쪽에는 희한한 기계들이 들어 있는 유리 상자들이 놓여 있다. 50여 년 전에 만들어진 그 기계들은 식물의 생장 모습과 그 움직임을 무려 1억 배나 세밀하게 확대해 볼 수 있는 장치로서, 그것을 만든 위대한 벵골 출신 과학자의 천재성을 말없이 증언해 주고 있다. 물리학, 생리학, 심리학의 세 분야를 두루 통합해서 이루어 낸 그의 식물에 관한 무수한 발견은, 그의 이전 사람은 물론이거니와 아마 앞으로의 그 누구도 추종을 불허할 정도이지만, 그 분야들의 전통적인 과학사 그 어디에도 그에 관한 언급은 거의 없다.

그 건물들과 그에 딸린 정원들로 이루어진 연구소를 세운 사람은 바로 자가디스 찬드라 보스Jagadis Chandra Bose 경이었다.《브리태니커 백과사전》은 그가 죽은 지 50년이 지나서야 겨우 식물생리학 분야에 관한 그의 업적을 실었는데, 그것은 그의 연구가 그의 당대로서는 그 가치를 정확히 평가할 수도 없을 만큼 선구적인 것이기 때문이었다.

1852년에 소년 보스는 아버지에 의해 영국의 식민지 국민학교가 아닌 마을의 파다살라pathasala[1]에 보내졌는데, 그것은 그의 아버지가 일찍이 영국식 교육 방법은 서양의 노예화나 단조로운 서양 흉내, 그리고 기계적 암기만을 강요하기 때문에 인도의 어린이에게는 좋지 않다고 생각했기 때문이었다.

보스는 네 살 때, 다코이트dacoit라는 무장 강도단 생활을 하다가 개과천선한 한 사나이의 등에 업혀 공부방을 다녔다. 오랜 감옥 생활을 했던 터라 아무도 받아 주지 않았던 그를 보스의 아버지가 채용했던 것이다. 어린 보스는 이 다코이트로부터 잔인한 전투나 모험적인 일화들을 감명 깊게 듣는 한편, 사회가 그 죄를 다스리고 나면 친구가 되어 인간 본래의 선함을 드러낸다는 것을 배우게 되었다. 보스는 뒷날 이렇게 술회했다. "세상의 그 어떤 유모일지라도 이 무법자들의 우두머리만큼 친절할 수는 없을 것이다. 비록 사회의 법률상 제재를 받긴 했지만, 그 분만큼 자연의 도덕률에 깊은 경의를 품고 있는 사람은 없을 것이다."

어린 시절부터 소작인들과 접촉하면서 그들과 함께 나누었던 유대감 역시 세상을 대하는 보스의 감성에 상당한 비중을 차지했다. 오랜 세월이 흐른 후, 그는 한 학술 모임에서 이렇게 말했다. "나는 '진정한 인간성을 구성하고 있는 것은 무엇일까?' 하는 물음에 대해, 토지를 경작하여 신록을 가꾸는 농부들과, 깊이를 알 수 없는 강과 호수 속의 신기한 생물들의 이야기를 해준 우리네 어부들의 후예들로부터 그 해답을 얻게 되었다. 그리고 그들로부터 자연을 사랑하는 마음도 배우게 되었다."

보스가 성 사비에르 대학을 졸업할 무렵, 스승인 라퐁Lafont 신부는 그가 물리학과 수학에 재능이 있다는 것을 알고, 영국으로 건너가 공무원 시

1—인도의 전통적 초등 교육기관. 우리의 서당과 비슷하다.

험을 쳐 보라고 권했다. 그러나 공무원이란 직업의 무미건조함을 익히 경험했던 그의 아버지는 아들이 행정 관리보다는 학자가 되어, 남이 아니라 자신을 잘 다스릴 수 있기를 바랐다.

보스는 크리스트 대학교에서, 대기 중에 아르곤이 있다는 것을 발견한 존 윌리엄스 레일리John Williams S. Rayleigh 경[2]과, 찰스 다윈의 아들인 프랜시스 다윈Francis Darwin[3]과 같은 권위자들의 지도하에 물리학, 화학, 식물학 등을 배웠다. 그곳의 우등 졸업 시험을 통과한 보스는 다음해에 런던 대학교로 가서 과학 학사 과정을 밟아 나갔다. 그러나 보스가 정작 인도 내에서 가장 명성 높은 캘커타 대학의 교수로 임명되자, 그 대학의 총장과 벵골 주의 교육부 장관은 인도인은 과학을 가르칠 능력이 없다며 그의 임명에 항의를 하는 것이었다.

그들은 체신부 장관이 보스를 총독에게 직접 추천한 것에 대한 보복으로, 보스에게 다른 영국인 교수들의 절반밖에 안 되는 급료의 특별직을 제공하면서, 연구를 하기 위한 아무런 설비도 마련해 주지 않았다. 보스는 이에 대한 항의로 3년 동안 자신의 급료 수납을 거부했다. 그러다 보니 자연 그는 매우 궁핍한 생활을 해야 했다. 게다가 그의 아버지마저 엄청난 빚을 지고 있는 터였기 때문에 그의 형편은 더욱 말이 아니었다.

보스가 선생으로서 훌륭한 자격을 갖추었다는 것은, 그의 강의실이 언제나 만원이라서 출석을 부를 필요가 없었다는 사실만으로도 증명되었다. 그러자 보스를 냉대했던 사람들도 결국 그의 재능에 굴복하여 완전한 급료를 주지 않을 수가 없었다.

1894년에 그는, 박봉의 급료와 몇 평 안 되는 연구실, 그리고 무식한 양철공에 지나지 않는 조수 한 사람밖에 없는 처지이면서도 하인리히 루돌프 헤르츠Heinrich Rudolph Hertz[4]가 고안한, 전파를 대기 중으로 쏘아

---

[2]—영국의 물리학자(1842~1919). 소리에 관한 고전적 이론, 탄성파의 연구, 전기 단위의 정밀 측정, 색채의 연구, 수력학 등 여러 분야에 업적을 남겼음. '레일리 · 진스의 법칙'이라는 복사에너지 산출 공식을 고안했으며, 대기 중에 있는 아르곤을 발견했다.
[3]—영국의 식물학자(1848~1925). 식물의 생리, 특히 식물의 운동을 연구하여, 자격 반응, 증산蒸散 등에 관한 많은 연구 업적을 남겼고, 아버지 찰스 다윈의 전기를 편집했다.
[4]—독일의 물리학자. 맥스웰이 주장했던 빛의 전자파설을 실험으로 입증한 사람. 진동수의

보내는 기계 장치를 개량해 보고자 했다. 그 해에 37세라는 아까운 나이로 사망한 헤르츠는, 약 20년 전에 스코틀랜드의 물리학자 제임스 클럭 맥스웰James Clerk Maxwell[5]이, '에테르ether 중의 전기적 교란'에 의한 그 어떤 파동—그 종류나 미치는 범위에 대해서는 알려지지 않았지만—도 가시광선의 파동과 마찬가지로 반사성, 굴절성, 편광성 등을 가졌을 거라고 예언했던 것을 실험으로 입증하여 과학 세계를 놀라게 했었다.

볼로냐에서 마르코니가 전선 없이 공간을 통해 전기적 신호를 보낼 수 있는 방법을 찾느라 골몰하고 있는 동안, 이와 비슷한 형태의 연구가 영국의 올리버 로지Oliver Lodge[6], 미국의 뮤어헤드Muirhead, 그리고 소련의 포포프Popov에 의해 경쟁적으로 행해지고 있었다. 그러나 보스는, 마르코니가 그 경쟁의 승리자로 공인받기 1년 전인 1895년에 캘커타 공회당에서 열린 모임—벵골 주의 부총독 알렉산더 맥켄지Alexander Mackenzie 경이 마련한 자리였다—에서 그 실험을 성공적으로 실현해 보였다. 회의실에서 쏜 전자파가 맥켄지의 뚱뚱한 몸과 세 개의 벽을 통과한 후, 22미터 떨어진 방에 있는 계전기繼電器를 통해 무거운 쇠공을 던지고, 권총을 발사하고, 소형의 지뢰를 폭발시켰던 것이다.

보스의 성공은 영국 왕립 학회British Royal Society—다른 나라들의 과학 아카데미와 같은 성격을 가진—의 관심을 끌게 되었다. 그래서 보스는 레일리의 주선으로 '전기 방사선의 파장 측정'이라는 그의 연구 과제물을 출판할 수 있도록 초대를 받는 한편, 특별 보조금도 지원받게 되었다. 또한 그 직후 런던 대학으로부터 과학 박사 학위도 수여받게 되었다.

그런가 하면, 〈일렉트리시언Electrician〉이라는 그 분야의 일류 잡지는 보스의 연구를 소개하면서 자기들대로의 의견을 발표했다. 즉, 그의 연구에 기초하여 등대에다가는 전자 발신기를, 그리고 선박에다가는 전자 수신기 같은 것을 개발해 설치한다면 안개 속에서도 '제3의 눈'을 가진 것처럼

단위인 헤르츠는 그의 이름에서 따온 말이다.
5—영국의 물리학자(1831~1879). 전자장의 기본 방정식을 도출하여 전자기파의 존재를 예언했다. 고전 물리학을 완성한 사람 중의 하나이다.
6—영국의 물리학자(1851~1940). 전기 통신, 특히 무선 통신을 연구하여 전자 유도 무선 전신을 발명했다. 만년에는 심령학에 전념하여 죽은 자와의 교신을 믿었다.

무사히 항해할 수 있게 되리라는 것이었다.

보스는 또 영국의 리버풀에 있는 영국 과학 진흥협회에서, 전자기파를 조사하는 자신의 기계 장치에 대한 강연도 가졌다. 이때 켈빈Kelvin 경[7]은 그 강연에 너무도 감명을 받은 나머지 그만 숙녀석의 아름다운 보스 부인에게로 달려가 그 남편의 빛나는 업적에 관해 극찬을 쏟아 놓기도 했다. 이어 1897년 1월에는 왕립 연구소Royal Institution의 금요 오찬 토론회에 초대를 받았는데, 그 오찬 토론회는 왕립 연구소가 설립된 이래 새롭고 중요한 연구라든 발견들을 발표해 오고 있는 중요한 모임이었다.

보스의 강연에 대해 〈타임스〉지는 다음과 같이 쓰고 있다. "보스 박사의 이 독창적인 연구는, 그가 교수라는 자신의 직무를 다하면서도 인도라는 척박한 과학 환경하에 충분한 기구나 시설 지원도 없이 이루어낸 결과라는 점에서 더욱 돋보이고 있다." 그런가 하면 〈스펙테이터 Spectator〉지는 그 영예스러운 일을 두고 이렇게 썼다. "한 벵골인이 런던에서, 그것도 유럽의 저명한 학자들로 이루어진 청중들 앞에서 현대 물리학의 가장 심오한 분야 중 하나를 강의하는 것은 실로 흥미로운 광경이었다."

인도로 돌아온 보스는, 왕립 학회의 의장인 리스터Lister 경을 비롯한 많은 지도급 과학자들이 인도의 국무대신 앞으로, '위대한 제국'의 물리학을 연구하고 가르치기 위한 연구소를 보스의 지도하에 프레지던시 대학에다 설립하라고 통보한 것을 알고는 기운이 솟았다.

이들 과학자들의 추천과 더불어 영국 정부가 연구소 설립 자금으로 4만 파운드의 지원을 즉각 허가했음에도 불구하고, 벵골 문부성의 시기심 많은 관리들 때문에 이 계획은 끝내 현실화되지 못했다. 실망한 보스를 위로해 준 것은 한 벵골인 친구뿐이었다. 나중에 노벨 문학상을 수상한 그의 친구 타고르Tagore는 인사차 보스를 찾아왔다가, 그가 집에 없다는 것을 알자 격려의 표시로 활짝 핀 목련꽃을 두고 갔다.

7—영국의 물리학자(1824~1907). 열전기에 관한 톰슨 효과를 발견했으며, 해저 통신에 대한 수학적 이론을 발표했다. 자이로 컴퍼스를 발명하여 항해술에도 공헌했으며, 지구물리학에 관한 연구도 많다. 당대에 가장 존경받은 학자로서 1904년 글래스고 대학의 총장에 올랐으며, 1890년부터 1895년 동안 왕립 학회 회장을 역임했다.

등 뒤에서 험담을 해 대는 분위기에다 학생들을 가르쳐야 하는 상황이었으나, 그는 그런 와중에도 틈틈이 연구에 몰두했다. 그리하여 1898년에 전파의 성질에 관한 4페이지 분량의 논문을 〈왕립 학회 회보 Proceedings of Royal Society〉와 영국 일류의 일반 과학 잡지인 〈내이처 Nature〉에다 발표했다.

1899년에 그는 기묘한 사실, 즉 무선 전파를 수신하는 금속검파기金屬檢派器는 계속 사용하면 감도가 떨어지고, 잠시 쉬게 하면 다시 정상으로 돌아온다는 것에 주목하게 되었다. 이 사실로부터 그는, 지친 동물이나 사람의 경우처럼 금속도 피로 회복 현상을 보인다는, 실로 상상조차 하기 어려운 생각을 하게 되었다. 그리하여 보다 깊이 연구를 한 끝에 그는, 소위 '생명이 없는' 금속체와 '살아 있는' 유기체라고 말하는 것들 사이에는 경계선이 거의 없다고 생각하기에 이르렀다. 자연스럽게 물리학에서 생리학 쪽으로 관심을 돌리게 된 그는, 살아 있는 동물의 조직과 무기물질에 있어서의 분자 반응 곡선을 비교 연구하기 시작했다.

실로 놀랍게도, 자성磁性을 띤 산화철에 열을 약간 가했을 때 나타나는 반응 곡선들은 동물의 근육 조직이 보이는 그것과 너무도 흡사했다. 그리고 두 가지 실험 대상들 모두가 실험을 거듭함에 따라 그 반응과 회복이 무뎌졌다. 그러나 그 피로는 가볍게 마찰을 해주거나 따뜻한 목욕물에 담가 두면 회복이 되었다. 다른 금속들을 가지고 실험을 해보았으나 역시 동물과 같은 방식으로 반응을 나타냈다. 또 금속의 표면 일부분을 산으로 부식시키면, 그 부분을 깨끗이 연마해 내더라도 산에 부식되지 않았던 부분과는 다른 반응을 나타냈다. 그것을 본 보스는 부식되었던 부분이 어떤 기억을 계속 유지하고 있기 때문에 그런 결과가 나타난 것이라고 생각했다. 또 칼륨은 어떤 다른 물질과 함께 처리하면 회복력을 전부 잃어 버린다는 것을 발견했다. 그것은 독극물에 대한 근육 조직의 반응과 흡사했다.

1900년에 파리 박람회에서 열린 국제 물리학 회의에서 보스는 〈무기물과 생물에 있어서의 전기적 작용으로 야기된 분자 현상의 공통성 De la Généralité des Phénomènes Moléculaires Produits par l'Electricité sur la Matière Inorganique et sur la Matière Vivante〉이라는 제목의 논문

을 통해서, '자연의 다양성 속에서 보여지는 기본적인 통일성'을 강조했다. 그러면서 그는 "어디에서 물리적 현상이 끝나는 것이고, 어디서부터 생리적 현상이 시작되는지를 구분하기란 매우 어렵다."고 결론을 내렸다. 그 회의의 참석자들은, 생물과 무생물간에는 일반적으로 믿고 있는 것 같은 큰 차이가 없으며, 서로가 이질적이 아니라는 보스의 엄청난 주장에 놀라움을 금치 못했다. 사무국장의 표현을 빌면, '기절초풍할 정도'로 놀랐던 것이다.

동료 물리학자들이 그의 이론에 열광적인 반응을 보였던 것과는 대조적으로, 그 해 9월 브랫포드에서 열린 영국 과학 진흥협회의 물리학 부문 회의에 초청되었던 생리학자들은 사뭇 냉담하기만 했다. 그것은 보스의 연구가 자기네 생리학자들의 영역을 침범했다고 여겼기 때문이었다. 그리하여 그들은 보스가 헤르츠의 전파가 생물의 조직을 자극하는 데 이용될 수 있으며, 금속도 생물 조직의 반응과 비슷한 양상을 나타낸다는 내용의 보고서를 읽어 내려가는 동안 시종 적의에 찬 침묵으로 일관했다. 보스는 생리학자들의 이해를 돕기 위해, 자기가 한 실험을 그들이 이미 인정하고 있는 '기전起電 변화'[8]라는 개념에다 적용시킨 후, 피로나 자극, 독극물 등에 대한 근육과 금속의 반응 곡선이 유사하다는 것을 도출해 냈다.

그 후 오래지 않아 보스는, '금속과 동물과 같은 양극적인 것 사이에도 그처럼 분명한 연속성이 드러난다면, 식물에게서도 비슷한 결과를 관찰할 수 있지 않을까?' 하는 의문을 품게 되었다. 당시는 식물에겐 신경 조직 같은 것이 없다고 여겼기 때문에 따라서 반응도 없다고 인식되던 때였다. 정원에서 마로니에 잎사귀 몇 개를 따 와서 실험해 본 결과, 그는 식물도 금속이나 동물의 근육 조직처럼 여러 가지 자극에 반응을 보인다는 사실을 발견했다. 흥분한 그는 채소 가게로 가서 모든 채소들 중에서 가장 둔감해 보이는 당근과 무를 한 보따리 사들고 왔다. 그것들을 실험해 본 결과, 생각했던 것보다 훨씬 민감하다는 것을 알게 되었다. 또 클로르포름을 쐬면 식물도 동물처럼 마취되며, 신선한 바람을 쐬어 주면 다시 마취에서 깨어난다는 사실도 발견하게 되었다. 보스는 거대한 소나무를 이 클로르포름

8―외부에서 인위적으로 공급되는 전기 에너지의 변화

마취 방법을 써서 일반적인 경우의 치명적인 충격 없이 성공적으로 옮겨 심기도 했다.

어느 날 아침, 왕립 학회의 사무국장인 마이클 포스터Michael Foster 경이 무슨 일이 일어나는지 직접 확인하고자 보스의 사무실을 찾아왔다. 보스가 이 케임브리지의 원로 학자에게 몇 가지 연구 기록을 보여주자, 그 노인은 농담을 섞어 이렇게 물었다. "이것 보게, 보스 군. 이 곡선에는 뭐 새로운 것이 없잖은가? 이런 것은 적어도 50년 전에 이미 알려졌던 것이잖 냐구!"

그러자 보스는 침착하게 되물었다. "그런데, 그것이 무엇이라고 생각되십니까?"

"무슨 소린가? 이거야 당연히 근육 조직의 반응 곡선이지 뭔가!"

보스는 인상적인 갈색 눈동자로 노교수를 바라보며 분명한 어조로 말했다. "그러나 이것은 주석의 반응 곡선입니다."

"아니, 뭐라구?" 소스라치게 놀란 포스터는 의자에서 벌떡 일어나며 소리쳤다. "주석이라구? 자네 지금 주석이라고 했나?"

보스가 모든 실험 결과들을 보여주자, 포스터는 자기가 방금 놀랐던 만큼 흥미를 보였다. 그리고는 그 자리에서 보스에게 왕립 학회의 금요 오찬 토론회에 참석하여 그 발견을 발표해 달라는 한편, 발표할 내용의 우선권을 보장해 주기 위해 왕립 학회에다 그의 논문을 자신이 직접 전해 주겠노라고 제안하는 것이었다. 1901년 5월 10일, 오찬 토론회에 참석한 보스는 4년간에 걸친 실험 결과를 논리 정연하게 설명한 뒤, 하나하나 실험으로 보여주었다. 그리고는 이렇게 결론을 내렸다.

"저는 오늘 밤, 여러분들에게 생물과 무생물의 자극에 대한 반응의 기록을 보여드렸습니다. 이 둘은 서로 얼마나 닮았습니까? 구별하기도 힘들 정도가 아닙니까! 이 같은 현상을 두고 어떻게 경계선을 그어야 어디서부터가 물리적 영역이고 어디서부터가 생리적 영역이라고 말할 수 있을까요? 그러한 절대적 경계선은 존재하지 않습니다.

이 같은 기록들을 접하게 되면서, 그리고 이 세상 모든 것들—빛 속에 떠도는 먼지, 지구상의 온갖 생명체들, 우리의 머리 위를 비추는 햇빛 같은 것들—에는 서로 삼투되는 통일성이 있다는 것을 알게 되면서, 저는 3천 년 전 우리의 조상들이 갠지스 강변에서 외쳤던 메시지를 조금은 알 것도 같습니다. '이 우주의 천변만화하는 삼라만상이 사실은 하나라는 것을 알아채는 자야말로 영원한 진리를 얻은 자이니라.'라는 말을 말입니다."

보스는 자신의 강연이 호의적으로 받아들여진데다, 형이상학적인 결론에도 불구하고 아무런 반론이 없자, 스스로도 의아스러울 지경이었다. 윌리엄 크룩스 William Crookes 경[9] 같은 사람은 오히려, 이 강연의 내용을 책으로 낼 때 마지막의 말들은 반드시 집어넣어야 한다고 격려까지 해주었다. 또한 금속 부문의 세계적인 권위자인 로버트 오스틴 Robert Austen 경은 보스의 논지가 완벽한 데 대해 칭찬하면서 이렇게 말했다. "나는 일생 동안 금속에 대한 연구를 해왔는데, 이제 금속들도 생명을 가졌다는 생각을 확실히 굳힐 수 있게 되어 행복하다네." 그러면서 자신도 그와 비슷한 견해를 갖고 있었는데, 왕립 학회에서 얼핏 그런 생각을 내비쳤다가 심한 반발에 부딪혀 그만 중도에서 그만둔 적도 있었노라고 실토했다.

한 달 후, 왕립 학회에서 똑같은 강연과 실험을 했을 때, 보스는 '영국 생리학의 장로'로 알려진 존 버든-샌더슨 John Burdon-Sanderson 경으로부터 예기치 못한 공격을 받게 되었다. 그의 대표적인 업적은, 근육 반응과 파리지옥—다윈이 최초로 관심을 가졌던 것도 식충 식물인 바로 이 파리지옥이었다—의 움직임에 관한 비교 연구였다. 버든-샌더슨은 전기생리학의 최고 권위자였기 때문에, 보스의 강연에 뒤이은 토론의 개시를 맡게 되었던 것이다.

그는 먼저 물리학 분야에서 거둔 보스의 성과에 대해 경의를 표하고는, 보스가 자신의 본디 영역에서 생리학의 영역으로까지 손을 뻗은 것에 대

9—영국의 화학자, 물리학자(1832~1919). 화학 분석, 특히 방사성 물질의 스펙트럼 분석에 관한 업적을 남겼다. 1861년에 탈륨을 발견했으며, 1875년에는 라디오메터를 발명하여 기체 분자의 운동을 확인했고, 진공 방전을 연구하여 음극선이 미세한 전기 입자로 구성되었다는 사실을 발견했다.

해 '매우 유감스럽게' 생각한다고 말했다. 그러면서 보스의 논문은 아직 출판되지 않았으니까, 논문 제목 중에 '……에 있어서의 전기적 반응(Electrical Response in……)'이라는 말은, '……에 있어서의 어떤 물리적 반작용(Certain Physical Reactions in……)'이라고 고치는 게 어떻겠느냐고 제안하는 것이었다. 그렇게 함으로써 반응 response이라는 단어를 물리학자들은 관여할 수 없는 생리학자들 고유의 것으로 남겨 두자는 것이었다. 이어서 그는 보스가 강연 끝 부분에 가서 언급했던 보통 식물의 전기적 반응이란, 자신도 다년간 그 실험을 해보았으나 결코 성공하지 못했다면서 절대 불가능한 것이라고 단언했다.

이에 대해 보스는 자신의 심정을 솔직하게 털어놓았다. "공개적으로 보여준 실험에 대해서는 박사께서도 아무런 반론을 제시하지 않았습니다. 그러므로 제가 이 자리에서 비난받아야 할 이유는 하나도 없습니다. 그럼에도 불구하고 단지 권위로써 제 강연의 목적과 의미를 전면적으로 바꾸어 놓게끔 제목 수정을 요구한다면, 저는 단호히 거절할 것입니다. 저로서는, 지식이 공인된 학문의 영역을 넘어서 발전해서는 안 된다는 것을 암시하는 교의가 이 왕립 학회에서 주장된다는 사실이 도무지 납득되지 않습니다. 제 실험이 잘못되었다는 과학적 근거가 제시되지 않는 한, 이 논문을 제가 쓴 그대로 출판해 주시기를 바라는 바입니다."

그의 반론이 끝나자, 회의장에는 얼음장 같은 침묵만이 감돌았다. 결국 회의는 그런 상태로 폐회되고 말았다.

버튼-샌더슨 같은 생리학의 권위자에게 도전한 이 풋내기 과학자를 괘씸하게 여긴 왕립 학회는 그의 논문을 회보에다 실을 것인가를 두고 투표에 붙인 결과, 이미 발표되었던 예비 논문의 뒤를 이을 그 논문의 전재를 거부하고, 문서 보관실에다 사장시켜 두기로 결정했다. 그리하여 그의 논문은, 과거의 주목할 만한 수많은 논문들과 같은 비운을 맞고 말았다. 살아오는 동안 줄곧 인도의 카스트 제도를 비난하는 영국인들의 강의를 들어왔던 보스에게는, 그러한 결정이야말로 영국의 과학계에도 카스트 제도가 엄존한다는 증거로 비쳐졌다. 왕립 학회의 연구실에서 레일리 경은 실망한 보스에게 자신의 경우를 들려 주며 위로해 주었다. 즉, 자신도 예전에 물리학자의 신분으로, 대기 중에서 이제까지 전혀 알려지지 않았던 새로운 원소를 찾아낼 수 있다고 했다가 화학자들로부터 격렬한 공격을 받았었는데, 결국은 그 예언이 입증되어 지금은 그 원소를 '아르곤'이라고 부르고 있지 않느냐는 것이었다.

이 생리학자들과의 논쟁은 보스의 옛 은사인 시드니 하워드 바인스Sidney Howard Vines 교수의 흥미를 끌었다. 옥스퍼드 대학의 저명한 식물학자이자 식물생리학자인 그는 보스를 찾아와, 그 실험을 좀 보여 달라고 부탁했다. 그는 그때 대영박물관의 식물부에서 토머스 헉슬리Thomas H. Huxley[10]의 후계자로 일하는 하우스T. K. Howes라는 사람과 동행을 하고 있었다. 보스가 실험을 통해 식물이 자극에 반응하는 것을 보여주자, 하우스는 이렇게 외쳤다. "헉슬리가 살아 있었더라면 이 실험을 보겠다고 몇 년이라도 기다렸을 텐데!" 그러면서 린네 학회Linnean Society[11]의 사무국장이었던 그는 왕립 학회로부터 발간을 거부당한 보스의 논문을 그 학회에서 받아주겠으며, 그를 초청하여 생리학자들, 특히 그의 반대파들 앞에서 그 실험들을 다시 한번 재현해 보이도록 하겠다고 말했다.

1902년 2월 21일, 린네 학회에서 새로운 발표가 있은 후, 보스는 친구인 타고르에게 편지를 썼다. "승리했네! 나는 반론들을 상대하겠다는 각오로 그곳에 서 있었다네. 그러나 15분이 채 안 되어 회의장 안에는 박수갈채가 울려 퍼졌다네." 보스의 연구 발표가 끝난 후, 하우스 박사는 이렇게 말했다. "그의 실험들 하나하나를 지켜보면서 무언가 허점이 없을까 하고 열심히 찾으려 했다. 그러나 하나하나 완벽하게 이루어지는 실험들을 보고는 도저히 의심할 여지가 없다는 것을 알았다."

며칠 후, 린네 학회의 회장은 보스에게 이런 편지를 써 보냈다. "저는 귀하가 실험을 통해, 식물의 그 어떤 부분이라도 단순한 움직임 이상의 '민감

---

10 — 영국의 생물학자(1825~1895). 다윈과도 친분이 있어 그의 진화론 보급에 힘쓰는 등 다방면에 걸친 활동을 벌였다. 작가 올더스 헉슬리는 그의 손자.
11 — 현대 식물분류학의 시조라고 불리워지는 스웨덴의 위대한 식물학자 칼 폰 린네의 이름을 따서 설립된 학회. 18세기 말 스미스J. E. Smith가 린네의 미망인으로부터 린네의 장서들을 기증받아 설립한 후 그 초대 회장을 지냈다.(원서 주)

함'을 보이며, 그 민감함은 자극에 대한 전기적 반응임을 의심의 여지가 없도록 명백하게 입증해 보였다고 생각합니다. 이것은 과학 발전을 위한 중요한 한 걸음으로서, 민감성을 이뤄 내는 분자 조건과, 자극으로 야기되는 분자 변화의 본성이 무엇인지를 밝히기 위한 새로운 출발점이 되리라고 기대합니다. 이로써 생물뿐만 아니라 무생물에도 해당되는 물질들의 특성에 관한 중요한 일반 법칙을 도출해 내리라고 확신하는 바입니다."

보스는, 식물이나 그 조직이 기계적인 자극이나 다른 자극에 대한 반응을 나타낼 때, 어째서 사람의 눈에는 보이지 않는 전기적 반응으로만 나타나는지 궁금했다. 미모사같이 특별한 경우에는 건드리기만 해도 잎사귀를 떨구는 반응을 분명하게 나타내 보이지만, 대개의 식물들은 내다 버리거나 불에 태우거나 기타의 어떤 위해에도 그저 덤덤하게, 적어도 인간의 눈에는 아무런 반응도 안 하는 것처럼 보이지 않는가.

캘커타의 집으로 돌아왔을 때 느닷없이 보스의 뇌리를 스치는 것이 있었다. 잎사귀를 접는다든가 하는 식으로 나타나는 미모사의 수축 작용은 그것이 긴 줄기로 크게 확대되어 있기 때문에 눈에 드러나 보이는 것이 아닐까 하는 생각이 그것이었다. 보스는 다른 식물에게서도 그와 비슷한 수축 작용이 있을 거란 추측을 하고, 그것을 확대해 보기 위해 특수 광학 장치를 만들었다. 그 기계를 통해 그는 식물의 조직에서도 다른 동물의 조직에서 보여지는 반응의 특성들과 똑같은 것이 나타난다는 것을 발견하게 되었다.

보스는 이 새롭고도 놀라운 발견을 1903년 12월에 일곱 편으로 된 일련의 논문으로 작성하여 왕립 학회에다 제출했다. 그들은 다음 해에 이 논문을 가장 우수하고 중대한 과학적 발견들만 취급하는 왕립 학회의 기관지인 〈필로소피컬 트랜젝션 *Philosophical Transactions*〉에다 싣기로 했다. 그러나 이 논문이 인쇄에 들어가기 직전, 보스에 대한 영국 학계의 음습한 획책과 편파적인 시각들이 다시 고개를 들어 결국 계획이 무산되고 말았다. 보스는 지난번에는 린네 학회 덕분에 출판을 할 수가 있었지만, 이번에는 멀리 떨어진 인도에 있었기 때문에 그들을 논박할 수가 없었다.

보스의 적대자들은 그의 이론이 공식적으로 출판되어서는 안 된다고 굳게 믿었다. 그리하여 학회는 그가 보다 세부적인 기록을 제출하기도 전에 당초의 방침을 바꾸어, 결국 그의 원고를 문서 보관실에 사장시키고 말았던 것이다. 왕립 학회가 보여준 이번의 동요는, 보스가 2년 전에 실로 옳은 결단을 했었음을 증명하는 셈이었다. 즉, 보스는 자신의 놀랄 만한 발견을 세상에다 발표하기 전에 학자들의 전면적인 인정을 받아야만 할 필요가 없다고 생각하고 린네 학회를 통해 그것을 실행했었던 것이다. 그리하여 보스는 "이제까지는 내가 너무 게을러서 책을 쓸 수 없다고 생각했었는데, 사정이 이렇고 보니 아무래도 내가 직접 뛰어들어야겠다."는 결심을 굳히고, 파리, 런던, 베를린 등지에서 행했던 강연 내용이 가능한 널리 알려질 수 있도록 1902년 중반까지의 모든 실험 결과들을 정리하여, 마침내 그 해에 《생물과 무생물에 있어서의 반응 Responce in the Living and Non-Living》이라는 제목으로 책을 펴낼 수가 있었다.

당대의 과학 발전에도 대단한 관심을 갖고 있는 영국의 위대한 철학자 허버트 스펜서 Herbert Spencer[12]는 83세라는 고령에도 불구하고, 보스의 책이 너무 늦게 나오는 바람에 자신의 대역작인 《생물학 원리》에 인용할 수 없었음을 유감으로 생각한다는 말로 보스의 업적을 인정했다. 2년 후에는, 보스의 가장 완고한 반대자들 중 한 사람이었던 왈러 Waller 교수가 자기의 새 저서에다, 보스의 이름은 밝히지 않은 채 "어떤 식물의 원형질도 전기적 반응을 한다."라는 식으로 슬그머니 보스의 주장을 인용했다.

그 무렵, 보스는 식물의 기계적 운동이 동물이나 인간의 운동과 얼마나 닮았는가를 밝히는 데 몰두하기 시작했다. 그는 식물이 아가미나 허파 없이도 호흡을 하고, 위장 없이도 소화를 하며, 근육 없이도 운동을 하니까, 마찬가지로 식물은 복잡한 신경 조직 없이도 다른 고등 동물에서 볼 수 있는 종류의 흥분을 일으킬 수 있을 것이라고 보았다.

보스는 '식물에게서 일어나는, 보이지 않는 변화'를 찾아내는 동시에 식물이 '흥분하거나 침울해 한다.'는 것을 분명히 알아낼 수 있는 유일한 방

12—영국의 철학자, 사회학자(1820~1903). 영국 경험론의 전통에 입각하여 생물학적 진화 사상을 원리로 하는 종합 철학 체계를 수립했다. 그의 기본 사상은 1870년대에 다윈의 학설이 보급됨에 따라 놀라운 영향력을 떨쳤다.

법은, 그가 '실험용 공격'이라고 비유한, 충격에 대한 반응을 시각적으로 측정해 내는 것이라는 결론을 내렸다. 이에 대해 그는 이렇게 썼다. "이것을 성사시키기 위해서는 식물이 반응의 신호를 발할 수 있도록 어느 정도 강제적인 수단을 써야 한다. 그리고 이 신호를 인간이 알아볼 수 있는 형태로 바꾸어 줄 자동 장치가 있어야 할 것이다. 그런 뒤에는 그 난해한 상형 문자를 해독할 수 있는 방법을 알아내야 할 것이다." 보스는 이 간단한 서술 속에 자신의 향후 20년간의 방침을 그렸다.

먼저 그는 자기가 가지고 있던 광학 장치를 개량하여 '광학적 펄스 기록계'를 만드는 일부터 착수했다. 이 기록계는 식물의 움직임을 전달하는 장치에다 빛을 반사시킬 수 있는 여러 개의 거울을 접속시켜, 식물의 미세한 움직임에 따라 각도가 달라지는 빛줄기를 시계 태엽처럼 감겨 회전하는 종이 밴드에 비추는 장치이다. 빛이 종이에 비쳐지는 위치가 변하면, 그것은 곧 잉크로 표시되었다. 이렇게 하여 이제껏 과학의 세계에서 모습을 드러내지 않았던 식물 조직의 움직임을 눈으로 볼 수 있게 되었다.

보스는 이 기계를 가지고 도마뱀, 거북, 개구리 등의 피부와, 포도, 토마토 같은 야채나 과일 등의 껍질이 얼마나 비슷한 운동을 하는지 직접 보여 줄 수가 있었다. 그는 또 끈끈이주걱의 촉수나 기타 주머니 모양의 잎으로 벌레를 잡는 식충 식물의 섬모纖毛 같은 식물의 소화기관은 동물의 위장과 같은 형태의 운동을 한다는 것을 발견했다. 뿐만 아니라 빛에 대한 잎사귀의 반응은 동물에 있어서 시신경이 있는 망막의 반응과 같다는 것도 발견했다. 그리고 반응이 아주 민감한 미모사든 둔감해 보이는 무든간에 식물도 계속적인 자극을 받게 되면 동물의 근육처럼 피로를 느낀다는 것도 발견할 수 있었다.

항상 잎사귀를 흔들어 대는 모양이 마치 수기手旗 신호를 연상시키는 춤싸리 *Desmodium gyrans*를 연구한 결과, 보스는 이 춤싸리의 움직임을 멈추게 하는 독극물은 동물의 심장 박동도 멈추게 하고, 이 독극물의 해독제는 양쪽을 다 회생시킨다는 것을 발견했다.

보스는 미모사의 독특한 신경 체계도 밝혀냈다. 미모사는 자잘한 낱잎들이 줄줄이 붙어서 하나의 큰 잎사귀를 구성하고, 이 잎사귀는 본 줄기에서 뻗어 나온 잎줄기에 의해 지탱되고 있다. 보스가 본 줄기에다 전기 충격을 가하거나 고열의 전선을 갖다 대자 그 가까이에 있는 잎줄기가 몇 초 안에 축 처지더니 뒤이어 잎사귀들이 차례로 겹쳐지면서 말려들었다. 잎사귀와 줄기가 연결되는 꼭지 부분에다 검류계를 접속시켜 본 결과, 잎사귀와 줄기가 반응할 때 전기 저항이 일어난다는 것을 알게 되었다. 또 이번에는 잎사귀의 끝 부분에다 뜨거운 것을 갖다 대자, 먼젓번과는 반대의 순서로 반응이 나타났다.

보스는 이러한 현상들은 전기적 흥분에 의해 일어나는 것이며, 그 전기적 흥분이 기계적 반응을 불러일으킨 것이라고 생각했다. 이것은 동물의 신경-근육계 nerve - muscle unit에서 일어나는 현상, 즉 신경이 전기 충격을 전하면 근육이 그에 반응하여 수축하는 것과 같은 양상이었다. 보스는 나중에 추위라든가 마취, 약한 전류의 흐름 같은 것에 대해서도 식물과 동물의 기관이 모두 똑같은 반응을 나타낸다는 것을 증명해 보였다.

보스는 미모사에게도 인간과 같은 종류의 반사호反射弧'[13]가 존재한다는 것을 보여주었다. 우리는 이 반사 신경이 있기 때문에 화상을 입기 전에 순간적으로 난로에서 손을 떼게 되는 것이다. 보스가 잎줄기에 붙어 있는 세 개의 큰 잎사귀들 중 하나의 맨꼭대기를 건드리자, 그 잎사귀의 낱잎들은 끝에서부터 차례로 접혀지더니 마침내 줄기가 아래로 떨구어졌고, 마지막에 가서는 다른 두 개의 잎사귀들이 줄기에 연결된 부분부터 접혀졌다.

춤싸리의 경우, 따 온 낱잎을 구부러진 유리관 속의 물에 담그자 따 왔을 때의 충격에서 회복된 듯 다시 고동을 치기 시작했다. 이것은 동물의 심장을 링거 용액에 담그면 박동을 계속하는 것과 비슷하지 않은가? 혈압이 낮아지면 박동이 멎었다가 혈압이 높아지면 다시 움직이는 것처럼, 춤싸리의 움직임도 수액의 농도에 따라 차이가 난다는 것을 발견할 수 있었다.

보스는 어떤 조건일 때 식물의 운동이 가장 잘 일어나는가를 알아보기 위해 온도를 조절해 가며 실험해 보았다. 어느 날, 식물이 모든 움직임을

---

[13] 감각기관으로부터 신경중추를 거쳐 근육 선腺 등의 동작기관에 이르는, 반사의 전체 경로.

멈출 때 동물의 단말마를 연상시키는 경련을 일으킨다는 사실이 발견되었다. 죽음이 시작되는 '임계온도臨界溫度'를 정확히 알아내기 위해서 보스는 '사망 기록기'라는 장치를 만들었다. 그리하여 많은 식물들이 섭씨 60도에서 죽어 버리지만, 각각의 과거 경력이나 수령에 따라 차이가 나기도 한다는 것을 알게 되었다. 인공적으로 피로를 주거나 독을 주어 저항력이 저하되어 있는 경우에는 섭씨 23도 같은 낮은 온도에서도 죽음의 경련이 일어났다. 또 식물은 죽음에 이르렀을 때 엄청난 전력을 방출한다는 것도 알게 되었다. 보스는 콩 500개면, 500볼트의 전력을 낼 수 있다고 말했다. 그 정도의 전력이면 요리하던 사람을 기절시킬 수 있을 정도의 전력이지만, 콩들이 직렬로 연결돼 있지 않기 때문에 한꺼번에 그처럼 큰 전력을 일으키지는 못한다는 것이다.

또 식물들은 이산화탄소를 무제한으로 받아들일 수 있다고 생각되어 왔으나, 보스는 지나친 이산화탄소의 공급은 식물을 질식시켜 버리며, 그럴 때는 동물의 경우와 마찬가지로 산소로 회생시킬 수 있음을 발견했다. 뿐만 아니라 식물도 인간들처럼 위스키나 진을 주면 취해서, 주정뱅이처럼 비틀거리거나 기절도 했다가, 술에서 깨어나면 숙취의 증상까지 분명하게 나타낸다는 것이 발견되었다. 이러한 발견들은 수백 가지의 다른 자료들과 함께 1906년과 1907년에 두 권의 책으로 발간되었다.

《생리학적 연구 과제로서의 식물의 반응》이라는 책에는 781페이지에 걸쳐 315가지의 실험들이 상세히 서술되어 있다. 이 책에는 '방아쇠를 당기면 총이 불을 뿜는 것이나, 연소 엔진의 작용과도 같이, 자극에 대한 모든 반응은 폭발적인 화학 변화로서, 이에는 반드시 에너지의 감소가 따른다.'라고 인식되어 왔던 당시의 완고한 생각을 뒤집는 내용이 담겨 있다. 즉, 보스는 실험을 통해 '식물의 운동은, 그들이 장차 사용할 목적으로 환경으로부터 흡수, 저장해 두었던 에너지에 의한 것'이라는 것을 보여주었던 것이다.

이 혁명적인 발견, 특히 식물에게 신경 조직이 있다는 발견은 식물학자들에게 은연중에 적대감을 느끼게 했다. 〈보타니컬 가제트 *Botanical Gazette*〉지는 보스의 선구적인 업적을 언급하면서도, 그의 책이 "저자가 자신이 다룬 소재들에 완전히 익숙치 않아 몇 가지 오류를 면치 못했다."고 주장했다.

많은 식물학자들이 웅성거리고 있는 가운데, 보스는 《비교 전기-생리학 Comparative Electro-Physiology》이라는 두번째 책을 펴냈다. 321가지의 실험들을 소개한 이 책 역시 기존의 학설에 상충되는 발견들이 실려 있었다. 식물과 동물 조직이 보여주는 다양한 반응들 사이에는 명확한 차이가 있다는 것이 당시의 일반적인 인식이었으나, 보스는 그 차이를 강조하는 대신 줄기차게 그 둘 사이의 실제적인 연속성을 지적했다. 그는 실험을 통해, 일반적으로 스스로 움직일 수 없다고 알려진 신경이 사실은 전혀 그렇지 않으며, 전기적 수단이나 기계적 수단을 쓰면 그것을 보다 확실하게 확인할 수 있다는 것을 보여주었다. 또 식물에게는 진정한 의미의 흥분 상태를 표출해 낼 능력이 없다는 일반적인 통념에 대해, 식물이 그러한 능력을 실제로 갖추고 있다는 것도 보여주었던 것이다.

뿐만 아니라 그는 더욱 이단적이게도, 낱낱의 식물의 신경과 동물의 그것과는 차이가 없다고까지 주장했다. "사실 이 양자간의 반응은 너무도 완벽하게 흡사하여, 한쪽에서 관찰되어지는 반응의 특성은 다른 쪽에서도 똑같이 발견되어질 수 있다. 동물에 비해 상대적으로 단순한 조건의 식물 조직에서 보여지는 현상에 관한 설명은, 좀더 복잡한 동물 조직에도 마찬가지로 적용된다."

더 나아가 보스는 기전력의 세기가 일정 범위를 넘어서거나 미달되면, 플뤼거Pflüger[14]가 정립한 '전류의 극성 효과 법칙'이 들어맞지 않는다고 주장했다. 그리고 시각적인 관찰을 할 수 없다고 여겨지고 있던 신경 임펄스nervous impulse도 형태 변화를 포함하여 충분히 직접 관찰할 수 있다고 주장했다.

권위 있는 과학 잡지 〈내이처〉는 종잡을 수 없는 시각으로 이 두 권의 책을 소개했다. 첫번째의 책에 대해서는, "사실, 이 책은 능숙하게 엮어진 흥

14—독일의 생리학자(1829~1910). 척추동물의 감각중추적 기능, 장관腸管의 연동운동 억제 신경계. 호흡운동에 관한 신경의 의존성 등에 관한 연구를 남겼다. 생화학 및 분석화학 분야에서도 많은 업적을 남겼다.

미로운 내용들로 가득 차 있다. 만일 이 책이 끊임없이 우리의 의구심을 자극하지만 않았더라면, 대단히 가치가 있는 책으로 평가받았을 것이다."라고 평가했는가 하면, 두번째의 책에 관해서도 역시 애증이 뒤섞인 태도를 보였다. "식물생리학 분야에 대해 약간의 정통적 지식이 있는 학생이라면, 이 책을 읽는 동안 상당히 당혹감을 느끼게 될 것이다. 이 책은 아주 매끄럽고 논리 정연해 보이지만, 오늘날의 그 어떤 지식에도 기초를 두고 있지 않으며, 또 그런 것들에 집착하지도 않는다. 그것은 이 책이 다른 과학자들의 관계 연구들을 전혀 언급하지 않고 있다는 것만으로도 잘 알 수 있다." 이렇듯 그 잡지뿐만 아니라, 당대의 어느 누구도 보스의 천재성이 반세기를 앞서고 있다는 것을 알아채지 못했던 것이다.

보스는 자신의 철학을 다음과 같은 짤막한 말로 표현했다. "진리가 머물고 있는 이 광막한 자연이라는 거주지에는, 각기의 문이 달린 수많은 통로들이 달려 있다. 물리학자, 화학자, 생리학자들은 자신들만의 전공 지식을 갖고 이 각기 다른 문을 통해 그 안으로 들어간다. 그것이 다른 분야와는 관계 없는 자기들만의 고유한 영역이라고 생각하면서 말이다. 이렇게 하여, 우리는 현재 광물의 세계니, 식물의 세계니, 동물의 세계니 하면서 분야를 나누게 된 것이다. 하지만 이러한 철학적 태도들은 타파되어야 한다. 우리는 이 모든 탐색들의 목표가 전체적인 앎에 도달하기 위한 것임을 유념해야만 한다."

보스가 고안해 낸 것과 같은 정교한 장비들을 만들 수 없었다는 것도, 식물생리학자들이 보스의 혁명적인 발견들을 받아들이기 어려워했던 이유 중의 하나다. 식물의 반응은 동물의 신경 조직이 보이는 그것과 같다는 자신의 기본적 명제에 대한 반론이 거세어짐에 따라, 보스는 자극과 반응을 자동적으로 기록하는 보다 정교한 기계를 만들어야겠다고 결심했다. 그렇게 하여 그는 식물의 순간적인 움직임, 즉 1,000분의 1초까지도 포착하여 측정할 수 있는 공명共鳴 기록기와, 식물의 가장 느린 동작도 관찰할 수 있는 진동振動 기록기를 만들어냈다.

보스는 이 새로운 기계들을 이용하여, 이번에야말로 왕립 학회의 〈필로소피컬 트랜잭션〉에 실릴 수 있을 만큼 확실한, 신경 임펄스에 관한 기록들을 얻어낼 수 있었다. 같은 해, 그는 《식물의 자극 반응에 관한 연구》라는 세번째의 책을 펴냈다. 376페이지에 달하는 그 두꺼운 책에는 180가지의 실험 내용이 실려 있다.

1914년에 보스는 네번째의 학술 회의차 유럽으로 여행을 떠나면서 여러 가지 기계뿐만 아니라 미모사와 춤싸리도 가지고 갔다. 옥스퍼드와 케임브리지 대학의 많은 관중들 앞에서 그는, 식물의 한 부분에다 자극을 주면 어떻게 반응하고, 그에 따라 다른 부분은 또 어떤 반응을 보이는가 하는 것을 보여주었다. 그는 왕립 연구소와 왕립 학회의 의학부가 함께 참석한 오찬회에서도 연구를 발표했다. 발표를 마치자, 식충 식물에 관해 많은 연구를 했던 로더 브런튼Lauder Brunton 경은 "식물과 동물이 매우 유사한 반응을 한다는 것을 보여준 당신의 실험을 보고 나니, 내가 그동안 보아 왔던 생리학적 실험들은 아주 처진다는 생각이 드는군요."라고 말했다.

채식주의자이자 생체 해부 반대론자인 대문호 조지 버나드 쇼George Bernard Shaw[15]는 보스의 실험실에서 확대 장치를 통해, 양배추 잎이 뜨거운 물에 데쳐져서 죽을 때 격렬한 발작을 일으키는 것을 보았다. 그리하여 자신의 전집을 보스에게 헌정하며, '보잘것없는 사람이 현존하는 최고의 생물학자에게'라는 헌사를 썼다.

또 왕립 학회가 보스의 연구를 발간하려 할 때 반대표를 던졌었던 한 동물생리학자는, 보스를 찾아와 자신의 실수를 고백하며 다음과 같이 말했다. "나는 그런 것들이 절대 불가능하다고 보았었습니다. 아마 당신의 동양적 사고관이 당신을 그런 식으로 생각하게끔 현혹했을 거라고 여겼었지요. 하지만 나는 이제 당신이 옳았다는 것을 전적으로 인정합니다." 하지만 보스는 과거는 과거일 뿐이라며, 그 사람의 이름을 끝내 밝히지 않았다.

보스의 연구는 비로소 처음으로 영국의 대중들에게 알려지게 되었다. 영국의 잡지 〈내이션Nation〉지는 이렇게 적고 있다.

"실험실에는 한 불행한 당근이 테이블 위에 묶인 채 놓여 있었다. 전선

---

15 — 영국의 극작가, 소설가(1856~1950). 영국 근대 연극의 확립자로서, 신랄한 풍자로 유명하다. 마르크스의 《자본》에 깊은 감명을 받고 사회주의를 신봉하기도 했다. 대표작 《범인과 초인》.

은 하얀 물질이 채워진 두 개의 유리관을 통해 당근에 연결돼 있었는데, 그것은 마치 당근의 두 다리에 붙어 있는 발들처럼 보였다. 핀셋의 한 끝으로 찌르자, 당근은 움찔했다. 그 고통으로 인한 전기적 떨림이 작은 거울을 움직이는 아주 정밀한 수평기를 잡아당겼다. 그러자 거울에 반사된 빛줄기가 방의 반대쪽 벽에 비쳐졌다. 이렇게 하여 겁에 질린 당근의 마음이 확대되어 나타난 것이다."

섬나라 영국에서와 마찬가지로 빈에서도 박수갈채가 일어났다. 그곳에 모였던 독일과 오스트리아의 저명한 과학자들은 "이 분야의 연구에 있어서 캘커타는 우리를 훨씬 앞지르고 있다."고 평했다.

인도로 돌아온 보스에게 벵골 총독은 캘커타 경찰서장의 주최로 성대한 환영연을 열어 주었다. 그 자리에서 보스는, 식물은 성장이 매우 더디기 때문에 자신의 연구도 그만큼 어렵게 진행되고 있다고 말했다. 나무가 1년에 1.5미터씩 자란다고 쳐도, 1.6킬로미터로 자라기 위해서는 천 년을 기다려야 한다는 사실로도 그것을 능히 짐작할 수 있을 것이다.

1917년, 보스에게 기사 작위가 수여된 것을 축하하는 대규모의 학생 집회가 열렸다. 그 자리에서 집회의 주최자는, 단지 과학적 진리의 발견자로서 뿐만이 아니라, 과학의 발전에 있어서 새로운 획기적 종합의 시대를 개척한 인물로서 존경받게 될 것이라며 보스를 칭송했다. 보스의 귀에는 그러한 찬사가, 11월 30일에 자신의 59번째 생일을 맞아 문을 여는 그 자신의 연구소 개소를 축하해 주는 음악처럼 들렸다.

행사의 식순에는 물론 보스의 연설도 포함되어 있었다. 그 연설에서 보스는, 마르코니 대신 무선 전신의 발명자가 되게 할 수 있는 특허권을 얻으라는 것도, 자신의 독창적인 아이디어를 이윤이 생기는 일로 전환해 보자는 기업가들의 유혹도 모두 거절했다면서, 자신은 새 연구소에서 발견한 것들이 공공의 소유물이 되기를 바랄 뿐, 어떠한 특허도 내지 않을 것이라고 밝혔다. 그러면서 보스는 집회에 모인 군중들에게 다음과 같이 말했다. "물질이 아니라 생각 속에, 소유한 재산이 아니라 이상 속에서 불멸성의 씨앗을 발견할 수가 있는 것입니다. 참다운 인간성의 왕국이란 물질을 소유함으로써가 아니라, 이상을 널리 전파함으로써 이루어질 수 있습니다. 이렇듯 우리 민족 고유의 정신은, 사욕을 위해 지식을 쓰려는 욕망을 영원히 버리라고 가르치고 있습니다."

연구소가 설립된 지 1년이 지났을 때, 보스가 8년간의 고투 끝에 마침내 고안해 낸 획기적인 기계 '크레스코그래프crescograph'를 발표하는 모임이 뱅골 총독의 주최로 열렸다. 두 개의 지렛대를 이용하여 만든 이 발명품은, 식물의 운동을 이제까지의 그 어떤 현미경보다도 뛰어난 1만 배라는 비율로 확대해 볼 수 있을 뿐 아니라, 1분간이라는 짧은 시간 동안에 일어나는 식물의 성장률과 변화율을 자동적으로 기록할 수 있는 기계였다.

보스는 이 기계를 사용하여 수많은 식물들을 실험해 본 결과, 식물은 일정한 리듬의 파동을 되풀이하면서 성장한다는 획기적인 사실을 밝혀낼 수 있었다. 식물의 성장률을 나타내는 이 파동은 급속하게 상승했다가는 그 상승 거리의 4분의 1 정도로 완만하게 하강하는 모습을 보이고 있었다. 이 파동은 1분에 평균 3회 가량 나타났다. 이 움직임의 진행을 지켜보던 보스는, 어떤 종류의 식물은 단지 건드리기만 해도 그 성장이 지연되거나 심지어 중단되기도 한다는 사실을 발견했다. 그런가 하면, 또 어떤 것들은 그 성장이 더디거나 침체돼 있을 때 손으로 자극을 주면 오히려 성장을 촉진시킬 수도 있었다.

자극에 대한 반응으로 식물의 성장이 빨라지는가 느려지는가를 즉각적으로 알아내기 위해 보스는 '밸런스드 크레스코그래프balanced crescograph'를 고안해 냈다. 이것은 식물의 보편적인 자연 성장률을 수평으로 된 기준선으로 표시한 뒤, 기계에 연결시킨 식물의 성장률에 미세한 변화라도 생기면 즉각 곡선으로 나타나게 한 장치였다. 이 기계는 대단히 민감하여, 1초에 15억분의 1인치라는 초극소 단위의 성장률까지도 탐지할 수가 있었다.

미국의 〈사이언티픽 아메리칸 *Scientific American*〉지는 보스의 발견들이 농업 부문에 미치는 의의를 다음과 같은 말로 표현했다. "보스 박사의 크레스코그래프에 비한다면 알라딘의 마술 램프는 상대도 안 된다. 박사의 발명품은 비료나 음식, 전류, 기타 여러 가지 자극들이 각기 어떤 역할을 하는지 15분도 채 안 걸려 완전하게 밝혀낼 수 있다."

보스는 또 식물들이 보여주는 굴성屈性 운동의 신비도 밝혀냈다. 그 무렵의 식물학자들은 굴성 운동에 대해, 몰리에르Moliére[16]의 희곡에 나오는 의학도들과 똑같은 대답밖에 할 줄을 몰랐다. 그 희곡 속의 의학도들은 "아편을 먹으면 왜 잠이 드는가?"라는 물음에 "예, 그것에는 잠 오는 성분이 있기 때문입니다."라고 대답하는 것이 고작이었다.

식물의 뿌리는 땅 속으로 파고든다고 해서 '굴지성屈地性', 어린 새싹들은 땅을 뚫고 돋아난다고 해서 '배지성背地性'이라고 한다. 이런 우스꽝스러운 발상에서, 싹에서 돋아나와 옆으로 벌어지는 가지는 '횡지성橫地性'이며, 잎사귀는 '향일성向日性' 또는 '굴광성phototropic'을 가졌기 때문에 빛 쪽으로 방향을 돌린다고 말한다. 만일 잎사귀가 이 법칙을 거역하여 빛을 외면한다면 그것은 곧 '배광성背光性'이 된다. 또 뿌리가 수분을 찾는 성질은 '굴수성屈水性', 수맥을 찾아 뿌리를 구부리며 뻗는 성질은 '굴류성屈流性'이라고 부르고 있다. 그리고 덩굴손의 촉감은 '접촉굴성接觸屈性'을 가졌기 때문이라고 알려져 있는 형편이었다.

식물학자인 패트릭 게디스Patrick Geddes 경[17]은 이에 대해 이렇게 쓰고 있다. "모든 지적인 활동들은 흔히 언어에 얽매이는 경우가 있으며, 그 언어의 혼동이나 오용, 또는 언어 그 자체가 골치 아픈 문제를 야기시킬 수 있다. 물론 모든 과학 분야에는 각기의 전문적인 용어들이 필요하다. 하지만 그와 동시에 그 전문용어들의 장황함에 시달리고 있는 형편이다. 특히 식물학은 다른 어느 분야보다도 그 증세가 심각해서, 종種과 목目이라는 당연히 불가결한 분류상의 명칭 말고도 1만 5천에서 2만에 이르는 전문용어와 학명이 식물학사전에 실리게 되었고, 또 그것들의 상당수가 현행 교과서에 그대로 쓰이고 있다. 그러니 학생들이 얼마나 당혹스럽겠는가?" 보스는 한 에세이를 통해, '향일성' 같은 거창한 단어는 '호기심과 흥미를 말살

16—프랑스의 희곡 작가(1622~1673). 《사랑하는 의사》《수전노》《돈 후안》 등의 걸작을 남겼다.
17—영국의 식물학자이자 사회학자(1854~1932). 유니버시티 대학의 식물학 교수, 봄베이 대학 교수를 역임했다. 진화론에 관한 뛰어난 연구를 남겼다.

시키는 사악한 마술'과도 같이 횡포를 부린다고 지적했다.

식물한테도 동물의 신경 조직과 비슷하게 감각을 전달하는 조직이 있다는 것이 결국 받아들여지기 시작했지만, 식물 전문가들은 설사 식물에게 감수성이 있다 할지라도 그것은 매우 낮은 수준일 거라고 주장했다. 보스는 그 주장이 옳지 않다는 것을 증명해 보였다.

보스는 덩굴손의 굴성운동은 두 가지 기본적인 반응의 결과임을 보여주었다. 즉, 직접 자극은 수축을, 간접 자극은 확대를 일으키게 한다는 것이다. 식물 기관의 굴곡면에서 볼록한 부분은 전기적으로 양성이고, 오목한 부분은 음성이다. 인간의 신체 기관 중에서 전기에 가장 민감하고, 또 전기를 가장 잘 받아들이는 부분은 바로 혀 끝이다. 보스는 이 혀 끝의 감지력과 식물의 민감한 낱잎의 전기 감지력을 비교해 보았다. 혀와 잎에다 전류를 흐르게 한 뒤 차츰 전류의 강도를 높여 보았다. 전류가 1.5마이크로암페어에 이르렀을 때, 낱잎은 반응을 일으켜 떨기 시작했으나 혀는 아무런 느낌도 받지 못하고 있었다. 그러다가 혀는 낱잎이 반응을 나타냈던 것보다 세 배인 4.5마이크로암페어에 이르러서야 겨우 반응을 보였다.

같은 기계를 사용하여, 보스는 모든 식물이 이처럼 민감하다는 것을 밝혀냈다. 그는 또 '굵은 나무는 천천히 위엄 있게 반응을 보이는 것에 비해, 가는 나무는 믿어지지 않을 정도로 아주 짧은 시간에 흥분의 절정에 도달한다.'는 사실을 발견했다.

보스가 1919년에서 1920년에 걸쳐 런던과 유럽을 돌아다니고 있을 때, 탁월한 과학자 존 아서 톰슨John Arthur Thomson 교수는 〈뉴 스테이츠먼 New Statesman〉지에다 이렇게 기고했다. "이 인도에서 온 천재의 말대로 과학자들은 이제까지 미처 깨닫지 못했던 통일을 향해 매진해야 한다. 즉 생명체의 반응이라든가 기억 능력 등을 그들을 구성하고 있는 유기적 물질의 유사성과 관련지어 생각한다면, 물리학, 심리학, 생리학 등이 결국 한 자리로 모이게 될 것임을 염두에 두어야만 한다. 바로 이것이 오늘날 우리가 환영해 마지않는, 이 실험의 대가大家가 요청하는 것이다."

또 상당히 신중한 〈타임스〉조차도 이렇게 썼다. "우리가 영국에서 혼탁한 생활에서 오는 조잡한 경험주의에 젖어 있는 동안, 이 예민한 동양인은 이 우주를 통합적인 시선으로 바라보고, 그 모든 천변만화하는 것들 속에서 단일한 모습을 발견해 냈다." 이렇듯 호의적인 반응들과, 1920년 5월에 보스가 왕립 학회의 회원이 될 것이라는 발표가 있었음에도 불구하고, 의심꾼과 공론가들의 적대적인 태도를 막을 수는 없었다. 오랜 세월 동안 보스를 반대해 왔던 왈러 교수가, 이러한 푸근한 분위기를 뒤엎는 글을 〈타임스〉지에 실었던 것이다. 그는 보스의 크레스코그래프의 신뢰성에 의문을 제기하면서, 생리학 실험실에서 전문가들의 참관하에 공개 실험을 하라고 요구했다. 그리하여 1920년 4월 23일에 런던 대학에서 공개 실험이 실시되었는데, 결과는 보스의 완전한 승리였다. 레일리 경은 몇몇 다른 동료들과 함께 〈타임스〉지에다 그 실험에 관한 편지를 보냈다. "우리는 식물 조직의 성장하는 과정이, 이 기계에 의해 100만 배에서 1,000만 배까지 확대되어 정확하게 기록되었음을 확신한다."

보스는 5월 5일자 〈타임스〉지에 이렇게 썼다.

"공정성을 잃은 비평은 지식의 진보를 방해한다. 나의 연구들은 그 자체가 지닌 특수성 때문에도 어려움이 많았다. 내가 이 연구에 몸바쳐 온 지난 20년 동안, 와전과 고의적인 반대로 인해 그 어려움이 더욱 배가되었던 것은 참으로 유감스러운 일이다. 이 연구를 해 오는 데 있어서 고의적인 장애들이 많았지만, 나는 지금 그것들을 다 무시하고 잊어버릴 수 있다. 만일 내 연구가 특정 학설을 뒤집음으로써 개인적인 적대감들을 불러일으킨 것이라 할지라도, 나는 귀국의 많은 과학자들이 보여준 따뜻한 환대에서 위로를 받을 수 있으니까 말이다."

보스는 《수액 상승의 생리학》이라는 227페이지짜리 책을 발간한 1923년에도 역시 유럽을 여행하고 있었다. 이때 소르본 대학에서 보스의 강연을 들은 프랑스의 철학자 앙리 베르그송 Henri Bergson[18]은 이렇게 말했

---

18 — 프랑스의 철학자(1859~1941). 생명의 내적인 자발성을 강조하여 기계론적 유물론에 반대했다. 참된 실재는 순수의 지속, 생의 비약, 창조적 진화이므로 이지理智가 아닌 직관으로 파악된다고 주장하여 근대 철학계에 큰 영향을 끼쳤다. 1927년에 노벨 문학상 수상.

다. "보스의 훌륭한 발명 덕택에 벙어리였던 식물은 이제까지 알려지지 않았던 자기들 삶의 이야기를 감동적으로 엮어 내기 시작했다. 자연은 가장 소중한 비밀로 숨겨 왔던 것을 마침내 털어놓아야 할 처지가 되었다." 그런가 하면, 〈르 마탱 Le Matin〉지는 더욱 프랑스적인 유머로 표현했다. "이 발견 이후, 우리는 어떤 여인을 꽃으로 때린다면, 그 꽃과 여인 중 누가 더 아플까를 염려해야 할 판이다."

보스의 실험 결과들을 실은 두 권의 책이 1924년과 1926년에 발간되었다. 《광합성의 생리학》과 《식물의 신경 메커니즘》이 그것인데, 합하면 500페이지가 넘는 분량이었다. 1926년에 보스는, 물리학자인 앨버트 아인슈타인 Albert Einstein, 수학자 로렌츠 H. A. Lorentz [19], 희랍 문학자 길버트 머리 Gilbert Murray [20] 등이 회원으로 있는 국제연맹 산하 국제 문화 협력 위원회의 회원으로 지명되었다. 이 위원회의 모임 덕분에 보스는 해마다 유럽으로 여행을 갈 수 있게 되었다. 그러나 인도 정부는 그때까지도 보스의 연구가 얼마나 중요한지를 깨닫지 못하고 있었다. 1926년에 인도 총독 앞으로 보스의 연구소를 확장해 달라는 청원서가 보내졌는데, 거기에는 왕립학회의 회장인 찰스 셰링턴 Charles Sherrington 경 [21], 레일리 경, 올리버 로지 경, 줄리앙 헉슬리 Julian Huxley 같은 사람들의 서명이 들어 있었다.

1927년, 유럽을 여행중이던 보스는 로맹 롤랑 Romain Rolland [22] 으로부터 그의 새 작품인 《장 크리스토프》를 선물로 받았다. 거기에는 '새로운 세계를 보여준 사람에게'라는 헌사가 적혀 있었다. 후에 롤랑은 보스를 새들

---

19 — 네덜란드의 물리학자이자 수학자(1853~1928). 전자론電子論을 전자電磁 이론에 도입하여, 전기의 전도, 빛이 전달되는 공식을 해명하였으며, 에테르 가설을 타파한 로렌츠 단축, 로렌츠 변환식을 제시하여 상대성이론의 기초를 확립했다. 1902년에 노벨 물리학상 수상.
20 — 영국의 고전학자(1866~1957). 하버드 대학의 시작법詩作法 교수, 대영 박물관 관장을 역임했으며, 국제연맹을 위해 진력하기도 했다. 희랍극의 권위 있는 교정자, 번역가로 알려져 있다.
21 — 영국의 생리학자(1866~1925). 중추신경계의 근대적 연구의 선구자로, 근육 운동의 반사성에 관한 세밀한 연구를 남겼다. 1832년에 노벨 의학·생리학상을 수상.
22 — 프랑스의 작가이자 사상가(1866~1944). 항상 엄격한 이상주의적 견지에서 인간에 대한 사랑과 존엄성을 주장한 평화주의자였다. 1975년에 최대 걸작으로 꼽히는 《장 크리스토프》로 노벨 문학상 수상.

의 언어를 배운 지그프리트에 비하며 이렇게 평했다. "유럽의 과학자들은 강철같이 무감각한 마음으로 자연을 해석해 오다 보니, 미美에 대한 감수성이 무뎌지는 결과를 초래하게 되었다. 다윈은 자신의 생물학 연구가 시의 감상력을 완전히 마비시켜 버렸다고 한탄했으나, 보스의 경우에는 그렇지가 않았다."

보스의 마지막 저서인《식물의 운동 메커니즘》이 발간된 1928년에, 현대 식물학의 거두인 한스 몰리슈Hans Molisch[23] 교수는 빈에서 보스의 강연을 듣고는 인도로 가서 보스와 공동 연구를 해봐야겠다고 결심했다. 몰리슈는 인도를 떠나기 전,〈네이처〉지를 통해 이렇게 말했다. "나는 식물이 기체 상태의 영양분을 동화시키는 동화율을 스스로 기록하고 있는 것을 보았다. 또 식물이 흥분했을 때의 임펄스가 빠른 속도로 공명 기록기에 기록되는 것도 보았다. 이 모든 것은 동화 속의 세계보다도 더 환상적이었다."

보스는 그의 전생애를 통해, 기계론적이고 물질론적인 시야에서 벗어나지 못한 채 한정된 전문 분야로 자꾸만 세분되고 있는 과학계에 경종을 울렸다. 자연의 모든 것에는 생명의 맥박이 뛰고 있으며, 이 상호 관련된 자연의 참모습은 인간이 자연과 교감할 수 있는 방법을 배웠을 때라야만 비로소 제 모습을 드러낼 것이라고.

보스는 은퇴한 후, 힌두교에서의 태양의 신이 어둠에 맞서 싸우려고 전차에서 일어나는 모습—그것은 보스가 아잔타의 고대 동굴에서 처음으로 본 프레스코 벽화에 묘사된 그림이었다—이 금과 은, 구리로 부조되어 있는 연구소 강의실에서 자신의 과학철학을 다음과 같이 요약했다.

"물체에 작용하는 힘에 대해 연구해 나가는 동안, 나는 생물과 무생물간에 경계선이 없어지고 서로 일치한다는 것을 발견하고는 경이로운 마음을 갖게 되었다. 불가시의 세계를 파고들어 가면서 나는 우리네 인간들이 빛의 바다에서 눈이 먼 채 서 있었음을 깨달았다. 그것은 가시광선에서 불가

---

[23] — 오스트리아의 식물학자(1856~1937). 1922년 일본에 건너가 식물생리학을 가르치고, 일본 식물의 생리 및 생태에 관해 연구했다.

시광선으로 나아가는 동안 우리의 연구 영역이 물질적인 가시계를 초월하게 되듯, 삶과 죽음의 위대한 신비를 푸는 문제는, 생물의 영역 안에서 우리가 소리가 있는 것으로부터 소리가 없는 것으로 옮아갈 때 조금은 그 해답에 가까이 가게 되는 것이다.

우리 인간의 생명과 식물계의 생명과는 어떤 연관이 있는 것일까? 이것은 사색의 문제가 아니라 과학적인 방법을 통해 실제로 증명되어야 할 문제이다. 이는 곧 우리가 이제까지 가져왔던 모든 선입관을 버려야 한다는 의미이다. 그것은 대부분의 선입관들이 아무 의미가 없을 뿐더러, 사실과도 위배된다는 것이 밝혀지게 될 것이기 때문이다. 모든 사실은 식물 자체에 의해 밝혀질 터이므로, 식물이 직접 밝힌 것 외에는 어떠한 증거도 받아들여서는 안 된다."

제7장
괴테: 식물의 변태와 영혼 불멸

식물학은 현존하는 것이든 멸종한 것이든, 식물들의 용도나 종별, 구조, 생리, 지리적 분포 같은 것을 다루는 학문이다. 그런데 충분히 매력적일 수 있는 이 학문이 어째서 처음부터 끝없는 라틴어의 장례 행렬과도 같은 지겨운 분류학이 되어야 했을까? 그리하여 이 학문이 얼마나 발전했는가 하는 척도는, 밝혀 낸 꽃의 숫자가 아니라 시체 같은 분류 언어의 숫자로 가늠되는 듯한 인상을 주고 있다. 식물학이 어째서 그렇게 되었는지 정말 수수께끼가 아닐 수 없다.

아직도 젊은 식물학자들은 중앙아프리카나 아마존의 정글에서 새로운 식물을 찾아내려 악전고투를 벌이고 있지만—그렇게 해서 길다란 이름을 가진 35만 가지 식물들의 명단에 새로운 희생자가 등재되겠지만—정작 무엇이 식물을 살아 있게 하고, 또 그것들이 왜 살아 있는가 하는 문제는 식물학의 관심 밖에 있는 것 같다. 그것은 기원전 4세기경, 아리스토텔레스의 제자 테오프라스투스Theophrastus가 그의 《식물지 On the History of Plants》와 《식물원인론 On the Cause of Plants》이라는 저서에다 100여

종의 식물들을 처음으로 분류해 놓은 이래 줄곧 그런 상태였다. 그후 식물학에 대한 관심은 예수 시대에 들어와 로마군에 종군했던 그리스의 의사 디오스코리데스Dioscorides가 약 400여 종의 약용 식물을 추가로 분류해 놓은 것이 전부였다. 그리하여 예수의 사후, 약 천 년 동안 지속된 중세기에는 이 분야에 대한 연구가 말 그대로 죽음에 빠져들어, 테오프라스투스와 디오스코리데스의 책만이 식물학의 표준 교과서였다. 르네상스기에 들어와 식물학에도 미학이 도입되어 아름다운 목판화가 식물도감에 실리긴 했지만, 그 실제 내용면에서는 여전히 분류학의 완고한 틀에서 벗어나지 못했다.

1583년, 플로렌스의 안드레아 체살피노Andrea Cesalpino는 1,520가지의 식물을 씨앗과 열매에 따라 15종류로 구분했다. 그의 뒤를 이어 프랑스의 조셉 피통 드 투르네포르Joseph Pitton de Tournefort는 8,000종의 식물을 주로 꽃부리의 형태에 따라 22종류로 나누었다. 이때서야 비로소 성별을 기술하게 된 것이다. 그 이전인 기원전 500년경에 이미, 헤로도투스가 바빌로니아 사람들은 야자나무를 두 종류로 분류하여 한쪽 야자나무의 꽃가루를 다른 쪽 야자나무의 꽃에다 뿌려 열매를 맺게 했다고 보고한 바가 있긴 하지만, 17세기 말에 가서야 비로소 식물도 스스로 화려한 성생활을 하는 성적인 생물체라는 인식이 싹트게 되었던 것이다.

꽃을 피우는 식물이 성을 가졌으며, 수정하여 씨앗을 만드는 데 꽃가루가 필요하다는 것을 처음으로 발견한 식물학자는, 독일 사람인 루돌프 야코프 카메라리우스Rudolf Jakob Camerarius였다. 그는 의학 교수인 동시에 튀빙겐에 있는 수목 공원의 책임자로, 그는 1694년 자신의 저서 《식물의 성에 관한 서한 De Sexu Platorum Epistula》를 통해 식물에게도 성적인 구별이 있다고 주장했다. 그의 발언은 대중들에게 충격을 안겨다주었을 뿐만 아니라 당시의 학계로부터도 엄청난 반발을 불러일으켰다. 그리하여 그의 생각은 '시인의 상상력에서 나온 중 가장 황당하고 어처구니없는 날조'로 치부되고 말았다. 그리하여 식물이 성적 기관을 가졌으며, 따라서 이제까지 생각해 왔던 것보다 훨씬 고급한 생명체로 승급하기까지에는 거의 한 세대에 걸친 열띤 토론이 지속되어야 했다.

식물이 음문, 질, 자궁, 난소와 같은 성 기관을 갖고 여성들과 똑같은 역할을 수행하며, 또 음경, 귀두, 고환 같은 남성의 성 기관으로 몇 십억이나 되는 정자를 대기 중에 뿌린다는 사실은, 18세기의 고루한 지도층에 의해 라틴어식 명명법이라는 거의 꿰뚫어볼 수 없는 장막으로 은폐되고 말았었다. 그렇게 하여 음문은 암술머리로, 질은 암술대로, 음경과 귀두는 각기 꽃실과 꽃밥으로 둔갑해야 했던 것이다.

식물들은 오랜 세월을 두고 갖가지 기후 변화를 겪으면서 그에 맞게 수정과 씨앗 전파 방법을 개발해 옴으로써, 오늘날과 같이 그들만의 독특한 성 기관을 형성해 왔다. 어린 학생들은 식물이 성적인 존재라는 사실을 알고 식물학을 배웠더라면 훨씬 재미있게 공부했을 텐데, 공연히 수술이니 암술이니 하는 용어로 배우기를 강요당하는 바람에 그만 흥미를 못 느끼게 된 셈이다. 옥수수를 예로 들자면, 비단실같이 날리는 털들은, 각기 독립된 난자인 하나하나의 낱알들을 수정시키기 위해 바람을 타고 날아오는 정자를 받아들이려고 하는 질이다. 그러므로 옥수수 낱알 하나하나는 각기 독립된 수정의 결과인 것이다. 학생들은 딱딱한 학술 용어와 씨름을 하는 대신, 각각의 꽃가루들이 각각의 자궁에서 각각의 씨앗들과 수정을 한다는 식으로 공부를 한다면 훨씬 더 흥미 있어할 것이다. 또 하나의 예를 들자면, 담배꽃에는 직경이 0.16센티미터인 공간 속에 약 2,500개의 낱알들이 들어 있으며, 그것들이 각기 24시간 내에 2,500개의 꽃가루를 받아들여야만 한다는 식으로 말이다. 빅토리아 시대의 교사들은 자연의 경이로움을 통해 학생들의 싹트는 정신에 자극을 주기는커녕 새나 벌들을 오용하여 학생들 자신의 성행위의 자연성마저 박탈시켰다.

심지어 아직도 많은 대학에서는 한 몸 속에 음경과 음문을 함께 갖춘 자웅동화적雌雄同花의 본성의 식물과, 고대의 이야기 속에 나오는 남녀 양성을 가진 인간 조상[1]의 유사성을 이야기하고 있다. 자화 수정을 피하기 위해 강구한 어떤 식물들의 비범한 능력은 신비롭기까지 하다. 어떤 종류의 야자나무는 어느 해엔 수술이 있는 꽃만 피우고, 다음해에는 암술이 있는

1—플라톤의 《향연》에서 아리스토파네스가 한 말임.

꽃만 피운다.

풀이나 곡물류는 바람에 의해 교배되지만, 대부분의 다른 식물들은 새나 곤충에 의해 교배된다. 동물이나 인간의 여성과 마찬가지로 꽃들도 교배기가 되면 강렬한 유혹의 향기를 뿜는다. 그렇게 해서 수많은 벌, 나비, 새 같은 것들이 날아와 수정의 사투르나리아Saturnaria 제전[2]을 벌이게 되는 것이다. 수정이 되지 않은 꽃들은 완전히 시들어 버릴 때까지 길게는 8일 정도나 계속 향기를 내뿜지만, 일단 수정이 되면 30분도 채 안 되어 향기가 사라진다. 또 인간과 마찬가지로 성적으로 욕구 불만이 있으면 좋은 향기가 악취로 변해 버리기도 한다. 뿐만 아니라 수정 준비가 갖춰진 식물의 여성 기관에서는 열이 방출된다. 이러한 현상을 맨 처음 발견한 사람은 프랑스의 유명한 식물학자 아돌프 테오도르 브롱냐르Adolphe Théodore Brongniart였다. 그는 온실에서 재배되는 열대 관엽식물인 코이오카시아 오도드라타 Coiocacia ododrata를 관찰하다가 그러한 사실을 발견하게 되었다. 그 식물은 개화기 동안 온도가 높아졌는데, 그러한 현상은 매일 오후 3시부터 6시까지 엿새 동안이나 반복되었다. 수정에 가장 적합하다고 여겨지는 시기에 작은 온도계를 여성 기관에 대보았더니 다른 어느 곳보다 높은 섭씨 11도를 기록하는 것이었다.

대부분의 식물 꽃가루는 인화성이 대단히 높다. 빨갛게 달구어진 철판 위에다 꽃가루를 뿌리면 마치 화약처럼 그 즉시 불이 붙는다. 그래서 예전의 극장 무대에서는 뜨거운 삽 위에다 석송石松의 꽃가루를 뿌려 인공적으로 번개의 효과를 냈었다. 또 많은 식물들이 꽃가루를 퍼뜨릴 때는 인간이나 동물이 사정할 때처럼 독특한 냄새를 풍긴다. 동물의 정액과 똑같은 기능을 하는 이 꽃가루는 식물의 여성 기관에 있는 주름 속으로 들어가 질을 통해 자궁에 이르러서는 마침내 난자와 결합하게 되는 것이다. 인간이나 동물과 같이 어떤 식물은 맛을 따라서 배우자를 찾아간다. 새벽 안개 속에서 신부감을 찾아 떠돌아다니는 어떤 이끼의 정자는, 컵 모양의 꽃잎 속에서 수정을 기다리고 있는 난자들을 찾아 들어갈 때, 사과산 맛의 인도를 받

2—고대 로마의 농신제.

게 된다. 양치류의 정자들은 단맛을 좋아해서 달콤한 물 속에서 신부감을 발견한다.

식물에게 성이 있다는 카메라리우스의 발견은, 식물 분류학의 원조인 칼 폰 린네—그는 꽃부리의 꽃잎을 '신방의 커튼'이라고 불렀다—의 등장을 이끌어냈다. 수도사가 되기 위한 공부를 하던 중, 자신이 좋아하는 보리수의 이름을 본따 자신의 이름을 린나에우스Linnaeus라고 라틴어식으로 지은 이 스웨덴 사람은, 식물의 세계를 주로 남성 기관, 즉 수술의 차이를 기초로 분류했다. 그는 관찰을 계속하는 동안 식물에는 약 6,000여 개의 서로 다른 종이 있다는 것을 알게 되었다. '성별 분류'라고 불리우는 그의 분류법은 '식물학을 배우는 학생들에게 큰 자극'이 될 거라고 여겨졌었다. 하지만 라틴어를 사용한 그의 이 훌륭한 분류법은, 나체를 훔쳐보는 취미를 가진 변태성욕자들의 짓거리 같은 아무 쓸모 없는 것이라고 판명이 났다. 그리하여 오늘날까지도 쓰이고 있는, '이명법二名法'이라는 맥풀리는 이름의 방식은, 매식물마다 그 속屬과 종種에 라틴어 이름을 붙이고, 거기에다 최초의 명명자 이름을 덧붙이는 것이다. 따라서 우리가 먹는 완두콩을 이 방식으로 표기한다면, 'Pisum sativum linnaeum'이 된다.

하지만 이러한 등록登錄에 대한 광적인 열의는 단지 스콜라 철학의 잔재에 지나지 않는다. 진정으로 식물을 사랑했던 라울 프랑세는 린네의 노력을 다음과 같이 표현하고 있다. "그가 나타나면 웃고 있던 시냇물도 죽어 버리고, 화사한 꽃들도 시들어 버린다. 목초지에서 느낄 수 있는 우아함이나 즐거움도 그곳의 생물들에게 수천 가지의 라틴어 이름을 붙임으로써 빛이 바랜다. 꽃이 만발한 들판이나 수풀이 우거진 숲 속도 모두가 그리스어나 라틴어로 매겨지는 분류어에 생명력을 잃고 식물학 연구의 표본실로 전락해 버린다. 우리는 딱딱하고 지루한 논리, 즉 암술이니 수술 따위를 논하면서 잎사귀의 모양 같은 것만 따지는 논리들이나 배우며, 그조차 이내다 잊어버린다. 그리하여 분류 작업이 끝나면, 우리는 그제서야 미망에서 깨어나 자연으로부터 멀어져 있는 자신을 발견하게 되는 것이다.

이 분류광으로부터 벗어나 식물 세계에 생명과 사랑, 성을 되돌려주기 위해서는 참된 시인의 마음을 가진 천재가 필요했다. 린네가 죽은 지 8년이 지난 1786년 9월에 37살의 한 훤칠한 사나이가 알프스를 향해 남쪽으로 여행을 하고 있었다. 많은 여성들로부터 대단한 인기를 끌고 있던 그는 칼스바트에서 주말을 보내는 동안 여인들과 함께 식물학 연구를 한답시고 숲 속을 돌아다니다가 갑자기 모든 것으로부터 환멸을 느끼게 되었다. 그리하여 사교계의 숱한 여성들과 친구들을 다 포기하고 오직 하인 하나만 거느린 채 몰래 '레몬이 피는 따뜻한 남쪽 나라das Land wo die Citonen bluehen'[3]를 향하게 되었던 것이다. 이 여행자는—사실 그는 작센 바이마르 공국의 추밀고문관이자 광산 감독관이기도 했는데—브렌네르 고개[4]를 넘다가, 그곳에 있는 남쪽 나라 식물들의 다양함과 아름다움에 그만 흠씬 취해 버렸다. 이탈리아를 향해 가던 이 여행은 그 여행자, 바로 독일 최고의 시인인 요한 볼프강 폰 괴테Johann Wolfgang von Goethe에게 있어서 인생의 최고 절정기를 맞게 해주었다.

베니스로 가는 도중, 그는 파두아 대학의 식물원에 들렀다. 독일에서는 온실 속에서만 자라던 식물들이 그곳에서는 실외의 정원에 울창하게 우거져 있었다. 상기된 기분으로 그 정원을 산책하던 괴테는 돌연 시적인 영감이 떠올랐다. 그것은 괴테로 하여금 식물을 통해 자연 자체를 깊이 성찰하게 만든 계기가 된 동시에, 후세 사람들에 의해, 다윈의 진화론을 이끈 선구자로서 과학사에서 한 페이지를 장식하게 해준 사건이었다. 하지만 동시대의 사람들은 식물에 대한 그의 생각을 후세의 사람들만큼 평가해 주지 않았다. 나중에 위대한 생물학자 에른스트 헤켈Ernst Haeckel[5]은 괴테를 장 라마르크Jean Lamarck[6]와 함께, '진화론을 주창한 위대한 자연철학자들 중에서도 선구자적인 사람이자, 다윈의 훌륭한 조력자'라고 평했다. 사실 괴테는 그때까지 분석적이고 지적인 태도만으로 식물계에 접근하려는

3—괴테의 작품 《빌헬름 마이스터》에 나오는 소녀 미뇬의 노랫말 중에서.
4—오스트리아와 이탈리아 국경 사이에 위치한 브렌네르 알프스의 정상.
5—독일의 생물학자이자 사상가(1834~1919). 다윈의 진화론에 근거를 두고, 개체 발생은 계통 발생이 단축된 것이라는 학설을 주장, 유물론적 일원론一元論의 철학을 천명했다.
6—프랑스의 박물학자博物學者(1744~1829). 의학과 식물학에서 출발하여 《프랑스 식물지》를 출판했으나, 그 후 동물학으로 전향, 용불용설用不用說을 주장했다. 저서로 《동물철학》이 있다.

방법상의 한계에 대해 수년간 고심해 오던 터였다. 그러한 접근법은 18세기 당시의 목록 꾸미기식 정신과, '생명 없는 톱니바퀴, 그리고 태엽 장치의 유희'라는 맹목적 기계법칙으로 세계를 주무르려는 물리학 이론의 전형적인 예였다.

라이프치히 대학에 있을 때부터 괴테는, 과학을 여러 경쟁적인 분야로 세분화시키는 지식의 독단적인 구분에 반발을 느끼고 있었다. 그에게 있어 대학에서의 과학이란 사지가 절단된 시체에서 풍기는 악취처럼 느껴졌다. 이러한 상아탑 학자들이 보여주고 있는 모순에 혐오감을 느낀 이 젊은 시인은, 무언가 다른 지식을 탐구해 보려고 갈바니 전기라든가 메스메리즘 mesmerism[7] 따위를 연구하는 한편, 빙클러Winkler[8]의 전기 실험도 직접 시도해 보았다. 사실 그는 소년 시절부터 전기와 자기 및 그 극성이 일으키는 이상한 현상에도 많은 관심을 가져온 터였다. 뿐만 아니라 그는 10대 후반에 장미십자단[9] 소속의 의사인 요한 프리드리히 메츠Johann Friedrich Metz로부터 위험한 기관지염 치료를 받은 것이 계기가 되어, 신비주의라든가 연금술 같은 것에 심취하여 자연의 신비한 힘을 연구하기도 했었다. 그 과정에서 파라켈수스Paracelsus[10], 야코프 뵈메, 지오르다노 브루노Giordano Bruno[11], 스피노자Spinoza 및 고트프리트 아르놀트Gottfried Arnold[12] 같은 사람에 대해서도 알게 되었다.

그리하여 마술이나 연금술 같은 것이 사람들에게 환상을 불러일으키거나 해악을 끼치는 애매한 미신이 아니라는 것을 깨닫게 된 괴테는—《괴테

7—동물자기에 의한 최면술. 최면술의 창시자 메스머의 이름에서 따온 말이다.
8—독일의 화학자(1838~1904). 멘델레예프가 예언한 원소 게르마늄을 발견하였다.
9—인간의 영적 발전과 사회 개혁을 이상으로, 연금술과 기독교 신비주의를 결합한 근세의 전설적 단체 및 이들의 법통을 이어 받았다고 주장하는 현재의 많은 단체들. 독일인 로젠크로이츠가 창설했다고 전해진다.
10—스위스의 의학자, 화학자(1493~1541). 의학 체계를 혁신했고, 우주를 영계, 생명계, 물질계로 나누는 삼원질설三原質說을 제창했다.
11—이탈리아의 철학자(1548~1600). 반교회적인 범신론을 주장하다가 7년간의 감옥 생활 끝에 화형 당함.
12—독일의 프로테스탄트 신학자(1666~1714). 경건주의의 대부로 불리는 슈페너의 영향을 받아 드레스덴에서 회심, 경건주의에 몸을 바쳤다.

와 신비주의 *Goethe et l'occultisme*》를 쓴 크리스티앙 르팽트Christian Lepinte에 의하면—"기계론적인 세계관을 타파하고 자연의 궁극적인 신비를 밝힐 수 있는 살아 있는 과학을 찾고자 갈망하게" 되었다. 또한 괴테는 파라켈수스—원래 이름은 필리푸스 아우레올루스 테오파라스투스 봄바스투스 폰 호헨하임Philippus Aureolus Theophrastus Bombastus von Hohenheim—로부터 신비학이 생명 없는 목록을 다루는 것이 아니라 살아 있는 자연을 다루는 것이므로, 진실을 밝혀 내는 데 있어서는 과학이라는 방법보다 그것이 훨씬 더 적합하다는 것을 배웠다. 아울러, 이런 식으로 자연의 신비를 벗기고자 하는 현인은 금단의 구역을 침범하는 사람이 아니라 진정한 신神에 가까이 가고자 하는 사람이며, 바로 그들이야말로 영혼과 우주의 신비를 깊이 천착하는 사람들이라는 것도 배우게 되었던 것이다.

괴테가 배운 것 중에서 그 무엇보다도 중요한 것은, 자연을 사랑하지 않는 자는 자연의 보고寶庫를 발견할 수 없다는 것이었다. 그는 이제까지의 식물학적 방법으로는, 생장 주기를 가진 유기체로서의 식물의 진실에 접근할 수 없다는 것을 깨닫게 되었다. 생명체로서의 식물을 다룸에 있어서는, 그에 걸맞는 새로운 연구 방법을 필요로 했다. 괴테는 잠자리에 들기 전에, 식물들의 생장 주기에서 보여주는 여러 단계들, 즉 씨앗에서 다시 씨앗으로 돌아오는 동안의 여러 모습들을 상상해 봄으로써 마음을 편안하게 할 수 있었다. 괴테는 바이마르의 공작이 자기가 소유한 화려한 정원의 동쪽 한 모퉁이를 선사하자, 그곳에서 살아 있는 식물에 대해 각별한 관심을 키워 나갔다. 그의 이러한 식물에 대한 관심은, 그 지방에서 유일하게 약재상을 경영하고 있는 친구 빌헬름 하인리히 세바스티안 부크홀츠Wilhelm Heinrich Sebastian Buchholz에 의해 더욱 북돋아지게 되었다. 부크홀츠는 특별한 효능이 있는 약용 식물들을 기르고 있었는데, 괴테는 그의 도움으로 자신의 식물원을 만들 수 있었다.

괴테는 파라켈수스도 다녀 간 적이 있는 파두아의 대형 식물원에서, 능소화나무가 그토록 크게 자라나 매혹적인 빨간색 종 모양의 꽃을 피우는 것을 보고는 깊은 감명을 받았다. 그는 또 야자나무에 대해서도 흥미를 느겼는데, 그것은 그 부채꼴 모양을 지켜보다 보면 그 나무의 생장 과정 전체가 보이는 듯했기 때문이었다. 맨 처음 창같이 뾰족한 잎사귀 하나가 지면을 뚫고 솟아 나와서는 성공적인 분열 과정을 통해 주걱 모양의 다발로 커 나가는 과정을 말이다. 그 중에서 특히 기묘한 인상을 준 것은 그 주걱 모양의 다발로부터 뻗어 나오는 꽃 줄기였다. 그것은 이제까지의 생장 과정과는 전혀 무관한 듯한 양상을 띠는 것이었다. 형태를 변화시키며 생장하는 이 일련의 복잡한 과정을 지켜봄으로써, 괴테는 '식물의 변태'라는 그의 이론의 근거가 될 영감을 얻게 되었다. 오랜 세월을 두고 식물을 연구해 오면서 하나씩 쌓여 왔던 생각들이 한순간에 하나의 체계로써 인식되었던 것이다. 즉, 식물이 생장하면서 보여주는 모든 형태는 단지 '잎'[13]이라는 하나의 구조가 변화하는 것임을 그 야자나무가 생생하게 보여준 것이다. 괴테는 하나의 기관이 번식과 증식을 하여 다른 기관으로 변모하는 것은 단지 변태의 과정에 지나지 않으며, 각 기관들이 외면상으로는 다른 모습으로 변해 가는 것 같지만, 내적으로는 동일성을 가졌음을 깨닫게 되었다.

파두아 식물원의 정원사는 괴테의 부탁을 받고 부채꼴 모양의 야자나무에서 몇몇 부분들을 잘라내 주었다. 그 부분들은 나무의 변태가 완전한 일련의 과정으로 잘 나타나 있는 것이었다. 괴테는 그것을 두꺼운 종이로 만든 몇 개의 상자 속에 넣어 가지고 왔는데, 그것들은 수년 동안 보존되었다. 그리고 그 야자나무는 수많은 전란과 혁명을 거치면서도 의연히 살아남아 아직도 파두아 식물원에 서 있다.

괴테는 식물을 새롭게 인식하게 됨에 따라, 자연이 하나의 기관을 변용시켜 여러 다양한 형태를 만들어내는 것은, 하나에서 여럿을 만들어내는 힘이 있기 때문이라고 결론을 지었다. "식물 형태의 변화라는 특별한 변천 과정을 오랫동안 연구해 본 결과, 그것은 사전에 확정된 것이 아니라 가변

13—조지 트레블리언 경은 자신의 저서에서 괴테의 이론을 소개하며, 이 '잎'에 대해 다음과 같이 설명했다. "괴테는 이 잎을 단순히 줄기 끝에 달린 잎사귀가 아니라, 가장 기본적인 기관을 뜻하는 의미로 사용했다. 다시 말해서, 그것은 식물의 모든 기관의 근간을 이루는 가상의 원형적 기관, 식물의 한 부분에서 다른 부분으로 옮겨질 수 있는 잎의 돌기 같은 것을 뜻하는 말이다."(원서 주)

적이고 유동적이라는 생각이 점점 확고해져 간다. 이것은 식물이 자연의 여러 가지 조건에 적응하여 여러 가지 형태를 만들어 나간다는 뜻이다."

그는 또 식물의 형태가 점차 발달하고 세련되어 가는 과정에는 확대와 수축의 주기가 세 차례 되풀이되고 있다고 보았다. 즉, 잎의 확대는 꽃받침이나 꽃턱잎의 수축을 초래한다. 그런 뒤엔 꽃잎의 확대가 이루어졌다가, 암술과 수술이 만나는 수축이 이어진다. 그랬다가 마지막으로 과일이 자라나는 확대와, 그 속의 씨앗에 의한 수축이 그것이다. 이 여섯 단계의 순환이 끝나면, 식물은 새로운 출발을 할 준비가 갖춰지게 되는 것이다.

에른스트 레어스Ernst Lehrs는 《인간인가 물질인가》라는 저서를 통해 괴테를 다음과 같이 평가했다. "괴테가 특별한 용어를 붙이지는 않았지만, 그 주기 속에는 또 하나의 자연 원리가 숨어 있다. 그가 했던 여러 말들을 종합해 볼 때, 그는 이 원리와 그것이 모든 생명에게 미치는 보편적인 의미를 잘 알고 있었음이 분명하다." 그러면서 레어스는 이 원리를 '자제의 원리'라고 불렀다.

"식물의 생애 중에서 이 원리가 가장 두드러지게 나타나는 때는 잎이 꽃으로 변할 때이다. 잎에서 꽃으로 변모할 때 식물은 그 활력에 있어서 결정적인 감소를 나타낸다. 잎에 비한다면, 꽃은 죽어가는 기관이다. 그러나 이 죽어감은, '존재를 위한 죽어감'이라고 할 만한 성질의 것이다. 이것은 단지 형태 변화만을 보이던 생명력이, 이 단계에서는 영혼이라는 보다 높은 수준의 징후를 드러내려는 것으로 보인다. 이 원리는 곤충의 세계에도 적용되고 있음을 볼 수 있다. 예를 들자면, 송충이의 왕성한 활동력이 나비라는 아름답지만 덧없이 짧은 삶으로 변화하는 것 등에서 말이다. 인간의 경우에도 이 원리가 적용된다. 즉, 대사 계통이 신경 계통으로 변화해 가는 것은, 유기체에 의식意識이 생겨나기 위한 전제조건이기 때문이다."

레어스는 녹색 부분과 아름다운 색깔을 띠는 부분 사이의 추이점推移點에서 식물의 유기적인 기관에 작용하는 강력한 힘에 경탄을 금치 못했다. 꽃받침으로 올라가야 할 수액이 이 힘에 의해 완전히 차단되어 꽃에는 수액이 지니고 있는 생명 유지의 작용이 전혀 미치지 않게 되므로, 점진적이 아닌 갑작스런 비약으로 완전한 변화가 이루어지게 되는 것이다.

"이 꽃으로 변하는 과정이 끝나면, 이번에는 다시 작은 수정受精 기관으로 '수축'의 과정을 거치게 된다. 수정이 끝나면 열매가 자라게 되는데, 이로써 식물은 또다시 뚜렷하게 공간적인 확대를 하는 기관을 만들어내는 것이다. 이후 최종적이고도 궁극적인 수축, 즉 열매 속의 씨앗을 만드는 것으로 수축이 일어난다. 식물은 이 씨앗 속에다 자신의 모든 유기물질을 집중시키는 듯하다. 그리하여 이 작고 보잘것없는 것이 그 속에 또 하나의 완전한 식물을 낳게 하는 힘을 간직하게 되는 것이다."

레어스는 이 세 차례의 확대와 수축이라는 연속적인 리듬 속에 식물의 생존에 관한 기본 원리가 들어 있다고 지적한다.

"확대의 단계에서는 식물의 활동 원리가 외형적으로 나타나지만, 수축의 단계에서는 '형태가 없는 순수한 존재 상태'라고 해야 할 만한 것으로 쇠퇴한다. 따라서 우리는 식물의 정신적 원리가 일종의 호흡 리듬과 관계 있음을 알게 된다. 사라졌다가는 다시 나타나고, 물질을 지배했다가는 다시 그로부터 물러나는 그런 리듬 말이다."

괴테는 식물의 외형적 특징의 가변성은 단지 드러나는 현상에 불과하다고 생각했다. 따라서 식물의 본성은 이 외형적 특징에서가 아니라 보다 깊은 차원을 통해 밝혀지리라고 결론지었다. 그리하여 모든 식물은 어느 근원적인 하나로부터 형성되었을 거라는 생각이 점점 더 확실해져 갔다. 이러한 개념은 식물학뿐만 아니라 모든 세계관을 변화시킬 운명을 지니고 있었다. 그것은 바로 진화의 개념이었다. '변태'는 자연의 모든 신비를 풀어줄 열쇠가 되어야 했던 것이다. 다윈은 기계적인 원인과 같은 외적인 영향이 유기체의 본성에 작용하여 그것을 변화시킨다고 본 반면에, 괴테는 여러 가지 다양한 형태들은 '원형적 유기체Urorganismus'의 다양한 표현이라고 보았던 것이다. 즉, 그 자체가 다양한 형태를 취할 수 있는 능력을 가지고 있는 이 원형적 유기체가 그 시점에서의 외부 환경에 가장 적절한 형태를 취한다고 생각했던 것이다.

아리스토텔레스의 철학에 의하면, 모든 입자들의 삼위일체적인 본성을 완성하기 위해서는 원질료原質料가 되는 물질 외에 별도의 다른 원리가 필요하다. 이 원리가 형상으로서, 눈에 보이지는 않지만 존재론적인 의미로 볼 때 실체적 존재이며, 엄밀히 말하자면 그 질료가 되는 물질과는 엄연히 다르다는 것이다. 신지학神智學[14]의 창시자인 헬레나 블라바츠키Helena Blavatsky는 이 아리스토텔레스의 철학을 해석하면서 다음과 같이 말했다. 즉, 동물의 경우엔 뼈, 살, 신경, 두뇌, 혈액, 식물의 경우엔 과육 물질, 섬유, 수액 등 외에 어떤 실체적 형상이 있어야 하는데, 그것을 아리스토텔레스는 말[馬]의 경우, 말의 영혼soul이라고 불렀고, 프로클로스Proklos[15]는 모든 광물과 식물, 그리고 동물의 영혼demon이라고 했으며, 또 중세 철학자들이 말한 4대 왕국four kingdoms[16]의 '기본령elementary spirits'도 이 범주에 드는 것이라고 했다.

트레블리언Trevelyan[17]은 괴테 철학의 진수는 자연의 형이상학적 개념을 토대로 한 것이라고 설명했다.

"신성神性이란 죽어 있는 것에서가 아니라 살아 있는 것에서 찾아볼 수 있다. 그것은 정형화되고 고정된 것이 아닌, 발전과 변화의 과정에 있는 모든 것 안에 존재한다. 따라서 신성에 가까와지려고 노력하는 이성은, 이미 성장과 발전을 마친 것을 활용하는 데 관심을 두고 있다."

---

14 — 19세기 말 ~ 20세기 초에 블라바츠키, 베전트, 리드비터 등에 의해 확립된 신비주의적 세계관. 또는 그에 입각한 학문. 불교의 카르마 사상, 동서양의 신비주의적 전통, 영적 진화론 등이 결합된 독특한 세계관을 피력하고 있다. 신지학에 의하면 인간의 '자아' 혹은 영혼은 불멸하며, 일련의 재생 과정을 거쳐 지고한 신적 존재로 진화해 간다.
15 — 그리스의 신플라톤주의 철학자(410 ~ 485).
16 — 광물계, 식물계, 동물계, 인간계.
17 — 영국의 역사가(1876 ~ 1963). 케임브리지 대학 교수를 지냈다. 《영국의 역사》 등 많은 명저를 남겼다.

식물의 각 부분을 '잎'이라는 원형적 기관의 변태라고 본 괴테는, 원형적 식물, 즉 '원형 식물(Ur-pflanze)'—무수한 형태로 발전할 수 있는 초감각적인 힘force을 가진—이라는 개념을 도출했다. 트레블리언은 이것을 가리켜, 어떤 단일의 식물이 아니라, 모든 식물 형태 속에 잠재된 힘이라고 말하고 있다.

"이렇게 하여 모든 식물은 각기 이 원형 식물의 특별한 형태화라고 볼 수 있다. 이 원형 식물이야말로 식물의 왕국 전체를 제어하고, 그 모든 형태를 창조하는 자연의 예술가적 수완에 가치를 부여하는 것이다. 이 원형 식물은 식물의 형태를 가진 세계에서 각 형태의 규모에 따라 앞뒤, 위아래, 안팎으로 끊임없이 움직이는 것이다."

괴테는 자신의 발견을 요약하면서 다음과 같이 말했다. "만약 모든 식물이 하나의 유형을 기초로 만들어진 것이 아니라면, 어떻게 우리가 그것을 식물이라고 당장 알아볼 수 있겠는가!" 자신의 발견에 스스로 흥분하면서, 그는 자신이 이 지구상에 존재한 적이 없었던 것까지도 포함한 어떤 형태의 식물도 창조할 수 있노라고 선언했다.

나폴리에서 괴테는 바이마르에 있는 친구이자 시인인 요한 고트프리드 폰 헤르더Johann Gottfried von Herder[18]에게 다음과 같은 편지를 썼다. "자네에게 은근히 말해 줄 게 있네. 그것은 내가 식물 창조의 비밀에 아주 가까이 접근했다는 것인데, 그것은 지극히 간단하여 누구든지 머리 속에 그려볼 수 있는 것이라네. '원형 식물'이라는 것은 자연마저도 나를 시기할 정도로 세상에서 가장 기이한 것일 것이네. 그 비밀의 열쇠만 있으면 새로운 식물을—그것이 이제까지 존재하지 않았건 아직 존재하지 않건 간에—얼마든지 창조해 낼 수 있을 걸세. 이 원형 식물이란 개념은 시적이거나 예술적인 상상의 산물이 아니라, 내적 진실과 필연성을 가진 것이라네. 그

18—독일의 사상가, 문학가(1744~1803). 신학에 대한 조예가 깊었고, 자연과 역사 속에 존재하는 신을 탐구하면서 휴머니즘을 고취했다.

래서 이제까지 존재하지 않았던 식물이라 할지라도 언젠가는 존재할 수가 있는 것일세. 이 원리는 비단 식물뿐만 아니라 모든 생명체에 적용되는 것이라네." 이제 괴테는 나폴리와 시실리에서 기쁨과 흥분에 들떠 그 생각을 눈에 보이는 모든 식물에게 적용시키며 열심히 파고들었다. 그리하여 '더욱 열심히 탐구하면 할수록 오랫동안 인류가 망각해 왔던 보물을 되찾을 수 있겠다는 확신을 갖고' 일어나는 것들에 대해 헤르더에게 보고 편지들을 보냈다.

괴테는 근 2년에 걸쳐 여러 현상들을 세밀히 관찰, 수집, 연구하며, 많은 스케치와 정밀화를 그렸다. "나는 식물학 연구에 점점 빠져 들어가, 그것에 온통 사로잡히고 말았다." 이탈리아에서 2년간 머문 뒤, 독일로 돌아온 괴테는 자신이 파악한 생명에 대한 새로운 인식이 동포인 독일인들에게는 불가해한 것으로 여겨진다는 것을 알게 되었다.

"나는 형태가 풍부한 이탈리아로부터 형태 변화가 없는 독일로 돌아왔다. 화창하던 날씨가 잔뜩 찌푸린 날씨로 변해 버린 것이다. 친구들은 나를 위로하고 따뜻이 맞아주기보다는 오히려 실망시켰다. 그들은 내가 자기들에게는 거리가 멀고 낯선 것을 즐기고, 또 내가 잃어버리는 것에 대해 비애와 한탄을 느끼는 것이 못마땅한 모양이었다. 나는 공감을 받지 못했으며, 아무도 내 말을 이해해 주지 못했다. 나는 이런 난처한 상황에 적응할 수가 없었다. 그러나 나는 차츰 기운을 되찾아 나의 벅찬 기쁨에 손상이 가지 않도록 노력했다."

괴테는 《식물의 변태에 대해》라는 최초의 소논문에다 자신의 생각을 피력했다. 이 논문에서 그는, '우주의 장대한 정원에서 일어나는 수많은 현상들은 단 하나의 단순하고도 일반적인 원리로 귀결된다.'고 설명한 후, '이 원형적인 생명의 구조를 가지고 일정한 원리에 따라 모든 만물을 예술적으로 창조하는 것'이 자연의 방법임을 강조했다. 후에 식물형태학을 낳게 된 이 논문은 당시의 주류적인 과학 논문과는 달리, 독특한 양식으로 쓰여졌다. 그것은 각 생각들을 완전한 결론으로 이끌어가지 않고, 다소 수수께끼같이 해석의 여지를 남겨 두는 방식이었다. "나는 내 논문에 스스로 만족하여, 내가 과학계에 멋진 데뷔를 하게 됐다며 잔뜩 우쭐해 있었다. 하지만 내가 지난날 순수 문학계에서 겪었던 것과 똑같은 일이 벌어지고 말았다. 나는 처음부터 퇴짜를 맞았던 것이다."

괴테의 고정 출판사는, 그가 문학가이지 과학자가 아니라며 논문 출판을 거부했다. 괴테는 그 출판사가 어째서 단지 6장 분량의 작은 원고라는 위험 부담 때문에 자기같이 가장 잘 팔리고 확실한 작가가 새로운 분야에 대해 쓴 것을 출판하지 않겠다는 것인지 도무지 이해하기가 어려웠다. 그런데 다른 출판사를 통해 이 소논문이 출판되었을 때, 괴테는 더욱 놀라지 않을 수 없었다. 그 논문은 식물학자와 대중들로부터 철저히 무시되고 말았던 것이다.

"대중들은 모든 사람들이 각기 자신들의 전문 분야에만 머물러 있기를 원했다. 과학과 시가 결부되는 것을 환영하는 사람은 아무도 없었다. 사람들은 과학이 원래 시에서 비롯된 것임을 망각해 버렸다. 그들은 진자振子의 흔들림처럼 이 두 분야가 보다 높은 수준에서 상호 발전적으로 결부될 수 있음을 생각지 못하고 있었다."

괴테는 다시 그 논문의 사본을 별로 친하지 않은 친구들에게 보내는 실수를 저질렀다. 그러나 그들 역시 재치 있는 비평을 하지 못했었다고 그는 술회했다.

"자신의 의견을 표현하는 나의 방식에 응해 주려는 사람은 아무도 없었다. 엄청난 각고 끝에 내가 하려는 일에 대한 확신을 가지게 되었건만, 그것이 받아들여지지 않는다는 것을 알았을 때 여간 괴롭지 않았다. 오류의 고통에서 간신히 벗어나 또다시 그것을 되풀이해서 고통을 받게 될 때면 정말이지 미칠 노릇이었다. 다양한 지식을 갖춘 지성인들과 유대감을 갖게 될 줄 알았다가 오히려 그들과 완전히 결별하게 되었다는 것을 알았을 때만큼 가슴 아픈 일은 없었다."

괴테는 '식물의 변태'에 관한 자신의 생각을, 새로 사귄 친구이자 동료 시인 요한 크리스토프 프리드리히 폰 실러 Johann Christoph Friedrich von Schiller[19]에게 원형 식물을 상징적으로 묘사한 그림까지 그려서 보여 주고는, 열띤 어조로 설명했다. 그러자 그는 대단한 흥미를 보이며 열심히 듣는 것 같더니, 괴테의 말이 끝나자 고개를 저으며 이렇게 말하는 것이었다. "그것은 경험이 아니라 관념일 뿐이네." 당황한 괴테는 약간 짜증이 일었으나, 간신히 자제하면서 말했다. "경험적으로 알지 않고도 그러한 관념을 가질 수 있다는 것은 얼마나 멋진 일인가? 나는 눈앞에 그 관념을 볼 수가 있다네." 이 논쟁을 통해 괴테는 하나의 철학적 개념을 얻어 낼 수 있었다. 그것은, 경험은 시간과 공간의 제약을 받지만, 관념은 시간과 공간에 대해 자유롭다는 것이었다. "경험에 있어서는 동시적이고 계기적인 것이 항상 분리되어 있지만, 관념에 있어서는 그 두 가지가 완전히 결합되어 있는 것이다."

식물의 변태에 대한 것이 식물학 교과서나 다른 저술에 언급되기 시작한 것은, 빈 회의[20]가 열리고 18년이 지나서였으며, 식물학자들이 그것을 완전히 받아들이게 된 것은 30년이 지나서였다. 이 논문이 스위스와 프랑스에 소개되자, 사람들은 '감정이나 능력, 상상력 같은 것을 연상케 하는 도덕적 현상들을 다루는 시인이 이런 중요한 발견을 했다.'는 사실에 아연해지고 말았다.

말년에 가서, 괴테는 식물학에 또 하나의 기본적인 생각을 추가했다. 자신의 지각을 자연과 완전히 동조시킨 그는, 식물의 생장이 수직 방향과 나선 방향이라는 두 가지의 뚜렷한 경향―다윈이 같은 문제에 접근한 것은 그보다 한 세대 후의 일이었다―을 보인다는 것을 깨닫게 되었다. 시인의 직관력으로 그는 이 수직의 경향을, 곧게 지탱하는 원리라는 의미로 '남성

19―독일의 극작가(1759~1805). 괴테와 더불어 독일 고전주의를 완성했다. 칸트 철학에 대한 심도 깊은 연구를 통해 인간성을 고양하는 예술이 무엇인가를 규정한 뒤, 일생을 자유에 대한 의욕과 동경으로 일관했다.
20―프랑스혁명과 나폴레옹 전쟁의 사후 수습을 위해 빈에서 개최된 국제 회의. 1814년에서 1815년에 걸쳐 열렸다.

적'이라고 했다. 그리고 생육기에는 보이지 않다가 꽃이 피고, 열매를 맺을 때 두드러지게 나타나는 나선형의 경향을 '여성적'이라고 했다. "수직의 경향을 '남성적'으로, 나선의 경향을 '여성적'으로 본다면, 모든 식물은 근본부터 '자웅雌雄의 양성兩性'을 가졌다고 볼 수 있다. 그랬던 것이 생장하고 변화하는 과정에서 둘로 분리되어 각기 다른 경향을 보이지만, 이 두 가지는 보다 높은 차원에서 다시 합쳐지게 될 것이다."

괴테는 이 '남녀의 원리'의 의미를, 우주에 있어서의 영적인 극성極性 개념과 같은 보다 차원 높고도 포괄적인 뜻으로 파악하고 있었다. 레어스는 이에 대해 다음과 같이 자세하게 설명했다. "자연의 수많은 생명체들이 생멸하는 가운데 영적인 지속성이 유지되려면, 물질적 흐름이 일정한 간격으로 단절되어야 한다. 식물의 경우엔, 남성적인 생장과 여성적인 생장으로 나누어짐으로써 이 단절이 이루어진다. 그리고 이 두 가지가 다시 결합할 때 그 식물이 한해살이 식물이냐 여러해살이 식물이냐에 따라서 전체가 죽거나 일부분이 죽게 되는데, 이는 작은 씨앗으로 귀결되기 위해서이다."

괴테에게는 식물의 뿌리가 어둡고 습기찬 땅 속을 향해 뻗어 가는 데 반해, 줄기나 가지는 빛과 허공을 향해 치솟는다는 사실이 참으로 이상하게 여겨졌다. 그러한 현상을 설명하기 위해 그는 뉴턴의 중력에 반대되는 힘을 가정한 후, 그것을 '부상력levity'이라고 불렀다. 이에 관해 레어스는 또 이렇게 말하고 있다. "뉴턴은 사과가 떨어지는 이유를 설명했다—적어도 설명했다고 생각들을 한다. 그러나 그것과 정확히 상응하는 것이면서 보다 설명하기 어려운 문제, 즉 어째서 사과가 그 높은 곳에 열렸는가는 설명하지 못했다." 그러한 개념은 괴테로 하여금, 지구의 중력장과는 모든 면에서 반대되는 어떤 힘의 장이 이 지구를 관통하는 동시에 둘러싸고 있다는 구도를 그리게 하였다.

레어스의 이야기는 다음과 같이 이어진다. "중력장의 세기가 장의 중심으로부터 멀어질수록, 즉 바깥 방향으로 갈수록 감소되듯이, 부상력장의 세기는 주변으로부터 멀어질수록, 즉 안쪽 방향으로 갈수록 감소된다. 이것이 바로 사물이 중력의 영향으로 '떨어지고', 부상력의 영향으로 '떠오르는' 이유이다." 레어스는 여기에 덧붙여, 만약 우주의 바깥을 향해 작용하는 힘이 없다면, 지구상의 모든 물질들은 중력에 의해 공간이 없는 한 점으로까지 오므라들게 될 것이며, 반대로 부상력만이 존재한다면 모든 물질들은 우주 공간으로 흩어져 버릴 것이라고 말했다. "화산이 폭발할 때는 무거운 물체들이 이 부상력에 의해 별안간 공중으로 튕겨져 올라가듯이, 폭풍이 칠 때는 가벼운 물체들이 중력에 의해 지구로 내려온다."

괴테는 《1781년 장미십자단 황금 교리 주석집 *Rosicrucian Aurea Catena of 1781*》— 지은이는 헤르베르트 폰 포르헨브룬 Herwerd von Forchenbrun으로 추정된다 — 에서 영감을 받아, 전우주가 빛과 어둠, 전기의 양극과 음극, 화학의 산화와 환원 같은 것으로 나타나는 정반대의 힘에 의해 움직여진다고 보았다.

노년에 이르러 괴테는, 지구도 식물이나 동물과 똑같은 리듬으로 숨을 들이쉬었다가 내쉬었다가 하는 유기체로 인식했다. 즉, 지구와, 대기 중의 구름이나 비 같은 것을 포함하는 지구상의 모든 수권水圈 내의 순환을, 거대한 생물체가 숨을 들이쉬었다가 내쉬는 것으로 보았던 것이다. 그는 다음과 같이 말하고 있다.

"지구가 들숨을 쉴 때는 대기 중의 수분이 지구 표면 가까이로 끌어당겨져서 구름이나 비로 응축된다. 이러한 상태를 '친親수분 상태'라고 하자. 만약 이 상태가 적당한 단계에서 그치지 않고 지속된다면 지구는 익사하고 말 것이다. 그러나 지구는 그러지 않고 다시 날숨을 내쉰다. 그래서 수분은 기화되어 대기 중으로 흩어져 올라가게 되는 것이다. 이 수분들은 너무나 맑아서 빛나는 햇빛도 그대로 통과시킬 뿐만 아니라 머나먼 우주의 암흑도 파랗게 비쳐 보인다. 이런 상태를 '반反수분 상태'라고 하자. 이 친수분 상태에서는, 하늘로부터 물이 풍부하게 공급될 뿐만 아니라 지구의 습기 또한 마르거나 없어지지 않는다. 반대의 경우엔, 하늘에서 수분이 공급되기는커녕 대지의 습기까지 날아가 버리게 된다. 따라서 만약 이런 상태가 지속된다면 태양이 비치지 않는다 하더라도 바짝 말라 버릴 위험에 처하게 될 것이다."

괴테는 빛이 일으키는 여러 현상들을 이상하게 여기긴 했으나, 뉴턴의 생각에 동의하지는 않았다. 뉴턴은 빛의 파동은 빛 그 자체이며, 여러 가지 색으로 이루어져 있다는 생각을 갖고 있었다. 이에 비해 괴테는 현실적인 빛의 파동은 영원한 빛의 물질적 표현에 지나지 않는다고 생각했다. 그는 빛과 어둠이 반대되는 극성이며, 그 상호작용으로 여러 가지 색깔이 나타난다고 보았다. 어둠은 빛의 완전한 수동적 결여 상태가 아니라 능동적인 것으로서, 빛과 대립하여 상호작용을 하는 그 무엇이라고 보았다. 즉, 빛과 어둠을 자석의 N극과 S극처럼 보았던 것이다. 괴테는 만약 어둠이 절대적인 결여 상태라고 한다면, 그 속에 들어간다 하더라도 아무것도 지각하지 못할 것이라고 말한다. 괴테가 색色에 대한 자신의 이론을 얼마나 중요시했는가는, 말년에 밝힌 다음과 같은 그의 말에서도 분명히 나타나고 있다. "나는 시인으로서의 내 업적에 중요성을 두지 않는다. 하지만 나는 색의 본질을 파악한 이 시대의 유일한 사람이라고 주장하고 싶다."

괴테가, 다윈이 진화론을 세상에 발표하기 27년 전인 1832년 4월 22일에 세상을 떠났을 때, 세상에서는 그를 인간의 활동과 지식에 관한 모든 영역을 두루 이해할 수 있는 광대한 정신을 가진 독일 최대의 시인이었다고 평가했다. 그러나 과학자로서는 그저 속인에 지나지 않는 것으로 간주되었다.

어떤 식물의 속명에 괴테의 이름이 붙여지고, 또 어떤 광물의 명칭이 괴테의 이름을 따서 지어지긴 했지만, 그것은 위대한 사람에 대한 경의일 뿐이었지, 과학자로서의 업적을 인정해서가 아니었다. 그러나 어느 정도 시간이 지나자, 괴테가 '형태학'이라는 새로운 단어를 만들었고, 오늘날까지도 지속되어 오고 있는 식물형태학의 개념을 정식화한 사람으로 인정을 받게 되었다. 그는 또한 산악의 기원이 화산 활동에 의한 것임을 발견했으며, 처음으로 기상대의 체계를 확립했고, 멕시코 만을 태평양과 연결시켜야 한다는 것을 생각했으며, 증기선과 하늘을 나는 기계(비행기)를 만들어 보고 싶어했던 사람이었다. 그러나 식물의 변태에 관한 그의 생각은 다윈의 출현을 기다려서야 제대로 평가받을 수 있었으며, 그 후에도 대체로 오해만 받았을 뿐이었다.

거의 100년이란 세월이 흐른 후에야, 루돌프 슈타이너 Rudolf Steiner는 다음과 같이 서술했다.

"다윈은 괴테와 비슷한 관찰을 통해, 속이나 종의 외부 형태의 불변성에 의심을 갖게 되었다. 그러나 두 사상가가 도달한 결론은 전혀 달랐다. 다윈은 유기체의 모든 본성은 그 외형적 특성으로 조성된다고 생각하여, 식물의 생에 있어서는 불변하는 것이 없다고 결론을 내렸다. 반면에 괴테는 보다 깊이 파고들어 이들의 외형은 불변이 아니므로, 이 변화하는 형태 속에 숨겨져 있는 다른 그 무엇에서 이 불변성을 찾아야 한다고 보았던 것이다."

제8장
페히너와 버뱅크: 녹색 박애주의자들과의 교감

식물의 물질적 형태 이면에 정신적 본질이 숨겨져 있다는 괴테의 시적인 생각을 보다 명확히 다진 사람은 라이프치히 대학의 물리학 교수겸 의학박사 구스타프 테오도르 페히너Gustav Theodor Fechner[1]였다. 전류의 측정이라든가 색채의 지각 따위를 주제로 40여 편의 논문을 써 왔던 그는 실로 우연하게 이 심오한 식물의 세계를 알게 되었다. 1839년에 그는 잔상殘像을 연구하고자 태양을 응시하는 실험을 시작했다. 잔상이란 시각적 자극이 없어진 후에도 잠시 동안 망막에 그 모습이 남는 이상한 현상을 말한다.

며칠 후, 페히너는 지나치게 열심히 연구를 하느라 자신의 눈이 거의 멀어 가고 있다는 사실을 알고는 깜짝 놀랐다. 과로에 지친데다 이 새로운 고통이 겹치자 그는 친구들도 만나지 못하고 마스크로 얼굴을 가린 채 어두

1―독일의 철학자, 심리학자(1801~1887). 실험심리학의 아버지로, 일원론적 입장에서 자연과학과 이상주의를 조화시켜 심신의 관계를 해명하고자 했다. 감각의 강도는 자극의 강도와 비례한다는 이른바 '페히너의 법칙'을 확립했다.

운 방에 칩거해 버렸다. 그리고는 오직 회복만을 기원하면서 나날을 보냈다.

3년이 지난 어느 봄날 아침, 그는 시력이 회복되었다는 것을 느끼면서 천천히 밖으로 걸어 나왔다. 물데Mulde 강을 따라 즐거운 기분으로 산책을 하고 있자니까 강가의 꽃들과 나무들이 '영혼을 지니고'—그는 이렇게 표현했다—있다는 것을 느낄 수 있었다. "강가에 서서 꽃을 바라보고 있노라니 꽃 속에서 영혼이 나와 엷은 안개 속에서 하늘하늘 춤추는 것 같았다. 그 영혼의 형상은 차츰 선명해져 갔다. 아마 그 영혼은 태양을 좀더 잘 즐기기 위해 꽃 밖으로 나온 듯했다. 나는 그때까지 영혼이란 눈에 보이지 않는 것이라고 믿어 왔었는데, 작은 어린아이의 모습으로 나타난 것을 보고는 몹시 놀라고 말았다."

그 후에도 여전히 반半 은둔 생활을 계속하면서, 페히너는 그와 유사하면서 주목할 만한 일련의 인상들을 써 나가기 시작했다. 그 결과, 1848년에 《난나, 식물의 영적 생활 Nanna, or the Soul Life of Plants》을 라이프치히에서 펴낼 수 있었다. 이 책은 동료 학자들로부터는 통렬한 비판을 받았으나, 대중들로부터는 꽤 인기를 끌어 그 후 75년간이나 계속 출판되었다.

서문에서 페히너는, 아주 우연히 그 책의 제목을 생각해 내게 되었다고 밝혔다. 처음에는 로마 신화에 나오는 꽃의 여신의 이름을 딴 '플로라 Flora'나, 그리스 신화에 나오는 숲의 요정 '하마드리아스 Hamadryas' 둘 중에서 하나를 고를까 했었다. 그러나 '플로라'는 너무 식물학적인 분위기를 풍기고, 하마드리아스는 너무 고전적이라 딱딱하고 구식 같아서 둘 다 포기하고 말았다. 그러던 어느 날, 튜턴족의 신화를 읽다가 그는 매우 흥미로운 대목을 발견했다. 다이아나의 알몸을 훔쳐본 악테온처럼, 빛의 신인 발더가 목욕을 하고 있는 꽃의 공주 난나의 알몸을 훔쳐보았다는 대목이었다. 감탄한 발더의 정열의 에너지에 의해 난나의 아름다움은 더욱 빛나 보였다. 그러자 빛의 신은 사랑에 빠지게 되었고, 결국 빛과 꽃의 결혼으로 이어지게 되었던 것이다.

식물의 정신세계에 눈을 뜨게 된 페히너는 물리학에서 철학으로 분야를 바꾸어 《난나》가 출판되던 그 해, 라이프치히 대학에서 철학 교수직을 맡게 되었다. 그러나 식물들이 상상을 초월할 정도의 감수성을 가지고 있다는 것을 깨닫기 이전에 그는 이미 《사후의 생에 관한 소고》―이 책은 그가 죽고 난 뒤인 1936년에 드레스덴에서 출간되었다―, 《천사들의 비교해부학》―이 책은 너무 대담한 내용이라서 미제스Mises 박사라는 필명으로 발표했다―이라는 책을 쓸 정도로 우주적인 문제에 관심을 가지고 있었다.

특히 전자의 책에서 그는, 인간의 삶에는 세 가지 단계가 있다는 생각을 피력하고 있다. 그 첫째가 임신에서 출산까지 계속 잠만 자는 단계이고, 둘째는 인간들이 지상에서의 삶이라고 부르는 반쯤 눈을 뜬 단계, 그리고 마지막은 사후에 시작되는 완전히 눈을 뜬 단계라는 것이다. 또 후자의 책에서는, 하나의 생명이 단세포 동물에서 인간을 거쳐 천사와 같은 높은 존재로 진화해 가는 과정을 설명했다. 구球라는 천체의 형태를 가진 이 천사는, 보통의 인간이 빛을 지각하는 것처럼 시각적으로 만유인력을 느낄 수 있으며, 또 인간이 청각을 통해 교신하는 것과는 달리 발광 신호로써 교신할 수 있다는 것이다.

또 《난나》에서는, 식물에게 혼이 있다고 믿는가, 없다고 믿는가의 태도 여하에 따라 자연을 대하는 인간의 인식이 완전히 바뀔 것이라는 가설을 소개했다. 만약 인간이 전지전능하고 모든 것에 생명을 불어넣어 주는 신의 존재를 믿는다면, 이 세상 그 어느 것이라도 이 신의 은혜로부터 제외시킬 수는 없을 것이다. 식물이나 암석, 결정 및 파동 같은 것까지도 말이다. 그러면서 페히너는 만일 우주 정신이 존재한다고 믿는다면, 그것이 다른 피조물들에는 없고, 오로지 인간에게만 있다고 믿어야 할 근거가 어디에 있느냐고 묻고 있다. 또 그것이 인간의 육체를 지배한다고 믿으면서, 다른 자연은 지배하지 않는다고 보는 것이 과연 타당하겠느냐고 반문하고 있다.

보스의 연구를 예견하기라도 하듯이, 페히너는 이 문제를 더욱 깊이 파고들어 식물에게 생명과 영혼이 있다면 틀림없이 신경 조직도 있을 것이며, 그것은 아마도 이상하게 생긴 나선형의 섬유질 속에 숨겨져 있을 것이라고 추측했다. 그는 또 우주의 '영적인 신경'에 대해서도 언급한 바가 있다. 그에 따르면, 천체는 상호 연결되어 있다고 했다. 그 연결 방식은 길다란 끈 같은 것에 의한 것이 아니라 빛이나 중력, 그리고 미지의 그 어떤 힘 같은 것들이 서로 거미줄처럼 얽혀서 연결돼 있다고 했다. 페히너는 영혼이 감각을 느끼게 되는 것은, 거미가 거미줄을 통해 외부의 영향을 기민하게 알아채는 것과 같은 양상이라고 말했다. 또 식물에게도 영혼이 있음에도 불구하고 그렇지 않은 것으로 알려지게 된 것은, 식물이 무능해서가 아니라 인간이 무지하기 때문이라는 것이다.

페히너에 의하면, 식물의 혼과 신경계의 연결은 인간의 혼과 신체의 연결 이상으로 밀접하지는 않다고 한다. 두 경우 모두 혼은 골고루 퍼져 있으나, 그것이 지휘하는 기관과는 엄연히 분리되어 있다는 것이다. 페히너는 이렇게 썼다. "나의 온몸 중 그 어떤 것도 스스로에게 어떤 일이 일어날지 알지 못한다. 단지 내 전체의 혼만이 내게 일어날 모든 일을 알 뿐이다."

페히너는 '정신물리학psychophysics'이라고 부르는 새로운 학문 분야를 만들어냈다. 이것은 정신과 육체를 억지로 분리할 게 아니라 둘을 통합하여 동전의 양면처럼 보자는 주장이었다. 정신은 주관적으로 나타나고, 육체는 객관적으로 나타나는 것뿐으로서, 이는 반으로 가른 공처럼 안에서 보면 오목면이고, 바깥에서 보면 볼록면인 것과 같은 이치라는 것이다. 페히너는 이 두 가지 면을 동시에 관찰하는 것이 어렵기 때문에 혼란이 발생했다고 보았다. 페히너에게는, 모든 사물들은 동일한 '우주의 영혼anima mundi'을 제각기 다른 방법으로 표현하고 있을 뿐이며, 이 우주의 영혼은 우주와 동시에 생겨난 우주의 양심으로서, 만일 우주가 소멸되면 그와 동시에 사라지게 된다는 것이다. 그의 철학에 있어서 바탕이 되는 원리는, 모든 생명체는 '하나'이며, 단지 그 형태만 달리 할 뿐이라는 것이었다. 모든 활동의 최종 목적이자 최고선은 개인의 최고 행복이 아니라, 전체의 최고 행복이며, 여기에 기초하여 그는 모든 도덕률을 생각했다.

페히너에게 있어, 혼이란 이신론理神論[2]적인 보편자를 뜻하는 것이었으므로, 식물이든 인간이든 개별적인 혼을 언급하는 것은 아무런 의미가 없

2—신을 세계의 창조자로 인정하지만, 세속에 관여하거나 계시하는 것과 같은 인격적인 존재로는 생각하지 않는 신관. 기적 또는 계시의 존재를 부정하는 이성적인 종교관. 자연신론自然神論이라고도 한다.

었다. 그럼에도 불구하고 하나의 영혼은, 다른 영혼과 구별할 수 있는 유일한 척도가 되며, 외부로 드러나는 물리적 징표로 다른 영혼에게 자신을 알리는 것이다. 오늘날 널리 확산된 행동주의[3] 학파에게는 못마땅하겠지만, 페히너는 모든 생명체의 진정한 자유는 오직 그 영혼 속에서만 찾을 수 있다고 주장했다.

페히너는, 식물이 땅에 뿌리를 박고 있기 때문에 동물들보다 움직임이 자유롭지 못하다고 했다. 먹이를 잡으려고 발톱을 세우거나 놀라서 도망치는 동물들처럼 식물들도 가지나 잎, 덩굴손 같은 것들을 움직이기는 하지만, 아무래도 행동이 제한되기 마련이라는 것이다.

페히너는, 소련의 과학자들이 기계 장치의 도움으로 식물도 자신이 필요로 하는 바를 스스로 조절할 수 있다는 것을 밝혀 내기 100년도 더 전에 다음과 같은 질문을 던졌었다. "식물이 동물보다 허기나 갈증에 덜 민감하다고 생각하는 근거는 무엇인가? 동물은 몸 전체를 움직여 먹이를 찾지만, 식물은 몸의 일부분만으로 그 일을 해낸다. 눈, 귀, 코 등의 감각을 통해서가 아니라 무엇인가 다른 감각을 이용해서 말이다." 그러면서 그는 또 이런 주장도 했다. "식물은, 인간이란 두 발을 가진 짐승은 왜 저리도 분주하게 돌아다닐까 궁금해하면서, 자신이 뿌리를 박은 곳에서 조용하게 살아가고 있다." "뛰고, 소리치고, 게걸스레 먹어 대는 영혼이 있다면, 침묵 속에서 꽃을 피우고, 향기를 뿜으며, 이슬로 갈증을 풀고, 새싹으로 충동을 분출시키는 영혼도 있을 법하지 않은가? 꽃들은 서로의 향기로 대화를 나누는 것이 아닐까? 인간들이 말이나 숨결로 서로의 존재를 확인하는 것보다 훨씬 우아한 방법으로 서로를 확인하는 게 아닐까? 사실 인간의 말이나 숨결은 사랑하는 연인끼리를 제외하고는 좀처럼 미묘한 감정과 좋은 향기를 풍기지 않는다."

페히너는 이렇게 쓰고 있다. "내면으로부터 소리가 나오고, 내면으로부터 향기가 나온다. 인간들이 어둠 속에서 목소리로 서로를 분간하듯이 꽃

3—1913년 미국의 왓슨John Broadus Watson이 제창한 심리학상의 한 사조. 심리학을 객관적인 과학으로 만들기 위해서는 의식을 대상으로 한 내성적 방법을 배척하고, 자극과 그 반응 속에서 발견되는 객관적인 행동을 그 대상으로 해야 한다는 것이 그 골자이다.

들은 향기로써 서로를 분간하는 것이다." 향기를 발하지 않는 꽃은 황야에서 홀로 살아가는 동물과 같고, 향기를 발하는 꽃은 무리를 지어 살아가는 동물과 같다. 이 독일의 현인은 마지막으로 다음과 같이 추단하고 있다. 인간 육체의 궁극적인 목적은 식물들에게 봉사하는 것이 아닐까? 인간의 육체는 식물들이 호흡할 수 있도록 이산화탄소를 내뿜다가, 죽은 뒤에는 땅속에 묻힘으로써 식물들에게 거름이 되는 것이 아닐까? 결국 꽃이나 나무들이 인간을 먹는 셈이 아닌가? 그 죽은 육체를 대지와 물과 공기와 햇빛과 결합시켜 가장 아름다운 색과 형태로 바꿔 놓는 것이 아닐까?

페히너는 동시대의 사람들로부터 처참하게 혹평을 받은 이 '애니미즘 animism'에 입각하여 원자 이론에 대한 새로운 책을 발표했다. 그것은 《난나》를 발표한 지 2년 후의 일이었다. 입자물리학이 나오기 훨씬 이전에 그는 그 책에서, 원자는 순수 에너지의 중심이며, 영적인 단계의 가장 기본적인 요소라고 주장했던 것이다. 그 이듬해에는 《젠다베스타 Zendavesta》를 출판했는데, 그 제목은 자라투스트라 Zarathustra[4]가 자기들에게 식용 식물의 재배법을 가르쳤다고 믿는 배화교도들의 성전聖典에서 따온 말이었다. 따라서 배화교도들의 젠다베스타는 최초의 농업 교과서라고 볼 수 있을 것이다. 페히너가 쓴 같은 제목의 이 책을 두고, 미국의 젊은 철학자 윌리엄 제임스 William James[5]는 '위대한 천재가 쓴 위대한 책'이라고 평가했다. 이 책에는 대단히 복잡하면서도 매혹적인 철학이 담겨 있는데, 그 중에는 '정신 에너지' 같은 개념도 포함되어 있다. 이 '정신 에너지'라는 개념은 지그문트 프로이트 Sigmund Freud에게 지대한 영향을 끼쳐, 이것이 없었더라면 그의 정신분석학은 생겨나지 못했을 거라고 여겨질 정도이다.

페히너는 그의 당대와 오늘날의 많은 철학자들이 '관념론적 실재론'이라고 일컬을 사상을 대담하게 제시하려 노력하면서, 자신이 이제까지 훈련

4—기원전 7세기에서 기원전 6세기 무렵의 페르시아의 예언자이자 배화교의 창시자인 조로아스터의 독일식 이름.
5—미국의 철학자, 심리학자(1842~1910). 생물학 및 영국 경험론에서 출발하여 절대적인 실체를 부정하고, 프래그머티즘을 창시했다. 심리학에서는 연상주의를 배격하고 기능주의 심리학을 제창했다.

해 온 현대 과학적인 방법론과의 화해를 끊임없이 모색했던 것이다.

아마 그러한 태도가 '19세기의 가장 다재다능한 사상가 중 한 사람'이라는 평을 받는 이 라이프치히의 의사이자 물리학자를, 주변의 식물 세계에 대한 뛰어난 관찰자가 되게 했던 것이다. 그는 《난나》에서, 식물의 성 기관—인간의 경우, 이것만큼 추한 것이 없다고 사도 바울이 말한 바도 있지만—을 대단히 아름다운 것이라고 표현했다. 식물들은 벌레를 유혹하여 꽃의 생식기 속에 숨겨진 꿀을 먹게 하는 대신 멀리 있는 꽃으로부터 가져온 꽃가루를 암술의 머리에다 떨어뜨리게 한다. 페히너는 종족 번식을 위한 식물들의 이 같은 정교한 장치들에 놀라움을 금치 못했다. 말불버섯이 바람에 날리기 위해 조그만 포자들이 튀어나올 수 있도록 자기를 밟아 줄 누군가를 언제까지나 기다린다든가, 단풍나무가 프로펠러 모양의 씨앗을 멀리까지 날려 보내는 것, 유실수들이 새나 짐승, 인간 등을 유혹하여 그 씨앗을 멀리 퍼뜨리는 것, 수련이나 양치류 같은 모체발아母體發芽 식물들이 그 잎사귀 표면에 작지만 완벽한 형태를 갖춘 또 하나의 개체를 만들어 내는 방법 등 식물들의 종족 번식의 방법은 이루 헤아릴 수 없이 많다.

페히너는 또 민감한 끝부분으로 식물에게 방향 감각을 부여하는 뿌리라든가, 붙잡을 것을 찾아 허공에서 완전한 원운동을 반복하는 덩굴손에 대해서도 자세히 설명했다.

페히너의 업적이 비록 당대에는 주목을 끌지 못했으나, 한 영국인은 식물이 가지고 있는 신비한 힘에는 감각이나 지성의 특성들이 있다고 인정했다. 바로 그 영국인 찰스 로버트 다윈 Charles Robert Darwin은 1859년에 세상을 깜짝 놀라게 한 《종의 기원》을 출간한 후, 그로부터 23년 동안 진화론을 더욱 깊이 연구했을 뿐만 아니라, 식물의 움직임에 대해서도 보다 깊이 파고들었다.

다윈은 《식물에 있어서의 운동력》—죽기 직전에 출간된 575페이지 분량의 책—에서, 페히너보다 좀더 과학적인 방법으로 이 문제를 다루고 있다. 즉, 하루 중 어느 일정한 때에 일정하게 움직이는 습관은 식물이나 동물에게 공통된 유전 성질이 있기 때문이라고 했다. 그리고 이 공통성 중에서 가장 특기할 만한 것은, '그러한 감각은 일부분에 국한되어 있으며, 그

부분에서 받아들여진 자극에 대한 느낌이 다른 부분으로 옮겨져 그에 의해 다른 부분도 움직이게 된다.'는 것이었다.

이것은 식물에게도 동물처럼 신경 조직이 있다고 한 페히너의 주장을 뒷받침하는 인상을 주지만, 다윈은 식물에게서 신경 조직이 있다는 증거를 찾아내지 못했기 때문에 그 이상 진전시키지는 않았다. 하지만 그로서는 식물에게 감각 능력이 있다는 생각을 지워 버릴 수가 없었다. 그는 책의 말미에서, 식물의 본뿌리 끝에 있는 어린 뿌리에 관해 언급하면서 대담한 논지를 폈다. "식물의 뿌리 끝이 하등동물에 있어서의 두뇌의 역할, 다시 말해서 몸의 맨 앞부분에 위치하여 감각 기관으로부터 인상을 받아들여 몇 가지 운동을 지휘하는 역할을 한다고 말하더라도 결코 과장된 표현이 아닐 것이다."

다윈은 이보다 앞서 1862년에 발간된《난초의 수정》이라는 책—이 책은 한 가지 종류의 식물에 관한 연구로는 가장 뛰어난 연구서 중의 하나이다—에서 대단히 전문적인 용어들을 구사하면서, 이 꽃의 수정에 벌레들이 어떻게 기여하는가를 설명하고 있다. 그는 참을성 있게 몇 시간이고 풀밭에 죽치고 앉아서 이 수정의 과정을 지켜보았던 것이다.

10여 년 동안 57종의 식물에 대해 실험한 결과, 다윈은 타화수정한 식물의 씨앗은 자화수정한 식물의 씨앗보다 그 수가 많을 뿐더러, 훨씬 크고, 무거우며, 더 건강하고, 보다 나은 수정 능력을 갖는다는 것을 발견했다. 또 그는 꽃가루의 신비에 대해서도 연구했다. 실지로 그럴 가능성은 극도로 희박하지만, 만약 움직이지 못하는 식물의 꽃가루가 아주 멀리 떨어진 곳에 있는 같은 계통의 식물에게 수정된다면, 그 교배로 생겨난 자손은 '잡종강세雜種强勢'[6]를 띠게 된다. 이에 관해 다윈은 다음과 같이 설명하고 있다. "타화수정으로 얻어지는 씨앗의 우월성은, 단순히 멀리 떨어진 두 개체의 결합이라는 희한한 미담美談에서 비롯되는 것이 아니다. 그것은 두 개체가 각기 다른 환경 속에서 몇 대를 걸쳐 살아 오는 동안 자연스럽게 변

6—유전적인 조성이 다른 계통의 품종을 교배하면 잡종의 제1대가 양친보다 우수한 성질을 갖는 것. 이를테면, 몽고말과 당나귀 사이에서 난 노새 같은 경우.

화되어 온 각자의 성적인 요소에서 기인하는 것이다."

학문적으로 정확히 밝혔음에도 불구하고, 그의 진화론과 적자생존의 법칙에는 우연 이상의 그 무엇인가가 작용하고 있음이 암시되고 있었다. 바로 이 무엇인가가 인간의 소망에 따라 주리라는 생각은 다음과 같이 놀라운 발전으로 나타났다.

1892년―다윈이 죽은 지 10년이 되는 해이자, 페히너가 죽은 지 5년이 되는 해였다―에 미국의 전역에서는 그 해에 발간된 《과일과 꽃의 새로운 창조》라는 한 원예용 안내 책자가 큰 화제를 불러일으켰다. 그것은 캘리포니아 주 산타로사에서 발행된 52페이지짜리 소책자였는데, 몇 백 종류의 식물을 소개하면서도 새로운 품종에 관한 소개는 별로 하지 않던 기존의 원예용 안내서와는 달리, 그 책에는 사람들이 그때까지 전혀 모르고 있던 식물만이 소개되어 있었다.

이 진기한 원예 목록 중에는 거대한 활엽수인 '패러독스 호두나무'라는 것이 있었는데, 그것은 펄프용 나무처럼 성장이 빨라서 몇 년 안에 집을 다 가릴 수 있을 정도로 어마어마하게 자라나는 나무였다. 그런가 하면 샤스타 산Mount Shasta'[7]이라고 이름 붙인, 엄청나게 큰 하얀 꽃잎의 대형 데이지 꽃도 있었고, 한쪽은 달고, 한쪽은 새콤한 맛이 나는 사과도 있었다. 뿐만 아니라 재배용 딸기와 산딸기의 잡종도 있었는데, 이것은 열매는 열리지 않았지만 자연도태설을 신봉하는 사람들에게는 닭과 부엉이의 잡종처럼 신기하게 보였을 것이다.

이 안내서가 9,600킬로미터 거리를 뛰어넘어 네덜란드에 소개되자, 암스테르담의 드 브리스Hugo De Vries 교수의 눈길을 끌게 되었다. 그는 근대 과학으로서의 유전학―유전학은 19세기 중엽, 오스트리아의 수도사 그레고르 요한 멘델Gregor Johann Mendel[8]에 의해 시작되었으나, 그의

7―미국 캘리포니아 주에 있는 해발 4,317미터의 산.
8―오스트리아의 목사이자 식물학자(1822~1884). 유전학의 창시자. 수도원에서 물리학을 가르치기도 했다. 완두콩을 관찰하여, 유전이 일정한 법칙에 따른다는 것을 발견하고, 이것을 《식물의 잡종에 관한 연구》라는 제목으로 발표했다. 그러나 그의 발견은 당시에 별 반향을 얻지 못했으며, 1900년에 재발견될 때까지 묻혀 있었다.

생존시에는 수도원의 서가에서 썩어야만 했었다—을 재발견하고 있던 참이었다. 나중에 다윈의 업적에 관한 연구를 하다가, 돌연변이설이라는 자신의 이론을 수립하게 되었던 드 브리스 교수는 그 안내서를 보고는 소스라치게 놀랐다. 그는 자연계에 존재하지 않았던 그 많은 신종 식물들을 이처럼 단 한 사람이 세상에 소개할 수 있었다는 사실에 경탄을 금치 못했다. 호기심을 참지 못한 그는 대서양을 가로질러 그 안내서의 발행인을 찾아갔다. 그 발행인은 뉴잉글랜드에서 캘리포니아로 이주해 온 루터 버뱅크 Luther Burbank라는 사람이었다. 식물에 대한 그의 공적은 '버뱅크 burbank'[9]라는 신조어까지 생겨나게 했을 뿐 아니라, 그에게 '원예의 마법사'라는 별명까지 얻게 해줄 정도였으나, 그의 마술적인 방법을 이해하지 못한 식물학자들은 그를 몹시 못마땅하게 여기고 있었다.

드 브리스가 산타로사에 가서 버뱅크의 정원을 살펴보았더니, 그곳에는 페르시아의 변종보다 무려 4배나 더 큰 14년생 패러독스 호두나무가 있었다. 또 9킬로그램이나 되는 열매를 떨어뜨려 지나가는 행인들을 놀라게 한 칠레 삼나무도 있었다. 그러나 드 브리스가 그 무엇보다도 놀라워했던 것은, 버뱅크의 일터인 작은 오두막 안에는 아무런 서가도, 실험실도 없다는 점이었다. 더욱 놀라웠던 것은, 버뱅크의 작업 기록이라는 것이 갈색 종이 봉투를 찢은 종이 조각이나 편지 봉투의 뒷면에 대충 적은 것이 전부라는 사실이었다.

버뱅크의 비결을 살펴볼 수 있는 잘 정리된 기록철을 기대했던 드 브리스는 당황하지 않을 수 없었다. 그리하여 그는 그날 밤 내내 버뱅크에게 질문 공세를 퍼부었다. 하지만 그가 들을 수 있었던 것은, "이 기술은 집중력과, 불필요한 것은 즉각 제거해 버릴 수 있는 태도"만 있으면 된다는 말이 고작이었다. 또 드 브리스가 연구실에 관해 묻자, 버뱅크는 "그런 것은 다

9—《웹스터 신국제용어사전 Webster's New International Dictionary》 제2판은 "Burbank: 타동사. 식물이나 동물을 (특히 선택적 육종을 통해) 개조, 개량하다. 또한 식물을 교배, 접목하다. 나아가 비유적인 의미로, 좋은 형질을 택하고 나쁜 형질을 제거하거나 아니면 좋은 형질을 덧붙임으로써 (무엇이든지, 예컨대 방법이나 제도 따위를) 개선하다."라고 기술하고 있다.(원서 주)

제 머리 속에 있습니다."라고 대답하는 것이었다.

이 네덜란드인 과학자는 다른 수백 명의 미국인 과학자들처럼 당혹하지 않을 수 없었다. 버뱅크의 방법에 대해 합리적인 설명을 할 수 없었던 미국의 과학자들은 종종 그를 엉터리 사기꾼이라고 몰아치곤 했었다. 그런 판에 버뱅크가 그들을 좋지 않게 평가하기까지 하자, 식물학자들의 분노는 이만저만이 아니었다. 1901년에 열렸던 '샌프란시스코 꽃 회의'에서 버뱅크는 다음과 같이 말했었다.

"지난날의 식물학자들의 주요 업적이란, 이미 영혼이 날아가서 말라 비틀어진 식물의 미라를 연구하고 분류하는 것이었습니다. 그리하여 그들은 자기네가 분류시킨 이 종種은, 우리가 상상해 볼 수 있는 이 세상의 그 어느 것보다도 확고부동하여 결코 변하지 않을 거라고 생각했습니다. 하지만 이제 우리는 식물들이 마치 도예공의 손에 들린 찰흙이나 화가의 화판 위에 있는 물감처럼 대단히 유연할 뿐만 아니라, 그들이 미처 상상조차 하지 못할 만큼 아름다운 형태나 색을 만들어낼 수 있다는 것을 알게 되었습니다."

이러한 지극히 간결하고 진실된 언급에 분노하는 속좁은 사람들과는 달리 드 브리스는 버뱅크가 진짜 타고난 천재라고 생각했다. 그래서 "진화론에 대한 그의 생각은 실로 존경을 금치 못할 정도였다."라고 기술했다.

버뱅크는 그에 관한 전기를 쓴 작가들도 은연중에 비치듯, 그의 생전에 뿐만 아니라, 지금까지도 수수께끼로 남아 있다. 1849년 매사추세츠 주의 한 시골 마을인 루넨버그에서 태어난 그는 학교 교육을 통해 헨리 데이비드 소로Henry David Thoreau[10]나, 알렉산더 폰 훔볼트Alexander von Humboldt[11], 루이스 아가시Louis Agassiz[12] 같은 박물학자들의 글을 읽고는 평생 지워지지 않을 만큼 강한 인상을 받았다. 그러다가 1868년에 다윈

---

10 — 미국의 사상가, 수필가, 자연 문학자(1817~1862).
11 — 독일의 지리학자, 자연과학자(1769~1859).
12 — 미국의 지질학자, 고생물학자(1807~1873).

의《사육에 의한 동물과 식물의 변종》이라는 두 권으로 된 책을 탐독한 후 깊은 감명을 받게 되었다. 자연의 조건을 변화시킴으로써 생명체의 변종을 얻어낼 수 있다는 이론에 마음이 끌렸던 것이다.

버뱅크가 아직 매사추세츠에 살고 있을 때의 일이었다. 어느 날 그는 감자밭에서 감자씨 덩어리―감자는 씨가 거의 없기 때문에 덩이줄기[13]의 싹이나 눈으로 번식시키는 채소이다―를 발견했다. 그런 감자의 씨가 일단 생겨나면 일반적인 감자처럼 덩이줄기로 자라지 않고 이상한 변종으로 자란다는 것을 알고 있었기 때문에, 버뱅크는 그 씨앗들 중 어떤 것이 새로운 기적을 일으킬지도 모른다고 생각했다. 그리하여 그 씨앗들을 심어 보았더니, 23개 중 하나에서 평균치보다 두 배나 많은 수확을 거둘 수 있었다. 이 새로운 감자들은 살이 토실토실하면서도 잘 구워진 빵처럼 부드러웠는데, 무엇보다 특이한 것은 그 색깔이 붉은 색이 아니라 크림 같은 하얀 색이라는 것이었다.

버뱅크는 이 감자의 씨를 지극히 이해타산적인 어느 씨앗 상인에게 150달러를 받고 팔았다. 그 상인은 그 감자가 이제껏 먹어 본 것 중에서 최고의 감자라며 칭찬을 아끼지 않았다. 버뱅크는 그 감자 씨앗을 팔아 '캘리포니아로 가기에 충분할 돈'―이 말은 나중에 뉴잉글랜드인 농부가 새로 구입한 수 에이커의 토지에다 무엇을 재배하면 좋겠느냐고 물었을 때 버뱅크가 해준 간결한 조언이기도 했다―이 생기자, 사흘 후 대륙 횡단 열차에 몸을 실었다. 씨앗 상인에게 팔린 그 감자는 그 후 '버뱅크'라는 이름이 붙여져, 캘리포니아 주의 샌 조아퀸 강에 있는 삼각주 마을인 스톡톤에서 대단위로 재배되었으며, 재배업자들은 사례의 표시로 버뱅크에게 순금으로 만든 그 마을의 축소 모형을 증정했다. 현재 이 감자는 미국의 감자 시장을 석권하고 있다.

산타로사에 도착한 지 얼마 안 되어, 다윈의《식물 세계에 있어서의 자화수정과 타화수정의 효과》라는 책이 출판되어 나왔다. 특히 그 책 서문의 도발적인 내용은 그에게 강렬한 인상을 주었다. "타화수정을 위해 다양하

---

[13] ― 땅속줄기의 일부가 비대 성장하여 덩어리 모양으로 된 것. 녹말 등을 저장함.

고도 효과적인 방식을 쓰는 것으로 보아, 식물들은 이로 인해 대단한 이득을 얻게 되는 듯하다."라는 말은 버뱅크에게 하나의 청사진이자 명령처럼 받아들여졌다. 다윈이 계획을 수립했다면, 버뱅크는 그것을 실행에 옮긴 셈이다.

　1882년 봄, 버뱅크가 최초로 명성을 날리게 될 기회가 찾아왔다. 그 무렵, 캘리포니아의 수백 개나 되는 과수원에서는, 양자두라고 알려진 일종의 오얏 재배 붐이 일고 있었다. 그것은 말리기가 쉬워서 운송이나 보관하기가 좋았기 때문에 대단히 수익성 높은 과실이었다. 3월 어느날, 옆 마을인 페탈루마에 사는 한 주도면밀한 은행가가 그런 행운을 놓칠세라 12월에 200에이커의 땅에 심을 2만여 본의 양자두 묘목을 배달해 달라고 버뱅크에게 주문을 해왔다. 그러면서 그 은행가는 다른 사람들에게 부탁했더니 모두들 그때까지는 불가능하다고 거절했다면서, 버뱅크에게 가능하겠느냐고 근심스럽게 물었다. 버뱅크는 그런 일이라면 2년이라는 기간만 있으면 충분히 해낼 수 있다는 것을 알고 있었다. 씨앗을 심어 기른 오얏나무를 늦은 여름에 그 끝머리를 잘라내고 거기에다 양자두나무를 접목시키면 다음 해에 양자두 열매가 열리게 되는 것이다. 하지만 그 일을 어떻게 8개월 안에 끝낸단 말인가?

　그때 오얏Prunus의 일종인 아몬드는 씨앗이 딱딱한 자두보다 훨씬 빨리 싹이 튼다는 사실이 버뱅크의 뇌리를 스쳤다. 버뱅크는 달걀 모양의 이 아몬드 열매를 한 자루 가득 사가지고 와서는, 따뜻한 물에 담가 인공적으로 빨리 싹이 트게 했다. 이것은 매사추세츠에 있을 때 옥수수를 가지고 했던 방법이었는데, 이 방법으로 버뱅크는 다른 농부들보다 1주일 가량이나 빨리 옥수수를 출하할 수 있었다. 하지만 이 조그만 싹들은 접목을 시키기엔 아직 너무 어렸다. 적어도 6월까지는 기다려야 했으나 시간이 너무 촉박했다. 은행가로부터 이미 선금을 받은 버뱅크는 근처에 사는 원예가들을 가능한 모두 불러들였다. 그리하여 그들은 밤낮을 가리지 않고 열심히 일했다. 할 수 있는 모든 방법을 동원해 일을 마친 뒤, 버뱅크는 그저 이 묘목이 여자의 키만큼 자라나 주기만을 기원하는 수밖에 없었다. 이제 배달해 주기로 약속한 날까지는 4개월밖에 남지 않았던 것이다. 버뱅크는 운이 좋았다. 그는 크리스마스 전까지 1만 9천 500본의 묘목을 성공적으로 배달해 줄 수 있었다. 그 은행가가 기뻐 어쩔 줄 몰라 했음은 물론이었다. 다른 원예가들은 이 사실에 놀라 숨이 막힐 지경이었다. 이것은 버뱅크에게 단지 6천 달러라는 수입을 안겨다주었을 뿐만 아니라, 대량 생산이야말로 일반적인 경우에는 드러나지 않는 자연의 비밀을 알아내는 하나의 열쇠가 된다는 것을 배우게 했다.

이렇게 하여 버뱅크의 과수 재배 혁명이 시작되었다. 그는 새로운 오얏과 매실을 잇달아 개발해 냈다. 파인애플 맛이 나는 '절정'이라는 품종이 있는가 하면, 배 맛이 나는 품종도 있었다. 이러한 것들은 오늘날 캘리포니아에서 대단위로 재배하는 과수 품종의 거의 절반을 차지하고 있다. 버뱅크는 계속해서, 언제까지고 인기가 떨어지지 않는 '버뱅크 줄라이 엘버터 복숭아', 단맛이 그만인 '버뱅크 붉은 금복숭아', 씨앗을 뿌린 지 여섯 달 만에 열매가 열리는 밤나무 같은 여러 신품종들을 내놓았다.

그가 새로운 과실을 개발해 내는 방법은 너무도 신속하고 뛰어나서, 정통파 식물 전문가들이 불과 십여 가지의 실험을 하는 동안 그는 수천 가지나 되는 교배를 해내고 있었다. 학자들이 버뱅크를 거짓말쟁이라느니, 그의 신품종은 외국에서 들여온 것이라느니 하면서 비난하는 것도 무리는 아니었다. 그것은 버뱅크가, 식물도 사람처럼 제 고장을 떠나면 다른 성질을 보일 거라고 믿고, 일본이나 뉴질랜드같이 먼 고장에 있는 식물들을 실험용으로 주문하여 자기가 키운 식물들과 교배시키기도 했기 때문이었다. 버뱅크는 1,000여 종의 신품종을 소개했는데, 그가 활동한 기간으로 따져 본다면 거의 3주일에 하나씩 개발해 냈다는 결론이 나온다. 이 같은 버뱅크의 업적을 두고, 시기심 많고 편협한 과학자들은 뒤에서 험담을 해댔지만, 이 기적 같은 사실을 직접 자신의 눈으로 확인한 다른 전문가들은 그의 천재성을 인정하지 않을 수가 없었다.

미국에서 식물학의 대부격이라고 인정받고 있었던 리버티 하이드 베일리Liberty Hyde Bailey 교수는 언젠가 세계 원예 회의에서 "인간은 식물의 변종을 그리 간단히 만들어낼 수 없다."라고 말한 적이 있었는데, 바로 그가 화제의 주인공인 버뱅크를 직접 만나보기 위해 찾아왔다. 산타로사에서 버뱅크를 만나 보고 떠날 때 그 교수는 사람이 완전히 변해 버린 것 같았다. 그는 그 해에 〈월즈 워크 World's Work〉라는 잡지에다 다음과 같이 기고했다.

"루더 버뱅크는 식물 재배가 본직이지만, 이 분야에서는 금세기 최고의 독보적 인물이다. 그는 놀라울 만큼 수없이 많은 신기한 식물들을 세상에 다 내놓았다. 그래서 우리는 그를 '원예의 마술사'라고 부른다. 이 별명 때문에 많은 사람들은 그의 일에 대해 편견을 가지게 되었는데, 사실 그는 마술사가 아니다. 그는 정직하고 올곧으며, 주의가 깊으면서 탐구심이 강한, 끈기 있는 사람이다. 그는 원인이 있어야 결과가 생긴다고 믿는다. 그의 마법이란 끈기 있는 탐구, 지속적인 열정, 편견 없는 마음, 그리고, 그 무엇보다도 식물의 가치나 능력을 예리하게 판단할 줄 아는 능력일 뿐이다."

이 기사는 그의 업적을 둘러싼 좋지 못한 소문에 분개하고 있던 버뱅크에게 매우 반가운 글이었다. 그는 스탠퍼드 대학의 강당을 가득 메운 청중들에게 이렇게 말했다. "정통파 학설은 딱딱하게 경직돼 버렸다. 그것은 새로운 사실을 알리려고 연신 초인종을 눌러 봤자, 들어줄 사람이 아무도 없는 집과 마찬가지다." 미국 농무부의 식물 재배 담당자인 유전학자 웨버 H. J. Webber 교수는 버뱅크가 그 혼자의 힘으로 식물 재배의 역사를 25년가량이나 앞당겨 놓았다고 말했다. 그리고 데이비드 페어차일드David Fairchild라는 사람은—상업적 가치가 높은 식물을 개발하려고 수년간 전력을 기울여 오다가 버뱅크가 등장하는 바람에 그 꿈이 좌절되고 말았던—산타로사를 방문해 보고는, 친구에게 다음과 같은 편지를 썼다. "버뱅크가 하는 짓이 과학적이지 못하다고 떠드는 사람들이 있네. 하지만 그것은 버뱅크가 너무 많은 일을 하는데다가, 새로운 것을 창조하겠다는 생각에만 열중한 나머지 자기가 한 실험 과정들을 기록하거나 그 이름을 붙이지 않는다는 점에서만 그렇다고 볼 수 있을 것이네."

대부분의 사람들은 버뱅크의 작업 과정을 지켜보는 것만으로도 완전히 압도당하는 느낌을 받았다. 세바스토폴 근처에 있는 실험 농장에는 4만여 그루의 일본산 매화나무 묘목과, 25만여 개의 구근球根이 동시에 자라나고 있다. 버뱅크는 그 수천 그루의 식물들이 자라고 있는 이랑을 따라 걸어다 닌다. 어떤 것은 이제 막 싹을 내민 것도 있고, 어떤 것은 가슴 높이까지 자란 것도 있다. 그런데 버뱅크는 그 사이를 걸어가면서 특별히 걸음을 멈추지도 않은 채 어떤 것이 제대로 자라고 있으며, 어떤 것이 그렇지 못한지 한눈에 구별해 내는 것이었다. 놀라서 눈이 휘둥그래진 한 농업 고문관은 이렇게 쓰고 있다. "글라디올러스 이랑 사이를 걷다가 그가 느닷없이 한 포기를 홱 잡아 뽑는 것이었다. 그는 이 작은 식물이 자기가 원하는 대로 제대로 자라나고 있는지의 여부를 알아보는 직관을 가진 듯했다. 나는 걸음을 멈추고 열심히 들여다보아도 도무지 그 차이를 알아보지 못하겠는데, 그는 그냥 흘깃 보는 것만으로도 그것을 구별해 내는 것이었다."

버뱅크가 얼마나 정력적으로 일하는가는, 그의 식물 소개 책자만 보아도 금방 알 수 있다. 그것은 독자로 하여금, 버뱅크가 수천 명의 일꾼들과 몇 명의 천재적인 전문가들과 함께 일하고 있는 줄로 착각하게 만들 정도이다. "100만 개의 글라디올러스 묘목 중에서 6개의 신품종이 나왔다" "몇 년간 1만 그루의 잡종 클레머티스를 재배한 결과, 마침내 6개의 우량 종자를 얻어내게 되었다" "제대로 된 하나의 백합을 얻기까지에는 1만 8천여 개의 백합을 소모시켜야 했다" 등등.

1906년 4월 18일 샌프란시스코를 강타한 지진은 산타로사도 쑥밭으로 만들어 버렸다. 마을 사람들은 놀라 허둥지둥했지만, 버뱅크는 전혀 당황하는 기색이 아니었다. 엉망이 된 마을의 중심부에서 얼마 떨어지지 않은 버뱅크의 거대한 온실은 유리창 하나 깨지지 않았던 것이다.

이 일에 대해 버뱅크는 마을 사람들만큼 의아해하지는 않았다. 그것은 비록 사람들 앞에 드러내어 말하지는 않았으나 그 나름대로 짐작되는 바가 있었기 때문이었다. 그 짐작이란, 자신과 자연이나 우주의 힘과 이어지는 교류, 그리고 식물과의 성공적인 교감이 바로 그처럼 온실을 지켜낸 게 아닌가 하는 것이었다.

1906년에 〈센츄리 매거진 *Century Magazine*〉이라는 잡지에다 발표한 그의 글을 보면, 그가 식물에다 인격을 부여하고 있는 게 아닌가 싶은 내용이 암시되어 있다.

"이 세상에서 가장 고집이 세고, 한번 길들인 버릇에서 좀처럼 벗어나려 하지 않는 것은 바로 식물일 것이다. 식물들이 그 오랜 세월 동안 자신의 개성을 그대로 유지해 왔다는 것을 한번 상기해 보라. 아마 식물이야말로 영원한 세월이 흘러도 자신의 모습을 그대로 간직할 수 있는 유일한 존재일 것이다. 만약 이제까지의 시간이 흐른 만큼 앞으로 또 흐른다 하더라도 식물들은 그 전대미문의 끈질긴 의지를 그대로 간직하고 있으리라."

로스엔젤레스에 있는 철학 연구 협회의 설립자이자 그 회장인 맨리 P. 홀Manly P. Hall—비교종교학, 신화학, 비교秘敎에도 상당한 조예가 있는—에게 버뱅크는 이렇게 말한 적이 있다. "식물을 독특하게 길러내고자 할 때면, 나는 무릎을 꿇고 그 식물에게 말을 건넵니다. 식물에겐 20가지도 넘는 지각 능력이 있는데, 인간의 그것과는 형태가 다르기 때문에 우리로서는 그들에게 그런 능력이 있는지 알지 못하는 것입니다." 버뱅크를 만나고 난 홀은, "버뱅크 자신도 식물들이 자신의 말을 이해했는지는 확실히 알지 못하는 것 같았다. 그는 단지 식물들이 어떤 종류의 텔레파시를 통해 자신이 뜻하는 바를 감지하는 게 분명하다고 확신하는 것 같았다."라고 썼다.

홀은 또 버뱅크가 유명한 요기 파라마한사 요가난다Paramahansa Yogananda[14]에게 들려주었다는, 가시 없는 선인장 개발에 관한 경험담도 공개했다. 처음 1년 동안 버뱅크는 선인장의 가시를 일일이 집게로 뽑아 내다가 마침내 가시 없는 선인장으로 자라게 할 수 있었다는 것이다. 이에 대해 버뱅크는 이렇게 말했다. "선인장에 관한 실험을 진행하면서, 나는 선인장에게 수시로 말을 걸어 사랑의 진동을 일으켜 보라고 이야기했다. '아무것도 두려워할 게 없단다. 그러니 너는 이제 가시 따위는 필요없어. 내가 너를 잘 보살펴 줄 테니까.'라고 말이다." 홀 회장은 이렇게 설명했다. "버

14—인도 태생의 유명한 요기(1893~1952). 루터 버뱅크와 각별한 우정을 나누었다. 버뱅크에게 헌정된 그의 자서전《요가난다》(정신세계사, 1984) p.168~176에는 두 사람 사이의 우정 관계가 자세히 언급되고 있다.

뱅크가 지닌 사랑의 힘은 그 무엇보다도 강하여, 그것이 보이지 않는 영양분이 되어 식물의 성장을 돕고, 많은 열매를 맺게 했던 것이다. 그는 모든 실험을 해 나가는 동안 식물들과 신뢰감을 쌓아, 식물들에게 도움을 청하기도 하면서 자신이 그들에게 깊은 애정과 존경심을 품고 있음을 알려줌으로써 그들을 안심시켰던 것이다."

맹인이자 벙어리인 헬렌 켈러Hellen Keller는 버뱅크를 방문한 뒤, 〈맹인의 전망〉이라는 잡지에 다음과 같이 썼다. "그는 좀처럼 보기 드문 자질, 즉 어린아이와도 같은 감수성을 지니고 있다. 식물이 그에게 말을 걸면, 그는 조용히 듣는다. 그래서 오직 영명한 아이만이 들을 수 있는 꽃과 나무들의 이야기를 들을 수 있게 되는 것이다." 그녀의 말은 상당히 일리가 있는 것이었다. 사실 버뱅크는 어린이들을 매우 좋아했다. 나중에 한 권의 책으로 엮어진 그의 수필집 《인간이라는 식물 기르기 Training of the Human Plant》에서, 버뱅크는 권위주의적인 부모들에게 다음과 같이 경고하고 있다. "어린이들에게는 책에 실린 지식을 강요하는 것보다 건강한 정신을 갖게 하는 것이 더 중요하다. 지식 습득을 강요하는 것은 어린이들의 자발적인 행위, 즉 노는 것을 잃게 한다. 어린이들은 고통을 통해서가 아니라, 기쁨을 통해서 배워야 한다. 어린이들이 후일 살아가는 데 있어서 진정으로 필요한 것은 놀이라든가 자연과의 유대를 통해 얻어지게 되는 것이다."

버뱅크는 다른 천재들과 마찬가지로, 자신의 성공은 어린아이와 같은 태도로 주위의 모든 것에 대해 경이로움을 느낀 데서 비롯된 것임을 깨달았다. 그는 자신에 관한 글을 쓴 한 전기 작가에게 다음과 같이 말했다. "나는 이제 77세에 가까운 나이지만, 아직도 대문을 뛰어넘고, 달리기 시합을 하고, 샹들리에를 걷어차기도 한다오. 그것은 아직도 청춘인 내 마음과 마찬가지로 육체도 늙지 않았기 때문이라오. 나는 어른이 된 적이 한번도 없고, 앞으로도 영원히 그랬으면 한다오."

이러한 그의 자질은, 그의 창조력을 의문시하는 많은 과학자들을 혼란스럽게 만들고, 또 어떻게 그처럼 많은 원예의 기적을 이뤄낼 수 있었는가 하는 설명을 기대한 사람들을 아연하게 만들었다. '새로운 꽃이나 과일을 만들어내는 방법'이라는 강연회에 모여들었던 미국 원예 협회 회원들은 버뱅크가 '모든 것'을 설명해 주리라고 기대했다가 그만 실망들을 하고 말았다. 그들은 버뱅크가 하는 말을 듣고 어이가 없다는 듯 그저 멍하니 앉아 있어야만 했다.

"자연의 보편적이고 영구적인 법칙을 연구하는 데는, 그것이 거대한 천체에 관한 것이든, 조그마한 식물에 관한 것이든, 혹은 인간 두뇌의 심리적인 운동에 관한 것이든 먼저 어떤 전제 조건이 필요하다. 다시 말해서, 우리가 자연을 해석하거나, 새로운 것을 창조하기 위해서는 먼저 그에 적합한 조건이 마련되어야 한다. 과거부터 전해 내려오는 사고방식이나 교리 및 모든 사사로운 편견이나 선입관 같은 것은 반드시 미리 제거되어야 한다. 그런 연후에 어머니인 자연이 가르쳐 주는 교훈에 하나하나 참을성 있게, 겸허하게 귀를 기울여야 한다. 이 가르침은 지난날 신비에 싸여 있던 것에 빛을 비추어, 인간들로 하여금 그것을 잘 볼 수 있게 해준다. 자연은 자신을 내세우지 않고 조용히 받아들이는 사람에게만 자신의 진리를 보여준다. 이 진리를 있는 그대로 받아들임으로써 인간은 비로소 전우주와 조화를 이루게 되는 것이다. 오늘날에 와서 인간은 과학을 위한 확고한 기반을 발견했는데, 그것은 우리가 형태에 있어서만 항상 변화할 뿐 그 본질은 영원히 변치 않는 우주의 한 부분에 지나지 않는다는 사실이다."

버뱅크가 페히너를 알았더라면, 다음과 같은 그의 말에 동감을 표했을 것이다. "만일 우리가 영혼의 눈을 열어 자연의 내면 속에 들어 있는 광휘를 보지 않는다면, 우리가 머무는 세상은 어둡고 차가운 곳이 될 것이다."

제9장
카버 : 한 송이 꽃에 깃들인 신의 세계

'부탁만 한다면 식물들은 기꺼이 자신의 비밀을 보여준다.'는 생각을 아주 당연하고도 자연스럽게 받아들인 한 천재가 있었다. 남북 전쟁 직전에 태어난 조지 워싱턴 카버 George Washington Carver라는 농화학자가 바로 그 사람인데, 그는 노예의 후손이라는 약점을 극복하고, '검은 레오나르도'라는 별명까지 얻었던 인물이다.

카버는 놀랄 만큼 창조적인 생애를 보내는 동안, 동료 과학자들에게는 무슨 연금술처럼 이해되기 어려운 그만의 독특한 방법으로 수많은 일을 해냈다. 그는 돼지의 사료로나 쓰이던 질 낮은 땅콩과 고구마를 화장품이나 차축車軸의 그리스grease, 인쇄 잉크, 커피 같은 수백 종의 제품으로 바꾸어 놓았다.

혼자 시골을 돌아다닐 수 있는 나이가 되면서부터, 어린 카버는 모든 생명체들의 신비로움에 관심을 보이기 시작했다. 미주리 주 남서부의 오자크 산록에 있는 작은 마을, 다이아몬드 그로브의 농부들은 이 연약한 소년이 농장 지대를 몇 시간씩이나 돌아다니면서 식물들을 살펴보다가, 돌아갈 때

173

는 몇 가지 식물들을 가지고 가곤 하던 일을 기억하고 있었다. 이 소년은 가지고 간 그 식물들로 병든 동물들을 신통스럽게 치료하곤 했던 것이다. 그 어린 소년은 마을에서 멀리 떨어진 저지대의 버려진 땅에 자기만의 정원을 개간하고 있었다. 또 그는 어른들이 평상을 만들고 남은 나무 조각과 버려진 물건들을 모아들여 숲속에다 비밀 온실도 만들었다. 어른들이 그렇게 멀리 떨어진 곳에서 온종일 무얼 하느냐고 물어보면, 카버는 수수께끼 같은 말로 분명하게 대답하곤 했다. "숲 속의 식물 병원에 가서 병이 든 수많은 식물들을 보살피고 있어요."라고.

얼마 안 있어, 부근의 농부 아낙네들이 병든 식물들을 가져와 카버에게 꽃을 피우게 해달라고 부탁하기 시작했다. 그러면 카버는 자기만의 방법으로 점잖게 식물을 돌봐주는 것이었다. 깡통에 담은 식물에게 자신이 특별하게 배합한 흙을 넣어 주고, 간혹 변성기 소년다운 끽끽거리는 소리로 노래를 불러주기도 했다. 또 밤이 되면 정성껏 덮어 주었다가, 낮이 되면 햇빛을 잘 쬘 수 있도록 밖에다 내놓곤 했다. 이윽고 카버가 식물을 주인에게 돌려 줄 때면, 사람들은 어떻게 이런 기적 같은 일을 해냈느냐고 묻게 마련이었다. 그러면 카버는 상냥한 태도로 이렇게 대답하는 것이었다. "모든 꽃들과 숲 속의 수많은 생물들이 제게 말을 걸어 와요. 그래서 나는 그들을 바라보면서 사랑하는 것만으로 그런 것을 배우게 돼요."

아이오와 주의 인디애놀라에 있는 심프슨 대학에 입학한 그는 학생들의 옷을 세탁해 주면서 공부를 해 나갔다. 그 후 그는 아이오와 주립 농과대학으로 전학하여 그곳에서 가장 존경하는 은사 헨리 켄트웰 월리스Henry Cantwell Wallace를 만나게 된다. 카버는 그 은사—그는 〈월리시즈 파머 *Wallace's Farmer*〉지의 편집장이기도 했다—가 "땅이 죽으면 나라도 죽는다."라고 했던 말에 깊은 감명을 받아, 그 말을 평생 마음속에 간직하게 되었다. 카버는 학교 공부의 짐에다 교회의 오르간 연주를 맡아 보면서도, 틈이 날 때마다 월리스의 여섯 살짜리 손자와 함께 어울리곤 했다. 그는 그 어린아이를 데리고 숲 속으로 들어가 함께 식물들과 대화를 나누곤 했다. 그러나 당시 그는 자기가 손을 잡고 있는 그 어린아이가 훗날 농무장관, 더 나아가 카버가 죽기 2년 전에는 미국의 부통령이 되리라는 것은 짐작도 못했으리라.

1896년에 석사학위를 취득한 카버는 그 대학의 강단에 서게 되었다. 그러나 이때 그의 탁월함을 전해 들은 공업사범대학의 이사장이자 학장인 부커 워싱턴Booker T. Washington이 카버에게 앨라배마의 투스키기로 와서 농학 부문을 맡아 달라고 부탁했다. 그러자 카버는 자가디스 찬드라 보스처럼 여건이 좋고 보수도 후한 아이오와 주립대학을 포기하고, 사람들에게 봉사할 수 있는 길을 택해 즉각 이를 수락했다.

남부로 돌아온 지 몇 주일도 채 안 되어 카버는 안타까운 사실 하나를 발견할 수 있었다. 그것은 그 지방의 수백 평방킬로미터에 달하는 토지가 무지한 농법에 의해 황폐해져 간다는 사실이었다. 그곳에서는 목화를 재배하고 있었는데, 몇 세대를 걸쳐 계속 그 단일 작물만을 재배하느라 토양에서 영양분이 고갈돼 가고 있었던 것이다. 농부들의 무지로 인한 황폐화를 중화시키기 위해, 카버는 실험 농장을 계획했다. 그리고 그곳에다 작은 연구실을 하나 짓고는 '신의 작은 작업장'이라고 이름지은 뒤, 그 안에 들어갈 때면 단 한 권의 책도 지니지 않은 채 맨몸으로 들어가 몇 시간이고 식물들과 대화를 나누곤 했다.

그는 투스키기 대학의 학생들에게 강의를 할 때, 가능한 쉬우면서도 철저하게 해주었다. 어느 날, 조지아 대학의 총장인 힐 W. B. Hill이, 이 흑인 교수가 과연 소문처럼 그렇게 뛰어난 인물인가 확인해 보려고 찾아왔다. 그는 카버가 남부 농업의 문제점을 정확히 지적해 내자, "그것은 내가 이제껏 들어본 것 중에서 최고의 강의였다."며 찬탄을 아끼지 않았다. 카버는 매일 새벽 4시에 일어나 숲으로 들어가서는, 강의를 할 때 학생들에게 실례로 보여줄 많은 식물들을 가지고 나왔다. 학생들은 그것을 보고 깊은 감명을 받았다. 카버는 친구에게 자신의 그러한 버릇에 관해 설명하면서 이렇게 말했다. "자연은 가장 훌륭한 스승이라네. 다른 사람들이 아직 잠자리에 있을 때, 나는 자연으로부터 최고의 가르침을 받는다네. 동트기 직전의 어둠 속에서 신은 내게 할 일을 가르쳐 주시지."

카버는 '늙어빠진 악마' 같은 목화 한 가지에만 홀려 있는 앨라배마를 어떻게 해야 구할 것인가를 연구하면서, 10년이 넘는 세월 동안 날마다 토양에 관한 실험을 해 나갔다. 그가 했던 무수한 실험들 중에서 한 가지를 예로 든다면, 19에이커의 땅에다 시판되는 화학 비료는 일체 주지 않고, 숲 속의 낙엽이라든가 늪지의 비옥한 흙, 마구간의 똥거름 같은 것만을 주어 보는 것도 있었다. 이 실험을 통해 그는 상당히 풍성한 수확을 거둘 수 있었다. 그 결과, 그는 이러한 결론을 얻게 되었다. "앨라배마에서는 천연비료가 무한정 널려 있는데도, 시중에서 손쉽게 사 쓸 수 있는 화학비료 때문에 그것을 쓸데없이 허비하고 있다."

카버는 땅콩이 원예학자의 입장에서 보았을 때 믿어지지 않을 만큼 자급자족형 식물이며, 척박한 땅에서도 잘 자란다는 것을 알게 되었다. 또 화학자의 입장에서는 그것이 소의 등심 고기만큼이나 단백질이 풍부하고, 감자만큼이나 탄수화물이 많다는 것을 알게 되었다. 어느 날, 밤 늦게까지 연구에 몰두하던 카버는 땅콩을 응시하면서 이렇게 물었다. "신께서는 왜 그대를 만드셨을까?" 다음 순간, 그에게 번뜩 떠오르는 대답이 있었다. "그렇지, 그대는 우선 세 가지 시험을 거쳐야 한다. 적합성, 온도, 압력이 바로 그것이다."

이 짤막한 조언을 얻은 후, 그는 연구실에 틀어박혔다. 1주일간을 거의 꼬박 새우다시피 하면서 그는 땅콩의 화학 성분을 조사하고, 또 몇 차례의 시행착오를 거듭하면서 온도와 압력 실험을 계속했다. 그리하여 그는 땅콩의 구성 물질 중 3분의 1 가량은 일곱 가지의 다양한 기름으로 이루어져 있다는 것을 발견하고는, 분석과 종합, 분해와 결합이라는 수없이 많은 실험을 거듭한 끝에 마침내 24종의 신제품을 만들어낼 수 있었다.

연구실을 나온 그는 농부들과 농업 전문가들을 모아놓고, 자신이 7일 밤낮을 걸려 만들어낸 것을 공개했다. 그리고는 사람들에게 토양을 황폐화시키는 목화 대신 땅콩을 재배하라고 권했다. 비록 지금은 돼지의 사료로나 쓰이고 있지만, 땅콩이야말로 훨씬 수익성 높은 작물이 될 거라고 장담하면서.

사람들은 긴가민가하는 기색이었다. 그런 판에 어떤 식으로 그것을 연구했느냐는 질문에 카버가 "그저 숲을 산책하다가 그에 관한 영감이 떠올랐다."고 대답하자, 의심쩍어하는 기색이 완연했다. 카버는 사람들의 그러한 의심을 누그러뜨리기 위해 작은 책자들을 펴내기 시작했다. 그 중에는 땅콩 버터에 관한 것도 있었다. 땅콩으로는 맛과 영양이 놀라우리만큼 풍부한 버터를 얼마든지 만들 수 있다는 것이었다. 즉, 약 5킬로그램의 버터를 만들자면 50킬로그램 정도의 우유가 필요하지만, 땅콩으로 만들 경우, 50킬로그램 정도의 땅콩이면 약 175킬로그램의 땅콩 버터를 만들 수 있다는 것이었다. 또 고구마에 관한 책도 있었다. 당시 고구마는 목화 재배로 황폐해진 남부의 땅에서 무성하게 번식하고 있었으나, 대부분의 미국인들에게는 이름조차 생소한 열대 식물에 지나지 않았다. 그런데 카버는 이 고구마를 가지고 많은 신제품들을 만들어낼 수 있다는 것이었다.

제1차 세계대전이 터지자, 염료의 부족이 중요한 국가적 문제로 떠오르게 되었다. 카버는 새벽 안개 숲을 돌아다니면서, 식물들에게 누가 이 문제를 해결해 줄 수 있겠느냐고 물어 보았다. 그러자, 28종류의 식물들이 각기 잎사귀, 뿌리, 줄기 혹은 열매 같은 것을 가지고 자원하고 나서는 것이었다. 이렇게 하여 카버는 양모, 비단, 린넨, 목화뿐만 아니라 가죽 제품까지도 염색할 수 있는 536가지의 염료를 만들어내게 되었다. 그 중 49가지는 포도 한 종류에서만 나온 것이었다.

카버의 이러한 노력은 마침내 전국적인 주목을 받게 되었다. 투스키기 대학에서는 두 종류의 일반 밀가루에다 고구마 가루를 섞어 쓰고 있기 때문에 매일 약 100킬로그램의 밀가루를 절약하고 있다는 소문이 알려지자, 전시의 밀 절약 운동에 참가하기 위해, 식이요법 연구가와 식량 담당 기자들이 조사차 대거 몰려들었다. 그들은 혼합분으로 만들어진 맛좋은 빵과, 땅콩이나 고구마만으로 만들어진 다섯 단계의 호화판 점심을 먹어 보게 되었다. 거기에는 카버가 두 종류의 식물을 혼합해서 만든 카버식 '유사類似 닭고기'도 있었다. 그 밖에 식탁 위에 놓인 다른 식물들이란 애기수염, 고추잎, 야생 치커리, 민들레 따위가 전부였다. 그것들은 야생 식물이 자연의 활력을 잃은 재배 야채보다 훨씬 좋다는 것을 입증하기 위해 카버가 샐러드용으로 준비한 것이었다. 카버의 공로가 전쟁으로 인한 피해의 여파를 만회하는 데 크게 도움이 되리라는 것을 깨달은 식량 전문가들은, 그 사실을 각자의 신문사에다 보고하느라 전화통이 불이 날 지경이었다. 그리하여

1년 전에 영국의 왕립 학회 회원으로 선출되어 과학자들에게 알려졌던 카버는 이제 각 신문들의 머리 기사를 장식하는 인물이 되었다.

 워싱턴으로 초청받아 간 카버는 10여 가지도 넘는 제품들을 선보여 정부 관계자들의 눈을 휘둥그렇게 만들었다. 그 중에는 직물 공업에 있어 중요한 전분도 포함되어 있었는데, 그것은 나중에 수십억 매나 되는 미국 우표의 접착제 성분으로 쓰이게 되었다.

 그 후, 카버는 땅콩 기름이 소아마비의 위축된 근육 치료에 효과가 있다는 것을 알아냈다. 그것은 실로 엄청난 성과를 가져왔다. 그리하여 카버는 한 달에 하루는, 종일토록 들것에 실리거나 목발이나 지팡이를 짚고 찾아오는 환자들을 돌보는 일로 보내야 했다. 하지만 그러한 치료법은, 같은 시기에 '최면 예언가'인 에드거 케이시가 권장했던 방법인 피마자유 찜질과 마찬가지로 의학계로부터 무시를 당했다. 이 피마자유 찜질은 오늘날에 이르러서야 몇몇 과감한 연구심을 가진 의사들에 의해, 그 놀라우면서도 완전히 이해할 수 없는 치유력이 입증되기 시작하고 있다.

 1930년에 이르자, 별 쓸모가 없다고 여겨졌던 땅콩이 카버의 예언대로 남부의 농민들에게 2억 5천만 달러라는 수입을 안겨주게 되었다. 그의 예리한 통찰력이 거대한 산업을 낳게 했던 것이다. 땅콩은 그 기름만으로도 연간 6,000만 달러의 수입원이 되었으며, 땅콩 버터는 가난한 미국 어린이들이 좋아하는 기호식품 중의 하나가 되었다. 카버는 이에 만족하지 않고, 남부의 소나무를 원료로 종이를 만들어내는 데 성공했다. 그 결과, 한때 볼품없는 나무들만 자라던 수백만 에이커의 땅이 생산성 높은 삼림으로 바뀌게 되었다.

 공황이 한창이던 때, 카버는 정부로부터 재차 초청을 받아 미국 상원의 재정위원회에서 증언을 하게 되었다. 늘 입고 다니던 낡아빠진 2달러짜리 검정 웃도리에 단추 구멍에다가는 조화를 꽂고, 집에서 만든 넥타이 차림을 한 카버는 워싱턴 역에 도착하자, 자기를 기다리고 있던 짐꾼에게 가방을 맡기면서 국회까지 안내를 좀 해달라고 부탁했다. 그러나 카버는 보기 좋게 거절을 당하고 말았다. "미안합니다, 아저씨. 도와드릴 수가 없군요. 저는 지금 앨라배마에서 오는 아주 훌륭하신 흑인 과학자 한 분을 기다리고 있는 중이거든요." 사람 좋은 카버는 그 말을 듣자, 아무 말도 않고 자신이 직접 짐을 날라 택시에다 싣고는 국회의사당으로 갔다.

원래 카버에게 할당된 시간은 10분이었다. 그러나 그가 가방에서 화장품이며 석유 대용품, 샴푸, 식초, 염료 및 실험실에서 합성한 무수한 제품들을 꺼내며 설명을 시작하자, '선인장 잭'이라고 알려진 텍사스 출신의 성미 급한 부통령 가너Garner는 즉각 계획을 번복해 버렸다. 그는 상원에서 이처럼 훌륭한 증언을 들은 적이 없다며, 카버에게 무한정의 시간을 허용했던 것이다.

반생에 걸친 연구를 통해 수많은 사람들에게 부를 누리게 해주었지만, 정작 카버 본인은 자신의 연구 결과로 특허를 내지 않았다. 기업가나 정부 관리자들 같은 실리적인 사람들이, 특허를 내면 엄청난 돈을 벌 수 있을 거라고 가르쳐 줄 때면, 카버는 이렇게 대답하는 것이었다. "신은 땅콩을 창조하실 때 우리에게 아무런 대가도 요구하지 않으셨습니다. 그런데 하물며 나 같은 사람이 땅콩으로 이익을 얻어야 할 이유가 어디에 있겠습니까?" 보스와 마찬가지로, 그는 자신의 정신에서 비롯된 산물은 그것이 아무리 값비싼 가치가 있다 할지라도, 인류에게 무료로 제공되어야 한다고 생각했던 것이다.

발명왕 토머스 에디슨은 자기의 동료들에게 "카버는 부를 누릴 만한 자격이 있는 사람이다."라고 말하면서, 그 흑인 화학자를 천문학적인 급료로 채용하겠다고 밝혔다. 그러나 카버는 이를 단호히 거절했다. 또 자동차 왕 헨리 포드도 "카버야말로 생존해 있는 최고의 과학자"라며 채용해 보고자 노력했으나, 에디슨과 마찬가지의 결과를 얻고 말았다.

다른 과학자들이나 일반 대중들에게는, 카버가 식물들과 함께 일궈 내는 마술과도 같은 성과들이, 그 설명하기 어려운 출처로 인해 버뱅크의 그것처럼 불가사의하게만 비쳐졌다. 카버는, 방문객들이 흙과 식물, 곤충 따위들이 어지럽게 뒤섞인 작업장으로 찾아와 연구의 비밀을 가르쳐 달라고 졸라 대면, 아주 단순한 대답만 하는 것이었다. 대다수의 방문객들에게는 별 의미가 없어 보이는 대답을.

어리둥절해하는 한 방문객에게 카버는 이렇게 말했다. "비밀은 식물 안에 숨겨져 있습니다. 그것을 알고자 한다면, 먼저 식물을 충분히 사랑해야 합니다." 방문객이 다시 "하지만, 당신 같은 성과를 거두는 사람은 거의 없잖습니까? 아니, 당신말고 누가 또 있습니까?"하고 물으면, 카버의 대답은 역시 간단했다. "그렇지 않아요. 그것은 누구나가 다 할 수 있는 일입니다. 단 그것을 믿는다면 말입니다." 그리고는 탁자 위의 두꺼운 성경책을 가볍게 치면서 이렇게 말을 이었다. "비밀은 전부 이 속에 들어 있습니다. 신의 약속에 말입니다. 그 약속은 유물론자들이 실체라고 굳게 믿고 있는 여기 이 탁자보다 훨씬 더 분명하고 실제적인 것입니다. 그것은 엄연한 사실이니까요."

한 유명한 공개 강연회에서, 카버는 어떻게 자신이 앨라배마의 구릉지대에서 진흙이나 다른 흙으로부터 수백 가지의 천연 색소를 추출해 낼 수 있었는지를 설명했다. 그 중에는 아주 진귀한 짙은 청색의 색소도 있었는데, 그것을 본 이집트 학자들의 놀라움은 이만저만이 아니었다. 그들은 투탕카멘의 무덤 안에서 보았던 그 색소—수천 년이 지난 후에도 처음 칠했을 때처럼 깨끗하고 선명한—를 다시금 발견하게 되었기 때문이었다.

카버는 그의 나이 80세쯤 되었을 때—노예의 자식은 기록이 없으므로, 정확한 생일을 모른다—뉴욕의 한 화학자들의 모임에서 강연을 하게 되었다. 그때는 유럽에서 제2차 세계대전이 막 일어났을 무렵이었다.

"미래의 이상적인 화학자란, 그날그날의 단조로운 분석에만 만족하는 사람이 아니다. 그에게는, 가치가 없다고 여겨져 우리의 관심 밖에 있던 물질로부터 새롭고 독창적인 것을 창조해 내겠다는 정신과, 이를 과감하게 실천할 수 있는 용기와 독창성이 있어야 한다."

카버는 죽기 얼마 전에 실험실을 찾아온 한 방문객에게, 길고 민감한 손가락을 뻗어 작업대 위에 놓인 한 작은 꽃송이를 가리켜 보이면서 이렇게 말했다. "내가 이 꽃을 만진다는 것은 곧 무한성을 만진다는 것입니다. 식물은 인간이 이 지구상에 생겨나기 훨씬 이전부터 존재해 왔었고, 또 앞으로도 계속 그럴 것입니다. 나는 꽃을 통해, 언제나 침묵하고 있지만 분명히 존재하는 무한성과 대화를 나눕니다. 그것은 지진이나 바람, 불 같은 물리적인 현상을 가리키는 것이 아닙니다. 그것은 보이지 않는 세계를 말하는 것입니다."

여기까지 말한 그는 갑자기 말을 멈추고 잠시 조용한 미소를 짓더니, 이렇게 덧붙이는 것이었다. "많은 사람들은 그것을 본능적으로 알고 있습니다. 그러나 다음과 같은 시를 쓴 테니슨Tennyson[1]만큼 그것을 잘 표현한 사람은 없을 것입니다."

갈라진 벽 틈새 작은 꽃 한 송이,
잡아 뽑아 보았네.

여기, 내 손엔 그대가 들려 있네,
뿌리와 그대의 모든 것이.

작은 꽃 한 송이,
하지만 나는 알 수가 없네.

그대는 대체 무엇인가?
뿌리와 모든 것, 그 모든 것 속의 모든 것.

정녕 그대가 무언지 알 수 있다면,
인간이 무엇인지
신이 무엇인지도 알 수 있겠네.

1—영국의 계관시인(1809~1892). 세련된 운율미, 소박한 애국심, 폭넓은 대중성을 가진 빅토리아 시대의 대표적인 시인.

제 3 부

우주의 화음에 귀기울이는 식물

제10장
클래식 음악을 즐기는 식물들

다윈이 식물을 대상으로 한 실험들 중에서 가장 유별났던 것은, 아마도 미모사 앞에서 나팔을 불었던 일일 것이다. 나팔을 불면 미모사의 잎이 움직이는가를 알아보고자 한 실험이었으나 실패로 끝나고 말았다. 비록 실패하긴 했지만, 이 실험은 《식물생리학 편람 Handbuch der Pflanzenphysiologie》이라는 고전적 저서의 저자인 독일의 유명한 식물생리학자 빌헬름 페퍼Wilhelm Pfeffer[1]를 자극시켰다. 그 또한 식물이 음향에 어떻게 반응하는가를 알아보려고 엉겅퀴과에 속하는 한 약용식물의 수술에다 음향 자극을 가해 보았으나, 역시 성공을 거두지 못했다.

1950년 어느 날, 생물학자 줄리앙 헉슬리Julian Huxley 교수—그는 생물학자인 토머스 헨리 헉슬리Thomas Henry Huxley의 손자이자, 소설가 올더스 헉슬리Aldous Huxley의 형이기도 하다—는 인도 남부의 타밀어

---

[1] — 독일의 식물학자(1845~1920). 삼투압, 자극과 반응 등에 관한 연구하여 식물생리학, 세포생리학에 많은 업적을 남겼다.

를 사용하는 도시 마드라스에 있는 아나말라이 대학의 식물학 주임교수 싱T. C. Singh 박사를 방문했다.

싱 박사는 현미경으로 검정말 *Hydrilla verticillata*—아시아 원산의 길고 투명한 잎을 가진 수중식물—의 세포 내에 있는 원형질의 움직임을 관찰하고 있었다. 다윈이나 페퍼의 실험에 대해 알고 있었던 헉슬리는, 불현듯 현미경을 통해서라면 음향이 원형질의 움직임에 미치는 영향을 관찰할 수 있을지도 모른다는 생각이 들었다.

식물의 원형질은 해가 뜨기 시작하면서 그 움직임이 활발해진다. 싱은 전기로 작동되는 소리굽쇠를 검정말로부터 1.8미터 가량 떨어진 곳에다 설치하고는 새벽 5시 30분부터 30분 동안 소리가 나게 해두었다. 그러자 원형질은 그 소리에 자극을 받은 듯 마치 한낮에 보이는 것 같은 활발한 움직임을 나타냈다.

다음으로 싱 박사는, 무용과 바이올린의 명수이기도 한 자기의 젊은 조수 스텔라 포니아Stella Ponniah 양에게 검정말 가까이에서 바이올린을 연주해 보라고 했다. 그녀가 바이올린을 연주하는 동안, 원형질은 어떤 특정한 음조에서 더욱 활발한 움직임을 보인다는 것이 관찰되었다.

인도의 남부 지방에서 불리는 '라가raga'라는 전통적인 기도의 노래는, 듣는 사람으로 하여금 깊은 종교적인 분위기와 특별한 감흥을 느끼게 하는 음조를 띤다. 그래서 싱은 이 소리를 검정말에게 들려주기로 했다.

힌두교의 전설 중에는, 훌륭한 음악가들을 배출해 온 것으로 유명한 인도 중북부의 자무나 강변의 브린다반에서 크리슈나—주신主神인 비슈누의 여덟번째 화신이자 가장 중요한 현신—가 음악으로 신록을 가꿨다는 이야기가 있다. 또 유명한 무굴 제국의 악바르 황제의 한 신하는 라가를 불러 비를 내리게 하고, 기름 등잔에 불을 밝혔으며, 식물의 생장을 고취시켜 빨리 꽃을 피우게 했다는 이야기도 기록으로 남아 있다. 뿐만 아니라, 이 매력적인 생각은 타밀어로 된 문헌에도 나타나 있다. 즉, 딱정벌레의 감미로운 날개짓 소리에 사탕수수가 왕성하게 자랐으며, 또 마음을 부드럽게 해주는 선율로 세레나데를 부르면 카시아 피스툴라 *Cassia fistula*의 황금빛 꽃에서 꿀물이 줄줄 흘러내린다는 글이 기록으로 남아 있다.

싱은 이 같은 전설을 잘 알고 있었기 때문에, 포니아더러 미모사 앞에서 '마야 말라바 가울라 라가'를 연주해 보라고 했다. 2주일 후, 싱은 몹시 흥분할 만한 결과를 얻게 되었다. 라가를 계속 들은 식물은, 기공氣孔 수가 66퍼센트나 증가하고, 표피도 한층 두꺼워졌던 것이다. 울타리 모양의 조직 세포는 전보다 훨씬 길고 넓어졌는데, 어떤 것은 거의 50퍼센트나 증가를 보였다.

이에 용기를 얻은 싱은 실험을 더욱 진척시키면서, 아나말라이 음악대학의 강사인 구리 쿠마리 Gouri Kumari에게 '카라 하라 프리야'라는 라가를 연주해 달라고 부탁했다. 비나 veena[2]라는 전통 악기의 대가인 쿠마리는 매일 25분간씩 몇 그루의 발삼나무 앞에서 음악을 연주했다. 5주가 지나자, 그 나무들은 음악을 들려주지 않은 다른 나무들보다 훨씬 빨리 자라고 있다는 것을 알 수 있었다. 12월 말이 되자, 그것들은 다른 것들보다 잎사귀의 수가 72퍼센트 가량이나 더 많았고, 키도 20퍼센트나 더 자랐다.

싱은 계속해서 과꽃, 페튜니아, 코스모스, 백합, 양파, 깨, 무, 고구마, 타피오카 같은 여러 종류의 식물에게도 같은 실험을 해보았다.

그는 각 종류의 식물들에게 몇 주일 동안 계속해서 날마다 해 뜨기 직전에 여섯 곡 이상씩의 각기 다른 라가를 들려주었다. 플루트, 바이올린, 오르간, 비나 같은 다양한 악기로 연주된 그 음악들은 초당 100사이클에서 600사이클의 진동수로 매일 30분간씩 연주되었다. 그 결과, 싱은 비하르 농업대학이 발간하는 잡지에다 다음과 같이 기고할 수 있었다. "나는, 잘 조화된 음파는 식물의 생장이나 개화 및 열매나 씨앗을 맺는 데 영향을 미친다는 것을 추호의 의심도 없게 확실히 증명해 냈다."라고.

그리하여 싱은 다시, 알맞게 조절된 음향이 농작물을 자극시켜 수확을 증진시킬 수 있는가에 관한 연구를 하기 시작했다. 1960년부터 1963년에 걸쳐 그는 이른 종, 중간 종, 느린 종 같은 여섯 종류의 벼에다, 확성 스피커를 단 축음기로 '차루케시 라가'를 틀어 주었다. 이 실험은 마드라스와 벵골 만의 폰디체리에 있는 일곱 마을의 논에서 실시되었다. 그 결과, 이들

2—인도 현악기 중의 하나. 굵고 긴 자루에 다섯 줄에서 열두 줄 가량의 현을 매었음.

논에서의 벼 수확량은 일반 논에서보다 25퍼센트에서 60퍼센트의 증가를 보였다. 또 그는 땅콩과 담배를 가지고도 같은 실험을 하여 보통의 경우보다 거의 50퍼센트나 더 많은 수확을 올릴 수 있었다. 싱은 더 나아가, 소녀들이 인도의 가장 고전적인 스타일의 무용인 '바라타 나참'—아무런 음악 반주 없이, 발목에 다는 방울조차 떼어낸 채 추는—을 추는 것만으로도, 데이지나 금잔화, 페튜니아 같은 꽃들의 개화를 다른 것들보다 2주일이나 앞당길 수 있었다고 했다. 아마 그것은 발동작의 리듬이 땅을 통해 그들에게 전달된 것이리라.

이쯤되면, 싱의 글을 읽는 독자들이 "대체 음악이 어떻게 해서 식물에게 그처럼 영향을 미친단 말인가?" 하고 의문을 갖게 마련이다. 싱은 그 의문에 대해 다음과 같이 대답했다. "음악이나 리듬감 있는 박자가 식물들의 증산蒸散이나 탄소 동화 작용 같은 기본적인 신진대사를 200퍼센트 가량 증진시킨다는 것이 실험으로 입증되었다. 이처럼 자극을 받은 식물들은 활기를 띠어 보다 많은 양의 영양분을 합성해 내게 되므로, 결과적으로 보다 많은 결실을 맺게 되는 것이다." 싱은 또 자신의 음악적 자극이라는 방법이, 어떤 수중식물에 있어서는 그 염색체의 수를, 그리고 담배에 있어서는 잎사귀의 니코틴 함량을 증가시켰다고 보고했다.

어쨌거나 고대인이든 현대인이든 음악과 소리가 식물에 중대한 영향을 미친다는 것을 알아낸 최초의 사람들은 인도인임이 분명하다. 그러나 그들만이 유일하게 그런 사실을 알아낸 것은 아니었다. 미국 위스콘신 주의 밀워키에 사는 아서 로커Arthur Locker라는 한 꽃장수도 1950년대 말에 자신의 온실에 있는 식물들에게 음악을 들려주기 시작했다. 그는 꽃을 관찰한 결과, 음악 방송을 들려주기 전과 들려준 후의 차이가 확연한 것을 알고는, 음악이 원예에 대단히 막대한 영향력을 끼친다는 것을 확신하게 되었다. "음악을 들려준 저의 화초들은 다른 것들보다 훨씬 더 곧고, 빨리 자랐을 뿐더러, 꽃도 많이 피웠습니다. 그리고 이 꽃들은 다른 꽃들보다 훨씬 아름다웠을 뿐 아니라 오래 갔습니다."

같은 시기에, 캐나다 온타리오 주의 웨인플릿에 사는 기술자이자 교양 있는 농부 유진 캔비Eugene Canby도 흥미로운 보고를 했다. 밀밭에다 바

호의 바이올린 소나타를 들려주었더니 생산량이 66퍼센트나 증가하고, 낱알들도 훨씬 크고 무거웠다는 것이다. 당시 토양의 질은 형편없이 나빴는데도 그런 결과가 나타나자, 캔비는 바흐의 천재적인 음악성이 식물에게 훌륭한 영양소가 된 모양이라고 생각했다.

1960년에 일리노이 주의 식물학자이자 농업 연구가인 조지 스미스 George Smith는 신문사의 한 농업 담당 편집자와 잡담을 나누다가, 싱의 실험에 관한 이야기를 듣게 되었다. 다음해 봄, 스미스는 반신반의하는 기분으로 옥수수와 콩을 온도, 습도, 토양의 상태가 똑같은 두 개의 온실에다 나누어 심은 뒤, 한쪽 온실에다 소형 전축으로 조지 거슈윈 George Gershwin의 '랩소디 인 블루'를 줄곧 틀어 주었다. 그 결과, 스미스는 자기가 소속되어 있는 세인트루이스의 종자 도매상인 망겔스도르프 앤드 브로스 사에다 다음과 같이 보고하게 되었다. "거슈윈의 음악을 듣고 자란 쪽이 다른 쪽보다 발아가 빨랐으며, 줄기도 훨씬 더 두껍고 푸르렀다."고.

그런 결과에도 불구하고, 스미스는 자신의 주관적인 관찰만으로 그런 사실을 인정한다는 것이 어쩐지 석연치 않은 기분이었다. 그래서 그는 각 온실에서 열 개씩의 옥수수와 콩을 가져다 약국에서 쓰는 조제용 저울로 무게를 정확히 달아 보았다. 그 결과, 놀랍게도 옥수수의 경우, 음악을 들은 쪽은 48그램이 나갔는데, 그렇지 않은 쪽은 28그램밖에 나가지 않았다. 그리고 콩의 경우엔 각기 31그램과 25그램으로 나타났다.

다음해, 스미스는 밭의 한쪽 구석에다 '엠브리오 44XE'라는 잡종 옥수수를 심고는 그날부터 수확할 때까지 계속 음악을 틀어 주었다. 그러자 음악을 제외한 모든 조건이 똑같은 다른 구역에서의 수확량이 에이커당 117부셸 bushel[3]인데 반해, 그곳에서의 수확량은 137부셸로 나타났다. 또 음악을 듣고 자라난 옥수수들은 발육이 빠르고, 그 양상도 균일했으며, 개화도 훨씬 빨랐다. 여기서 단위면적당 수확량이 많다는 것은 옥수수 한 줄기당 수확량이 많다는 것이 아니라, 면적당 자라난 옥수수의 줄기 수가 많다는 것을 의미했다. 그것이 우연히 얻게 된 결과가 아니라는 것을 확인하기 위

3—야드 파운드법의 단위로 기호는 'bu'이다. 여기서는 곡물의 무게를 표시하는 용법으로 쓰였다. 밀의 경우 1부셸은 60파운드, 즉 약 27킬로그램이다.

해 스미스는 1962년에 4개의 구역에다 다시 옥수수를 심었다. 이번에는 44XE뿐만 아니라, 또 다른 다산 품종인 디퍼튜어 종도 같이 심었다. 첫번째 구역에는 작년과 똑같은 음악을, 두번째에는 아무런 소리도 없이, 그리고 세번째와 네번째에는 귀가 찢어질 듯한 연속음— 한쪽에는 초당 1,800사이클의 높은 진동음으로, 그리고 다른 한쪽에는 450사이클의 비교적 낮은 진동음으로—을 틀어 주었다. 그 후, 수확량을 재어 보았더니 도무지 이해하기 어려운 결과가 나왔다. 디퍼튜어 종의 경우, 첫번째 구역에서는 186부셸, 두번째 구역에서는 171부셸이 수확되었다. 그리고 높은 진동음을 틀어 주었던 세번째에서는 198부셸, 낮은 진동음을 틀어 주었던 네번째에서는 200부셸로 가장 높은 수확량을 기록했던 것이다. 그러나 이상하게도 44XE는 큰 차이가 없었는데, 스미스로서는 도무지 그 까닭을 알 수가 없었다.

몇몇 이웃 사람들이 그 결과에 대해 질문해 오자, 스미스는 아마 음향 에너지가 옥수수의 분자 운동을 활발하게 움직이도록 자극한 것 같다고 대답했다. 그리고 각 구역에 설치해 두었던 온도계를 보았더니 스피커 바로 앞의 토양이 다른 곳보다 약 2도 가량 높더라고 덧붙였다. 그리고 이 온도가 높은 곳에서 자란 줄기의 잎사귀는 약간 불에 덴 듯한 흔적을 찾아볼 수 있었는데, 이것은 아마도 음향의 진동에 너무 시달렸기 때문이 아닌가 생각한다고 말했다. 스미스는 이 밖에도 이해하기 어려운 기현상들이 많았다면서, 캔자스에서 살고 있는 한 친구의 이야기를 전해 주었다. 그 친구는 고주파음을 사용하여 창고에 보관중인 곡식들이 벌레 먹는 것을 막아 왔는데, 그렇게 처리한 곡식들이 다른 것들보다 발아가 빨라지더라는 것이었다.

음파는 전자기파와는 달리, 어떤 물질의 진동이 매개물을 통해 전달되는데, 매체의 확대와 수축의 비율에 따라 각기 다른 소리로 들리게 되는 것이다. 소리는 공기나 물 및 기타의 액체, 그리고 쇠붙이뿐만 아니라 인간이나 식물 같은 것도 통과할 수 있다. 인간의 귀는 초당 16사이클에서 2만 사이클의 음파만을 들을 수 있기 때문에 우리는 이 범위 안에 드는 음파를 가청주파可聽周派라고 부른다. 이 범위의 아래쪽에 있는 음파는 우리 인간이

들을 수 없는 저음파이다. 예를 들자면 하이드롤릭 잭hydraulic jack[4]의 압력을 서서히 올릴 때 나오는 음파가 바로 이런 종류의 것인데, 이 음파의 진동 속도는 너무도 느려서, 1초당 몇 사이클인가가 아니라 1사이클당 몇 초가 걸리는가로 측정하게 된다. 그리고 가청주파의 위쪽은 초음파라고 불리우는데, 이 역시 인간의 귀로는 들을 수 없지만 다양한 방식으로 인간에게 영향을 미치는데, 그것이 어떤 것인지는 아직 완전하게 밝혀지지 않았다. 예를 든다면, 1억 사이클에서 10억 사이클의 극초음파는 인간의 피부에 '열감熱感'으로 지각되지만, 청각으로는 탐지할 수 없기 때문이다.

스미스의 실험이 북미 전역에 알려지자, 캐나다 농무부의 연구부에 있는 피터 벨튼Peter Belton이 편지를 보내 왔다. 그는 애벌레일 때 옥수수의 발육에 치명적인 영향을 미치는 옥수수나방 퇴치를 위해 초음파를 사용했다면서 다음과 같은 내용을 알려 왔다. "우리는 처음에 이 나방의 청각 능력을 시험해 보았는데, 그들은 5만 사이클까지 듣는 것이 확실했습니다. 이러한 고주파는 그들의 천적인 박쥐들이 내는 초음파와 비슷한 정도입니다. 우리는 가로 3미터 세로 6미터의 구역을 두 군데 정하여 각각 옥수수를 심고 우리가 내보낼 음파가 통과할 수 없도록 2.4미터 높이의 플라스틱 판으로 칸막이를 해 두었습니다. 그리고는 그 한쪽 구역에다 나방의 산란기 동안 매일 초저녁부터 새벽까지 박쥐의 초음파를 보냈습니다." 벨튼이 스미스에게 설명한 바에 따르면, 음파를 받은 쪽의 피해량은 5퍼센트에 불과했으나, 그렇지 않은 쪽은 50퍼센트에 달했다는 것이다. 또 꼼꼼하게 세어 본 결과, 음파를 받은 쪽은 나방의 애벌레 수도 60퍼센트나 적었을 뿐더러, 옥수수의 키도 8센티미터나 더 컸다는 것이다.

1960년대 중반, 싱과 스미스에 의한 여러 가지 연구 소식은 캐나다 오타와 대학의 두 여성 연구가들인 메리 메저스Mary Measures와 펄 와인버거Pearl Weinberger의 호기심을 자극했다. 이들 두 사람은 조지 로렌스처럼 소련이나 캐나다, 미국 등지에서 이루어진 여러 연구들에 관해 상세히 알고 있었다. 그래서 초음파가 보리, 해바라기, 가문비나무, 소나무, 시베리

4—수압을 이용하여 물건을 들어올리는 기계.

아 콩나무 따위의 씨앗이나 묘목의 발아와 생장에 분명히 영향을 끼친다는 것도 알고 있었다. 그러한 실험들은 그 까닭은 설명할 수 없지만, 식물이나 그 씨앗의 효소 활동이나 호흡 빈도가 초음파에 의해 증가된다는 것을 말해 주고 있었다. 하지만 어떤 식물의 생장을 자극시킨 특정 주파수가 다른 종류의 식물에게는 오히려 생장 장애를 일으키기도 했다. 메저스와 와인버거는 음악과 같이 효과적인 가청주파 안에 드는 것으로서, 밀의 생장을 촉진시킬 수 있는 음파는 없을까를 탐색하고 있었다.

두 생물학자는 4년이 넘게 실험에 실험을 거듭하면서, 봄밀과 겨울밀 두 종류의 알곡과 싹에다 고주파의 진동을 보내 보았다. 그 결과, 씨앗을 얼마나 오래 춘화春花 처리[5]를 했는가에도 좌우되긴 하지만, 밀이 5,000사이클의 음역에 가장 잘 반응한다는 것을 발견하게 되었다.

하지만 두 사람은, 가청주파 내의 음파가 어떻게 밀의 수확량을 이처럼 두 배로까지 끌어올릴 수 있을 정도로 생장을 고취시킬 수 있었는가 하는 점은 설명할 수가 없었다. 그들은 〈캐나다 식물학 저널〉에 발표한 글에서, 음파가 식물의 화학적 결합을 파괴시킬 만큼 강력한 힘을 가졌다고 보지는 않는다고 했다. 그러한 변화를 일으키려면 실험에 사용되었던 음파보다 10억 배나 강한 에너지를 가진 음파를 써야 하기 때문이라는 것이다. 따라서 그들은 이 음파가 식물의 세포 내에 공명共鳴 현상을 일으켜, 그것이 식물의 신진대사를 자극한 게 아닐까 싶다는 결론을 내렸다. 1968년, 〈예방 Prevention〉지 7월호에서 로데일J. I. Rodale 기자는 다음과 같이 말했다. " 와인버거는, 미래에는 음파를 발하는 진동기와 확성기가 농기구의 구실을 할 거라고 믿는 것 같다."라고.

와인버거 박사는 1973년에 이러한 음향 효과가 넓은 땅에 심은 밀에도 영향을 미칠 수 있겠느냐는 질문을 받자, 그러한 생각의 현실성 여부를 가늠하기 위한 대규모적인 실험들이 캐나다, 미국, 유럽 등지에서 현재 진행 중이라고 대답했다.

와인버거에 의해 확인되었던 것과 같은 결과는, 미국의 그린스보로에 있

5—가을에 뿌리는 농작물의 씨앗을 저장한 그대로 저온 처리하여, 봄철에 결실시키는 방법.

는 노스캐롤라이나 대학의 네 과학자들에 의해 다시금 재현되었다. 그들은 20사이클에서 2만 사이클의 음파와, 100데시벨decibel[6]—인간의 귀에는, 33미터 떨어진 곳에서 보잉 727 제트 여객기가 이륙할 때 내는 것 같은 정도의 소리로 들린다—의 소리가 순무의 발아를 촉진시킨다는 것을 발견했다. 물리학자이자 이 연구팀의 팀장이었던 게일로드 헤이지세트Gaylord T. Hageseth 교수는, 자기들의 발견이 미국 농무부의 흥미를 끌게 되어 현재 농무부에서는 고온 기후 지역에서의 씨앗 발아를 촉진시킬 수 있는가를 알아보기 위한 연구를 진행중이라고 밝혔다. 그것은 이를테면, 화씨 100도가 넘는 캘리포니아의 샌 조아킨 계곡 같은 곳에서 여름잠을 자는 상추의 씨를 음향으로 깨워 발아시키는 계획 같은 것인데, 만일 그 연구가 성공한다면 상추를 한 철에 두 번까지도 수확할 수 있을 것이다. 또 헤이지세트와 그의 동료들은, 밭에다 농작물의 씨를 뿌리기 전에 이 음향으로 잡초들을 먼저 자라게 한 뒤 밭을 갈아엎으면, 농작물을 잡초 없이 잘 자라게 할 수 있을 거라고 말했다.

하지만 그런 시골 마을에다 비행기의 굉음 같은 소리를 틀어 댈 수는 없는 노릇이었다. 그래서 이 연구팀은 메저스나 와인버거가 그랬던 것처럼, 낮은 데시벨로 동일한 효과를 얻을 수 있는 특정한 파장이나 음파의 조합을 찾으려고 했다. 1973년 벽두에 마침내 그들은 순무의 씨가 4,000사이클의 음파를 받게 되면 발아가 빨라진다는 사실을 발견하게 되었다.

1968년에 '식물에 미치는 음악의 효과'에 대한 흥미롭고도, 장차 큰 논쟁을 불러일으킬 일련의 실험들이 도로시 리털랙Dorothy Retallack 부인에 의해 시작되었다. 그녀는 1947년에서 1952년에 걸쳐 덴버 시의 비컨 슈퍼 클럽에서 공연까지 했었던 전문 오르간 연주자이자 메조 소프라노 가수였는데, 여덟 명의 자녀들을 모두 대학에 보내고 나자, 별로 할 일이 없어졌다는 것을 느끼게 되었다. 식구들 중에서 유일하게 학위를 취득하지 못했던 그녀는 템플 뷰얼 대학에 입학해 음악 학위를 따 보겠다는 결심을 밝혀, 근면한 내과의사인 그녀의 남편을 놀라게 했다. 대학에 입학하게 된

---

[6] 물리학에서 전력, 전압, 에너지, 소리 등의 양의 상대적인 크기를 나타내는 단위의 하나.

그녀는 필수 과목인 생물학의 실험을 하다가 언젠가 읽었던 글, 즉 조지 스미스가 옥수수 밭에서 디스크 자키 노릇을 했다는 기사가 어렴풋이 떠올랐다.

리털랙 부인은 동료 학생 하나와 함께 스미스의 기사를 충실히 따르며 연구를 시작했다. 그 학생의 가족들은 그들을 위해 그 집의 빈 방 하나와 실험에 쓰일 식물들을 제공해 주었다. 두 집단으로 나눈 그 식물들 중에는 필로덴드론, 옥수수, 무, 제라늄, 아프리카 제비꽃 같은 것들이 포함되어 있었다. 이 신출내기 실험자들은 한 집단의 식물들에다 전등불을 켜 주고는, 1초 간격으로 녹음해 둔 피아노의 B음과 D음을 5분간 나오게 했다가 5분간 그치도록 반복시킨 테이프를 하루에 12시간씩 계속 틀어 주었다. 1주일이 지나자, 실험을 시작했을 당시 시들어 있던 아프리카 제비꽃이 생기를 되찾고 꽃을 피우기 시작했다. 10일쯤 지나자, 음악을 틀어 준 쪽의 식물들은 모두 생기가 넘쳐 보였다. 그러나 2주일째가 다 지나갈 무렵, 제라늄의 잎이 노랗게 변하기 시작했다. 그리고 3주째의 말경, 모든 식물들이 죽어 버렸는데, 그 중 일부는 마치 폭풍에라도 휩쓸린 양 소리가 나는 반대쪽으로 쓰러진 채 죽어 버렸다. 오직 아프리카 제비꽃만이 무슨 영문인지 아무 영향도 받지 않은 양 싱싱함을 유지하고 있고 있는 것이었다. 그러나 소리를 들려 주지 않은 집단의 식물들은 평화롭게 자라나 꽃을 피우고 있었다.

그녀는 생물학 교수인 프랜시스 브로먼Francis F. Broman에게 그러한 사실을 보고하고, 이 실험을 좀더 면밀하게 계속해서 학점을 얻고 싶다고 하자, 교수는 탐탁치 않은 기색으로 이를 승낙해 주었다. "그 착상은 사실 내게 조금 마땅치 않게 여겨졌으나, 참신하다는 점 때문에 결국 승낙을 해 주었다. 비록 다른 학생들은 큰 소리로 웃어 대긴 했지만."

브로먼 교수는 리털랙 부인에게 '바이오트로닉 3호' 환경조절 장치 세 대를 사용할 수 있게 해주었다. 길이 17.7미터, 높이 7.8미터, 깊이 5.4미터의 이 장치들은 생물학과에서 최근에 새로 구입한 것으로서, 집에서 쓰는 어항과 비슷하게 생겼지만 그보다 훨씬 크고 빛과 온도, 습도 같은 것을 정확하게 조절할 수 있는 것이었다.

리털랙 부인은 식물 집단 하나에 하나씩의 장치를 할당하여, 첫번째 실험에서는 제비꽃만을 제외하고는 지난번 실험 때와 똑같은 식물들을 대상으로 삼았다. 흙도 같은 것을 사용했으며, 물도 계획에 따라 같은 양을 주었다. 그리고는 식물의 생장에 가장 적합한 소리를 찾아 F음을 들려주었다. 한 장치에는 8시간 동안 계속해서 들려 주고, 다른 장치에는 3시간 간격을 두고 단속적으로 들려주었으며, 나머지 한 장치에는 아무런 소리도 들려주지 않았다. 2주일이 채 안 되어 첫번째 장치의 식물들은 완전히 죽어 버렸지만, 두번째 장치의 것은 소리를 전혀 들려주지 않은 식물들보다 훨씬 상태가 좋았다.

리털랙 부인과 브로먼 교수는 그러한 결과에 아주 난감해졌다. 어째서 이렇게 각기 다른 반응이 일어나게 되었는지 까닭을 알 수 없었기 때문이었다. 식물들이 그 소리에 지친 것인지, 싫증을 느낀 것인지, 아니면 '미쳐 버렸는지' 도무지 확인할 길이 없었다. 이 실험의 결과는 생물학과 내의 교수와 학생들 사이에 왈가왈부하는 논쟁을 불러일으켰다. 그러한 결과는 전부 조작된 것이라며 무시해 버리는 사람이 있는가 하면, 해명할 수 없는 그 현상에 흥미를 보이는 사람도 있었던 것이다. 이번에는 두 학생이 리털랙 부인의 지도를 받아, 여름 호박을 대상으로 8주간의 실험을 해보았다. 두 개의 실험 장치 중, 하나는 덴버의 방송들 중에서 고전 음악만 틀어 주는 방송을, 다른 하나는 시끄러운 록 음악만 틀어 주는 방송을 들려 주었다. 그랬더니 호박들은 음악의 형식에 분명하게 다른 반응을 나타냈다. 하이든, 베토벤, 브람스, 슈베르트 및 18세기에서 19세기의 유럽 고전 음악을 들려 준 쪽은 라디오 쪽으로 줄기를 뻗어 나갔다. 그 중 하나는 음악을 사랑한다는 듯이 라디오를 감싸기까지 했다. 그리고 록 음악을 들려 준 다른 쪽은 라디오에서 멀리 떨어지려는 기색이 역력해 보였다. 심지어 어떤 것은 유리 상자의 매끄러운 벽을 타넘어 도망가려고까지 하는 것이었다.

동료들의 성공에 용기를 얻은 리털랙 부인은 1969년 초에 옥수수, 호박, 페튜니아, 백일초, 금잔화 등을 가지고 다시 실험을 해보았는데, 결과는 역시 성공적이었다. 록 음악을 들려 준 식물 쪽은 처음에는 이상하게 키만 자라더니, 나중에는 형편없이 작은 잎을 내거나 발육이 아예 중단돼 버렸다. 그러다가 2주일이 채 못 되어 금잔화는 시들어 죽어 버렸다. 그러나 불과

1.8미터 떨어진 곳에서 고전 음악을 듣고 자란 금잔화는 꽃을 피우는 것이 아닌가. 또 이상한 점은, 실험 첫 주간에는 록 음악 쪽의 식물들이 고전 음악 쪽의 식물들보다 훨씬 더 많은 물을 섭취했다는 점이었다. 그러나 그 물은 생장 발육을 위해 섭취된 게 아님이 분명했다. 18일째 되는 날, 뿌리를 조사해 봤더니 록 음악 쪽의 뿌리는 아주 성기게 난데다 길이도 평균 2.5센티미터에 불과했으나, 고전 음악 쪽의 뿌리는 그 네 배나 되는데다 아주 굵고, 서로 엉켜 있기까지 했던 것이다.

이렇게 되자, 이 실험은 라디오 방송의 음악을 사용했기 때문에 60사이클 정도의 교류음이나 음악 사이사이에 나오는 아나운서의 목소리 같은 변수들이 고려되지 않았기 때문에 가치가 없다는 비평들이 쏟아졌다. 리털랙 부인은 그러한 트집들을 잠재우기 위해 레코드에서 나오는 록 음악을 테이프에다 녹음했다. 여러 록 음악 중에서도 레드 제플린Led Zeppelin, 바닐라 퍼지Vanilla Fudge, 지미 헨드릭스Jimi Hendrix의 음악 같은 극단적으로 타악기를 많이 쓰는 곡들을 골랐다. 그러자 식물들은 이번에도 이 시끄러운 음악의 반대쪽으로 기울어지는 것이었다. 리털랙 부인이 화분을 180도 회전시켜 놓자, 식물은 기울이는 방향을 바꾸어 역시 록 음악을 외면하는 것이었다. 결국 대부분의 비판자들은 식물이 록 음악에 반응하는 것이 분명하다는 것을 인정해야만 했다.

록 음악의 어떤 요소가 식물을 그렇게도 괴롭히는 것일까? 리털랙 부인은 그것은 음악 속의 타악기 소리가 아닐까 하는 추측을 하고는, 그 해 가을에 새로운 실험을 시작했다. 널리 알려진 스페인 음악 '라 팔로마La Paloma'를 골라서 한쪽 식물에는 금속으로 만든 드럼만으로 연주한 것을, 그리고 다른 한쪽에는 현악기만으로 연주한 것을 들려 주었다. 그 결과, 타악기 쪽 식물들은 반대편으로 10도 가량 기울었으나, 록 음악 때와 비할 바는 못 되었다. 반면, 바이올린 쪽의 식물들은 소리가 나는 쪽으로 15도 가량 기울어 있었다. 호박을 포함한 25종류의 식물들을 대상으로 18일간에 걸쳐 같은 실험을 해보았더니, 결과는 역시 비슷하게 나타났다.

이번에는 그녀 자신이 '지적이고 수학적으로 잘 짜여진 동양과 서양의 음악'이라고 말한 음악들은 식물에게 어떤 영향을 미치는지 알아보고 싶었다. 미국 오르간 연주자 조합의 기획부장이기도 했던 그녀는 바흐의 〈오르간 소곡집〉 중에서 성가대 독주곡과, 인도의 라비 샹카르Ravi Shankar가 비나와 비슷한 고전 악기인 시타르sitar로 연주하는 전통 인도 음악을 골랐다.

식물들은 바흐를 매우 좋아한다는 징후가 나타났다. 그들은 오르간 독주곡 쪽을 향해 무려 35도나 기울었던 것이다. 매우 놀라운 기록이었으나, 이 기록은 샹카르에 의해 곧 깨지고 말았다. 이 전통 인도 음악 쪽으로 기운 식물들의 각도는 60도를 넘어 거의 수평에 가까웠던 것이다. 그 중 가까운 곳에 있던 식물은 아예 스피커를 끌어안다시피 하고 있었다.

리털랙 부인은 자신이 동서양의 고전 음악을 좋아한다고 반드시 그런 음악만 택해서는 안 될 거라는 생각을 하고는, 젊은 동료들의 조언을 받아들여, 민요와 컨트리 음악으로도 실험을 해보았다. 그러나 이번에는 별 다른 반응이 나타나지 않았다. 당황한 리털랙 부인은 "식물들은 지상의 음악을 느낄 수 있다는 말인가, 없다는 말인가?" 하고 자문자답을 했다.

재즈는 그녀를 정말 놀라게 했다. 듀크 엘링턴Duke Ellington의 '소울 콜'이나 루이 암스트롱Louis Armstrong의 음반 같은 다양한 재즈를 틀어 주자, 식물들 중 55퍼센트가 스피커 쪽을 향해 15도에서 20도나 기울었다. 또 발육 상태도 음악이 없는 쪽보다 훨씬 좋았다.

또한 이들 음악의 형식에 따라 장치 안의 증류수 증발량도 달라진다는 것을 알 수 있었다. 비커에 가득 채운 증류수가, 음악이 없는 장치 쪽에서는 14~17밀리리터, 바흐나 샹카르, 재즈 같은 것을 틀어 준 쪽에서는 20~25밀리리터, 그리고 록 음악을 틀어 준 쪽에서는 55~59밀리리터로 각기 다른 양의 증발을 보이고 있었다.

템플 뷰얼 대학의 홍보실에서는 리털랙 부인이 그 학교 최초의 할머니 졸업생임을 알고, 식물에 관한 그녀의 비범한 실험을 덴버 시의 〈포스트〉지 기자 올가 커티스Olga Curtis에게 알려 주었다. 리털랙 부인은 커티스 기자에게 새로운 실험을 보여주었다. 그것은 쇤베르크, 베베른, 베르크 같은 20세기 작곡가들의 현악 4중주곡과 록 음악을 비교하는 것이었다. 그녀는, 그 불협화음이 록 음악처럼 식물을 위축시키는가를 알아보기 위해 신

고전주의자들의 십이음+二音 음악[7]을 택한 것이다. 그러나 결과는 예상과 달랐다. 뿌리를 조사해 보았더니 록 음악을 들은 쪽은 앙상했는데 반해, 전위음악을 들은 쪽은 일반 상태의 식물과 비슷했던 것이다.

1970년 7월 21일, 〈포스트〉지의 주말 잡지인 〈엠파이어 매거진 *Empire Magazine*〉은 컬러 화보를 곁들인 '식물을 죽이는 음악'이라는 제목의 4페이지짜리 기사를 실었다. 커티스는 이 기사로 '전미 여성기자 협회'에서 주는 그 해의 최우수 취재상을 수상하게 되었다. 이 기사가 〈메트로 선데이 뉴스페이퍼〉지와의 특약으로 전국에 알려지게 되자, 그것이 계기가 되어 '바하냐, 록이냐를 식물에게 물어 보라', '어머니는 페튜니아에게 씌워 줄 귀마개를 뜨고 계신다'라든가, '10대들에게 그런 일이 일어나서는 안 된다!'라는 제목의 새로운 기사들이 미국 전국에 유행하기 시작했다. 또 한 필자는 미국 청소년들 사이에 마약 사용이 늘고 있는 것을 이 록 음악과 결부시켜, 대중적인 우익 잡지인 〈크리스천 크루세이드 위클리 *Christian Crusade Weekly*〉지에다 "성경 말씀에, 게으른 자여, 개미에게서 배우라! 라고 하셨다. 이제 마약 사용자들은 식물에게서 배워야 할 것이다."라고 경건한 투의 기사를 썼다.

쇄도하는 편지들을 읽으면서 리털랙 부인은 자신의 실험이 수많은 사람들의 관심을 끌게 되었다는 사실을 알게 되었다. 그 중에는 그녀의 발표 논문을 보내 달라는 대학 교수들도 상당히 많았다. 이러한 반응에 고무받은 그녀는 브로먼 교수와 함께 '음과 환경의 조작에 따른 식물의 생장 반응'이라는 9페이지짜리 논문을 마련하여, 그것을 미국 생물과학 협회가 발간하는 〈바이오사이언스 매거진〉에 보냈다. 그러나 그 논문은 반송되어 돌아왔다. 로버트 라이스너 Robert S. Leisner 박사의 서명으로 된 그 반송 사유서에는, "음향 효과가 식물의 생장에 영향을 준다는 '대단히 실험적인' 결론이 도출된다 하더라도, 리털랙과 브로먼의 공동 결론은 이전의 와인버거와 메저스의 공동 연구에 비교해 볼 때 결코 참신한 것이라고 볼 수는 없

7—조성적調性的 음악과 대치되는 무조성無調性 음악. 1924년 쉰베르크가 확립한 작곡 양식. 한 옥타브 내의 12반음을 개방하고, 무조無調를 기초로 하여 다시 12음의 취급 방법을 철저히 이론화한 음악.

다."라고 씌어 있었다.

그 무렵, 리털랙 부인은 CBS로부터 '저속 촬영'을 할 수 있도록, 록 음악과 샹카르 음악의 비교 실험을 재현해 달라는 요청을 받았다. 그녀는 식물들이 방송 관계자들 앞에서 제대로 반응하지 않으면 어쩌나 하는 걱정으로 거의 노이로제 환자처럼 되어 버렸다. 그러나 식물들이 자기네가 전국 각지로 방송된다는 것을 알기라도 하듯 훌륭하게 반응을 나타내 보이자, 그녀는 비로소 마음을 놓았다. 1970년 7월 16일, 유명한 앵커맨 월터 크롱카이트Walter Cronkite가 진행하는 뉴스 시간에 그 실험이 방송되자, 다시 수많은 편지들이 날아들었다. 그 중에는 자신들의 논문까지 보내며 읽어 봐 달라는 연구자들도 있었다.

리털랙 부인은 이 편지들을 통해, 세 사람의 공동 연구자들이 〈식물의 생장에 있어서의 여러 가지 소음이 미치는 영향〉이라는 논문을 미국 음향학회의 간행물에다 발표했었다는 것을 알게 되었다. 노스캐롤라이나 주립 대학의 기계 항공 기술학과의 로이스터L. H. Royster 교수, 생물공학과의 황B. H. Huang 교수, 그리고 셸비에 있는 파이버 인더스트리스라는 섬유 관계 기업체의 연구원 우들리프C. B. Woodlief가 바로 그들이었다. 그들 세 사람은 날로 증가하고 있는 소음 공해가 인간이나 동물에 미치는 영향에 대한 연구는 많이들 하고 있지만, 식물에 대한 것은 무시되고 있다는 데에 착안하여 그 연구에 착수하게 되었다. 그리하여 그들은 열두 포기의 생식력 없는 수〔雄〕 담배를 토양과 온도가 일정하게 조정되는 실험 상자에 넣어 보았다. 그들은 불규칙한 여러 가지 소음이 나는 전동 기계에서 나오는 초당 31.5사이클에서 2만 사이클에 이르는 주파수의 소음으로 그 식물을 괴롭혀 보았다. 그리하여 각 식물들의 생장률이 40퍼센트나 떨어진다는 것을 알아냈던 것이다.

또 뉴욕 주의 롱아일랜드 시에 사는 조지 밀스타인George Milstein 박사가 보낸 편지도 있었다. 그는 전직이 치과 의사였는데, 현재는 뉴욕 수목 공원의 원예 기사로 직업을 바꾼 사람이었다. 치과 의사로 있을 당시, 그는 어떤 환자로부터 꽃장수들조차 이름을 모르는 외국산 식물을 선물로 받았었다. 그것이 계기가 되어 식물의 세계에 깊이 빠져들게 된 그는 그 이국적이고도 화려한 식물, 브로멜리어드Bromeliad를 재배하기 시작했다. 그러다가 점차 종류를 넓혀 파인애플이나 스페인 이끼 같은 것도 재배하기에 이르렀던 것이다.

그는, 밀에 관한 캐나다인의 연구를 알게 된 후, 음향이 다른 식물에는 어떻게 작용하는지 살펴보기로 했다. 그래서 매우 다양한 종류의 화분에 심은 식물들과 두 종류의 바나나에다 공기를 통하게 하거나, 식물이 심어져 있는 흙이나 줄기에다 변환시킨 음파의 진동을 보내 보았다. NBC 방송국의 음향 기술자의 도움으로, 그는 3,000사이클의 지속적인 음향이 대부분의 실험 대상 식물의 생장을 촉진시킨다는 것을 발견했다. 그 중 어떤 것은 보통 상태의 것보다 6개월이나 빨리 꽃을 피우기도 했다.

핍 레코드라는 음반 회사가 그에게 식물의 생장 촉진용 음반을 제작해 보자고 제의해 왔다. 그 레코드에는 음악도 들어 있어야 한다는 조건이었다. 밀스타인은 그 제의에 따라 레코드에 수록된 음악 안에다 자극음을 삽입해 넣었다. 그리고 '가정에서 식물 잘 기르기'라는 제목이 붙은 그 레코드의 재킷에다, 식물의 생장에 필요한 최적의 빛이라든가 습도, 환기, 온도, 물, 비료, 화분에 관한 정보를 실었다. 거기에다 그는 "빛의 자극이 있어야 모든 식물의 생장과 개화가 촉진되듯이, 음향 에너지의 진동 역시 식물에게 유익한 영향을 준다고 가정하는 것이 타당하다."라고 덧붙인 후, 최상의 결과를 얻기 위해서는 레코드를 매일 틀어 주라고 권장했다.

이 레코드가 미국뿐만 아니라 다른 여러 나라들로부터도 주목을 끌게 되자, 밀스타인은 수많은 사람들로부터의 전화와 편지에 시달려야 했다. 사람들은 그에게 어떤 음악이 식물에게 가장 적합한가, 혹은 그의 연구가 리털랙 부인이나 백스터의 연구와 어떤 관계가 있는가 등을 정신없이 물어 왔다. 마침내 화가 치민 그는 이렇게 말해 버렸다. "리털랙 부인의 연구는 과학과는 전혀 상관이 없다. 왜냐하면 식물들은 음악을 들을 수 없기 때문이다. 그런데도 인간과 식물을 동일시하는 이 완벽한 속임수에 나는 소름이 끼치고, 그에 편승해서 레코드를 팔아 먹으려는 상인들의 술수에 질려 버렸다. 나는 사람들이, 내가 식물의 생장을 촉진시키는 데 음악을 사용한다며 자꾸 떠들어 대는 통에 완전히 지쳐 버렸다."

또 백스터에 대해 묻자, 그는 이렇게 대답하는 것이었다. "아무리 좋게 본다 하더라도, 백스터는 자기 기만적인 사람이라는 혐의까지 벗을 수는 없다. 식물학이나 생물학을 공부한 사람이라면, 식물이 동물이나 인간처럼 마음이나 느낌을 갖고 정신적인 위협에 겁을 먹는다는 말에 동의할 사람이 없을 것이다. 식물의 섬유 구조는 인간이나 다른 동물들의 그것과는 완전히 다르지 않은가 말이다."

대학 시절 아르바이트로 마술 공연을 하기도 했던 밀스타인은 미국 마술가 협회의 사무장으로서 '심령 현상'이라고 불리는 현상들을 무수히 조사해 봤었는데, 소위 초능력을 가졌다고 하는 사람들이 과학적인 실험 상황하에서는 한번도 그 일을 제대로 못 해내더라면서 다음과 같이 말했다. "백스터는 적어도 그런 일로 다른 사기꾼들처럼 돈을 벌거나 하지는 않았다. 그러나 나는 그의 연구 중 단 한 부분도 받아들이고 싶지 않다. 그가 발견했다고 주장하는 모든 것들은 거짓이라는 게 입증될 수 있는 것이니까 말이다."

밀스타인이 그렇게 독단적인 선언을 하자, 템플 뷰얼 대학의 여러 교수들을 위시한 많은 과학자들은 기다렸다는 듯이 그에 가세했다. 1971년 2월 21일자 〈뉴욕 타임스〉지는 리털랙 부인에 관한 특집 기사를 내보내면서, "백스터의 연구가 진지한 것일 수 있다는 발표가 제시되자 전통적 학문 연구가들은 모두 기가 죽었거나, 아예 죽어 버린 것 같다. 마치 리털랙 부인의 식물들이 록 음악을 들었을 때처럼."이라고 썼다. 그러면서 템플 뷰얼 대학의 어느 교수가 "학문 연구라는 우리들의 전문 분야가 조롱을 받아 왔던 셈이다."라고 한 말도 인용하여 보도했다. 콜로라도 주립대학의 식물생리학자인 클레온 로스Cleon Ross 박사는, 〈타임스〉지 기자가 음향 효과에 대한 식물의 반응이라는 주제로 인터뷰를 청하자 마지못해 응하더니, 식물이 인간의 생각에 반응한다는 백스터의 발견에 대해 어떻게 생각하느냐고 묻자, "그야 완전히 쓰레기지!" 하고 내뱉듯 말했다.

유타 주립대학의 식물과학과의 프랭크 샐리스베리Frank B. Salisbury 박사는 그래도 좀 나은 편이었다. 식물의 음향 효과에 대해 묻자, 그는 이렇게 대답했다. "어째서 그런 실험들이 자꾸 튀어나오는지 모르겠군요. 그런 일로 말하자면, 1950년대로 거슬러 올라가야겠지요. 1954년에 있었던 국제 식물학 회의에서, 인도 출신의 한 사람이 식물에게 바이올린을 들려주었다며 보고를 했었지요. 나는 그런 것들을 무작정 헛소리라고 말하고 싶지는 않습니다. 하지만 요 몇 년 동안 이 분야에서 그런 사이비 과학들이 꽤 많이 등장하더군요. 대부분의 그런 자료들은 사실 제대로 된 실험이 아닙니다. 제대로 된 실험을 하기 전까지는, 나는 그 어떤 것도 믿지 않을 작정입니다."

그러나 리털랙 부인은 자신의 분명한 실험 결과를 보고, 혹시 록 음악이 그것에 빠져 있는 청소년들의 발육을 저해하는 것은 아닌지 의심스러워졌다. 그러한 의구심은 〈레지스터 Resister〉라는 잡지를 읽고 나자 더욱 커졌다. 그 잡지에는 두 명의 의사가 캘리포니아 의학 협회에 보고한 내용을 싣고 있었다. 출력이 높은 하드록 음악을 연주하는 43명의 연주자 중 41명이 만성 청각 장애 증세를 보이고 있다는 것이었다.

덴버 시의 몇몇 록 음악광들도 리털랙 부인의 실험에 깊은 관심을 보이고 있었다. 장발의 한 젊은 연주자가 록 음악을 틀어 놓은 실험 상자를 물끄러미 지켜보다가 이렇게 물었다. "록 음악이 식물에게 저런 영향을 미친다면, 인간에게는, 아니 나에게는 어떤 영향을 미칠까요?" 리털랙 부인은 이 젊은 음악인에게 납득이 갈 만한 과학 자료들을 제시하기 위해 실험을 더욱 진전시켜 보고 싶었다. 그녀가 생각한 실험들 중 하나는, 음악 테이프를 거꾸로 틀어, 같은 테이프를 정상적으로 틀었을 때와 어떤 차이가 있는지를 알아보는 것도 있었다.

리털랙 부인은 자신의 실험들을 정리하여, 1973년에 《음악 소리와 식물 The Sound of Music and Plants》이라는 작은 책자로 펴냈다. 그 제목은 수년 전, 덴버 시의 하계 오페라 '사운드 오브 뮤직'을 상연할 때, 자신이 직접 노래했었던 오스카 햄머스타인 Oscar Hammerstein[8]의 시구詩句에서 영감을 받은 것이었다. "언덕들은 음악 소리에 살아 움직이네, 천 년 동안 그들이 불러온 노래에 젖어······."

8—미국의 뮤지컬 작사가이자 대본 작가(1895 ~ 1960). 퓰리처 상을 수상했다.

그녀는 자신의 실험 결과들을 철학적으로 뒷받침해 줄 자료를 찾느라 도서관을 뒤지다가 《에녹의 서》⁹ 중에, 들판의 풀포기에서 하늘의 별에 이르기까지 우주의 모든 것은 제각기 고유한 혼과 정령을 가지고 있다는 구절을 발견하게 되었다. 또한 그녀는 헤르메스 트리스메기스투스Hermes Trismegistus—그의 이름 중 트리스메기스투스는 그리스어로 '세 배로 위대한 사람'이라는 뜻으로서, 연금술Hermetic이라는 단어는 고대 이집트의 예술, 과학, 마술, 연금술, 종교 등을 창시한 전설적 인물인 그의 이름에서 유래된 것이다—가 "동물, 인간, 혹은 보다 더 고귀한 존재가 그런 것처럼 식물도 나름대로의 삶과 정신과 영혼을 갖고 있다."고 한 대목이 실린 자료도 발견할 수 있었다.

존 홉킨스 대학에서 오랫동안 재직하다 은퇴한 화학자 도널드 해치 앤드류스Donald Hatch Andrews 교수는, 원자의 중심부에는 음악적인 소리가 있다고 주장했다. 그는 자신의 저서 《생명의 교향곡》에서, 독자들에게 손톱 끝에서 떼어낸 칼슘 원자 속으로 상상의 여행을 떠나 보자고 권하고 있다. 원자 속으로 들어가면 바이올린의 최고음보다 몇 십 옥타브 높은 소리가 있는데, 이것이 원자핵의 음악이라고 한다. 만약 이 소리를 귀담아 듣게 된다면, 그것이 교회의 성가보다도 훨씬 더 복잡하며, 또한 오늘날의 현대 작곡가들이 작곡한 음악처럼 많은 불협화음도 있다는 것을 알게 될 것이라고 한다.

이러한 불협화음을 사용하는 목적은, 영국의 작곡가이자 신지학자인 시릴 메어 스콧Cyril Meir Scott에 따르면, 무기력감이나 광적인 과격함을 유발시키는 사고 양식을 뒤바꾸어 모든 나라와 국민들을 안정시키기 위한 것이라고 한다. 스콧은 이 "불협화음—이 말은 불화不和를 뜻하는 도덕적인 의미로 쓰였다—은 오직 불협화음으로만 없앨 수 있다는 것이 오컬트 음악의 진실이다. 그것은 아름다운 화음의 진동은 불협화음과는 달리 너무도 고상하기 때문에, 그보다 수준이 낮은 범주의 모든 조잡한 진동에 영향을 줄 수 없기 때문이다."라고 말한 바 있다.

9—구약시대의 외경外經 중 하나.

식물의 형태와 음악과의 관련성에 대해 흥미를 느끼는 연구가는 현재로서는 독일의 한스 카이저 Hans Kayser 외에는 없는 것 같다. 《식물의 조화 Harmonia Plantarum》 및 식물의 생장과 음정과의 관계를 수학적으로 설명한 책을 몇 가지 쓴 그는 이렇게 주장하고 있다. 만약 누군가가 저 유명한 천문학자이자 점성술가인 요하네스 케플러 Johannes Kepler[10]가 《우주의 조화》에서 태양계를 설명했던 것과 같은 방식으로, 한 옥타브 내의 모든 음정을 통찰하고, 그 음색들을 특별한 방법으로 묘사할 수 있다면, 그는 잎사귀 모양의 형태를 그려 내게 될 것이라는 것이다. 그 옥타브 내의 음정은 음악 형성의 기본이며, 사실상 모든 감각의 기본이다.

이러한 관찰은, 잎의 형태 변화에서 추론한 괴테의 '식물의 변태 개념'에 대한 심리학적 지지 기반이 될 뿐 아니라, 린네가 고안했던 분류 체계에 새로운 조명을 비춰 주는 것이기도 하다. 카이저는 다음과 같이 말하고 있다. 시계초가 꽃잎과 수술을 합하여 '5'라는 수를 이루고, 암술로 '3'이라는 수를 이루는 식의 일정한 비율을 갖고 있다는 것을 상기해 보자. 그러면 식물 안에 논리적인 추론을 할 수 있는 지성은 없다 하더라도, 식물의 형태를 담고 있는 하나의 원형이 있음을 알게 될 것이다. 이 형태를 결정하는 원형이라는 것은, 음악에 있어서의 음정과 같은 간격을 두고 꽃이 피어나는 것으로 알 수 있다. 린네의 '분류학'이 심령학으로 편입될 수 있는 것은 바로 이 때문이다. 이 유명한 스웨덴의 식물학자가 확립했던 성별 분류는 결국 식물의 '영적 신경'을 언급하는 것이기 때문이다.

인간이 제한된 오감을 가지고 의식적으로 느낄 수 있는 것은, 파동에 의해 인간에게 영향을 미치는 것들 중의 극히 일부에 지나지 않는다. 냄새가 없는 것으로 알려진 데이지꽃도 장미처럼 향긋한 냄새를 지녔다고 느끼게 될는지도 모르는 일이다. 인간에게 데이지꽃이 내뿜는 냄새의 입자를 간파할 만한 후각이 있다면 말이다. 소리의 진동이 식물이나 인간에게 영향을

10—독일의 천문학자(1571~1630). 스승인 브라헤 Brache가 남긴 화성의 정밀한 관측 기록을 기초로 화성의 운동이 태양을 초점으로 하는 타원 운동임을 확인하고, 행성의 운동에 관한 케플러의 법칙을 발견했다. 이것은 코페르니쿠스의 지동설에 확고한 기반을 제공하고, 뉴턴의 만유인력 발견에 토대가 되었다. 또한 그는 망원경 연구에도 큰 업적을 남겼다.

미친다는 것을 증명하려는 노력은, 단순히 생명과 음악과의 관계를 밝히고자 하는 것이 아니다. 그것은 서로 아무런 관계가 없어 보이는 것들이 하나의 옷감처럼 짜여져 서로 어떻게 영향을 주고받는가 하는 것을 해명하고자 하는 것이다.

제11장

전자기의 세계와 식물의 신비

식물들은 음파에 영향을 받는 것과 마찬가지로, 지구, 달, 별, 우주 및 인간이 만든 기계 장치들로부터 나오는 전자기파에도 끊임없이 영향을 받고 있다. 그러나 그 전자기파들 중 어떤 것이 이로운 것이고, 어떤 것이 해로운 것인가 하는 것을 밝혀 내는 일은 아직 연구 과제로 남아 있다.

1720년대 말의 어느 날 저녁, 프랑스의 작가이자 천문학자인 장 자크 데르투 드 매랑Jean-Jacques Dertous de Mairan은 파리에 있는 자기 집 서재에서 미모사에게 물을 주고 있었다. 때마침 해가 지기 시작하자, 미모사의 잎이 손으로 건드렸을 때처럼 오므라드는 것을 보고, 그는 의아하다는 생각이 들었다. 당대의 볼테르Voltaire[1]로부터 존경을 받고 있던 이 진지한 연구가는, 날이 어두워져서 미모사도 잠을 자려고 그러는 걸 거라고 속단하지는 않았다. 그는 다음날 해가 뜨기를 기다렸다가 미모사 화분 두 개를 캄캄한 벽장 속에다 집어넣었다. 한낮이 되어 살펴보았더니, 미모사

1─프랑스 계몽기의 대표적인 작가이자 사상가(1694~1778).

의 잎들이 활짝 펼쳐져 있었다. 그러다가 다시 해가 지자, 그 두 화분의 미모사들은 서재에 있는 다른 미모사들과 거의 동시에 잎을 접는 것이었다. 매랑은 이 식물들이 빛을 '보지' 않고도 태양을 '느낄' 수 있는 게 틀림없다고 단정짓게 되었다.

달의 자전 운동과, 북극광의 물리적 특성, 그리고 인이 빛을 발하는 이유 및 숫자 9의 특성[2] 등 다방면에 걸친 과학 연구를 해온 매랑이었지만, 어째서 이번 일과 같은 현상이 일어나는지는 도무지 알 수가 없었다. 그는 프랑스 아카데미에 보내는 보고서에다 다음과 같은 조심스런 견해를 제시했다. 식물들은 아마도 우주의 알려지지 않은 어떤 요인의 영향을 받는 것 같은데, 그것은 병원의 입원 환자들이 어느 일정한 시간에 급격히 병세가 악화되는 것으로 보아 그들 또한 그 힘에 영향을 받는 게 아닌가 싶다는 것이었다.

그로부터 2세기 반이라는 세월이 흐른 후, 플로리다의 사라소타에서 '환경위생과 채광採光 조사연구소'를 운영하고 있는 존 오트John Ott 박사는, 매랑의 연구를 접하고는 깜짝 놀랐다. 그래서 오트 박사는 이 '알려지지 않은 에너지'가 굉장한 두께의 지각地殼도 뚫을 수 있는지 살펴보고 싶었다. 지각은 '우주 방사선'이라고 불리우는 것을 막을 수 있는 유일한 방패라고 알려져 왔기 때문이었다.

존 오트는 미모사 화분 여섯 개를, 정오에 광산의 수직 갱을 통해 지하 1,950미터 아래로 내려 보냈다. 그러자 미모사들은 해가 지는 것을 기다릴 것도 없다는 듯이 즉시 잎을 오므리는 것이었다. 주변에다 전등을 환하게 밝혀 보았으나 아무런 소용이 없었다. 매랑의 시대에는 거의 알려지지 않았었던 전자기電磁氣를 이 현상과 결부시켜 생각해 본 것말고는, 오트 역시 어째서 그런 현상이 일어나는지 18세기의 프랑스 선배보다 더 잘 알아낼 수가 없었다.

2—오컬트occult의 뉴머롤로지numerology, 또는 레크레이션 수학recreation mathmatics 에 등장하는 특수한 수리數理의 일종이다. 뉴머롤로지에서는 독특한 산법算法을 통해 도출된 숫자의 영적 의미를 밝히는 데 쓰인다. 레크레이션 수학에서는 말 그대로 오락적인 숫자놀이. 0부터 9까지 모두 쓰이는 데, 매랑은 그 중에서도 9에 대하여 연구했다는 것이다.

고대 그리스인들이 엘렉트론electron이라고 불렀던 호박琥珀을 세게 문지르면 깃털이나 지푸라기를 끌어당기는 성질을 갖게 된다는 것을 알아낸 후로, 매랑 시대의 사람들은 전기에 관해 그 이상 아는 것이 없었다. 아리스토텔레스 시대 이전에, 사람들은 검은 산화 제1철인 천연 자석이 역시 이유는 알 수 없지만 쇠붙이에 달라붙는다는 사실을 알고 있었다. 이것은 소아시아의 마그네시아Magnesia 지방에서 많이 발견되었으므로 마그네스리토스Magneslithos, 혹은 마그네시아의 돌Magnesian stone이라고 불렀다. 이 말이 라틴어에서 마그네스Magnes로 줄고, 다시 영어로 마그네트Magnet가 되었던 것이다.

전기와 자기를 처음으로 연관지어 생각한 사람은, 16세기의 석학 윌리엄 길버트William Gilbert[3]였다. 그는 뛰어난 의술과 박식함을 인정받아 엘리자베스 1세의 어의御醫로 임명된 사람이었다. 길버트는 지구 자체가 하나의 거대한 둥근 자석이라고 설명하면서, 천연의 자석들에는 '영혼'이 있다고 말했다. 왜냐하면 그것들은 '살아 있는 모체인 지구의 일부이자, 선택된 그 자식들'이기 때문이라는 것이었다. 길버트는 또 호박뿐만 아니라 다른 물질들도 마찰을 가하면 다른 가벼운 물질을 끌어당기게 된다는 것을 발견했다. 그는 그러한 현상을 일으키는 물질들을 '전기electrics'라 이름 붙이고, 통틀어 '전기력electric force'이라고 불렀다.

수세기 동안, 호박이나 천연 자석의 끌어당기는 힘은 '에테르ether 같은 유체流體를 통해'—그 유체가 무엇인지는 잘 알 수 없었지만—이루어진다고 여겨져 왔었다. 매랑의 실험이 있고 나서 약 반세기가 지난 후, 산소의 발견자로 잘 알려진 조셉 프리스틀리Joseph Priestly[4]가 일반 교과서에다 전기에 관해 다음과 같이 썼다.

"지구를 위시하여 우리가 알고 있는 모든 물체들은 단 하나의 예외도 없

3—영국의 물리학자, 의사(1540~1603). 자기 및 지구자기에 관한 이론을 경험적이고 귀납적인 방법으로 전개했으며, 전기 현상에 대한 이론을 기술했다.
4—영국의 신학자, 화학자(1733~1804). 산화질소, 암모니아, 염소 가스, 일산화탄소 등을 발견했다. 특히 산소의 발견은 화학의 역사상 신기원을 이룩했다. 그는 어학, 종교, 법률, 철학 등 다방면에 걸쳐 재능을 발휘했다.

이 대단히 신축적이면서 포착하기 어려운 유동체를 어느 정도씩 갖고 있는 것으로 생각된다. 철학자[5]들은 이것을 '전기'라고 부르는 데 동의했다. 어떤 물체가 지닌 전기의 양이 본래 지니고 있던 것보다 많아지거나 적어지게 되는 순간, 매우 두드러진 현상이 발생한다. 이때의 물체는 전기를 띤다고 말하며, 전기의 힘에 의해 발생되는 것으로 보이는 어떤 현상을 나타내게 된다."

자기磁氣에 관한 올바른 지식은 20세기에 접어들 때까지도 별로 진전되지 않은 상태였다. 제1차 세계대전이 일어나기 바로 직전에 톰슨 Silvanus Thompson 교수는 로버트 보일 Robert Boyle 강좌[6]에서 다음과 같이 말했다. "수세기 동안 인류로 하여금 경이감을 불러일으켜 온 자기의 신비로운 특성은 아직도 신비인 채로 남아 있다. 그 신비라는 의미는 실험을 통해 밝혀 내야 할 특성들이 있다는 것뿐만 아니라, 그것의 궁극적인 원인도 여전히 설명할 수 없는 채로 남아 있다는 것이다. 제2차 세계대전 직후, 시카고의 과학산업 박물관에서 펴낸 책에는 다음과 같은 내용이 쓰여 있다. 즉, 인간은 어째서 지구가 하나의 자석인지, 어째서 자석은 떨어져 있는 다른 자성 물질을 끌어당길 수 있는지, 어째서 전기가 흐르면 그 주위에 자기장이 형성되는지, 그리고 물질을 구성하고 있는 원자가 자신은 그토록 작으면서도 그 에너지는 어째서 그처럼 엄청난 공간을 점할 수 있는지 아직 알지 못한다는 것이다.

길버트의 유명한 역작인 《자석 De Magnete》이 발표되고 350년이라는 시간이 흐르는 동안, 지구자기地球磁氣의 기원에 대해 설명하려는 수많은 이론들이 발표되었으나, 모두가 미진한 상태였다.

현대 물리학에서는, 이 '에테르성 유체'의 개념을 '전자기 방사 electro-magnetic radiations'라고 불리우는 파동 방사선의 스펙트럼으로 대체했다. 이 스펙트럼의 범위는 한 파장이 수백만 킬로미터에 이르고, 그 주기는 수십만 년이 걸리는 어마어마한 거대 파동으로부터, 진동수가 1초에 10^{21}

5—여기서의 철학자란 자연과학자를 말한다.
6—서구에서는 특정 분야에 공헌이 많은 사람의 이름을 딴 강좌가 자주 개설된다.

회에 이르고 그 파장은 1센티미터의 10억분의 1에 불과한 극초단 파동까지 망라되는 것이었다. 거대 파동은 지구 자장의 반전反轉 현상 같은 것에서, 극초단 파동은, 원자―예를 들자면, 헬륨이나 수소 같은 것의―가 충돌했을 때 굉장히 빠른 속도로 움직이면서 '우주선宇宙線'이라고 불리는, 방사 에너지로 변화되는 현상 같은 것에서 찾아볼 수 있다. 이 두 가지 파동 사이에는 무수히 많은 종류의 에너지파들이 있다. 원자핵에서 나오는 감마선, 전자각電子殼에서 나오는 X선, 그리고 빛이라 불리는, 눈으로 볼 수 있는 한 무리의 주파수, 또 라디오나 텔레비전, 레이더 및 우주 탐사에서 가정의 주방에 이르기까지 그 응용 범위가 점차 확대되고 있는 주파수에 이르기까지 매우 많은 것들이 그 중간 지대에 놓여 있다.

물질을 매개로 할 뿐만 아니라 아무것도 없는 진공의 상태도 통과할 수 있다는 점에서 전자기파는 음파와 다르다. 과거에는 이 우주 공간을 가상의 매질媒質인 '에테르'로 채워져 있다고 보았으나, 오늘날에는 거의 완전한 진공 상태로 보고 있다. 어쨌든 전자기파는 이 광활한 우주 공간을 1초에 1억 8천 600만 마일의 속도로 달려간다. 그러나 전자기파가 어떻게 퍼져 가는지를 정확히 설명해 줄 사람은 아직 아무도 없다. 한 저명한 물리학자가 "정말이지 우리는 그 빌어먹을 것의 메커니즘을 모르겠단 말입니다." 라고 토로했듯이 말이다.

1747년, 프랑스의 대수도원장이면서 황태자의 물리학 교사인 장 앙투안 놀레Jean Antoine Nollet는, 비텐베르크의 한 독일인 물리학자의 실험에 관한 이야기를 듣게 되었다. 모세관에 들어 있는 물이 일반적인 경우엔 방울방울 떨어지지만, 그 모세관에 전기를 가하면 줄기로 쏟아진다는 것이었다. 그는 자신이 직접 이 실험을 재현해 보고, 또 나름대로의 독창적인 실험도 해보았다. 그리하여 그는 "유기체에 특정한 방법으로 전기를 가하면, 그것은 마치 자연이 만들어낸 유압기계인 양, 어느 정도 분명한 반응을 보이게 된다."는 것을 알게 되었다. 놀레는 금속 화분에다 몇 가지 식물들을 심은 뒤 도선導線을 통해 전기를 보내 본 결과, 증산 작용이 증가하는 흥미로운 현상을 발견하게 되었다. 많은 실험을 거듭한 끝에, 놀레는 수선화뿐만 아니라 참새나 비둘기, 고양이 등도 전기를 가하면 체중이 급속히 감소한다는 것을 알게 되었다.

 전기가 식물의 씨앗에는 어떤 영향을 미치는가를 알아보기 위해, 놀레는 수십 개의 겨자 씨를 두 개의 양철 상자에다 나눠 심었다. 그리고는 한쪽에다 매일 오전 7시부터 10시까지, 오후 3시부터 8시까지 두 차례씩 1주일 동안 전기를 통하게 했다. 그랬더니 전기를 받은 쪽의 씨앗들은 모두 평균 길이가 약 3.5센티미터 되게 싹이 텄다. 그러나 전기를 주지 않은 쪽은 세 개만이 싹이 텄고, 그 평균 길이도 0.7센티미터에 불과했다. 놀레는 비록 그 이유는 알 수 없지만, 전기가 생명체의 발육과 깊은 관련이 있는 것 같다는 내용의 긴 보고서를 프랑스 아카데미에 제출했다.

 놀레가 그러한 결론을 명확히 서술하고 몇 년도 채 지나지 않아, 벤저민 프랭클린Benjamin Franklin이 폭풍우가 몰아치는 필라델피아의 어느 교외에서 연을 날려 번개의 전기를 모을 수 있었다고 발표하여, 유럽을 온통 뒤흔들어 놓았다. 프랭클린은 하늘에 있는 연의 금속 부분을 때린 전기가 젖은 연줄을 통해 지상의 라이든 병Leyden Bottle 속으로 들어가게 했다. 이 병은—1746년에 라이든 대학에서 개발한 것으로서—병 속의 물에다 전기를 저장하는 장치인데, 가득 충전된 뒤에는 한 순간의 불꽃 방전으로 전기를 다 날려 버리게 된다. 프랭클린 이전에는 정전기 발생 장치로 얻어진 정전기만이 이 장치에 저장될 수 있었다.

 프랭클린이 구름에서 전기를 모을 수 있게 되자, 프랑스의 뛰어난 천문학자 피에르 샤를르 르모니에Pierre Charles Lemonnier—21세에 프랑스 아카데미의 회원이 된 후, 뒷날 황도黃道가 기울어졌다는 것을 발견했다—는 지구의 대기권에는 항상 전기 활동이 존재한다는 생각을 하게 되었다. 그러나 이 전기가 식물과 어떤 관계가 있는지는 여전히 베일에 가려져 있었다.

 대기 중의 전기를 식물의 결실과 관련지어 보려는 다음 번 노력은 이탈리아에서 시도되었다. 1770년, 가르디니Gardini 교수는 토리노의 수도원 안에 있는 정원 위로 몇 가닥의 전선들을 설치해 보았다. 그러자 곧 많은 식물들이 시들거나 죽어 버렸다. 수도승들이 전선을 걷어 버리자, 정원은 다시 생기를 되찾았다. 가르디니는 식물들이 그러한 현상을 보인 것은, 그들의 성장에 필요한 자연의 전기가 그 전선에 의해 가로막혀 버렸거나, 아니면 전기를 너무 많이 받았기 때문일 거라고 추측했다. 그러다가 그는 프랑스에서 조제프 미셸 몽골피에Joseph Michel Montgolfier, 자크 에티엔 몽골피에Jacques Etienne Montgolfier 형제가 더운 공기를 이용한 기구를 타고 하늘로 올라가 25분 동안 10킬로미터를 날았다는 소식을 듣게 되었다. 그래서 그 기구를 이용한다면, 전선을 높은 곳까지 끌고 올라가 들판과 정원에다 전기를 보낼 수 있겠다는 생각을 하게 되었다.

하지만 프랑스와 이탈리아에서 진행된 이러한 실험들은 당시의 과학자들을 별로 자극시키지 못했다. 그들은 생물보다는 무생물에 미치는 전기의 영향에 더 관심을 쏟고 있었던 것이다.

또 한 명의 성직자 베르틀롱Abbé Berthlon 신부가 1783년에 《식물에 미치는 전기 효과에 관하여 De l'Electricité des Végétaux》라는 논고를 발표했을 때도 냉담한 반응은 마찬가지였다. 프랑스와 스페인의 여러 대학들에서 실험물리학을 가르치던 베르틀롱은 그 논문에서, 전기로 생물체 안의 유동체의 점성粘性, 즉 유동 저항을 변화시키면 그 생물의 성장 기능을 변화시킬 수 있다는 놀레의 생각에 절대 지지를 표했다. 그러면서 그는 한 예로, 이탈리아의 물리학자 주세페 토알도Giuseppe Toaldo의 논문을 인용했다. 그 논문은, 한 줄로 심은 재스민들 중에서 다른 것들은 모두 1.2미터밖에 자라지 않았는데, 피뢰침 옆에 있던 두 그루는 10미터나 자랐었음을 보고하고 있었다.

마법사 같은 사람으로 여겨지던 베르틀롱은, 한 정원사에게 절연물질로 만든 판 위에 올라서서, 전기가 통하게 장치한 살수통으로 야채의 씨에다 물을 뿌리게 했다. 그 결과 그 야채들은 어마어마한 크기로 자라나게 되었다. 그는 또 '전기 식물생장 촉진기'라는 장치를 고안했다. 그것은 대기 중의 전기를 안테나로 모아들인 후, 이를 다시 밭에서 자라고 있는 식물들을 통해 내보내는 장치였다. 그는 자신이 만든 장치에 관해 설명하면서 다음과 같이 말했다. "이 장치는 어떤 기후, 어떤 장소를 막론하고 모든 종류의 식물 재배에 이용될 수 있습니다. 이 장치의 유용성과 효능은 결코 무시되거나 의심받을 수 없습니다. 그것을 의심하는 부류의 사람들은 새로운 발견들에 자극을 받지 못하는 소심한 사람들로서, 결코 과학의 장애물들을 물리치지 못한 채, 겁 많고 무기력한 좁은 울타리에 갇혀 영원히 헤어나지 못할 것입니다. 그들은 이 무기력함을 '신중함'이란 이름으로 숨기고 있는 것입니다." 그러면서 이 수도원장은, 언젠가 식물들에게 가장 좋은 비료는 '하늘로부터 자유롭게' 전기라는 형태로 주어지는 것임이 밝혀지게 될 거라는 대담한 생각을 피력했다.

전기가 생물체와 연관이 있을 뿐만 아니라, 사실상 그것에 활력을 불어넣어 주는 것이라고 본 생각은, 1780년 11월을 맞아 급진전을 보게 되었다. 볼로냐의 과학자 갈바니의 아내가, 절단된 개구리의 다리가 정전기를 일으키는 데 사용되는 기계에 닿자 발작적인 경련을 일으키는 현상을 우연히 보게 되었다. 갈바니는 깜짝 놀라면서 전기란 생명의 표현이 아닌가 하는 생각을 하게 되었다. 그리하여 갈바니는 크리스마스 날, 자신의 연구 노트에다 "전기의 흐름은 신경과 근육의 조직을 흥분시키는 것임이 분명하다."라고 쓰게 되었다.

갈바니는 그로부터 6년이 걸려 '동물전기 animal electricity'라는 개념을 도출해 낼 때까지, 근육 운동에 미치는 전기의 영향에 관한 연구를 하게 되었다. 어느 비바람이 몰아치던 날, 그는 개구리 다리가 날아가지 않도록 붙들어 맨 구리철사가 바람에 날려 창 밖의 철제 레일에 가까워질 때마다 개구리 다리가 경련을 일으키는 것을 발견했다. 구리 철사와 철제 레일, 그리고 개구리 다리라는 3자 사이에서 일어난 전기는 개구리 다리나 금속들에서 비롯되는 것임이 분명했다. 그러나 갈바니는 전기를, 죽은 힘이 아니라 살아 있는 힘이라고 믿고 있었기 때문에, 전기가 동물의 조직과 관련이 있다고 결정을 내렸다. 그리고 개구리 다리가 그러한 경련을 일으켰던 것은, 생명력이 있는 유동체, 즉 개구리의 신체 내에 있는 에너지에서 기인한다고 단정짓고, 그 에너지를 '동물전기'라고 이름붙였다.

갈바니와 같은 나라 사람인 파비아 대학의 물리학자 알레산드로 볼타 Alessandro Volta[7]는 처음에는 그의 발견을 긍정적으로 봐 주었다. 그러나

7—이탈리아의 물리학자(1745~1827). 볼타 전지를 발명하여 처음으로 정상적인 전류를 얻었고, 검전기의 발명 등 전기학의 창설에 많은 공헌을 했음.

그는 자신이 직접 그 실험을 해보고는, 생물체 없이 서로 다른 두 가지 금속만으로도 전기가 발생한다는 것을 발견하게 되었다. 그래서 그는 수도원장 토마셀리Tommaselli에게 다음과 같은 내용의 편지를 썼다. "전기는 개구리 다리에서 발생한 것이 아니라, 단지 성질이 다른 두 금속들 사이에서 발생한 것이 분명합니다." 금속의 전기적 특성에 대해 집중적으로 연구를 하는 동안 볼타는 어느덧 운명의 1800년을 맞게 되었다. 그 해에 볼타는, 아연판과 구리판 사이에다 젖은 종이를 넣고 쌓은 기본적인 형태의 전지를 발명했던 것이다. 그것은 속에 들어 있는 전기를 라이든 병처럼 단 한번만에 다 방출하는 것이 아니라, 마음만 내키면 언제든지 수천 번이라도 방출시킬 수 있는 것이었다. 그리하여 수많은 과학자들은 처음으로, 정전기나 번개 같은 자연의 전기에만 의존하던 것으로부터 해방될 수 있었다. 이 최초의 원시적인 전지가 발명됨에 따라 인공적으로 동전기動電氣[8]를 유도해 낼 수 있게 되자, 생체 조직 속의 특별한 생명력이 전기를 발생시킨다는 갈바니의 생각은 완전히 지워지게 되었다.

처음에는 갈바니의 발견을 받아들였던 볼타는 훗날 이렇게 썼다. "동물의 기관에서 그 기관 자신의 전기적 활동성을 배제하고, 그리고 갈바니의 멋진 실험이 시사하는 것과 같은 흥미로운 착상을 버린다면, 동물의 기관은 단지 놀라울 정도로 감도가 높은 새로운 종류의 전위계電位計[9] 구실을 한다고 볼 수 있다." 갈바니가 임종 직전에, "언젠가는 생리학적 견지의 모든 필요성에 의해 자신의 실험들이 분석되어질 것이며, 생명력의 본질이라든가, 그 생명력이 성별, 나이, 성품, 질병, 심지어 대기를 구성하고 있는 여러 요소의 변화에 따라 각기 달리 지속되는 것에 대한 지식이 밝혀지게 될 것"이라고 예언적인 단언을 했음에도 불구하고, 과학자들은 그의 이론들을 무시해 버렸다. 아니, 사실상 부정해 버렸다.

갈바니의 발견이 세상에 알려지기 몇 해 전, 헝가리 예수회의 수도사인 막시밀리안 헬은 천연 자석의 '혼 같은 것'이 쇠붙이에 옮겨진다는 길버트

8— 유동하고 있는 전기. 반드시 자기 작용을 동반함.
9— 충전된 물체 사이의 정전기력에 의해 전위, 또는 두 점 사이의 전위차를 재는 계기.

의 생각에 기초하여, 자신의 고질병인 류머티즘을 치료하고자 자화磁化된 강철 조각들로 기묘한 발명품을 만들어냈다. 그의 친구였던 빈의 외과 의사 프란츠 안톤 메스머 역시 파라켈수스의 책을 읽고 자기에 흥미를 갖고 있던 터에, 자석으로 여러 가지 질병을 치료하는 헬의 방법에 자극을 받아 자신도 직접 긴 일련의 실험에 뛰어들었다. 그러는 동안 그는 살아 있는 물질은 '지구나 천체의 자력'을 대단히 민감하게 받아들이는 성질을 지녔다고 확신하게 되었다. 그래서 그는 이를 1779년에 '동물자기animal magnetism'라 이름붙이고는, 이를 주제로 〈인체에 미치는 행성의 영향〉이라는 제목의 박사 논문을 쓰는 데 전력했다. 그러다가 스위스의 한 성직자인 가스너J. J. Gassner가 손으로 건드리는 것만으로도 환자를 치료한다는 소문을 듣고, 그 방법을 원용하는 데 성공하고는 자기 자신을 포함한 어떤 사람들은 다른 사람에게 줄 수 있을 정도로 강한 '자기'를 갖고 있다고 주장하게 되었다.

생체 전기 에너지와 생체 자기 에너지에 대한 발견들이 물리학과 의학, 생리학을 결합한 새로운 연구 시대의 문을 열어 놓은 듯했지만, 그 문은 다시 100년이 넘는 세월 동안 닫혀 있어야만 했다. 메스머가 성공한 치료술이 다른 사람들에게서는 재현되지 않자, 오스트리아의 동료 의사들은 질투심을 느끼게 되었다. 그래서 그들은 메스머의 치료술이 마법이나 악마의 덕이라고 매도하면서, 그의 주장을 조사할 위원회를 소집했다. 위원회가 부정적인 보고를 하자, 의사 협회는 메스머를 축출하면서 시술 정지 명령을 내렸다.

1778년에 파리로 이주해 간 메스머는 "그곳의 사람들이 훨씬 더 진취적이고, 새로운 발견에 대해 거부감도 덜 느낀다."는 것을 알게 되었다. 루이 14세 왕궁의 일류 의사인 샤를르 데슬롱Charles D'Eslon은 메스머의 새로운 치료법에 완전히 매료되어, 그를 영향력 있는 사람들에게 소개시켰다. 그러자 곧, 오스트리아에서처럼 프랑스의 의사들도 시기심과 분노를 일으키기 시작했다. 데슬롱이 파리 대학의 의학부 교수단 회의에서 메스머의 과학적 기여를 두고 "당대의 가장 중요한 기여 중의 하나"라는 발언을 했음에도 불구하고 소란이 가라앉지 않자, 왕은 심의 위원회를 소집하여 메스머의 주장을 조사하라고 했다. 프랑스 과학 아카데미의 원장—1772년에 운석이란 존재하지 않는다고 근엄하게 선언했던 장본인—과, 미국의 사절로 와 있던 벤저민 프랭클린을 포함한 이 심의 위원회는 "동물자기란 존재하지도 않을 뿐더러, 건강에 효과적인 영향을 주지 못한다."라고 공표했다. 그러자 대단하던 메스머의 인기는 이내 조롱거리로 변하여 대중들로부터 멀리 사라지게 되었다. 메스머는 스위스로 가서 칩거 생활을 하며, 죽기 1년 전인 1814년에《메스메리즘, 또는 상호 영향의 체계, 또는 동물자기의 이론과 실제》라는 긴 제목의 역작을 완성했다.

1820년에 덴마크의 과학자인 한스 크리스티안 외르스테드Hans Christian Örsted는 전류가 흐르는 전선 가까운 곳에 있는 나침반의 바늘은 전선과 항상 직각을 이룬다는 것을 발견했다. 이때 전류가 거꾸로 흐르면 나침반의 바늘은 반대의 방향을 가리켰다. 어떤 힘이 나침반의 바늘을 움직이게 했다는 사실은, 전선 주위의 공간에 자기장이 있음을 시사하는 것이었다. 이것은 과학사상 대단히 유익한 발견 중 하나를 유도해 냈다. 영국의 마이클 패러데이Michael Faraday[10]와 미국의 조셉 헨리Joseph Henry[11]가 각기 독자적으로, 이 현상을 거꾸로 응용하여 자기장 속에서 전선을 움직이면 전선에 전류가 유도된다는 사실을 알아냈던 것이다. 그 결과, 발전기가 발명되었고, 이로써 전기를 응용하는 완전히 새로운 세계가 열리게 되었던 것이다.

오늘날, 전기를 어떻게 응용하는가에 관한 내용을 담은 책들은 미국 국회도서관 서가의 30미터나 되는 선반 17개를 가득 채울 만큼 쌓이고 있다. 그러나 정작 전기가 무엇이며, 어떻게 해서 작용을 하는가에 대해서는 프리스틀리의 시대(18세기)나 별 다를 바 없이 수수께끼로 남아 있다. 사실 오늘날의 과학자들은 전자기파의 성분이 무엇인지 아직도 알아내지 못했

10—영국의 화학자, 물리학자(1791~1867). 1831년에 전자 유도를 발견하여 전자기학의 기초를 세웠음. 전기 분해에 관한 패러데이 법칙, 진공방전에 따른 패러데이 효과, 자기장으로 인해 편광면이 회전하는 패러데이 효과 등을 발견했음.
11—미국의 물리학자(1797~1878). 패러데이와는 별도로 전자 유도를 발견했음. 자기, 상호 인덕턴스의 단위인 헨리는 그의 이름을 딴 것임.

다. 다만 그것을 라디오나 레이더, 텔레비전, 전자 레인지 같은 것에 이용하고 있을 뿐이다.

그것은 대부분의 과학자들이 전자기를 연구하는 데 있어서 그것의 기계적인 특성에만 치우쳐 왔을 뿐, 전자기가 어떻게, 그리고 왜 생물에게 영향을 미치는가 하는 것은 극소수의 개인적인 연구가들만이 수년 동안 주목해 왔기 때문이다. 그 중에 특히 주목할 만한 사람은, 크레오소트 같은 목제 타르를 발견한 독일의 과학자 칼 폰 라이헨바흐Karl von Reichen-bach남작이었다. 그는 '대단히 민감한 사람', 즉 어떤 특별한 능력을 가진 사람들은 모든 생명체로부터뿐만 아니라, 심지어 막대자석의 양끝에서 나오는 이상한 에너지를 볼 수 있다는 것을 깨닫기 시작했다. 그는 이런 에너지를 '오딜Odyle' 혹은 '오드Od'라고 불렀다. 그의 저서는 뛰어난 의학박사인 윌리엄 그레고리William Gregory—그는 1844년에 영국 에딘버러 대학의 화학교수로 임명받았다—에 의해,《생명력과의 관계에 있어서 전기, 자기, 열, 빛의 연구》라는 제목으로 영역되었다. 그러나 동시대의 영국과 대륙의 물리학자들에게 그 에너지의 존재를 알리고자 했던 라이헨바흐의 노력은 책의 발간 즉시 깨끗이 거부당하고 말았다.

라이헨바흐는 자신이 주장한 오드 에너지가 받아들여지지 않는 이유에 대해 이렇게 썼다. "그 주제에 대해 설명을 하려 할 때마다, 나는 내가 짜증스런 음조로 같은 소리를 되풀이하고 있다는 것을 느꼈다. 그들은 오드를 소위 '동물자기' 즉, '메스메리즘' 같은 것이라고 생각하면서 내 말에 전혀 공감을 하려 들지 않았다." 그러나 라이헨바흐는 그것은 절대 부당한 생각이라고 분명히 밝히고 있다. 신비한 오드의 능력이 비록 동물자기와 비슷해 보이고, 또 어느 정도 관련이 있다 하더라도, 그것은 전혀 별개의 존재라는 것이다.

몇 년 후, 빌헬름 라이히는 "고대 그리스인들과 길버트 이후의 현대인들이 말하는 에너지는, 볼타와 패러데이 이후의 현대 물리학자들이 다루는 에너지, 즉 자기장 안에서 전선을 움직여 얻는 에너지와 근본적으로 다르다. 두 에너지는 그 발생의 원리가 다를 뿐만 아니라 '근본적으로' 다른 것이다."라고 주장했다.

빌헬름 라이히는 또 고대 그리스인들이 마찰의 원리를 통해 신비스러운 에너지를 발견했을 거라고 믿었다. 그는 이것을 '오르곤orgone'이라고 불렀는데, 이것은 라이헨바흐의 오드나 고대인들의 에테르와 비슷한 것이라고 했다. 그는 "오르곤은 빛의 운동 매개이자, 전자기나 중력 작용의 매개이기도 하다. 정도나 농도의 차이가 있으나, 이것은 전우주를 채우고 있으며, 심지어 진공 속에도 존재한다."라고 주장했다. 그러면서 그는 이 오르곤이 무기물과 유기물간의 근본적 연결 고리라고 보았다. 빌헬름 라이히의 사망 직후인 1960년대가 되자, 유기체의 근본은 전기라는 증거들이 속속 나타나기 시작했다. 전통적 과학의 평론가인 핼러시 D. S. Halacy는 다음과 같은 짤막한 말로 그것을 시인했다. "전자의 흐름은 사실상 모든 생명 과정의 근본이다."

라이헨바흐와 라이히의 시대에 참된 연구가 제대로 이루어지 않은 이유 중의 하나는, 과학계에 사물을 전체적으로 보지 않고 가능한 한 세분화시켜서 보려는 경향이 나타났기 때문이었다. 그래서 '생명과학'이라고 알려진 분야를 연구하는 사람들과, 오직 눈으로 보이고, 기계적으로 측정할 수 있는 것만 믿으려 드는 경향이 심해지는 물리학자들 사이의 간격은 점점 더 넓어져만 갔던 것이다. 그 사이에서, 화학은 점차 다양하고 작게 세분화시킨, 분리된 실체들에 전념했는데, 그것은 그것들을 인공적으로 재결합시키면 '풍요의 뿔'처럼 매혹적인 신제품들이 무수히 쏟아져 나온다는 이유 때문이었다.

1828년, 유기물의 구성 성분인 요소尿素가 마침내 실험실에서 인공적으로 합성되었다. 이로써 생물체 안에 특별한 '생명'의 모습이 있다는 생각은 쓸데없는 것이 돼 버린 것 같았다. 그리스 고전 철학에서 말하는 원자의 생물학적인 유사물이라고 주장되는 세포의 발견은, 식물이나 동물 및 인간까지도 모두가 단지 그 구성된 모습, 즉 화학적 집합 형태만 다르다는 것을 시사해 주는 것이었다. 그러나 이러한 새로운 분위기 속에서 생명에 대한 전자기의 영향을 솔선해서 깊이 연구하고자 하는 사람은 거의 없었다. 하지만 그럼에도 불구하고 독립적인 입장을 취하는 지식인들도 더러 있어, 식물이 외계의 우주적인 힘들에 어떻게 반응하는가를 연구하는 사람들도 나타났다.

대서양 건너편의 북아메리카에서 윌리엄 로스William Ross는, 씨앗에다 전기를 통하게 하면 발아가 빨라진다는 앵글시Anglesey[12] 공작의 주장이 맞는지 실험해 보았다. 그는 산화망간과 소금, 모래 등을 섞은 흙에다 오이 씨를 심고는, 묽은 황산을 탄 물을 주면서 흙에다 전류를 통하게 했다. 그랬더니 전류만 통하지 않았을 뿐 나머지 조건은 동일한 다른 씨앗보다 훨씬 빨리 싹이 텄다. 그 1년 후인 1845년, 런던의 〈원예협회지〉1월호에 '야채에 미치는 전기의 영향'이라는 장문의 기사가 실렸다. 그 글을 쓴 사람은 영국의 농학자 에드워드 솔리Edward Solly였는데, 그는 가르디니처럼 전선을 정원 위의 공중에 매달아도 보고, 로스처럼 땅 속에 묻어 보기도 했다. 그러나 각종 곡물과 야채, 화초 등을 가지고 행한 70가지의 실험 중에서 약간이나마 성과를 거둔 것은 겨우 19가지에 그쳤을 뿐이고, 오히려 해를 입은 경우도 그와 비슷한 수로 나타났다.

이 실험자들의 서로 상반되는 결론은, 전기 자극의 양이나 질, 지속 시간 같은 것이 각종 식물들의 생명에 결정적으로 중요하다는 것을 분명하게 드러내는 것이었다. 그러나 물리학자들은 전기 자극의 특수한 효과를 측정할 만한 실험 방법을 잘 몰랐기 때문에 전기가—인공적인 것이든, 자연적인 것이든—실제로 식물에게 작용을 미치는지 어쩌는지를 알지 못했다. 그리하여 이러한 실험은 호기심 많은 원예가나 괴짜들의 영역으로만 남게 되어, 그들에 의해 식물이 전기적인 성질을 갖고 있음을 보여주는 각종 관찰 기록이 남겨지게 되었다.

1859년, 런던에서 발간되는 잡지인 〈가드너스 크로니클Gardener's Chronicle〉지에, 한 그루의 주홍색 마편초 Verbena officinalis에서 다른 마편초로 옮겨지는 섬광閃光을 발견했는데, 이러한 현상은 오랜 건조기 후에 먹구름이 몰려오는 새벽이나 황혼녘에 가장 잘 관찰된다는 기사가 실렸다. 이것은, 양귀비꽃이 황혼녘에 섬광을 발한다고 말했던 괴테의 관찰을 확증시켜 주었다.

12—영국 웨일스 서북부에 인접한 섬.

19세기 후반에 가서야, 독일에서는 대기 중에 있는 전기의 정밀한 성질에 대한 새로운 시각이 열리게 되었다. 무기물에서 자연적으로 나오는 방사선―후에 방사능이라 불리운다―에 대해 집중적으로 연구하던 율리우스 엘스터Julius Elster와 한스 가이텔Hans Geitel이 대기 중의 전기에 대해 연구를 하기 시작했다. 이들은 지구의 대지로부터 대전帶電된 입자가 하늘을 향해 끊임없이 방사된다는 것을 알게 되었다. '가다(to go)'라는 뜻의 그리스어 동사 '이에나이ienai'의 현재분사에서 이름을 따, '이온ion'이라 불리우는 이 입자들은 원자이기도 하고, 원자들의 집합체, 또는 분자이기도 한데, 전자를 얻거나 잃음에 따라 양극이나 음극을 띠게 된다고 여겨졌다. 대기가 항상 전기로 가득 차 있다는 르모니에의 관찰이 마침내 구체적인 설명을 얻게 된 셈이었다.

날씨가 쾌청할 때에는 지구가 음전하를 띠고, 대기는 양전하를 띠게 되므로, 전자의 흐름은 대지나 식물로부터 하늘로 향하게 된다. 그러나 폭풍이 불 때같이 사나운 날씨일 때는 극성이 전환되어 대지가 양극, 구름의 아래층은 음극을 띠게 된다. 지구의 상공에는 항상 약 3,000개에서 4,000개의 대전된 구름이 떠 있는 것으로 추정되는데, 만약 쾌청한 날씨에 의해 대기 중에 전하를 잃은 부분이 있으면, 다시 극성이 전환되어 전기 변화의 균형이 유지되게 된다.

이렇듯 대기 중에 항상 전기의 흐름이 있기 때문에, 고도가 높아 감에 따라 전압도 증가한다. 예를 들어, 키가 1미터 80센티미터인 사람이라면 머리 끝에서 발 끝 사이의 전압차는 200볼트, 엠파이어 스테이트 빌딩의 꼭대기와 길바닥 사이에는 4만 볼트, 전리층電離層[13]의 가장 낮은 부분과 지표면과는 36만 볼트의 전압이 생긴다. 이것은 매우 위험한 소리로 들릴지 모르지만, 사실은 전류가 아주 약하게 흐르기 때문에 충격적인 힘을 발휘하지 못한다. 이 막대한 에너지 창고를 활용하는 데 있어서 가장 큰 어려움은, 어떻게 이러한 일들이 벌어지고, 그것을 지배하는 법칙이 무엇인지를 정확하게 모르고 있다는 데에 있다.

13―대기의 상층부에서 전파를 반사하는 층. 이것 때문에 장거리 무선 전화가 가능하다.

다양한 흥미를 갖고 있던 핀란드의 셀림 렘슈트룀Selim Lemström이라는 과학자는 대기 중의 전기를 식물의 생장과 발육에 이용해 보려는 새로운 시도에 나섰다. 극광極光과 지구 자기에 대한 전문가—셀림 렘슈트룀은 1868년부터 1884년까지 스피츠베르겐, 북노르웨이, 라플란트 같은 북극권을 네 차례에 걸쳐 탐험했다—이기도 했던 그는, 고위도 지방의 식물들이 무성하게 잘 자라는 것은, 많은 사람들이 흔히 생각하는 것처럼 여름철의 일조량이 많아서가 아니라 '강렬한 전기 현상인 북극광' 때문이라는 생각을 하게 되었다.

프랭클린이 피뢰침을 발명한 이후, 뾰족한 것이 대기 중의 전기를 특히 잘 받아들인다고 알려졌기 때문에, 렘슈트룀은 '식물의 뾰족한 끝 부분이 피뢰침처럼 대기 중의 전기를 잘 받아들여, 대기와 지표면의 전하電荷 교환을 일으킨다.'고 보았다. 전나무 줄기를 가로로 잘라 그 나이테를 살펴본 결과, 그는 식물의 성장은 극광이나 태양의 흑점 활동 시기와 매우 긴밀한 관계가 있음을 발견했다. 그러한 효과는 북쪽으로 여행하면서 더욱 두드러지게 발견되었다.

고향으로 돌아온 그는 자신의 그러한 관찰을 실험으로 입증하고자, 꽃들을 금속 화분에 심었다. 그리고는 그 꽃들로부터 40센티미터 떨어진 위쪽에다 전선망을 설치하고, 막대기 하나를 흙에다 꽂은 뒤 그 전선망에다 정전기 발전기로 전기를 가했다. 그 옆에는 아무런 장치도 하지 않은 자연 상태의 화분들을 갖다 놓았다. 8주가 지났을 때, 전기 장치를 한 꽃들은 자연 상태의 꽃들보다 무게가 무려 50퍼센트나 증가했다. 이 장치를 정원에도 똑같이 해보았더니, 딸기의 수확량이 전보다 두 배로 증가했을 뿐만 아니라 맛도 훨씬 더 좋았다. 또 보리의 수확량도 35퍼센트 가량이나 증가 추세를 보였다.

렘슈트룀은 먼 남쪽 지방인 부르군디Burgundy까지 가서 일련의 긴 실험들을 했는데, 특정한 야채나 과일, 곡물들뿐만 아니라, 온도, 습도, 토양의 자연적인 비옥도나 비료 등과 관련지어서도 다양한 결과들을 얻을 수 있었다. 그는 자신의 그러한 실험 결과들을 1902년에 베를린에서 출판된 《전기 재배 Electro Cultur》라는 책으로 발표했다. 이 전기 재배라는 용어는 그 후 하이드 베일리의 《표준 원예 백과사전 Standard Cyclopedia of Horticulture》에 수록됐다.

《전기 재배》의 영역본은 독일어 원본이 출간된 지 2년 뒤에 《농업과 원예에 있어서의 전기 Electricity in Agriculture and Horticulture》라는 제목으로 영국의 런던에서 출간되었는데, 그 영역본의 서문에서 셀림 렘슈트룀은 다음과 같은 날카롭고 진실된 경고의 말을 하고 있다. "이 책의 복잡한 주제는 물리학, 식물학, 농학이라는 서로 분리되어 있는 세 가지 분야의 과학을 포함하고 있으므로, 과학자들에게 '특별히 매력적'이지는 못할 것 같다." 그러나 이러한 경고는, 독자의 한 사람인 올리버 로지 경에게는 아무 쓸모가 없었다. 그는 물리학 분야에 탁월한 업적을 쌓은 뒤에, 런던 심령 연구 협회에도 참여하고 있는 '열린 마음'의 소유자로서, 물질계 이면의 온 세상에 관한 자신의 생각을 담은 여러 권의 책을 펴 내기도 한 사람이었다.

로지는 렘슈트룀의 실험을 재현해 보면서, 식물이 자라남에 따라 전선망을 위로 옮겨야 했던 렘슈트룀식의 번거로움을 집어치우기로 결심했다. 그의 실험이 렘슈트룀의 것과 다른 점은, 긴 기둥들 위의 애자碍子에다 전선망 grid[14]을 매달아, 사람이나 동물, 농기구 같은 것들이 자유롭게 지나다닐 수 있도록 했다는 것이다. 그 결과, 캐너디언 레드 파이어 종種의 밀은 에이커당 40퍼센트나 산출량이 증가했다. 또 그 밀가루로 만든 빵은 일반적인 것보다 품질이 훨씬 더 뛰어났다.

로지와 함께 그 연구를 했던 존 뉴먼 John Newman은 그 후, 또 다른 실험을 통해 밀과 감자의 생산량을 20퍼센트나 증가시킬 수 있었다. 그리고 딸기도 렘슈트룀의 경우처럼 수확량도 많고, 맛도 훨씬 좋게 재배할 수 있었다. 사탕무도 일반적인 것보다 당분이 훨씬 더 많았다. 뉴먼은 자신의 기록들을 식물학 관계 전문 서적이 아닌, 《전기 기술자를 위한 표준 편람 Standard Handbook for Electric Engineers》이라는 전집 — 뉴욕의 맥그로힐 사에서 간행하는 — 의 제5판에다 발표했다. 그 이후, 전기 재배에

---

14 — 전기를 통하게 만든 망

관한 꾸준한 연구는, 식물 연구가들 쪽보다 주로 전자공학 관계의 엔지니어들 쪽에서 이루어지게 되었다.

제12장
생명의 에너지장과 식물

어떤 문제의 해결에 있어서 순수 학문의 연구자들은 왜, 그리고 어떻게 그런 일이 일어나는가에 관심을 갖는다. 반면에 엔지니어들은 직업의 성격상 실용적인 결과를 요구하기 때문에, 그 문제가 첫눈에 얼마나 어려워 보이는가에 개의치 않는다. 그들은, 그 일이 일어날 것인가, 안 일어날 것인가에 더 관심을 갖는다. 이러한 태도는 그들을 이론의 속박으로부터 자유롭게 해준다. 이론! 그렇다. 얼마나 많은 천재들의 위대한 발견들이 단지 이론적인 뒷받침이 부족하다는 이유로 무시당해 왔던가?

조국이 소련에게 점령당하게 되자, 국외로 탈출한 독창적인 헝가리 난민 한 사람이 있었다. 조세프 몰리토리츠Joseph Molitorisz라는 그 사람은 그 후 공학 학위를 취득했는데, 프랑스의 수도원장인 놀레의 '전기 삼투 현상'에 관한 이야기를 듣고는, 그것을 농업에 적용해 보면 어떨까 하는 생각을 하게 되었다. 그는 삼나무가 수액을 90미터까지 끌어올리는 것에 특별한 관심을 가졌다. 인간이 만든 펌프는 제아무리 뛰어난 것일지라도 그 10분의 1조차 끌어올리지 못하는데, 실로 불가사의하지 않을 수 없었다. 식물과 전기 사이에는 표준 공학의 유체역학을 무시하는 무언가가 있음이 분명했다. 몰리토리츠는 미국 정부가 캘리포니아의 리버사이드 부근에서 운영하는 농업 연구소의 감귤나무 과수원에서 놀레로부터 배운 것을 실험해 보기로 했다. 초기의 실험에서 그는 감귤나무의 묘목에다 전류를 흐르게 해 보았다. 어린 묘목들은 전류가 한쪽 방향으로 흐르면 생장이 빨라졌으나, 역류시키면 시들어 버렸다. 전기가 식물 내의 자연적인 전류의 흐름을 부추기거나 방해하는 것 같았다. 또 다른 실험에서는 자신이 읽었던 수도원장 베르틀롱의 이론을 부분적으로 원용하여, 한 그루의 오렌지 나무 중 6개의 가지에는 58볼트의 전류를 보내고, 나머지 6개의 가지는 그대로 놔두었다. 18시간이 채 못되어, '동력을 넣은' 가지들에는 수액이 엄청난 양으로 순환했으나, 그냥 놔둔 가지들에는 수액이 거의 흐르지 않는다는 것을 발견할 수 있었다.

오렌지를 수확하는 데 있어서의 문제점 중 하나는, 그것들이 동시에 익지도 않을 뿐더러, 제때에 따 주지 않으면 가지 위에서 썩어 버리기 때문에, 손으로 일일이 따자면 수확하는 데 아주 많은 날이 걸린다는 것이다. 몰리토리츠는 나무에다 전기 자극을 가해 익은 열매가 저절로 떨어지게 할 수 있다면, 수확에 드는 비용이 대폭 절감될 거라고 생각했다. 그는 한 오렌지 나무에다 직류 전기를 흘려 보냄으로써, 덜 익은 것은 그대로 놔둔 채 익은 열매만 떨어뜨릴 수가 있었다. 그 실험이 성공적이었음에도 불구하고, 그는 그 실험을 계속 진행하는 데 필요한 자금을 마련할 수가 없었다. 그러나, 보통의 화분보다 꽃을 훨씬 더 오랫동안 싱싱하게 유지시킬 수 있는 '전기 화분'을 발명하기도 했던 그는, 머잖아 모든 오렌지 나무의 열매를 사람들이 굳이 나무 위로 올라가 따낼 필요 없이 전기를 이용하여 손쉽게 수확할 수 있게 되리라는 것을 확신하고 있다.

몰리토리츠가 미국의 서부 해안에서 연구에 몰두하고 있을 때, 또 다른 엔지니어인 래리 머Larry E. Murr 박사—펜실베이니아 주립대학의 재료 연구소에 근무하는—는 실험실 안에 번개가 치고, 비가 내리는 '모의 기상실'을 설치했다. 머는 이 모의 기상실을 가지고 7년간이나 실험을 계속한 끝에, 식물의 생장을 눈에 띌 정도로 증가시킬 수 있었다. 그는 반투명 합성 수지의 화분에 심은 식물을 알루미늄판으로 만든 전극 위에 올려 놓고, 그 위에다 절연 기둥으로 고정시킨 알루미늄 철망을 설치하여 전압장의 강도를 조심스레 조절해 보았다. 그 결과, 그는 그 적절한 전압 외의 다른 전압은 식물의 잎을 심하게 손상시킨다는 것을 발견했다. 따라서 머는 다음과 같은 결론에 도달했다. "경작지에 인공적으로 전기장을 만들어, 단위 면적당 수확량을 늘릴 수 있느냐, 없느냐 하는 문제는 아직도 신중을 기해야 한다. 이러한 장치를 실외에서 대규모로 하려면, 그 이득에 비해 비용이 더 많이 들지 모른다. 하지만 가능성은 충분히 있다."

《우주전기 재배 Cosmo-electric Culture》라는 책을 쓴 조지 스타 화이트 George Starr White 박사는 철이나 주석 같은 금속 조각을 과일나무에다 매달아 놓으면, 생장이 빨라진다는 것을 발견했다. 그의 주장은 뉴저지의 젠킨타운에 사는 공학 엔지니어인 랜덜 그로브스 헤이Randall Groves Hay에 의해 입증되었다. 헤이는 토마토 줄기에다 금속으로 된 크리스마스 트리 장식용 공들을 매달았더니 보통 토마토들보다 열매가 빨리 열리더라고 말했다. "처음에 아내는, 내가 토마토에 트리 장식용 공들을 매다는 것에 반대를 했었습니다. 그 꼴이 우스울 거라는 거였죠. 그러나 공들을 매단 15포기의 토마토가 추운 날씨에도 불구하고 다른 것들보다 빨리 열매를 맺자, 그녀는 날더러 계속 하라고 말하더군요."

사우스캐롤라이나 주의 전기 엔지니어 제임스 리 스크리브너James Lee Scribner는 지난 30년 동안 씨앗을 무선으로 전기 처리하는 연구를 해오고 있었다. 그는 이 연구로 '잭의 콩나무'에 비견되는 결과를 얻었다. 그는 알루미늄 화분에다 일반 가정용 전기를 연결시켰는데, 그 화분 속의 두 전극판 사이에는 수백만 개의 아연과 구리 입자들로 이루어진 금속 혼합물이 젖은 상태 ― 이 혼합물이 건조되면 두 전극판 사이로 흐르는 전기가 차단되게 된다 ― 로 들어 있었다. 결론을 이야기하자면, 이 화분에 심은 콩 한 포기는 놀랍게도 6.6미터나 자랐다. 일반적인 콩이 60센티미터를 넘지 못하는데 말이다. 그리고 결실기가 되자, 이 한 포기의 콩줄기에서 무려 2부셸 가량의 맛있는 콩이 열렸다. 스크리브너는 다음과 같이 믿고 있다.

"광합성이 일어나기 전에는, 전자가 주요한 역할을 한다. 그것은 전자가 엽록체를 자화시켜, 식물 세포 내에서 광자가 태양 에너지라는 형태로 식물의 한 부분이 되도록 하기 때문이다. 또 이 자기는 산소 분자를 계속 끌어들여 끊임없이 확장하는 엽록소 세포에다 공급해 준다. 따라서 이 경우, 수분은 어떤 흡수 과정을 거쳤든지간에 식물의 생장에 별 다른 역할을 하지 않는 것으로 보인다. 어쨌든 식물이 수분을 흡수한다는 것은 순전히 전자를 흡수한다는 의미로 바꾸어질 수 있다. 따라서 식물의 표면에 나타나는 미세한 물방울들, 즉 소위 근압根壓[1]이라는 것은, 사실은 근압이 아니라, 화분 내의 과다한 수분 에너지와 함께 활동하는 전자의 과잉분인 것이다."

스크리브너의 발견은 이미 1930년대에 이탈리아 사람 빈도 리치오니 Bindo Riccioni에 의해 분명하게 예견되고 있었다. 당시 그는 씨앗들을 매초 약 5미터의 속도로 평행으로 놓은 판자 모양의 축전기들 사이를 지나게 하여, 하루에 5톤 분량의 씨앗을 전기 처리하는 독창적인 장치를 개발했었다. 리치오니는 이 전기 처리한 씨앗으로, 기후와 토양에만 의존해 기른 것보다 2퍼센트에서 37퍼센트 가량이나 더 많은 수확을 거둘 수 있었다. 그러나 그의 연구는 2차 세계대전 때문에 중단되고 말았으며, 그의 127페이지짜리 책—1960년에 가서야 영어로 번역되었는데—은 지금까지도 미국이나 서유럽에서의 보다 깊은 연구를 자극하지 못하고 있는 것 같다.

그러나 소련에서는 씨앗을 1시간에 2톤씩 전기 처리할 수 있는 상업적 규모의 제조 공정이 있다고 1963년에 보고되었다. 그 결과, 작물들의 수확량이 평균치보다 옥수수는 15~20퍼센트, 귀리와 보리는 10~15퍼센트, 콩은 13퍼센트, 모밀은 8~10퍼센트로 증가했다고 했다. 그러나 이 같은 실험적 계획이 소련의 만성적 식량 부족 현상을 해결해 줄 수 있을 것인가에 대해서는 언급되지 않았다. 한편 화학 비료와 농약에 거의 전적으로 의존하다시피 하고 있는 서구의 농업 관련 산업체들은, 엔지니어들에 의해

---

[1] 식물의 뿌리가 흙 속에서 흡수한 수분을 줄기나 잎으로 밀어 올리는 압력.

새로 개발된 이 전기 재배라는 것을, 아무 쓸모가 없는 것이거나 자기네들을 위협하는 것이라고 여긴 듯하다. 이 연구를 더욱 진척시킬 자금을 대주지 않은 이유는 바로 그러한 데 있었을 것이다.

미국 농무부의 농업기술 개발국장을 역임한 맥키븐E. G. Mckibben은 1962년에 있었던 전미 농업기술자 협회의 강연에서, 이러한 정책은 매우 근시안적인 처사였다고 한탄했다. "전자기 에너지를 여러 형태로 농업에 적용시키는 것의 중요성과 그것의 실현성 여부는, 오직 창조적인 상상력과 이용할 수 있는 물적 자원에 달려 있다. 전자기 에너지는 아마 가장 기본적인 에너지의 형태일 거라고 짐작된다. 전자기 에너지 또는 그것과 밀접한 관계가 있는 그 무엇인가가, 모든 에너지나 모든 물질의 근간, 즉 모든 식물과 동물의 생명에 있어서의 본질적인 구조를 이루고 있을 것이다." 그는 또 전기 재배에 보다 많은 지원이 이루어지기만 한다면, 상상을 불허할 만한 놀라운 성과를 거두게 될 것이라고 강조했다. 하지만 대부분의 사람들에게는 그의 그러한 청원이 소 귀에 경 읽기나 마찬가지였다.

맥키븐이 그러한 호소를 하기 이전에도, 식물에 미치는 자기의 영향에 관한 새로운 발견들이 있었다. 1960년, 런던 대학교 베드포드 대학의 식물학 교수인 오더스L. J. Audus는 식물이 중력에 어떻게 반응하는가를 알아보던 중, 식물의 뿌리가 자기장에 민감하다는 사실을 우연히 발견하고, 〈내이처〉지에 〈자기굴성磁氣屈性, 식물의 새로운 생장 반응〉이라는 선구적인 논문을 발표했다. 거의 같은 시기에 소련에서도 크릴로프A. V. Krylov와 타라카노바G. A. Tarakanova 두 사람이, 토마토가 자석의 N극보다 S극 쪽을 가까이 했을 때 열매를 더 빨리 맺더라는 보고서를 모스크바에 제출했다.

캐나다에서도 앨버타 주의 농업연구소에 근무하는 피트먼U. J. Pittman 박사가 북미 전역에 걸쳐 재배 곡물과 야생 곡물을 조사한 결과, 그 뿌리들이 항상 지구 자기장이 미치는 힘과 평행되게 남북 방향으로 뻗어 있다는 것을 알게 되었다. 그는 밀, 보리, 귀리, 아마, 호밀 같은 곡물의 씨앗을, 그것들의 길다란 축과 싹 끝이 북극점을 향하게 심어 놓으면 발아가 빨라진다는 것을 발견했다. 피트먼은 〈작물과 토양 *Crops and Soils*

Magazine〉지에 이렇게 썼다. "그래니는 호박씨를 심을 때 북쪽으로 향하게 심자고 했는데, 역시 그녀의 말이 옳았다."

또 미국에서는, 자기의 신비한 힘을 농업에 대규모로 적용시킬 수 있는가를 알아보려는 연구가 콜로라도 주의 덴버 시에서 있었다. 역시 엔지니어인 렌 콕스H. Len Cox 박사는 NASA의 인공위성이 촬영한 적외선 사진이 실려 있는 1968년판 〈주간 우주항공 기술 *Aviation Week and Space Technology*〉지를 보고 있었다. 그 사진은 병충해로 못쓰게 된 밀밭 지역과, 결실이 좋은 다른 밀밭 지역의 판이한 전자기적 특징을 보여주는 것이었다. 우주 과학자인 콕스 박사는 뭐라고 설명할 수 없는 이 현상에 이끌려 전기 재배에 관한 문헌들을 탐독한 후, 야금학자인 한 친구에게 식물을 빨리 자라게 하고, 열매도 많이 맺도록 자화시킬 수 있는 물질이 없겠느냐고 물어 보았다.

친구가 가까운 와이오밍에 수십억 톤 가량의 못쓰는 철광석인 자철광이 있다고 가르쳐 주자, 그는 곧 그것을 한 트럭분 싣고 와서는 가루로 빻았다. 그리고는 그것을 대단히 미약한 자기장을 통해 자기를 띠게 한 다음, 소량의 다른 광물들과 혼합하여, 정원에다 심은 붉은무와 흰무의 뿌리에 닿도록 골고루 뿌렸다. 비록 자라고 있는 무의 땅 위로 드러난 푸른 잎사귀 부분은 보통 상태에서 자라는 것들과 별 차이가 없어 보였으나, 콕스가 무를 잡아 뽑자 기대했던 것보다 훨씬 놀라운 결과가 나타났다. 무 자체의 굵기가 다른 것보다 두 배 정도나 컸을 뿐만 아니라, 길이도 3~4배 정도나 길었던 것이다. 이것은 식물의 뿌리를 자극한 것이 결과적으로 생장을 촉진시킨 원인이 되었다고 볼 수 있는 좋은 증거였다. 이 괄목할 만한 효력은 다른 뿌리 야채들뿐만 아니라, 콩이나 상추, 모란채 같은 푸성귀에서도 마찬가지로 나타났다.

콕스 전기 재배 회사가 1970년에 이 신제품을 깡통에다 담아 10파운드씩에 팔기 시작하자, 소비자들은 채소의 수확량이 늘었을 뿐만 아니라 맛도 훨씬 좋아졌다고 했다. 또 어떤 사람들은 그것을 붓꽃에다 뿌려 봤더니, 비료도 주지 않았는데 꽃이 두 배나 많이 피더라고 했다. 어떤 성형외과 의사는 자기 집 잔디밭에 있는 두 그루의 소나무 묘목 중 하나에다 그것을 뿌려 봤더니, 그 나무는 여름 한철에만도 옆의 나무에 비해 네 배나 더 자랐다고 알려 왔다.

'자극제'가 어떻게 해서 그런 작용을 하느냐는 질문에, 콕스는 다음과 같이 대답했다. "그것은 아직도 수수께끼입니다. 의사가 어째서 아스피린이 효과가 있는지 모르는 것처럼 그 자극제가 어째서 그런 작용을 하는지 아무도 모릅니다. 한 가지 특기할 만한 것은, 원예가나 식물 애호가들이 실망할 일이겠지만, 이 자화된 가루를 화분이나 온실의 재배 상자에다 뿌려서는 아무런 효과가 없다는 것입니다. 그것은 오직 대지의 토양에다 뿌려야만 효과가 있습니다." 콕스의 말처럼, 이 자화된 쇳가루는 이상하게도 길버트가 말한 '살아 있는 모체'와 닿았을 때만 그 힘을 발휘한다는 것이다.

궁극적인 해답이 무엇이든, 1차 세계대전이 끝나고 20년이라는 세월이 흐르는 동안 실험실을 통해 놀라울 정도의 새로운 발견들이 속속 알려지기 시작했다. 자연 환경 속의 불가사의한 방사선들이 식물과 동물의 건강에 미치는 영향은 이제까지 생각해 왔던 것보다 훨씬 더 중요하다는 것을 시사하는 발견들이었다.

1920년대 초, 소련에서 태어나 파리에서 살고 있는 조르주 라호프스키 Georges Lakhovsky라는 엔지니어는, 생명의 기초는 물질이 아니라 물질과 관련된 비물질적인 진동임을 시사하는 일련의 책들을 펴냈다. 그는 그 책들에서 "모든 생명체는 방사선을 방출한다."라고 강조한 후, 모든 생명체의 본질적인 유기적 단위인 세포는 무전기처럼 고주파를 발사하거나 흡수할 수 있는 전자기 방사체라는 혁명적인 이론을 제시했다.

라호프스키 이론의 핵심은, 세포란 극도로 미세한 '진동 회로'라는 것이었다. 전기학의 용어로 말한다면 이렇다. 진동 회로에는 두 가지의 기본적인 요소가 필요한데, 저장된 전력원電力源으로서의 축전기와 전선 코일이 그것이다. 축전기에서 나온 전류가 전선의 이쪽 끝에서 저쪽 끝 사이를 왔다 갔다 하면, 그에 따라 일정한 파장으로 진동하는 자기장이 생긴다. 그것이 1초에 몇 번 진동하는가에 따라 각 주파수의 길이를 측정하는데, 만약 이 회로가 극히 짧아지면 고주파가 발생하게 된다. 라호프스키는 이러한 일이 생물 세포 내의 극히 미세한 핵 내에서 일어난다고 믿었다. 그는 세포

핵 속의 작게 꼬인 섬유조직이 전기 회로와 유사하다고 인식했던 것이다.

라호프스키는 1925년에 출간한 《생명의 기원 *L'Origine de la Vie*》이라는 책에서 많은 획기적인 실험들을 소개하고 있다. 예를 들면, 질병이란 세포 진동의 불균형에 의한 것이며, 건강한 세포와, 박테리아나 바이러스 같은 병원균과의 싸움은 '방사선들의 전쟁'으로서, 만약 병원균의 방사선이 더 강하면 건강한 세포는 불규칙적인 진동을 하면서 병이 나게 되고, 그러다가 진동을 멈추면 그 세포는 죽는다는 것 등이다. 그리하여 그는, 만약 반대로 세포의 방사선이 더 강하면 세균이 죽게 되므로, 앓고 있는 세포를 회복시키기 위해서는 적절한 주파수의 방사선으로 치료를 할 수 있겠다는 생각을 하게 되었다.

1923년에 라호프스키는 매우 짧은 파장(2미터에서 10미터 길이)의 단파를 발생시키는 전기 장치를 고안해 내어, '무선 세포 진동기 radio-cellulo-oscillator'라고 이름을 붙였다. 파리의 유명한 살페트리에르 병원의 외과 진료소에서 그는 제라늄에다 발암균을 주사했다. 암 종양이 버찌 씨 만하게 자라자, 그 중 하나에다 진동기에서 나오는 방사선을 투사했다. 그러자 처음 며칠 동안에는 급속하게 자라던 종양이 2주가 지나면서 갑자기 쭈그러들면서 죽어 버렸다. 그러다가 다시 2주가 지나자, 그 종양은 식물로부터 완전히 떨어져 나갔다. 다시 다른 제라늄들을 가지고 방사선을 투사해 본 결과, 그것들도 암 종양을 깨끗이 털어 버리는 것을 확인할 수 있었다.

라호프스키는 이 치료가 자신의 이론을 뒷받침해 준다고 보았다. 그는 제라늄이 암을 이겨낼 수 있었던 것은 건강한 세포의 정상적인 진동이 늘어났기 때문이라고 보았다. 그러나 그의 이러한 생각은, 암 세포는 외부의 방사선에 의해 파괴된다고 생각하는 라듐 전문가들의 견해와는 완전히 상반되는 것이었다.

라호프스키는 자신의 이론을 진전시킴에 따라, 정상적인 세포의 진동을 발생시키고 유지하는 데 필요한 에너지는 어디에서 얻어지는가 하는 문제에 부딪히게 되었다. 그의 생각으로는, 그 에너지가 세포의 내부에서 만들어지는 것이라고 보기가 어려웠다. 따라서 그는 이 에너지가 우주의 방사선으로부터 얻어지는 것이라고 결론지었다.

　에너지가 우주로부터 얻어졌다는 것을 입증하기 위해, 그는 자신이 꿈꿔 온 인공적인 방사선 생성 장치를 쓰지 않고, 우주로부터의 자연 에너지를 얻기로 작정했다. 1925년 1월, 그는 미리 암세포를 주사해 놓은 제라늄들 중 하나를 골라, 직경이 30센티미터 되게 구리철사로 그 주위를 나선형으로 둘러싼 뒤, 그 나선형의 양끝을 에보나이트 ebonite[2] 지주支柱로 고정시켰다. 몇 주가 지나자, 발암균을 주사했던 다른 제라늄은 모두 죽거나 시들어 버렸으나, 구리로 둘러싸인 것은 여전히 건강했을 뿐만 아니라, 암에 걸리지 않은 다른 것들보다 오히려 두 배나 더 컸다.

　이 극적인 결과로 인해, 라호프스키는 또 하나의 복잡한 이론을 세울 수 있었다. 그것은 제라늄이 어떻게 외계의 무수히 많은 방사선들 중에서, 자신의 세포가 정상적으로, 그리고 강력하게 진동하여 암에 침식당한 세포들을 물리치는 데 꼭 알맞은 주파수를 골라 낼 수 있었을까를 설명하는 이론이었다.

　라호프스키는 우주에서 방출된 무수한 방사선들을 통틀어 '유니버션 universion'이라고 불렀다. 그는 그것들 중에서 어떤 것들이 구리를 통해 들어와 제라늄으로 하여금 병든 세포를 회복시켜 건강을 누리게 했다고 생각했다.

　라호프스키의 이 유니버션은, 물리학자들이 19세기까지의 에테르 개념을 부정하고 '우주는 완전한 진공이다.'라고 주장했던 것과는 연관이 없어 보인다. 그는 에테르를 물질의 결여가 아니라, 우주 방사선들의 총합, 즉 모든 우주선宇宙線들로 짜여진 우주의 그물이라는 의미로 받아들였다. 그것은 어느 곳에나 항상 널리 퍼져 있는 것으로서, 붕괴된 원소들이 대전 입자로 결집되고 전달되는 매개체이다. 라호프스키는 이 새로운 개념을 인정한다면, 과학의 영역이 확장될 것이고, 그렇게 되면 텔레파시 같은 생명에 관한 문제들—추측하건대, 인간과 식물의 감응까지도—도 풀 수 있게 될 거라고 믿었다.

2─생고무에 30~50퍼센트의 황을 넣어 장시간 가열하면 생성된다. 검은색의 단단한 물질로, 전기 저항이 높아 절연체로 쓰인다.

1927년 3월에 라호프스키는 〈생체 세포의 진동에 미치는 아스트럴파波의 영향〉이라는 글을 써서, 친구인 자크 아르센 다르송발Jacques Arsène d'Arsonval 교수―탁월한 생체물리학자이자 전기 요법의 발견자―를 통해 프랑스 아카데미에 전달했다.

1928년 3월이 되자, 나선형의 구리에 둘러싸였던 제라늄은 기이하게도 140센티미터나 자라났고, 겨울에도 꽃이 피었다. 라호프스키는 식물에 대한 자신의 연구로 우연히 의학 분야에 엄청나게 중요한 새로운 치료법을 발견하게 되었다는 것을 확신하고는, 이를 바탕으로 인간을 위한 정교한 의료기구를 개발하여, '다파동 발진기multi wave oscillator'라고 이름을 붙였다. 이 기구는 프랑스, 스웨덴, 이탈리아 등지에서 암이나 종양 등 불치의 병으로 여겨져 오던 질병들을 치료하는 데 대단히 효과적으로 쓰였다. 독일이 파리를 점령한 후, 라호프스키는 자신이 반나치 분자로 수배를 받게 되자, 1941년에 뉴욕으로 탈출했다. 그리하여 뉴욕 병원의 물리치료과에서 다파동 발진기를 사용하여 관절염, 만성기관지염 및 기타의 병들을 효과적으로 치료할 수 있었다. 브루클린의 한 비뇨기과 겸 외과 의사는 다른 치료법을 써 왔을 때는 몹시 고통스러워하던 수백 명의 환자들이 그 발진기를 사용했더니 조용하더라고 말했다. 1943년에 라호프스키가 죽고 나자, 방사선 생물학의 기초가 되는 그의 획기적인 발견들은 의학계로부터 외면을 당하고 말았다. 그리고 오늘날에도 다파동 발진기를 의학적으로 사용하는 것은 미국 보건 당국에 의해 공식적으로 금지되어 있다.

거슬러올라가, 라호프스키가 아직 파리에 있을 때, 텍사스 주립대학의 런드E. J. Lund 교수가 이끄는 연구팀이 식물의 전위電位를 측정할 수 있는 방법을 개발했다. 런드는 10년이 넘게 이어진 일련의 실험들을 통해, 식물 세포가 '신경계'―보스가 시사했듯―구실을 할 수 있는 전기장이나 전류, 또는 전기적 충격을 일으킨다는 것을 입증해 보일 수가 있었다. 그는 더 나아가, 식물의 생장은 흔히 알려진 것처럼 옥신auxin[3]이나 생장 호르몬에 의한 것이 아니라, 이들 전기적 신경계에 의해 이루어지며, 옥신은 세

3―식물의 생장 물질.

포에서 발생한 전기장에 의해 생장이 일어나는 곳으로 옮겨지는 것이라고 설명했다.

그 중요성에 비해 잘 알려지지 않은 책 《생물 전기장과 생장 Bioelectric Field and Growth》에서 런드는, "우리가 관측하고 있는 생장이란 것은, 바로 식물 세포 내에서 호르몬이 전달되기 약 30분 전에 발생하는 세포 내의 전기적 형태 변화일 수도 있다."는 획기적인 발견을 소개하고 있다.

한편, 조지 로렌스로 하여금 미국 과학 아카데미가 거부함에도 불구하고 '생체 교신'의 가능성을 연구하도록 자극했었던, 알렉산드르 구르비치 Aleksandr Gurvich의 연구는 새로운 단계에 접어들고 있었다. 코넬 대학의 저명한 미생물학자인 오토 란Otto Rahn 교수는, 실험실의 연구원 중 누군가가 병에 걸리게 되면, 그 사람이 실험하던 균 세포도 따라서 죽는 기이한 사실을 발견하게 되었다. 병든 사람의 손가락을 어느 정도 거리를 두고 몇 분 동안 노출시키는 것만으로도 이들 건강하던 배양균 세포가 갑자기 죽어 버리는 것이었다. 그는 이 문제를 깊이 파고든 결과, 병이 난 연구원의 손과 얼굴에서 나오는 화학적 복합물질이 그 원인이라는 것을 밝혀냈다. 하지만 어느 정도 거리를 두었는데도 그런 현상이 나타나는 이유는 여전히 알 수가 없었다. 란 교수는 연구를 계속한 끝에, 끊임없이 재생하는 눈의 각막 세포도 극심한 상처 부위나 암 종양처럼 방사선을 방출한다는 사실을 밝혀냈다. 그는 이 사실을 다른 몇 가지 발견들과 함께 《유기체의 보이지 않는 방사선 Invisible Radiation Organisms》이라는 책으로 엮어냈으나, 대부분의 동료들로부터 무시당하고 말았다.

대부분의 물리학자들은, 메스머의 '동물자기'나 라이헨바흐의 '오드'와 마찬가지로 이 새롭고 이상한 방사선을 간파해 낼 만한 수단이 없었기 때문에, 생체 세포가 에너지를 방사할 수 있다거나 다른 에너지의 진동에 반응을 나타낸다는 생각에 회의적일 수밖에 없었다. 라호프스키나 구르비치, 란 등의 발견에 의문을 던졌던 시선들은 다시 한 외과의사의 발견 쪽으로 돌려지게 되었다. 클리블랜드 진료 재단의 설립자인 조지 워싱턴 크라일 Grorge Washington Crile은 1936년에 《생명의 제현상: 그 방사-전기적 해석 The Phenomena of Life : A Radio - Electrical Interpretation》이라는 책을 펴냈다. 그는 일생에 걸친 연구 결과인 그 책에서, 생체 조직은 전기에너지의 발생과 저장, 그리고 그 이용에 적합하다고 했다. 그리고 그 전기에너지는, 그가 라디오겐radiogens이라고 부르는, 원형질 내의 초정밀 현미경으로나 관찰할 수 있을 만큼 극히 작은 화로火爐에서 비롯된다는 것이다.

크라일은 그 책을 발표하기 3년 전에 있었던 전미 외과대학 대회의 강연에서, "장래에는 방사선 진단의사들이 환자를 진찰할 때, 병세가 겉으로 드러나기도 전에 병에 걸렸는지를 발견하게 될 것이다."라는 견해를 피력했다. 그러나 크라일의 그러한 노력들은, 문헌도 제대로 파악하지 못한다고 그를 비난하던 세포 생리학자들과 동료 의사들로부터 비웃음만 사고 말았다.

건강한 것이든, 병든 것이든 생체 세포에 미치는 전자기 에너지의 영향은, 암 전문가를 비롯한 모든 의사와 의학 연구가들이 진지하게 연구해 보아야 할 과제이다. 그런데 이것이 마침내 '저속 촬영'이라는 마술에 의해 밝혀지게 되었다. 모든 식물들은 그 생장 속도가 매우 느리기 때문에, 인간의 눈에는 그대로 굳어 있는 것처럼 변화가 없어 보인다. 몇 시간이고 혹은 몇 날을 두고 세심하게 관찰해 본 사람들만이, 식물들이 분명 온세상의 꽃가게에서 파는 플라스틱 조화와는 다르다는 것을 알 수 있다.

1927년 어느 날, 일리노이 주의 한 10대 소년이 앞뜰의 사과나무에 돋아난 꽃봉오리를 보면서 언제 꽃이 필지 궁금해 했다. 그러던 중, 그 소년은 일정한 시간 간격을 두고 연속적으로 사진을 찍는다면 이 꽃봉오리가 꽃으로 변하는 것을 눈으로 볼 수 있겠다는 사실을 깨닫게 되었다.

이리하여 존 내쉬 오트John Nash Ott의 연구가 시작되었다. 저속 촬영에 대한 그의 선구자적인 관심은, 그로 하여금 식물 세계의 새로운 신비를 벗겨 내게 했다.

다양한 외래外來 식물들을 실험해 보기 위해 오트는 조그만 온실을 하나 만들었다. 그곳에서 그는 각기 다른 종족들을 비교 연구하는 인류학자처럼, 식물들도 각 종류에 따라 연구해야 할 과제가 많다는 것을 알게 되었다. 대부분의 식물들은 정신적 장애가 있는 여자들처럼 대단히 변덕스러워 보였다. 대학교의 식물학자들이나 대단위 원예회사의 연구 전문가들에게 자문을 구해 가면서 연구한 결과, 그는 식물의 변덕스러움에 대한 생물학적 원인을 차츰 알게 되었다. 식물들은 빛과 온도뿐만 아니라 자외선이나 텔레비전, X선에도 대단히 민감했던 것이다.

식물에 영향을 끼치는 요소에 관한 오트의 발견은, 많은 식물학자들이 풀지 못했던 수수께끼들을 설명할 수 있게 해주었다. 예를 들자면, 중앙 아프리카의 고산 지대에서 어마어마하게 큰 나무들이 자라는 현상 같은 것이 그것이다.

이보다 30여 년 전에 영국의 작가 패트릭 싱Patrick Synge은 자신의 저서인 《개성을 지닌 식물 Plants with Personality》에서 다음과 같은 생각을 펼친 적이 있었다. 즉 그는 비록 식물이 엄청난 크기로 자라는 이유를 설명할 수 있는 이론이 없긴 하지만, 아마 그들의 독특한 환경 조건을 염두에 둔다면 그것이 설명될는지도 모른다고 했다. 말하자면, 비록 저온이기는 하지만 연교차나 일교차가 거의 없기 때문에 늘 일정하게 유지되는 온도, 지속적인 높은 습도, 강렬한 자외선 같은 것으로 적도 지방의 고지대에서 큰 나무들이 자라는 현상을 설명할 수 있을 거라고 보았던 것이다.

알프스의 고지대에서 자라는 식물들은 왜소한 경향이 두드러지는데 반해, '달의 산' 혹은 아프리카인들이 루웬조리Ruwenzory[4]라고 부르는 식물들은 거대 현상을 보인다. 그곳에서 자라는 히더Heather[5]를 예로 들자면, 마치 거대한 거목처럼 자라날 뿐더러 꽃도 직경이 5센티미터나 된다.

영국에서는 파란 꽃이 피는 작은 풀에 불과할 뿐인 로벨리아Lobelia가, 케냐와 우간다의 접경 지역에 있는 해발 4,200미터의 사화산 엘곤에서는 거의 9미터나 되게 자라는데, 싱은 그것을 보고 '파란색과 초록색의 거대한 오벨리스크'를 보는 것 같았다고 말했다. 그는 꼭대기로부터 절반 가량은 눈으로 덮여 있고, 잎사귀 끝에는 고드름이 달려 있는 이 괴물 같은 식물들의 모습을 촬영해 두었다. 그러나 그 식물들을 영국으로 옮겨오자, 서

4—아프리카 중부에 있는 산.
5—석남과 에리카속에 속하는 작은 관목.

리 Surrey⁶의 포근한 겨울 날씨에도 불구하고 모두 살아남지 못했다.

싱의 생각은, 알프스 산맥 같은 척박한 고지대에서도 식물들이 무성하게 번성하는 것은 그곳에 항상 많은 전기가 있기 때문이라고 한 프랑스의 화학자 피에르 베르틀로 Pierre Berthelot의 가설과 일치하는 것이었다. 만약 과학자들이 싱이 열거했던 것과 같은 특별한 조건들을 갖춰 모의 실험을 해본다면, 아마 이 거대 식물들은 고도가 아주 낮은 지역에서도 잘 자랄 수 있을 것이다.

오트는 저속 촬영을 통한 실험으로, 빛의 파장에 따라 광합성 작용이 근본적으로 영향을 받는다는 것을 발견하게 되었다. 광합성이란 녹색 식물이 빛을 화학적 에너지로 바꾸는 과정으로서, 이 과정을 통해 무기원소가 유기원소로 합성되게 된다. 이렇게 해서 녹색 식물은 이산화탄소와 물에서 탄수화물을 만들어내고 산소를 방출한다.

그는 이 광합성 과정을 알아보기 위해 몇 달간에 걸쳐 연구한 결과, 현미경 사진을 촬영할 수 있는 장치를 개발했다. 그것은 엘로디아 Elodea라는 풀의 세포 안에 있는 원형질이 아무런 방해 없이 자연 그대로의 햇빛이라는 자극을 받으면 어떻게 움직이는가 하는 것을 알아보기 위한 것이었다. 태양 광선을 받자, 광합성 작용의 주된 일을 맡고 있는 엽록체가 장방형의 세포 가장자리를 따라 잘 정돈된 상태로 흐르는 것이 보였다. 그러나 햇빛 속의 자외선을 차단시키면 엽록체 중의 일부가 흐름에서 떨어져 나와 뒤죽박죽 엉킨 채 움직임도 없이 한쪽으로 몰리는 것이었다. 또 스펙트럼 중에서 파란색 끝으로부터 빨간색 쪽으로 차례로 차단해 나가자, 엽록체의 운동이 천천히 둔화되는 것을 볼 수 있었다.

무엇보다도 오트를 매료시켰던 것은, 모든 엽록체들의 운동이 날이 저물면 차츰 느려지다가 마침내 완전히 정지해 버리고는, 다음날 해가 다시 떠오르기 전까지는 아무리 인공적인 조명을 비추어 봐도 다시 정상적인 흐름으로 돌아오지 않는다는 사실이었다.

오트는 식물의 광합성에 적용되는 광화학光化學의 기본적인 원리들이

6—영국 남부의 한 주. 런던에서 가까운 곳으로 낙농업이 성함.

동물의 세계에도 적용이 된다면, 색채 요법을 제창해 오고 있는 사람들의 주장이 결코 터무니없는 게 아닐 거라고 깨닫게 되었다. 마치 어떤 종류의 약품이 신경이나 정신 질환에 효력이 있듯이, 다양한 빛의 파장들이 인체에 화학적으로 작용하여 인간의 육체 건강에 영향을 줄 수 있을 거라고 보았던 것이다.

1964년, 〈타임〉지에서 두 명의 미공군 군의관의 임상 연구를 소개한 기사를 본 후, 오트는 텔레비전의 방사선이 인간과 식물에 미치는 영향을 연구해 보고 싶었다. 그 기사는 신경쇠약, 만성피로, 두통, 불면, 구토 등의 증상을 보이는 30명의 어린이들을 대상으로 조사해 본 결과, 그 어린이들이 평일에는 3시간에서 6시간, 주말에는 12시간에서 20시간 동안 텔레비전을 시청한다는 사실과 그 증상들이 어느 정도 관계가 있음을 시사하고 있었다. 군의관들은 어린이들이 텔레비전에만 붙어 있느라 만성 게으름병에 걸렸다고 결론을 내리고 있었지만, 오트는 그들이 어떤 종류의 방사선의 작용을 간과한 게 아닐까 하고 생각했다. 특히 그 중 에너지 스펙트럼의 자외선 바깥쪽에 있는 X선에 의한 현상이 아닐까 하는 생각이 들었던 것이다.

오트는 자신의 생각을 시험해 보기 위해, X선을 막는 데 일반적으로 사용되고 있는 1.6밀리미터 두께의 납으로 된 차폐판遮蔽板으로 컬러 텔레비전의 화면 절반을 가리고, 나머지 절반은 가시광선과 자외선은 차단하지만 다른 전자기 파장은 통과시키는 검고 두꺼운 인화지로 가렸다.

그리고는 싹이 튼 콩을 6개의 화분에 나눠 심은 뒤, 텔레비전 앞에다 위에서 아래로 3단으로 나누어 2개조씩 놓아 두었다. 그와 동시에, 비교를 하기 위해 싹이 난 콩을 세 개씩 6개의 화분에 심은 뒤 텔레비전이 설치된 온실로부터 15미터 떨어진 바깥에다 놓아 두었다.

3주일 후, 납으로 보호된 콩과 밖에 놓아 둔 콩은 키가 15센티미터로 자라났으며, 건강하고 정상적으로 보였다. 반면에 인화지로만 가려 키운 콩은 유독한 방사선으로 말미암아 마구 비틀어져 기이한 덩굴처럼 자라났다. 심지어 어떤 것은 믿을 수 없게도, 뿌리가 땅을 뚫고 나와 바깥을 향해 뻗어 있는 것이었다. 만약 텔레비전의 방사선이 콩을 이처럼 괴물로 만들어 놓은 것이라면, 어린이들에게는 어떤 영향을 미칠 것인가?

몇 년 후, 오트는 우주 과학자들과 그 기이하게 자라난 콩에 대해 대화를 나누다가, 그들로부터 우주 공간에서 생물 캡슐 안에 심었던 밀의 뿌리도 이상하게 자라더라는 이야기를 듣게 되었다. 당시 우주 과학자들은, 그런 현상이 일어난 것은 무중력 때문일 거라고 생각했다는 것이다. 몇 명의 과학자들은, 뿌리가 기형적으로 자라는 것은 무중력 때문이 아니라 미지의 에너지로부터 방출되는 방사선 때문이라는 오트의 생각에 관심을 보이는 것 같았다.

우주 방사선들 중 수직으로 내려오는 것은 다른 각도에서 오는 것들보다 지구 대기의 저항을 적게 받기 때문에 보다 강력하다. 오트는, 식물의 뿌리가 아래로 향하는 것은 이 수직으로 내려꽂히는 방사선을 피하기 위해서가 아닐까 하고 생각했다.

콩을 기형으로 자라게 했던 방사선 실험을 흰쥐에게 해보았다. 그러자 쥐들의 활동이 처음에는 지나치게 활발하고 공격적이더니, 차츰 무기력해지다가 마침내는 쥐장 안에서 꼼짝도 하지 않는 것이었다.

오트는 또 온실 안에다 텔레비전을 놓아 두면, 4.5미터 떨어진 동물 사육실 안에 있는 쥐의 출산율이 떨어진다는 사실을 알게 되었다. 일반적인 경우엔 한 배에 8~12마리 가량 낳던 것이 한두 마리밖에 낳지 못했던 것이다. 텔레비전과 새끼 밴 쥐들 사이에는 두 개의 칸막이 벽이 있었는데도 말이다. 쥐들이 다시 정상적인 분만을 하게 되기까지에는 텔레비전을 치우고도 6개월이 지나야 했다.

최근 들어 학교에서는 규율을 제대로 잡을 수 없게 되자, 지나치게 활동적이거나 집중력이 떨어지는 어린이들에게 몇 년 전부터 행동문화제나 평정제 같은 약을 먹여 왔다. 이 같은 처사는 학부모나 의사, 정부 당국자, 심지어 의회의 의원들 사이에 큰 논란을 불러일으켰다. 오트는 아이들의 이 지나친 활동력—그들은 차츰 노곤해하거나 잠이 들었다는 보고가 있다—이 텔레비전에서 방출되는 방사선 때문일 거라고 보았다. 그래서 오트는 RCA 방송국의 생체 분석 연구실 엔지니어들에게, 자신의 이 실험을 무료로 해보자고 제안했다. 그랬더니 연구실장은 기겁을 하면서 이렇게 말하는 것이었다. "오늘날의 텔레비전이 해로운 방사선을 내다니, 말도 안 되는 소리요!"

그러나 오트는 알고 있었다. 텔레비전에서 나오는 방사선은 전자기 스펙트럼의 범위가 매우 좁기 때문에, 생체 조직은 이 좁고 강력한 에너지에 그대로 영향을 받게 된다는 것을. 그것은 돋보기로 모아진 빛이 더욱 강력한 힘을 발휘하는 것과 같은 이치이다. 그 두 가지 사이에 다른 점이 있다면, 돋보기로 모아진 빛은 한 방향으로만 집중되지만, 텔레비전에서 나오는 방사선은 방해가 없는 한 어느 방향으로든지 계속해서 뻗어 나간다는 것이다. "사실 0.5밀리-뢴트겐röntgen[7] 정도의 방사선이라면 걱정할 정도가 못 된다고 할는지 모르지만, 1파운드의 금이라도 2,000개가 모이면 1톤의 금덩어리가 된다는 것을 생각해 봐야 한다. 진실을 깨닫지 못한 채 숫자 놀이나 하는 것은 쉬운 일이다. 화씨 80도라면 인간에게 아주 쾌적한 온도이지만, 이 숫자를 배로 늘리면 지구상의 생명체들 대부분이 살아남지 못할 것이다."

전자기의 방사선이 여러 경로를 통해 식물과 동물들에게 영향을 준다는 오트의 믿음을 더욱 굳게 해준 한 사건이 있었다. 할리우드의 패러마운트 사는 브로드웨이의 히트 뮤지컬인 〈맑은 날에는 영원히 볼 수 있어요〉를 바브라 스트라이샌드 주연의 새 영화로 제작하려 했다. 그들은 영화에서 꽃이 피는 장면을 위해 오트에게 저속 촬영을 부탁했다. 그 영화 속에 여주인공이 노래를 불러 꽃을 피우게 하는 초능력 발휘 장면이 있었기 때문이었다. 촬영소에서는 오트가 제라늄, 장미, 아이리스, 튤립, 수선화 같은 꽃들을 가지고 즉시 그 일에 착수하기를 바랐다.

실외의 자연 햇빛에서와 같은 자연스러움을 연출하기 위해 오트는 자외선을 포함한 모든 스펙트럼을 발하는 새로운 형광등을 개발했다. 일정이 빠듯했기 때문에, 그는 오직 꽃들이 이 새로운 형광등 아래서 잘 피어나 주기를 기대하는 수밖에 없었다. 다행히 모든 꽃들이 잘 피어났다. 그러나 오트는 여기에서 매우 중요한 사실을 주목하게 되었다. 그것은 꽃들이 형광등의 가장자리 쪽보다는 가운데 쪽에 놓여졌을 때 가장 좋은 결과를 얻게

7—방사선의 세기를 나타내는 단위.

된다는 것이었다. 이 형광등은 텔레비전이나 엑스 레이 기계의 '음극선 총 cathode guns'과 같은 원리로 만들어졌는데, 단지 그보다 훨씬 낮은 전압을 사용할 뿐이었다. 그런데 교과서에는 그렇게 낮은 전압에서는 유해한 방사선이 방출되지 않는다고 되어 있었다. 교과서가 잘못된 게 아닐까 의심하면서, 오트는 병렬로 연결한 열 개의 형광등 두 세트를 서로 끝과 끝이 모이도록 연결하여, 도합 20개의 음극선들이 한곳에 모이도록 설치했다. 그리고는 텔레비전 실험 때 사용했던 것과 같은 종류의 싹튼 콩들을 가지고 실험을 해보았더니, 음극선 가까이에 있던 콩들은 제대로 자라지 못한다는 것을 알게 되었다. 그러나 형광등의 가운데 쪽에 놓였거나 3미터 정도 떨어진 곳에 놓였던 것들은 정상적인 생장을 보였다.

  콩으로 많은 실험을 해본 후, 오트는 현재 사용되고 있는 방사선 측정 장치보다 콩들이 훨씬 민감하다는 것을 확신하게 되었다. 계기들은 단지 한 차례의 에너지만을 식별할 뿐이지만, 생물 조직은 에너지의 축적된 효과를 나타내기 때문이었다.

  다음으로, 그는 빛의 주파수가 암의 발생이나 진행과 관계가 있는지를 알아보았다. 빛의 주파수와 암 사이에 관련이 있을 거라는 생각은, 뉴욕에서 손꼽히는 한 대형 종합병원에서 암을 연구하고 있는 어떤 의사의 협조로 얻어질 수 있었다. 그 의사는 15명의 암환자에게 가능한 한 바깥에서 선글라스를 끼지 않은 채 자연의 햇빛을 많이 쬐고, 텔레비전을 포함한 인공 광원光源을 피하라고 했다. 여름이 끝나갈 무렵, 그 의사는 오트에게 그 환자들 중 14명에게서 더 이상의 암 진행이 발견되지 않았다고 말했다.

  그러는 한편, 플로리다의 한 안과 의사가 매우 흥미있는 사실을 알려 왔다. 그 안과 의사는 망막의 한 세포층이 진정제에 대해 이상한 반응을 보인다면서, 오트에게 현미경 저속 촬영술을 써서 그 약품의 유독성 검사를 해줄 수 없겠느냐고 물어 왔던 것이다. 오트는 이 실험을 하는 데 있어, 다양한 색깔의 컬러 필터를 갖춘 위상차位相差 현미경[8]을 사용했다. 종래의 현

8—특수 현미경의 하나. 얇고 투명한 관찰 대상의 각 부위를 뚫고 지나가는 빛의 위상차를 명암의 형태로 바꾸어 준다. 관찰 대상을 염색할 필요가 없으므로 생체 세포의 관찰에 적합하다.

미경은 검사를 하기 위해 세포를 염색해야 했기 때문에 결과적으로 세포를 죽여야만 했었다. 그러나 이 기구를 쓰면, 세포를 죽이지 않아도 되었기 때문에, 세포 구조의 윤곽과 세부를 더욱 확실하게 볼 수 있었다. 오트는 푸른색 파장에는 망막 세포의 색소가 비정상적인 움직임을 보이고, 붉은색 파장에는 세포벽이 파열된다는 것을 관찰할 수가 있었다. 더욱 흥미로운 것은, 온도를 일정하게 유지시키면서 배양중인 세포에 신선한 배양액으로 영양을 공급해 주면 세포 분열이 촉진되지 않지만, 온도가 떨어지게 되면 16시간 내로 세포 분열이 가속화된다는 사실이었다.

그들은 또 망막 세포에 있는 색소 입자의 활동이 일몰 직전에 쇠퇴했다가 다음날 아침이면 정상적으로 돌아온다는 것을 발견했다. 오트에게는 그것이 엘로디아 풀의 엽록체의 경우와 흡사해 보였다. 아마도 식물과 동물들의 기본적인 기능은 지금까지 생각해 온 것보다도 훨씬 많은 유사성이 있는 듯했다.

오트는 엽록체와 망막 세포의 색소 입자의 반응은, 아마도 지구상의 모든 생명체들과 마찬가지로 햇빛의 자연 광선 스펙트럼에 '동조同調'한다는 것을 시사한다고 보았다. "그러한 현상은, 빛 에너지가 생장 조절의 주요 요소라고 인식되어져 온 식물에 있어서의 광합성의 기본 원리가 동물에게도 똑같이 적용됨을 의미하는 것 같다. 다만 동물에게서는 그것이 화학적 활동이나 호르몬의 조정에 의해 생장을 조절하는 주요 요소로 작용하게 되는 것이다."

오트는 세포 활동에 관한 다른 연구를 통해, 영양 부족이 질병을 일으키듯 열악한 조명과 방사선도 질병을 일으키는 데 중요한 몫을 한다고 결론지었다.

1970년도 미국 과학 진흥 협회의 회의에서, 루이스 메이런Lewis W. Mayron 박사는, 텔레비전 방사선에 노출된 콩과 쥐에 대한 오트의 실험에 관해 언급하면서, 다음과 같이 결론을 내렸다. "방사선은 식물과 동물 모두에게 생리학적 영향을 미치는데, 그것은 화학적인 매개에 의해 이루어진다." 그는 또 콩에 대한 형광등 실험에 대해서도 언급했다. "상점이나 사무실, 공장, 학교, 가정 같은 곳에서 형광등을 얼마나 많이 사용하고 있는가를 생각해 볼 때, 인간의 건강을 염려하지 않을 수 없다."

오트는 에블린 우드 재단으로부터 많은 지원을 받으며, 어린이의 행동에 미치는 텔레비전의 영향에 관해 계속 연구해 나갔다. 오트는 플로리다 주의 사라소타에 있는 어느 학교—이상 행동을 보이는 어린이들을 가르치는 데 열심인 학교—의 교장 아놀드 타켓Arnold C. Tackett 여사의 도움을 받아, 그 어린이들이 가정에서 보고 있는 텔레비전을 검사한 결과, 그 대부분이 상당량의 X선을 방출한다는 것을 발견했다. 특히 분해 수리도 하지 않은 채 오랫동안 사용한 텔레비전일수록 그 현상이 더욱 두드러졌다. 학부모들은 여름 방학 동안 어린이들을 가능한 밖에서 많이 놀게 하고, 부득이 텔레비전을 보게 될 경우엔 가능한 멀리 떨어져서 보게 하겠다고 동의했다.

다음 학기의 11월 경, 타켓 여사는 그러한 지도를 받은 어린이들의 행동이 눈에 띄게 좋아졌다고 보고할 수 있었다.

1960년대 후반에 미국 의회는 381명 전원의 만장일치로 방사능 규제 법안을 통과시켰다. 이 법안의 공동 제출자인 플로리다 주 하원의원인 폴 로프스Paul Ropes는 "전자 제품에서 나오는 방사선을 규제할 수 있게끔 길을 열어 준 오트에게 감사한다."고 밝혔다. 그러자 오트는 자기에게 그 길을 가르쳐 준 식물들에게 감사한다고 말했다.

구르비치, 란, 크라일, 그 외에 전기 재배를 주장한 사람들의 연구는, 결국 생물체는 전기나 자기적 성질을 갖는다는 갈바니와 메스머의 생각들을 뒷받침하고 있다. 그럼에도 불구하고, 생물체가 그 주위에 입자 물리학의 세계에서 받아들여지고 있는 것과 같은 전자기장을 갖는다고 주장한 사람이 한 사람도 없었다는 것은 참으로 이상한 일이 아닐 수 없다. 예일 대학의 두 교수가 과감하게도 그 생각을 전개했는데, 철학자인 노스럽F. S. C. Northrop 교수와, 갈바니처럼 의사이면서 해부학자인 해럴드 색스턴 버Harold Saxton Burr 교수가 바로 그 주인공들이다.

그들은 생명체의 구조를 조직하는 것은 다름아닌 전기장이라고 주장함으로써, 화학자들에게 지금껏 발견된 수없이 많은 개별적 구성 요소들을 하나로 묶을 수 있는 새로운 근거를 제시했다. 또한 이로써 생물학자들에게는, 그들이 그토록 오랜 세월을 두고 고심해 오고 있는 문제, 즉 6개월마다 교체되는 인체의 모든 세포들이 어떤 '메커니즘'에 의해 제 위치를 찾는가 하는 문제에 더이상 매달릴 필요가 없음을 시사했다. 그것은 이미 폐기되었던 갈바니의 전기 이론이나 메스머의 동물자기 이론을 되살려 놓았을 뿐만 아니라, 앙리 베르그송의 '생명의 약동 lan vital'이나 독일의 생화학자 한스 드리슈 Hans Driesch의 '엔텔레키 entelechy' 등에 대한 실체적 근거를 마련해 주는 것이었다.[9]

자신들의 이론을 증명하기 위해, 버와 그의 동료들은 새로운 형태의 전압계를 만들었다. 이 전압계는 기계 자체가 연구할 생명체로부터 어떠한 전류도 흡수하지 못하게 설계되어, 생명체의 전자기장을 완전한 형태로 파악할 수 있게 한 것이었다. 20년간에 걸쳐 이 기계와 좀더 정교하게 개량된 기계들을 가지고 연구한 결과, 그들은 식물과 동물의 세계에 대해 놀랄 만한 것들을 밝혀낼 수 있었다.

산부인과 의사인 루이스 랭먼 Louis Langman 박사는 버의 이론을 토대로 연구한 결과, 여성의 배란 시기를 정확히 측정할 수 있었다. 어떤 여성들의 경우에는 생리 주기와 관계 없이 배란이 이루어졌으며, 심지어 생리를 하지 않고도 배란이 이루어지는 경우도 있음을 발견하게 되었던 것이다. 그 배란 시기를 알아내는 방법은 매우 간단하고, 카톨릭 교회에서 말하는 배란 주기에 의한 임신 조절과도 어긋나지 않는 것이었지만, 보다 효과적인 임신이나 피임법을 알고자 하는 수많은 여성들에게 아직 보급되지 못하고 있다.

또한 버는 신체 어느 부위에 질병의 징후가 나타나기 이전인 잠복기에 미리 질병을 관찰할 수 있고, 질병의 치유 속도도 측정해 낼 수 있으리라 단정했다. 사실 그는 이제 막 부화하기 시작한 달걀을 깨뜨리지도 않은 채,

---

9—생명은 물질적 요인과 자연법칙만으로 설명될 수 없으며, 따라서 독자적이고 초월적인 원리나 힘이 존재한다고 가정하는 관념론적 설명 방식을 생기론 vitalism이라 한다. 생기론의 오랜 역사에 따라, 초월적 성격을 가진 생명의 본질적 원인을 가리키는 다양한 개념들이 생겨났다. 여기서 언급된 '생명의 약동', '엔텔레키'말고도 아리스토텔레스의 '아니마 anima', 볼프의 '본질적인 힘' 등도 이에 속한다.

그 달걀의 어느 부분이 나중에 병아리의 머리 부분이 될 것인지 짚어낼 수도 있었던 것이다.

오트는 식물의 세계에도 관심을 기울여, 씨앗의 주위에 그가 '생명장 life-fields'이라고 부르는 것이 있음을 측정해 낼 수 있었다. 만약 그 식물의 유전자가 단 하나라도 변하게 되면 씨앗의 전압 패턴에 엄청난 변화가 일어나는 것이 발견되었던 것이다. 그가 발견한 것들 중, 식물 재배자들에게 가장 흥미를 끌 만한 것은, 씨앗을 전기로 진단하는 것만으로도 그 식물이 장차 얼마나 건강하게 자라날 수 있을 것인가를 예견할 수 있다는 사실이었다.

모든 생물체 중에서 가장 오래 살면서도, 활동성이 적은 것은 바로 나무들일 것이다. 버는 거의 20년이란 세월에 걸쳐, 코네티컷의 올드 라임에 있는 예일 대학교의 교정과 자신의 실험실 주변에 있는 나무들의 생명장을 기록했다. 그 결과, 그 기록들은 달의 주기, 몇 년씩의 간격을 두고 나타나는 태양의 흑점 활동과 관련이 있을 뿐만 아니라, 영문은 알 수 없지만 3개월과 6개월의 주기를 보인다는 것이 발견되었다. 이러한 결과는, 그동안 의심해 왔던 농민들의 말—작물을 심을 때는 달의 모양에 맞춰 심으라—에 대한 의심을 종식시키기에 충분한 것이었다.

헤럴드 색스턴 버의 제자들 중 뒤에 정신병리학자가 된 래비츠 2세 J. Ravitz Jr.는 버가 발견했던 기술을 이용하여 1948년부터 이미 최면의 깊이를 측정해 오고 있었다. 그리하여 그는, 인간은 심지어 깨어 있을 때를 포함하여 거의 대부분 최면 상태에 있다는 그리 놀랍지 않은 결론에 도달하게 되었다.

인간의 생명장을 계속해서 그래프로 기록해 보면, 전압이 주기적으로 오르내린다는 것을 알 수 있다. 그래프상의 봉우리와 골짜기는 그 사람의 기분 상태와 관계가 있다. 기분이 좋을 때는 전압이 상승하고, 나쁠 때는 그 반대가 되는데, 이 도표를 미리 만들어 두면 기분이 좋은 주간과 나쁜 주간을 미리 예견할 수 있다. 이것은 빌헬름 플리에스 Wilhelm Fliess 박사— 그가 보낸 편지는 자기自己를 분석중이던 지그문트 프로이트를 매우 고무시켰다—가 처음으로 이론화한 생체 리듬 이론의 연구자들이 제시한 내용과 그대로 일치하는 것이었다.

　래비츠에 의해 더욱 발전된 버의 생명에 대한 연구는, 생명체 주위에 형성된 생명장으로 신체 내부에서 일어나는 물리적 현상들을 예견할 수 있게 하는 것이었다. 그리하여 보겔도 이미 지적했듯이, 이 생명장을 조절함으로써 정신의 작용만으로도 자신에게 해를 끼치거나 이로운 물질들에 영향을 줄 수 있다는 이론을 제시하게 된 것이다. 그러나 그러한 생각들은 의학계를 주도하는 사람들의 주목을 끌지 못하다가, 최근에 와서야 비로소 진지하게 고려의 대상이 되고 있다.

　시베리아의 오브 강변에 위치한 공업도시 노보시비르스크의 임상실험 의학 연구소에서는 1972년에 한 놀라운 발견을 했다. 그것은 구르비치, 란, 크라일 등의 발견을 강력하게 지지하는 것으로서, 그로 인해 의학자들은 지금 깊은 충격을 받고 있다.

　자동화 및 전기 측정 연구소 출신의 시추린 S. P. Shchurin과 두 명의 동료들은, 세포들이 자신이 전하고자 하는 뜻을 특정한 전자기파 형태로 부호화하여 서로 '의사'를 전달한다는 것을 발견하여, 소련 발명·발견 위원회로부터 특별 훈장을 받았다.

　그들은 똑같은 종류의 배양 조직을 유리벽으로 차단한 밀봉 용기에 나눠 넣은 다음, 한쪽에다 치명적인 세균을 투입했다. 그러자 세균의 침입을 받은 조직 세포들은 전멸해 버렸으나, 다른 쪽의 조직 세포들은 그대로 살아남았다.

　이번에는 유리벽을 석영 유리로 대체하여 같은 실험을 해보았다. 그러자 실로 놀라운 일이 벌어졌다. 세균들이 분명 석영 유리를 통과할 수 없었음에도, 세균을 투입하지 않은 쪽 세포들도 모두 죽어 버렸던 것이다. 화학약품이나 방사선 같은 것으로 실험을 해보았으나, 석영 유리로 칸막이를 하면 어김없이 다른 쪽도 따라 죽는 것이었다. 대체 무엇이 아무런 처리도 하지 않은 세포들을 죽이는 것일까?

　보통 유리는 자외선을 차단하지만, 석영 유리는 그것을 통과시킨다. 소련의 과학자들은 여기에 무슨 해결의 열쇠가 있으리라고 보았다. 그들은 양파 세포가 자외선을 방출한다고 했던 구르비치의 연구를 상기했다. 그리하여 1930년대 이후 잊혀져 왔던 그의 이론을 부활시켰다. 세포 내의 에너지 수준을 자동적으로 기록할 수 있는 장치를 부착시킨 전자 현미경으로 조사해 본 결과, 그들은 배양 조직 세포의 생명 상태가 정상일 때는 자외선의 빛―인간의 눈에는 보이지 않지만, 그 진동이 기록 장치에 의해 파악된다―도 안정을 유지하지만, 침입을 받아 세포가 싸움을 시작하면 자외선의 방출도 훨씬 강렬해지는 것을 발견할 수 있었다.

모스크바의 신문들에 실린 이 실험의 보고서는 이렇게 밝히고 있다. "꿈 같은 소리로 들리겠지만, 고통을 받고 있는 세포에서 방출되는 자외선이 그 고통의 정도에 따라 파동의 형태로 부호화된다. 이 부호들이 정보를 전달하여 다른 세포들에게 전해지는 것이다. 그것은 모르스 부호가 인간의 언어를 점과 짧은 선으로 전달하는 것과 같은 이치이다."

이 실험을 통해서, 두번째 세포가 첫번째 세포와 똑같은 형태로 죽어가는 것이 관찰됨으로써, 그들은 건강한 세포가 죽어가는 세포의 신호에 노출되는 것은 위험하다고 보게 되었다. 그것은 세균이나 독극물, 해로운 방사선 등에 노출되는 것과 마찬가지이기 때문이었다. 죽어가는 첫번째 세포로부터 경고 신호를 받은 두번째 세포는 저항할 채비를 서두르게 된다. 그리고는 존재하지도 않는 적들로부터 습격이라도 받은 것처럼 치명적인 타격을 입게 되는 것이었다.

모스크바의 신문들은 노보시비르스크에서의 연구가 인체 내에서 질병에 맞서 싸우는 것이 무엇인지를 정확히 가려내는 데 도움을 줄 거라고 평하면서, 그것이 어떻게 질병의 진단에 새로운 지평을 열 것인가에 대해 시추린의 말을 인용하여 보도했다. "우리는 이 방사선이 바이러스의 출현을 알리고, 또 악성으로 번지는 것에 대한 최초의 경보를 울릴 것이라고 확신합니다. 현재로서는 간염 같은 여러 다양한 질병들을 조기에 정확히 진단하기가 대단히 어렵지만 말입니다."

결국 반 세기라는 세월이 지나서야, 구르비치의 빛나는 연구가 자기 나라 사람들에게 인정을 받게 된 셈이다. 아울러 그들은 또 한 사람의 이름 없는 동포 세묜 키를리안Semyon Kirlian의 업적도 인정했다. 그는 헤럴드 색스턴 버와 래비츠가 인간과 식물의 주위에 있다고 정확히 묘사하면서 측정까지 해냈던 '힘의 장force field'의 이상한 모습을 사진으로 찍어 냈던 것이다.

제13장
식물과 인간을 둘러싼 오라의 비밀

긴 열차가 모스크바에서 쿠반 강에 연한 러시아 남부의 내륙항 크라스노다르로 가는 긴 여로의 마지막 종착지를 향하고 있었다. 크라스노다르는 대 카프카스 산맥의 산들 중 유럽에서 가장 높은 화산 엘부르스의 서북쪽 320킬로미터 지점에 있다.

소련 관리 전용 객실의 안락의자에 앉은 한 식물 전문가는 단조로운 시골 풍경을 바라보는 것에 진력을 느끼고 있었다. 때는 1950년이었는데, 제2차 세계대전 당시 나치에 의해 파괴된 잔해들이 아직도 얼마 복구되지 않은 채 그대로 버려져 있었다. 그는 작은 가방을 열어, 모스크바를 떠나 올 때 온실에서 따 온 두 개의 비슷하게 생긴 잎사귀들을 살펴보았다. 축축히 적신 목화솜에 싸여 아직도 싱싱하게 푸른 잎사귀를 보고 마음이 놓인 그는, 안락의자에 깊숙이 기대어 펼쳐지는 카프카스 산록지대의 경치에 감탄을 발했다.

같은 날 늦은 저녁 시간에, 크라스노다르에 있는 한 작은 아파트의 조그만 연구실에서는 전기 기사이자 아마추어 사진사인 세묜 다비도비치 키를리안Semyon Davidovich Kirlian이 그의 아내인 발렌티나Valentina와 함께 어떤 장비를 손보고 있었다. 그들이 그 장비를 만들기 시작했던 것은 나치가 그 마을로 쳐들어오기 2년 전부터였다.

그들은 이 새로운 장비를 가지고, 모든 생물체에서 나오는 이상한 냉광冷光을 렌즈나 카메라 없이 사진으로 재생시킬 수 있음을 발견했었다. 그 전까지 이 냉광은 육안으로는 볼 수 없는 것이었다.

이때 느닷없이 노크 소리가 들리자, 그들은 깜짝 놀랐다. 그런 늦은 시간에는 찾아올 사람이 없었기 때문이었다. 문을 열어 본 그들은 전혀 낯선 사람이 서 있는 것을 보고 더욱 아연했다. 찾아온 손님은 이상한 에너지의 사진을 찍기 위해 멀리 모스크바에서 방금 도착했다면서, 그 일은 오직 키를리안만이 할 수 있다는 말을 들었다고 했다. 그는 가방에서 잎사귀 두 개를 꺼내 키를리안에게 건네주었다.

자신들의 발견이 공식적으로 인정될 기회를 잡았다는 데 흥분한 키를리안 부부는 자정이 넘도록 일에 매달렸다. 그러나 실망스럽게도, 한쪽 잎사귀에서는 에너지의 불꽃이 선명하게 나타났으나, 다른 쪽의 것은 아주 미약한 불꽃만이 나타날 뿐이었다. 그들은 나머지 한 장을 마저 성공시키려고 밤을 꼬박 지새웠으나 끝내 실패하고 말았다.

아침이 되어, 맥이 빠진 그들이 나타난 결과를 보여주자, 이 모스크바의 과학자는 놀라움에 찬 소리를 질렀다. "당신들, 발견해 냈구료! 이걸 사진으로 증명해 냈단 말이오!" 그러면서 그는, 두 잎사귀 중 하나는 건강한 식물에게서 떼어낸 것이고, 다른 하나는 병든 것에서 떼어낸 것이라고 설명하는 것이었다. 육안으로 보기에는 둘 다 똑같아 보이지만, 사진에는 분명히 다르게 나타났던 것이다. 즉, 식물이 병들었을 때, 그 질병의 증세가 겉으로 드러나 눈으로 식별할 수 있을 정도가 되기 전에 그 에너지장으로 그것이 병들었음을 분명히 나타내 보인 것이다.

동물이나 인간뿐만 아니라 식물도, 분자나 원자로 이루어진 육체에 스며퍼져 있는 에너지—아원자亞原子 subatom나 원형질로부터 나오는—로 이루어진 얇은 막의 장場을 갖고 있다는 것은 수세기 전부터 투시가들이나 철학자들에 의해 주장되어 온 바였다. '오라aura'라고 불리는 이 특별한 에너지장은, 성인을 그린 옛날의 초상화에도 그 머리 주위에 금빛 후광으로 묘사되어 있는데, 유사 이래 초감각적 지각력을 지닌 사람들에 의해 계속 주목되어져 온 것이었다. 키를리안 부부는 촬영할 대상에다 필름이나 원판을 갖다댄 후, 그 대상에다 초당 7만 5천에서 20만 회의 전기적 진동을 일으키는 고주파 발전기의 전류를 흐르게 함으로써 이 '오라' 혹은 그 비슷한 것을 사진으로 찍어낼 수 있었다.

잎사귀를 필름과 함께 두 전극 사이에다 끼워 넣은 후 전류를 흐르게 함으로써, 투시가들에게만 보였던 환영—미세한 빛의 별들로 이루어진 작은 우주—이 펼쳐지게 되었다. 잎사귀의 도관導管을 따라 흐르는 듯한 하얀색과 파란색, 심지어 빨간색과 노란색의 불꽃들이 사진으로 분명히 찍혀 나왔던 것이다. 잎사귀 주위의 이러한 방사물, 즉 힘의 장은 잎사귀를 잘라내는 식으로 해를 입히면 그 형태가 일그러졌다. 그리고 잎사귀가 죽어감에 따라 그 빛도 차츰 줄어들다가 마침내는 완전히 사라지고 마는 것이다. 그런 뒤, 키를리안 부부는 다시 연구를 계속한 끝에 현미경이나 다른 광학 장치를 이용하여 이 냉광을 확대시킬 수 있게 되었다. 에너지의 빛살이나 소용돌이치는 빛의 불꽃 알갱이들의 모습은, 마치 식물이 그들을 우주 공간으로 쏘아 보내기라도 하는 듯이 밖으로 퍼져 나가는 양상을 보이고 있었다.

키를리안 부부는 또 동전 따위와 같은 모든 종류의 '무생물'을 가지고도 실험을 해본 결과, 그 하나하나가 각기 발하는 빛의 형태가 다름을 알게 되었다. 흥미로운 사실은, 2코페이카[1]짜리 동전은 주위에 일정한 빛을 발할 뿐인 데 반해, 인간의 손가락 끝은 마치 화산의 폭발 같은 에너지 불꽃을 분출한다는 것이었다.

키를리안 부부가 소련에서 유명 인사로 떠오르게 된 것은, 그들이 모스크바에서 온 방문객에게 병든 잎사귀의 오라 사진을 보여주었던 때로부터 10년이 지나서였다.

1960년대 초반에 소련 보건부의 레프 페도로프Lev Pedorov 박사는 이

1―러시아의 동화銅貨. 1루블의 100분의 1이다.

사진술이 의학적 진단에 매우 유용하게 쓰일 수 있다고 보고, 키를리안 부부에게 최초의 연구 자금을 지원했다. 그러나 페도로프가 죽고, 학계의 의심 많은 사람들이 다시 주도권을 잡게 되자, 모스크바로부터 보내지던 지원금도 삭감되고 말았다.

　키를리안 부부의 연구가 다시금 세상 사람들의 주목을 끌게 된 것은, 한 신문기자가 그들의 이야기를 기사화했기 때문이었다. 기자 벨로프 I. Belov는 이렇게 썼다. "이런 한심스런 상황은 혁명 전이나 다를 바가 없다. 혁명 전 차르 시대의 관리들은 새로운 것은 확실치 못한 것이라고 단정짓지 않았던가. 키를리안 부부가 새로운 발견을 해낸 지 '25년이란 세월이 흘렀건만', 정부의 담당 관리들은 여전히 아무 자금도 지원해 주지 않고 있다."

　벨로프의 노력은 확실히 효과가 있었다. 1966년 카자흐 공화국의 수도인 알마 아타에서 '생물학적 에너지'라고 부르는 것에 흥미를 갖는 과학자들의 회의가 열리게 되었던 것이다. '생물에너지학의 문제'라는 제목으로 열린 이 회의에서, 모스크바의 생물물리학자 빅토르 아다멘코Viktor Adamenko는 키를리안 부부와 공동으로 '고주파 전기 에너지장을 이용한 생물의 연구'라는 보고서를 발표했다. 이 보고서는, '전기적 생물 냉광electrobioluminescence'의 스펙트럼을 연구하는 데는 대단히 많은 어려움이 따른다고 역설했다. 그러면서 "그러한 문제들이 극복되면, 생체 내의 생물학적 에너지에 대한 귀중한 정보들을 얻을 수 있게 될 것이다."라고 덧붙였다.

　소련이 이 문제에 관심을 높이게 된 반면, 미국의 과학계는 그러고도 3~4년이 더 지나서야 겨우 관심을 보이게 되었다. 미국의 과학계에서는 라이히가 1939년에 발견한 오르곤, 즉 식물과 인간에 있어서의 생명 에너지라는 개념을 엉터리 수작으로 간주하고 있었다. 그러던 미국이 이 문제에 관심을 갖게 된 계기는, 소련의 과학 출판물을 통해서가 아니라, 두 사람의 미국인 기자, 즉 실러 오스트랜더Sheila Ostrander와 린 슈뢰더 Lynn Schroeder가 1970년 여름에 공동으로 발표한 《철의 장막 저편의 심령 발견 Psychic Discoveries Behind Iron Curtain》이라는 책을 통해서

다.

한때 브로드웨이의 여배우로 있다가, 현재 로스엔젤레스에 있는 캘리포니아 대학의 신경 정신병리 연구소의 교수로 있는 텔머 모스Thelma Moss는 그 책의 내용에 대단한 호기심을 느꼈다. 그래서 그녀는 소련으로 직접 편지를 보내어, 알마 아타 대학의 블라디미르 이뉴신Vladimir Inyushin 교수로부터 초청장을 받게 되었다.

이뉴신은 몇 명의 동료들과 함께 연구한 끝에, 키를리안 부부의 연구에 기초한 자신의 실험을 1968년에 〈키를리안 효과의 생물학적 본질〉이라는 제목으로 책만한 분량의 논문을 펴냈었다. 키를리안은 자신의 사진에 찍힌 이 이상한 에너지가 "생물체의 비전기적인 특성이 전기적인 특성으로 바뀔 때 생겨난 것이 필름에 전달된 것"이라고 했으나, 이뉴신과 그의 동료들은 여기서 한 걸음 더 나아가 다음과 같이 주장했다. 즉, 그들은 키를리안의 사진에서 볼 수 있는 이 생체 냉광은, 유기체의 전기적 성질에 의한 것이 아니라 '생물학적 플라스마체biological plasma body'에 의한 것이라고 단언했던 것이다. 이 생물학적 플라스마체는 고대인들이 말하던 '에테르'체나 '아스트럴astral'체를 대신할 수 있는 새로운 용어라고 볼 수 있을 것이다.

오늘날의 물리학에서는 플라스마를 '이온, 전자, 중성적 입자들로 구성된, 고도로 이온화된 전기적 중성의 가스'라고 정의하면서, 고체, 액체, 기체에 이은 '물질의 제4상태'라고 부르고 있다. 연합군이 유럽에서 분투하고 있던 1944년에 소련의 그리시첸코V. S. Grishchenko가 쓴 《물질의 제4상태 The Fourth State of Matter》라는 책이 프랑스 파리에서 발간된 적이 있었다. 그러므로 '바이오플라스마bioplasma'라는 신조어에 대한 공로는 그리시첸코에게로 돌아가야 할 것이다. 같은 해에 미토겐선腺의 발견자인 구르비치는 모스크바에서 20년간의 연구를 결산하는 《생명장 이론 The Theory of a Biological Field》이라는 저서를 발간했었다.

바이오플라스마체의 내부에서 일어나는 운동은, 물리적 육체 내에서 일어나는 에너지 형태와는 다른, 복잡한 운동 형태를 갖는다고 이뉴신은 말했다. 그렇다고 혼돈의 상태로 있는 것이 아니라, 전체가 극성을 띤 하나의 조직체처럼 통일되어 있으면서 스스로 전자기장을 발생시키며, 또 '생명의 장'의 기초를 이룬다고 말했다.

저녁 비행기를 타고 알마 아타에 도착한 텔머 모스는, 이뉴신으로부터 자신의 연구실 방문과 학생들을 위한 강의를 해달라는 초청을 받았다. 그녀는 자신이 키를리안 사진을 연구하기 위해 소련의 연구소를 방문한 첫 미국인 과학자라는 사실에 흥분을 느끼며 잠이 들었다. 그러나 다음날 아침, 그녀는 호텔로 자신을 데리러 온 이뉴신으로부터 실망스런 말을 듣게 되었다. 이뉴신은 유감스럽다는 듯이 이렇게 말했다. "모스크바로부터 방문 허가가 떨어지지 않았습니다."

하지만 그녀는 이뉴신으로부터 키를리안 사진에 대한 지난 6년간의 연구에 대해 들을 수 있었다. 그는 인체의 특정한 부분이 다양하고도 특징적인 색채를 띠는 것을 발견했는데, 이것은 의학적 진단에 중요한 의미가 있다고 말했다. 또 그는 키를리안 사진이 오후 4시 경에 찍으면 가장 선명한 사진이 나오고, 한밤중에 찍으면 가장 나쁜 사진이 나온다고 했다. 모스가 "당신이 말하는 '바이오플라스마'라는 것은 서방측의 신비학에서 말하는 오라나 아스트럴체를 가리키는 것입니까?"하고 직선적으로 묻자, 이뉴신은 즉각 그렇다고 대답했다.

서양의 고대 철학이나 동양철학 및 신지학에서는, 인간의 육체에는 에테르체, 유체流體 혹은 유체幽體 같은 것으로 불리는 또 다른 에너지체가 있다고 했다. 그것은 물질적 육체를 통합시키는 동인動因이고, 우주의 비물질적 내지 아원자적인 것의 소용돌이를 각 물질적인 개체로 변화시켜 주는 자기대磁氣帶이자 생명이 육체와 교신하는 통로, 텔레파시나 투시력 같은 것의 투영 매체라고 믿어져 온 것이다. 과학자들은 지난 수십 년 동안 그것을 직접 눈으로 볼 수 있는 방법을 찾고자 노력해 왔었다.

모스가 알마 아타에 머물고 있는 동안, 모스크바에서는 뉴욕의 메모나이드즈 메디컬 센터의 정신병동 책임자인 몬터규 울먼Montague Ullman이 아다멘코와 인터뷰를 나누고 있었다.

울먼은 아다멘코로부터 놀랄 만한 정보를 얻게 되었는데, 그것은 바이오플라스마가 자기장 속에 놓이면 격렬한 움직임을 보이지만, 평소에는 고대

중국인들이 침을 놓는 경혈經穴로 보이는 인체의 수백 군데에 집중된다는 것이었다.

수천 년 전, 중국인들은 인체에서 생명 에너지 혹은 생명력이 순환하는 통로라고 믿은 700여 개의 경혈을 그려 냈었다. 그들은 그 자리에 침을 꽂아 에너지의 흐름을 조절함으로써 병을 고쳤던 것이다. 키를리안의 사진에서 불꽃이 가장 밝게 빛나는 곳은 바로 중국인들이 그린 경혈과 일치하는 듯했다.

이뉴신은 바이오플라스마체 때문에 그러한 현상이 나타난다고 말했지만, 아다멘코로서는 그렇다고 확신할 수가 없었다. 그것은 아직 그것이 존재한다는 '엄밀한 증거'가 없었기 때문이었다. 따라서 그는 눈으로 볼 수 있는 이 방사물을 '생체가 대기 중으로 내보내는 전자의 무열無熱 방사'라고 정의했다.

미국에서는 이 '전자의 무열 방사'를 일반적으로 '코로나 방전'으로 해석하고 있었다. 코로나 방전이란, 사람이 융단 위를 걸어가거나 마찰시킨 금속을 건드릴 때 일어나는 정전기 현상 같은 것으로서, 일식이나 햇무리, 옅은 구름이 끼었을 때 보이는 태양의 채층彩層[2] 바깥쪽에 반지 모양으로 희미하게 빛나는 코로나에서 그 이름을 따온 것이다. 하지만 이 고상한 이름은, 그 실체의 본질이나 기능을 전혀 설명할 수 없는 것이었다.

미국 심령 연구 협회의 회장이기도 했던 울먼은, 키예프의 전기 생리학자인 아나톨리 포트시브야킨Anatoly Podshibyakin의 발견에 대단히 흥미를 느꼈다. 포트시브야킨은 바이오플라스마가 태양의 표면 변화에 즉각적인 반응을 보인다는 것을 발견했었다. 태양에서 나온 우주 입자가 지구에 도달하려면 이틀이나 걸리는데도 말이다.

많은 초심리학자들은 인간을, 지구와 우주에 펼쳐져 있는 '생명의 그물'을 이루는 한 부분이라고 보고 있다. 그들은 인간이 바이오플라스마를 통해 우주와 연결되며, 다른 사람의 기분이나 질병에 반응을 보이는 것처럼 별들의 변화에도 반응을 보인다는 것이다. 즉, 자기 자신 외의 다른 사람의

2—태양의 맨 가장자리를 덮고 있는 붉은색의 가스층.

생각이나 감정, 소리, 빛, 색깔, 자기장, 계절, 달의 주기, 조수 간만의 차, 번개, 태풍, 소음 따위와도 매우 밀접한 관계가 있다는 것이다. 만약 우주나 환경에 어떤 변화가 생기면, 인체의 생명 에너지에도 반향이 일어나, 그 육체에 영향을 미치게 된다고 한다. 초심리학자들은, 인간이 살아 있는 식물들과 직접 교신을 할 수 있는 것은 바로 이 바이오플라스마에 의해서라고 믿고 있다.

또 다른 미국의 초심리학 연구자이자, 뉴욕의 메모나이드즈 메디컬 센터의 꿈 연구소―그림을 이용하여 사람이 잠을 자는 동안 자기가 원하는 꿈을 꾸도록 하는 데 성공했다―의 소장으로 있는 스탠리 크리프너 Stanley Krippner 박사가 1971년 여름에 소련을 방문했다. 그는 모스크바 체류중에, 미국인으로서는 최초로 교육과학 아카데미로부터 심리학연구소의 강연에서 초심리학에 관한 연설을 해달라는 청탁을 받게 되었다. 그 강연에는 약 200여 명의 정신병리학자, 물리학자, 기술자, 우주 과학자, 그리고 훈련중인 우주비행사 등이 참석했다.

그곳에서 크리프너는, 레닌그라드의 우흐톰스키 육군 연구소에서 근무하고 있는 신경 생리학자 게나디 세르게예프 Genady Sergeyev가, 니나 쿨라기나의 키를리안 사진을 찍었다는 것을 알게 되었다. 쿨라기나는 직접 손을 대지 않은 채 단지 그 위를 스치는 것만으로도 탁자 위에 놓인 클립이나 성냥, 담배 같은 것을 움직이게 할 수 있는 초능력의 소유자였다.

세르게예프의 사진에는, 쿨라기나가 초능력을 발휘할 때 그녀의 신체 주변에 바이오플라스마 장이 팽창하면서 리듬감 있게 진동하는 것이 그대로 나타나 있었다. 그리고 그녀의 눈에서는 이 무열광의 빛살이 쏟아지듯 방사되고 있었다.

1971년 가을, 미국 스탠퍼드 대학의 재료과학과 과장이자 결정학結晶學의 세계적인 권위자인 윌리엄 틸러 William A. Tiller 교수는 소련으로부터 키를리안 사진을 함께 연구해 보자는 초청을 받게 되었다. 그 초청은 모스크바 대학의 응용 초심리학부 부부장副部長으로 있는 에드워드 나우모프 Edward Naumov가 보낸 것이었다.

틸러 역시 모스나 울먼처럼 소련의 연구소를 방문해도 좋다는 허가는 받지 못했으나, 아다멘코와 함께 며칠을 보낼 수는 있었다. 미국으로 돌아온 그는 고도로 전문적인 보고서를 썼다. "키를리안의 방법과 장치는 초심리학과 의학 분야의 연구에 있어서 대단히 중요하다. 따라서 우리도 조속히 이 같은 장치를 마련하여 소련에서의 실험 성과들을 재현하는 데 관심을 쏟아야 할 것이다."

틸러는, 아다멘코와 마찬가지로 새로운 개념의 바이오플라스마를 설정하는 대신 '전자의 무열 방사'라는 개념을 생각했다. 그리고는 자신의 연구실에서 키를리안 사진을 얻기 위한 매우 복잡한 장비를 만들었다.

미국에서 키를리안 사진을 찍은 최초의 인물 가운데는 텔머 모스도 끼어 있다. 그녀는 켄덜 존슨Kendall Johnson이라는 제자의 도움을 받아 그 작업을 했다. 모스와 존슨은 자신들이 개발한 기계로 잎사귀의 컬러 키를리안 사진을 찍음으로써 가시 영역 내의 거의 모든 파장을 포착한 최초의 미국인이 되었다. 이 컬러 사진으로 보면, 동전도 인간의 손가락 끝에서 나오는 에너지의 사진처럼 붉고, 하얗고, 푸른 색깔의 빛을 발한다는 것을 알 수 있었다.

뉴멕시코 주의 엘버커크에 사는 전기 기술자인 헨리 몬티스Henry C. Monteith는 가정에서 쓰는 6볼트짜리 배터리 두 개, 자동차 라디오용 발전기, 그리고 아무 자동차 부품점에서든 쉽사리 구할 수 있는 점화 코일 등을 가지고 하나의 기계를 만들었다. 소련인들과 마찬가지로, 몬티스는 살아 있는 잎사귀가 기존의 그 어떤 이론으로도 설명할 수 없는 아름답고 다양한 빛을 발한다는 것을 발견해 냈다. 그는 또 죽은 잎사귀는 기껏해야 단조롭고 희미한 빛밖에 발하지 못하는 것을 보고 매우 불가사의하다는 생각이 들었다. 그런데 3만 볼트의 전압으로 실험해 보았더니, 죽은 잎사귀는 필름에 아무 것도 찍히지 않았다. 잎사귀를 물에 적셔 보기까지 했으나 결과는 마찬가지였다. 그러나 살아 있는 잎사귀는 스스로 내는 방사선이 분명하게 나타나는 것이었다.

30년이 넘는 세월을 거쳐 발전돼 온 이 촬영술—대부분의 서양 과학자들로부터 '미친 작자들이 떠들어 대는 소리'라고 무시돼 왔었던 '오라'의 실체를 발견할 수 있을 것 같은—에 대한 잠재적 의미에 미국이 주목하게 되면서부터, 보다 신뢰할 만한 정확한 정보가 필요하게 되었다. 크리프너는 몇 사람의 재정 후원자의 도움을 받아, 1972년 봄에 맨해튼에서 '키를리안 사진과 인간의 오라에 대한 제1차 서방 회의'를 개최하기에 이르렀다. 회의장에는 의사, 정신병리학자, 정신분석학자, 심리학자, 초심리학자, 생물학자, 기술자, 사진기사 등이 운집하여 대성황을 이루었다. 그곳에서 모스와 존슨은, 송곳으로 찌르기 전과 찌른 후의 잎사귀 사진을 보여주었다. 이 놀랄 만한 사진은 키를리안 방식으로 찍은 것인데, 상처를 입은 잎사귀는 그 중앙에 피같이 붉은 색깔의 커다란 에너지 웅덩이 같은 것이 나타났다. 상처를 입기 전에는 밝은 하늘색과 분홍색으로 빛나던 자리였는데 말이다.

모스와 존슨은 또 자기들의 손가락 사진을 찍은 결과, 날마다, 그리고 시간마다 다르게 나타나는 것을 발견했다. 이것으로 인간의 감정이나 정신 상태와 손가락 끝에서 나오는 방사선 사이에는 신비한 관계가 있음이 더욱 확실해졌다.

잎사귀를 찍은 사진이 여러 변수들에 의해 다양한 모습을 나타냄에 따라 모스는 다음과 같은 추측을 하기에 이르렀다. "어떤 주파수의 오라 사진을 얻어 낸다 하더라도, 우리는 그 재료의 특수한 상태에 따라 발해지는 것과 똑같은 주파수로 공명할 수 있다. 이렇게 해서 우리는 하나의 전체적인 사진이 아니라, 그 사진이 담고 있는 각기 다른 단편적인 정보들을 얻을 수 있게 되는 것이다."라고.

틸러는 잎사귀와 인간의 손가락 끝에서 나오는 방사선이나 에너지는 고형固形의 물질로 형성되기 이전에 존재하는 어떤 것으로부터 나오는 것일 거라고 추측했다. "아마도 이것은 실체의 또 다른 수준인 듯하다. 잎을 예로 들어 볼 때, 사진에 나타나는 이 홀로그램hologram[3]은, 잎사귀가 지닌 응집력 있는 에너지 형태, 즉 물질을 조직화하는 힘의 장에 의해 스스로 일종의 물질적 그물 모양으로 조직화되어 나타나는 것으로 보인다."

3—홀로그래피에서, 입체상을 재현하는 간섭 줄무늬를 기록한 매체. 홀로그래피란, 물체에 반사되어 꺾인 광파를 간섭干涉시켜서 생긴 줄무늬를 사진 건판에 기록한 뒤, 그것에 다른 광파를 비추어 신호파를 재생한 후 물체의 입체상을 복원하는 방법이다.

그는 이 그물 조직의 일부가 잘려 나가더라도, 전체적인 형상은 그대로 남아 있다고 생각했다. 그 생각은 소련에서 식물의 잎사귀로 증명한 것과 정확히 일치하는 것으로 나타났다. 영국 월트셔 주의 다운턴에서 간행되는 〈초물리학 저널 Journal of Paraphysics〉 화보에는, 소련에서 찍은, 일부분이 잘려 나간 잎사귀의 키를리안 사진이 실렸다. 잘려 나간 부분에 해당되는 곳에는 아무것도 보이지 않아야 하건만 이상하게도 그 사진에는 잘려 나간 부분의 윤곽이 그대로 남아 있었다.

그 사진이 소련인들의 조작에 의한 게 아니라는 것은, 더글러스 딘이 뉴저지에 사는 한 안수按手 치료가의 손가락 사진을 찍음으로써 판명이 났다. 사진 중 하나는 그 안수 치료가가 휴식을 취하고 있을 때 찍은 것으로서, 단지 암청색의 방사선만이 피부를 따라 흘러 길다란 손톱 끝에서 빛나고 있었다. 또 다른 한 장은 안수 치료중에 찍은 것으로서, 푸른색 외에도 노랗고 빨간 색깔의 불꽃이 치료를 하기 위해 뻗은 손가락으로부터 굉장한 기세로 뿜어져 나오고 있었다. 이 사진들은 곧 의학 잡지인 〈아스티어패틱 피지션 Osteopathic Physician〉의 표지에 실렸다. 안수 치료가가 치료를 마친 후에 찍은 사진에는 작고 희미한 빛만 보일 뿐이지만, 치료 받은 사람은 전보다 큰 빛을 발하고 있었다. 이것은 어떤 종류의 에너지가 안수 치료가의 손을 통해 환자의 몸 안으로 들어간 게 아닌가 하는 짐작을 낳게 했다.

뉴욕 주 버펄로에 있는 로저리 힐 대학의 생화학 교수인 저스터 스미스 M. Justa Smith 수녀는, 안수 치료가의 손에서 나오는 이 에너지가 인체의 효소 체계에 영향을 줌으로써 병든 세포가 건강을 되찾는 걸 거라고 생각했다. 자외선은 효소 활동을 감소시키지만, 자기장은 그 활동을 증진시킨다는 것을 입증한 것으로 박사 논문을 썼던 그녀는, 안수 치료가와 함께 일을 해본 후, 어떤 사실을 발견할 수 있었다. 안수 치료가가 '가장 좋은 심리 상태', 즉 기분이 좋을 때는 그의 손에서 췌장의 소화 효소를 활성화시킬 수 있는 에너지가 나오는데, 그것은 8,000에서 1만 3천 가우스에 달하는 자기장의 효과와 맞먹는 정도의 것이었다.(인간은 보통 0.5가우스의 자기장 내에서 생활하고 있다.) 그녀는 안수 치료가가 인체 내의 다른 효소들도 활성화시킬 수 있는지, 또 어떻게 건강 유지에 도움을 줄 수 있는지에 대해서도 계속 연구하고 있다.

자기장이 생명에 어떻게 영향을 미치고, 또 어떻게 오라고 하는 에너지와 관련이 되는가에 관한 비밀은 이제 막 그 껍질이 벗겨지기 시작했을 뿐이다. 최근에 과학자들은 달팽이가 대단히 미약한 자기장을 감지하며, 그 장의 방향까지도 식별해 내는 것을 알아냈다. 마치 그 체내에 보이지 않는, 항해용 나침반 같은 구조라도 있는 것처럼.

얀 메르타—스스로 '오라의 에너지'라고 부르는 것을 방출하여, 의사의 손에 들린 다우징 기구를 의사의 의지와는 상관없이 작용토록 했을 뿐만 아니라, 비디오 테이프의 자화된 부분을 교란시켜 어느 순간의 장면을 시커멓게 만들기도 했던—는 오라에 관한 총체적인 이론을 제시했다. 그가 제시한 이론 중에는 자기장이 학습에도 중요한 영향을 미친다는 것을 시사하는 내용도 들어 있었다. 메르타는 30마리의 쥐들을 작고 투명한 플라스틱 상자들 속에 넣고 실험을 해보았다. 5～10가우스의 막대자석을 가져다가 그 중 10마리에게는 S극 쪽에, 또 10마리는 N극 쪽에 노출시켰다. 나머지 10마리는 아무런 조치도 취하지 않은 채 그대로 두었다. 그리고는 특별한 학습 장치를 사용해 본 결과, 자기장의 영향을 받는 쥐들이 그렇지 않은 쥐들보다 훨씬 더 활발했을 뿐만 아니라, 학습의 속도도 훨씬 더 빠르게 나타난다는 것을 알아냈다.

생물체 주변에 나타나는 '바이오플라스마'장이나 '오라'장—그러한 것이 존재한다면—의 활동과, 생물체가 여러 형태의 방사선에 좌우된다는 것과는 어떤 상관 관계가 있는 것으로 보여졌다. 그리고 소련에서의 선구적인 실험들과 미국에서의 확인으로 비추어 보아, 식물과 동물의 육체적, 정신적 건강 상태가 키를리안의 방법으로 객관화될 수 있다는 것은 이제 의문의 여지가 없게 되었다.

틸러 교수는 이렇게 말했다. "소련인들이 한 연구의 주요 강점은, 우리에게 탐지기와 장치를 제공해 줄 수 있다는 데 있습니다. 그것을 통해 우리는 이 모종의 정보와 심령 에너지 현상과의 인과 관계를, 우리의 동료들에게 납득될 만하고 우리의 논리 체계로도 증명될 수 있도록 밝혀줄 수 있을 것입니다. 사실 우리는 아직 증거를 필요로 하는 '매우 소박한 단계'에 있습니다."

제1차 키를리안 회의가 대단히 성공적이자, 이듬해인 1973년 2월 뉴욕 시청에서 제2차 회의가 열리게 되었다. 그 중 그리스 출신의 정신병리학자 존 피에라코스John Pierrakos 박사의 발표는 정말 놀랄 만한 것이었다. 그는 자신이 식물, 동물, 인간의 오라를 눈으로 볼 수 있다면서, 그 자세한 모습을 그림으로 설명했다. 또 그는 정신병 환자의 주위에서 끊임없이 움직이는 오라의 모습을 상세히 관찰한 내용도 발표했다. 의학 박사 샤피커 캐러귤러Shafica Karagulla는 1967년에 발간된 《창조성으로의 돌파구 Breakthrough to Creativity》라는 책에서, 수많은 내과 의사들이 환자를 진찰하는 데 이 에너지장의 관찰이라는 방법을 이용한다고 보고했다. 그러나 캐러귤러는 그 의사들이 동료 외의 사람들과는 이 상식 밖의 능력에 대해 말하기를 꺼리기 때문이라며 그들의 이름을 밝히지는 않았다. 아마도 피에라코스는 인간의 오라를 살핌으로써 환자를 진단하는 데 도움을 받는다고 대중 앞에 공개한 최초의 의사일 것이다.

피에라코스는 시청에 모인 청중들에게 이렇게 말했다. "인간은 영원히 운동과 진동을 계속하는 진자振子와 같습니다. 육체 속에 깃들여 있는 인간의 정신에는 심장의 박동과 같은 진동하는 힘이 있습니다. 그 힘은 종종 강렬한 감정과 함께 격동을 일으켜 육체적 존재의 기반 자체를 뒤흔들어 놓기도 합니다. 생명이 지속되는 동안, 사랑의 감정과 같은 포근한 감정 상태일 때는 고요하고 리듬감 있는 진동을 하다가, 감정이 격해지면 눈사태 같은 격동을 일으킵니다. 운동과 진동은 곧 생명을 나타냅니다. 이 운동이 약해지면 병에 걸리게 되고, 운동이 멎으면 죽게 되는 것입니다."

피에라코스는 인간의 신체를, '한 100년쯤' 생물학적 기능을 수행하다가 그 존재의 모양을 바꾸는 타임 캡슐에다 비유했다. "이 기간 동안에 인간의 타임 캡슐은, 꽃을 피우는 꽃봉오리나, 꽃이나 열매를 맺는 씨앗처럼 자신의 내부와 외부에서 진행되고 있는 일들을 감지한다. 그런 일을 할 수 있기 위해서는 생명 에너지와 의식의 작용, 이 두 가지가 융합되고 통일되어 있어야 한다. 생명 에너지는 인간의 신체 둘레에 오라의 형태로 나타나는데,

그것은 마치 대기가 지구의 바깥 쪽으로 나갈수록 엷어지는 것처럼 신체로부터 멀어질수록 그 밝기가 엷어지는 것을 볼 수 있다." 그의 조상인 고대 그리스인들은 에너지를 '운동을 일으키는 그 무엇'이라고 정의했지만, 피에라코스는 이 막연한 개념을 보다 명확하게 정의했다. "에너지는 의식에 의해 방사되어 나오는 생명력이다. 끓는 물에서 올라오는 수증기를 관찰하면 물의 성질을 알 수 있듯이, 나는 인간의 육체에서 방출되어지는 에너지장을 관찰함으로써 그 육체 안에 무슨 일이 일어나는지 알아낼 수 있다."

피에라코스는 대부분의 환자들 주위에 세 개의 층이 있다는 것을 그림을 그려 설명했다. 첫번째 것은 피부 가까이에 있는 0.14~0.15밀리미터 두께의 어두운 띠 모양의 것으로서, 투명한 결정체의 구조처럼 보인다. 두번째 것은 그보다 조금 넓은 암청색 층으로서, 첫번째 층의 둘레를 달걀 모양으로 둘러싸고 있다. 마지막 것은 방사 에너지 중 가장 밝은 청색 부분으로서, 환자가 건강한 상태이면 육체로부터 몇십 센티미터 정도까지 뻗어나가는 부분이기도 하다. 바로 그런 이유에서, 매우 행복해 보이는 사람을 '환하다'고 묘사하는 것인지도 모른다.

장해가 있는 환자는, 그 층들간에 단절이 생기고 색에도 변화가 생겨 전체적으로 그저 칙칙하게 보일 뿐이라고 피에라코스는 말한다. 그러면서 피에라코스는 한 여자 정신병 환자를 예로 들었다. 그녀는, 자기 옆에 누군가가 붙어 서서 항상 '보호해' 주기 때문에 '안전'하다고 말했다. 그녀에게 그 사람을 좀 보여 달랬더니, 그 즉시 그 환자의 옆에 인간의 모습을 한 상당량의 청회색 에너지 빛이 나타났다는 것이다.

식물의 에너지장도 정신병 환자로부터 영향을 받을 수 있다면서, 피에라코스는 다음과 같이 말했다. "웨슬리 토머스Wesley Thomas 박사와 함께 나의 사무실에서 식물을 대상으로 몇 가지 실험을 해보았다. 1.5미터 거리에서 한 사람이 국화를 향해 소리를 지르자, 식물의 에너지장이 수축을 일으켜 예의 그 밝은 하늘색을 잃으면서, 진동도 3분의 1로 뚝 떨어지는 것을 볼 수 있었다. 또 다른 실험에서, 계속 같은 소리를 질러 대는 환자의 머리에서 1미터 가량 떨어진 곳에다 살아 있는 식물을 매일 2시간씩 놓아 두었더니, 아래쪽에 있는 잎부터 처지기 시작해 사흘도 채 안 되었는데도 시들어 죽어 버렸다."

또한 피에라코스는 에너지장이 방출될 때의 매분당 진동수는 그 사람의 내면 상태를 반영한다고 설명했다. 이 진동은 어린이보다는 노인에게, 깨어 있을 때보다는 잠들어 있을 때 훨씬 느리게 나타났다.

에너지의 흐름은, 신체의 앞면에서는 횡격막에서 시작하여 아래쪽으로 'L'자 형을 그리며 한쪽 다리로 흐르고, 위쪽으로는 거꾸로 된 'L'자 형을 그리며 반대쪽 어깨로 흐른다. 뒷면에서는 이 흐름이 반대가 되어, 결국 몸 전체로 보면 '8'자의 형태로 에너지가 흐른다. 이 앞뒤 두 쌍의 L자 모양은, 아주 오랜 태고적부터 '건강'을 의미하는 산스크리트어의 '스와스티카 swastika'[4]이라는 말로 상징되어 왔다.

피에라코스는, 인간에게서 관찰되어지는 것과 같은 종류의 에너지장이 넓은 바다에서도 확대된 형태로 발견된다고 말했다. 바다에는 높이가 몇 킬로미터에 달하는 힘이 폭발하듯 방사되는데, 그것은 바다 밑의 진동하는 좁은 띠들로부터 나오는 것이라고 한다. 피에라코스가 이 지구의 오라 활동량을 시간별로 조사해 본 결과, 자정 직후가 가장 낮고, 정오 직후가 가장 높은 것으로 나타났다. 이것은 지구가 화학적 에테르를 토했다가는 들이마시곤 한다고 주장했던 루돌프 슈타이너의 주장과 그대로 부합되는 내용이다.

물리학자들과 전자 전문가들로 구성된 연구팀이 현재 이 피에라코스의 견해를 객관화시키기 위한 작업을 진행하고 있다. '생체 에너지 분석 센터'의 후원 아래, 그들은 인간과 동물, 식물 오라의 방사선을 탐지하기 위해, 몸체를 둘러싼 에테르장에서 나오는 빛 에너지나 광전자光電子를 포착해 낼 수 있는, 대단히 예민한 확대 사진기를 개발중에 있다. 시청 회의에서 발표한 예비 보고에서 그들은 다음과 같이 말하고 있다. "지금까지의 연구 결과, 우리는 인간이 확대 사진기로 포착할 수 있는 어떤 신비한 에너지장을 방사한다는 것을 알게 되었지만, 그것의 본질이 무엇인가에 대한 분석

4—스와스티카는 끝이 굽은 십자十字, 즉 만卍을 가리킴.

과 해명은 앞으로의 숙제로 남아 있다."

식물이나 나무에서 분출되는 에너지까지도 볼 수 있는 피에라코스는, 키를리안 사진으로 발견된 현상과, 이미 알려져 있는 X선 같은 방사선을 섣불리 비교하는 것은 위험한 일이라고 경고한다. "오라가 존재자의 내부에 있는 위대한 생명 현상이라는 사실을 망각한 채, 오라에 대한 연구가 완전히 기계화되고 객관화될 우려가 있기 때문이다."

이러한 피에라코스의 견해는, 철학자이자 수학자인 아서 영 Arther M. Young의 생각과 일치한다. 아서 영은, 이미 알려진 것이건 알려지지 않은 것이건간에 모든 활동 에너지의 배후에는 언제나 '의도'가 있다고 강조했다. "현실의 물질적 대상에 관련된 것이건, 인간의 감정이나 정신에 관련된 것이건간에 거기에는 실체가 필요하다. 이 실체의 작용이 모든 물질계의 상호작용의 근간을 이루고 있다. 물리학자들은 이것을 '에너지'라 부르고, 사람들은 그냥 '동기動機'라고 부른다."

동기이건 의도이건, 아니면 또 다른 어떤 의지를 통해서이건 생물체가 스스로 자신의 물리적 구조를 변화시킬 수 있을까? 유물론자들은 식물이나 인간이 물리적 구조를 바꾸기 위해서는 죽어서 비누나 다른 화학제품으로 변했을 때라야 가능하다고 단언하고 있는데, 과연 식물이나 인간이 스스로 원하는 방향으로 성장한다는 것이 가능할까?

가장 유물론적인 철학의 토대 위에 세워진 나라 소련에서는 키를리안 사진에서 비롯된 많은 연구를 거듭한 끝에 생명의 진정한 본성―식물이나 동물, 인간을 막론하고 정신과 육체, 형태와 본질에 대한―에 대한 심오한 의문에 맞닥뜨리고 있다. 텔머 모스는, 이 분야의 연구가 과학적으로 대단히 중요하다는 사실을 미국 정부나 소련 정부가 이미 인식하여, 극비리에 정부 차원의 연구를 하고 있다고 믿고 있다. 그리고 양국의 과학자들 사이에는 아직 그 규모는 작지만, 우호적인 경쟁자로서 협력하려는 의식이 싹트고 있다.

세몬 키를리안은 '서양의 1차 키를리안 회의'에 보내는 편지에서, 이 작업의 의미를 되새기자고 촉구했다. "이 새로운 연구는 대단히 중요한 의미를 갖지만, 방법에 대한 공정한 평가는 다음 세대 사람들에 의해 내려질 수

밖에 없다. 이 연구가 내포하고 있는 가능성은 실로 엄청나다. 아니 거의 무진장하다고 볼 수 있다."

제4부

토양, 식물, 인간

제14장
생명의 바다인 토양

 목화만 재배함으로써 황폐해진 앨라배마의 토양을, 윤작과 자연 거름으로 되살릴 수 있다는 카버의 선견지명에도 불구하고, 그곳의 농부들은 카버가 죽고 나자, 이익에 유혹되어 자연적인 방법을 쓰지 않고 다시 화학 비료로 모든 농사를 짓기 시작했다. 비단 그곳의 농부들만이 그런 것이 아니라 전국의 농부가 다 그런 실정이었다. 그들은 자연과 조화된 토양을 만들기 위해 꾸준한 노력과 인내를 기울이는 대신, 즉 자연과 협력하는 대신 자연을 정복하려고만 들었다. 어느 곳에서건 자연을 사랑하기보다는 약탈을 자행하고 있었다. 마침내 자연은 그에 항의라도 하듯 여러 징후들을 보이기 시작했다. 만약 이런 식으로 계속 나가다간 자연뿐만 아니라, 그 속에서 살아가는 모든 것들이 다 고통과 비분 속에서 죽어 가게 될 것이다.
 무수히 많은 사례들 중, 미국 옥수수 지대의 중심부에 위치한 일리노이주의 디케이터를 한 예로 들어 보기로 하자. 1966년의 여름이 끝나갈 무렵, 찌는 듯이 무더운 들판에는 옥수수들이 코끼리의 눈 높이만큼 자라나 있었다. 모두들 에이커당 80부셸에서 100부셸의 풍작을 기대하고 있었다.

그곳의 농부들은 제2차 세계대전 이후 20년 동안 줄곧 화학 질소 비료를 사용하여 수확량을 거의 두 배로 늘리고 있었던 것이다. 그러나 그들은 자신들이 치명적인 재앙을 자초했다는 사실을 전혀 눈치채지 못하고 있었다.

이듬해 봄, 디케이터의 7만 8천이나 되는 주민들 중 한 사람—그의 생계 수단은 옥수수의 수확과 간접적인 관련이 있었다—이 자기 집 부엌의 수도에서 나오는 물 맛이 이상하다는 것을 느꼈다. 그 수돗물은 생거몬 강을 가로막아 만든 인공 호수인 디케이터 호수로부터 직접 공급되는 것이었다. 그는 그 물을 조금 떠 가지고 디케이터 시의 보건 연구소로 가지고 갔다. 디케이터의 보건 담당관인 레오 마이클 Leo Michl 박사는 디케이터 호수와 생거몬 강이 질산염에 크게 오염되었다는 것을 발견하고 경악을 금치 못했다. 생거몬 강의 질산염 농도는 허용 기준치를 넘어선 정도가 아니라, 죽음을 부를 정도였던 것이다.

질산염은 그 자체로서는 인체에 해롭지 않다. 그러나 장내腸內의 박테리아에 의해 변화되면 치명적인 것이 된다. 이 변화된 질산염은 피 속의 헤모글로빈을 메트헤모글로빈Methemoglobin[1]으로 바꾸어, 피가 돌면서 자연적으로 산소를 운반하는 것을 가로막게 된다. 이것은 메트헤모글로빈 빈혈증이라고 알려진 병을 초래하여, 결국 사람들을 질식사하게 만드는데, 특히 유아들에게서 두드러지게 나타난다. 알 수 없는 유행병처럼 많은 유아들이 요람에서 죽는 현상 중 많은 경우가 바로 이 병 때문이었다는 것이 이제 밝혀지게 되었던 것이다.

디케이터의 한 신문이, 그 시의 상수 공급원이 과도한 질산염에 오염되었으며, 그 이유는 그 일대의 옥수수 농장에서 사용하는 화학 비료 때문임을 시사하는 기사를 내보내자, 이 이야기는 옥수수 지대 전체에 폭탄을 터뜨린 것처럼 번져 나가 대소동이 일어나게 되었다. 수질 검사를 하던 그 무렵, 농부들은 거의 전적으로 화학 질소 비료에 의존하여 농사를 짓고 있었다. 그것은 그 비료가 가격이 쌌을 뿐만 아니라, 1에이커당 80부셸 이상의 수확을 올릴 수 있는 거의 유일한 방법이었기 때문이었다. 수지가 맞으려

---

[1] 3가價 철을 함유하여 산소와 결합이 되지 않는 혈색소血色素.

면 그 정도로 수확을 해야 했던 것이다. 옥수수는 질소를 많이 섭취하며 자라는 식물이다. 자연 상태에서의 질소는 식물성 물질들이 썩어서 이루어진 암갈색의 부식토腐植土 속에 저장되어 있다.

이 부식토는, 인간이 땅을 경작하기 시작한 때보다 훨씬 까마득하게 먼 옛날부터 식물이 죽어 흙으로 되돌아감으로써 축적되어 왔었다. 그러다가 농사를 짓기 시작하면서 이러한 부식토에 질소와 기타 식물에 필요한 원소들이 풍부하다는 것을 알게 된 인간은, 외양간에서 나오는 동물들의 배설물이나 지푸라기 같은 것을 섞어 만들어 쓰게 되었다. 동북 아시아의 여러 나라들에서는 서양인들이 '밤거름night soil'—거름으로 쓰고자 할 때 대개 밤에 퍼냄으로써—이라고 완곡하게 표현한 인간의 배설물을 하수도를 통해 강물로 흘려 보내는 대신, 토지에다 넣음으로써 농사 짓는 데 이용해 왔다.

이 자연 비료가 무진장하게 공급되는 디케이터에서도 사실 얼마든지 그런 방법을 쓸 수 있었다. 아이오와 주의 수Sioux 시—미주리 강을 끼고 있는 미국의 심장부 도시—부근에 있는 디케이터 시는 반세기가 넘도록 수백만 마리의 가축을 키우고 도살하여 전국의 소매상들에 육류를 공급해 온, 이를테면 방목 지대였다. 그래서 이곳에는 켜켜이 쌓인 쇠똥더미가 축구장보다도 길게 쌓여 있었다. 이 유기배설물의 산더미는 시의회의 의원들의 골머리를 앓게 만들었는데, 누군가 토양을 되살리는 데 관심이 있었더라면 자연적인 거름으로 쉽게 처리될 수 있었을 것이다. 수 시도 예외가 아니라서 쇠똥더미에 골머리를 앓고 있었다. 미국 농무부의 폐기물 처리 계획 지도관인 바이얼리T. C. Byerly 박사는 미국 내의 가축에서 나오는 폐기물의 양은 현재 미국 전체 인구가 쏟아 내는 배설물의 양과 같은데, 1980년 경이 되면 그 두 배가 될 것이라고 진단했다.

그러나 농부들은 토양에다 이 자연의 질소를 되돌려주는 대신, 인공의 질소 비료를 주는 쪽을 택했다. 일리노이 주만 하더라도 화학 비료 소비량이 1945년에는 1만 톤이던 것이 1966년에는 50만 톤 이상으로 늘어났다. 그리고 이러한 증가 추세는 현재도 계속되고 있다. 옥수수가 본래 필요로 하는 양보다도 훨씬 많은 비료를 사용하고 있으므로, 그 초과분이 토양으로부터 유출되어 강물로 들어가, 결국 디케이터에서처럼 주민들이 마시는 물컵 속에 담겨지게 되는 것이다.

텍사스 주의 애틀랜타에서 자연식품 동호회를 조직한 내과의사이자 외과의사인 조 니콜스Joe Nichols는 미국 중서부 전역의 농장을 조사한 후, 폭로성의 발표를 했다. 그곳 옥수수 재배 농장들에서는 화학 질소 비료를 지나치게 남용하는 바람에 옥수수들이 캐로틴을 비타민 A로 바꿀 수 없게 되었으며, 이 옥수수를 먹고 자라는 가축들은 비타민 D와 비타민 E의 결핍 증세를 보인다는 것이었다. 이 때문에 가축들의 무게 감량뿐만 아니라 심지어 임신 불능 사태까지 유발하여, 결국 농민들만 손해를 보게 된다는 것이다. 어느 옥수수 더미를 거둬들여 창고에다 저장했더니, 질산염의 함유량이 너무 높은 나머지 창고가 폭발하고, 거기에서 흘러 나온 물이 밖으로 유출되는 바람에, 그 물을 마신 소나 오리, 닭 같은 가축들이 모두 떼죽음을 당한 일도 있었다는 것이다. 또 설령 창고가 폭발하지 않았다 하더라도, 과다한 질소가 든 옥수수가 매우 위험한 산화질소 가스 같은 것을 내뿜어, 사람이 무심코 그것을 마셨다가는 질식사하게 된다는 것이다.

이 같은 사실이 알려지면서 일리노이 주의 옥수수 지대는 드센 논쟁의 소용돌이 속에 빠져들게 되었다. 그러나 과학계에서는 이러한 논쟁이 이미 한창 벌어지고 있는 중이었다. 세인트루이스에 있는 워싱턴 대학의 '자연계 생태학 연구소' 소장인 배리 커머너Barry Commoner 박사가 미국 과학 진흥 협회의 연례 회의에, 화학 질소 비료와 중서부 강들의 질산염 농도의 상관 관계를 다룬 예언적 논문을 제출했다. 그러자 2주일 후, '국립 식물 식량 연구소'의 부회장—그는 미국 비료 산업체의 20억 달러에 달하는 이익을 옹호해 주는 로비스트이기도 했다—이 그 논문에 대해 반론을 제기했던 것이다. 그는 반박할 자료를 구하려고 커머너의 논문을 9개 주요 대학의 토양 전문가들에게 보냈다. 커머너의 주장을 접하게 된 학자들은, 농부들에게 풍성한 수확을 거두기 위해서는 화학 비료를 쓰는 것이 가장 좋은 방법이라고 홍보하는 데 많은 시간을 보내 왔던 만큼, 비료 산업체의 로비스트들 못지않게 당혹할 수밖에 없었다. 그리하여 그들은 비료 산업체와 그 로비스트들을 강력하게 변호하기 위해, 그리고 자신들을 방어하기 위해 떼거리로 몰려 나왔던 것이다.

물론 예외도 있었다. 워싱턴 대학의 광합성 전문가인 다니엘 콜Daniel H. Kohl 박사는, 이 문제는 매우 중대한 것이며, 이로 인해 지구는 현재 위기에 처해 있다고 주장했던 것이다. 그가 커머너와 함께 토양 중에 질소 비료가 과잉으로 공급되면 어떤 일이 일어나는지를 동위원소를 통해 정밀하게 규명하려 하자 같은 분야의 동료 과학자들은 즉각적이고도 격렬한 공격을 해왔다. 그들이 떠들어 대는 요지는, 콜의 그러한 노력들은 순수 과학의 목적에 어울리지 않는다는 것이었다.

커머너 박사는 자신의 저서인 《폐쇄적 서클 The Closing Circle》을 통해 동료 학자들에게 도전을 했다. 예전보다 좁은 공간에서 옥수수를 더 많이 수확하는 새로운 방법은, 경제적으로는 성공이라고 볼 수 있을지 몰라도 생태학적으로는 재앙이라는 것이 그의 논지였다. 커머너는 오직 이윤만을 향해 맹렬히 돌진하는 질소 비료 산업이야말로 '유사 이래 가장 영악한 사업'이라고 규정했다. 인공 질소를 사용함으로써 대기 중의 질소가 박테리아에 의해 자연적으로 흙 속에 섞여 드는 게 중단되고, 그러다 보니 농부들은 더욱 화학 질소 비료를 찾게 되는 악순환이 계속된다는 것이었다. 중독성의 약물처럼 인공 질소 비료는 스스로 수요를 창출하여, 그것을 사들이는 농부들을 헤어날 수 없도록 옭아매는 것이다.

25년 전, 건강한 토양이 작물뿐만 아니라 동물이나 인간에게도 매우 중요하다는 것을 알리기 위해 거의 혼자서 고군분투했었던 미주리 대학의 토양과학 교수 윌리엄 알브레히트William Albrecht 박사는, 사료를 분석해 내는 면에 있어서는 소가 인간보다 훨씬 더 똑똑하다고 말했었다. 소들은 과도한 화학 비료로 자라난 풀은 그것이 아무리 키가 더 크고 성성해 보일지라도 제쳐 둔 채, 그 옆의 훨씬 볼품없는 풀을 먹는다는 것이다. "소는 비록 그 사료 작물의 다양한 이름이나 에이커당 산출량을 모르기는 하지만, 그것의 자연적인 영양가를 판단하는 데는 그 어느 생화학자보다도 뛰어나다."

알브레히트의 수년간에 걸친 연구는, 파리 근교의 알포르에 있는 프랑스 국립 수의학교의 연구 주임인 앙드레 부아젱André Voisin 박사에게 감동을 주었다. 그리하여 부아젱은 1959년에 《토양, 풀, 암 Soil, Grass and Cancer》—이 책의 영역본은 뉴욕 철학 문고의 하나로 출판되었다—을 펴냈다. 이 책의 주요 요점은, "인간은 증가하는 인구 수에 맞추어 식량을 증산하려고 애쓰고 있지만, 그러는 와중에서 자신의 육체가 흙—성서적 표현으로는 재와 먼지—에서 온 것임을 잊어버렸다."는 것이다.

식물과 동물이 자신들이 태어난 대지와 긴밀한 관련이 있다는 부아젱의 생각은, 그가 우크라이나 지방을 방문했을 때 더욱 굳어졌다. 부아젱은 그곳에서, 프랑스 남부의 노르망디 지방에서 진화해 온, 크고 힘센 얼룩무늬 페르슈롱 종種의 짐차용 말이 몇 대도 안 거치는 사이에 카자흐 종의 말만 한 크기로 축소된 것을 보았다. 그렇다고 소련 사람들이 이 페르슈롱 말을 다른 종과 교배시킨 것도 아니었다. 순수한 혈통을 유지하면서 그들만의 특징을 간직한 채 오직 체구만 줄어들었던 것이다. 그는 이것이, 모든 생물체는 그 환경의 생화학적 사진이라는 것을 시사해 주는 것이라고 생각했다. 부아젱은 또 "우리의 선조들은, 활력과 건강을 최종적으로 결정하는 것은 토양이라는 사실을 잘 알고 있었다."라고 말했다.

토양이 식물과 동물, 그리고 인간을 만든다는 생각을 전개하면서, 부아젱은 사람들에게 매우 흥미로운 자료를 제시했다. 그것은 농경법의 가장 훌륭한 심판자는 실험실의 화학자가 아니라, 대지에서 살고 있는 식물과 동물들임을 설명하는 것이었다. 그는 또한 풍부한 실례를 들어, 식량이나 식물, 토양에 대한 화학적 분석만으로는 그 본질을 제대로 평가할 수 없다는 점을 설명하기도 했다. 부아젱은, 화학자들은 단지 자신들이 임의로 정한 '분석 대상'에 대해서만 주로 연구하고 있다고 지적했다. 부아젱은, 농부들이 가축의 사료에 관해 오래 전부터 들어왔던 조언들은, 질소 함유량에 대한 몇 가지 실험에만 근거한 것임을 지적하면서, 1952년도 노벨 화학상 수상자인 싱 R. L. M. Synge의 말을 인용하여 다음과 같이 말했다. "그런 식으로 목초나 인간의 식품에 대한 영양의 질에 관해 어떤 결론을 내리려 했던 처사는 너무도 뻔뻔한 짓이다."

영국의 더럼 대학 농과 대학장은, 1957년에 영국 축산 협회에서 행한 부아젱의 연설에 너무도 감명을 받은 나머지, 청중들에게 그의 연설을 요약하여 다음과 같이 말했다. "부아젱 씨가 열성을 다해 설명했다시피, 화학자들이 자기네들의 방법으로 분석해서 적합하다고 판정을 내린 목초라 할지라도 그것이 반드시 소에게 적합한 것은 아닙니다."

영국에 머무는 동안, 부아젱은 '목초 테타니 grass tetany'[2]의 발병률이 매우 높은 한 농장을 방문했다. 그 농장에서는 150마리의 가축들이 그 병에 걸려 있었다. 농장 주인의 말에 의하면, 그곳의 가축들은 제철에 맞게 자라난 목초지가 아니라, 새로 씨를 뿌린 뒤 화학 비료, 특히 산화칼륨을 다량으로 뿌려 새 풀이 많이 돋아난 목초지에서 방목되고 있다는 것이었다. 부아젱은 가축들이 병에 걸리게 된 이유를 설명해 주었다. 목초나 다른 사료용 작물에 산화칼륨을 주게 되면, 식물들은 즉시 그것을 게걸스레 섭취하고는 포만감에 젖게 된다. 이것은 매우 단기간 내에 식물의 산화칼륨 함유량을 엄청나게 증가시키는 동시에 마그네슘 같은 다른 요소들의 섭취를 방해하게 만든다. 가축이 이 다른 성분이 부족한 목초를 먹고 자라게 되면 테타니 증세를 일으키게 된다는 것이다.

그 지방의 수의사가 단골 고객의 병든 가축들을 돌보러 그 농장을 찾아왔을 때, 부아젱은 그에게 산화칼륨을 사용하여 목초를 재배하는 지역이 얼마나 되느냐고 물어 보았다. 그러자 그 수의사는 자신이 수의학 분야에서 프랑스를 대표하는 뛰어난 인물과 대화를 나누고 있다는 것을 전혀 알지 못한 채 이렇게 잘라 말하는 것이었다. "그런 질문은 농부들에게나 해야지요. 내 역할은 병든 동물을 돌보고 치료해 주는 것뿐입니다." 부아젱은 그 말에 그만 어이가 없었다. 그는 후일 이렇게 썼다. "이것은 단지 병든 사람이나 동물을 치료해 주는 것에서 그치는 문제가 아니다. 인간과 동물을 치료할 필요없이 먼저 대지를 치료해야 한다."

부아젱은, 화학 비료 산업이 생겨남으로써, 사람들이 인간과 대지가 서로 밀접한 관련이 있다는 것을 망각한 채 그 화학 제품에 맹목적이고도 기계적으로 매달리게 되었으며, 결국 그 화학 비료의 폐해로 인해 지구의 운명이 위협받게 되었다고 보았다. 이러한 재난이 닥치기 시작한 지는 100

2—이상이 있는 풀을 먹음으로써, 근육이 굳어지면서 경련을 일으키는 가축의 병.

년이 채 안 되지만, 화학 비료의 남용으로 말미암은 인간과 동물들의 질환은 기하급수적으로 늘고 있다.

이러한 모든 문제는, 독일의 유명한 화학자인 유스투스 폰 리비히Justus von Liebig 남작이 1840년에 발표한 〈농업과 생리학에 응용되고 있는 화학 Chemistry in Its Application to Agriculture and Physiology〉이라는 논문에서부터 시작되었다고 볼 수 있다. 리비히는 그 논문에서, 식물이 필요로 하는 모든 것은, 식물들을 태워서 그것에 함유돼 있던 모든 유기질들을 소실시켰을 때, 그 남은 재 속의 무기염류에서 찾아낼 수 있음을 시사했다. 이 같은 이론은 수백년 동안 행해져 온 당시의 농업 방식에 역행하는 것이자, 일반 상식에도 어긋나는 것이었다. 그러나 산화칼슘과 석회 등을 섞어 만든 질소, 인산염, 칼륨 따위의 화학 비료가 실제로 농업에 사용되어 놀랄 만한 성과를 보이자, 리비히의 이론이 입증되는 듯했다. 뒤를 이어 화학 산업이 발달하면서 화학 비료의 생산량은 천문학적인 숫자로 늘어나게 되었다. 그리하여 사람들은 지나치게 많은 양의 화학 비료를 사용하게 되었는데, 사실 일리노이 주에서 있었던 일은 그 수천 가지 예들 중 하나에 불과하다.

비료의 주요 3요소인 'N, P, K'—화학자들간에는 이런 기호로 알려져 있다—즉 질소, 인, 칼륨 등에 관한 사람들의 이런 갑작스럽고도 맹목적인 의존 심리를 가리켜, 미주리 대학의 알브레히트 박사는 '재(灰)의 심리'라고 일컬었다. 이 '재'라는 말 속에는 생명보다는 죽음의 의미가 암시되어 있었다. 리비히야말로 세계적인 대재난의 원조라고 본 소수의 선각자들과, 일반적으로 유기농법주의자들이라고 불리는 사람들의 반격에도 불구하고, 무기물로 식물에 필요한 영양을 공급할 수 있다고 말한 리비히의 '재의 이론'은, 노망이 들었으면서도 퇴위하지 않는 왕처럼 여전히 농업 왕국을 지배하고 있다.

20세기에 들어와 비료 산업이 번창일로를 걷고 있을 무렵, 영국의 의사이자 의료 연구가인 로버트 맥캐리슨Robert McCarrison은 통상적인 식품영양학과는 정반대되는 견해를 제시했다. 식민지로 있던 인도에서 30년 동안 영양 연구 기관의 기관장으로 재직했던 공로로 후일 기사 작위를 수

여받은 그는, 쿠누르Coonoor[3]의 파스퇴르 연구소 소장으로 있으면서, 아프카니스탄의 '꼬리'라고 불리우는 와칸드 계곡 남쪽의 험난한 산악 지대인 길기트Gilgit[4]의 어느 고장에서 그 고장 주민들과 얼마 동안 함께 생활을 해본 뒤 그러한 결론을 얻게 되었던 것이다.

맥캐리슨은 그 고장의 주민인 훈자Hunza족—알렉산더 대왕이 거느렸던 병사들의 직계 후손이라고 주장하는 고대 종족—들이 세계에서 가장 험한 산악 지대를 쉬지 않고 한달음에 190킬로미터나 걸을 수 있을 뿐만 아니라, 얼음이 언 호수에 구멍을 두 개 파고 재미로 그 한쪽 구멍으로 들어가 다른 쪽 구멍으로 헤엄쳐 나오기도 하는 것을 보고는 놀라움을 금치 못했다. 또한 그들은 오두막 안에서 피우는 연기가 빠져 나가지 못함으로써 생기는 안질을 제외하고는 모든 질병으로부터 완전히 해방된 듯했으며, 놀라울 정도로 장수를 누리고 있었다. 맥캐리슨의 말에 의하면, 그들은 신체적으로 건강했을 뿐만 아니라, 지성과 기지, 품위 면에서도 대단히 뛰어난 사람들이라고 했다. 그들은 비록 그 수가 적고, 이웃한 부족들이 호전적이었음에도 불구하고 그들로부터 공격을 받는 일이 거의 없었다. 왜냐하면 만약 싸움이 벌어진다 해도 승리는 항상 훈자족의 것이었기 때문이었다.

그러나 똑같은 기후와 지리적 조건에서 생활하는 다른 이웃 부족들은, 훈자족에게서는 결코 찾아볼 수 없는 많은 질병들에 시달리고 있었다. 맥캐리슨은 이 점에 착안하여, 인도 전역에 걸친 아주 다양한 부족들의 식이食餌 습관을 비교 연구하기 시작했다. 그는 인간이 먹는 것이라면 무엇이든지 가리지 않고 먹어 치우는 쥐에게 인도인들의 여러 다양한 음식들을 먹여 보았다. 이 실험을 통해, 쥐들의 성장이나 체격, 건강 상태가, 그들에게 먹인 것과 같은 종류의 음식을 먹고 있는 인간들과 흡사하게 나타나는 것을 발견할 수 있었다. 파탄족이나 시크교도의 음식을 먹인 쥐는 카라나족이나 벵골 지역의 주민들이 먹는 음식을 먹인 쥐들보다 체중이 훨씬 빨리 늘었으며, 보다 건강했다. 그리고 훈자족의 음식—곡물이나 야채, 과일,

---

3—인도 타밀나두 주의 한 도시. 밀기리 구릉 지대에 있음.
4—파키스탄 북단의 힌두쿠시 산맥과 카라코 강 산맥이 만나는 곳에 있는 산록 지대.

그리고 살균 처리하지 않은 산양의 젖과 그것으로 만든 버터 같은 것으로 한정된—을 먹인 쥐들은 다른 어떤 것들보다 건강한 것으로 나타났다. 그 쥐들은 성장 속도도 빨랐을 뿐만 아니라, 병도 없었으며, 짝짓기에도 적극적이었고, 새끼도 건강하게 출산했다. 사람으로 치면 55세쯤 되었을 나이인 27개월 된 쥐를 해부해 보았더니, 모든 기관들이 아무런 이상도 없었다. 맥캐리슨에게 있어 그 무엇보다도 놀라웠던 점은, 그 쥐들이 일생 동안 점잖고, 다정다감하면서도 활발했다는 사실이었다.

'훈자의 쥐'들과는 달리, 질병에 약한 부족의 음식을 먹인 쥐들은 그 부족들에게서 보여지는 것과 비슷한 병세를 나타냈고, 또 행동양식도 비슷하게 나타났다. 그 쥐들을 해부해 본 결과, 한 페이지를 가득 채울 수 있을 정도로 많은 질병들이 발견되었다. 그들의 신체를 자궁에서부터 피부에 이르기까지 샅샅이 조사해 본 결과, 털이며, 혈액, 호흡기관, 비뇨기관, 소화기관, 신경조직, 심장 혈관 조직 등 병세를 보이지 않는 부분이 없었다. 또한 그들 중 상당수는 매우 사나와서, 서로 싸워 죽이지 않게 하려면 격리시켜 둬야만 했다.

맥캐리슨은, 1921년에 새로이 발견된 보조 영양소, 즉 비타민이라고 불리우는 것—발견자는 폴란드에서 태어난 미국 생화학자인 캐시미어 펑크 Casimir Funk—에 기초하여 실험 연구를 한 끝에, 인간에게 갑상선종甲狀腺腫을 일으키는 음식을 비둘기에게 사료로 주게 되면, 그 비둘기가 다발성 신경염을 일으키게 된다는 사실을 발견했다. 여기에서 매우 특기할 만한 것은, 평범한 사료를 먹고 자란 다른 건강한 비둘기들은 병균을 보유하고는 있지만, 발병하지는 않는다는 것이었다. 맥캐리슨은 비둘기가 병을 앓게 되는 것은, 그 체내에 병균이 잠복해 있기 때문이 아니라, 부적절한 음식을 먹었기 때문이라고 믿었다.

영국 의과 대학에서의 강연에서, 맥캐리슨은 2년여의 실험을 통해 자신이 발견한 내용, 즉 보다 건강하고 우수한 인도의 한 종족이 먹는 음식을 먹인 쥐들이 어떻게 병에 걸리지 않는가를 설명했다. 그러나 《영국 의학 잡지 British Medical Journal》는 맥캐리슨의 강연을 소개하면서, 음식으로 질병을 조절할 수 있다는 대목에만 주목했을 뿐, 한 무리의 사람들에게 건강을 안겨다준 식이 습관이 한 무리의 쥐들에게도 마찬가지의 결과를 가져다줄 수 있다는 놀라운 사실은 완전히 무시해 버렸다. 폐렴은 피로와 냉기, 폐렴균, 그리고 노쇠로 인한 약화 및 기타 다른 질병들로 인해 생긴다고 교과서적인 설명을 하는 의사들은, 쥐들이 좋지 않은 음식을 먹었을 때 폐렴에 걸린다는 것을 발견한 맥캐리슨의 주장을 아예 무시해 버렸다. 부적절한 음식이 원인인 것은 폐렴뿐만 아니라 중이염, 위궤양, 기타 다른 질병들도 마찬가지였건만.

미국의 의학계 역시 맥캐리슨이 제시한 기본적인 사실들을 받아들이지 않았다는 점에서 영국인들과 다를 바가 없었다. 맥캐리슨은 피츠버그 대학의 생물학 연구협회 모임에서, '위와 장의 질병에 관계되는 부적절한 음식'이라는 주제로 발표를 했다. 모임에 참석한 협회 회원들은, 훈자족에 대한 그의 설명에 그저 무덤덤한 반응을 보일 뿐이었다. "훈자족의 내장 기관이 아주 건강하다는 것은, 제가 서구 사회로 돌아왔을 때 그들과 뚜렷한 대조를 보이는 서구인들을 통해 더욱 확실히 깨달을 수 있었습니다. 우리네 고도로 문명화된 사회에서는 소화불량과 결장 장애 등을 호소하는 비탄의 소리가 끊이질 않고 있잖습니까?" 그러나 오늘날에 이르러서도, 훈자족이 놀라울 정도로 무병장수를 누린다는 맥캐리슨의 증언의 중요성을 무시해 버린 채, 그 훈자족이 살고 있는 곳으로 아무런 의학 탐험대도 보내지 않고 있다. 그의 놀랄 만한 자료들은 《인도 의학 연구 잡지 Indian Journal of Medical Research》 속에 매장되고 말았던 것이다.

그러다가 1938년에 영국의 렌치 G. T. Wrench 박사가 《건강의 수레바퀴 The Wheel of Health》라는 한 권의 책을 발표함으로써 맥캐리슨의 증언은 비로소 대중들에게 소개될 수 있었다. 렌치는 그 책의 서문에서 사람들의 신경을 자극하는 질문을 던졌다. 요컨대, 의사를 지망하는 젊은 의학도들은 어째서 항상, 아주 건강한 사람보다는 병들거나 회복기에 든 사람만을 연구 대상으로 삼아야 하느냐는 것이었다. 렌치에게는, 의과 대학들이 질병에 대해서만—완전한 건강에 대한 지식은 갓 태어난 아기에 의해서만 얻을 수 있다고 가정하고는—가르치는 것이 아주 못마땅하게 여겨졌던 것이다. "게다가 질병에 관한 가르침의 기반이란 것도 병리학, 즉 질병으로 죽은 것에서 나타나는 현상을 다루는 게 고작이잖은가." 오늘날도 마찬가지지만, 그때에도 병리학에서 중시한 것은 본래의 건강이 아니었던 것 같다. 그러나 렌치의 그러한 훈계와 맥캐리슨―그는 후일 기관장직에서 은퇴한 후, 조지 5세의 시의侍醫가 되었다―의 선구적인 연구도 결코 미국이나 다른 나라들의 보건 당국에 영향을 끼치지는 못했다. 1949년, 〈워싱턴 포스트〉지는, 미국 식품 의약국(FDA)에서 영양 부문을 담당하고 있는 엘머 넬슨Elmer Nelson박사가 법정에서 밝힌 내용을, 다음과 같이 보도했다. "영양분을 충분히 공급받은 육체가 그렇지 않은 육체보다 질병에 대한 저항력이 높다고 하는 것은 비과학적인 발상이다. 나의 대체적인 견해로는, 영양을 충분히 섭취하지 않은 사람이 질병에 대해 약하다는 것을 입증할 만큼 충분한 실험은 아직 없다고 본다."

맥캐리슨이 길기트에 도착하기 얼마 전쯤에, 영국 농무부 소속의 젊은 농경학 강사이자 세균학자인 앨버트 하워드Albert Howard가 서인도제도에 속하는 바르바도스 섬에서 사탕수수에 갑자기 발병하는 질병을 연구하다가 어떤 결론을 얻게 되었다. 즉, 연구가들은 식물이 왜 병에 걸리게 되었는지 그 원인을 알아내기 위해, 그 식물을 조그만 실험실이나 화분들로 가득한 온실 속에다 격리시키는데, 그런 방법으로는 결코 소기의 목적을 달성하지 못한다는 것이다. 그의 표현을 빌면, "나는 바르바도스에 있으면서, 보다 적은 것을 대상으로 보다 많이 알아내고자 한 전문가 중의 전문가요, 실험실의 은둔자"처럼 지냈었는데, 그것이 잘못된 방법이라는 것을 깨달았던 것이다. 그는, 윈드워드와 리워드 제도를 순회하면서 주민들에게 카카오나 칡, 땅콩, 오렌지, 기타 다른 식물들의 재배법에 관해 조언해 주는 업무를 수행하다가, 매우 중요한 사실을 깨닫게 되었다. 이제까지의 식물학 수업에서 배워 왔던 것보다, 실제로 토양을 경작하는 사람들과 그 풍부한 수확물에서 훨씬 더 많은 것을 배우게 된다는 것을 말이다.

그는 식물병리학을 연구하는 기존의 방법에는 근본적인 취약점이 있음을 느끼기 시작했다. 그는 이렇게 썼다. "나는 식물의 질병을 연구하는 사람이었다. 그러나 나에게는 정작 내가 주장한 치료법을 실험해 볼 만한 작물이 없었다. 그리하여 나는 실험실 안의 과학과 들판의 실제 사이에는 엄청난 간극이 있는 게 아닌가 하는 회의를 느끼게 되었다."

1905년에 인도 정부로부터 식물학 고문으로 임명받게 되자, 하워드는 비로소 이론과 실제를 종합해 볼 최초의 기회를 얻게 되었다. 당시 인도의 총독인 커즌Curzon 경은 농업 연구소를 건립하기 위해 벵골 지역의 한 작은 마을인 푸사에다 그 부지를 설정해 놓고 있었다. 하워드는 그 부지로 설정된 75에이커의 땅에다, 농약을 뿌리지 않고도 식물을 건강하게 키울 수 있는지를 실험해 보고자 했다. 하워드는 그 실험을 해 나감에 있어 현대적 교육을 받은 식물병리학자 대신 그 지방의 원주민을 교사로 삼았다. 푸사의 주민들이 기르는 작물들이 아무런 병충해도 입지 않은 것을 보고는, 인도인들의 경작법을 보다 깊이 연구해야겠다고 생각했던 것이다. 그리고 그 보답은 신속하게 나타났다.

아무런 살충제나 화학 비료도 사용하지 않고, 단지 세심하게 모은 동식물의 찌꺼기들만 사용하는 인도인들의 경작법을 따른 끝에 마침내 성공을 거두게 되었다. 하워드는 1919년에 거둔 그 성공에 대해 다음과 같이 말했다. "나는 작물들을 아무런 병충해 없이 건강하게 길러 낼 수 있었다. 세균학자, 곤충학자, 미생물학자, 농화학자, 통계학자의 도움이나, 다른 정보와의 상호 교환, 화학 비료, 분무기, 살균제, 살충제, 기타 현대의 실험실에서 사용하는 모든 값비싼 도구들을 일체 사용하지 않은 채 말이다."

또 인도 농경의 주요 동력원인 소들이 그 경작지에서 산출된 식물을 먹을 때는 결코 우역牛疫이나 패혈증, 기타 다른 가축병에 걸리지 않는다는 사실은 매우 특기할 만한 것이었다. 그러한 질병들은 다른 지역에서의 소들에게서는 매우 흔한 것이었는데도 말이다. "나는 가축들을 기르면서 단 한 마리도 격리시켜 기른다거나, 예방 접종을 시키지 않았었다. 오히려 그 가축들이 다른 병든 가축들과 접촉하는 일이 종종 있곤 했었다. 푸사에 있는 나의 작은 농장은, 가축병이 자주 발생하는 그 지방의 다른 대단위 농장의 대형 외양간과 낮은 울타리로 구분되어져 있을 뿐이었다. 따라서 나는 우리 소들이 옆 농장의 병든 소들과 서로 맞닿는 것을 몇 차례나 볼 수 있었지만, 결코 아무 일도 없었다. 잘 자란 작물이 병충해에 잘 견디는 것처럼, 건강하고 잘 먹은 가축들은 아무런 질병에도 걸리지 않았다. 아무 전염

병도 발생하지 않았고 말이다."

하워드는 식물과 동물의 질병을 없애기 위한 가장 기본적인 일은, 바로 토지를 비옥하게 가꾸는 것임을 깨닫고, 우선적으로 푸사 연구소의 실험 경작지부터 가꿔야겠다고 생각했다. 그리하여 그는 전통적인 중국식 농경법을 도입하여, 농장의 찌꺼기들을 거름으로 활용할 수 있는 대규모적인 시설을 만들어야겠다고 작정했다.

하지만 불행하게도, 하워드가 그런 생각을 속으로 다지고 있을 때 푸사의 농업 연구 협회에서는 엉뚱한 것에다 신경을 쓰고 있었다. 하워드는 그것에 관해 이렇게 쓰고 있다.

"그 협회는 식물재배학, 세균학, 곤충학, 미생물학, 농화학, 실용 농업 같은 전문 부서들로 견고하게 조직되어 있었는데, 각 부서들은 그 부서가 조직되게 된 목적보다는 조직 자체를 더 중요시하는 것 같았다. 거기에는 토지의 비옥화라는 보다 포괄적인 연구를 한다든가, 각 부서의 제약을 뛰어넘어 자유롭게 상호간의 관련성을 연구할 수 있는 여건이 전혀 마련돼 있지 않았다. 사실 나의 제안들에는 여러 분야에 걸친 중복적인 요소들이 꽤 많았다. 바로 그러한 이유 때문에 나의 제안은, 재정을 장악하고 있는 관리들과, 푸사 연구 협회의 경우처럼 불필요하게 세분화된 연구 협회들로부터 배척을 당해야 했다."

그리하여 하워드는 새로운 연구소를 설립하기 위한 자금 마련에 진력했다. 그 결과, 그는 봄베이에서 북동쪽으로 480킬로미터 가량 떨어진 인도르에 식물 산업 연구소를 개설하여, 완전한 활동의 자유를 누릴 수 있게 되었다. 인도르 지방의 주력 산업 작물인 목화 재배에 있어 반드시 선행되어야 할 것은 토지를 비옥하게 만드는 일이었기 때문에, 하워드는 자신의 이론을 마음껏 펼칠 수 있는 마땅한 장소에 도착한 셈이었다. 그는 후일 '인도르식'이라고 알려지게 되는 부식토 제조법을 개발해 냈다. 얼마 안 있어, 그는 그 일대의 다른 경작지에서보다 세 배나 더 많은 목화를 생산해 낼 수 있었을 뿐만 아니라, 그 목화가 질병에도 걸리지 않는다는 사실을 발견할 수 있었다. 하워드는 훗날 이렇게 썼다. "이러한 결과들은, 내가 연구하고 있던 '원기Good heart' 있는 토양과 질병 없는 작물과의 관계—토양의 질이 어느 수준 이하로 떨어지면 곧 질병에 걸리게 되는—를 점차적으로 확인하게 해주는 것이었다." 그는 두 가지 매우 중요한 결론에 도달했다. 그 하나는 토양의 질을 적절하게 유지시켜야 한다는 것이고, 또 하나는 자연적으로 복원될 수 있는 한계를 벗어날 만큼 토양을 혹사해서는 안 된다는 것이었다.

하워드는 자신의 발견에 기초하여 한 권의 책을 썼다.《농업 폐기물:부식토로서의 그 활용 *The Waste Products of Agriculture: Their Utilization as Humus*》이 그것으로서, 전세계적인 호응뿐만 아니라 열광적인 서평까지 받게 되었다. 그러나 정작 영국의 지배하에 있는 모든 지역의 농업 연구소에서 목화 재배 문제를 연구하고 있던 농업과학자들은, 그 책에 대해 적대감을 품거나 자기네들의 연구에 대한 방해물로까지 폄하하는 것이었다. 그것은 육종법을 통해서만 생산량을 증대시키고, 섬유의 질도 높일 수 있으며, 또 약품을 쓰는 것만이 병충해를 효과적으로 물리칠 수 있다는 그들의 뿌리 깊은 믿음에 도전하는 것이었기 때문이었다.

게다가, 시간이라는 요소도 그들의 비웃음거리가 되었다. 토양에다 하워드가 말하는 '원기'를 불어넣기 위해 몇 년씩 시간을 허비할 수 있겠느냐는 것이었다. 하워드의 말대로 하자면, 사용하기 편리한 화학 비료 대신 동물성과 식물성 찌꺼기가 3대 1의 비율로 섞인 '인도르식 퇴비'를 써야 하는데, 그것은 많은 시간을 요하는 작업이었던 것이다. 하워드는 자신의 제안이 분명 기성 질서에 대한 위협이 될 것임을 잘 알고 있었다. "대규모로 퇴비를 생산해 내는 것은, 목화 재배같이 복잡하고 다양한 생물학적 문제에 관해 각기 독립적인 전문 분야로 나누어 연구해 오던 사람들에게는 자기네들의 존립마저 위태롭게 만드는 일로 여겨졌음이 틀림없다."

영국에서 다른 작물을 연구하던 사람들도 목화 전문가들처럼 완고한 견해를 갖고 있었다. 그들은 급격한 성장을 보이는 화학 비료업체나 농약 제조업체들로부터 엄청난 지원을 받고 있었던 것이다.

1935년 말, 고국으로 돌아온 하워드는 케임브리지 대학 농과 대학생들의 초청을 받아, '인도르식 방법에 의한 부식토 제조법'을 강의하게 되었다. 강연이 끝나고 활발한 토론을 할 수 있도록 미리 강연의 요지를 인쇄한 복사물을 보냈기 때문인지, 강단에 선 그는 그 농과대의 모든 교수진까지 그 자리에 참석했다는 것을 알게 되었다. 그러나 하워드는 이미 영국이나 인도, 그밖의 다른 지역 식물 전문가들로부터 줄곧 공격을 받아 온 터였기 때문에, 화학자에서부터 식물 육종학자, 병리학자에 이르는 거의 모든 교수들의 격렬한 반대 의견쯤은 조금도 놀랍지 않았다. 그러나 교수들과는 달리 학생들은 매우 열성적인 태도로 그 강연을 경청했다. 학생들은 자기네 교수들이 그들의 신성한 사원을 떠받치고 있는 지주가 흔들리지 못하도록 안간힘을 쓰면서 방어적인 태도를 취하는 것을 보고 매우 재미있어 했다. "나는 그 토론의 자리를 통해 드러난 전세계 농업학자들의 제한된 지식과 경험에 다시 한번 놀라지 않을 수 없었다. 나는 마치 농학 분야의 초보자들을 상대하는 기분을 느꼈으며, 그들이 주장하는 논지는 무지로 인한 오만이라고밖에는 달리 볼 수가 없었다." 이 모임을 통해 분명해진 것은, 영국의 그 어떤 농과 대학이나 연구소도 유기농법을 지지하지 않는다는 것이었다.

하워드의 판단은 옳았다. 후일 그가 영국 농업 종사자 모임에서 〈토양 생산성의 회복과 유지〉라는 논문을 발표했을 때, 그곳에 참석했던 농경 실험소와 화학 비료 산업체 대표들이 비웃음만 흘리자, 하워드는 다음과 같이 말했다. "좋습니다. 나의 회답은 얼마 안 있어 토양에다 직접 써서 나타내 보이겠습니다." 그로부터 2년 후, 버나드 그린웰 Bernard Greenwell 경은 자신이 소유한 두 곳의 장원莊園에서 하워드의 농법을 철저히 실행해 본 후, 예의 그 모임에서 자신의 견해를 피력했다. 하지만 과학자들과 화학 비료의 관계자들은 그 모임에 참석하지 않았다. 그것은 그가 거둔 성공이 유기농법에 대한 그 논쟁에 아무런 반박도 제기할 수 없게 하는 것임을 알았기 때문이었다.

기존의 이해에 얽힌 신랄한 비판에도 불구하고, 하워드는 맥캐리슨처럼 그 업적에 대한 공로로 영국 국왕으로부터 기사 작위를 수여받았다. 하지만 그의 연구를 따르려는 사람은 여전히 극소수의 지각 있는 사람들에 국한되고 있었다. 그들 중 하나가 귀족 가문의 이브 밸포어Eve Balfour였다. 그녀는 어린 시절부터 악성 류머티즘을 앓아 온데다가, 해마다 겨울철인 11월경부터 4월경까지는 코감기에 시달려야 했다. 제2차 세계대전 직전에 하워드의 연구를 접하게 된 그녀는, 서퍽 주의 홀리에 있는 자신의 농장에서 인도르식 경작을 시작했다. 그리고는 제과점에서 파는 빵 대신 자기 농장의 부식토에서 자란 밀로 만든 빵만 먹었다. 먹는 것을 전면적으로 바꾼 그해 겨울 내내, 그녀는 난생 처음으로 감기에 걸리지 않았다. 또 그 춥고 습기찬 기나긴 계절을 지나는 동안 류머티즘에도 시달리지 않았던 것이다.

전쟁이 한창이라, 영국에서 식량 배급제가 더욱 강화되고 있을 때, 이브의 《살아 있는 토양 The Living Soil》이라는 책이 출간돼 나왔다. 그것은 도서관에서의 오랜 탐색과, 하워드나 맥캐리슨의 견해가 옳다고 믿는 몇몇 건강 전문가들과의 인터뷰를 통해, 부식토에서 자란 식물과 그것을 먹고 자란 인간과 동물의 건강에 관한 여러 자료들을 체계적으로 모은 것이었다. 그 책에서 그녀는, 사람들이 자연을 정복했노라고 오만을 부리는 태도를 나치의 유럽 정복에다 비유하며, 다음과 같이 말했다. "유럽인들이 나치에 저항하듯, 자연도 인간의 이기적인 개발에 저항을 하고 있다."

그녀는 또한 생후 1개월된 새끼 돼지가 백리白痢[5]에 걸렸을 때 부식토로 그것을 치료할 수 있다는 것을 발견했다. 의학 서적을 보면, 백리는 철분이 부족해서 생기는 질병이므로, 철분이 많이 함유된 별꽃이나 기타의 식물을 먹이라고 권하고 있다. 그런데, 그녀는 화학 비료를 전혀 쓰지 않은, 부식토만 풍부하게 함유된 흙을 돼지에게 먹임으로써 그러한 치료 효과를 거둘 수 있었다. 그러나 화학 비료를 써서 원기가 없는 흙은 아무리 많이 먹여 봤자 전혀 효과가 없었다.

같은 시기에, 영국의 농부이면서 순혈종 서러브렛 말의 사육사인 프렌드 사익스Friend Sykes도 하워드의 생각에 흥미를 느꼈다. 그리하여 그는 솔즈베리 평원이 내려다보이는, 해발 330미터 고지에 있는 윌트셔 지방의 750에이커에 달하는 폐농장을 사들였다. 그곳은 오랜 경작으로 지력이 완

5—이질의 한 종류. 흰 똥을 누게 된다.

전히 고갈된 곳이었다. 그는 농업 상담원으로 일했었던 과거의 경험을 통해, 한 가지 작물이나 한 종류의 가축만을 기르는 특수 농장은 필연적으로 가축이나 식물이 병약하게 된다는 것을 잘 알고 있었다. 그는 '올바른 경작법의 실천', 특히 혼작을 실천함으로써 질병의 발생을 근절시킬 수 있는지 알아보고 싶었다.

생태학이 세상에 널리 알려지기 훨씬 전에 이미 그 학문을 배웠고, 레이첼 카슨Rachel Carson[6]이 《침묵의 봄 Silent Spring》이라는 책을 펴내 세상을 깜짝 놀라게 하기 10년도 전에 DDT 사용을 반대했었던 사익스는, 1951년에 《식량, 농업, 그리고 미래 Food, Farming and the Future》라는 책을 펴냈는데, 거기에 그는 다음과 같이 썼다. "자연이 농약으로 다루어질 때 맨 처음 하는 일은 그 독에 대항해 싸우면서 생물체에게 저항력을 길러 주려고 애쓰는 일이다. 그런데도 농약 사용을 계속 고수하고자 하는 화학자가 있다면, 그는 자연이 그에 맞서 기른 저항력을 다루기 위해 보다 많고 강력한 약품을 개발해야 할 것이다. 이 전쟁은 악순환을 불러일으켜, 보다 강한 저항력을 가진 질병과, 보다 강력한 농약으로 계속 발전하게 된다. 그렇게 된다면, 궁극에 가서는 인간 자신도 그 전쟁에 휘말려서 압도당하지 않을 거라고 어느 누가 장담할 수 있겠는가?"

사익스가, 토양은 '잠재적 산출력'이 있기 때문에 아무런 비료도 주지 않고 단지 보살펴 주는 것만으로도 작물을 길러낼 수 있을 것이라는 자신의 직관에 기초하여 행했던 실험은 사실 환상에 가까운 것이었다. 사익스는 26에이커에 달하는 그 농장의 토양 분석을 연구소에 의뢰한 결과, 석회질과 인산염, 칼륨이 극도로 부족하므로, 그것을 바로잡으려면 화학 비료를 사용하라는 처방을 받게 되었다.

그러나 사익스는 그것을 무시해 버리고는 농장을 그저 일구기만 한 다음, 아무런 비료도 주지 않은 채 밀을 뿌렸다. 그 후, 이웃 사람들은 그가 에이커당 92부셸의 밀을 수확했다는 것을 알고는 놀라움을 금치 못했다. 그런 뒤 사익스는 여름 내내 토지를 일구기만 하다가 그 토양의 샘플을 다시

6—미국의 작가이자 해상생물학자. 그의 저서들은 예민한 과학적 관찰과 풍부한 시상詩想이 조화되어 있다.

연구소로 보냈다. 그 결과, 인산만 부족했을 뿐, 석회질과 칼륨은 완전히 회복된 것으로 나타났다. 인산 비료를 충분히 주지 않으면 작물을 제대로 기를 수 없다는 전문가들의 일치된 견해에도 불구하고, 사익스는 그저 씨 뿌릴 땅의 밑흙을 일궈 준 것만으로 밀 수확량을 처음보다 더욱 높일 수 있었다. 밑흙을 일군다는 것은, 땅을 깊이 파 뒤집어서 굳어지고 쓸모 없게 된 토지에다 공기를 통하게 해준다는 뜻이다. 사익스가 밑흙을 일구는 전문 대행업체에다 자신의 농장을 개간해 달라고 주문하자, 그 업자는 이렇게 말하는 것이었다. "도대체 이 버림받은 땅에서 무얼 바라시는 겁니까? 우리 업체는 이런 일을 100년도 넘게 해왔지만, 이처럼 가망 없는 일을 해보기는 처음입니다." 그러나 사익스는 그 해에 호밀 줄기와 클로버 등을 섞어서 밀을 심은 결과, 약 2.5톤이나 되는 건초를 수확할 수 있었다. 그리고는 다시 땅을 일군 뒤, 이번에는 귀리를 심어 에이커당 100부셸이 넘는 수확을 거두었다. 세번째로 연구소에 토양 분석을 의뢰한 결과, 부족한 성분이 하나도 없었다.

　사익스는 이 같은 내용을, 〈토양을 다시 비옥하게 만드는 유일한 수단으로서의 유기 거름을 이용한 영리 농업〉이라는 수필을 통해 발표했다. 그는 그 수필에서, 농약을 쓰지 않고도 가축과 작물들을 질병으로부터 해방시켜 건강하게 잘 길러낼 수 있었을 뿐만 아니라, 다른 농부들이 작물의 종류를 바꿔 가며 윤작한 것과는 달리, 6년간 연속적으로 밀, 보리, 귀리 등의 동일한 종류만 혼작함으로써 그런 결과를 얻어 냈다고 말미를 맺었다.

　그밖에 그가 거둔 성공적인 연구 중 하나는, 종자의 퇴화 경향을 되돌릴 수 있음을 발견해 낸 것이었다. 사실 농부들은 종자의 그러한 퇴화 경향 때문에, 영양가 면에서 떨어지는 잡종에 의존하는 추세였던 것이다. 사익스는 이브 밸포어를 비롯한 몇몇 사람들과 함께 '토양 협회 Soil Association'를 결성했다. 이 협회의 주목적은, 국적을 불문하고 다함께 협력하여 사람들에게, 토양과 식물, 동물 및 인간의 생명이 서로 관련되어 있음을 확실히 이해시키기 위한 활동을 벌이는 것이었다. 그들은 "양 때문에 질을 희생시킨다면, 이는 곧 전체적인 식량 감소를 초래하게 된다."는 철학을 바탕으로 그러한 일을 추진해 나가기로 했다.

토양 협회는 기증받은 서퍽의 토지에다 그들의 연구를 실행해 보기로 했다. 그 연구 작업의 진행을 위임받은 사람은 그들의 일에 대해 다음과 같이 설명했다.

"인류는 원자폭탄의 발명 이래 무서운 공포에 시달려 오고 있다. 그러나 그것보다 속도가 느리긴 하지만, 훨씬 더 광범위하게 확산되고 있는 또 다른 현상은 대다수의 사람들로부터 무시되고 있다. 그것은 우리가 생존을 의지하고 있는 대지를 고갈시켜 황폐화하는 것인데, 인간들은 재난의 의미를 천재지변이나 전쟁의 의미로만 받아들이고 있다. 토양의 산출력을 착취하는 것은, 부분적으로 본다면 신속하게 현금을 얻겠다는 욕망에서 기인한 것이지만, 크게 본다면 무지에서 비롯된 소치이다. 많은 과학자들과 농업학자들은 이제, 토양 산출력의 기반이 되는 자연의 과정들에 관한 자기들의 지식이 충분하지 못하다는 것을 깨닫고 있다. 그들은 농화학적인 접근으로는 이 과정들을 단지 부분적으로밖에는 설명하지 못하며, 토양에 관한 연구를 함에 있어서도 단지 무기물적인 접근밖에 하지 못하는데, 그것은 말라비틀어진 19세기식 기계론적 측정법의 연장선에 불과하다는 것을 인식하고 있다. 이 '말라비틀어진'이란 말은 생명력을 상실했다는 의미를 담고 있다는 점에서 실로 적절한 표현이 아닐 수 없다."

영국에서 토양 협회가 설립되기 직전, 미국 펜실베이니아의 한 건강 잡지 편집자인 로데일 J. I. Rodale 역시 앨버트 하워드 경의 연구를 접하고 대단히 흥미를 느끼게 되었다. 로데일은 훗날 이렇게 썼다. "나는 아찔할 정도로 놀랐다. 먹거리의 재배 과정이 그 영양의 질에 어떤 영향을 준다잖는가! 그것은 내가 읽은 그 어떤 건강 잡지에서도 찾아볼 수 없었던 생각이었다. 의사나 영양학자들에게는 그것이 아무리 특별한 당근이라도 그저 당근에 지나지 않았던 것이다." 로데일은 1942년에 펜실베이니아 주의 엠머스에 있는 농장을 사들이는 한편, 앨버트 하워드 경의 저서인 《농업전서 An Agriculture Testaments》를 출판하는 일에 착수했다. 그런 뒤, 그는 또 〈유기원예와 유기농법 Organic Gardening and Farming〉이라는 잡지를 발행하기 시작했다. 이 잡지는 성장에 성장을 거듭하여, 30년이 지난 오늘날에는 85만 명이나 되는 독자를 확보하고 있다. 로데일은 이 잡지 외에도 1950년, 인간의 건강과 유기농법에 의한 먹거리와의 관계를 대중들에게 알리기 위한 또 하나의 잡지를 〈예방 Prevention〉이라는 이름으로 발행했다. 이 잡지 또한 현재 먹거리의 질을 우려하는 100만 명이 넘는 미국 독자들에게 배포되고 있다.

완전무결한 먹거리를 위해 노력하던 로데일은 미연방 통상 위원회로부터 시달림을 받기도 했다. 그 위원회는 로데일의 《건강을 찾는 사람 The Health Finder》이라는 책의 판매를 중지시키고자 했다. 그 이유는, 그 책이 '일반인들에게 수많은 악성 질환들로부터 비교적 자유로워질 수 있도록 도와 준다.'고 과대 선전을 한다는 것이었다. 로데일은 이 같은 처사에 맞서 공개적인 법정 투쟁을 벌이느라, 25만 달러 가까운 비용을 들여야 했다. 결국 그는 승소를 하긴 했지만, 정부를 고소하느라고 입은 손실에 대해서는 아무런 보상도 받아낼 수 없었다.

로데일은 미국의 도시와 그 근교에 사는 사람들의 일반적인 인식, 즉 토양은 고정적이고, 활성이 없는 물질이라는 생각을 고쳐 주기 위해 캠페인을 벌이기 시작했다. 그리하여 그는 영어에서 'Soil'과 'dirt'를 같은 동의어로 쓰는 것에 도전했다. 'dirt'는 하찮고 시시한 것을 의미하지만, 'soil'은 살아 있고, 깨끗한 것을 의미한다는 것이다.

토양은 그 표면 아래에 무수히 많은 생명체들을 품고 있다. 약 100개에서 200개 가량의 고리형 마디로 이루어져 있어서 '반지'를 뜻하는 라틴어에서 이름을 딴, '환형동물 Annelida'이라고 불리는 지렁이는 그 중 대표적인 생물이다. 지렁이들은 성인 남자의 키보다 훨씬 더 깊게 땅 속으로 파들어갈 수 있는데, 몸을 움직여 가면서 계속 흙을 먹고, 그 배설물로 표토表土를 비옥하게 만든다. 아리스토텔레스가 '토양의 내장'이라고 불렀듯이, 지렁이들은 토양에 있어서의 혈관계 작용을 한다고 볼 수 있다. 만약 이 지렁이들이 부족하면, 토양은 흡사 동맥경화증에 걸린 것처럼 딱딱해진다.

찰스 다윈은 죽기 1년 전인 1881년에 쓴 《옥토를 일구는 벌레들의 작업

The Formation of Vegetable Mould through the Action of Worms》이라는 책을 발표했다. 그 책에서 다윈은, 만일 땅 속의 벌레들이 없다면 초목들은 쇠퇴하여 결국 소멸하고 말 것이라고 주장했다. 그는 한 해 동안에 1에이커당 약 10톤 가량의 굳은 흙이 지렁이의 소화기관을 통해 부드럽게 되며, 지렁이가 많은 땅에서는 5년 안에 25센티미터 깊이의 부드러운 표토가 형성된다고 했다. 그러나 다윈의 이 책은 그 후 50년간이나 묵혀진 채, 심지어 농업학교의 교과서에조차 나오지 않았다. 사람들은 화학 비료나 농약을 다량으로 사용하면 지렁이들이 살 수 없게 된다는 것을 깨닫지 못했다. 영양분이 풍부한 작물 생산에, 즉 토양의 비옥도 유지에 그것이 매우 중요한 몫을 차지하고 있음에도 불구하고 말이다.

그러다가 1950년경에 척박한 토양을 개선시키는 땅속 벌레들의 능력을 명확히 실증한 실험이 발표되었으나, 땅속 벌레들의 호의적인 행동은 여전히 무시되고 말았다. 그 실험은 척박한 토양을 가득 채운 20개의 둥근 통에다 목초를 심어 벌레들이 그 목초의 성장에 어떤 영향을 미치는가 하는 것을 알아보는 것이었다. 그 통들 중 절반에는 살아 있는 벌레들을 넣었고, 나머지 절반들에는 죽은 벌레들을 넣었다. 이로써 그 2개 조의 통들은 동등한 양의 유기물질을 가진 셈이 되었다. 그런 뒤 각 통들에다 같은 양의 유기 비료를 주었다. 그 결과, 살아 있는 벌레가 들어 있는 통 쪽의 목초는 다른 쪽에 비해 네 배나 더 많이 자랐다.

제1차 세계대전 직후, 최초로 잠수정을 타고 심해 생물을 탐사했던 윌리엄 비브William Beebe는 브라질에서의 조류 채집 탐험을 마치고 뉴욕으로 돌아가는 항해 여행 도중, 그냥 놀면서 시간을 보내기는 아깝다고 생각하여 정글의 토양을 조사해 보기로 결심했다. 갑판에서 확대경을 가지고 정글의 비옥한 토양과 썩은 나뭇잎 등을 살펴보던 중, 비브는 자신이 경이로운 기적의 세계에 빠져들고 있음을 느꼈다. 뉴욕 항에 입항할 무렵, 비브는 자신이 가져온 토양 속에 500여 종의 생물이 살고 있음을 발견했으며, 아직 채 발견하지 못한 것은 아마 그 두 배도 넘을 것이라고 믿었다.

만약 윌리엄 비브가 확대경이 아닌 현미경을 사용했더라면, 그래서 박테리아까지 발견했더라면, 그는 그 생물들의 종류를 이루 다 헤아릴 수조차 없었을 것이다. 존 러셀E. John Russel 경은 《토양의 상태와 식물의 성장 Soil Conditions and Plant Growth》라는 그의 책에서, 농가의 거름을 준 토양에는 1그램 정도의 작은 양에라도 약 2,900만 개의 박테리아가 발견되는데, 화학 비료를 준 토양에는 그 숫자가 절반으로 떨어진다고 말한 바 있다. 토질이 비옥한 경우, 1에이커의 땅에 살고 있는 박테리아의 총중량은 약 250킬로그램을 넘을 것으로 추정되는데, 그것들이 죽으면 자연의 섭리에 따라 부식토로 바뀌어 토양을 기름지게 하는 것이다.

토양 속에는 박테리아뿐만 아니라 다른 미생물들이 무수히 많다. 박테리아와 진균의 특징을 동시에 갖추고 있는 섬유 모양의 방선균放線菌, 바닷말과 같은 종류의 미세한 조류藻類, 단세포로 된 원생동물들, 그리고 단세포 형태가 자라 분지체分枝體를 이루는 효모, 곰팡이, 버섯류 같은 엽록소가 없는 이상한 진균류들이 그것들이다.

많은 녹색 식물의 뿌리에는 어떤 종류의 진균이 붙어 자라는데, 이 공생이 서로에게 어떤 이익이 되는가 하는 것은 아직도 수수께끼지만, 많은 농업과학자들은 그것에 대해 관심조차 갖지 않는다. '균근菌根'[7]이라 불리는 이러한 진균류의 균사菌絲[8]가, 그것이 공생하고 있는 나무의 뿌리에 의해 먹힌다는 것을 처음으로 발견한 사람은 영국의 레이너M. C. Rayner 박사였다. 앨버트 하워드 경은 프랑스를 여행하는 동안, 건강한 포도나무의 뿌리에는 이 균근이 많다는 것을 발견했다. 그러한 포도나무는 아무런 인공 비료도 주지 않았는데, 대단히 뛰어난 품질의 포도주를 생산해 내는 것으로 드러났다.

옛날의 농부들은 익히 잘 알고 있었던 자연농법의 또 다른 이점, 즉 다른 식물들을 혼작함으로써 얻을 수 있는 이점은, 오늘날과 같이 고도로 전문화된 단일작물 농법에 의해 사장되고 말았다. 블라디미르 솔루힌은 그의 저서인 《풀》에서, 현대의 소련 농경법은 식물들간의 유대 관계에서 얻을 수 있는 이점들을 놓치고 있다고 밝힌 바 있다. 전문가들이, 호밀밭에서 자

7―균류가 기생하거나 공생하고 있는 종자식물의 뿌리.
8―균류의 몸을 이루는 섬세한 실오라기 모양의 세포, 또는 세포로 된 열列.

라는 수레국화가 호밀에 좋은 영향을 준다는 생각을 무시하고, 오히려 이 푸른 꽃이 피는 식물—미국에서는 독신자의 단추bachelor's button라고 알려진—은 단지 해로운 잡초에 지나지 않는다고 주장하자, 솔루힌은 이렇게 물었다. "만약 수레국화가 곡물에 해를 끼치는 식물이 틀림없다면, 현대식 교육을 받은 농학자들이 출현하기 이전의 전세계 농부들은 그 식물을 미워했어야 하잖은가?"

솔루힌은 다시 묻는다. 농부들이 수확한 호밀의 첫 묶음을 수레국화로 아름답게 장식하여 신의 제단에다 바치고, 또 시골에서는 아주 건조한 날씨에도 벌에게 꿀을 먹이기 위해 수레국화를 가꾼다는 사실을 알고 있는 식물학자는 과연 얼마나 되겠는가?라고. 이 모든 농부들의 지혜는 확실한 사실에 근거를 두었을 거라고 생각한 솔루힌은, 농부들의 그러한 직관의 근거가 될 만한 것을 찾아내고자 무수한 과학서적들을 뒤져 보았다. 그리하여 마침내 그는, 100개의 밀알과 20개의 국화씨를 섞어 심으면 밀이 국화에 압도당하지만, 한 개의 국화씨를 섞어 심으면 같은 밀만 심었을 때보다 밀이 훨씬 더 잘 자란다는 글을 발견할 수 있었다. 그것은 바로 이 호밀과 수레국화의 경우와 같은 이치였던 것이다.

솔루힌의 식물 공생에 관한 견해는, 미국의 식물학자이자 환경보전학자인 조셉 코캐너Joseph A. Cocannouer—하워드가 인도에서 연구에 몰두하고 있을 무렵, 필리핀 국립대학교에서 10년간 토양원예학을 담당했으며, 그 후 카비테라는 곳에 보다 확장된 규모의 연구소를 설립한 사람—의 견해를 지지해 주는 셈이었다. 코캐너는 약 25년 전에 출판한 《잡초: 토양의 수호자 Weeds: Guardian of the Soil》라는 책을 통해 다음과 같은 명제를 제시했다. 즉, 해롭고 성가신 것이라고만 여기고들 있는 돼지풀, 명아주, 쇠비름, 쐐기풀 같은 잡초들이, 사실은 심토心土[9]로부터 미네랄을 끌어다 그것이 이미 고갈돼 버린 표토 쪽으로 옮겨다 주는 역할을 하며, 그러므로 그것들이 얼마나 많은가는 그 토양의 상태를 측정할 수 있는 척도가 된다는 것이다. 즉, 그 잡초들은 인정 많은 이웃처럼 멀리 떨어져 닿지 않는 곳에

9—표토 아래층의 토양. 농기구로는 갈아지지 않는 부분의 흙.

있는 영양소들을 농작물의 뿌리 쪽으로 끌어다준다는 것이다.

코캐너는 '만물의 공존 법칙'에 관한 글을 쓰면서, 전세계의 농업인들이 그러한 사실을 무시하기 시작했다고 경고했다. 그는 "미국의 경우, 농업 생산물로 많은 이익을 얻어내겠다는 격앙된 열기로 인해, 땅을 가꾸는 것이 아니라 파괴하고 있다."고 썼다. 그러면서 그는, 유럽에서도 똑같은 현상이 벌어지기 시작하여, 제2차 세계대전 이후로 극소수의 농부들만이 이 '회귀의 법칙'을 실천하고 있을 따름이라고 덧붙였다.

코캐너는 한 절친한 친구가 다음과 같은 말을 했다며, 농부들의 마음이 점점 더 기계적으로 변해 가고 있다고 한탄했다. "자네가 말하는 자연에 순응하는 농사란 사실 공론일 뿐이네. 이론상으로야 아주 훌륭하지만……. 현재 수많은 사람들이 기아에 허덕이며 먹을 것을 찾고 있네. 그러니 우리는 그들을 먹여 살려야 하네. 우리는 농업을 더욱 기계화해서 토지의 한계가 다할 때까지 생산을 해야 한단 말일세."

오늘날의 미국인들은 세계에서 가장 효율적으로 식량을 생산한다는 나라에서 살고 있다. 그러나 식량의 단가는 꾸준히 인상되어 왔다. 이해하기 쉽게 예를 들어 보기로 하자. 1900년의 경우엔, 농부 한 사람이 자신말고도 다섯 명을 더 먹일 수 있을 만큼 생산했는데, 오늘날에는 30명을 더 먹일 수 있을 만큼 생산해 낸다. 그러나 미시간 대학의 식량 과학자인 게오르그 보르그스트롬Georg Borgstrom은 이 같은 수치는 착각일 뿐이라고 말한다. 금세기가 시작되던 무렵의 농부들은 땅을 갈고 가축을 기르는 일 외에 자신들이 직접 우유를 배달하고, 가축을 도살했으며, 또 자신들의 농장에서 짜낸 우유로 직접 신선한 버터를 만들고, 직접 고기에다 소금을 절였으며, 먹거리를 만들기 위해서는 가축의 힘을 이용하여 농사를 지었다. 오늘날, 이 가축의 힘은 값비싼 기계—그것을 사용하는 데는 엄청난 희생과 통탄할 일이 따르게 되는 화석 연료를 써야 하는—로 대체되었으며, 농부들의 여러 기술들은 대규모의 공장이나 기업체로 넘겨졌다. 25년도 채 안 되는 짧은 기간 동안에, 수백만의 가금家禽 사육자—그들의 닭은 농장을 마음대로 돌아다니며 자연의 야채와 벌레 따위 같은 미네랄이 풍부한 온갖 음식을 섭취했었다—들이 사라지고, 대신 약 6만여 곳의 반자동화된 양계

제14장 생명의 바다인 토양 293

업이 나타났다. 이 양계업자들의 닭들은 좁은 닭장 안에 다닥다닥 갇힌 채 인공 사료를 먹으며 사육된다.

이 같은 모든 탈농장화된 생산 활동으로 말미암아, 식량의 단가가 높아졌을 뿐더러, 그 질 또한 의심스러운 것이 되어 버렸다. 사실, 2,200만 명에 달하는 농기구 제조에 종사하는 사람, 농장에서 시장으로 이어지는 도로 건설에 종사하는 사람, 그리고 농업 생산물을 배달하고 가공하는 일에 종사하는 사람, 거기에다 다른 식품 제조업에 종사하는 사람들까지 모두 염두에 둔다면, 1900년경에 농부들이 거둬들였던 농업 생산성과 별 차이가 없다는 것이 분명해진다.

그러나 코캐너는, 대중들에게는 자연적인 방식을 주장하는 자신의 견해를 비웃기만 하는 친구들의 견해가 더 잘 들어 먹힌다는 것을 깨달았다. 그는 농업에 관한 연구는 먼저 자연을 배우는 것부터 시작해야 한다는 루터 버뱅크의 확고한 신념이 대중들로부터 전혀 주목을 못 받는다는 사실에 실망을 금치 못했다.

오늘날, 지렁이 같은 땅속 벌레들이 농경과 관계 있다는 사실이 마침내 주목을 끌고, 맥캐리슨, 하워드, 로데일 같은 사람들이 오래 전에 주장했었던 견해들에 대해 대학의 과학자들이 관심을 보이기 시작했다는 징후들이 나타나고 있다. 모겐타운의 웨스트버지니아 대학에서 농학을 연구하는 로버트 키퍼Robert F. Keefer 박사와 라빈다르 싱Rabindar N. Singh 박사가 마치 새로운 것을 발견하기라도 한 것처럼, 1973년 4월 3일자 신문을 통해 다음과 같이 주장했다. "인간이 먹는 것은, 농부들이 작물에다 뿌렸던 비료에 의해 부분적으로 결정되어진다."는 것이었다. 그들은 실험을 통해, 인간과 동물의 일상 식품 중에서 대단히 중요한 몫을 차지하는 사탕수수와 사료용 옥수수에 포함되어 있는 미량 원소의 양은, 뿌려진 비료의 양과 질에 따라 극적으로 감소한다는 사실을 발견했다고 말했다.

다소 늦은 감이 있는 이 기본적인 진리에 대한 그들의 재발견은, 미국 중서부의 11개 주로 하여금 곡물에 대한 조사를 하도록 부추겼다. 그 결과, 옥수수 속의 철, 구리, 아연, 마그네슘 등의 함유량이 지난 4년 사이에 상당히 격감된 것으로 나타났다. 싱은 질소 비료를 남용하게 되면, 일리노이 주의 주민들이 이미 경고를 받았었던 것처럼, "인간과 동물의 건강에 광범위한 영향을 끼치게 된다."고 말했다. 그러면서 그는 같은 대학의 또 다른 동료가 실험한 바에 의하면, 목초지에다 질소 성분이 다량으로 들어 있는 화학 비료를 많이 주게 되면, 쥐를 대상으로 실험했을 때와 마찬가지로 가축의 젖에 변화가 생기는 것 같다고 했다.

맥캐리슨, 하워드, 알브레히트, 부아젱, 사익스, 이브 밸포어 같은 선구자들의 발견에 비추어 보면, 웨스트버지니아 대학의 두 교수의 연구는 꽤나 지각을 한 셈이다. 그리고 미국에서 퇴행성 질환이 꾸준히 증가 추세를 보인다는 점에 비추어볼 때, 그들의 경고는 다소간 우스꽝스러워 보인다.

건강한 사람들보다 병든 조직이나 신체 기관을 주로 연구하는 미국의 의과 대학이 영양에 관한 단 하나의 기초 과정조차 두지 않았다는 사실은 실로 이상한 일이 아닐 수 없다.

제15장
식탁 위의 독약과 양식

19세기 초반, 니콜스Nichols라는 한 영국계 미국인이 사우스캐롤라이나 주의 수백 에이커에 달하는 기름진 처녀지를 개간하여 목화, 담배, 옥수수 등을 재배했다. 수확은 매우 풍성하여, 그는 큰 저택을 짓고, 많은 식구들을 교육시킬 수 있을 만큼 큰 수입을 올렸다. 그러나 그는 토지를 경작하면서 단 한번도 거름 따위를 주어 본 적이 없었다. 그 결과, 토지가 피폐해져서 수확량이 떨어지게 되자, 그는 토지를 좀더 많이 개간하는 식으로 개척을 계속 확대해 나갔다. 그러다가 더이상 개간할 대지가 없어지자, 그의 가세는 자연히 기울어질 수밖에 없었다.

성인이 된 니콜스의 아들은 척박해진 토지를 살펴보고는, 호레이스 그릴리Horace Greeley의 조언을 받아들여 테네시 주로 이주했다. 테네시에서 2,000에이커의 처녀지를 개간한 그는 그의 아버지처럼 목화, 옥수수, 담배 따위를 심었다. 그의 아들이 자라 또 성인이 되었을 때, 그 토지는 지력이 다하여 아무것도 자랄 수 없게 되었다. 그리하여 이 세번째의 니콜스는 앨라배마 주의 마렝고에 있는 호스 크릭으로 이주했다. 그 역시도 그곳에서

2,000에이커의 기름진 토지를 구입하여, 그 소득으로 열두 자녀를 기를 수 있었다. 그곳에서 니콜스는 제재소, 잡화점, 제분소 등을 운영할 만큼 성공하여, 그 마을의 이름은 니콜스빌Nicholsville이 되었다. 이 사람의 아들—첫번째 니콜스의 증손자—역시 성인이 되었을 때, 그의 아버지를 부자로 만들어 준 토지가 황폐해지는 것을 목격하게 되었다. 그는 아버지보다 더욱 서부로 진출하여, 아칸소 주의 파크데일로 이주했다. 1,000에이커의 기름진 토지를 사들여 그곳에 정착했던 것이다.

4대에 걸친 네 차례의 이주였다. 그들뿐만 아니라, 수많은 사람들에 의해 반복되었던 이러한 과정은, 개척 당시의 미국인들이 어떻게 그저 손에 잡히는 대로 식량들을 거둬들일 수 있었던가 하는 것을 잘 설명해 주는 이야기이다. 이 증손자 니콜스는 다른 농부들과 함께 농사법에 있어서의 새로운 전환기를 맞게 되었다. 제1차 세계 대전 이후 펼쳐진 이 새로운 시대의 농사법은, 그저 심고 거두기만 하는 것이 아니라, 정부의 권장하에 새로운 화학 비료를 사용하는 것이었다. 그 방식을 채택한 결과, 목화 재배가 얼마간 성공적인 것 같았으나, 그는 곧 병충해가 그전보다 더욱 기승을 부린다는 것을 알아챘다. 그러다가 목화 시장이 사양길에 접어들어 목화 가격이 폭락하게 되자, 그의 아들인 조는 농부가 아닌 의사가 되는 쪽으로 자신의 진로를 결정했다.

세월이 흘러, 조 니콜스가 37세가 되었을 때였다. 당시 그는 텍사스 주의 애틀랜타에서 기반을 잡은 내과 및 외과 의사였는데, 갑자기 목숨이 위태로울 정도로 극심한 심장 발작을 일으켰다. 너무도 놀란 그는 몇 주 동안 일을 중단한 채 자신의 건강 상태를 점검했다. 의과 대학에서 배운 자신의 모든 지식과 동료 의사들의 견해를 종합해 볼 때, 언제 또다시 심장 발작을 일으킬지 예측하기 어려운 상황임을 알 수 있었다. 그 고통에 대한 해결 방안이란, 단지 니트로글리세린 알약밖에 없었다. 그러나 이 약은 심장의 고통을 완화시켜 주는 대신, 그만큼의 두통을 초래하는 것이었다. 별달리 하는 일도 없이 농업 잡지를 무심코 넘겨 보다가, 그는 우연히 그 잡지에 실린 광고 중의 한 구절에 주목하게 되었다. 그것은 '비옥한 토양에서 자란 자연식품을 먹으면, 절대 심장병에 걸리지 않는다'는 구절이었다.

"엉터리! 세상에서 제일 지독한 엉터리 수작이군!" 니콜스는 자신이 들고 있던 〈유기원예와 유기농법〉에다 대고 그렇게 소리쳤다. 그것은 바로 로데일이 펴내는 잡지였다. "게다가 이 작자는 의사도 아니잖아!"

니콜스는 그 격심한 심장 발작이 일어나던 날, 점심으로 햄, 바비큐 쇠고기, 콩, 그리고 흰빵, 파이 등을 먹었음을 상기했다. 건강을 유지시켜 주는 음식이라고 생각한 것들이었다. 의사의 한 사람으로서 수많은 환자들에게 식이요법에 관한 조언을 해왔던 그였지만, 그 잡지에 실린 한 줄의 글이 어쩐지 마음에 걸렸다. 자연식품이란 무엇일까, 비옥한 토양이란 무엇일까에 대한 의문이 고개를 들기 시작했던 것이다.

그는 지방 도서관에서 사서의 도움을 받아, 영양학에 관한 책과 의학 서적들을 뒤져 보았다. 그러나 그 어디에서도 자연식품이란 무엇인가에 대한 해답을 찾아낼 수가 없었다.

"문학사와 의학박사 학위를 취득한 나는 꽤나 지적인 편이었다. 많은 책들을 읽었고, 또 개인 농장도 하나 갖고 있었다. 그러나 자연식품이 무엇인가에 대해서는 아는 바가 없었다. 그 문제를 두고 진지하게 연구해 보지 않은 대다수의 다른 미국인들처럼, 나 역시 자연식품이란 밀의 싹이나 흑밀 정도로만 생각했었다. 그리고 자연식품 추종자들은 모두가 유행을 좇는 사람들이거나, 잘난 체하는 사람들이거나, 그것도 아니라면 바보들이라고 여겼었다. 또 토지를 비옥하게 만들려면 시중에서 파는 비료를 사용하면 된다고 생각해 왔었다."라고 니콜스는 말했다.

그로부터 30여 년이 지난 지금, 텍사스 주 애틀랜타 근처에 있는 1,000에이커에 달하는 조 니콜스의 농장은 그 주의 명소가 되었다. 그는 이제 더 이상 심장 발작을 일으키지 않는다. 니콜스는, 자신이 그러한 성공을 거둘 수 있었던 것은 앨버트 하워드 경의 《농업전서》와 로버트 맥캐리슨의 《영양학적이고 자연적인 건강 Nutritional and Natural Health》이라는 책 덕분이었다고 말했다. 니콜스는 자기의 농장에 자연의 퇴비 외에는 단 1그램의 화학 비료도 사용하지 않았던 것이다.

니콜스는 자신이 이제껏 살아 오는 동안 '쓰레기 같은 음식들'을 먹어 왔음을 깨달았다. 오염된 토지에서 생산되어, 끔찍스런 심장 발작을 일으키게 한 음식들을 말이다. 라이오넬 픽턴Lionel J. Picton이 쓴《영양과 토양 Nutrition and Soil》이라는 또 다른 책은 니콜스로 하여금, 심장 질환이나 암, 당뇨병 같은 신진대사와 관계되는 질환은 비옥한 토지에서 자라는 오염되지 않은 자연식품을 섭취함으로써 치료될 수 있다는 것을 믿게 했다.

우리가 먹은 음식은 장에서 소화, 흡수되어 피 속으로 옮겨진다. 이 영양소들은 피의 흐름을 타고 온몸으로 퍼져 나가, 신진대사로 끊임없이 재생 활동을 하는 각 세포들에 전달된다. 이 과정을 통해 고정적인 비생물질非生物質들이 복잡하고 유동적인 생물질이나 원형질로 바뀌게 된다. 세포는 영양 보급을 통해 얻어진 이 적절한 재료들을 가지고 스스로를 재생, 복원하는 놀라운 능력을 나타낸다. 만일 적절한 영양이 보급되지 않으면 세포는 발육이 부진해지거나 조절 능력을 잃게 된다. 신진대사가 이루어지는 생명의 기본 단위인 세포는 필수 아미노산, 천연 비타민, 유기 미네랄, 필수 지방산, 정제되지 않은 탄수화물, 그리고 아직껏 밝혀지지는 않았으나 자연적인 요소일 거라고 추정되는 몇 가지 다른 것들을 필요로 한다.

비타민과 마찬가지로 유기 미네랄들은, 자연식품 속에서 균형 있는 비율로 발견된다. 비타민은 그 자체로서는 영양소가 아니지만, 그것들이 없이는 신체가 다른 영양소들을 사용할 수 없으므로 매우 중요한 요소가 아닐 수 없다. 즉, 복잡한 상호 관련을 갖는 영양 구성 체계 중에서 당당히 한 부분을 차지하고 있는 것이다.

여기에서의 '균형'이란 의미는, 신체 조직에 의해 사용되는 모든 영양소는, 동시에 세포에게도 쓰일 수 있어야 한다는 뜻이다. 더군다나 적절한 영양소와 양호한 건강을 위해 필수적인 비타민은 자연적인 것이어야 한다. 천연 비타민과 합성 비타민 사이에는 엄청난 차이가 있는데, 그것은 화학적인 차이가 아니라 생물학적인 차이이다. 합성 비타민에는 천연 비타민이 갖고 있는 생물학적인 가치, 즉 생명력을 높여 주는 가치가 결여되어 있다. 비록 폭넓게 수용된 것은 아니지만, 그러한 사실은 에렌프리트 파이퍼 Ehrenfried Pfeiffer의 연구에 의해 분명하게 입증된 것이었다. 그는 투시 능력자이자 위대한 자연과학자인 루돌프 슈타이너를 추종하는 생화학자이다. 니콜스는 파이퍼식의 방법대로 한다면, 자연식품이나 그 속에 함유된 천연 비타민, 미네랄, 효소 같은 것들이 어째서 화학 약품으로 다루어진 식품이나 그 속에 함유된 것보다 우수한가를 정확히 밝혀 낼 수 있으리라고 생각했다.

제2차 세계대전이 일어나자 파이퍼는 미국으로 건너와 뉴욕 주의 스프링밸리에 있는 스리폴드 농장에 정착했다. 그곳에서 그는 슈타이너의 '생물역학Biodynamic' 방식에 따라 퇴비를 만들고, 농토를 일구었다. 그러는 한편 생물을 화학적 성분으로 분해하지 않고도 연구할 수 있는 실험실을 만들었다.

파이퍼는 미국으로 건너오기 전 조국 스위스에 있을 때, 식물이나 동물, 인간의 활동적인 힘과 그 특질을 그때까지 발견할 수 있었던 것보다 훨씬 더 세밀하게 조사할 수 있는 '결정結晶 분석법sensitivity crystallization method'을 개발했다. 1920년대의 어느 날, 슈타이너는 슐레지아에 있는 카이절링Keyserling 백작의 저택에서, 곡물의 수확 감소 현상에 관심을 갖고 있던 농경학자들에게 일련의 비교적祕敎인 강연을 한 적이 있었다. 그 자리에서 루돌프 슈타이너는 파이퍼에게, 자신이 생물체 내의 '에테르적 형성력etheric formative forces'이라고 일컬었던 것을 밝혀낼 수 있는 시약이 무엇인지 알아보지 않겠느냐고 물었다. 그리하여 파이퍼는 몇 달에 걸쳐 글로버 염Glauber's salt이라고 불리는 황산나트륨과 기타 다른 많은 화학 약품들을 가지고 실험한 결과, 구리 염화물의 용액에 식물의 액즙을 섞은 뒤 14시간에서 17시간 이상을 두고 천천히 증발시키면 어떤 결정의 형태가 나타난다는 것을 발견하게 되었다. 그 형태는 액즙을 추출한 그 식물의 종에 따른 일반적인 특성뿐만 아니라, 그 식물 개체의 특성에 따라 각기 달리 나타나는 것이었다. 파이퍼에 의하면, 각 식물들만의 독특한 형태를 만들어내는 형성력은, 실험에서 나타난 결정의 배열 형태를 특징짓게 하는 생명체의 생장력과 결부돼 있다는 것이다.

현재, 파이퍼가 스프링밸리에 설립한 실험실의 실장으로 있는 에리카 사바스Erica Sabarth 박사는, 이 책의 저자인 우리들에게 실험으로 얻어진 결정의 배열 모양을 보여주었는데, 그것은 바다 밑의 산호초같이 아름다운 모습이었다. 건강하고 활력이 넘치는 식물의 결정은 아름답고 조화로우면서도 선명했으며, 또 그 배열의 가장자리로부터는 빛이 방사되고 있었다. 그러나 같은 종류의 식물이라도 병들거나 약한 것의 결정은 흐릿하고 불규칙적인 모양을 나타냈다.

 사바스는 파이퍼의 방법이, 모든 생물의 타고난 특성을 판정하는 데 쓰일 수 있다고 말했다. 한번은 어떤 삼림 전문가가 각기 다른 소나무에서 채취한 두 개의 씨앗을 파이퍼에게 보내면서, 그 두 소나무의 차이점을 구별해 낼 수 있겠느냐고 물어 왔다. 파이퍼는 그 두 씨앗의 결정 분석 실험을 했다. 그러자 하나는 완벽하게 균형 잡힌 전형적인 건강체의 모습을 나타냈는데, 다른 하나는 일그러지고 지저분한 모습으로 나타났다. 파이퍼는 그 삼림학자에게, 하나는 아주 우량한 것이지만, 다른 하나는 심각할 정도로 쇠약한 것임이 틀림없다는 내용의 편지를 써 보냈다. 삼림학자로부터 온 답신에는 두 그루의 소나무를 찍은 확대 사진이 들어 있었다. 그 중 한 소나무의 줄기는 곧게 뻗어 있었으나, 다른 소나무의 줄기는 목재로서는 전혀 쓸모가 없을 만큼 비틀어져 있었다.

 스프링밸리에서 파이퍼는 보다 간단하고, 시간도 덜 소요되는 방법을 개발했다. 그것으로 그는, 생명체의 진정한 맥박은 무기 미네랄이나 화학 약품, 합성 비타민 같은 죽은 것을 섭취했을 때가 아니라, 살아 있는 토양에서 생산된 식물이나 식량 같은 것을 섭취했을 때 더욱 분명하게 나타난다는 것을 입증할 수가 있었다. 그는 일반적인 화학 실험실에서 사용하는 복잡한 기구들은 전혀 쓰지 않은 채, 가운데에 작은 심지 구멍이 뚫린 직경 15센티미터의 원형 여과지를 사용하여 그 실험을 했다. 0.05퍼센트의 질산은을 섞은 용액이 담긴 도가니 위에다 그 여과지를 올려놓으면, 그 용액이 심지를 타고 올라와서는 여과지의 중심으로부터 약 4센티미터 가량 둥그렇게 번지게 된다.

 파이퍼는 이 색상이 화려한 동심원의 형태로써 생명에 관한 새로운 사실들을 밝혀 낼 수 있었다. 장미 열매 따위에서 추출해 낸 비타민 C를 가지고 실험해 본 결과, 천연의 비타민은 인공의 비타민 C, 즉 아스코르빈산보다 그 활력이 훨씬 더 강하다는 것을 입증할 수 있었다. 또 슈타이너의 생각에 동조를 표하는 루돌프 하우슈카Rudolf Hauschka 역시 비타민은 합성해서 만들 수 있는 화학 혼합물이 아니라, '기본적인 우주의 형성력'이라는 의견을 제시했다.

파이퍼는 죽기 얼마 전에,《특성 분석을 위한 색층色層 분석 Chromatography Applied to Quality Testing》이라는 작은 책을 통해, 생물의 자연적인 특성을 인식하는 데 있어 이미 150여 년 전에 괴테가 대단히 중요한 진리를 언급했다고 지적했다. 그것은 "하나의 생물체는 그 각 부분을 합친 것 이상의 그 무엇이다."라는 것이었다. 그러면서 파이퍼는 이렇게 서술했다. "그 말은, 자연의 유기체 혹은 실재물에는 단순히 세분화하여 관찰하거나 구성 요소들을 분석하는 것만으로는 인식하거나 설명할 수 없는 요소들이 포함되어 있음을 의미한다. 예를 들어, 하나의 씨앗을 단백질, 탄수화물, 지방, 미네랄, 수분, 비타민 등으로 분석해 낼 수는 있다 하더라도, 그 모든 것들로 그것의 유전적인 배경이나 생물학적 가치를 설명할 수는 없다는 의미이다."

1968년 겨울에 사바스는, 영양과 건강의 개선을 위해서는 토양의 보전과 비옥화를 증진시켜야 한다는 취지로 발간되는 〈바이오다이내믹스〉이라는 잡지에다 〈색층 분석으로 증명되는 식물들간의 연계성〉이라는 글을 기고했다. 그 글에서 그녀는 색층 분석법으로 "유기체의 특성, 특히 그것의 생명력을 밝혀 낼 수 있다."고 강조했다. 그러면서 그녀는, 현재 이 방법을 씨앗이나 열매뿐만 아니라 뿌리나 식물의 기타 다른 부분에도 적용할 수 있는지 연구중이라고 덧붙였다.

현대의 가공식품들은 비타민, 미량 원소, 효소 등이 임의적으로 제거되는데, 그것은 주로 더 오랫동안 보존하기 위해서이다. 니콜스의 말을 인용하자면, "사람들은 식품의 생명력을 제거하여 사실상 죽여 버린다. 그리하여 그 식품은 살았느니 죽었느니 따질 수조차 없게 돼 버리는 것이다."는 것이다.

니콜스에 의하면, 식품을 죽음으로 몰고 가는 주범은 흰밀가루, 백설탕, 정제 소금, 경화유[1]라는 네 가지 표백 제품들이다. 아무 이상이 없어 보이

1—액상의 기름에 수소를 첨가하여 만든 고체의 인조 지방. 마가린이나 비누 등의 원료로 쓰임.

는 식품 중에서 하나를 예로 든다면, 스프와 함께 먹는 크래커만 하더라도 위에서 언급한 유해 요소들을 전부 다 갖추고 있다는 것이다. 그러면서 니콜스는 "이런 음식들은 심장 질환과 직결되는 쓰레기인 것이다."라고 말하고 있다.

역사의 여명기라 불리우는 아주 오래 전부터 빵은 인류에게 기본적인 영양원이 되어 왔다. 신화에 의하면, 오시리스Osiris[2]에 의해 농사가 시작되었다고 한다. 스위스 호숫가에서 발굴된 옛 주거 유적에는 최소한 1만 년 전에 곡식을 익혀 먹은 흔적이 남아 있다.

밀의 낟알은, 그 한쪽 끝에 있는 배아라고 불리우는 씨눈과, 뿌리가 자라날 때까지 그 씨눈의 양분이 되는 녹말 덩어리인 씨젖, 그리고 통칭 겨라고 불리우는 세 겹의 보호 껍질로 이루어져 있다. 철분, 구리, 마그네슘, 코발트, 몰리브덴 같은 미네랄과 효소, 비타민 등의 필수 영양소들은 씨눈과 껍질에 몰려 있다. 보리, 호밀, 귀리, 옥수수 같은 다른 곡물들도 이와 비슷한 구조를 가지고 있는데, 빵은 이 모든 곡물들로 만들 수 있는 음식이다. 씨눈은 자연물에서 가장 완전한 비타민 B 복합체가 발견되는 매우 희귀한 것 중 하나이다. 빵을 '생명의 양식'이라고 부르는 것은 바로 그러한 까닭에서이다. 밀에는 또 미량의 바륨과 바나듐도 포함되어 있는데, 이것들이 부족하게 되면 심장병이 생기게 된다.

선사시대부터 인간들은 맷돌을 사용하여 밀알을 갈아 왔었다. 증기 동력이 개발되기 전까지 제분은 손으로 하는 작업이었다. 그러다가 최초의 증기 제분기가 만들어진 것은, 1784년 영국에서였다. 맷돌로 갈 때에는 알곡의 전부가 가루로 갈아져 나올 수 있었다. 그 방법으로는 껍질의 일부도 함께 갈리게 되므로 밀가루가 고유의 색을 띠게 된다. 《성서》의 〈신명기〉 32장 14절에 보면, 인간이 밀의 기름진 부분을 즐겨 먹었다는 구절이 나오는데, 이 기름진 부분이란 씨눈을 의미한다. 19세기 초반, 한 프랑스인이 개발한 철제 롤러는 이제 밀을 씨눈, 겨, 씨젖으로 각각 분리되게 했다. 철제 롤러가 처음으로 맷돌 자리를 대신 차지하게 된 것은, 1840년 헝가리의 세

---

[2] 이집트 신화에 나오는 대지의 신. 저승의 왕으로, 죽은 사람의 죄과를 심판한다고 한다.

체니Szechenyi 백작이 페스트에 있는 그의 제분소에다 그것을 설치하고 서부터였다. 1877년, 오스트리아로부터 성능이 아주 좋은 롤러 제분기 한 대가 영국으로 수입되었다. 얼마 안 있어, 이 기계는 캐나다에도 도입되었다. 또한 미네소타 주의 주지사이자 제분업자인 워시번Washburn이 헝가리 사람이 제작한 기계를 미니애폴리스로 사들여 옴으로써, 미국에서도 새로운 제분 방식이 도입되게 되었다. 1880년경에 이르자 이 새로운 제분 방식은 일반적인 것이 되었다.

상업적인 면에서 볼 때, 롤러 제분기는 구식 맷돌에 비해 세 가지 면에서 이점이 있었다. 녹말 덩어리에서 겨와 씨눈을 분리시킴으로써 제분업자는 추가 이익을 얻을 수 있었다. 즉, 씨눈을 제거함으로써 밀가루를 보다 오래 양호한 상태로 유지시킬 수 있었을 뿐더러 떼어낸 겨와 씨눈은 따로 사료용으로 팔 수도 있었던 것이다. 그것은 곧 제분업자의 수입 증대를 의미했다. 롤러 제분기로 제분할 때는 밀에다 물을 6퍼센트 가량 첨가해야 하기 때문에, 씨눈을 떼어내야만 했다. 그러지 않았다가는 밀가루를 오래 보관할 수 없게 되기 때문이었다. 그렇게 해서 밀은 각기 분리된 채 팔리게 되었다.

'영양가를 높였다'고 하는 흰빵은, 천연의 비타민과 미네랄은 다 제거되고, 싱거운 녹말―영양가가 낮아서 대부분의 박테리아들은 먹으려 들지조차 않는―만 남은 것에다 화학 합성물을 멋대로 첨가한 것이다. 그러나 이 화학 합성물이라는 것도 잃어버린 비타민 B 복합체의 일부에 지나지 않는데다 영양상의 균형이 맞지 않아 인간에게는 제대로 흡수되지도 못한다. 30년 동안, 밀가루는 일종의 질산염인 3염화질소로 표백을 해왔었다. 3염화질소를 사용한다는 것은, 중추신경조직에다 독약을 주입하는 것과도 같다. 이 약품은 개에게 발작을 일으키는 것으로 보아, 인간에게도 정신병을 일으킬지 모른다. 1949년에 제분업자들은 자발적으로 이 표백제를 이산화염소로 바꾸었다. 그러나 니콜스는 이 또한 독극물임은 마찬가지라고 말한다. 과산화벤졸, 브롬화칼륨, 과황산암모니아 같은 여러 다른 화학물들이 밀가루의 질을 '개선시킨다'는 명목으로 사용되었다. 이산화염소는 밀가루에 남아 있던 비타민 E를 파괴하고, 제빵업자들에게는 반갑게도 녹말을 부풀리는 작용을 한다. 영국의 연구가들은, 빵에서 천연 비타민 E를 제거하였을 때, 노동자 한 사람의 비타민 E 하루 섭취량이 1,000단위에서 200~300 단위로까지 줄어든다는 것을 알아냈다.

　이러한 문제점은, 영국에 흰밀가루가 도입되던 무렵, 또 다른 프랑스인의 발명품인 마가린이 들어옴으로써 더욱 심화되었다. 마가린은 버터의 값싼 대용품이긴 하지만, 비타민 E와 비타민 D가 전혀 들어 있지 않다. 이렇게 되고 보니, 국민들의 건강 상태가 자연 나빠질 수밖에 없었다. 북부 잉글랜드에서 남부 스코틀랜드에 이르기까지 영국 국민들은 나폴레옹 전쟁 때만 해도 덩치가 크고, 힘이 세었지만, 보어 전쟁을 치를 당시에는 군복무조차 제대로 못 해낼 만큼 왜소하고 나약하게 변해 버렸다. 이 현상을 연구하기 위해 소집된 위원회는, 농촌에서 영양이 풍부한 빵을 먹던 사람들이 도시로 이주해 와, 흰빵과 백설탕만 먹었기 때문이라는 결론을 내렸다. 1919년에 미국 공중보건소는 지나치게 정제된 밀가루, 각기병이나 펠라그라pellagra―비타민 결핍에 의한 질병으로서, 미시시피 주에서만 10만 명의 환자가 발생했다고 보고되었다―같은 질병들은 서로 분명한 관련이 있다고 발표했다. 그러자 제분업자들은 즉각 행동을 개시했다. 밀가루의 개량을 위해서가 아니라, 보건소를 침묵시키기 위해서 말이다. 그리하여 공중보건소는 여섯 달 만에 비굴하게도 그 발표를 수정해야만 했다. 즉, 흰빵은 과일, 야채, 유제품 같은 다른 적당한 음식과 함께 먹으면 영양학적으로 아무 문제가 없다는 것이었다. 진 머린Gene Marine과 주디스 앨런Judith Allen은 최근에 발표한《식품 공해 Food Pollution》라는 책에서 그러한 내용을 폭로하며, "마분지도 그렇게 먹으면 괜찮겠지."라고 비꼬았다.

　생명을 주제로 한 이 연속극의 또 다른 악역은 백설탕과 포도당이다. 그것은 과일 시럽을 되직하게 만들고, 모든 청량음료의 단맛을 내는 데 쓰인다. 유럽의 제조업자들은 8주간의 힘든 작업 끝에 설탕을 거의 순백에 가깝도록 정제할 수 있는 공정을 개발했다. 이 순백색의 백설탕은 대단히 비쌌기 때문에, 가난한 사람들은 이 백설탕에다 단순한 소모품 이상의 가치를 부여했다. 그러나 니콜스는 이 백설탕이야말로 시장에서 파는 식품들 중 가장 위험한 것이라고 말한다. 그것은 당밀, 비타민, 미네랄 등 유익한 요소가 전부 제거된 채, 우리가 이미 너무 많이 가지고 있는 탄수화물과 칼로리만 남아 있다. 설탕을 정제하는 것은 순전히 영리적인 목적에서일 뿐이다. 그 상태에서는 보관이 더욱 잘 되기 때문이다. 백설탕은 100파운드짜리 포대에 담아 지저분한 창고에 몇 년이고 두었다가도, 여전히 이윤을 남기고 팔 수 있는 것이었다.

대부분의 식탁용 시럽은 황산으로 처리한 옥수수 녹말에 지나지 않는 것으로서, 거기에다 기술적으로 색과 향을 넣었을 뿐이다. 천연의 과당이나 벌꿀, 당밀, 단풍당밀 등과는 달리, 이것은 직접 피 속으로 들어가기 때문에 즉시 고혈당증―피 속에 당분이 많을 경우―을 일으킨다. 이것은 인간의 세포를 당분의 바다 속에 빠뜨리는 격이 된다. 이렇게 되면, 췌장은 경고를 발하면서 인슐린을 과다하게 분비함으로써 피 속의 당분 함량을 떨어뜨려 저혈당 상태를 만든다. 이러한 시소seesaw 같은 작용은, 몸에 해로운 줄 알면서도 어디서나 흔히 갖는 커피 타임의 원인이 된다. 만약 어떤 사람이 커피 안에 백설탕을 넣거나, 팬케익이나 오트밀 같은 대용식을 통해 포도당을 섭취하는 것으로 하루를 시작한다면, 그 당분은 곧장 그의 피 속으로 흘러들어가 췌장의 반응을 불러일으키게 된다. 그리하여 오전 10시쯤 되면, 저혈당 상태가 되기 때문에 그는 설탕을 탄 커피나 음료수, 아이스크림 같은 것을 찾게 된다. 이것은 다시 혈당을 높이고, 췌장을 자극하여, 정오쯤 돼서는 다시 혈당이 떨어지게 된다. 이렇게 하여 하루 종일 같은 상황이 반복되는 것이다. 그러나 문제는 저혈당증의 부차적인 효과에 있다. 이 상태에서는 신경질적이 되고, 체내의 저항력이 떨어지기 때문에 바이러스나 박테리아성 질병에 쉽게 감염된다.

식탁 위의 독소들 중 그래도 덜 의심받는 것은 염화나트륨, 즉 보통의 정제염이다. 이것은 양이 적을 때는 괜찮지만, 오랜 기간 동안 축적되면 고혈압이나 심장병을 일으킬 수 있다. 바닷물로 만든 소금 속에는 미량의 미네랄들이 적절한 비율로 함유되어 있지만, 슈퍼마켓에서 파는 소금은 정제된 것이라서, 순수한 염화나트륨만 남아 있을 뿐, 모든 미네랄들은 이미 사라지고 없다. 뿐만 아니라, 이 정제염은 습도가 높은 날에도 녹아 내리지 않도록 규산나트륨이란 건조제로 고온 처리된다. 니콜스는 이 성분의 건조작용으로 말미암아, 심장 세포 내의 나트륨과 칼륨의 미묘한 균형이 깨어지게 된다고 말한다. 심장에 있는 이 두 화학적 성분이 얼마나 예민하게 작용하는가는, 만약 인간이 정제된 소금에 들어 있는 그 두 가지 기본 요소를 같은 양으로 따로 따로 먹는다면 곧바로 즉사를 하게 될 정도이다.

다음으로 심장병에 그보다 더 해로운 원인이 되는 요소를 꼽는다면, 경화유를 들 수 있다. 이것은 쇼트닝, 땅콩 버터, 그리고 상업적으로 유통되는 빵, 크래커, 쿠키 등에서 흔히 볼 수 있는 대부분의 기름과 지방이 이에 해당된다. 많은 아이스크림들은 값싼 경화유인 멜로린으로 만들어진다. 이때 수소를 첨가한다는 것은, 가열된 니켈 촉매를 사용하여 불포화 화합물 상태의 탄소 원자와 리놀산의 틈새에 수소를 가하여 포화 화합물로 만든다는 의미이다.

이렇게 함으로써 지방유가 썩는 것을 방지할 수 있으나, 동시에 필수 지방산이 파괴되기도 한다. 니콜스에 의하면, 이 경화유는 세포에 흡수되지 않고 몸 안 여기저기를 떠돌다 혈관의 내벽에 달라붙음으로써 심장병을 일으키게 된다고 한다.

DDT나 다른 농약들은 옥수수 기름이나 면실유에 그대로 스며든다. 이것은 제거할 방법이 전혀 없기 때문에, 결국 암의 원인이 된다. 비록 DDT 사용이 금지되긴 했지만, 뒤이어 개발된 디알드린Dialdrin, 알드린Aldrin, 헵타클로르Heptachlor 따위들 역시 마음을 놓을 수 없기는 마찬가지다. 니콜스는 이렇게 말한다. "우리집 부엌에서는 절대로 옥수수 기름을 쓰지 않습니다." 그러면서 그는 비교적 깨끗하고 투명한 기름을 만들어낼 수 있는 올리브나 잇꽃 같은 것에서 짜낸 냉압유冷壓油를 사용하라고 권하고 있다.

니콜스는 자연 그대로의 쌀은 세계에서 가장 훌륭한 음식 중의 하나로서, 천연의 비타민 B 복합체가 풍부하게 함유되어 있으나, 도정한 백미는 순수 녹말 덩어리에 불과하다고 지적했다. 필리핀에 가 있던 미국인 선교사들의 아내들은 박애정신을 발휘하여 지방 형무소에 수감되어 있던 수백 명의 죄수들에게 꺼끌꺼끌한 현미밥 대신 백미밥을 주었다가, 모두 각기병에 걸려 죽게 한 일도 있다.

카버가 그토록 심혈을 기울여 만들었던 땅콩 버터가, 이제는 대부분 썩은 땅콩으로 만들어진다. 그것은 식품 화학자들이 그것을 정제하는 법을 알아냈기 때문이었다. 주부들이 아무 의심 없이 살 수 있도록 악취를 제거하고, 색깔을 다시 집어넣어 그럴싸하게 만들어내는 것이다. 화학자들이 이런 식으로, 또는 다른 수백 종의 유독한 첨가물을 사용하여 식품을 만들어내기 때문에, 소비자들은 그 식품이 이미 상했는지, 아니면 상해 가고 있는지 분간도 할 수 없게 되는 것이다.

인간이 먹는 식품들 중 매우 중요한 몫을 차지하는 요소 중의 하나는 바로 단백질이다. 이것은 인체를 구성하는 데 필요한 8가지의 필수 아미노산을 제공해 주는 영양소이다. 아미노산에는 22개의 종류가 있는데, 그 중 8가지는 성인들에게 필수적인 것이고, 성장기의 어린이들에게는 10가지가 필요하다. 필수 아미노산만 공급되면, 나머지는 인체가 만들어낼 수 있다.

육류는 미국인들에게 있어 가장 보편적인 단백질원이다. 그러나 오늘날 대부분의 스테이크는 유독한 살충제를 뿌려서 기른, 품질 낮은 단백질이 함유된 잡종 사료를 180일간 강제로 먹여 키운 소의 고기로 만들어진다. 그 농약은 곧장 쇠고기의 지방질에 침투되어, 그것을 먹은 인간에게 심장병을 일으키게 한다. 또 가축업자들은 가축의 무게를 20퍼센트 이상 불려서 수백만 달러의 초과 이윤을 얻기 위해, 가축들에게 디에틸스틸베스트롤(DES)를 먹이는데, 이것은 인간에게—남녀를 막론하고—암을 유발시키는 물질이다.

1973년 봄, 미국 식품의약국(FDA)이 최종적으로 DES의 사용을 금지했지만, 그것은 현재 시노벡스synovex라는 합성물질로 대체되고 있다. 시노벡스는 많은 전문가들이 발암물질이라고 보고 있는 에스트라돌 벤조에이트estradol benzoate가 들어 있는 물질이다. 모티머 립셋Mortimer Lipsett 박사는, "DES가 위험하다고 본다면, 시노벡스도 마찬가지라는 인식을 가져야 한다."라고 주장하고 있다. 소, 송아지, 돼지, 양, 가금류 등은 아직도 16가지나 되는 다양한 약품들을 섭취—한 가지씩이든 복합적으로든—하고 있다. 이것들은 모두 식품의약국에 의해, 인간에게 암을 일으키는 물질일 거라고 추정되고 있는 실정이다. 쇠고기에 함유된 독극물의 초과량을 발견하기 위해, 미육군 전체가 식품의약국의 연방 식육 검사관으로 나선다 하더라도 식탁 위에 화학 물질이 올라오는 것을 막을 수는 없을 것이다. 우리가 먹는 엄청난 양의 고기는 전혀 검사되지 않는다. 최근 1년간 미국 전역에서 먹어 치운 비엔나 소시지는 무려 100억 개에 달하고, 그것을 생산했던 주들에서만 35억 개가 소비되었는데, 그것들은 당연히 검사되지 않았다.

니콜스는 동물의 내장들은, 그 동물이 유기농법으로 사육되었을 때만 먹을 수 있다고 말한다. 주요 동물들의 간은 종양이나 독성 물질이 포함돼 있다는 이유로 오랫동안 몰수되어 왔었다. 대량으로 사육된 닭에는 비소와 스틸베스트롤stilbestrol이 포함돼 있는데, 그 대부분이 간에 몰려 있다. 간은 신체 중에서 해독을 담당하는 기관이기 때문에 이러한 독극물이 집중되는 곳이다. 또 가게에서 파는 대부분의 달걀은 유정란보다 맛이 떨어지는 무정란인데, 니콜스는 이 무정란은 미묘한 생물학적인 차이로 말미암아 인간의 건강에 기여하는 면에서도 유정란에 비해 훨씬 뒤진다고 한다. 암탉들은 움직이기조차 거북한 비좁은 곳에 갇힌 채 수탉들을 전혀 만나보지도 못하고 혼자 알을 낳는다. 니콜스는 이렇게 말한다. "이렇듯 불행한 암탉이 어떻게 좋은 알을 낳을 수 있겠는가?"

먹이 피라미드에서 가장 근간을 이루고 있는 것은 식물들인데, 인간은 식물처럼 토양으로부터 직접 필수 성분의 영양소들을 섭취할 수가 없다. 그러므로 인간은 이 영양소들을 직접적이든 간접적이든 다른 모든 동물들을 먹여 살리는, 살아 있는 식물의 자비로운 은총을 통해 얻는다. 즉, 우리의 육체는 식물과 동물을 통해 토양으로부터 자라나는 것이다. 미생물들은 흙 속의 화학물질들을 분해하여 식물이 빨아들일 수 있게 해준다. 식물들은 공기, 빗물, 햇빛 같은 것을 이용하여 탄수화물을 합성해 낸다. 그러나 이 탄수화물을 다시 아미노산이나 비타민으로 바꾸기 위해서는 토지가 비옥해야 한다는 전제가 필요하다. 인간이나 동물들은 원소들을 가지고 단백질을 만들어내는 재주가 없다. 동물들은 그저, 식물이 미생물의 도움을 받아 만들어내거나 수집한 각 아미노산들을 필요한 종류와 양에 따라 모아들이기나 할 뿐이다.

식물이 토양으로부터 단백질을 만들어내기 위해서는 많은 종류의 원소들이 필요하다. 질소, 인, 유황, 칼슘, 석회 같은 것은 단백질 분자를 형성하는 데 필요하고, 마그네슘, 망간, 구리, 아연, 몰리브덴, 붕소 같은 것은 흔적이라고 불릴 정도로 극미량이라 하더라도, 단백질 구성에 있어서 역시 필요한 요소들이다.

만약 미생물이 풍부하지 않은데다 토양도 충분하게 비옥하지 못하다면, 이 단백질 합성 과정은 형편없는 것이 되거나, 절반의 수준으로 떨어지고 만다. 미생물들을 잘 보전시키려면, 많은 양의 부식 유기물을 토양에다 쏟아 부어야 한다. 숲 속에서는 죽은 식물과 동물의 유기물질 등이 토양 속으로 돌아간다. 나뭇잎들은 썩음으로써 토양의 생명력을 계속 유지시켜 주는 동시에, 나무로 하여금 그 토양으로부터 영양분을 섭취할 수 있게 한다.

토양이 생물체의 건강에 대단히 중요하다는 것은 분명하게 인식되어야 한다. 건강한 토지, 즉 화학 비료와 농약 같은 것은 전혀 쓰지 않고, 적당한 퇴비를 주어 박테리아, 균류, 지렁이 같은 땅속 벌레들이 풍부한 비옥토는 식물을 건강하게 키워 병충해도 스스로 물리칠 수 있게 한다. 건강한 식물은 그것을 먹는 동물을 건강하게 만든다. 그것은 인간에게도 마찬가지이다. 척박한 토양은 비타민, 미네랄, 효소, 단백질 같은 것이 부족한 보잘것없는 먹거리를 낳으며, 이것은 곧 병약한 인간을 낳게 된다. 토지를 고갈시킨다는 것은, 인간으로 하여금 농장을 버리고 빈민굴을 찾아가게 만드는 원인이 된다는 것을 깨달아야 한다.

이상한 사실은, 비옥한 토지에서 자란 식물은 병충들에게 있어서, 화학 비료를 쓴 척박한 토지에서 자란 식물들만큼은 매력적이지 않다는 것이다. 영양 상태가 좋은 신체가 질병에 강한 면역력이 있는 것처럼, 비옥한 토양은 질병과 병충해에 대해 자연의 면역력을 갖고 있다. 병충들은 질병으로 발육이 부진한 식물이나, 부적절한 개발로 지력이 약해진 경작지로 몰려드는 경향이 있다.

니콜스는 화학 농법의 결과는 언제나 질병으로 나타난다고 말한다. 처음에는 토지에, 다음에는 식물에, 그리고 마침내는 인간에게 그 결과가 나타난다는 것이다. "화학 농법을 실시하고 있는 곳의 사람들은 그곳이 어디건 예외없이 병에 걸린다. 화학 농법으로 이득을 보는 사람이란, 그 화학 제품을 생산하는 기업체뿐이다."

기업체들은 화학 비료를 공급하는 것과 동시에, 정부의 부추김과 대학 교수들의 암묵적 원조에 힘입어 살충제, 농약 같은 화학 물질로 토지의 생명력을 빼앗기 시작했다. 농업에 이로운 벌레들과 미생물들을 포함한 야생의 생물들을 죽이기 위한 2억 톤 이상의 여러 다른 농약들이 현재 2만 2천 종의 상품명으로 생산되고 있다. 그 결과, 야생동물로부터 곤충, 미생물들에 이르기까지 모든 생명들이 위협을 받게 되었다. 미시간 대학의 동물학자인 조지 월리스 George J. Wallace는 이에 대해 다음과 같이 주장했다. "이 대량의 농약 살포가 북아메리카에 있는 동물들의 생존을 그 어느 때보다도 심각하게 위협하고 있다. 이는 삼림 벌채보다 더 위험하고, 불법 사냥보다 더 위험하며, 가뭄보다, 기름 오염보다 더 위험하며, 그리고 아마 이 모든 것들을 다 합한 것보다도 더 위험할 것이다."

야생 동물뿐만 아니라, 강이나 심지어 바다의 생물들조차, 남용되고 있는 제초제와 살충제에 차츰 중독돼 가고 있다. 과거에 물고기와 작은 동물들을 죽였던 DDT는 아직도 농가에서 목화 다래바구미를 죽이는 데 쓰이고 있다. 그러나 이토록 많은 화학 살충제를 사용하고 있음에도 불구하고, 곤충들은 오히려 우세를 점하여, 미국에서는 연간 40억 달러에 달하는 농작물이 피해를 입고 있다. 그리고 비옥한 토지에서 자라난 '건강한' 작물이야말로 질병에 대한 자연적인 면역력이 있으며, 해충으로부터도 자신을 잘 지킬 수 있다는 사실을 인정하는 어떠한 논의도 가시화되지 못하고 있다.

《침묵의 봄》—윌리엄 더글러스William O. Douglas 판사가, "금세기 들어 인류에게 가장 귀중한 기록"이라고 평했던—에서 저자인 레이첼 카슨은, 인간의 생명을 지켜주는 환경이 붕괴될 시점에 도달했다고 지적했다. 프렌드 사익스가 예견했던 것처럼, 의사들은 DDT와 그보다 더 유독한 대용물들이 백혈병, 간염, 호지킨병 Hodgkin's disease[3] 및 기타 다른 퇴행성 질환을 일으킨다고 말하고 있다. 정신박약아의 출산 증가율과, 비료 및

3—전신의 임파선 및 비장이 종창을 일으키는 악성 질환.

독성 화학물의 사용 증가가 상호 관련이 있다는 사실은 매우 충격적인 일이 아닐 수 없다. 1952년에는 2만 명의 정박아가 태어났었는데, 1958년에는 6만 명, 1964년에는 12만 6천명, 그리고 1968년에 이르러서는 50만 명을 넘어섰다. 생화학자로서는 최초로 미국 화학 협회의 회장으로 선출된 로저 윌리엄Roger J. William 박사—그는 텍사스에 있는 크레이튼 재단의 생화학 연구소 소장이자, 판토텐산의 발견자이기도 하다—에 따르면, 현재 미국에서는 여덟 명에 한 명꼴로 정박아가 태어난다고 한다.

니콜스는 화학 비료와 농약의 사용으로 어떤 사태가 벌어지고 있는가를 깨닫고, 두 가지의 조치를 취했다. 그는 자신의 농장을 유기 재배 방식으로 바꾼 뒤, 자신과 같은 발견을 한 다른 의사와 과학자들을 규합하여 자연식품 동호회(NFA)를 결성하고, 그 초대 회장이 되었다. 그들의 목적은, 오직 대중적인 각성만이 척박한 땅에서 자라난 보잘것없는 먹거리로부터 미국을 구할 수 있다는 사실을 알리기 위해 전국적인 규모의 캠페인을 벌이는 것이었다. 니콜스는 "모든 사람들에게 자연식품을 얻을 수 있는 방법을 알려주기로 했다. 연령이나 성별, 인종에 관계 없이, 그리고 동서남북을 막론하고, 또 외딴 농장이거나 대도시의 아파트 단지거나 주택 단지거나 상관없이 모든 사람들에게 말이다."라고 말했다.

할 수 있는 모든 방법을 동원해서, 니콜스와 자연식품 동호회는 미국이 지구상에서 가장 건강하고 영양 상태가 좋은 나라라는 환상을 깨뜨리고자 애썼다. 니콜스는 이렇게 말한다. "진실을 외면해서는 안 된다. 그 진실이란, 미국이란 나라가 먹거리는 아주 풍부할지 몰라도, 그 영양 상태는 엉망이라는 것이다. 미국은 오늘날 생물학적인 난관에 봉착해 있다. 우리는 신진대사 면에서 재앙을 맞고 있는 것이다. 우리의 국민들은 병들어 있다. 심장병이 미국 전역에서 기승을 떨치고 있다. 이는 미국인들의 사망 원인 중 첫째로 꼽히는 이 나라 제1의 공적公敵이다. 관상동맥혈전증[4] 같은 것은 50년 전만 해도 거의 발생하지 않았던 질병인데, 오늘날에는 젊은이들마저 이 병에 걸린다. 암, 당뇨병, 관절염, 치아의 카리에스[5] 같은 질병들뿐만

---

[4]—관상동맥에 혈액의 덩어리가 엉겨붙어서 혈관이 막히는 병.

아니라 다른 신진대사 계통의 질병들이 급속하게 증가하고 있다. 심지어는 어린이들까지도 말이다."

니콜스는 그러한 실태를 밝히면서, 1,600구의 시체를 검시한 결과를 보고했다. 그에 의하면, 세 살 이상의 환자들은 대동맥—좌심실로부터 허파를 제외한 신체 각부에 피를 공급하는 주동맥—에 이미 이상이 나타났으며, 스무 살 이상의 모든 환자들에게서는 관상동맥에 질병의 징후가 확실히 나타나 있었다는 것이다.

"이것은 사실상 오늘날의 모든 미국인들이 심장 혈관 질환을 앓고 있다는 증거로서 충분할 것이다. 질병이, 특히 암이 크게 늘어나고 있다. 암은 열다섯 살 이전의 어린이들에게 있어서는 사고사 다음으로 높은 사망 원인이다. 아기들은 암을 지닌 채 태어나고 있다! 미국 암 학회는 현재 생존해 있는 미국인들 중 네 명에 한 명꼴로 암에 걸릴 것이라고 말한다. 국민들 중 4분의 1이 암에 걸릴 것으로 예상되고, 그 중 4분의 3 가량이 죽게 된다고 할 때, 그래도 이 나라를 건강한 나라라고 말할 수 있을까?"

그러한 보고가 있자, 농업용 화학 제품 제조회사와 식품 가공업자들은 즉각 자연식품 동호회란, 식품에 관한 유행을 좇는 부류들이거나, 돌팔이, 협잡꾼이라면서 비방하고 나섰다. 그리고 그들의 태도도 비과학적이라고 비난하는 것이었다. 처음에 미국 농무부와 미국 보건 교육 복지부가 합동으로 비방을 시작하자, 곧 식품의약국과 미국 의학 협회도 이에 가세했다. 또 대학 교수들은 보조금의 지원을 기대하면서 식품의약국의 주장을 지지했다. 국민들로 하여금 자연식품 동호회의 이야기는 순전히 날조된 것이라고 믿게 하려는 캠페인이 전개되었다. 뿐만 아니라, 자연식품 동호회가 발언한 내용의 파급 효과와, 그들의 대중에 대한 신뢰를 분쇄하고자 신문, 잡지, 심지어 단행본으로까지 온갖 반박의 내용들이 쏟아져 나왔다.

미국 보건 교육 복지부는, 니콜스가 말한 모든 것은 순전히 허구라는 것을 주장하는 〈식품의 진실과 식품의 기만〉이라는 기사를 게재하기까지 했다. 또 미국 의학 협회와 식품의약국은, 자연식품 동호회와 그들의 목적을

5—뼈가 만성 염증성 변화로 인해 썩어서 파괴되는 상태.

비난하기 위해 '협잡에 대한 심의위원회'를 조직하여 전국을 순회하면서, 식품에 대한 협잡과 맹종을 주제로 세미나를 열기도 했다. 니콜스가 말한 것처럼, "자연식품이나 유기식품, 건강식품 등을 지지하는 보통 사람들을 위한 자연식품 동호회는, 결국 식품회사들의 이윤을 위협하는" 존재였던 것이다.

이 쇼의 스타는, 하버드 의대의 영양학과 과장인 프레드 스페어 Fred Spare 박사와 진 메이어 Jean Mayer 박사였다. 그들은, 가까운 식료품점에 가서 네 부류의 식품들을 사는 것만으로 균형 잡힌 식단을 꾸밀 수 있다고 주장했다. 그것은 과일과 야채, 우유와 유제품, 그리고 곡류, 달걀과 육류를 가리키는 것이었다. 미국 공중보건기구는 유해한 식품 첨가물을 만드는 식품 가공업체와 화학제품 생산업체의 지지를 업고 전면적인 광고 캠페인을 벌여 나갔다. 그리고 각 일간지의 과학, 식품, 의학 담당 편집자들도 각기 이에 참여했다.

그리하여 자연식품 동호회는 DDT가 암을 유발하는 화학제품이라고 공표했다가, 완전 거짓말쟁이, 협잡꾼이라는 낙인이 찍히게 되었던 것이다. 그리하여, 이 DDT가 10년도 더 넘게 세상을 오염시킨 후에야, 식품의약국은 어쩔 수 없이 그것이 위험한 독극물이라는 것을 인정하게 되었다. 그러나 그들은 농업 관계 기업들의 압력에 못이겨, 우유에 DDT 사용을 금지시켰던 것을 곧 철회하고, 오히려 우유에 사용할 수 있는 DDT의 법정 허용량을 제정했다.

오스트레일리아의 연구진이, 식품의 가공에 이용되는 BHT라는 산화 방지제―원래는 영화 필름의 색상 보존제로 이용되던 것인데―가 태아의 발육을 저해하여 기형을 낳게 만드는 물질이라고 밝혔음에도 불구하고, 식품의약국은 식품의 신선도를 유지시키는 데 이 BHT를 사용해도 된다고 허가했다. 기자들이 식품의약국 측에 그러한 결정이 내려진 데 대한 설명을 요구하자, 그것은 비밀이라는 답변밖에 들을 수가 없었다. 나중에 밝혀진 것이지만, 당시 미국 식품의약국이 보관하고 있던 BHT에 대한 문서는 단지 두 가지밖에 없었으며, 그나마 BHT 생산업체의 연구원이 작성한 것이었다.

1960년에 아이젠하워 대통령의 과학자문위원회에서 식품 첨가물에 대한 심사가 있었다. 그 위원회는 국립 과학 아카데미의 회원, 대학교수, 록펠러 재단의 대표, 암 연구 협회의 대표들로 구성되어 있었다. 그들은 심사 결과, 다음과 같이 주장했다. "오늘날의 미국인들은 역사상 그 어느 때보다도 잘 먹고, 건강하다. 기술 공학, 농업과학, 화학의 통합적인 기여는, 영양가 높고 오염되지 않은 식품을 더욱 많이 양산할 수 있게 하여 우리 국민들의 신체 건강에 크나큰 공헌을 했다."

그로부터 13년이 지난 후, 식품의약국의 국장인 찰스 에드워즈Chales C. Edwards는 식품에 함유되어 있는 비타민의 양은, 그것이 자라는 토양과 상관없다는 것이 확인되었노라고 주장했다. 그러면서 그는 "비타민이나 미네랄의 부족은 피로나 신경과민 같은 증상과 무관하다."고 했다. "토양의 상태에 의해, 그 토양에서 산출되는 식품의 비타민 혹은 미네랄 등의 함유량이 떨어진다고 하는 것은 과학적으로 옳지 못하다. 식품의 비타민 함유량과 토양의 화학적 성분과는 아무런 상관이 없다."

그러나 니콜스는 우리가 다시 본래의 길을 되찾아, 먹이 사슬의 각 단계에서 독성 물질들을 정화시켜 나간다면, 아직도 국민들의 영양 상태를 개선시킬 수 있는 희망이 있다고 주장했다. 그렇게 함으로써 북아프리카나 소아시아 지역에서 겪었던 오랜 쇠락의 경험을 피할 수 있다는 것이다. 그러면서 국민들을 대사성 질환으로부터 구하기 위해서는 착취 경제로부터 보호 경제로 전환해야 한다고 말했다. 국민들도 화학 비료를 버리고 유기 비료를 줌으로써 토지를 점차 되살려야만 한다는 것이다. 유기비료는 현재 흔히 쓰이는 화학 비료처럼 자루에 담겨지거나 포장지에 담겨진 상태로 살 수 있으며, 비용도 결코 비싸지 않다. 또 옛 바다의 흔적인 미네랄 및 인산과 칼륨이 다량으로 함유된 천연의 암석 자원들과 다른 퇴적물들도 손쉽게 이용할 수 있는 자원들이다.

암석 유기비료를 쓰면, 몇 년 지나지 않아서 더이상 그것을 쓸 필요가 없게 된다는 큰 이점이 있다. 화학 비료를 쓸 경우, 농부들은 해마다 더 많은 비료를 써야 한다. 그러나 유기 비료를 쓰게 되면, 비료 구입에 드는 비용이 점차 줄어들게 되므로, 결과적으로 더 많은 이윤이 남게 되는 것이다.

경작 범위가 넓은 경우엔 거기에 필요한 유기물질을 충분히 구하기 어려울 거라는 생각은 그릇된 것이라고, 유기농법 재배자들은 말하고 있다. 니콜스는 이렇게 말한다. "잘 모르는 사람들은, 한 지역에 필요한 천연 비료를 얻기 위해서는 그만한 넓이의 또 다른 지역을 확보해야 한다고 생각한다. 하지만 몇 가지 간단한 규칙을 따르기만 한다면, 작물을 재배하는 바로 그 지역에서 쉽사리 유기물들을 얻을 수 있다. 이러한 유기적 농법은 모든 종류의 농업에 적용될 수 있다. 동물의 모든 배설물이나 음식 찌꺼기, 어쩌면 시궁창의 오물 같은 것까지도 퇴비로 만들어 토지에 되돌려 줄 수 있을 것이다. 만약 우리가 이러한 것들의 낭비를 절반으로 줄일 수만 있다면, 토지를 두 배로 기름지게 할 수 있으며, 따라서 식량 생산도 두 배로 늘릴 수 있게 된다."

유기농법주의자들은, 유기농법에 의한 토질의 회복은 홍수라든가 가뭄 같은 문제의 해결에도 크게 도움이 된다고 한다. 텍사스 주 동부의 일반적인 토양은 100파운드의 양이라도 30파운드의 물밖에 저장하지 못한다. 그러나 100파운드의 부식토는 마치 스폰지처럼 195파운드의 물까지도 빨아들일 수 있다. 부식토는 대개 검은 빛깔을 띠고, 만져 보면 대단히 부드럽다는 것을 느낄 수 있다. 그래서 비가 내리면 이 부드러운 흙 속으로 빗물이 흠씬 배어 들게 되는 것이다.

유기농법주의자들은 또 댐을 건설하는 것만으로는 결코 치수 문제를 해결하지 못한다고 말한다. 유기물질이 표토로 되돌려지지 않는 한, 지하수의 수위는 여전히 낮을 수밖에 없다는 것이다. 니콜스는 이 점에 대해 이렇게 말하고 있다. "우리는 부식토로부터, 표토를 강물에 씻겨 보내지 않고, 오히려 빗물을 제자리에 잡아 가둘 수 있도록 하는 방법을 배워야 한다." 사실, 몇 년 사이에 미국 내의 경작할 수 있는 표토의 3분의 1 가량이 빗물에 씻겨 바다로 흘러가 버렸다. 그리고 지금도 복귀되는 것보다 더 빠른 속도로 이 표토가 유실되고 있다. 홍수가 나면, 수백만 톤의 비옥한 표토가 하류로 씻겨져 나간다. 1년에 50만 에이커에 달하는 토지가 유실된다. 우리는 땅속 벌레, 박테리아, 균류, 곤충, 동물들이 살고 있는 20센티미터 두께의 표토에 의지해서 살아가고 있다. 비옥한 토지는 영원히 고갈되지 않는 유일한 재산으로서, 어느 나라에서건 가장 중요하게 여기는 천연 자원이다. 지나간 역사를 돌이켜 볼 때, 이 비옥한 토지를 잃어버린 민족은 결국 멸망을 면치 못했다.

니콜스는, 다가오는 식량난의 시대에서는 비옥한 토지에서 생산된 적절한 영양물질들이야말로 부富를 이루는 첫번째 자원이 될 것이라고 내다봤다. 그리고 우리는 더이상 지구를 오염시키는 행위를 중단해야만 한다고 말한다. 그러면서 개발도상국가들이 화학 비료를 대량으로 쓰다가는, 미국에서 이미 겪었던 현상, 즉 엄청난 대사성 질환의 증가를 초래하게 될 것이라고 경고한다. 그러나 화학제품 제조업체들은 여전히 자기네 상품을 더 많이 사용하라고 끊임없이 압력과 광고를 쏟아 붓고 있다. 버펄로에 있는 뉴욕 주립대학의 연구부 부주임이자, 화학 경제학의 세계적 권위자로 인정을 받고 있는 레이몬드 유얼Raymond Ewell 박사는 다음과 같이 경솔한 발언을 했다. "아시아, 아프리카, 라틴 아메리카 등지에서 1980년경까지 약 3,000만 톤의 화학 비료를 쓰지 않았다간 심각한 기근에 허덕이게 될 것이다."

그러나 니콜스는 그와는 달리 이렇게 말하고 있다. "만약 우리가 토지의 착취 및 그 착취를 가르치는 일을 계속한다면, 과거 일본이 단백질원인 콩을 확보하고자 만주를 침공했던 것처럼 필연적으로 전쟁이 일어나게 될 것이다. 이 지구의 평화란 천연 자원을 착취하는 데서가 아니라, 그것을 보전하는 데서 오는 것이다."

제16장
갈림길:식물의 삶이냐, 지구의 죽음이냐

직접 토지를 경작해 오면서 갖은 고생 끝에 마침내 화학 비료와 농약을 파는 상인들의 감언이설이 의심스럽다는 것을 깨닫게 된 자영농들이 있다. 그들은 이제 더 늦기 전에 화학 농법으로 인한 폐해를 막고자 노력하고 있다.

헤리포드Hereford 혹은 히어포드[1]는 영국 웨일스에 접한 한 고장에서 개발된 유명한 식용 소의 한 품종을 가리키는 말인 동시에, 텍사스 주 북부의 435평방킬로미터에 달하는 팬핸들Panhandle[2] 지대를 관통하며 흐르는 팔로 듀로 강 상류의 한 작은 마을을 가리키는 말이기도 하다. 이 히어포드가 위치한 딥 스미스 군郡의 평원은 1세기 전만 하더라도 수천 마리의 들소 떼가 누비고 다니던 대초원 지대로서, 온갖 야생 풀들이 무성했었다. 이 풀들의 뿌리는 60~120센티미터 두께의 기름진 진흙 표토를 뚫고, 칼슘과 마그네슘이 풍부한 아래쪽 심토에 닿아 있었다. 이 심토 속의 영양소

---

[1] 영국에서, 식용 소의 품종을 가리킬 때는 헤리포드, 미국의 지명을 가리킬 때는 히어포드.
[2] 프라이팬의 손잡이처럼 볼록 튀어나와, 다른 주의 안을 좁고 길게 파고든 지역이다.

들은 식물에 의해 빨아올려졌다가 식물이 죽으면 지표 위에 쌓이게 되었다. 이렇게 해서 이 평원은 수많은 들소 떼의 먹이가 되는, 풍부한 단백질을 함유한 목초가 무성하게 자랄 수 있었다. 미네랄 성분이 균형 있게 들어 있는 토양과, 죽은 식물과 쇠똥 등으로 자연적으로 만들어진 부식토는 그곳의 끔찍스런 기후―여름에는 뜨겁고 건조하며, 겨울에는 몹시 추운데다 강설량마저 적은―를 견뎌 내기에 충분했다. 이 지역에 농사가 시작된 것은 불과 50년 전의 일이었다. 금속제 쟁기로 최초의 경작지가 개간되었고, 시선이 닿는 끝까지 황금 곡식이 알알이 영글었다. 곡식을 심지 않은 곳은 들소 떼가 차지했다.

 세월이 흐르면서, 농부들은 심경법深耕法이 토양을 돕는 것이 아니라 오히려 해치는 것임을 깨달았다. 그래서 그들은 방침을 바꾸어, 약한 마력의 트랙터가 끄는 갈고리 같은 것으로 딱딱한 표토를 15~20센티미터 깊이로 긁어 부수기 시작했다. 그와 동시에 그들은 또 지하수를 끌어올림으로써, 이따금씩 내리는 폭우―하늘을 짙은 먹구름으로 뒤덮었다가 천둥 번개와 함께 쏟아져 내려, 작은 시내를 넓고 깊은 강으로 바꿔 버리곤 하는―를 보충할 수 있다는 것을 알고는 매우 기뻐했다.

 첫세대 농부들의 아이들이 성인이 되었을 무렵, 그 지역의 상황은 뭔가 꼬이기 시작했다. 지력이 고갈돼 가는 토지에서 수확이 줄어드는 것에 속이 상해 있던 농부들은, 농업연구소와 학자들의 권장에 따라 화학 비료를 사용하기 시작했다. 그런 지 10년이 채 안 되어 재앙이 나타났다. 화학 비료가 토양 속의 유기물질들을 태워 버리고, 미네랄들의 미묘한 자연적인 균형을 깨 버렸던 것이다. 그 결과, 토지는 열을 발산하기 시작했다. 거기에다 관개수를 대어 주면, 토양은 약 20킬로그램 가량의 거대한 흙덩어리들로 뭉쳐져 버리는 것이었다. 농부들은 이 덩어리를 부수기 위해, 135마력의 엄청난 트랙터로 벽돌같이 단단해져 버린 밭을 갈아 대야만 했다. 한때는 비옥했던 토지에다 적합하지 않은 비료를 함부로 사용한 탓에, 결국 이 팬핸들 지역의 관개 농업이 종말을 보게 될 거라는 사실을 깨달은 몇몇 농부는 소스라치게 놀라지 않을 수가 없었다.

 그들 중 하나가 바로 프랭크 포드Frank Ford로서, 그는 텍사스 농업기술 대학을 졸업한 후 히어포드에 있는 1,800에이커의 농장을 사들였다. 그러나 그가 그 농장을 샀을 당시의 히어포드는 이미 잘못된 농사법으로 인해 몹시 유린된 상태였다. 포드는 당시의 상황을 회상하면서 이렇게 말했다. "그때는 빗물에 씻긴 고랑들이 트랙터 한 대는 충분히 숨길 수 있을 만큼 깊게 여기저기 파여 있었습니다." 그러나 현재 이 골짜기들은 모두 메워져서 평탄하게 다져져 있다.

포드는 유기농법을 실시하기로 작정했다. 그래서 자신의 농장에다 자연의 거름만을 주고, 또 진드기 같은 해충들을 박멸하는 데는 살충제 대신 천적인 무당벌레를 이용하는 식의 방법을 쓰기로 했다. 제초제도 쓰지 않기로 했다. 방아벌레의 애벌레나 녹병 같은 것을 예방하기 위해서는 씨앗에다 화학 약품 처리를 해야 한다고 설득하는 다른 농부들의 말을 무시해 버렸으며, 자신이 먹을 수 없다고 판단되는 것이면 그 어떤 씨앗도 심지 않는다는 원칙을 세웠다.

포드는 농사를 짓는 외에도, 방부 처리를 하지 않고 맷돌로 간 고품질의 밀가루와 그밖의 자연식품을 생산하는 애로우헤드 제분소를 차렸다. 이 제분소가 유기 생산물들을 안정적으로 공급받을 수 있도록, 그는 다른 농부들에게도 유기농법을 권장해야겠다고 생각했다. 그리하여 포드의 적정한 가격에 마음이 끌린 몇 사람이 모여 '딥 스미스 군 유기농업자 협회'를 결성하기에 이르렀다. 그들의 목적에는, 보다 건강한 먹거리를 생산해 내는 것뿐만 아니라, 텍사스 주 서부의 토질을 개선하고 보전시키는 것도 포함되어 있었다.

이들과 함께 일한 사람들 중, 1949년에 텍사스의 팬핸들로 이주해 온 플레처 심스 2세 Fletcher Sims Jr.라는 사람이 있었다. 심스가 그 지역에서 주목한 것 중 하나는, 1965년경에 팬핸들에서 처음으로 개장한 가축 사육장에 몇 톤이나 되는 가축의 거름이 쌓여 가고 있지만, 아무도 그것을 어떻게 처리해야 할지 방법을 모르고 있다는 것이었다. 그로부터 몇 년이 채 지나지 않아서 심스는, 히어포드보다 하류 쪽에 있는 캐니언의 자기 집에서 3킬로미터 가량 떨어진 한 구획으로부터 미식 축구장 30개보다 넓은 40에이커의 넓이에다 1.5미터 높이로 쌓을 수 있는 분량의 가축의 거름—그것들을 모두 다른 곳으로 운반해 처리하려면, 여러 대의 불도저와 다른 장비들을 사용해야 하므로 약 25만 달러의 비용이 들 것이다—을 모아 들였다. 심스는 전국에 널려 있는 가축 사육장의 수백만 입방미터에 달하는 거름들이 그대로 방치된다면, 세균이 그것을 무기물로 분해해 버려서 결국 거름으로서는 아무 가치도 없어지게 될 거라고 내다보았다.

이와 아울러, 그는 농업학교들이 이 가축의 거름을 토지에 주는 방법에도 문제가 있다고 보았다. 텍사스에 있는 A학교와 M학교에서는 에이커당 약 1,000톤 가량의 거름을 90센티미터 깊이의 땅 속에다 파묻고 있었는데, 그렇게 하면 토지와 거름을 모두 망치게 될 뿐이라는 것이다. 즉, 심토가 위로 올라오고, 표토가 아래로 매몰돼 버리기 때문에 결국 환기가 안 돼 거름이 발효되지 못한다는 것이다. 텍사스의 한 대학에서는 심토로부터 작물이 말라 죽을 정도로 농도가 짙은 유기물 현탁액을 만들어 밭에다 퍼붓고 있었으며, 캐니언에서 그리 멀지 않은 한 연구소에서는 단지 없애 버려야 할 쓸모 없는 노폐물이라는 전제하에, 가축장에서 나온 생거름을 토지에다 에이커당 300톤 가량의 비율로 쏟아 버리고 있었다. 또 어떤 과학자들은 이 거름으로 건축 재료를 만들자고 제안을 하는가 하면, 워싱턴 주의 한 연구팀은 이 거름으로 가축 사료 만드는 방법을 연구중이기도 했다.

심스에게는 그러한 일들이 애석하고도 답답한 노릇으로 여겨졌다. 그에게는 거름이야말로 매우 가치 있는 퇴비의 재료였기 때문이었다. 조 니콜스는 심스에게 뉴욕 주 스프링밸리에 있는 파이퍼의 실험실에서 몇 년간 진행되었던 퇴비 연구를 소개해 주었다.

스프링밸리를 몇 차례 방문하는 동안, 심스는 퇴비가 만들어지는 데는 어떠한 단계가 있음을 배우게 되었다. 그 첫째는, 거름 안에 있는 녹말, 당분, 기타의 성분들이 박테리아나 세균, 그밖의 미생물에 의해 분해되는 단계이고, 둘째는 미생물이 그 새로운 물질들을 먹어 치우면서 스스로의 몸을 증식하는 단계였다. 여기에서 매우 중요한 것은, 첫번째 단계에서는 적절한 종류의 미생물이 있어야 한다는 것이고, 두번째 단계에서는 유기물질이 지나치게 소모되지 않도록 시간을 잘 조절하는 것이라고 심스는 말했다.

사바스는 심스에게 이런 말을 해주었다. "만일 퇴비가 제대로 만들어지지 못하면, 그 안에 든 단백질과 아미노산은 단순한 화학물질로 분해되고 말 것입니다. 다시 말해서, 유기물질이 질소—암모니아나 질산염의 형태로 사라지고 마는—나 이산화탄소로 분해되는 것입니다. 많은 원예사들은 자기네가 만든 퇴비가 전부 유기물질로 만들어졌기 때문에 100퍼센트 유기적 퇴비라고 생각합니다. 하지만 자연은 그렇게 간단하지 않습니다. 살아 있는 세포의 70~90퍼센트는 수분이고, 단백질이나 아미노산, 탄수화물, 그밖의 탄소 화합물들은 15~20퍼센트에 불과합니다. 그리고 나머지 2~10퍼센트는 칼륨, 칼슘, 마그네슘, 그리고 극히 미량의 무기물 원소로 구성되어 있습니다. 유기적 화합물은 미생물의 몸을 통해서만 보전될 수 있습니다. 그러나 이 유기적 화합물은 어느 분해 단계에 이르러 멋대로 흩어져 버립니다. 퇴비가 무기물화되면, 질소(N), 인(P), 칼륨(K)이라는 개념으로 바뀌게 되는데, 그렇게 되면 이미 생물학적 가치가 없어진 것입니다. 퇴비를 만드는 데 있어서는, 박테리아의 활동이 질소 화합물을 너무 빨리 분해해 버리기 전에 적절한 시기를 재빨리 간파해 낼 줄 알아야 하는데, 그것은 암모니아 냄새로 알아낼 수 있습니다. 만약 퇴비 더미가 아주 빨리 가열된다면, 박테리아는 암모니아를 만들어내지 못하고, 자기 몸 속의 단백질을 보다 안정된 질소 화합물로 바꾸게 될 것입니다."

그러면서 사바스는 심스에게, 미국 농화학자 협회의 표준 실험으로는 유기물질을 포함하고 있는 물질의 상태를 제대로 알아낼 수 없다고 한다. 그것은 화합물의 연소나 산화 같은 것에만 의존하기 때문에, 그것만으로는 현재의 총량은 알 수 있을지 몰라도, 그것이 원래 무기물이었는지, 살아 있는 세포나 조직이었는지 알 도리가 없다는 것이다. 그러나 파이퍼의 연구소에서는 색층 분석으로, 분해 단계라든가 부식질 형성 단계, 무기질화 단계와 같은 발효의 여러 단계를 매우 정확하게 가려낼 수 있었으므로, 몇 년의 연구 끝에 마침내 적당한 양의 미생물을 가지고 누구나 손쉽게 살아 있는 퇴비를 만들 수 있는 방법을 개발해 냈다.

사바스는 심스에게 여러 색층 분석 사진들을 보여주었다. 그것들 중에는 덩굴월귤이 자라는 시지에서 채취해 온 토양의 사진도 있었는데, 그것은 유기물질을 무려 18퍼센트나 함유하고 있었건만, 실제로는 전혀 활성이 없다는 것을 보여주고 있었다. 표준적인 화학 분석만으로는 그것이 생물학적으로 무가치하다는 것을 알아낼 수 없었을 것이다. 또 캘리포니아에서 가져온 벽돌 제조용 진흙의 사진은 분석할 가치조차 없다는 것을 보여주고 있었다. 즉, 그것은 미생물류가 거의 없는 불모의 흙에 지나지 않았던 것이다. 유기물은 없고, 무기물만 있는 토양에서 자라는 식물은 짠 음식만 먹는 사람과 같다고 사바스는 말했다. 짠 음식을 먹은 사람이 자꾸 물을 마시게 되듯, 무기염을 지나치게 빨아들인 식물은 많은 양의 수분을 섭취한다는 것이다. 그래서 비록 겉보기에는 비록 무성해 보여도, 영양 상태가 조화롭지 못하며, 따라서 질병에 대한 저항력도 없다는 것이다.

심스는 사바스가 파이퍼의 색층 분석을 통해 정립할 수 있었던 과학적 증거를 접하고 놀랐다. 그것은 특정 식물들을 한데 심었을 때, 예를 들면, 콩과 오이 같은 것은 더욱 잘 자라지만, 콩과 회향풀 같은 것은 오히려 집안 싸움을 벌이듯 잘 자라지 못한다는 사실이었다. 또 사바스는 사과나 감자 같은 것을 함께 저장하면, 서로의 생명력을 빼앗게 된다는 것도 실증해 보일 수 있었다.

파이퍼는 잡초를 하찮은 잡초로 취급해 버리는 것은 오직 인간의 이기적인 주관에 의해서일 뿐이며, 만일 잡초가 자연 속에서 당당히 한 역할을 담당한다는 것을 인식하게 된다면, 그것들로부터 많은 것을 배우게 될 것임을 깨닫게 되었다. 그는 괭이밥, 소루쟁이, 속새 등을 포함한 어떤 종류의 잡초들은, 토양이 지나치게 산성화되어 가고 있음을 알려주는 훌륭한 지표라는 것을 증명해 보였다. 잔디를 가꾸는 사람들이 악착같이 솎아내는 민들레는, 사실 땅 속 깊은 곳으로부터, 심지어 더 깊은 곳에 있는 딱딱한 암반층으로부터 칼슘 같은 미네랄을 끌어올려 토양을 비옥하게 해주는 고마운 식물이다. 따라서 이 민들레는, 잔디밭 주인에게 그 땅의 생명력의 이상 유무를 경고해 주는 역할을 하는 셈이다.

파이퍼는 데이지도 이와 비슷한 역할을 한다는 것을 보여주었다. 데이지를 태운 재를 분석해 보면, 석회의 주요 성분인 칼슘이 많이 나타난다. 그런데 이 데이지는 미생물과 규소만 충분히 있으면 석회가 없는 땅에서도 잘 자라는 식물이다. 그래서 파이퍼는 데이지가 토양 중에 들어 있는 석회를 빨아들여 자신의 것으로 만든다는 정통적인 견해를 의심했다. 그리하여 그는 그 문제를 두고 연구한 결과, 오히려 토양에 석회가 부족하면 데이지 같이 규소를 좋아하는 식물들이 잘 자라게 된다는 결론을 내리게 되었다. 그리고 이것들이 죽으면 예의 그 분석을 통해 발견되었던 칼슘들이 토양에 공급되게 된다는 것이다. 하지만 그로서도 "어떻게 데이지 안에 칼슘이 생겼는가?" 하는 의문은 도무지 풀 길이 없었다.

그는 식물들의 공생에 관한 실험들을 해보았다. 예를 들어, 카밀레와 밀을 1대 100의 비율로 함께 심으면, 밀의 이삭이 훨씬 더 잘 패여 알곡이 실하게 된다는 것이다. 이런 식으로 해서 그는 나중에 러시아의 농부들이 수레국화와 호밀을 함께 심었던 전래의 지혜가 옳았음을 확인할 수 있었다.

심스는 파이퍼의 이 진기한 실험이 갖는 전망은 실로 무한하다는 것을 깨닫게 되었다. 그는 유기적으로 기른 밀과, 비활성적인 화학 비료로 기른 밀의 색층 분석을 통해 이 두 가지가 현저히 다르다는 사실에 흥미를 느꼈다.

텍사스로 돌아오면서 심스는 약 50여 종의 미생물이 들어 있는 생물역학적 배양토를 가지고 왔다. 이 미생물들은 세계 각지의 질 좋은 토양에서 채취한 것들로서, 장차 만들어질 퇴비 안에서, 그리고 그 퇴비가 공급된 토양 자체 내에서 각기 수행해야 할 고유의 임무들이 있었다. 이 생물역학적 퇴비에는 10억분의 1로 희석시켜도 작용하는 생명에 활력을 주는 요소라든가, 효소, 그 외의 다른 생장 요소들이 동종요법同種療法[3]적인 분량으로 존재하고 있는데, 이것은 일반 과학자들로서는 도저히 설명하기 어려운 점이었다.

심스는 생물역학적 방법을 적용하여, 파이퍼의 배양토를 사용한 최초의 상업적인 것이 될지도 모를 퇴비 제조 실험을 하면서, 일반 가축 사육장에서 거저 구할 수 있는 천연의 거름들을 모아 특수 처리를 했다. 즉, 미생물들을 이용하여 그 구성물질들을 분해한 후, 다시 새롭고 유용한 화합물로

3―환자가 앓고 있는 증상과 비슷한 효과를 일으키는 약제를 환자에게 조금씩 써서 치료하는 방법.(제19장 참조)

조합되게 하는 것이다. 퇴비 더미의 온도가 화씨 140도에 이르게 되면, 풀이나 곡물의 병든 부분들이 자동적으로 분해되고, 유해한 화학물질들은 생물학적인 힘을 발휘하지 못하게 된다. 그는 이 퇴비 더미를 건조시키기 위해 때때로 뒤엎기도 했는데, 이때는 시간당 600톤 가량을 뒤엎을 수도 있도록 자신이 직접 고안한 기계를 사용했다.

결코 갈거나 체로 거르지도 않았건만, 한 달 안에 그의 퇴비 더미는 거름 냄새가 전혀 나지 않는 암갈색의 부드럽고 훌륭한 토양 재료로 변했다. 쇠똥이 미생물의 작용에 의해 기적 같은 변신을 한 것이다. 농부들이 심스의 이 제품을 구입하여 자기네 경작지에 주기 시작하자, 곧 놀라운 결과가 나타났다. 존 위크John Wieck라는 사람은 자신의 경작지에게 2년 동안 다른 화학 비료나 살충제는 전혀 사용하지 않고, 오직 이 생물역학적 퇴비만 1에이커당 2분의 1톤씩 섞고는, 한번에 38밀리리터의 빗물을 담을 수 있는 두 개의 관개수로에만 의지해서 농사를 지은 결과, 옥수수를 에이커당 1725부셸이나 수확할 수 있었다. 이것은 일리노이 주에서 화학 질소 비료를 사용했을 때의 최대 수확량보다 두 배가 넘는 양이었다.

오클라호마 주에서 16킬로미터 떨어진, 팬핸들 북쪽의 체로키 스트립에 살고 있던 돈 하트Don Hart라는 사람은 화학 비료 때문에 자신의 관개농토가 황폐해지기 시작하자, 자신도 얼른 다른 방법을 써 보아야겠다고 생각했다. 심스의 성공 사례를 접한 그는 자신의 토지에다 퇴비를 주기 시작했을 뿐만 아니라, 다른 농부들에게도 공급해 주기 위해 그 자신 직접 퇴비 사업에 착수했다. 오래지 않아 하트의 토지는 플러시[4]나 습기를 머금은 카펫처럼 부드러워졌다. 1971년 말에 그의 농장을 방문했던 한 기자는 이렇게 쓰고 있다. "생물역학적 퇴비를 사용하면 어떤 이득이 있는지 확인해 보고 싶은 사람은, 그 지역을 그저 자동차로 달려 보기만 하면 될 것이다. 차창의 한쪽으로는 하트 씨의 농장에 옥수수들이 건강하고 무성하게 자라고 있는 것이, 그리고 다른 한쪽으로는 하트 씨의 것보다 2주일 먼저 심은 다른 농장의 옥수수들이 보일 것이다. 하지만 그쪽의 광경은 마치 악몽 같

---

4 — 벨벳과 비슷하나, 올이 더 길고 부드러운 비단 또는 무명으로 짠 옷감.

을 것이다. 딱딱하게 굳고, 쩍쩍 갈라지기까지 한 땅에서 몇 안 되는 병든 줄기들이 간신히 삐져 나와 있을 뿐이니까 말이다."

텍사스 주를 남동쪽으로 가로지르는 광활한 대지에서, 농부들에게 유기적인 농법으로 벼를 재배하라고 권장해 오고 있는 사람이 있다. 그는 바로 워런 빈센트Warren Vincent라는 사람으로서, 베트남의 정글을 참혹하게 말려 버렸던 것과 같은 종류의 제초제를 함부로 사용함으로써 야기된 업보에 대항하고자 이웃 농부들에게 벼와 바하이아 풀을 윤작하라고 권하고 있는 중이었다. 바하이아 풀은 땅에 떼를 되살리고, 잡초들의 생장을 조절하여 동물들에게 훌륭한 목초지를 제공해 주는 그런 풀이다. 오늘날 소비자들은 유기적으로 재배한 갈색의 쌀이 화학 비료로 재배한 것보다 영양 면에서 훨씬 더 우수하다는 것을 깨닫기 시작했다. 그리고 다른 선구적인 벼 재배 농부들도 이제 과감히 유기농법을 따르고 있다.

일본의 후지 산과 비슷하게 생긴 섀스타 산에서 남쪽으로 190킬로미터 떨어진, 캘리포니아 북부의 웨아 농장에서는 런드버그Lundberg 4형제가 갈색 벼를 유기농법으로 재배하기 시작했다. 유기농법으로 바꾸는 것이 비용 면에서 더 들지라도, 예전에 아버지가 하신 교훈을 잘 기억하고 있었던 그들은 그것을 실천하기로 했던 것이다. 그 아버지의 교훈이란, "땅에서 수익을 얻는 농부들은 자기가 사용한 땅을 개량해야 할 의무가 있으며, 가능하다면 더 좋은 상태로 후손들에게 물려주어야 한다."는 것이었다. 이러한 생각이 전세계로 파급된다면, 이 지구를 에덴의 동산으로 만들 수 있을 것이다.

여러 종류의 화학 제품을 사용하는 편이 더 좋을 거라는 일반적인 충고에도 불구하고, 런드버그 형제들은 거름 더미들을 모아 퇴비로 만들어서는 76에이커의 토지에다 섞었다. 그 결과, 첫번째의 수확량은 에이커당 평균 15킬로그램으로, 화학 비료로 재배한 벼의 수확량보다 적었다. 그러나 유기 재배한 벼에 붙는 프리미엄을 따져 볼 때 경제적으로 괜찮은 편이었다. 이 첫번째의 실험 결과를 토대로, 그들은 3,000에이커에 달하는 웨아 농장 전체를 유기적인 방법으로 전환해야겠다고 결심했다. 그 후, 그들은 일본에서 특수 제분 장비를 수입하는 한편, 그들만의 독특한 유기 공정을 마련

했다. 그들은 또 벼를 도정할 때도 영양가가 높은 껍데기 바로 안쪽 부분
―어떤 사람들은 그게 더 맛있다고 하는―은 그대로 놔두었다.

런드버그 형제의 시도가 옳았다고 여기는 징후들이 일반 대중들뿐만 아니라, 캘리포니아 주 정부의 저명인사와 대학교수들에게서도 나타나기 시작했다. 〈유기원예와 유기 농법〉지의 기자인 플로이드 앨런Floyd Allen은 새크라멘토 주의 의회를 방문했을 때, 한 의원이 유기농법은 '훌륭한 모성의 철학'이라고 주장하는 것을 듣게 되었다. 또 앨런은 캘리포니아 대학의 저명한 농약 전문가의 사무실에서, 그 전문가의 말을 듣고 자신의 귀를 의심하지 않을 수 없었다. 그 전문가는 "나는 누군가가 먹거리의 질과 맛에 대해 어떤 조치를 취해 주었으면 합니다. 사실 나는 제맛이 나는 토마토가 먹고 싶습니다."라고 말했던 것이다.

이러한 유기농법은, 미국 중서부의 낙농업자들에 의해서도 채택되어 오고 있다. 그들은 자기네가 짜낸 우유를, 엘도어 해니Eldore Hanni―1962년부터 유기 치즈를 생산해 오고 있는, 워소 북부에 위치한 위스콘신 리버 벨리 치즈 회사의 사장―같은 유제품 생산업자들에게 공급하고 싶어 했다. A등급의 원유가 치즈 회사에 도착하면, 그것은 저온 살균을 전혀 거치지 않고 곧바로 치즈 숙성용 큰 통에 담겨지게 된다. 방부제나 염료 같은 것이 절대 사용되지 않음은 물론이거니와, 원유에 있는 자연의 효소를 살리기 위해, 치즈 제조 과정 중 가열 온도는 절대 화씨 102도를 넘지 않는다. 해니의 동업자인 엘드레드 시얼Eldred Thiel은, "이 치즈는 우리네 아버지가 만들었던 것과 같은 전통의 맛을 간직하고 있다."고 주장한다. 원유를 공급하는 농부들은 그 회사로부터 '자연농법가'임을 증명받는데, 그것은 자기네 토지에서 화학 성분의 흔적을 완전히 없애는 데 5년 이상을 보냈다는 것을 확인해 주는 것이다.

과수 재배가들 중에서 이 유기 농법을 실행하고 있는 사람은, 어니스트 핼블립Ernest Halbleib이다. 일리노이 주 맥나브에 있는 '핼블립 유기 과수원'의 주인인 그는 화학 약품 없이는 사과를 재배할 수 없다는 일반적인 인식을 반박했다. 그는 과수원에 나타나는 곤충들을 보면, 인간에 의해 저질러지는 과오를 잘 알 수 있다고 주장한다. 10년 전에는 농약을 사과의

성숙기에만 한 번 뿌려 주는 것으로 충분했는데, 지금은 곤충들에게 저항력이 생겨서 몇 차례나 계속 뿌려 줘야 한다는 것이다.

핼블립은 20년도 더 전에 워싱턴의 식품의약국으로 가서, 각종 독성 물질, 즉 농약, 화학 비료, 씨앗 처리제 사용에 반대하는 증언을 한 적이 있었는데, 그 점에 관한 한 그는 오늘날에도 한 치의 양보도 할 수 없다. 당시 그는 동료 과수 재배가들이 과수에다 500가지도 넘는 새로운 화학 약품들을 사용하는 것을 보아 왔다. 핼블립은, 오늘날 이 사과 재배 지역에서 어려움을 겪지 않는 재배자는 단 한 사람도 없다고 말하고 있다. 그들은 너무도 엄청난 양의 독약들을 대지에다 쏟아 붓고 있다. 일리노이 주 피오리아 일대의 식물 실태를 감독하는 미국 농무부 소속의 한 공무원은, 자신의 구역에만 하더라도 10만 에이커의 토지가 너무도 심각하게 오염되어 목초건 잡초건 아무것도 자라지 못할 판국이며, 그것은 한때 비옥한 감자의 산지였던 메인 주의 광활한 지역도 같은 실정이라고 말했다.

핼블립은 이렇게 묻는다. "우리는 무엇을 원하고 있는가? 독이 든 음식으로 우리 아이들의 피를 만들 작정인가? 정신병원이나 일반 병원에 그렇게 많은 환자들이 득실거리는 이유를 따져 본 적이 있는가? 더 많은 병원을 짓기 위해 돈을 퍼 쓰는 대신 어째서 질병의 원인을 캐려 들지 않는가?"

농업과 영양 식물에 관한 상담원이자, 워싱턴 시에서 운영하고 있는 '대지의 식량'이라는 식품회사의 사장이기도 한 리 프라이어 Lee Fryer는 1968년 현재 미국의 화학 비료 사용액이 20억 달러를 넘어섰다고 밝혔다. 이것은 플레처 심스의 생물역학적 퇴비를 1억 톤도 넘게 살 수 있는 액수이다. 그만한 양의 퇴비라면 1에이커당 1톤씩의 비율로 캘리포니아 주 전체를 덮고도 남아, 다시 뉴잉글랜드 주의 6배나 되는 지역을 덮을 수 있다. 또한 베트남 전쟁중에 들었던 전비 중 단 며칠치만 있어도, 미국 전역의 토양을 1년 동안 퇴비로 처리할 수 있을 것이다.

프라이어는, 영국에서 스티븐슨 W. A. Stephenson이라는 한 전직 공인 회계사가 바닷말을 이용하여 천연 비료와 토질 개선제를 성공적으로 개발해 낸 사례를 소개하였다. 《농업과 원예에 이용되는 바닷말 Seaweed in Agriculture and Horticulture》이라는 책의 저자인 스티븐슨은 생화학자인 친구의 권고에 따라, 마흔 살의 나이에 버밍엄에서의 자신의 본업을 청산하고 시골로 내려갔다. 그곳에서 그는 용액 상태의 바닷말 비료를 전세계에 공급하는 사업에 착수했다.

미국 최초로 이 바닷말을 상업적으로 사용하는 데 성공한 사람은, 오하이오 주 하트빌에서 400에이커의 농장을 경영하던 글렌 그레이버Glenn Graber였다. 그의 농장의 토양은 미국 전역에서 흔히 볼 수 있는 검고 비옥한 토탄土炭 흙이었다. 그레버는 거기에다 빕, 보스턴, 아이스버그, 로메인, 잎상추 같은 50여 종류의 푸성귀를 재배했다. 반 년 동안 1주일에 6일 간씩 매일 평균 넉 대의 대형 트레일러분의 푸성귀가 계속해서 시장으로 실려 나갔다.

1955년경에 그레이버는 파괴적인 해를 끼치는 선충류線蟲類, 혹은 지렁이 같은 것이 자신의 땅에 발생한 것을 발견했다. 그놈의 '푸른 꽁무니'는 그의 작물과 이웃의 작물 상당량을 시들게 만들었다. 이러한 재난은 1년 중 특정한 때에만 나타나므로 대개의 사람들은 그것이 기후 탓이라고 여기고 있었다. 그레버는 자기 농장의 토양을 분석해 본 결과, 미네랄이 부족하다는 것을 발견했다. 질소, 인산, 칼륨이 식물의 생장에 꼭 필요한 3대 요소라고 믿고, 그것을 충실히 지켜 왔었던 그는, 어떻게 해야 이 문제를 해결할 수 있을지를 궁리했다. 그 무렵, 그는 사우스캐롤라이나에 있는 클렘슨 농과대학에서 바닷말을 가지고 놀랄 만한 성과를 거뒀다는 것을 알게 되었다. 클렘슨의 연구팀들은 노르웨이의 크리스티안샌트에서 제조한 바닷말 가루와 바닷말 즙을 사용하여, 후추, 토마토, 대두, 리마콩, 완두콩 등의 수확량을 증대시켰다는 것이다.

그레이버도 이 연구에 기초하여 직접 실행해 보기로 작정하고, 노르웨이에서 수입한 과립 형태의 바닷말을 해마다 에이커당 22킬로그램씩 농토에다 뿌리기 시작했다. 첫 재배기가 끝나갈 무렵, 농업용 기계 장비들이 지나다녔던 자국 위에 건강하고 푸른 빛깔이 돌기 시작하면서, 선충들이 극적으로 감소되어 잎사귀들이 시드는 현상도 말끔히 사라져 버렸다. 그때부터 그는 화학 비료를 일체 사용하지 않고, 바닷말과 플로리다에서 가져온 암석 인산염, 조지아에서 가져온 화강암 가루만을 주는 한편, 박테리아의 활동과 질소의 생산을 돕는 피복작물被覆作物[5] 등에만 의존했다.

토질이 개선됨에 따라, 그레이버는 자기가 쓸데없이 농약에다 돈을 낭비했다는 것을 깨닫고는 농약 사용도 중단해 버렸다. 그리고는 바닷말 용액으로 만든 분무액을 재배기 내내 작물들 위로 에이커당 2.8리터의 비율로 뿌려 주었다. 바닷말 용액이 어떻게 농약과 같은 역할을 하는지에 대해서는 그레이버로서도 확실히 알 수 없었다. 또 그것을 규명하기 위한 어떤 연구도 시행된 적이 없었다. 하지만 비록 이웃 농장에서 옮겨져 오는 병원病源까지 완전히 차단할 수는 없었다 하더라도, 가능한 모든 살충제를 사용했던 이웃의 농부가 구더기 때문에 재배 양파의 절반이나 손실을 입은 반면에, 그레이버는 단지 10퍼센트의 손실만을 입었을 따름이었다. 그는 건강한 토양에서 자란 건강한 식물은 자연적으로 질병에 강하다는 확신을 갖게 되었다. 그는 그것을 증명하기 위해 한 방문객과 함께 메뚜기들이 떼를 지어 몰려다니는 파슬리 밭을 통과해 걸어 보았다. 그러나 그 메뚜기들은, 그 방문객이 그때까지 보아 왔던 그 어느 것보다 잘 자라고 맛있는 파슬리 위에서 잔치를 벌이지 않고, 그들의 바짓가랑이만을 부벼 댈 뿐이었다.

시중에서 파는 화학 비료를 쓰지 않게 됨에 따라, 그레이버는 두 대의 트랙터로 밭을 갈던 짓도 그만두게 되었다. 그는 피복작물로 보리와 호밀을 재배한 것만으로 토양에 퇴비와 영양을 공급해 주었을 뿐만 아니라, 우글거리는 땅속 벌레와 미생물, 그리고 식물의 굵은 뿌리 등으로 토양을 환기시켜 줄 수도 있었다. 그러자 한때 그토록이나 그의 골머리를 앓게 했던, 땅이 굳어지는 현상이 마술처럼 해결되는 것이었다.

거기다가 부수적으로 얻게 된 또 하나의 혜택은, 서리에 대한 작물의 저항력이었다. 철에 맞지 않게 날씨가 추워져 수은주가 화씨 20도까지 떨어지던 며칠 동안, 새로 옮겨 심은 토마토와 후추들이 추위를 잘 견뎌, 하나도 죽지 않았던 것이다. 예전에 화학 비료를 사용했을 때는 그와 똑같은 날씨 조건에 전부 죽어 버렸는데 말이다.

5—겨울철에 토리土理를 보호하기 위해 밭에 심는 작물.

그레이버는 소비자들에게 유기농법으로 재배한 야채를 공급하는 데 있어서의 문제점은, 현재 유기 작물을 팔고 있는 업체들이 어느 한 지역만이라도 염가 판매를 보장할 수 있을 만큼 충분한 양을 확보하지 못하고 있다는 데 있다고 생각했다. 그는 이 문제를 풀 수 있는 유일한 방법은, 대형 식료품 연쇄점을 이용하는 것이라고 생각했다. 그곳의 진열대에 유기적 생산물과 화학적 생산물을 각기 분리하여 진열한다면, 문제가 해결될 수 있으리라고 보았던 것이다.

이러한 혁신적인 방식은, 최근 서독에서 123개의 슈퍼마켓 연쇄점을 운영할 만큼 급성장을 보이고 있는 프랑크푸르트의 라차 필리알베트리베 사에 의해 운영돼 오고 있다. 라차 사는 항생물질이나 호르몬, 납 및 모든 종류의 농약 같은 것의 잔류물이 극히 적다고 입증된 닭고기, 달걀, 과일 쥬스, 냉동 야채 같은 것을 팔고 있다. 이 모든 것들은 슈투트가르트에 있는 독일 국립 식물보호 협회의 유기원예 방침에 따라 경작된 농장에서 수확한 것들이었다.

라차 사는 자기네가 파는 유기적 생산물의 가격은 일반적인 것보다 15퍼센트 이상을 초과하지 않으며, 쥬스와 냉동 식품은 오히려 더 낮은 가격으로 시판되고 있다고 말한다. 또 우유의 경우엔, 염소 처리를 한 탄화수소나 DDT 같은 첨가물을 일체 안 쓰고 생산할 수 있도록 낙농업자에게 주는 프리미엄 때문에 값이 다소 비싸긴 하지만, 그 판매액이 라차 사 총매상의 10퍼센트에 육박하고 있으며, 전반적인 일반 시장의 수요 감소 추세에도 불구하고 이 연쇄점의 총수입은 오히려 증가를 보이고 있다.

매사추세츠 주의 케임브리지 시에서는, 스타 마켓이라는 식료품 소매점들이 라차 사와 비슷한 일을 하기 시작했다. 그들은 그렌 그레이버가 유기농법으로 재배한 여러 가지 야채들을 각기 다른 저장통에 담아 1주일에 한 트레일러분씩 실어 왔다.

워싱턴 시 전역에 자연식품을 공급하는 10여 개의 판매상 가운데 하나인 '예스!' 상사의 설립자, 올리버 포피노 Oliver Popenoe는 스타 마켓의 노고를 치하하면서, 그들의 그러한 노력이 다른 사람들에게 계속 이어지지 않는 이유를 설명했다. "대부분의 식품 연쇄점들이 안고 있는 문제는, 그 경영자나 간부들의 유기농법 원리에 대한 인식이 부족하다는 것이다. 이 때문에 그들은 그냥 육안으로 보기에는 화학적으로 재배한 것과 비슷해 보이거나, 오히려 더 못해 보이는데다 값도 더 비싼 유기 농산물을 상품으로 내놓기를 꺼린다. 그들은 신뢰 부족이라는 병에 걸려 있다. 유기 농산물의 구매는 순전히 신뢰를 바탕으로 이루어진다. 내가 아는 한, 색층 분석으로 농약의 잔류를 확인하지 않고는 그것이 유기 농산물인지 아닌지 판별할 방법이 없다. 하지만 그런 방법으로 검사하려면 야채 하나만 하더라도 25~30달러의 비용이 들게 되므로, 철저한 결벽주의자는 타산이 맞지 않아서도 이 유기 농산물의 취급을 꺼리게 된다. 나는 바로 이러한 점이, 유기 농산물의 시장을 보잘것없는 것으로 만든 주요 원인이라고 생각한다. 소비자가 그 농부를 개인적으로 잘 알지 못한다거나 그 식료품 상인에 대해 깊은 신뢰감이 없다면, 확실하지도 않은 것에다 굳이 더 많은 돈을 지출하려 들겠는가?"

그의 농장과 다른 이웃들의 농장을 비교해서 설명해 달라는 부탁을 받자, 그레이버는 솔직한 태도로 다음과 같이 말했다. "이상적인 기후 조건 하에서라면, 산출량이나 소요 시간 면에 있어서 그들보다 제가 뒤질지 모릅니다. 하지만 기후 조건이 나쁠 경우, 그것은 역전됩니다." 그레이버에게 있어서 무엇보다도 중요한 사실은, 유기농법을 실천함으로써 토질도 개선돼 가고 있다는 확신이 섰다는 점이다. 그레이버는 최근 생물역학적 퇴비에 주목을 하기 시작했다. 1973년의 재배 철이 시작될 무렵, 그는 채소를 재배하기 위해 자기의 농토에다 에이커당 1천 500파운드의 비율로 처리할 수 있도록, 펜실베이니아 주 갭 시의 '죽 앤드 랭크' 사에다 많은 양의 퇴비를 주문했다. 향후 2년간 비교 실험을 한다면, 그 퇴비가 과연 토양과 작물에 보다 더 유익하겠는지 가려낼 수 있을 것 같았다. 그가 퇴비를 시험해 봐야겠다고 결심하게 된 것은, 펜실베이니아의 한 농수산물 시장에서 받은 인상 때문이었다. 그는, 죽 앤드 랭크의 가판점을 찾은 농부들이 모두 한결같이 좋은 결실을 보았다며, 그 생물학적 퇴비에 관해 칭찬만 할 뿐 비난하는 사람은 단 한 사람도 없다는 것을 알게 되었다. "아무런 결실도 얻지 못한 채 돈만 날렸더라면 농부들은 아마 큰 소동을 일으켰을 것이다."

스위스의 프리부르크 대학 신학과의 기숙사 근처에 있는 1헥타르의 농지에서 일하고 있는 한 농부가 있다. 그는 다른 한 사람의 조력자와 함께 생물역학적 방법으로 야채를 재배하여, 200명에 달하는 신학과 기숙사생들을 먹이고도 남아 시장에 내다 팔 수 있을 정도였다. 그는 이렇게 말하고 있다. "자연적인 것이건 인공적인 것이건, 물만 제대로 공급받을 수 있는 사람이면 그 누구에게라도 이 방법을 가르쳐 주고 싶습니다. 이 방법은 인구 증가와 식량 부족 문제로 시달리는 제3세계 국가들에게도 매우 좋을 듯합니다."

그레이버 같은 몇몇 농부들은, 유기농업에 관한 모든 성공에도 불구하고 많은 유기농법 제창자들이 너무도 '순수주의'를 고집한 나머지, 잘만 타협한다면 얼마든지 생각을 고쳐 먹게 될지도 모르는 화학 비료파들을 굳이 멀리하고 있다는 것을 느끼게 되었다. 그레이버는 이렇게 말한다. "양측이 모여 무엇이 옳고, 무엇이 그른지 함께 따져 보아야 한다." 이것은 미주리 주 스프링필드의 수의사이자, 화제의 새 월간지 〈미국의 토지 Acres USA〉의 동물 건강 담당 편집자인 존 위태커 John Whittaker 박사의 생각이기도 하다. 캔자스 시에서 찰스 월터스 2세 Charles Walters, Jr.가 발간하는 이 잡지는, 유기농법을 위한 것이라기보다는 월터의 사상, 즉 환경 보호 농업을 대변하기 위한 잡지라고 보는 편이 보다 정확한 표현일 것이다.

위태커의 생각은 결코 화학 비료파들과의 불화를 조장하려는 것이 아니었다. 그는 "우리에게 필요한 것은, 유기농법파들과 화학 비료파들이 서로 허심탄회하게 대화를 나누어 공통의 기반을 만드는 것이다. 그러기 위해서는 화학 비료파가 자연농법 운동을 제라늄 화단에서 꼼지락거리는 할머니들의 모임 정도로 보던 이제까지의 시각을 거둬들여야 한다. 현존하는 기술은 결코 갑작스레 소멸되지 않는다. 그것은 단계적인 과정을 거쳐 적절히 보완되거나 결합돼 나가는 것이다. 우리는 서로에게 배워야만 한다."

어떻게 기술과 자연을 조화시킬 수 있는가 하는 물음에 위태커는, 무기질에다 단백질과 같은 유기물질을 고정시키는 '금속 단백질 화합물'의 개발을 예로 들었다. 금속 단백질 화합물이 어떻게 만들어지는가를 정확히 설명한 사람은, 위태커의 동료 수의사인 필립 힌즈 Phillip M. Hinze였다.

그는 육체가 화학물질의 집합체일 뿐만 아니라, 전기적 복합체이기도 하다고 생각한 사람이었다. 힌즈의 주장을 요약하면 다음과 같다.

"동물의 육체는, 하나의 복잡한 배터리라고 볼 수 있다. 여러 화학적 목적을 위해 전기를 받아들이고, 저장하고, 사용할 수 있을 뿐만 아니라, 비타민, 미네랄, 아미노산, 기타 여러 요소들과 융합하여 스스로 존재를 유지할 수도 있는 대단히 정교한 배터리 말이다. 이 물질들이 작용을 일으키면 육체는 곧 그것을 인식한다. 그리고 또, 모든 유기물질은 서로 동화될 수 있는 것인가를 판별할 수 있는 전기적 특성을 지니고 있다. 어떤 동물이 영양을 필요로 하게 되면, 자기가 섭취하는 음식으로부터 그 영양소를 얻으라는 신호가 나온다. 이때 그 동물이 아무런 병이 없고, 또 필요로 하는 성분이 존재한다면, 그 성분은 기존의 것들과 동화될 것이다. 하지만 불행하게도 필요로 하는 성분이 음식으로서 적당하다고 여겨지는 물질과 항상 일치하는 것은 아니다. 예를 들어, 육체가 금속류를 필요로 할 때, 이 욕구는 간혹 그 금속류가 무기질의 형태로 포함되어 있는 음식을 먹음으로써 충족되기도 한다. 그러나 영양학적으로 필수적인 금속 요소라 하더라도 그것이 무기질의 형태로 되어 있을 때에는, 아미노산과 같은 유기물질로 복합된 같은 종류의 금속류와는 분명히 다른 전기적 성질을 띤다. 돼지는 못을 먹을 수 없다. 필요한 것은 유기 철분인 것이다."

그러한 까닭에 우리는 토양을 잘 보존해야만 한다. 지나치게 경작을 한다거나, 관개를 한다거나, 목축을 하다 보면 지력이 소모되어 토양은 식물의 형태를 빌어 나타나는 훌륭한 식량을 생산하는 데 필요한 유기 미네랄을 더이상 산출할 수 없게 되기 때문이다.

이러한 진리를 깨달아, 일반 대학에서 학과를 나눔으로써 지식의 영역을 구분하는 것을 타파하고, 부식토 제조법과 박테리아 배양법을 가르치는 최초의 교육 기관을 설립한 사람이 있다. 그는 바로 로스엔젤레스에 있는 '태평양 고등 학술 연구소'의 소장인 메이슨 로즈Mason Rose 박사이다.

그리고 인간이 자신의 보금자리를 더럽혔으면 반드시 그것을 청소해야 한다는 것을 깨닫고, 생태학적인 농업 방식을 실험하고 있는 또 다른 그룹들도 있다. 그들 중 하나를 들자면, '신연금술 연구 협회' 같은 것이 있다.

그들은 캐나다 메리타임 프로방스, 뉴멕시코, 캘리포니아, 그리고 코스타리카같이 다양한 기후 조건하에서, 정원에다 물고기를 기르는 따위의 다양한 활동들을 계획하고 있다. 그들은 자신들의 목표를 세 가지로 나누어 이렇게 말하고 있다. "대지를 복구하고 대양을 보호하는 동시에, 우리 인류가 지구의 파수꾼임을 사람들에게 환기시키는 것이다." 신연금술 연구 협회가 말하고 있는 지구의 파수꾼 역할이라는 것은, 사실 인간이 출현하기 훨씬 이전부터 이 육지를 덮고 있는 식물들이 해오고 있는 일이다. 그런 의미에서 본다면, 식물들이야말로 가장 오래된 연금술사들일 것이다.

제17장
정원의 연금술사

어떤 원소를 다른 원소로 바꾸고자 했던 중세기 연금술사들의 꿈은 수세기 동안 터무니없는 것이라고 조롱을 받아 왔다. 그러나 이제 살아 있는 식물들에 대한 연구가 진행됨에 따라 그들의 생각이 정당했다는 게 입증될는지도 모른다.

금세기 초반, 과학자의 꿈을 키우고 있던 프랑스 브르타뉴 지방의 한 어린 학생이 아버지의 양계장에서 암탉을 관찰하다가 신기한 사실에 관심을 갖게 되었다. 암탉들은 줄기차게 흙을 파헤치면서 지표면에 점점이 흩어져 있는 석영 물질인 운모 조각을 열심히 쪼아 대는 것 같았다. 그런데 아무도 이 소년, 루이 케르브랑Louis Kervran에게 암탉이 왜 규소를 쪼아 먹는지, 그리고 그 닭을 요리하려고 잡았을 때 어째서 그 모래주머니에 규소가 전혀 발견되지 않는지를 설명해 줄 수가 없었다. 그리고 그 닭들이 석회질이 전혀 없는 땅에서 아무런 칼슘도 먹은 적이 없는데, 어떻게 칼슘 덩어리 껍질의 달걀을 매일 낳을 수 있는지도 말이다. 케르브랑이, 닭이 한 원소를 다른 원소로 바꿀 수 있다는 사실을 확인하게 된 것은 그로부터 오랜 세월이 지나서였다.

케르브랑은 귀스타브 플로베르Gustave Flaubert[1]의 소설《부바르와 페퀴셰 Bouvard et Pécuchet》를 읽다가, 프랑스의 유명한 화학자인 루이 니콜라 보클랭Louis Nicolas Vauquelin에 관한 다음과 같은 대목을 접하게 되었다. "보클랭은 닭에게 석회 함유량이 정확히 계산된 귀리만을 먹였는데, 그 닭이 낳은 껍질에는 그 닭이 섭취한 것보다 더 많은 양의 석회가 발견되었다. 따라서 거기에는 물질의 창조가 있었던 것이다. 하지만 그것이 어떻게 이루어진 것인지는 아무도 모른다."

이 대목을 읽은 케르브랑은, 만약 암탉이 자기 몸 속에 스스로 칼슘을 만들어내는 어떤 능력이 있는 게 사실이라면, 화학 시간에 배워 왔던 모든 것들은 재검토되어야 한다고 생각했다. 18세기 말엽, 보클랭과 동시대의 인물로서 '현대 화학의 아버지'라고 불리는 화학자 앙트완 로랑 라부아지에 Antoine Laurent Lavoisier[2]가 "우주에는 잃는 것도, 만들어지는 것도 없다. 모든 것은 변형될 뿐이다."라는 질량 보존의 법칙을 내놓은 이래, 모든 원소들은 위치를 바꿔 다르게 조합될 수는 있지만, 다른 원소로 변환될 수는 없다고 굳게 믿어져 왔다. 그리고 이루 헤아릴 수 없을 만큼 많은 실험들이 라부아지에의 주장을 뒷받침해 온 터였다.

원자를 둘러싼 이 철옹성 같던 벽에 첫 균열이 생긴 것은, 20세기 초반에 방사능이 발견되면서부터였다. 방사능을 통해 약 20여 종의 원소들이 질량 보존의 법칙과는 달리, 다른 무언가로 변한다는 것을 알 수 있게 되었던 것이다. 예를 들자면, 라듐이 붕괴되면, 전기, 열, 빛이나 납, 헬륨 및 기타 다른 원소들 같은 여러 원소로 변환된다. 핵물리학이 발전함에 따라, 많은 사람들은 러시아의 천재적 과학자인 드리트리 멘델레예프Dmitri

---

[1] ─프랑스의 소설가(1821~1880). 완전한 자료 수집으로 개인적인 감정이나 주관적인 판단을 초월한 객관적 견지에서 사물을 정밀 묘사하는 창작 태도로 프랑스 사실주의를 완성하였다. 대표작으로《보바리 부인》,《성 앙트완》등.
[2] ─프랑스의 화학자(1743~1794). 여러 가지 화학 변화를 정량적으로 추구하여, 그때까지 널리 믿어 오던 플로기스톤phlogiston설을 부정하고, 새로운 연소이론을 확립했다. 또한 물의 조성組成과 알콜 발효의 연구, 미터법의 질량 기준이 되는 물의 밀도를 정확하게 측정했다.

Mendeleyev[3]의 주기율표에도 없는 새로운 원소를 창조하기도 한다. 그것들은 먼 옛날에는 존재했었을지라도 그 후 방사성 붕괴에 의해 소멸된 것이거나, 아니면 애초부터 자연의 상태로는 존재할 수 없는 것이기도 했다.

원자핵의 존재를 처음으로 이론화한 영국의 물리학자 어니스트 러더퍼드Ernest Rutherford는, 1919년에 어떤 원소를 알파 입자[4]—전자를 제외한 헬륨 원자, 즉 헬륨 원자핵—로 충격을 가하면 그 원소를 변환시킬 수 있음을 보여주었다. 이 방법은 오늘날까지도 계속되고 있는데, 오늘날에는 '더욱 강한 포탄'[5]을 쓰고 있다. 그러나 이러한 획기적인 발견이 있었음에도 불구하고, 80여 종의 비방사능 원소에 대해서만큼은 라부아지에의 단정이 확고부동한 상태였다. 화학자들은 화학 반응으로는 다른 원소를 만들 수 없다는 생각을 고집스레 고수하면서, 생물체에서 일어나는 반응은 모두 화학적인 것일 뿐이라고까지 주장했던 것이다. 그들의 생각엔, 화학만이 생명을 설명할 수 있고, 또 그래야만 했던 것이다.

갓 대학을 졸업한 젊은 기술자이자 생물학자인 케르브랑은 보클랭의 실험을 재현해 보기로 결심했다. 그리하여 그는 한 암탉에게 오직 귀리만을 먹여 보았다. 그 귀리 속의 칼슘 함유량을 정확히 측정했음은 물론이다. 그리고 달걀과 배설물에 포함된 칼슘을 측정했다. 케르브랑은 이 닭을 통한 실험으로, 새는 자기가 섭취한 것보다 네 배나 더 많은 칼슘을 만들어낸다는 것을 알아냈다. 케르브랑이 동료인 생화학자들에게, 이 나머지의 칼슘은 어디에서 비롯된 것이냐고 묻자, 그들은 닭의 뼈에서 나온 것이라고 대답했다. 케르브랑은 위급한 경우에는 그럴지도 모른다고 생각했다. 그러나 암탉은 오랜 기간 동안 알을 낳기 때문에, 만일 그들의 말대로라면 그 뼈는 곧 흐물흐물해질 것이다. 사실 칼슘이 부족한 닭은 4일이나 5일 이내에 껍질이 말랑말랑한 알을 낳는다. 그러나 이때 칼륨을 먹이면 다음 번부터의

3—러시아의 화학자(1834~1907). 63개의 원소를 기록한 주기율표를 발표하면서, 당시에는 아직 발견하지 못했던 칼륨, 스칸듐, 게르마늄의 존재 및 그 성질을 예견했다.
4—방사 물질로부터 방출되는 알파선으로서의 입자. 헬륨의 원자핵, 즉 두 개의 양성자와 두 개의 중성자가 결합하여 이루어진 전기를 띤 알갱이로서, 양성자의 약 네 배가 되는 질량을 가짐.
5—입자 가속기에 의한 고에너지 충돌 실험을 의미한다.

알은 칼슘 덩어리라고 볼 수 있는 딱딱한 껍질의 알을 낳게 된다. 이것으로 보아, 닭은 귀리 속에 풍부하게 들어 있는 칼륨을 칼슘으로 바꾸는 능력이 있음이 분명해 보였다.

케르브랑은 윌리엄 프라우트 William Prout라는 한 영국인이 보클랭이 은퇴했을 무렵, 부화중인 달걀에 포함된 칼슘의 변화를 체계적으로 연구했다는 것을 알게 되었다. 그 영국인은 병아리가 알을 깨고 나올 때는 원래 알 속에 들어 있던 것보다 네 배나 더 많은 석회를 가지고 있다는 것을 발견했는데, 놀랍게도 이때 달걀 껍질에 들어 있는 석회의 함유량은 전혀 변함이 없다는 것이었다. 그리하여 그는 달걀 안에 석회를 형성하는 어떤 내적 운동이 존재한다고 결론을 지었던 것이다. 루이 케르브랑은 이렇게 말한다. "그 발견은 과학자들이 원자에 대해 무엇인가를 알아내기 훨씬 이전에 이루어졌었다. 즉, 원자론적인 변성에 관한 언급이 전혀 없었던 때였던 것이다."

어느 날, 케르브랑의 한 친구가 1600년경의 플랑드르인 화학자 얀 밥티스타 헬몬트 Jan Baptista Helmont의 실험에 관한 이야기를 들려주었다. 헬몬트는 불에 구운 200킬로그램의 흙을 담은 진흙 화병에다 버드나무 묘목을 심고는 5년간 빗물이나 증류수만 준 뒤, 나중에 그 나무의 무게를 달아 보았더니 74.4킬로그램이나 늘어나 있었다. 그러나 이때 흙의 무게는 거의 변함이 없었다. 이것을 본 헬몬트는, 식물은 물을 나무나 껍질, 뿌리 같은 것으로 바꿀 수 있는 능력이 있는 게 아닐까 하는 생각을 하게 되었다.

케르브랑이 흥미를 느낀 식물에 관한 또 다른 신기한 사실은 스페인 이끼에 관한 것이었다. 스페인 이끼는 흙에 전혀 닿지 않은 채 구리철사 위에서도 자라날 수 있는 이끼 종류이다. 그런데 그것을 태워 보면, 그 재에는 구리는 흔적도 보이지 않고 산화철과 다른 원소들만 나타나는 것으로 미루어, 그것들은 모두 대기로부터 공급받은 것이라고밖에 볼 수 없었다.

또 다른 프랑스의 화학자 앙리 스팽들레 Henri Spindler는 바닷말의 일종인 라미나리아가 요오드를 만들어내는 듯한 현상에 관심을 가졌다. 그는 궁금증을 풀고자 도서관의 먼지 낀 서가에서 거의 읽히지 않는 책들까지

뒤지다가, 흥미로운 것을 발견했다. 그것은 포겔Vogel이라는 독일인 과학자에 의해 행해진 실험에 관한 것이었다. 포겔은 유리로 된 항아리에다 양갓냉이의 씨를 심고는 증류수만 주었는데, 몇 달 후 다 자란 양갓냉이를 태워 보니 씨앗 때보다 두 배나 많은 유황이 검출되었다는 것이다. 스팽들레는 또 로스Lawes와 길버트Gilbert라는 두 영국인이 영국의 로스암스테드에 있는 유명한 농업연구소에서 행한 실험에서, 식물은 흙에서부터 그 흙이 원래 갖고 있던 것보다 더 많은 원소를 끌어내는 것 같다고 보고했던 사실도 찾아냈다.

로스암스테드에 있는 과학자들은 17년 동안 클로버 밭을 가꾸었다. 그들은 1년에 두세 번 벌초를 하고, 4년마다 한 번씩 새 씨를 심기만 했을 뿐 아무런 비료도 주지 않았다. 그리고 난 뒤, 그 토지의 일부에서 떼어낸 토양을 분석해 봤더니, 그 토질이 너무나 비옥하여 마치 누군가 여러 요소들을 일부러 옮겨다 놓은 것처럼 느껴질 정도였다. 그만한 넓이를 그 정도로 비옥하게 만들자면, 2,580킬로그램의 석회와 1,220킬로그램 이상의 산화마그네슘, 2,130킬로그램의 칼륨, 1,220킬로그램의 인산, 2,580킬로그램의 질소, 그렇지 않으면 10톤이 넘는 혼합 퇴비가 있어야 할 것이다. 그런데 그러한 것들을 전혀 주지 않은 땅이 그처럼 비옥하게 변했으니, 이 광물질들은 모두 어디에서 온 것일까?

스팽들레는 이 같은 의문을 깊이 파들어 가다가, 하노버의 알브레히트 폰 헤르첼레Albrecht von Herzeele 남작의 연구를 접하게 되었다. 헤르첼레 남작은 1873년에, 식물은 단순히 흙과 대기로부터 물질을 흡수하기만 하는 것이 아니라 부단히 창조하기도 한다는 증거를 제시한 《무기물질의 기원 The Origin of Inorganic Substances》이라는 혁신적인 책을 발간한 사람이었다. 헤르첼레는 일생을 통해, 씨앗에다 증류수를 뿌리면 이상하게도 원래 있던 칼륨, 인, 마그네슘, 칼슘, 유황 같은 것이 증가하는 현상에 관한 수백 가지의 분석 실험을 했었다. 질량 보존의 법칙을 주장하는 사람들이, 증류수에서 자란 식물에 함유된 광물질의 양과 원래의 씨앗에 함유되어 있던 광물질의 양은 완전히 일치한다고 고집하더라도, 헤르첼레의 분석은 그 광물질뿐만 아니라 식물을 구성하고 있는 다른 모든 것들이 증가했음을 실증해 보였던 것이다. 예를 들자면, 씨앗을 태울 때 완전히 타서 없어졌던 질소 성분 같은 것도 그 중 하나였다.

헤르첼레는 또한 식물이 연금술사와 같은 방식으로, 인을 유황으로, 칼슘을 인으로, 마그네슘을 칼슘으로, 탄산을 마그네슘으로, 질소를 칼륨으로 변환시키는 것과 같이 물질을 변환시킬 수 있다는 사실을 발견했다.

과학사에 있었던 많은 이상한 일들 가운데 하나를 꼽자면, 1876년에서 1883년 사이에 출판된 폰 헤르첼레의 저서에 대한 기존 학계의 반응을 들 수 있겠다. 생물학적인 모든 현상은 화학 법칙에 따라 원자론적으로 설명될 수 있다는 당시의 풍조를 지지하고 있던 그들은, 헤르첼레의 저서를 완전히 묵살해 버렸다. 사실, 헤르첼레의 저서들 대부분은 도서관의 서가에 꽂히지도 못하고 말았다.

스팽들레는 몇몇 동료들을 헤르첼레의 실험에 관심을 갖도록 끌어들였다. 그들 중 하나가 파리에 있는 저 유명한 공대 에콜 폴리테크니크의 유기화학 연구실 주임인 피에르 바랑제Pierre Baranger 교수였다. 이 대학은 1794년에 설립된 이래로 프랑스에서 가장 탁월한 과학자와 기술자들을 많이 양성해 온 학교였다. 헤르첼레의 연구를 검토하기 위해 바랑제는 일련의 실험들을 시작했는데, 이 실험은 그 후 10년간이나 계속되었다.

이 실험들은 헤르첼레의 연구를 완전히 확인시켜 주었을 뿐만 아니라, 원자과학이 이제 진정한 혁명을 맞게 되리라는 것을 암시해 주기에 충분했다.

1958년 1월, 바랑제는 자신의 발견들을 과학계에다 공식적으로 발표하기 위해, 제네바의 스위스 학사원 회관에서 화학자, 생물학자, 물리학자, 수학자들로 구성된 청중들 앞에 섰다. 그 자리에서 그는 자신의 연구가 좀더 발전되었더라면, 실험적 기반이 충분치 못하다고 여겨졌던 몇 가지 이론들을 충분히 수정할 수 있었을 것이라고 말했다.

1959년에 바랑제는 〈과학과 생명 Science et Vie〉이라는 잡지와의 인터뷰를 통해, 과학적 관습에 의거한 조심스런 접근 방법을 보다 명확하게 표현했다. "나의 연구 결과들은 불가능해 보일지 몰라도, 분명 실재하는 것이다. 나는 오류를 막기 위해 모든 예방책을 강구해 왔다. 같은 실험을 몇 번이고 반복해 보았다. 또 수년간에 걸쳐 수천 번이나 분석해 보기도 했다. 그리고 내가 하는 일이 무엇인지 알지 못하는 제3자를 시켜 나의 실험 결과들을 검증시키기도 했다. 그뿐만 아니라 나는 몇 가지 다른 방법을 써 보기도 했으며, 실험을 진행하는 사람들을 교체시켜 보기도 했다. 그러나 이젠 어쩔 도리가 없다. 우리는 식물들이 연금술사들의 비밀을 알고 있다는 증거들을 받아들여야만 한다. '식물들은 우리들의 눈 앞에서 매일같이 원소를 변환시키고 있다.'는 것을 말이다."

1963년경, 바랑제는 염화망간 용액에서 콩의 씨앗을 발아시키면, 망간이 사라지고 대신 철이 나타난다는 것을 실험으로 입증해 보였다. 그는 그에 관계된 역학관계를 보다 명확히 밝히려고 노력하면서, 씨앗에서 일어나는 원소의 변환을 연구한 끝에, 거기에는 하나의 체계가 있음을 발견하게 되었다. 즉 그 원소의 변환에는 발아의 시간, 그리고 발아에 영향을 주는 빛의 종류와 형태, 나아가 달의 정확한 모양까지도 포함하는 모든 것들이 마치 복잡한 거미줄처럼 서로 연결되어 있음을 발견하게 되었던 것이다.

바랑제의 연구가 얼마나 이단적일 수 있었던가를 알기 위해서는, 핵과학이 단언했던 다음 말을 이해해야 한다. "원자를 안정화시키기 위해서는 엄청난 '고착화 에너지'가 필요하다. 따라서 그러한 에너지를 만들 수도, 조작할 수도 없었던 연금술사들은 자기들이 주장하는 것처럼 한 원소를 다른 원소로 바꿀 수는 절대 없다." 그러나 식물들은 오늘날과 같은 엄청난 현대의 원자 파괴 장치에 의존하지 않고, 과학의 세계에는 완전히 가려진 비밀스런 방법으로 부단히 원소를 변환시키고 있다. 작디 작은 풀포기나 연약한 붓꽃, 그리고 페튜니아까지도, 핵물리학자라고 알려진 오늘날의 연금술사들이 아직도 불가능한 일이라고 주장하는 것을 너무도 쉽게 해낼 수 있는 것이다.

예의 바르고, 침착한 바랑제는 자신의 새로운 실험에 관해 다음과 같이 말했다. "나는 지난 20년 동안 에콜 폴리테크니크에서 화학을 가르쳐 온 사람으로서, 나의 실험실이 결코 거짓 학문의 온상이 아님을 믿어 달라고 부탁드리고 싶습니다. 그러나 나는 지식 사회의 체제 순응주의가 강요한 금기를 지키는 것을 과학에 대한 존경과 혼동하지는 않습니다. 나로서는,

그 어떤 주도면밀한 실험이라도 과학에 대한 존경심을 갖는다고 생각합니다. 설사 그것이 우리의 뿌리 깊은 고정관념에 충격을 주는 것이라 할지라도 말입니다. 폰 헤르첼레의 연구가 완전히 인정을 받기에는 그 실험의 종류가 너무 적었었습니다. 그러나 그의 결과는, 나로 하여금 오류를 막기 위해 현대적 실험실에서 취할 수 있는 모든 방지책을 다 써서, 그리고 통계적으로 반박할 수 없을 만큼 충분하게 반복해서 실험해 보라고 부추겼습니다. 그것이 내가 했던 일들입니다."

바랑제는 살갈퀴의 씨앗이 증류수 속에서 자랄 때는 칼륨과 인의 함유량에 변화가 보이지 않지만, 염화칼슘 용액에서 자랄 때는 칼륨과 인의 함유량이 무려 10퍼센트까지 증가한다는 것을 실증해 보이고는, 칼슘이 이 증가를 불러일으켰다고 말했다. 바랑제는 인터뷰를 하는 동안 가능한 모든 관점에서 질문 공세를 편 과학 잡지 기자들에게 이렇게 말했다. "나는 당신네들이 이 결과들에 놀라고 있으며, 또 이 실험들에서 이치에 맞지 않는다는 증거가 될 만한 것을 찾고자 한다는 것을 잘 알고 있습니다. 하지만 그러한 실수는 결코 찾아내지 못할 것입니다. 이 현상은 엄연히 존재합니다. 식물들은 원소를 변환시킬 수 있습니다."

바랑제의 실험이 상식과 모순되거나, 혹은 상식을 완전히 뒤엎는 것처럼 보였다 할지라도, 〈과학과 생명〉지는, 핵물리학자들은 이제 원자핵에 대해 네 개의 독립적이고 상호 모순적인 이론들을 이용해야 할 단계에 도달했다고 지적했다. 그러면서 생명의 신비가 아직도 밝혀지지 않고 있는 것은, 아무도 그것을 원자핵의 개념으로 풀려는 사람이 없기 때문일 거라고 덧붙였다. 오랫동안 생명은 주로 화학적인 것이거나 분자적인 현상이라고 여겨져 왔다. 그러나 생명의 뿌리는 아마 그보다 훨씬 더 깊은, 원자물리학의 지하 제일 밑바닥 층 같은 곳에 있지 않을까 싶다.

바랑제의 발견들의 실제적인 의의는 매우 크다 할 수 있겠다. 한 예를 들자면, 어떤 종류의 식물은 다른 종류의 식물이 자라는 데 유용한 원소들을 토양으로부터 끌어다줄 수 있다는 것인데, 이것은 불모지를 되살릴 수 있는 방법이라고 알려져 온, 휴경이나 윤작, 혼작, 비료, 또는 프렌드 사익스가 윌트셔의 농지에서 실제 경작을 통해 발견한 퇴비를 주는 일 등에 관한 기존의 사고방식에 수정을 가하게 하는 것이다. 나아가 이로써 바랑제도 이야기했듯이, 식물들이 공업적으로 매우 중요한 희소 원소들을 만들어낼 수 있다는 생각을 억제할 이유가 없어진 것이다. 우리가 상온常溫에서는 합성해 낼 수 없는 알칼로이드[6]나 기타 무수한 생성물을 식물로부터는 손쉽게 추출해 낼 수 있다. 그와 마찬가지로 식물은 우리 인간이 고에너지의 입자 활동에 힘입어 실험실에서나 할 수 있는 아원자의 변환의 실례를 보여주고 있다.

도시의 대학에서 교수직을 맡고 있었음에도 불구하고, 줄곧 농토와 관계를 유지해 왔던 케르브랑은, 농업 전문가들에게는 이미 오래 전부터 알려져 왔던 지구 자연의 또 다른 현상에 매료되기 시작했다. 그는, 1960년에 프랑스에서 출판된 디디에 베르트랑Didier Bertrand의 《마그네슘과 생명 Magnesium and Life》이라는 책에서, 밀, 옥수수, 감자, 그리고 기타 다른 작물들을 수확할 때마다 그것들이 자라는 동안에 사용되었던 토양 속의 여러 원소들도 함께 빠져 나오게 된다는 대목을 읽게 되었다. 베르트랑은 그 책에서, 처녀 경작지에는 헥타르당 약 30~120킬로그램 정도로 함유되어 있던 마그네슘을 이 지구상의 경작지 대부분이 오랜 기간에 걸쳐 경작하는 동안 다 써 버렸다고 강조했다. 하지만 실제는 그와 달랐다. 이집트, 중국, 그리고 이탈리아의 포 벨리 같은 세계의 여러 경작지들은 수천 년간에 걸친 작물의 수확으로 말미암아 엄청난 양의 마그네슘을 써 버렸을 텐데도 불구하고 여전히 비옥함을 유지하고 있는 것이다. 그것은 칼슘을 마그네슘으로, 혹은 질소를 탄소로 바꾸는 식으로 원소 주기율표를 거스르는 식물의 능력에 의해, 다시 말해서 토양 스스로 필요로 하는 성분들을 복구시켜 왔기 때문일 거라고 케르브랑은 생각했다.

케르브랑은 1962년에 켈트인풍의 솔직 담백한 태도로 《생물학적 원소 변환 Biological Transmutations》이라는 책을 펴냈는데, 그것은 생명체에 관한 새로운 전망을 제시하는 그의 일련의 책들 중 첫째 권이었다. 이 책은 화학 제품에만 의존하여 농업을 꾸려 나가는 사람들은 조만간 타격을 입

---

[6] 식물체 속에 들어 있는, 질소가 함유된 복잡한 염기성 화합물의 통칭. 독이 있으며 특수한 약리 작용을 지님. 식물 염기.

게 될 것이며, 또 화학적으로 합성해 낸 음식에 의존하여 영양을 취하는 사람이나 동물들은 결코 오래 살지 못한다는 것을 여러 사실들을 들어 분명하게 밝히고 있다. 또한 케르브랑은 화학 반응에만 국한한다면, 라부아지에의 법칙이 옳다고 폭넓은 수용의 자세를 보였다. 그러나 그는, 과학계가 생명체에서 일어나는 모든 반응은 화학적인 것이며, 따라서 생명은 화학적 관점으로만 해석될 수 있다고 주장하는 것은 잘못된 것이라고 주장했다. 즉, 그는 물질의 생물학적 특질은 화학적 분석만으로는 충분히 설명될 수 없는 것임을 시사하고 있는 것이다.

케르브랑은 자신이 그 책을 쓰게 된 주목적 중의 하나는, "물질이 현재 상태의 화학과 핵물리학의 범주에 들지 않는 성질을 가지고 있음을 보여주기 위한 것이다. 다시 말해서, 여기서는 화학 법칙을 시비하자는 게 아니다. 수많은 화학자와 생화학자들이 범했던 실수는, 화학 법칙이 반드시 적용되는 것은 아닌 분야를 놓고 증명될 수도 없는 주장으로 기어이 화학 법칙을 적용하고자 하는 데 있다. 설사 최종적인 결론이 화학적인 형태로 나타난다고 하더라도, 그것은 단지 원소 변환이라는 감지되지 않은 현상의 결과일 뿐이다."라고 밝혔다.

루돌프 하우슈카는 《물질의 본성 *The Nature of Substance*》이라는 그의 명저에서, 케르브랑과 헤르첼레의 생각을 보다 깊이 파고들어, 생명이란 원소 결합의 결과가 아니라, 원소에 우선하는 그 무엇이기 때문에 생명을 화학적 개념으로 해석할 수는 없다고 했다. 하우슈카는, 물질은 생명의 침전물이라고 하면서 다음과 같이 묻고 있다. "생명은 물질이 생겨나기 훨씬 이전부터 존재해 왔으며, 선재적先在的인 영적 세계의 산물이라고 생각하는 것이 보다 사리에 맞지 않겠는가?"

루돌프 슈타이너의 '영적 과학'에 동조를 표하는 하우슈카는, 우리가 알고 있는 원소들이란 생명 형태의 죽은 몸뚱이이자 찌꺼기에 불과하다는 생각으로 자신의 연구에 대한 접근 방법을 모색해 나가고 있다. 화학자들은 식물에서 산소, 수소, 탄소 같은 것을 추출해 낼 수 있을는지는 모른다. 그러나 이 원소들이나 아니면 다른 그 어떤 원소들을 조합한다 하더라도 결코 식물을 만들어낼 수는 없다. 하우슈카는 이렇게 말한다. "살아 있는 것이 죽을 수는 있다. 그러나 죽은 채로 창조되는 것은 아무것도 없다."

헤르첼레의 많은 실험들을 직접 재현해 본 하우슈카는, 식물은 비물질적인 영역으로부터 물질을 끌어낼 수 있을 뿐만 아니라, 한번 더 에테르화 etherealize시켜 비물질화시킬 수도 있으며, 물질의 출현과 소멸은 일정한 주기를 따라 이루어지는데, 간혹 달의 위상 변화와도 관계가 있다는 것을 발견했다.

한편 파리에서는, 활달하고 원만한 성격의 케르브랑—70세의 나이에도 불구하고 세세한 것까지 기억해 내는 비범한 기억력을 소유한—이 다음과 같은 주장을 펴고 있었다. 즉, 발아 과정에는 아마도 그 씨앗 안의 물질을 변화시킴으로써 효소들을 합성해 내는 강력한 에너지가 작용한다는 것이다. 그는 또 실험들을 통해서, 식물의 발아에는 다른 식물학자들이 오직 열과 수분만이 필요하다고 이제까지 주장해 왔던 것과는 달리, 그것 외에도 달의 힘 또한 대단히 중요한 몫을 차지한다는 것을 확신하게 되었다.

"단지 우리가 모른다는 이유만으로 어떤 것의 존재를 부정할 수는 없습니다. 오스트리아의 위대한 자연과학자이자 투시능력자인 루돌프 슈타이너가 우주의 에테르적인 힘이라고 칭했던 모종의 에너지가 존재한다는 것은, 봄에 싹을 틔우는 어떤 종류의 식물들이 다른 계절에는 아무리 온도와 물을 맞추어 주어도 싹이 틀 기미를 전혀 보이지 않는다는 것만으로도 잘 알 수 있습니다. 또 낮의 길이가 길어졌을 때라야만 싹을 틔우는 어떤 종류의 밀 역시, 아무리 인공적으로 낮을 늘려 놓는다 하더라도 싹을 틔우지는 않습니다."

케르브랑은 또, 우리는 물질이 진정 무엇인지 알지 못한다고 말한다. "우리는 양성자나 전자가 무엇으로 이루어졌는지 알지 못한다. 그러면서도 이 단어들이 쓰여지고 있는 것은 단지 우리의 무지를 은폐하기 위해서이다." 그는 원자핵의 내부에는 전혀 예상치 못하는 성질의 힘과 에너지가 존재할는지도 모른다는 생각을 제시했다. 그러면서 자신이 밝히고자 애쓰는, 적은 에너지를 통한 원소의 변환을 설명해 줄 물리 법칙은, 강력한 상호 작용에 기반을 둔 고전적 핵물리학의 가설에 있는 것이 아니라, 에너지 불변의 법칙이 통하지 않고, 에너지와 질량의 등가성조차 존재하지 않는, 극히 미약한 상호 작용의 영역에서 찾을 수 있을 것이라고 말했다.

케르브랑은 물리학자들이 비활성 물질에나 적용되는 물리법칙이 생명체에도 똑같이 적용된다고 주장함으로써 오류를 범하고 있다고 말한다. 예를 들자면, 많은 물리학자들은 생물체가 물질을 생성하는 힘인 네거티브 엔트로피[7]는 존재할 수 없다고 주장하고 있다. 그것은, 카르노Nicolas Léonard S. Carnot[8]와 클라우지우스Rudolf J. E. Clausius[9]가 에너지 붕괴에 관한 이론으로 확립한 열역학 제2법칙, 즉 물질의 자연 상태에서는 포지티브의 엔트로피만 존재하며, 모든 만물은 일방적으로 열을 잃기만 할 뿐 받아들이지 않기 때문에 점차 무질서하게 혼돈된 양상을 보인다고 한 법칙에 근거를 둔 것이었다.[10]

한편, 빌헬름 라이히는 이러한 물리학자들의 주장과 정반대되는 견해를

7—열량과 온도에 관계되는 물질계의 상태를 나타내는 열역학적 양의 하나. 물리적 과정, 특히 에너지 변환 과정의 비가역성 정도를 나타내는 물리적 양을 가리킨다. 클라우지우스는 이것을 열역학에 도입하여 열역학 제2법칙을 정식화했다. 이 법칙에 따르면, 열은 언제나 뜨거운 물체에서 차가운 물체로만 전달될 수 있으며, 그 반대로는 전달될 수 없다. 즉, 온도의 차이는 언제나 평균치를 달성하는 방향으로 비가역적으로 변화한다는 것이다. 주목해야 할 것은, 엔트로피의 법칙이 결코 보편적인 타당성을 갖지는 않는다는 것이다. 이것은 확률적인 법칙으로서, 엔트로피가 증가하는 과정들의 수가 엔트로피가 감소하는 과정들의 수를 평균적으로 능가한다는 것을 말해 주고 있다.

8—프랑스의 물리학자(1796~1832). '카르노 주기'를 발표하여 열역학의 바탕을 마련하였다.

9—독일의 물리학자(1822~1888). 엔트로피의 개념을 창안하여 열역학과 기체 분자 운동에 관한 이론에 기여했다.

10—열역학 제2법칙은 '고립된' 유한계에서만 적용되므로 생명 현상은 제2법칙에 어긋나지 않는다. 그러나 '어떻게' 질서가 형성되는지는 현시점에서 설명이 불가능하다. 고전적 열역학은 '평형계'만을 주로 다루는 것이기 때문에 생명 현상에 직접 적용할 수는 없다. 질량 보존의 법칙(보다 정확히 말해서 질량-에너지 보존의 법칙)은 원소의 교환과 직접 모순되지는 않는다. 현재의 관점에서 보면 화학 변화는 전자간의 교환 반응이고, '핵'은 변화되지 않기 때문에 —이것이 '화학 반응'의 원자물리학적 '정의'라고 할 수 있다—생명 현상을 위에서 정의한 화학 변화라고 가정해야만 원소 변화가 불가능하다는 과학적 결론을 내릴 수 있다. 상온에서의, 다시 말해서 저에너지를 통한 핵의 변환이 과학적으로 가능한지의 여부는 아직 모른다. 최근의 핵반응 논쟁에서 알 수 있듯이, 알려진 에너지의 (알려지지 않은) 물질화 과정이나 미지의 에너지의 물질화 가능성은 질량 보존의 법칙에는 어긋나지만 질량-에너지 보존의 법칙에는 어긋나지 않는다. 실제로 원자물리학에서 물질의 소멸과 창조의 과정이 관찰, 설명되고 있기는 하나 문제는 상온(저에너지)에서의 물질 창조와 소멸 과정이 가능한가 하는 것이다. 이 문제는 물리학적으로 아직 해명되지 않고 있다.

입증하기 위해, 자신이 '오르곤'이라고 이름붙인 에너지를 모으기 위한 축적상자를 만들었는데, 그 결과, 그 상자의 맨 위쪽의 내부 온도가 계속 상승함으로써 열역학 제2법칙을 무색하게 만들었다. 라이히가 프린스턴에 있는 앨버트 아인슈타인의 집으로 찾아가 그 현상을 재현해 보이자, 아인슈타인이 그것을 확인했음에도 불구하고—그 이유는 설명할 수 없었어도—라이히는 결국 정신이 돈 사람으로 취급받고 말았다.

라이히는 적당한 조건이 주어졌을 때 질량이 없는 이 오르곤 에너지로부터 물질이 생겨나는데, 이 조건이란 드문 것도, 별스러운 것도 아니라고 주장했다. 이 모든 새로운 견해들은, 생물체 안에는 라부아지에의 고전적 분자 화학보다 더 근본적인, 즉 원자핵들의 구성 요소인 핵자核子[11]의 결합과 분리와 관련이 있는 핵화학이 존재한다는 것을 시사하고 있다. 분자가 화합할 때는 열에너지가 발생한다. 그리고 핵의 융합이나 핵의 분열에서는 수소폭탄이나 원자폭탄에서 볼 수 있듯이 그보다 훨씬 더 강력한 에너지가 더해지게 된다. 그런데 이 엄청난 에너지가 어째서 생물학적인 변환 과정에서는 발생되지 않는가 하는 것은 아직도 풀리지 않은 채 남아 있다.

〈과학과 생명〉지는, 핵폭탄이나 핵융합로, 그리고 별 등에서 플라스마 형태의 핵반응이 일어난다면, 이와는 전혀 다른 형태의 핵반응도 틀림없이 존재할 것이라고 가정하면서, 그것은 바로 생명체가 활용하고 있는 방법일 것이라고 했다. 그러면서 이 잡지는 다이너마이트나 비밀번호 열쇠라야 열릴 수 있는 금고를 비유로 들었다. 그리고 원자핵은 무턱대고 열려고 들면 대단히 견고하지만, 비밀번호를 알고 능숙하게 다루면 부드럽게 열리게 될 거라는 것이었다. 생기론자들이 그토록 오랫동안 의문시해 왔던 생명의 비밀은, 비밀번호를 알아야 열리는 자물쇠만큼이나 비밀스러운 것이다. 생물과 무생물 사이의 간극은 이 핵 자물쇠를 얼마나 능숙하게 다룰 수 있느냐로 드러나게 될 것이다. 그 자물쇠를 여는 데 있어서, 인간은 다이너마이트를 사용하는 데 반해 식물이나 다른 생명체들은 비밀번호를 알고 있는 듯하다.

11—양성자와 중성자의 총칭.

케르브랑은 또 미생물들이 모래를 비옥한 토양으로 만들 수 있는가에 대해 연구하고 있다. 그는 "요컨대, 부식토란 오늘날에 있어서는 유기체에서 비롯되는 것이지만, 이 지구상에는 한때 유기체라는 것이 전혀 없었던 시대도 있었다."라고 주장한다.

이것은 라이히 박사가 현미경상으로는 살아 있는 것이 아니지만 '생명 에너지를 운반하는' 활기를 띤 소포小胞 혹은 '생명자bions'를 관찰한 것 같다고 한 주장과 같은 맥락의 문제이다. 라이히는 모든 물질, 심지어 모래까지도 충분히 높은 온도하에서 팽창하게 되면, 소포가 붕괴, 통합되기 시작하여 나중에는 박테리아로 발전할 수 있게 된다고 썼다.

프랑스의 한 저명한 교수였다가 현재는 연금술사로의 길을 걷고자 교직에서 은퇴한 케르브랑은 이렇게 묻고 있다. "질소 원자와 산소 원자의 결합과 같이 단순한 화학적 반응이, 어째서 시험관 안에서는 대단히 높은 온도와 압력이 있어야만 가능한 것일까? 살아 있는 유기체들은 상온에서 그와 똑같은 일을 할 수 있는데 말이다." 그러면서 그는 효소라고 알려진 생물학적 촉매가 그 과정에 관여할 거라고 생각했다.

1973년에 유명한 국립 고등 공업화학 전문학교 학생들에 의해 발간된 그들의 연보 〈연금술, 꿈인가, 실재인가?〉에서 케르브랑은, 미생물들은 효소의 응축물이라고 밝혔다. 원자를 변환시키는 미생물들의 능력은 고전적 화학에서 말하는 것처럼 다른 원자와의 결합을 위해 주변의 전자들을 붙들어 두는 것뿐만 아니라, 원자의 핵을 근본적으로 변화시키는 데에도 간여할 수 있다는 것이다.

대부분의 원소 변환은 주기표상의 처음 20개 원소의 범위 내에서 일어나는 것으로 관찰되고 있다. 그리고 이때에는 항상 산소와 수소가 필요한 것으로 보여진다. 예를 들자면, 칼륨은 수소 양성자 하나가 덧붙음으로써 칼슘으로 변환하게 되는 것이다.

케르브랑은 자신이 설명하는 현상들과, 자신이 제시하는 자료들이 화학자들의 화를 돋구게 될 거라고 내다보았다. 왜냐하면 그것은, 화학의 핵심을 이루는 내용인 원자의 주변층을 이루는 전자의 치환과 화학적인 분자의 결합과 관계되는 것이 아니라, 생물체 내의 효소 활동에 의해 야기되는 원자의 구조적 배열의 변경과 관계되는 것이기 때문이었다. 이러한 현상이 원자핵 내에서 발생하는 까닭에, 이제까지의 화학과는 다른 새로운 과학이 대두되게 되는 것이다. 처음 보기에는 낯설지 모르지만, 이 새로운 과학의 언어들은 너무도 간단하여 보통 수준의 고등학생들도 쉽게 이해할 수 있는 것이다. 만약 $_{11}Na$라고 쓰는 11개의 양성자를 가진 나트륨 원자와, $_8O$라고 쓰는 8개의 양성자를 가진 산소 원자를 합하면 19개의 양성자가 얻어지는데, 이 19라는 양성자의 수는 $_{19}K$라고 쓰는 칼륨 원자 속에 존재한다는 것이다.

이 논법에 따른다면, 칼슘(Ca)은 칼륨(K)에 수소(H)가 작용하여, 즉 $_1H+_{19}K=_{20}Ca$라는 공식에 따라 얻어진다는 것이다. 또 마그네슘에 산소가 작용하여 칼슘이 얻어지는 것은 $_{12}Mg+_8O=_{20}Ca$으로 나타낼 수 있다. 예를 하나 더 들자면, 규소에 산소가 작용하여 칼슘이 얻어지는 것은 $_{14}Si+_6C=_{20}Ca$으로 나타낼 수 있다.

케르브랑에 의하면, 자연에 있어서의 원자 파괴는 생물의 생명에 의해 이루어지는 것이며, 따라서 미생물은 토양의 균형을 유지한다는 점에 있어서 자연의 가장 중요한 동인이 된다는 것이다.

케르브랑은, 원소의 변환 중에는 생물학적으로 유익한 것도 있지만, 반면에 위험한 것도 있다고 보고 있다. 이 유해한 변환은 생물에게 해를 끼칠 수 있으므로, 토양에 있어서의 양분 부족이라는 문제는 전면적으로 재검토되어야 할 것이다. 질소, 인, 칼륨 비료를 무절제하게 사용하는 것은, 식물 내의 원소―식물의 건강을 위한 영양소에 필요한 원소―의 함유량을 바꿔 놓을 수 있다. 케르브랑은 이 문제를 다루면서, 자신의 생물학적 원소 변환론에 대해 전혀 알지 못하는 한 미국인 연구자의 연구를 인용하고 있다. 그 미국인은 칼륨을 지나치게 많이 함유한 잡종 옥수수는 몰리브덴의 함유량이 상대적으로 떨어지는 것을 발견했었다. 케르브랑은 그러한 사실을 인용한 후, 이렇게 묻고 있다. "식물에게 있어서 그 두 원소의 최적량은 어느 정도일까? 이 문제에 관해서는 아직껏 연구된 바 없는 듯하며, 그리고 대답이 나온다 하더라도 여러 가지가 될 것이다. 왜냐하면 그 원소들의 가치, 즉 그 식물에게 있어서의 최적량은 비단 種種의 차이뿐만 아니라, 같은 종이라도 개체에 따라 각기 다양하게 차이가 나기 때문이다."

케르브랑은 농업 종사자들이 더이상 화학 칼륨 비료를 사용하지 않는다 하더라도, 미생물이 칼슘을 칼륨으로 바꿀 수 있기 때문에 별 다른 재해가 발생하지 않을 거라고 말하고 있다. 페니실린에 사용되는 효모와 곰팡이 따위가 이미 산업적인 규모로 생산되고 있는 마당에, 어째서 공장 규모로 원소 변환용 미생물을 배양하지 않는 것일까? 사실 1960년대 후반에 이미 하워드 원Howard Worne 박사는 뉴저지의 체리힐에 효소 회사를 설립했었다. 이곳에서는 스트론튬strontium 90[12]으로 충격을 가해 돌연변이시킨 미생물을 통해 효소를 생산해 내는 방법을 쓰고 있다. 이 효소들은 미생물들로 하여금 한 원소를 섭취하여 새로운 것을 뱉아 내게끔 함으로써, 쓸모 없는 탄소를 유용한 탄소로 바꿔 놓게 한다. 원 박사는 현재 뉴멕시코에서 미생물을 이용하여 부엌 쓰레기장이나 가축의 방목장에서 나온 고체 쓰레기들을, 배양토가 부족한 서북쪽 주州들에 필요한 퇴비나 동북쪽 주들에 필요한 메탄가스로 바꾸는 작업을 하고 있다.

생물학적 원자 변환의 현상에 대한 이해는, 아직 전세계 대부분의 농학자들에게 널리 인식되지 못한 실정이다. 그러나 생물학적 상황하에서 화학에 의존하는 것은 반드시 그 대가를 지불하게 되리라는 것을 일부 생물학적 농법 주창자들은 벌써부터 예견해 온 것으로 보인다. 케르브랑은 고전 화학에만 의존하여 집약적이고 토지를 혹사하는 방법으로 농경을 한다면 반드시 실패를 본다고 역설하고 있다. 일리노이 주의 옥수수 재배에서처럼, 두드러진 수확량의 증가는 어느 기간 동안에만 그칠 뿐이다.

케르브랑은 수없이 많은 지역들이, 과수확으로 말미암아 경작 능력을 상실한 미국에서의 경우처럼 그렇게 지력이 남용된 것은 아닐지라도, 화학 비료의 사용을 보다 제한하고 있는 유럽 같은 곳에서조차 질병에 대한 식물의 저항력이 현저히 떨어지고 있다고 지적하고 있다. 이러한 병충해의 증가는 토양이 생물학적 균형을 잃은 결과에 지나지 않는다는 것이다.

케르브랑은 또 이렇게 쓰고 있다. "생물학과 화학은 서로 일치한다는 도

12—스트론튬의 인공 방사성 동위원소의 하나. 인체에 유해하다.

그마에 집착하고 있는 고전적 토양 과학자와 농경학자들로서는, 식물 내의 모든 것이 그대로 다 토양 속으로 들어가는 것은 아니라는 것을 상상도 하지 못할 것이다. 그들은 농부들에게 조언을 해줄 만한 사람이 못 된다. 농부들은 오랫동안 화학 농법과 생물학적 농법에 관해 연구해 오면서 그 차이를 인식하고 있는 진보적이고 현명한 농경학자들의 지도를 받아야 한다. 그리고 고전적인 성향의 학자들은 이제 스스로를 전환시켜, 이 책에서 설명한 몇 가지의 실험들을 직접 실행해 봐야 할 것이다. 그래서 그들이 만약 농부들에 대해 양심의 가책을 느끼게 된다면, 자신들의 지난 과오를 인정할 것이다. 아니, 그렇게까지 많이 바라지는 않는다. 그저 행동에 옮겨 주기만 바랄 뿐이다."

그러면서 케르브랑은, 영국의 위대한 천체물리학자 프레드 호일Fred Hoyle이 거의 4반 세기 동안이나 활용해 온 '정상定常 우주론'[13]—이 이론은 그에게 명성을 안겨 주었었다—을 스스로 포기했음을 지적했다. 호일은, 오늘날의 물리학이 잘못된 길을 걸어왔다는 게 미래의 연구가들에 의해 확인된다면, 이제까지의 물질의 성질이나 화학의 법칙 같은 것은 완전히 바뀌게 될 것임을 스스로 깨달았던 것이다.

케르브랑은 토양에서 일어나는 생물학적 원자 변환에 관한 자신의 생각과 일치하는 기사를 영국 토양 협회의 회보 등과 같은 곳에서도 찾아볼 수 있었다. 영국 토양 협회와 유사한 성격의 '자연과 진보'라는 프랑스의 한 단체의 회보에는 어떤 연구자의 실험 연구가 소개되어 있었다. 그 실험은 동일한 토양을 둘로 나누어, 한쪽에는 인이 포함돼 있지 않은 발효 퇴비를, 그리고 다른 한쪽에는 인이 풍부한 농가의 거름을 섞은 뒤, 1년간 매달 그 토양들을 비교, 분석해 보는 것이었다. 1년 후, 첫번째의 토양 표본에서는 314밀리그램의 인이 검출되었고, 두번째 것에서는 205밀리그램의 인이 검출되었다. 그 결과를 놓고 그 연구자는 다음과 같은 결론을 내리고 있었다.

13—어느 시점, 어느 지점에서 보아도 우주의 모양이나 상태는 똑같다는 이론. 호일은 우주의 팽창이라는 관측된 사실과 이 이론을 부합시키기 위해 빈 우주 공간에서 일정량의 새로운 물질 창조가 일어난다고 가정했다. 따라서 호일의 정상 우주론을 '연속창조설'이라고 부르기도 한다.

"그 결과, 첫번째 토양에서 인이 더 많이 검출된 것은, 외부로부터 그 원소를 공급받아서가 아니라 살아 있는 흙이 만들어낸 기적 때문이다."

배리 커머너 박사가 화학 비료를 사용하는 사람은 그것에 예속된다고 주장했던 것처럼, 케르브랑은 그와 똑같은 현상이 식물에게서도 일어난다고 했다. 그는 식물에게 화학 비료를 주는 것은, 단지 일시적으로 수확량을 늘리기 위해 약물을 투여하는 것과 마찬가지라는 것이다. 그러면서 그것은 인간이 식욕 증진용 전채前菜만을 먹고 식사를 하지 않는 것과 같다고 했다.

전자의 파동성을 예언한 공로로 노벨상을 수상한 루이 빅토르 드 브로이Louis-Victor de Broglie는 "19세기나 20세기의 대단히 불충분한 물리화학적 개념으로 생명의 과정을 평가하려 든다는 것은 너무 성급한 처사가 아닐 수 없다."고 말한 바 있다. 케르브랑은 영어판 자신의 저서 서문에다 그 발언을 인용하면서 이렇게 덧붙였다. "의지나 성격의 강도인 '정신 에너지'가 오늘날의 물리학에서 어느 부문에 해당되는지를 말할 수 있는 사람이 누가 있을까? 인간의 기억을 정보에, 그리고 네거티브 엔트로피를 사이버네틱스—또는 화학이라고 할까?—에 각기 관련시킬 수는 있다. 그러나 그 무엇도, 언젠가는 지성 자체가 물리 법칙이나 화학 법칙으로 설명되어질 수 있다고 말할 수 없다."

지질학자인 장 롱바르Jean Lombard는, 1963년에 발간된 케르브랑의 두번째 저서인《자연의 원소 변환 Natural Transmutations》이라는 책의 서문에서, 케르브랑이 지질학 이론의 혼란까지도 해명할 수 있는 광범위한 영역을 개척했다고 썼다. 그는 또 이러한 말도 썼다. "새로운 제안을 기꺼이 받아들일 자세가 갖춰진 진지한 과학인들은 때때로, 과학 발전에 있어서 가장 큰 장애물은 학자들의 기억력이 나쁘다는 것이 아닐까 하고 자문한다. 그래서 그들은, 과거에 자기네 선배들이 화형에 처해지는 것을 무릅쓰고서도, 지금은 아주 중요한 진리가 된 새로운 '해석'을 제시했었던 것을 학자들에게 환기시키곤 한다. 만일 과학의 개척자들을 아직도 화형에 처해야 한다면, 나는 루이 케르브랑의 입장에 동정을 표하지 않을 수 없다."

파리 대학의 과학과 교수인 르네 퓌롱Réne Furon은 1964년에 출간된 루이 케르브랑의 세번째 책 《저에너지의 원소 변환 *Low Energy Transmutations*》을 읽고 서평에 다음과 같이 썼다. "이 책은 앞서 발간된 두 권의 책에 대한 이론이 완결되어 있다. 이제 자연이 칼슘을 마그네슘으로 바꾸고—어떤 경우에는 이와 반대되는 현상도 나타난다— 나트륨을 칼륨으로 바꾼다는 사실을, 그리고 일산화탄소를 흡입하지 않고서도 일산화탄소에 중독될 수 있다는 사실을 더이상 부인할 수는 없다."

케르브랑의 연구가 프랑스 외의 나라에서 처음으로 진지하게 수용된 것은, 서양이 아닌 일본의 과학자들에 의해서였다. 케르브랑의 《생물학적 원소 변환》의 일어 번역본을 읽은 일본의 과학 교수 히사토키 코마키 小牧久時는 이 케르브랑의 발견을 고대 동양의 우주관에 결부시켜 생각했다. 그리고 그는 케르브랑에게, 양의 원소인 나트륨을 음의 원소인 칼륨으로 변환시킨다는 것은 광범위하게 파급 효과를 미칠 중요한 발견으로서, 특히 칼륨의 매장량이 부족한 대신, 바다 소금이 남아돌 만큼 많이 생산되는 일본 같은 곳에서는 더욱 그러하다는 내용의 편지를 보냈다.

고마키는 대학 교수직을 사퇴하고, 마쓰시타 전자회사로 들어가 그 회사 생물학 연구소의 소장이 되었다. 그리고 그 소식을 케르브랑에게 알리면서, 앞으로 자신은 나트륨과 칼륨의 변환 현상을 확인해 보고, 그 일에 흥미를 느끼는 협력자로서 그것을 산업적인 규모로 시행해 보겠다고 했다. 고마키는 연구를 통해 몇 가지 사실을 확인할 수 있었다. 그것은 각 두 종류의 곰팡이와 효모를 포함한 미생물들과 어떤 종류의 박테리아가 나트륨을 칼륨으로 변환시킬 수 있다는 것과, 배양균에다 소량의 칼륨을 넣어 주면 박테리아 자신의 산출력이 엄청나게 증가된다는 것이었다. 고마키는 양조용 효모로 만든 제품을 시장에 내놓았다. 그것은 퇴비에 섞으면 퇴비의 칼륨 함유량이 증가되는 것이었다. 이것이 루돌프 슈타이너가 고안하여 에렌프리트 파이퍼에 의해 개발된 생물역학적 분무액과 어떤 연관이 있는지는 확인해 보아야 할 숙제로 남아 있다.

케르브랑의 연구는 또한 소련에서도 중요한 관심 거리로 주목되고 있다. 동물의 방사선에 대한 감수성과 지구 자기장과의 관계를 연구하고 있던, 소련 과학 아카데미의 지구 물리학 연구소의 두브로프 A. P. Dubrov

교수는, 1971년 말에 케르브랑에게 편지를 보내, 지구의 자기장 자체가 생물학적 원자 변환에 중요한 역할을 할 수 있으며, 생물의 자세가 남북 방향으로 향하고 있느냐에 따라 원자의 변환이 영향을 받게 될 거라는 자신의 견해를 피력했다.

1971년에 소비에트 연방인 아르메니아 공화국의 수도 예레반에서 《자연의 원소 변환에 관한 문제들 Problems of transmutations》이라는 책이 한정본으로 출판되었다. 그 책의 편집자인 네이만V. B. Neiman은 책머리의 〈자연의 원소 변환—현재의 문제와 앞으로의 연구 과제〉라는 제목의 글에서, 엔트로피와 네거티브 엔트로피에 관한 기본적인 문제들은 이제 재고되어야 한다고 썼다. 그러면서 지구상의 모든 원소들의 다양성은 생물의 변환 현상과 유사한 과정을 밟는 일련의 핵 변환에 의한 것이라고 주장했다.

네이만은 또 레닌의 저서인 《유물론과 경험비판론 Materialism and Empirocriticism》에서 대단히 의미 있는 구절을 인용하였다. 그것은 소비에트 연방의 아버지가 자신의 유물론 철학에, 골수 공산주의적 실용주의자들보다는 오히려 생기론자들이나 신비론자들의 구미에 맞을 개념을 통합하려 했음을 증명하는 것이다. 인용된 레닌의 말은 다음과 같다. "상식적으로 보았을 때는 불가사의해 보일지 몰라도, 무게가 없는 에테르가 무게가 있는 물질로 바뀐다는 것은 유물변증법의 보다 심화된 확증이라고 볼 수 있다."

네이만이 편집한 그 논문집에서, 코롤코프P. A. Korolkov는 〈광물질과 암석의 자발적인 변환〉라는 논문을 통해, 규소가 어떻게 알루미늄으로 변환하는가를 설명했다. 1972년 7월에, 우랄, 시베리아, 카자흐스탄, 극동 소비에트 지방의 크롬 퇴적물을 연구하는 사람들의 회의가 열렸다. 그 자리에서 코롤코프는 "크롬 철광과 그와 관련된 광석의 발생에 대한 전통적인 지질학적 견해는 이 회의에 제출된 새로운 자료와 일치하지 않는다."라고 결론을 지었다.

코롤코프는 이렇게 쓰고 있다. "문제는 우리가 과학기술 혁명의 증인이자 참여자라는 사실이다. 다시 말해서 우리는 물려받은 자연과학의 사소한

곁가지뿐만 아니라 그 근본까지 급격하게 변화하고 있는 시대에 살고 있다는 것이다. 그 어떤 화학 원소라도 자연 상태하에서 다른 것으로 변환될 수 있다는 것을 깨달을 때가 왔다. 그리고 이러한 사실은 결코 나 혼자만의 주장이 아니다. 나는 나와 같은 생각을 하는 사람을 소련에서만도 십수 명이나 알고 있다."

만약 소련의 과학자들이 물질에 대해 완전히 새로운 견해를 가지게 되었더라면─그리고 에테르 자체에 의해 물질이 만들어질 수 있다고 설파한 레닌의 말을 인용하게 되었더라면─인류의 미래를 지키기 위해서도 반드시 필요한 생태학적인 혁명은(제2차 세계대전 직후 페어필드 오스본 Fairfield Osborn이 쓴 《수탈당한 지구 Our Plundered Planet》라는 책을 통해 미국에서도 탄원되었던) 자신들의 개인적인 번영이 종말을 고하게 될까 봐 염려하는 무리들이 있음에도 불구하고 당당히 한 자리를 차지하게 될 가능성이 있다.

국제 응용 영양 대학에서 사용하기 위한 케르브랑의 미국판 저서에 대한 서평을 쓴 마이클 월잭Michael Walczak은 캘리포니아 주 스튜디오 시에서 개업한 내과의로서, 그는 케르브랑의 연구에 관해 다음과 같이 평했다. "그의 연구는, 음식의 구성 원소들로 충족된다고 보았던 영양에 대한 우리들의 생각과, 그 원소들이 우리 신체의 생리학적, 생화학적 경로에 어떻게 작용하는가에 대한 우리의 이해와는 완전히 다른 접근 방법을 제시하고 있다. 즉, 영양학이라는 개념을 부족한 원소를 보충하기 위한 것이라고만 파악해 왔던 우리의 견해가, 문제점이 있는 정도가 아니라 심각한 오류였다는 것까지 증명하고 있는 것이다."

간단한 화학조차 익히지 못한 많은 영양학자들은 사람들에게, 인체 내에 가장 많이 함유된 성분이라며 칼슘을 쓸데없이 엄청나게 섭취하라고 권하고 있다. 이제는 체내의 신진대사와 영양 작용에 대해서만 연구하고 있는 월잭은, 자신이 직접 조사해 본 결과, 식이요법을 쓰고 있는 그의 환자들 중 80퍼센트 가량이 칼슘이 지나치게 많은 반면에 다른 무기질은 거의 발견되지 않았다고 보고하고 있다. 월잭은 토양이나 식품에 미세 원소들이 부족하면 그것은 곧 인체 내의 효소 활동의 불균형을 초래하게 된다고 주장한다.

 그러면서 윌잭은 자신이 '생명의 열쇠'라고 부른 효소, 호르몬, 비타민, 무기질 등을 적정량으로 투여함으로써 환자들의 질병을 억제하고, 또 많은 퇴행성 질환을 치료하고 있다고 말했다. 그는 중세의 연금술사들이 그토록 오랜 세월 동안 납으로부터 '황금'을 얻기 위해 애썼던 비술秘術이, 이제 건강과 장수를 얻기 위한 것으로 훌륭하게 전화되고 있다고 결론을 지었다.

 윌잭의 그러한 견해는 파사디나 근처에 사는 한 영양학자 리처드 바머키언Richard Barmakian에 의해 지지를 받고 있다. 바머키언은 케르브랑의 저서를 미국에서 펴낸 출판사에 "《생물학적 원소 변환》은 과학적인 면으로 보나, 다른 그 어떤 면으로 보나 금세기 들어 가장 중요한 역작임이 증명될 것이다."라는 내용의 편지를 보냈다. 그 책을 읽은 즉시 그에게 떠오른 생각은, 오늘날 전세계의 짐짓 문명국인 척하는 나라, 특히 미국에서 만연하고 있는 칼슘의 신진대사 부족이나 그 기형 현상이라는 문제를 자신이 속속들이 파헤쳐야겠다는 것이었다.

 그러한 생각들은, 이제는 J. I. 로데일의 아들인 로버트 로데일Robert Rodale에 의해 발간되고 있는 〈유기원예와 유기농법〉이라는 잡지에서 되새겨지고 있다. 이 잡지는 오늘날 토양을 화학적으로 다루는 것은 절대 잘못이며, 그 때문에 전세계의 토질이 급속하게 황폐해지고 있다고 주장한다. "생명 과정에 관한 이해와 그에 따른 유기농법의 필요성을 널리 인식시키는 것은 과학계에 크나큰 놀라움을 가져다 줄 것이라고 확신한다." 〈미국의 토지〉 발행인이자 경제학자인 찰스 월터스 2세도 같은 견해를 표명하고 있다. "루이 케르브랑은 새로운 세계의 문을 열었다. 그의 연구는 이미 소련이나 일본, 프랑스, 중국 등지에서 매우 중요한 것으로 인정받고 있다. 그들은 우리 미국 농무부나 석유화학 제품 회사들이 어떤 생각을 갖고 있는가 하는 것에 개의치 않는다. 미국의 경우엔, 그러한 업체들이 너무도 막강한 실력 행사를 하고 있어, 대학의 연구가들이나 농부들은 은행의 감독관이 시키는 대로만 토지를 다루고 있다."

 미국의 의사, 영양학자, 출판인, 그리고 경제학자들이 이제라도 외국의 전문 과학자들처럼 케르브랑을 신세대의 선구자로 인식하기 시작한다면, 그 즉시 새로운 혁명이 일어나게 될 것이다. 이제 자연의 상태대로 최소한의 개인 경작지를 일구는 것만이 저질의 먹거리에 대처하는 유일한 방법이 될 지경으로 온통 화학 제품에 중독돼 버린 나라에서, 미생물에서부터 인간에 이르기까지 모든 생명체에 영향력을 행사해 온 영양 정책과 농업 정책 입안자들이 토양의 화학화를 경고하는 금세기 예언자들의 말에 귀를 기울여야 될 날이 멀지 않았다.

오늘날 과학은 지나치게 전문화되었고, 그에 따라 생명을 다루는 과학인 생물학 역시 대단히 세분화되었다. 그래서 우리의 과학 기술계는 하얀 가운을 걸친 '멍청한 학자들'로 득실거리게 되었다. 이들은 종합적인 시선을 갖지 못한 채 편협한 자기들의 분야에만 몰두하고 있다. 이렇듯 폐쇄되고 분리된 세대에는 괴테, 파이퍼, 하워드, 커머너, 부아젱 같은 폭넓은 안목과, 루이 케르브랑의 새로운 발견들이 그 파멸을 막아 주는 해독제가 될 것이다.

제5부

생명 파동과 방사선의 세계

제18장
마법의 나뭇가지

생명에 대한 낙관성에 기대어, 앙드레 시몬통André Simoneton이라는 한 프랑스 기술자는 지푸라기 하나로 이 행성의 주민들을 파국으로부터 구해 낼 수 있을 것이란 사실을 발견하였다. 짧은 줄 끝에 단순한 진자를 매달았을 뿐인 그의 고안품으로 남녀노소를 불문한 그 누구라도 음식을 먹어 보기 전에 미리 그 음식이 몸에 좋은가 나쁜가를 쉽게 판별해 낼 수 있고, 또 지하의 수맥이나 분실물을 찾아낼 수도, 미래를 점칠 수도 있었다.

끝이 갈라진 나뭇가지나 진자를 이용한 다우징dowsing이라는 기술은 중국, 힌두교 국가들, 이집트, 페르시아, 메디아 Media[1], 에트루리아[2], 그리스, 로마 등지에서 수천년 동안 행해져 왔다. 르네상스기에 들어와 이 다우징은 독일의 남부에 있는 작센 지방의 광산 감독관 크리스토퍼 폰 셴베르크Christoper von Schenberg—유명한 괴테는 그의 후임자였다—같은 저명인사에 의해 되살아나게 되었다. 그의 초상화에는 다우징 막대를 들고

1—카스피해 남쪽에 있던 옛 왕국.
2—이탈리아 서부에 있던 옛 국가.

있는 모습이 묘사되어 있는데, 현대의 로이드 조지 Lloyd George[3]도 같은 포즈로 사진을 찍은 바 있다.

미국에서는 이 다우징이 아직 과학의 한 분야로서 받아들여지고 있지 않지만, 프랑스에서는 사정이 다르다. 그 나라에서는 과거 수백년 동안 '마술'을 펼쳤다는 이유로 숱한 다우저dowser들이 목숨을 잃었던 사실이 있음에도 불구하고, 이제 더이상 마녀나 마술사의 영역으로 취급되지 않는다. 희생당한 다우저들 중에 유명한 사람으로는 장 뒤 샤틀레Jean du Chatelet, 드 보솔레유de Beausoleil 남작과 역시 다우저인 그의 아내 마린 드 베르트로Marine de Bertereau 등을 꼽을 수 있다. 그들은 루이 14세의 임명을 받은 광산 감독관인 마레샬 데피아Maréchal d'Effiat의 보호 하에 프랑스 내에 있는 수백 개의 광산들을 발견해 냈으나, 결국 마술사라는 죄명으로 체포되어 아내는 빈센 감옥으로, 남편은 바스티유 감옥으로 보내지고 말았다. 그 후에도 프랑스에서의 다우저들에 대한 박해는 계속되었다. 그래서 치유가 불가능하다고 공식적으로 판정을 받은 환자들에게 다우징 치료를 해주던 대부분의 의사들은 법정으로 끌려 나와야 했다.

그러던 다우징이 프랑스 교회로부터 더 이상 이단으로 취급받지 않게 된 데는 메르메Mermet, 불리Bouly, 발몽Vallemont, 리샤르Richard, 카리Carrie, 데스코스Descosse, 그리고 페랑Ferran 같은 프랑스 수도원장들의 오랜 세월에 걸친 노력과, 티서랑Tisserant 추기경 같은 근년의 유명한 성직자가 로마에서 중재한 것에 힘입은 바가 크다.

그런가 하면, 과학계에서는 유명한 프랑스 고등사범의 물리학과 과장이자 프랑스 대학의 교수이기도 한 이브 로카르Yves Rocard 같은 교수들의 노력 덕분에 다우징이 이제 공식적으로 인정을 받게 되려는 참에 있다. 로카르는 뛰어난 물리학자일 뿐만 아니라 탁월한 다우저로도 알려져 있는데, 다우징 과학에 관한 그의 저서 《다우저의 신호 Le Signal du Sourcier》는 아직 영어로는 번역되지 않았으나, 지질학자들이 비행기나 헬리콥터를 탄 채 상공에서 지하의 광맥이나 고고학적 유물을 찾아내고 있는 소련에서는

3—제1차 세계대전 당시의 영국 수상.

이미 번역본으로 소개되어 있다.

유럽 다우저들의 메카는, 그 옛날 흑사병에 대항하여 많은 인명을 구해 낸 업적 때문에 성인으로 추앙받는 생 로슈Saint Roch의 이름을 딴 파리의 한 작은 거리에 있다. 이 거리의 양편에는 포부르 생 오노레라는 사치품 상가와 리볼리라는 관광기념품 상가가 늘어서 있는데, 그 중 메종 드 라 디에스테지라는 오래된 골동품 가게가 바로 그 메카의 카바Kaaba[4]이다. 이 라디에스테지radiesthesie라는 이름은, 다우징이나 전자기 스펙트럼을 넘어서는 방사선을 탐지하는 데 쓰이는 방사선 감지 기술을 가리키는 말로서, 불리 수도원장이 '감수성sensitivity'을 뜻하는 그리스어와 '방사선radiance'을 뜻하는 라틴어를 조합하여 그렇게 이름붙인 것이다.

지난 반 세기 동안 알프레드 랑베르Alfred Lambert 부부가 운영해 오고 있는 이 유서 깊은 건물의 서가에는 수맥, 물건, 건강 등을 찾아내는 다우징에 관한 수십 종류의 책들이 쌓여 있다. 카톨릭 성직자가 쓴 것이 있는가 하면, 앙리 드 프랑스Henry de France 백작이나 앙드레 드 블리잘André de Belizal 백작 같은 귀족들이 쓴 것도 있고, 몇몇 출중한 프랑스 물리학자들이 쓴 책들도 있다.

또 그곳의 놋쇠와 마호가니로 만든 진열장 속에는 단순해 보이거나 복잡해 보이는 여러 가지 희한한 기계들이 들어 있다. 그것들은 인체에 유익한 것이냐 해로운 것이냐에 따라 그 방사선을 확대하거나 차단할 수 있도록 고안된 것이다. 이 기계들은 기본적인 장치야 간단한 진자에 불과하지만 세계 도처의 의사들에 의해 질병의 진단과 치료의 목적으로 사용되고 있다. 진열장 안의 벨벳 깔개 위에 놓여 있는 이 기계들의 줄이나 사슬 끝에는 상아나 비취, 수정 같은 호화로운 재료로 만든 다양한 크기와 모양의 진자가 달려 있는데, 진자의 무게는 무겁든 가볍든 상관이 없다고 한다.

미국에서는, 물리학 전문가인 자보이 하벌리크Zaboj V. Harvalik가 최근에 개인적인 연구에 몰두하고자, 미육군의 과학 고문직을 사임했는데, 다우징 현상에 매우 관심이 많은 그는 물리 이론으로 그것을 설명해 보고

---

[4] 메카에 있는 회교 성전 내의 성체 안치소. 신성한 검은 돌이 봉납되어 있다.

싶었던 것이다. 미국 다우저 협회의 연구위원회를 이끄는 회장인 하벌리크는, 다우징을 '엉터리 수작'이라고 규정짓고 있는 50년에 걸친 기존의 편견을 타파하는 데 일조를 하고 있다.

버지니아 주 로턴의 포토맥 강변에 위치한 그의 집에서, 하벌리크는 다우저들이 초당 1사이클에서 100만 사이클의 주파수역을 갖는 인공의 교류 자기장, 그리고 직류 자기장, 또 분극화한 양극적 전자기 방사에 대해 다양한 감도의 감수성으로 반응한다는 것을 최초로 밝혀 주는 정밀한 시험을 했다. 하벌리크는, 다우저들이 물이나 땅 속의 파이프, 전선, 터널 혹은 여러 지질학적 변동 등 찾는 대상이 무엇이냐에 따라 각기 다른 자기장을 분별해 낼 줄 안다고 확신하고 있다.

그러나 다우징은 수맥을 찾아낸다거나, 그 물의 흐름과 관계가 있는 듯한 자기장의 변화를 탐지해 내는 것 이상의 그 무엇인 것으로 보인다. 넓은 의미로 다우징을 정의하자면, '무엇이든지 그저 찾는 일'일 것이다. 1972년에 요절한 미국 다우저 협회의 전직 회장 존 셸리John Shelly는, 플로리다 주 펜서콜라에 있는 해군 항공기지에서의 훈련 기간이 끝나갈 즈음, 조그만 다우징 막대 하나만으로 동료 해군 예비 장교들이 깊숙이 감춰 둔 정부 발행의 급료 수표를 찾아낸 적이 있었다. 그의 동료들은 미리 회계 주임과 짜고, 수십 개의 방과 복도들로 얼키고 설킨 2층짜리 해군 건물의 은밀한 곳에 수표를 숨겨 두었었는데, 그가 그것을 너무도 쉽게 찾아내는 것을 보고는 놀라움을 금치 못했다.

메인 주의 포틀랜드에 있는 파인 스테이트 바이 프로덕츠 사의 화학 연구원인 고든 맥린Gordon MacLean은 여든 살이 넘은 고령임에도 불구하고 여전히 정력적으로 일하고 있다. 그는 방문객이 찾아오면, 그가 누구든 항상 기꺼이 맞아들여 포틀랜드 곶에 있는 등대로 데리고 올라간다. 그리고 그곳에서 자신의 '영험한' 막대기를 가지고 포틀랜드 항구로 들어오는 다음번 유조선이 수평선 저 너머의 어디쯤에, 그리고 언제 나타날 것인가를 정확히 예고해 보이곤 한다.

미국의 다우저들 중 가장 유명한 인물은 아마도 같은 메인 주에 사는 헨리 그로스Henry Gross일 것이다. 미국의 유명한 역사 소설가 케네스 로버츠Kenneth Roberts[5]는 1950년대에 그로스의 업적을 그린 세 권의 책을 썼다. 프랑스의 수도원장들처럼 그로스도 지도를 가지고 하는 다우징의 전문가이다. 그는 식탁에 앉아 영국령 버뮤다 섬의 지도를 펼쳐 놓고는 수원水源이 전혀 발견되지 않았던 몇 곳을 지적하면서, 그곳을 파 보면 물이 나올 거라고 말하기도 했다. 그 후 그로스가 옳았음이 증명되자, 사람들의 놀라움은 이만저만이 아니었다.

이 지도를 가지고 하는 다우징은, 하벌리크처럼 다우징을 자기장과 연관시켜 생각하는 물리학자에게는 도무지 이해되기 어려운 현상이었다. 다우저는 자신의 현 위치로부터 아주 멀리 떨어져 있는 지역들―또는 공간의 일부 지역들―에 대한 정확한 자료를 제공하는 어떤 정보원과 연락을 취하고 있음이 분명하다. 매사추세츠 주의 콩코드에서 간섭 상담 회사 Interference Consultants Company를 계속 운영해 오고 있는 렉스퍼드 다니엘스Rexford Daniels는 지난 25년간, 도처에 퍼져서 얽혀 있는 전자기 방사물들이 서로 어떻게 간섭을 하며, 또 어떻게 인간에게 유해한 환경 요소로 작용하는가에 대한 선구적인 연구를 해오고 있다. 그는 이 우주에는 그 자체가 지적이면서, 어떤 해답을 제공해 줄 수 있는 모종의 전체적인 힘이 존재한다는 것을 확신한다고 말했다. 다니엘스는, 이 힘은 모든 주파수의 스펙트럼을 통해 작용하는데, 반드시 전자기파 스펙트럼과 관계되는 것은 아니며, 인간은 정신적으로 이 힘과 상호작용을 할 수 있다는 이론을 세웠다. 그러면서 그는, 이 다우징은 인간의 통신 체계에 대단히 유용하게 쓰일 수 있는 것이지만, 아직까지는 그 실체가 명확히 밝혀지지 않았다고 보고 있다. 그러므로 현재의 인류가 당면한 주요 과제는 그것을 다각도로 밝혀 내는 것이라는 것이다.

신선하고 생기 있는 식품을 찾아내는 다우징의 특별 기법을 익힌 시몬 통이라는 엔지니어―그는 현재 80대의 고령인데, 60대였을 때는 성공한 사업가의 풍모를 보이고 있었다―는, 또 다른 비범한 프랑스인 앙드레 보비스André Bovis―그는 제2차 세계대전 중에 고향인 니스에서 죽음을

---

[5]―미국의 작가(1885~1957). 〈새터데이 이브닝 포스트〉지의 해외 통신원으로 활동하면서, 미국 초기의 역사에서 취재한 많은 소설을 썼다.

맞았다—로부터 그 기법을 배웠다. 연약한 땜장이로서, 여러 잡다한 장치들을 개발해 낸 사람인 보비스의 이름은 쿠푸의 피라미드와 똑같은 모형을 크기만 축소해서 만든 실험으로 전세계에 널리 알려져 있다. 그는 그 모형 피라미드 속에 동물의 시체를 넣어 두면 미라처럼 건조되어 절대 썩지 않으며, 그 현상은 특히 아랫단으로부터 꼭대기까지의 3분의 1되는 지점, 즉 현실玄室이 놓인 지점에서 더욱 두드러진다는 것을 발견했었다.

보비스 이론의 근거는, 지구에는 북쪽에서 남쪽으로 흐르는 양의 자류磁流와, 동쪽에서 서쪽으로 흐르는 음의 자류가 있다는 것이다. 즉, 그는 "이 자류들은 지표면의 모든 물체에 전달되는데, 어떤 물체가 남북 방향으로 놓이게 되면, 그 물체의 형태와 밀도에 따라 분극화가 더 많이 되거나 덜 되거나 한다. 인체의 경우를 예로 들자면, 이 지구 자류는 양의 것이든 음의 것이든 한쪽 다리를 타고 들어와 반대쪽 손으로 빠져 나간다. 그와 동시에 지구 너머의 우주 자류는 머리로부터 들어와 지구 자류가 흐르는 방향과는 다른 쪽으로의 팔이나 다리로 빠져 나간다. 또 이 우주의 자류는 뜨고 있는 두 눈을 통해 나가기도 한다."라고 말했던 것이다.

보비스는 또, 수분을 함유하고 있는 모든 물체는 이 자류들을 축적했다가 다시 천천히 발산할 수도 있다고 말했다. 이 자류들이 물체로부터 빠져 나와 다른 물체의 자력에 반응함에 따라 다우저의 진자에 영향을 주게 되는 것이다. 인체는 일종의 가변축전지로서, 단파 혹은 초단파를 검파하여 선별해 내는 동시에 그것을 증폭하기도 한다. 그러므로 인체는 갈바니의 동물전기와 볼타의 무생물 전기와의 중개자인 셈이다.

진자는 또 완벽한 거짓말 탐지기의 역할도 한다고 보비스는 말하고 있다. 어떤 사람이 주어진 주제에 대해 생각하고 있는 바를 솔직하게 말하면, 그 사람의 방사선이 아무 변화도 보이지 않아 진자에도 아무런 영향을 끼치지 못한다. 그러나 그가 생각과 다른 말을 하게 되면, 그것은 곧 그의 파장에 변화를 주게 되어 그 파장을 보다 짧게 만들기 때문에, 진자로 알아낼 수 있게 된다는 것이다.

보비스는 고대 이집트인들이 사용했다는 장치와 유사한 형태의 진자를 개발해 냈다. 그것은 붉은색과 보라색으로 된 두 가닥의 비단실에다 끝에 뾰족한 금속 조각을 붙인 수정으로 만든 진자를 매달아 만든 것이었다. 그는 이것이 당겨지는 것이든 밀쳐지는 것이든 자석에 반응하는 물체에 민감했기 때문에, '상반자성체常反磁性體'라고 이름을 붙였다. 그는 철, 코발트, 니켈, 마그네슘, 티타늄과 같이 자석에 끌리는 것은 '상자성체常磁性體'라고, 구리, 아연, 납, 황, 주석, 비스무트와 같이 자석에 밀쳐지는 것은 '반자성체反磁性體'라고 불렀다. 보비스는 다우저와 진자 사이에 솔리노이드 solenoid[6] 형태의 작은 자기장을 설치함으로써, 무수정란에서 나오는 것처럼 아주 미약한 자류도 감지해 낼 수 있다고 주장했다. 또 두 가닥의 비단실을 사용하는 것은 진자의 민감도를 높이기 위해서인데, 붉은색 실은 붉은 빛의 진동에 반응하는 철 같은 상자성체의 원자 진동에 민감하고, 보라색 실은 구리와 같은 반자성체의 원자 진동에 민감하다고 설명했다.

보비스는 방사선의 강도를 비교하여, 여러 종류의 식품들이 가지고 있는 고유의 활력과 상대적 신선도를 알아내게 되었다. 그는 여러 식품들에서 나오는 다양한 방사선의 변화에 따른 주파수를 진자로 측정하기 위해, 일종의 '바이오미터'를 개발해 냈다. 이것은 1,000분의 1밀리미터를 가리키는 미크론micron과, 그보다 100배나 작은 단위인 옹스트롬angstrom을 나타내기 위해 센티미터 안에 임의로 눈금을 표시한 간단한 자로서, 0옹스트롬에서 1만 옹스트롬까지 측정할 수 있는 것이었다.

과일이나 채소, 기타 다른 식품의 조각들을 그 자의 한쪽 끝에다 올려 놓고 진자의 움직임을 살펴보면, 흔들리는 진자의 방향이 자 위에 표시된 어느 정도의 거리에 이르렀을 때 바뀐다는 것을 알 수 있었다. 그것은 그 식품의 활력 정도를 나타내는 것이었다. 보비스에 의하면, 어떤 물체들이 발하는 방사선의 한계는 그 물체들을 둘러싸고 있는 지구 자류장에 의해 어느 지점에선가 압도되며, 그에 따라 그 한계치를 측정할 수도 있다고 한다. 다우저들은 크기와 종류가 같은 두 개의 물체를 1미터 정도 거리를 두고 놓아두면, 그 두 물체들의 장에 의해 그 중간쯤 되는 곳에 서로 밀치려는 힘이 작용하는 것을 진자로 쉽게 알아볼 수 있다고 주장한다. 이때 한쪽의

6—원통 코일. 속에 든 원통형의 쇠막대를 자석화시킨다.

것을 보다 큰 것으로 바꿔 놓으면, 그 힘의 장이 작은 물체 쪽으로 더 뻗치게 된다.

시몬통은, 보비스의 바이오미터상에서 8,000～1만 옹스트롬의 방사선을 내는 식품은 진자를 반경 80밀리미터로 분당 400～500회 정도로 회전시키며, 6,000～8,000옹스트롬의 방사선을 내는 것은 반경 60밀리미터로 300～400회 정도로 회전시킨다는 것을 알았다. 그러나 육류나 살균 우유, 너무 익힌 야채 따위는 2,000옹스트롬도 채 내지 못하여, 진자를 회전시키기에는 에너지가 역부족이었다.

시몬통의 《먹거리의 방사선 Radiations des Aliments》이라는 책에 서문을 쓴 루이 케르브랑은, 물체들의 상대적인 활력을 측정하기 위해 설정한 옹스트롬이 임의적으로 설정된 것이라며 탐탁치 않아 할 사람들을 위해 다음과 같이 밝혔다. "옹스트롬은 영양학에서 사용하는 단위, 즉 1그램의 물을 1도 올릴 수 있는 열량을 뜻하는 칼로리보다 더 임의적인 것은 아니다." 그러면서 케르브랑은, 모든 도량 체계는 하나의 약속일 뿐이며, 보비스의 옹스트롬 역시 물질들의 방사선치의 차이를 쉽게 구별해 주기 위해 설정한 단위에 지나지 않는다고 말했다. 예를 들어, 1,500옹스트롬을 내는 발효 치즈와 8,500옹스트롬을 내는 신선한 올리브유의 차이는, 이 보비스의 옹스트롬이라는 단위로써 쉽게 구별될 수 있다는 것이다. 그러면서 그는 다음과 같이 덧붙였다. "과일이나 야채, 그밖의 생화학적 식품들에서 방사되어 진자로 포착되는 파장들은 전자기의 스펙트럼을 넘어서는 미지의 성질을 가지고 있다. 그러한 것들이 이 실용적 가치가 무한한 다우징 방식에 의해 간단히 측정되고 있는 것이다."

보비스에 의하면, 물체에서 방사되는 파장은 인간의 팔에 있는 신경에 의해 포착되고, 그것이 줄 끝에 매달린 진자의 흔들림으로 확대된다는 것이다. 얀 메르타는 몬트리올에 있는 자신의 실험실에서 이 점에 관해 인상적인 증명을 해보였다. 그는 실험을 통해, 뇌파 촬영기에서 변화가 기록된 지 10분의 1초 후, 손목 부근에서 미세한 근육의 운동이 일어남을 분명하게 보여주었다. 메타는 또 손뿐만 아니라 팔, 어깨, 머리, 다리, 발, 기타 신체의 어느 부분에서라도 사용될 수 있는 다우징 기구를 고안해 냈다.

보비스와 라호프스키의 연구들에 결부시켜, 시몬통은 인간의 신경 세포가 그 파장들을 수신할 수 있다면, 송신도 할 수 있을 게 분명하다고 추론했다. 송신기와 수신기가 제대로 기능을 하자면, 서로 공명할 수 있어야 한다. 라호프스키는, 이 관계는 잘 조율된 두 대의 피아노처럼 한쪽 피아노의 건반을 누르면 다른 피아노에도 같은 음이 울리는 이치와 같다고 말했다.

몇몇 다우저들은 인체 내의 주요 감지기는 태양신경총[7] 부근에 있을 것이라고 말한다. 그것은 하벌리크가 가장 최근에 발표한 내용이기도 하다. 인간을 둘러싸고 있는 자기장의 바다로부터 인체의 각 부위들을 차폐시키기 위해, 하벌리크는 자기 효과가 대단히 뛰어난 가로 2.4미터, 세로 25센티미터의 조각판—퍼펙션 미카 회사의 자기 차폐 사업부에서 제작한 것으로서, 코발트를 달구었다가 다시 식혀서 만든 0.635밀리미터 두께의 그물 모양 판—을 두 겹으로 말아 원통으로 만든 장치를 고안해 냈다. 그것은 머리, 어깨, 몸통, 골반 등으로 이어지는 인체의 각 부위를 자기로부터 차폐시킬 수 있는 장치였다.

하벌리크는 먼저 머리 부위를 이 장치로 차폐시킨 후, 눈을 가린 채 다우징 신호가 잡히는 곳으로 알려진 평탄한 지역을 가로질러 걸어 보았다. 그랬더니 세 곳의 다우징 감응 지역으로 알려진 곳에서 강한 반응을 받을 수 있었다. 이번에는 어깨를 차폐시키고 머리를 노출시킨 채 걸어 보았더니 역시 같은 반응을 얻을 수 있었다. 차츰 차폐기를 아래로 낮추면서 실험을 해본 결과, 그는 갈비뼈의 7번째와 12번째 사이, 즉 흉골과 배꼽 사이를 차폐시키지 않는 한 계속 같은 반응을 얻을 수 있다는 것을 알게 되었다.

하벌리크는 이렇게 말한다. "이 측정 결과를 놓고 볼 때, 다우징 감지기는 태양 신경총 부근에 위치하고 있는 것이 틀림없다고 여겨진다. 그리고 머리, 즉 두뇌에도 부수적인 감지기가 있는 듯하다."

높은 암 발생률과 관계가 있는 듯한 병원토질病源土質 지대[8]를 알아내기 위해 수년간 다우징을 연구해 오고 있는 스위스 에비콘의 코프J. A.

7—위의 복부대동맥 사이에 있는 신경총을 일컫는 말. 이곳에서 나오는 신경은 태양의 빛살처럼 방사상으로 뻗어 있다.
8—토질 자체가 병을 일으키는 성질을 갖고 있는 지대.

Kopp 박사는, 1972년에 발표한 논문에서 하벌리크와 유사한 실험을 했던 한 독일인 기술자에 관한 이야기를 썼다. 그 독일인은 다우징 막대를 든 채 들것 위에 가로로 누워 다우징 반응 지대를 통과하는 실험을 해보았다. 머리 부분이 다우징 반응 지역을 통과할 때는 아무런 기척이 없던 다우징 막대가, 태양신경총이 똑같은 지역을 통과하자 즉시 반응을 나타냈다는 것이다.

진자를 이용하여 여러 식품들에서 나오는 다양한 방사선들을 구별해 내는 기법은 시몬통에 의해 개발된 것이다. 그가 그것을 개발하게 된 것은 자신의 사활이 걸린 문제를 해결하기 위해서였다. 제1차 세계대전 중 그는 다섯 차례나 수술을 받았었다. 어느 캄캄한 밤, 후송열차의 들것 위에 누워 있던 그는 흐릿한 석유 등잔 아래서 두런거리는 두 의사들의 말을 엿듣게 되었다. 그들은 그의 결핵이 너무도 위중해서 회복될 가능성이 전혀 없다는 것이었다. 억지 영양식을 하다 보니, 그것이 간에 부담을 주어 또 다른 합병증을 일으켰던 것이다. 그래서 그는 의사들의 간호로 겨우 연명하다가, 여러 식품들 중에서 유해한 것과 신선하고 활력이 있는 것을 골라내는 보비스의 방법을 알게 되었다. 오래지 않아, 그는 결핵뿐만 아니라 다른 합병증까지 말끔히 낫게 되었다. 그리하여 66세 때와 68세 때, 그렇게 고령임에도 불구하고 자식을 낳았으며 또 70세가 되어서도 테니스를 칠 수 있을 만큼 건강을 유지할 수 있었다.

엔지니어였던 시몬통은 젊었을 때 프랑스 육군으로 징병되자, 새로운 무선 과학 분야에 종사하게 되었다. 당시의 무선과학에 관한 지식 수준은, 오늘날에 있어서의 다우징에 관한 지식 수준과 비슷한 정도였다고 그는 회고한다. 제1차 세계대전 중 시몬통은 물리학자인 루이 드 브로이 같은 전기 분야의 선구자들과 함께 작업을 했었는데, 이 드 브로이라는 사람은 후일, 빛의 광자에 이르기까지 모든 입자들은 특정한 파장과 관계가 있다는 이론을 확립한 인물이다.

시몬통은 이 같은 배경에다 전기 기술과 무선 전파에 대한 지식을 충분히 갖추고 있었기 때문에, 다른 사람들처럼 보비스를 사기꾼으로 몰아붙이는 실수를 면할 수 있었다. 뿐만 아니라, 그는 그 자신이 직접 보비스의 방법에 따라 식품들의 신선함과 활력의 정도를 나타내는, 그 식품의 특정한 방사 파장을 측정해 낼 수 있음을 입증하기도 했다. 우유를 예로 들자면, 신선한 상태에서는 6,500옹스트롬이 측정되지만, 12시간 후에는 그것의 40퍼센트가 감소되고, 24시간 후에는 90퍼센트가 감소된다는 것을 알게 되었던 것이다. 그리고 우유를 살균 처리하면 아무런 파장도 나오지 않는다는 것도 발견하게 되었다. 살균 처리한 과일이나 야채 쥬스도 마찬가지였다. 마늘 쥬스를 살균 처리하면 죽은 사람의 피처럼 응고되고, 그 파장도 8,000옹스트롬에서 0옹스트롬으로 떨어져 버렸다.

한편, 신선한 과일이나 야채를 냉동시키면 그것의 생명력을 연장시키는 효과가 있는데, 그것을 해동시키면 그것이 얼기 전에 나타냈던 것과 같은 수준의 방사선을 다시 내게 된다. 또 냉장고에 넣어 둔 식품은 외부에 그냥 방치해 둔 식품보다 방사선량의 저하 속도가 현저히 느리다. 또 덜 익은 과일이나 야채를 냉장고에 넣어 두면 천천히 익어 가는 것처럼 보이는데, 실제로 측정해 보면 방사선의 양이 증가했음을 알 수 있다.

건조시킨 과일도 생명력을 유지하고 있다는 것이 실험으로 증명되었다. 몇 달이고 건조시켰던 과일이라도 '생명력이 있는 물'에 하루 동안 불리면, 처음 땄을 때와 같은 강한 방사선을 다시 방출하기 시작한다. 그러나 깡통 통조림 속의 과일은 완전히 죽은 것이라는 게 입증되었다. 이 실험들에서 물은 대단히 신비한 매체라는 것이 드러났다. 보통 때는 방사선을 내지 않던 물이, 광물질이나 인간 혹은 식물들과 만나면 활력을 띠게 된다. 보비스가 1926년에 루르드[9]에서 채취한 물과 같은 것들은 15만 6천 옹스트롬이라는 높은 방사선을 방출했는데, 그 중 어떤 것은 8년이 지났음에도 여전히 7만 8천 옹스트롬의 방사선을 방출하는 것이었다. 체코 출신의 얀 메르타는 사과나 배, 그밖의 여러 과일과 야채의 껍질을 유리컵 속의 물에 밤새도록 담가 놓으면, 그 물이 대단히 활력적인 진동을 한다고 말했다. 또 그는 이 물을 마시게 되면 그 껍질—껍질 자체는 시몬통의 진자에 아무런 영향도 주지 못하거나 거의 주지 못하는데—을 먹었을 때보다 더욱 많은 자

9—기적의 샘물로 유명한 곳이다.

양滋養을 얻게 된다고 주장했다.

시몬통은 자기의 책을 읽는 독자들이 생명력 있는 식품을 보다 쉽게 구별할 수 있도록, 식품들을 네 가지 부류로 나누었다. 첫번째 부류에 속하는 식품들은 인간의 기본적인 파장인 6,500옹스트롬보다 높은 옹스트롬을 발하는 것들로서, 그중에는 1만 옹스트롬이나 그보다 더 높은 수치를 나타내는 것도 있다. 한창 잘 익었을 때 8,000~1만 옹스트롬을 발하는 대부분의 과일들이나 정원에서 갓 따낸 야채가 모두 이에 해당된다. 시몬통은 대부분의 야채가 마을의 시장에 내다 팔릴 때 이미 그 활력의 3분의 1 가량이 사라진 상태인데, 요리를 하면서 또 3분의 1 가량을 잃게 된다고 말했다.

시몬통은, 과일은 자외선과 적외선 사이의 몸에 좋은 광光 스펙트럼인 태양빛을 받아 익어 가는데, 그러는 동안 그 방사선은 천천히 정점을 향해 높아지다가, 썩을 때는 다시 천천히 0을 향해 떨어지게 된다고 말한다. 바나나는 나무에서 갓 따내서 썩기 시작할 때까지의 8일 동안은 안심하고 먹을 수 있는데, 노란색일 때는 최적의 파장을 발하지 만, 녹색일 때는 그보다 못한 파장을, 그리고 검은색으로 썩어 갈 때는 형편 없이 낮은 파장을 발한다.

하와이와 같은 파인애플 산지에 살고 있는 사람이라면, 파인애플은 꼭 알맞게 익었을 때―그 상태는 몇 시간을 넘기지 못한다―따서 먹어야 기가 막힌 맛이 난다는 것을 알고 있다. 그 맛은, 익기 훨씬 전에 따내 가게에서 파는 파인애플만을 사 먹어본 사람들을 놀라게 할 정도다.

야채는 날것으로 먹을 때가 가장 좋다. 홍당무 날것 두 개를 먹는 것은 익힌 홍당무 한 접시를 먹는 것보다 훨씬 더 낫다. 그러나 날것일 때 겨우 2,000옹스트롬의 방사선을 발하는 감자―아마 태양으로부터 차폐된 땅 속에서 자라기 때문인 듯한데―는 놀랍게도 삶으면 7,000옹스트롬으로 높아지고, 구우면 9,000옹스트롬으로까지 올라간다. 이런 이상한 현상은 다른 덩이줄기 식물들에서도 마찬가지로 나타난다.

완두콩, 강낭콩, 병아리콩, 렌즈콩 같은 콩 종류들은 싱싱할 때에는 대략 7,000~8,000옹스트롬까지 발하지만, 말리면 대부분의 방사선을 잃게 된다. 그렇게 되면 딱딱하고 소화하기가 힘들어져서 간에 부담을 주게 된다.

콩의 영양분을 제대로 섭취하려면 갓 따낸 싱싱한 상태의 것을 먹어야 한다. 가장 좋은 방법은 오전 10시에서 오후 5시 사이에 따내 두즙豆汁을 만들어 먹는 것이다. 이때는 소화되기가 가장 좋은 상태이므로, 소화기에 부담을 주지 않고, 오히려 영양을 보충해 준다.

시몬통이 측정한 바로는, 8,500옹스트롬을 발하던 밀의 방사선이 요리를 하니까 9,000옹스트롬으로 높아졌다고 한다. 그는 밀은 단순히 빵으로만 먹지 말고, 보다 다양한 조리법으로 먹는 편이 영양 면에서 훨씬 낫다고 말한다. 밀가루로 파이나 다른 과자 같은 것을 만들 때 버터나 달걀, 우유, 과일, 야채 등을 섞는 것이 좋으며, 장작불에 구워 만든 빵이 석탄불이나 가스불에 구운 빵보다 훨씬 더 나은 방사선을 발한다고 한다.

올리브유는 8,500옹스트롬의 높은 방사선을 발할 뿐 아니라, 그 지속 시간도 매우 긴 것으로 나타나, 기름을 짠 지 6년이 지나서도 여전히 7,500옹스트롬의 방사선을 낸다. 8,000옹스트롬의 높은 방사선을 내는 버터는 처음 약 10일 동안은 괜찮지만, 그 후 차츰 감소하기 시작해서 20일이 지나면 0옹스트롬으로 떨어진다.

바다의 어류나 조개, 갑각류 따위는 8,500~9,000옹스트롬의 높은 방사선을 내는 훌륭한 식품인데, 싱싱한 것을 잡아 날것으로 먹으면 더욱 효과가 좋다. 게, 굴, 대합, 기타 갑각류가 이 부류에 속한다. 바닷가재는 산 채로 반으로 잘라 장작불에 살짝 구워 먹는 것이 가장 좋다. 민물고기의 방사선은 바닷물고기의 그것보다 많이 떨어진다.

두번째 부류의 식품에 속하는 것은 6,500옹스트롬에서 3,000옹스트롬의 방사선을 발하는 식품들이다. 달걀, 땅콩 기름, 포도주, 삶은 야채, 사탕수수 설탕, 요리한 생선 따위가 이에 속한다. 그는 붉은 포도주가 4,000옹스트롬에서 5,000옹스트롬의 방사선을 발한다는 것을 밝혀내고, 이는 활력이 없는 수돗물보다는 좋은 음료이며, 커피, 초콜릿, 살균 처리한 과일 쥬스나 브랜디, 위스키 같은 독한 술처럼 사실상 방사선이 전혀 없는 것들보다 좋은 것임은 두말할 필요도 없다고 말했다.

니콜스가 했던 경고의 말을 반복하면서, 시몬통은 신선한 사탕무의 즙은 8,500옹스트롬을 발하지만, 정제 설탕은 1,000옹스트롬까지 낮아질 수 있으며, 종이에 싼 백설탕 덩어리는 아예 0옹스트롬까지 떨어진다고 말했다.

육류 중에서 시몬통의 먹을 만한 식품 목록에 오를 수 있는 유일한 것은 갓 훈제한 햄뿐이다. 다른 모든 육류들처럼 갓 잡은 돼지고기는 6,500옹스트롬의 방사선을 발하지만, 소금에 절이거나 장작불에 살짝 구우면 9,500옹스트롬에서 1만 옹스트롬으로 올라간다. 그러나 다른 육류는 소화시키기 어려운 것이라서 먹어 봐야 별 의미가 없을 뿐더러, 그것을 먹은 사람에게 활력을 준다기보다는 오히려 맥이 풀리게 만든다. 그래서 그런 육류를 먹은 사람은 졸음을 쫓기 위해 커피를 찾게 되는 것이다.

요리한 육류나 소시지, 기타 내장들은 모두 세번째 부류에 속한다. 커피, 차, 초콜릿, 잼, 발효 치즈, 흰빵 등이 이에 속한다. 이 식품들은 발하는 방사선이 아주 적어서 인간에게 아주 조금밖에 유익하지 않거나, 전혀 유익하지 못한 것들이다.

네번째 부류에는 마가린, 방부제, 알콜, 독한 주류, 정제 백설탕, 표백 밀가루 같은 것들이 속한다. 이것들은 모두 죽은 식품으로서 방사선과는 아무 상관도 없는 것들이다.

시몬통은 이 파장 측정법을 인간에다 적용해 봄으로써, 정상적인 건강한 사람은 6,500옹스트롬, 혹은 그보다 조금 높은 방사선을 발한다는 것을 알아냈다. 그런데 흡연자나 음주자, 상한 음식을 먹은 사람의 방사선은 한결같이 그보다 낮았다. 보비스는 암 환자가 4,875옹스트롬의 파장을 발하는데, 그 정도의 옹스트롬은 제2차 세계대전 전에 지나치게 정제된 프랑스의 식빵에서 나오던 것과 같은 것이라고 주장했다.

그리고 병의 증세가 분명하게 나타나기 훨씬 이전에 나타나는 이러한 암 환자의 방사선 수치는, 암 세포가 신체의 세포 조직에 퍼지기 전에 미리 질병을 치료하는 데 유용하게 쓰일 것이라고 지적했다.

신체를 건강하고 활기 있게 하려면, 인간의 정상적인 방사선치인 6,500옹스트롬보다 높은 방사선을 내는 과일이나 야채, 호두, 싱싱한 생선 등을 먹어야 한다는 게 보비스와 시몬통의 논지이다. 그들은 육류나 좋지 못한 빵과 같이 낮은 방사선의 음식은 신체의 활력을 주기는 커녕, 갖고 있던 활력마저 약화시킨다고 믿고 있다. 원기를 북돋아 줄 것으로 믿고 식사를 했는데, 오히려 거북하고 힘이 빠지는 것을 느끼게 되는 이유가 바로 거기에 있다는 것이다.

대부분의 세균들이 6,500옹스트롬을 밑도는 방사선을 발하는 것으로 보아, 시몬통은 라호프스키처럼 인간의 세포가 그 파장에 공명하게 되는 수준으로까지 활력이 떨어진 경우에만 세균의 영향을 받게 되고, 건강한 활력이 유지되는 한 세균의 공격에 끄떡없다고 추론했다. 그러면서 질서가 잘 잡힌 이 우주 안에 치명적인 병원균이 존재하는 이유가 바로 여기에 있다고 주장했다. 화학 비료 때문에 방사선이 감소된 식물이 어째서 그렇게 병원균의 공격에 쉽게 당하는가 하는 것도, 바로 이러한 이치로 쉽게 설명될 수 있을 것이다.

유사 이래, 풀이나 꽃, 뿌리, 나무 껍질 등으로 놀랄 만한 치료 효과를 거두는 것은, 그 안에 함유된 화학적 성분 때문이 아니라, 그것들이 발하는 건강한 파장 때문일 거라고 시몬통은 생각했다. 비록 약제사들의 선반에는 식물이나 약초에서 추출해 낸 화학물들로 가득하지만, 그것들의 치료 효과는 자연 상태에서와 같이 놀랄 만한 것은 못 된다. 아니, 그 효력의 비밀은 이미 잃어버린 것으로 보인다.

나이 많은 할머니들이나 은둔자들은 아직도 식물들의 신비한 치유력에 대해 잘 알고 있다고 알려져 있다. 하지만 그들은 어떤 초감각에 의해 그러한 지식을 습득했음이 분명하다. 그렇지 않다면 숲 속은 온통 벨러도너라든가 치명적인 나이트셰이드, 기타 독풀들에 중독되어 쓰러진 그들의 시체로 가득할 것이다.

시몬통은, 동물의 육체나 시체에서가 아니라, 방사선을 발하는 식물들의 농축액에서 백신을 추출해 낼 날이 멀지 않았다고 믿고 있다. 그러면서 그는, 의사들이 세상 사람들의 건강을 지켜 주기 위해 무선기사처럼 이어폰을 낀 채 환자들로부터 나오는 파장을 탐지하여 그들을 괴롭히고 있는 질병이 무엇인가를 진단해 내고, 그것을 치료해 줄 수 있는 알맞은 파장을 다시 송출하는 광경을 그려 보고 있다.

식물의 치유력에 대해 가장 잘 알았던 의사는 아마 파라켈수스일 것이다. 그는 유럽의 옛 식물학자들과 동양의 현인들로부터 지식을 얻기도 했지만, 그에게는 자연으로부터 자신이 직접 배운 것이 무엇보다도 더 중요했다. 그의 '공감적 유사성의 학설'에 따르면, 모든 성장하는 것들은 구조나 형태, 색, 향기 등으로 각기의 특유한 유용성을 나타내 보인다는 것이다. 파라켈수스는 어떤 의사건간에 풀밭에 조용히 앉아 있어 보라고 권했다. 그러면 곧 식물들이 어떻게 행성들의 움직임에 조응하는지, 즉 어떻게 달의 위상이나 태양의 움직임, 심지어 더 멀리 있는 별들에까지 반응하여 꽃을 피우는지 알게 될 거라고 했다.

현대판 파라켈수스의 후예로는, 약초와 식물을 이용하여 뛰어난 마술을 펼친다고 알려진 런던의 젊은 의사 에드워드 바크 Edward Bach를 들 수 있다. 그는 1930년대에 할리 스트리트[10]에서의 매혹적인 의사업을 그만두고, 인류를 위한 보다 좋은 치료법을 알아내기 위해 숲과 들로 찾아 나섰다. 파라켈수스와 같은 신조—환자를 먼저 질병으로부터 구한 뒤 다시 '치료'로부터 구해야 할 필요가 없도록, 자연적인 방법으로 건강이 회복되기를 추구했던—를 가지고 있었던 바크로서는, 의술이란 고통스럽고 불쾌한 것이라는 일반적인 생각에 동의할 수가 없었다. 당시 영국의 대부분의 병원들에서 행해지는 치료란 환자들에게 몹시 고통만 주는 것이거나, 또 회복시키기보다는 도리어 악화시키는 경우가 더 많았으므로, 바크는 해롭지도, 고통스럽지도 않은 자연의 치료법을 찾아내야겠다고 결심하게 되었던 것이다. 그에게 있어 치료라는 것은, 부드럽고 안전하며, 육체적인 면만이 아니라 정신적인 면도 아울러 치유할 수 있는 것이어야 했다.

파라켈수스나 괴테처럼 바크는, 진정한 지혜란 인간의 지성을 통해 얻어지는 것이 아니라, 생명과 자연의 단순한 진리를 수용할 수 있는 능력을 통해 얻어지는 것이라고 확신하고 있었다. 파라켈수스는 우리가 더 깊이 연구하면 할수록 모든 피조물의 단순성을 보다 더 확실하게 깨달을 수 있게 될 거라고 단언하면서, 의사들에게 식물들의 에너지를 깨닫고 인식할 수 있게 해주는 영적 통찰력을 각자의 내면에서 찾아 보라고 충고했다.

1930년의 어느 여름, 바크는 고수입이 보장된 자기의 직업을 팽개치고

10—일류 의사가 많은 런던의 한 거리. 이 거리의 명칭은 전문의들을 가리키는 말로도 쓰인다.

는 영국의 농촌 지역에서 웨일스의 산악지대에 이르기까지의 긴 방랑길에 나섰다. 그것은 인간의 육체적, 정신적 질병들을 치료할 수 있는 비밀이 간직돼 있다고 여겨지는 야생 식물들을 조사하기 위함이었다. 파라켈수스와 마찬가지로 그 역시, 육체의 질병은 주로 물리적 원인에 의한 것이 아니라, 인간의 일상적인 행복감을 해치는 어지러운 정신 상태와 기분에 의한 것임을 확신하고 있었다. 만약 그러한 기분 상태가 지속된다면, 신체의 기관과 조직들이 제대로 작용하지 못하여, 결국 병을 유발하게 된다고 생각했던 것이다.

파라켈수스의 생각에 힘입어, 바크는 살아 있는 모든 것은 방사선을 발한다고 믿었다. 그리고 시몬통의 생각처럼, 높은 진동을 발하는 식물은 인간의 저하된 진동을 높여 줄 수 있음을 깨달았다. 그는 "약초 요법은 우리의 진동을 높여 줌으로써 우리의 몸과 마음을 정화시켜 스스로 치유할 수 있는 영적 에너지를 방출케 한다."하고 말했다. 그러면서 바크는 자신의 치료술을, 아름다운 음악이나 색채의 배색과 같이 우리에게 영감을 불러일으키는 멋진 정신적 촉매에 비유했다. 그가 말하는 치료란, 질병을 공격하는 것이 아니라, 야생의 풀과 꽃에서 나오는 아름다운 진동을 몸 안에 흐르게 하는 것이다. 그렇게 하여 그 흐름 속에서 "질병이 햇빛에 녹는 눈처럼 스러져 없어지는 것이다."

의학박사인 로버트 버틀러 Robert N. Butler와 함께 《노화와 정신 건강 Aging and Mental Health》이라는 책을 썼던 마이르너 루이스 Myrna I. Lewis는 최근에 흑해 부근의 소치 Sochi라는 도시의 몇몇 요양소를 방문해 보고는 놀라움을 금치 못했다. 그곳에서는 육체적, 정신적으로 다양한 질병을 앓고 있는 노인들이 요양을 하고 있었는데, 놀라운 사실은 그들이 무슨 약품에 의한 것이 아니라, 하루에 몇 십분간씩 온실 속으로 들어가 특별한 향기를 맡음으로써 그 꽃들이 내는 방사선의 진동으로 치료를 받고 있다는 것이었다. 노인들은 또 그들의 방에서 연주하는 음악 소리나 녹음 테이프에서 흘러나오는 파도 소리로도 치료를 받고 있었다.

바크는 이러한 방법으로 치유가 되는 현상은, 기본적으로는 환자가 자신의 병에 대해 심경의 변화를 일으킨 데서 기인하지만, 환자에게 나아야겠다는 열망을 불러일으킨 것은 이 건강하고 심미적인 진동들이라고 주장한다. 그는 공포와 근심이 오랫동안 지속되다 보면, 인간의 활력이 떨어져서 질병에 대한 자연적인 치유력을 잃게 되고, 그렇게 되면 신체는 어떤 병균이나 어떠한 형태의 질병에도 쉽게 당하고 만다는 것을 깨닫게 되었다. 바크는 이렇게 말한다. "치료를 요하는 것은 질병이 아니다. 질병이란 존재하지 않는다. 다만 병든 사람이 있을 뿐이다."

바크는 의료의 효능이 있는 식물들을 시골의 야생 풀들에서 쉽게 찾아볼 수 있다는 것을 확신하고는, 단순히 질병을 완화시킨다는 것 이상으로 강력한 힘을 가진 것, 즉 인간의 정신과 신체의 건강을 회복시킬 수 있는 실제적인 능력이 있는 것들을 찾아내려 애썼다.

그가 처음으로 약효성을 시험해 본 것은 노란색의 싹이 돋아나는 짚신나물 *Agrimonia eupatoria*이었다. 영국 전역에 걸쳐 들판이나 시골의 길가에 무리지어 자라는 것을 흔히 볼 수 있는 이 들풀은, 작고 노란색의 꽃 속에 같은 색깔의 많은 수술들이 뭉쳐 나 있다. 그는 이 꽃의 즙이 근심이라든가, 외견상으론 쾌활해 보이지만 그 내면에 감추어진 끊임없는 정신적 고통 때문에 시달림을 받는 증세에 탁월한 치료 효과가 있음을 발견했다. 다음으로 약효를 시험해 본 것은, 강렬한 푸른색을 발하는 치커리의 꽃이었다. 이것은 지나친 심려—특히 다른 사람에 대한—에 뛰어난 치료 효과가 있어서, 사람을 고요하고 평정한 상태로 만들어주는 것으로 밝혀졌다. 그는 또 극도의 공포심을 치료하는 데는 록로즈에서 뽑아낸 약이 효과적임을 발견했다. 새로운 발견을 해나감에 따라 바크는, 자신이 새로운 의료 체계를 발견하는 길목에 막 들어서고 있음을 실감할 수 있었다. 본능적인 충동에 의해 웨일스의 벌판으로 달려나간 바크는, 그곳에서 두 종류의 아름다운 식물을 찾아내었다. 그것은 계곡 가까운 곳에 무성하게 자라는 엷은 자주색의 임패션과, 황금빛 꽃이 피는 미물루스mimulus였는데, 이 두 가지는 모두 강력한 약효가 있는 것으로 밝혀졌다.

웨일스 지방에서 몇 달간 머무는 동안, 바크는 자신의 감각이 더욱 생생하고 민감해지는 것을 느낄 수 있었다. 고도로 예민해진 촉감을 통해, 그는 실험하고자 하는 식물이 발하는 진동과 힘을 느낄 수 있었다. 파라켈수스처럼 꽃잎이나 꽃술을 손바닥 위에 올려놓거나 혀에 대 보면, 그 식물에 내재되어 있는 독특한 성질들의 효과를 직접 느낄 수가 있었다. 어떤 것은 그의 육체와 정신에 강한 활력을 불어넣어 주었지만, 어떤 것은 그에게 고통과 구토, 발열, 뾰루지와 같은 증상을 일으키기도 했다. 그는 본능적으로 낮이 가장 길고, 태양의 힘과 에너지가 최고조에 달하는 때, 즉 1년의 절반쯤 되는 때에 꽃을 피우는 식물이 가장 좋은 종류라는 것을 알게 되었다. 그가 고른 식물들은 그러한 종류들 중에서도 가장 이상적인 것으로서, 그 꽃은 모양이나 향기가 다 아름다웠으며, 양도 풍부하게 많았다.

바크는 아마도 파라켈수스가 호헨하임에 있는 그의 사유지에서 행했던 실험에 대해 알고 있었을는지도 모른다. 파라켈수스는 이슬이 행성들의 조합된 에너지를 전해 준다고 믿으면서, 천체의 별자리가 달라지는 것에 따라 이슬을 받기 위해 유리판을 놓아 두었었다. 바크도 그와 비슷한 실험을 했는데, 만약 그가 파라켈수스의 그 실험에 대해 모르고 있었더라면, 자기 나름의 어떤 직감적 영감에 따라 그런 실험을 한 것이지도 모른다. 이슬이 아직 충분히 남아 있던 어느 이른 아침, 들을 산책하던 바크는 불현듯 기막힌 착상을 하게 되었다. 즉, 각 이슬 방울들은 태양의 열기에 의해 자화됨으로써 자기들이 머물고 있는 식물의 특성을 어느 정도 함유하게 되는 것이 아닐까 하는 생각을 하게 되었던 것이다. 그는 자신이 그토록 찾고자 하는 식물의 의료적 효능에 의한 치료법은, 오직 그 식물만의 특성이 고스란히 담긴 힘과 같은 것에 의한 것이며, 이러한 방법을 쓴다면 기존의 의술로는 그 치유법을 찾아내지 못했던 그 어떤 질병도 다 치료할 수 있으리라는 것을 깨달았다. 그는 태양이 증발시켜 버리기 전에 이슬을 모으기 위해, 작은 병에다 꽃 위에 맺힌 이슬들을 떨어뜨려 모았다. 어떤 것은 햇살을 흠뻑 받고 있었고, 어떤 것은 아직 그늘 속에 숨어 있었다. 그런데 그늘 속에 있던 이슬들은 햇살 아래 있던 것보다 그 효능이 떨어지는 듯했다.

비록 많은 꽃들이 그가 찾는 약효를 지니지는 못했으나, 바크는 각 식물들에서 채취한 이슬들이 어떤 종류의 분명한 힘을 지니고 있음을 발견하게 되었다. 그리고 그 힘에는 태양의 방사선이 필수적인 작용을 한다고 추론했다. 각각의 꽃들에서 충분할 정도의 이슬을 모은다는 것이 그리 쉬운 일이 아니었으므로, 그는 다른 방법을 써 보기로 했다. 선별한 식물에서 따낸 꽃 몇 송이를 생수가 담긴 유리 그릇 안에다 띄우고는 몇 시간 동안 햇빛이 잘 드는 들판에다 놓아 두었다. 그러자 반갑게도, 그 물은 식물의 힘과 진동으로 가득 차면서 대단한 효능을 나타내는 것이었다. 이제 약효가 있는 물을 만들려면, 구름이 햇빛을 가리지 않는 맑은 여름날을 택하면 될 것이다. 그는 가장 잘 핀 꽃들을 골라 생수를 가득 채운 작고 납작한 유리 그릇에다 띄우고는 꽃들이 많이 핀 들판에다 놓아 두었다. 그리고는 다시 그 꽃을 집어 올릴 때는 손가락으로 물을 건드리지 않도록 두 개의 풀잎을 사용했다. 또 그 물을 병에다 옮겨 부을 때는 주둥이가 달린 작은 유리컵을 사용했는데, 그 병의 절반쯤 되게 물을 부은 뒤, 브랜디로 나머지를 채워 놓았다. 그리고 한번 사용했던 유리 그릇과 유리 컵은 파기해 버리고, 다음 실험 때는 늘 새로운 것을 사용했다.

바크는 이런 식으로 38개의 치료약을 만들어내면서 그에 관한 철학적 배경이 될 작은 책도 아울러 펴냈다. 그의 이론에 의한 효험은 현재 영국과 전세계의 수많은 환자들에 의해 입증되었으며, 또 무수한 환자들이 수도 셀 수 없을 만큼 많은 질병으로부터 벗어나기 위해 이 꽃들의 영약에 의존하고 있는 실정이다.

프랑스에서도 바크와 유사한 연구를 한 사람이 있었다. 프랑스의 가스코니라는 한 외딴 농가에서 태어난 모리스 메세게 Maurice Mességué 라는 한 세련된 프랑스인이 바로 그 사람이다. 그는 어렸을 때, 약초 채집을 하기 위해 자신을 데리고 전국 방방곡곡을 돌아다녔던 아버지로부터 교육을 받으며 자란 끝에 유명한 약초 치료사가 되었다. 그는 프랑스 대통령인 에두아르 에리오 Edouard Herriot 및 예술가인 장 콕토 Jean Cocteau 같은 유명 인사를 포함한 수백 명의 환자들을 성공적으로 치료해 주기도 했다. 그가 치료해 준 질병 중에는 12세 된 한 소녀의 팔이 까닭 모르게 구부러드는 증세 같은 것도 있었다. 메세게의 치료법은 대부분의 환자들의 팔다리를 야생 식물의 즙에다 담그게 하는 것이었다. 면허 없이 의술 행위를 했다는 이유로 법정에 서게 되었을 때, 메세게는 자신의 도움을 갈구하는 수많은 환자들을 내버려둘 수 없다는 생각으로 그에 맞서 싸웠다. 그가 식물을 주제로 쓴 세 권의 베스트셀러에는, 자신이 세계의 거물들과 만나게 된 무수한 일화들과 자신의 삶에 관한 이야기가 소개되어 있다.

식물에서 나오는 방사선을 느낀 또 하나의 인물은 바크와 메세게의 발견을 진일보시켰다. 그는 성장하고 있는 식물에 아무런 해를 끼치지 않고서도, 식물의 꽃으로부터 나오는 방사선을 물 그릇에다 직접 옮길 수 있었다.

혈색 좋고, 독립심도 대단히 강한 이 앨릭 맥니스Alick McInnes라는 스코틀랜드 사나이는 코더Cawdor 백작의 성 그늘 아래에 있는 한 목양 농장에서 태어나 그곳에서 자랐다. 기복이 완만한 구릉들에 둘러싸인 그곳은 토탄이 많이 나는—하지만 그곳은 전부 그 백작의 소유지였기 때문에, 스코틀랜드의 전통에 따라 그것을 파내거나 불을 땔 수도 없었다—습한 평원이었다. 맥니스는 눈을 가린 채 만개한 꽃 위에다 손을 뻗어 거기에서 나오는 방사선만으로 그 꽃이 어떤 종류이며, 어떤 의학적 효능이 있는지를 알아낼 수 있었다. 그는 영국의 식민 통치를 위해 30년간 일했었던 인도에서, 식물은 인간이 느낄 수 있는 방사선을 방출할 뿐만 아니라, 반대로 인간이 발하는 방사선을 감지할 수도 있다는 사실을 처음으로 알게 되었다. 그것은 그가 캘커타 근처에 있는 보스 연구소를 방문했을 때의 일이었다. 연구소의 입구에는 미모사들이 무성하게 자라고 있었다. 그곳을 방문하는 사람들은 모르모트의 역할을 하는 이 고분고분한 실험용 식물의 잎을 하나 따서는 보스가 만든 정교한 기계 위에 놓아 보라는 권유를 받게 된다. 그 기계는 종이에다 식물의 진동을 도식적으로 나타내는 장치였다. 방문객은 다시 기계 안에다 손목을 집어넣어 보라는 말을 듣게 된다. 그러면 미모사가 인간의 방사선을 포착하고, 또 그것에 아무런 실수도 없이 반응할 만큼 민감하다는 것을 나타내는 그 도식화된 자료를 볼 수 있게 된다.

맥니스는 인간과 식물의 방사선에 대한 이 현상이, 식물과 인간은 자신들만의 고유한 파장을 가지고 있으며, 그것으로 자신을 통과하여 방사되는 외부의 기본적인 에너지를 변화시키거나 제한할 수 있음을 보여주는 것이라고 해석했다. 맥니스는 이와 같은 현상은 물질의 아주 작은 입자의 세계에서도 똑같이 적용된다고 말한다. "모든 것들은 소리, 색채, 형태, 운동, 향기, 온도, 그리고 지성으로서 인식될 수 있는 고유한 파장을 방사한다."

그는 어떤 꽃들에게서는 이 방사의 형태가 원형으로 나타난다고 한다. 또 어떤 것은 왼쪽에서 오른쪽으로, 또 어떤 것은 오른쪽에서 왼쪽으로 방출된다고 한다. 그런가 하면, 어떤 것은 위에서 아래로, 또 어떤 것은 아래에서 위로, 어떤 것은 좌상단에서 우하단으로 이어지는 대각선으로, 또 어떤 것은 그 반대의 방향으로 방출된다고 말한다. 또 그 느낌으로 말할 것 같으면, 차갑게 느껴지는 것이 있는가 하면, 따뜻하게 느껴지는 것도 있다고 한다. 그러나 같은 종류의 꽃은 항상 같은 형태의 방사를 한다고 한다. 맥니스는 또 식물의 방사선을 물에 옮김으로써 그것을 거의 무기한적으로 보관할 수 있음을 발견했다고 말한다. 그는 20년이 지났건만 여전히 그 효능을 잃지 않은 물병을 몇 개 가지고 있다. 모든 종류의 식물들은 각기 그 방사선을 물에 가장 잘 옮길 수 있는 최적의 시간이 따로 있다. 항상 그런 것은 아니지만, 꽃들은 대개 개화의 정점에 있을 때—이때는 대개 보름달이 가까워질 때인데—가 바로 그때이다.

맥니스가 물에 전달된 방사선이라는 뜻으로 쓴 효능 potency은, 장미로부터는 한여름인 6월 21일 경에, 댄들리온으로부터는 부활절 즈음의 만월 때 가장 잘 뽑아 낼 수 있다. 조건만 잘 맞으면, 방사선의 전달은 즉시 이뤄진다. 맥니스는 오랜 경륜을 가진 현자와 같은 미소를 지으며 이렇게 말했다. "이 물이 변화되는 순간은 직접 눈으로 볼 수 있습니다. 그것은 결코 잊을 수 없는 경이로운 광경입니다." 맥니스는 식물에 전혀 해가 없이 그 효능이 물에 전달되는 그 순간, 몇 킬로미터 근방에 있는 같은 종류의 식물들이 모두 전보다 더 환해지고, 훨씬 활력을 띤다고 말했다. 맥니스가 '꽃의 환희'라고 이름지은 이 약효를 띤 물은, 진단이 가능한 특정 질병만을 치료하는 것이 아니었다. 그 방사선은 인간이나 동물의 몸으로 직접 들어오거나, 토양을 통해 들어와 알 수 없는 미묘한 방법으로 각 대상들의 생명력을 높여 준다. 그렇게 하여 그 생명력이 어느 수준까지 높아지게 되면, 질병이 저절로 사라지게 되는 것이다.

맥니스는 이 '환희의 물' 처방에 대해, 자상이나 화상 기타 다른 피부의 통증을 완화시키고자 할 때는 그 상태에 따라 한번에 적절한 양을 입으로

마시라고 한다. 그리고 원기를 돋우고자 할 때는 목욕물에 타 쓰는 것도 좋다고 한다.

그는 특정한 병에 효능이 있는 식물을 찾아 달라는 부탁을 많이 들어 왔지만, 자기는 결코 그에 응하지 않았다고 말한다. 그것은 그가 모든 질병은 공통의 원인에서 비롯된다고 보는 까닭에, 그런 관점에서 연구를 하는 것이 보다 가치 있는 일이라고 여기기 때문이라는 것이다. 그래서 그는 병명에 관계없이 모든 질병을 궁극적으로 해결할 수 있는 방법을 알아내고자 노력하고 있다. 그가 만들어낸 40여 종의 '환희의 물'에다 어떤 특정한 꽃의 효능을 더해 줄 것인가 말 것인가 하는 결정은, 그 특정한 꽃에서 나오는 방사선의 느낌으로 정해졌다. 또 각 식물에서 나오는 갖가지 효능들이 반드시 성공적으로 혼합되는 것은 아니었다. 다른 것들끼리 혼합시켜 놓으면, 어떤 것들은 서로의 약효를 상쇄시키기도 하고, 또 어떤 것들은 혼합액이 탁해지기도 했다. 그런가 하면 또 어떤 것을 섞으면, 이미 들어 있는 방사선의 성질을 뒤바꿔 놓기도 했다. 자신이 하나의 조화로운 것으로 결합시킨 방사선이 얼마나 다양한지를 알게 된 맥니스는 그저 놀라울 따름이었다.

'꽃의 환희' 속에 들어 있는 방사선은, 화학 성분을 조사하는 따위의 일반적인 분석 방법으로는 검출되지 않으며, 영국에서 사용하는 그 어떤 측정 기구로도 확인할 수 없다. 따라서 맥니스는 스코틀랜드 보건 당국의 제청에 의해 열린 법정 심사의 명령에 따라 '꽃의 환희'의 성분 표시 표찰에다, '공식 함량—물 100퍼센트. 식물학적 성분이나 화학적 성분은 전혀 없음.'이라고밖에 쓸 수가 없었다. 자화된 철과 일반적인 철이 그 화학 성분은 동일하지만, 이 둘 사이에는 분명한 차이가 있음을 지적하면서, 맥니스는 무언가 새로운 방법이 개발되어 그 방사선들을 확인할 수 있게 되기를 고대하고 있다.

맥니스는 이 '환희의 물'이 스코틀랜드의 유열乳熱에 걸린 암소에 좋은 것처럼, 캘리포니아의 천식에 걸린 남자나, 말벌에 쏘인 뉴질랜드 여자들에게도 좋다고 말한다. 그리고 복통을 앓는 갓난아기나, 부저병이 발생한 꿀벌통, '6월 황달'에 걸린 딸기나무, 심지어는 독이 든 곡물을 먹은 닭에게도 효험이 있으며, 만약 토양에다 뿌리면 그 속의 박테리아의 활동과 질을 높여 준다고 한다. 그러나 그는 화학 비료를 써 온 정원은 그 토양 전체가 쇠락해져 있기 때문에 그것을 조정하려면 오랜 시일이 걸려야 한다고 경고한다. 그러면서 그는 이 '환희'의 진동이 토양에다 질병이나 해충, 전염병 등을 막아내는 신선한 에너지를 불어넣어 준다고 말한다.

'꽃의 환희'가 처음으로 대중에게 선보인 후 16년이란 세월이 흐르는 동안, 그것으로 온갖 질병을 치료했다는 감사의 편지들이 수도 없이 쇄도했다. 맥니스는 그것을 철학적으로 이렇게 해석했다. 즉, 생명을 가진 모든 것들은 조화 속에 살도록 창조되었으나, 인간이 세상 만물에 대한 지배권을 잘못 사용하는 바람에 모든 곳에서 불협화음이 일어나고 있다. 그것은 식물이나 동물뿐만 아니라 인간에게 신체적 질병을 일으키는 원인이 되며, 또한 생명의 근원에서 나오는 생명력을 점차 위축되게 만드는 결과를 낳고 있다. 황금 시대에는 사자가 어린 양과 함께 뒹굴었을 거라고 믿고 있는 그는, 자신이 우간다에 머물 때 수백 마리의 동물들이 함께 어울려 소금을 핥으러 코끼리의 초원을 가로질러 함염지含鹽地로 가는 광경을 보았노라고 당시의 목격담을 이야기했다. 그때 그는 표범이나 퓨마 같은 육식성 동물들이 다른 때 같으면 겁에 질려 달아날 가녀린 사슴들과 함께 자연스레 어울리고 있는 것을 보았다는 것이다.

또 맥니스는 인도 남부에 있을 때 보았던 이상한 현상에 관해서도 이야기했다. 그것은 수백년 동안 힌두의 신화에도 자주 등장하는 유명한 성지 아루나찰람 언덕의 기슭에 자리잡은 아쉬람[11]의 성자인 라마나 모한 마하리시Ramana Mohan Maharishi의 초대를 받아 그곳에서 얼마간 머물면서 보았던 기이한 광경에 관한 것이었다. 매일 저녁, 마하리시가 산책을 하려고 문 밖을 나서면, 몇 초도 지나지 않아서 800미터 가량 떨어진 인근 마을에서는 대소동이 일어났다. 우리에 붙들어 매둔 가축들이 끈을 풀고 나오려고 안간힘을 쓰다가 마을 사람들이 끈을 풀어 주면, 그 노인의 산책길을 향해 마구 내달리고, 그 뒤에는 마을의 모든 어린이들과 개들이 따라 달

---

11 — 힌두교 구도자의 거처.

려오는 것이었다.

　이 행렬이 얼마 가기도 전에 몇 종류의 뱀을 비롯한 야생 동물들도 정글에서 나와 대열에 합류했다고 맥니스는 말한다. 큰 날개를 가진 독수리와 커다란 솔개 같은 맹금류와 조그마한 박새에 이르기까지 수백, 수천의 새들이 하늘을 새까맣게 덮을 정도로 몰려와 마하리시의 걸음에 맞추어 조화를 이루며 하늘을 날다가, 그가 다시 방으로 돌아오면, 모든 새들과 짐승, 어린아이들이 조용히 사라지곤 했다는 것이다. 맥니스는 이 같은 분위기가 온 세상에 널리 퍼지게 된다면 대단히 평화로운 세상이 될 거라고 생각했다. 그의 '환희'는, 그것을 먹은 사자가 어린 양과 행복하게 어울릴 수 있을 만큼 영양의 질이 크게 개선된 식물들의 생장을 도울 수 있을 것이다. 맥니스는 버뱅크 같은 사람이 속속 등장하여, 이러한 식물 재배가 활성화되기를 고대하고 있다.

　맥니스는 또 인류의 감수성을 더욱 증진시켜야 한다고 말한다. 그렇게 되면, 스포츠를 위해 동물을 희생시키는 일 따위는 몹쓸 짓이며, 도살장에서 동물들이 대량으로 학살되는 것도 완전한 폭력이라고 여겨질 것이다. 풍성한 식용 식물에게서 영양가 높은 식품을 보다 쉽사리 구할 수 있게 될 것이다. 이제 반 아귀 같고, 거의 야만화된 인간들이 더이상 빈사 상태의 병들고 고통 받는 동물들을 죽여 그 고기를 먹을 필요가 없어져야 한다. 다시 말해서, 우리는 이 지구를, 사슬에 매인 죄수들을 다스리고 감시하는 별로 전락시키는 행위를 근절시켜야만 한다.

　그는, 모든 것들은 상호 의존적으로 창조되었기 때문에, 어떤 종류의 생물에 영향을 미치면, 자연히 다른 것에도 그 영향이 미치게 된다고 말한다. "우리가 만일 다른 생물에게 고통과 질병을 주고, 그것을 증대시킨다면, 그것은 곧 우리 자신의 고통과 질병을 증대시키는 것이 된다. 모든 생명체들은, 우리가 별 존엄성을 느끼지도 않고, 또 질병을 퇴치하기 위해서는 응당 그렇게 되어야 할 운명이라고 여기는 연구실의 실험용 동물들에게 가했던 바로 그 질병에 의해 영향을 받게 된다. 또 모든 생명체들은 생체 해부학자들이 무기력한 동물들에게 가했던 그 무시무시한 고통에 의해 고통을 받게 된다. 그 같은 고통의 대가로 얻어진 지식으로 질병을 제거할 수 있다고 믿었던 것이, 결국 오랜 세월이 흐른 후엔 전체 생태계에 있어서의 어떤 다른 부분의 고통을 증대시키는 것으로 되갚음된다. 수도 없이 많은 식물들이 화학 제초제로 타들어갈 때, 모든 삼라만상이 고통받게 되는 것이다."

이 모든 피조물들이 전쟁터의 희생자들이나 강제수용소에서 고문을 당하는 포로들 한 사람 한 사람과 똑같은 고통을 받는다. 또 인간에 의해 한 토끼가 점액종증粘液腫症으로 죽어갈 때, 또 인간이 고의로 뿌린 독성 화학물에 의한 질병으로 한 식물이 고통 속에서 말라 죽어갈 때, 이 세상 모든 것들이 그와 똑같은 고통을 받는다. 맥니스는 말한다. "모든 생명은 하나다. 그것에는 예외가 없다."라고.

제19장
식물의 치유력과 신비의 방사선

언젠가는 의사들이 이어폰을 낀 채 환자의 환부에서 나오는 파장을 탐지하는 것만으로 질병을 진단해 내고, 다시 그보다 훨씬 건강한 진동을 방사해 줌으로써 그 환자를 치료해 줄 수 있게 될 것이라는 시몬통의 꿈은 결코 공상이 아니라 사실에 가깝다는 것이 밝혀지고 있다. 그러나 그러한 방식은 TNT 폭약만큼이나 위험할 수 있고, 생명을 연장시켜 줄 수 있는 만큼 거꾸로 인간의 사망률을 높이거나 질병을 확산시킬 수도 있을 것이라는 이유로, 정치와 과학 분야 모두로부터 신중하게 묵살되어 오고 있다.

19세기 말, 샌프란시스코의 한 부유한 상인의 아들로 태어나 막대한 재산을 상속받은 앨버트 에이브럼스Albert Abrams는 선진 의학을 배우기 위해 하이델베르크로 떠났다.

젊은 에이브럼스는 나폴리에 있을 때, 이탈리아의 유명한 테너 가수 엔리코 카루소Enrico Caruso가 손가락으로 유리컵을 튕겨 맑은 소리를 내게 한 다음, 몇 걸음 뒤로 물러나 그 소리와 같은 음조로 노래를 불러 유리컵을 산산조각내 버리는 광경을 목격하게 되었다. 이 인상적인 묘기는 에

이브럼스로 하여금, 그가 앞으로 해 나갈 의학적 진단과 치료에 있어서의 기본 원리를 깨닫게 해주었다.

에이브럼스는 하이델베르크 대학 의학과에서—그는 그곳을 졸업할 때 수석을 차지하여 금메달을 받았다—드 소에르de Sauer 교수를 만나게 되었다. 소에르 교수는 구르비치가 미토젠선을 발견하기 훨씬 이전에 식물을 대상으로 하는 일련의 색다른 실험들을 하고 있었다. 그는 양파 묘종을 옮겨 심는 동안, 뿌리가 뽑혀 나간 양파 몇 개를 무심코 다른 양파들이 자라고 있는 상자 옆에다 두었었다. 이틀 후, 그 상자 안의 양파들 중 뿌리 없이 죽어 가는 양파들 곁에서 자라던 양파들이 그 반대편 쪽에서 자라던 양파들의 모습과 달라졌다는 것을 알 수 있었다. 그러나 소에르는 어째서 그러한 현상이 일어났는지 알 수가 없었다. 그러자 에이브럼스는 그것을 카루소가 목소리로 유리컵을 깨뜨렸던 것과 비슷한, 공명 현상과 결부시켜 생각해 보고는, 뿌리가 없는 양파가 좀 색다른 형태의 방사선을 방출했을 거라고 확신했다.

다시 미국으로 돌아온 에이브럼스는, 스탠퍼드 대학의 의학과에서 병리학을 가르치게 되었다. 나중에 그는 그 대학의 의료 연구실장이 되었다. 그는 뛰어난 진단의이자 타진법打診法의 대가로서, 환자의 몸을 두드려 공명음을 들음으로써 그 환자가 어떤 질병을 앓고 있는지 알아내었다. 어느 날, 가까이 있던 X선 기계가 아무 예고도 없이 작동하기 시작하자, 환자로부터 얻고자 했던 공명음이 둔화되는 현상이 벌어졌다. 당황한 에이브럼스가 환자를 이리저리 돌려 앉혀 보았더니, 그 이상한 둔화 현상은 환자가 동쪽이나 서쪽을 향했을 때에만 발생하고, 남북 방향으로 있을 때는 아무런 이상 없이 여전히 공명음이 잘 들렸다. 그러한 현상은, 피트먼이 앨버타에서 했던 곡물 실험에서처럼, 지구 자기장과 인간의 전자기장 사이에 어떤 관련이 있기 때문인 것으로 보여졌다. 에이브럼스는 그 후, 입술에 암 종양이 있는 사람을 진단하게 되었는데, 이 경우엔 X선 기계를 작동시키지 않더라도 그 비슷한 현상이 일어난다는 것을 알게 되었다.

에이브럼스는 갖가지 질병을 앓고 있는 많은 사람들을 대상으로 몇 달간 임상 실험을 해본 후, 다음과 같은 결론을 얻어 낼 수 있었다. 상복부의 신경 섬유는 몇 미터 떨어진 곳의 기계에서 발생되는 X선의 자극에 수축 반응을 보이는데, 그 중 암 환자의 경우에는 그 환자가 남북 방향으로 위치했을 때를 제외하고는 X선에 관계없이 항상 수축 상태를 유지하고 있다는 것이다. 에이브럼스는 X선 기계로부터 나오는 방사 에너지에 의해 일어나는 것과 유사한 수축 작용이 X선을 받지 않는 암 환자에게서도 나타나는 것은, 암 발생을 유발하는 인자의 진동 때문일 거라고 결론을 내렸다.

에이브럼스는 강의실에 데리고 온 이보Ivor라는 자기 집 하인에게 상의를 벗고 교단 위로 올라가 서쪽을 향해 서 달라고 부탁했다. 그리고는 자신의 강의를 듣고 있는 학생들에게 그를 타진할 때 나오는 공명음을 잘 들어보라고 했다. 다음에는 한 젊은 의사에게, 암 조직 견본을 이보의 얼굴 가까이에 몇 초 동안 갖다 대었다가 다시 치우고 하는 일을 반복해 보라고 했다. 그러면서 에이브럼스 자신은 이보의 배를 계속 타진했다. 학생들은 암 견본이 이보의 얼굴 가까이 놓이게 될 때마다 공명음이 둔화되는 것을 듣고는 놀라움을 금치 못했다. 그것은 근육 섬유가 수축하는 데서 비롯된 것임이 분명했다. 에이브럼스가 암 견본 대신 결핵 세포를 사용하자, 아까와 같은 공명음의 변화가 일어나지 않았다. 그러나 배꼽 바로 아래 부분을 두드리자, 똑같은 수축 효과가 나타나는 것이었다. 에이브럼스는 질병의 견본에서 나오는 미지의 파장은 건강한 인체에 의해 감지되며, 또 그 파장들이 신체 세포의 특질을 변형시키는 것 같다는 결론을 내렸다.

에이브럼스는 몇 달 동안의 연구 끝에 그가 '전자 반응'이라고 부른 반응들, 즉 암, 결핵, 말라리아, 연쇄구균과 같은 여러 다양한 질병 세포들로부터 비롯되는 일련의 반응들을, 이보와 같이 건강한 신체의 각기 다른 부위에서 포착할 수 있다는 것을 보여주었다. 이로써 그는, 질병이란 세포에서 비롯된다는 기존의 사고방식은 낡고 쓸모없는 것임을 보여주게 되었던 것이다. 그 대신 그는 질병이란, 세포의 분자 조성이 전자의 배열이나 전자 수의 변화와 같은 구조적인 변화를 일으킴으로써 생기는 것이며, 그것이 나중에 현미경을 통해서나 볼 수 있는 특성으로 발전하게 되는 것이라고 주장했다. 하지만 무엇이 그 변화를 일으키는지는 에이브럼스 자신도 확실히 몰랐고, 오늘날의 그 누구도 알지 못한다. 하지만 그는 분자 내의 이상 현상을 바로잡고, 나아가 그 현상을 예방할 수 있는 모종의 힘이 발견될 거라고 예견하고 있다.

그리고 나서, 에이브럼스는 또 병리학적 표본에서 나오는 방사선도 전기처럼 1.8미터짜리 전선으로 전송할 수 있다는 것을 발견했다. 어느 날, 요양소에서 치료를 받은 적이 있는 한 회의적인 의사가 에이브럼스에게, 자기의 허파에서 결핵균이 잠식했던 부위를 정확히 짚어 보라며 도전을 해왔다. 그러자 에이브럼스는 그에게 한 장의 작은 원반을 주면서 이마 앞에 들고 있으라고 한 뒤, 다른 학생에게는 그 원반과 전선으로 연결된 또 다른 원반을 주면서, 타진음이 변할 때까지 그 대상자의 가슴 위쪽으로 천천히 움직이라고 했다. 그 결과, 의심 많던 그 의사는 결국 에이브럼스가 자신의 환부를 몇 센티미터의 단위까지 정확하게 알아냈음을 인정하지 않을 수 없었다.

건강한 사람의 몸은 같은 부위라도 한 종류의 표본에만 반응하지 않고 여러 표본에 반응했기 때문에, 에이브럼스는 이번에는 각 질병들에 걸린 조직들의 파장을 구별해 낼 수 있는 기구를 만들어야겠다고 생각했다. 몇 달 동안의 연구 끝에 그는 가감 저항기 rheostat—전류를 조절하는 데 쓰이는 가변 저항기—와 매우 흡사한 '반향음계 reflexophone'를 만들었다. 이 기구는 다양한 음조의 소리를 낼 수 있는 것으로서, 그것을 사용함으로써 몸의 특정한 부위를 직접 타진할 필요가 없게 되었다.

이제 그는 각기 다른 질병들을 표시기의 다이얼을 통해, 즉 매독의 조직체는 다이얼 55, 종양은 다이얼 58 같은 식으로 구별할 수 있게 되었다. 에이브럼스는 조수에게 여러 병체病體의 표본들을 섞어 놓으라고 한 뒤, 표시기가 가리키는 다이얼을 읽음으로써 그것들을 각기 실수 없이 '진단' 해 낼 수 있었다.

이 경지에까지 이른 에이브럼스의 진단 방법은, 당시의 의학보다 수십 년이나 앞선 것이었을 뿐만 아니라, 일반적인 의학의 철학에도 정면으로 도전하는 것이었다. "우리 의사들은 물리 과학이 이제까지 이루어낸 발전과는 동떨어져 있으며, 인간 존재를 물리적 우주의 다른 존재들과 분리시켜 생각하려 든다."라는 그의 주장은, 대부분의 동료 의사들에게는 나중에

라호프스키나 크라일의 주장이 그랬듯이 납득되기 어려운 것이었다.

보다 환상적인 발견은, 에이브럼스가 자신의 기구를 사용하여 환자의 피 한 방울만으로도 그 환자가 앓고 있는 질병을 정확히 진단해 낼 수 있음을 알아낸 것이었다. 그는 그 병명을 알아내기만 한 것이 아니라, '병세가 어느 정도로 진전되었는가' 하는 것까지도 알아낼 수 있었다. 그것은 반향음계에서 나온 결과를 10, 1, 그리고 25분의 1의 단위로 눈금이 새겨진 세 대의 가감 저항기가 달린 다른 반향음계들에다 유도시킴으로써 얻어 낼 수 있었다.

에이브럼스가 발견해 낸 더욱 기상천외한 것은, 유방암에 걸린 부인의 병소에서 채취한 피 한 방울만을 가지고도 어느 쪽 가슴에 암이 걸렸는지를 알아낼 수 있는 것이었는데, 그것은 건강한 사람더러 손가락 끝에 그 피를 묻힌 후, 자신의 가슴을 가리키게만 하면 되는 것이었다. 그는 그와 똑같은 방법으로 결핵이나 기타 다른 질병의 병세가 어디에 집중되어 있는지 가려낼 수 있었다. 장인지, 방광인지 혹은 척추 중 어느 한 곳인지, 아니 사실상 신체의 어느 부분이든지 정확하게 가려낼 수 있었던 것이다.

어느 날, 에이브럼스는 강의실에서 말라리아 환자의 피가 유발하는 반응을 실연해 보이다가, 갑자기 태도를 바꾸어 느닷없이 다음과 같은 질문을 했다. "자, 이 강의실에는 대략 40명이 넘는 의사들이 있습니다. 아마 여러분 모두는 말라리아 환자에게 키니네를 권할 것인데, 키니네가 어째서 그런 효과를 발하는지 누구 과학적으로 설명할 수 있겠습니까?" 아무도 대답을 하지 못하자, 에이브럼스는 황산키니네 몇 알을 꺼내 그 반향음계 내의 실험용 혈액을 넣어 두던 자리에 집어넣었다. 그러자 말라리아 병체에서 나오는 것과 똑같은 진동음이 나왔다. 그리고 이번에는 얇은 종이에 싼 몇 알의 키니네가 들어 있는 용기 안에 말라리아 환자의 피를 넣어 보았다. 그랬더니 키니네의 진동음이 둔화되고 그에 공명하여 말라리아의 진동음도 둔해졌다. 놀라고 있는 학생들에게 에이브럼스는, 이 현상은 키니네 분자에서 나온 방사선이 말라리아 분자에서 나온 방사선을 해소시켰기 때문이며, 이 말라리아에 대한 키니네의 효능은, 보다 철저하게 연구되어야 할 모종의 전기적 법칙에 의한 것이라는 소견을 제시했다. 키니네뿐만 아니라,

매독을 치료하는 수은의 경우와 같이 해독제로 알려진 다른 여러 가지 것들도 이와 비슷한 양상을 나타냈다.

에이브럼스는 만일 자신의 고안품으로 무선 방송국처럼 각 채널별로 다른 파장을 발생시켜 말라리아나 매독 등의 고유한 파장을 변화시킬 수 있다면, 키니네나 수은처럼 그 질병을 효과적으로 치료할 수 있을 것이란 생각을 했다.

처음에는 그 자신도 "이것은 인간의 지식 한계를 벗어나는 것이다."라는 생각을 했지만, 마침내 그는 한 친구의 도움을 받아 '진동 분쇄기 oscilloclast'를 만들어냈다. 그 친구는 새뮤얼 호프먼 Samuel O. Hoffman이라는 무선 전파를 연구하는 엔지니어로서, 제1차 세계대전 중에 미국의 해안으로 접근해 오는 독일의 비행선을 아주 먼 거리에서도 포착해 낼 수 있는 독자적인 방법을 개발함으로써 명성을 얻은 사람이었다. 이 '진동 분쇄기' 혹은 오실로크라스트는 여러 병체에서 나오는 방사선을 변화시키거나 없애 버림으로써 인간의 질병을 치료할 수 있는 특별한 파장을 방출하는 것이었다.

1919년 경, 에이브럼스는 그 사용법을 의사들에게 가르쳐 주기 시작했다. 그렇지만 사실 그나 의사들이나 그 기계가 환부에 영향을 주는 이치를 정확히 설명할 수는 없었다. 따라서 이 기계는 거의 기적에 가까운 것으로 여겨졌다.

1922년에 앨버트 에이브럼스는 〈피지코 클리니컬 저널 Physico Clinical Journal〉에다 자신이 환자의 피 한 방울과 기계로 분석한 그 피의 진동만을 가지고, 최초로 전화선을 통해 사무실에서 수마일 떨어진 곳에 있는 환자를 진단해 냈다는 사실을 보고했다. 이 괴이쩍은 발표는 결국 미국 의학 협회의 분노를 사고 말았다. 미국 의학 협회가 그들의 회보에다 에이브럼스를 비난하는 기사를 게재하자, 뒤이어 영국의 〈브리티시 메디컬 저널〉에서도 그 기사를 그대로 전재했다. 영국에서의 비난 기사는, 영국 의학 협회의 전임 회장이었으며, 자신의 치료 기술에 에이브럼스의 방법을 활용하여 큰 성공을 거둔 제임스 바 James Barr로 하여금 그 비난 기사에 대한 반박문을 쓰게 만들었다. "당신네들은 미국 의학 협회의 회보에서 무언가를 인용한 적이 거의 없었다. 그런데도 무엇인가를 인용했을 때는 그것이 매우 중요한 문제라서 그것을 받아들여야 한다는 판단에 따라 그랬을 거라고만 생각해 왔었다. 그런데 이게 무슨 짓인가. 한 뛰어난 의학인—나의 견해로는 의학계에서 가장 뛰어난 천재—을 반대하려고, 무지로 인한 장광설을 늘어놓기 위해 그런 짓을 했단 말인가." 그러면서 바는, "언젠가는 의학 잡지의 편집자들과 의사들이, 에이브럼스의 진동에는 자기네들의 철학으로 상상했던 것보다 훨씬 더 많은 것이 있음을 알게 될 것이다."라는 말로 끝을 맺었다.

에이브럼스의 가장 위대한 발견은, 모든 물질은 방사선을 방출하며, 그 방출된 파장은 공간을 가로질러 검파기의 역할을 하는 인간의 몸체에 반향됨으로써 검출될 수 있고, 또 갖가지 질병을 앓고 있는 환자들에게서는 그 환부에서 발해지는 독특한 파장에 의해 계속 둔화된 상태로 나타난다는 것이다.

1924년에 에이브럼스가 사망한 후에도, 그에 대한 미국에서의 비방은 여전히 계속되어, 〈사이언티픽 아메리칸〉지는 18편의 연재 기사를 실었다. 그 중 가장 어이없는 비방 기사는, 에이브럼스가 그 '에이브럼스의 상자'를 만든 것은 단지 순진한 의사들과 아무것도 모르는 대중들한테 팔아서 돈을 벌겠다는 목적 때문이었다는 것이었다. 그러나 에이브럼스는 원래가 백만장자였다. 또 에이브럼스가 자기의 미국인 후원자 중의 한 사람인 업턴 싱클레어 Upton Sinclair에게, "인류의 복지를 위해 '에이브럼스의 상자'를 개발하겠다는 연구소가 있다면, 그곳이 어디건 자신의 기구들을 기부하고 자신은 그곳에서 무보수로 일하겠다."는 내용의 편지를 보냈었다는 사실을 아는 사람은 아무도 없었다.

이러한 분위기 때문에 에이브럼스의 연구 결과들은, 미국 내의 소수 집단의 의사들 외에는 아무에게도 영향력을 발휘할 수 없게 되었다. 그 소수 집단의 의사들 대부분은 독립심이 강한 척추 지압 요법사[1]들로서, 그들 자신의 표현을 빌면, '아무런 약물도 사용하지 않는 의사'들이었다.

1—질병은 신경계의 기능 이상이 원인이라는 주장에 기초하여 치료법을 행하는 사람들. 인체의 구조, 특히 척추에 대한 치료로 신경계의 정상 기능을 회복시키고자 한다.

에이브럼스가 죽고 나서 한 세대가 지나갈 무렵, 샌프란시스코 만 연안에 살던 그들 중의 한 사람이, 프린스턴 대학에서 학위를 받은 커티스 업턴 Curtis P. Upton이라는 토목기사의 방문을 받았다. 이 업턴의 아버지는 토머스 에디슨과 함께 연구를 했던 사람이었다. 업턴의 엔지니어다운 생각으로 볼 때, 병든 인간을 치료하는 데 쓰이는 이 이상한 장치가 농작물의 병충해 퇴치에도 이용될 수 있을 것 같았다. 1951년 여름, 업턴은 텍사스 주 코퍼스 크리스티 출신의 전자 전문가이자 같은 프린스턴 대학 동창인 윌리엄 크너스William J. Knuth와 함께 애리조나 주의 투손 가까이에 있는 커타로 매레이나 지방의 3만 에이커에 달하는 목화밭으로 달려갔다. 트럭에서 내린 그들은 휴대용 라디오만한 크기에 다이얼과 고착 안테나가 달린 정체 불명의 이상한 상자 모양을 한 기구를 꺼내 들었다. 그때가 바로 그들이 시몬통과 맥니스보다 진일보한 연구를 실행해 보고자 하는 순간이었다. 그들은 직접 건드리지 않고도 사진을 매개로 목화밭에 영향을 주고자 하는 것이다.

그 기구의 아랫부분에 부착시킨 집전판集電板 위에는, 그 목화밭 지대를 찍은 항공사진과 목화의 해충에 유해한 것으로 알려진 시약이 놓여졌다. 그리고 다이얼은 특정한 채널에 맞춰졌다. 이 실험의 목적은 화학 살충제를 사용하지 않고 그 일대의 병충해를 물리치는 것이었다. 이 실험의 배경이 되는 이론은, 이제까지 기록되어진 식물의 성질과는 전혀 관계가 없는 매우 '기발한' 것이었다. 즉, 목화들이 발하는 파장과, 그것을 찍은 사진의 감광유제感光乳劑를 구성하고 있는 분자와 원자에서 발해지는 파장이 동일한 주파수로서 서로 공명할 것이라는 생각에서 비롯된 것이었다. 그러나 이 두 미국인 엔지니어들은, 똑같은 발견이 이미 1930년대에 보비스에 의해 이루어졌었다는 사실을 모르고 있었다. 아무튼 그들은 목화의 해충에 유해하다고 알려진 시약으로 사진에 영향을 줌으로써 거기에서 발생되는 파장이 실제의 밭에 있는 목화들에게 병충에 대한 면역력이 생기게 해줄 거라고 믿었다. '동종요법'이 극히 적은 양의 희석 약품을 쓰는 것처럼, 이때 사용한 시약은 사진에 찍힌 면적에 비해 극히 적은 양이었다.

동종요법은 1755년에 작센 지방의 마이센에서 태어난 유명한 의사 크리스티안 사무엘 하네만Christian Samuel Hahnemann이 시작한 치료 방법이다. 화학자이자 언어학자―의학 서적의 번역자인 동시에 포괄적인 약제 사전의 저자이기도 했던―인 하네만은, 지금으로 치면 미국의 식품의약국 같은 기관과 심각한 마찰을 빚게 되었다. 그것은 그가, 인간에게 질병을 일으킬 수 있는 것이라도 소량으로 사용하면 오히려 그 질병을 치료할 수 있다는 것을 발견했다고 발표했기 때문이었다. 그러한 사실을 최초로 발견하게 된 것은 아주 우연한 일 때문이었다. 스페인령의 페루 총독의 부인인 싱콘Cinchon 백작부인이 말라리아에 걸렸었는데, 그녀는 그것을 먹으면 말라리아에 걸렸을 때와 똑같은 증세를 일으키는 그 지방의 한 나무 껍질을 달여 먹고 병이 나았다. 이렇게 해서 '싱콘 목피木皮'라고 알려지게 된 이 약은 스페인의 수도사들에 의해 부자에게는 그 무게만큼의 금을 받고, 가난한 사람에게는 공짜로 나눠 주는 식으로 팔리게 되었다.

그 새로운 방법에 고무된 하네만은, 원래는 어떤 질병과 같은 증상을 일으키지만 소량으로 투여하면 기적에 가까운 치료 효과를 나타내는 특정한 풀이나 나무 껍질, 독사의 독 같은 여러 물질들에 대한 체계적인 탐색에 나섰다. 그는 성홍열에는 벨러도너가, 홍역에는 풀사틸라가, 그리고 인플루엔자에는 젤세미움이 효과적인 치료약이라는 것을 발견했다. 하네만은 그러한 치료약에 이어 그 약만큼이나 신기한 치료 방법도 발견해 냈다. 그것은 시약을 묽게 하면 할수록―심지어 100만분의 1 정도로까지―그 약효가 점점 더 높아진다는 것이었다. 루돌프 하우슈카는, "만약 물질을 우주의 힘의 응축물이나 결정체로 본다면, 이 우주의 힘이 병 속에 갇혔던 정령처럼 그 물질적 껍질의 구속에서 풀려남으로써 원래의 강력한 힘으로 되돌아가는 것은 당연한 일이 아니겠는가."라는 견해로 그 현상을 풀이했다.

신중한 화학자인 하네만은 나무 껍질, 뿌리, 진, 씨앗, 수액 같은 것의 팅크액[2]을 99배의 순수 알코올로 희석하기 시작했다. 이로써 그는 자신이 '100분의 1의 효력'이라고 부른 것을 얻을 수 있게 되었다. 그는 이 용액을 다시 99배로 희석했다. 그리고 그 작업을 다시 세 번 행함으로써 100만 배

2―요오드 팅크(옥도정기)와 같이 어떤 약품을 알코올이나 에테르에 담가 녹이거나 우려낸 액체.

로 희석한 팅크액을 만들어낼 수 있었다. 그 결과, 그는 자신조차 이해 못할 어떤 이유로 해서 그 약의 효능이 대폭 증대되었음을 발견하게 되었다. 하우슈카는, 이 하네만의 신비는 그가 용액을 희석시킬 때 수학적으로 정확하고 리드미컬하게 흔드는 것과 관계가 있으며, 이 리듬은 육체의 통제로부터 자유로워진 영혼이 그것에 의해 인간에게 효과를 미치는 것과 똑같이 그 용액에다 영향을 미치는 것이라고 설명했다.

그러나 그 분야의 권위자들은 하네만을 즉각 처단했다. 그렇지 않아도 하네만은, 환자들의 피를 뽑는 것은 범죄 행위라고 생각하고 있었기 때문에 동료 의사들과 사이가 안 좋은 터였는데, 이번에는 약제사들의 분노를 사게 되었던 것이다. 그것은 하네만이 말한 것 같은, 적은 함량의 약을 팔다가는 자기들의 이익이 크게 줄어들 것이라고 보았기 때문이었다. 하네만의 발견이 괴테의 개인 의사인 후페란트Hufeland가 발간하는 잡지에 실려 처음으로 대중에게 선보이자마자, 약제사 조합―약사들과 의사들에게 제약회사의 새로운 약품을 구매하도록 선전하는 오늘날의 신약 선전원들의 원조元祖와 같은 조합―은 즉각 하네만을 법정으로 끌어내어, 그의 그러한 제약 행위가 유죄임을 선고하면서 그 일을 금지시키는 한편, 그를 마을에서 추방시켜 버렸다.

1951년의 투산에서도 사정은 역시 마찬가지였다. 업턴과 크너스의 연구가 농작물을 약탈자인 병충해로부터 안전하게 지켜줄지도 모른다는 데에 단돈 몇 푼이라도 걸 과학자는 한 명도 없었다. 그러나 이 두 엔지니어는 그에 실망하지 않고, 애리조나 주의 유수한 목화 재배 기업인 커타로 매니지먼트 사 소유의 4천 에이커에 달하는 토지의 항공사진을 가지고 실험에 실험을 거듭했다. 그 회사의 간부들은 이 실험이 성공할 것인지를 두고 도박을 걸고 있었다. 만일 수백만 달러어치의 자기네 농작물을 습격하는 12종류의 병충들을 그런 단순한 장비로 간단히 막아낼 수 있다면, 그들은 살충제를 뿌리는 데 연간 3만 달러씩 소요되었던 경비를 절감할 수 있을 터였다.

그해 가을, 투산의 〈위크앤드 리포터〉지는 '백만 달러의 도박, 목화 사나이들의 승리로 돌아가다'라는 제목의 두 페이지짜리 기사를 실었다. 그 기사에는 '벅 로저스Buck Rogers형 전자 해충 제어 기술'이 커타로 사의 목화 수확량을 애리조나 전체의 평균 수확량보다 25퍼센트 가량이나 증대시켰다는 글이 실려 있었다. 커타로 매니지먼트 사의 사장인 니콜스W. S. Nichlols는 공술서에다, 이 방법으로 처리된 목화는 씨앗도 20퍼센트 가량 더 많이 열렸다고 밝혔다. "그것은 아마 이 방사선 처리 방법이 벌들에게는 아무런 해도 주지 않았기 때문일 것이라고 보여진다." 그러면서 그는, 소작인들이 "이 신기한 방법으로 처리된 지역에서는 뱀들이 거의 사라졌다."는 보고를 해 왔다고 덧붙였다.

미국 동부 해안에 살고 있는 업턴의 프린스턴 대학 동창이자, 자신의 이름으로 수많은 발명을 해낸 산업 화학자인 하워드 암스트롱Howard Armstrong은, 자기 친구의 방법을 펜실베이니아에서도 한번 시도해 봐야겠다고 작정했다. 그는 알풍뎅이에 시달리고 있는 옥수수 지대의 항공사진을 찍은 후, 가위로 그 사진의 한쪽 구석을 잘라 냈다. 그리고 나머지 부분만을 업턴의 방사선 기구의 집전판 위에다 올려 놓았다. 알풍뎅이에게 치명적인 로테논rotenone이라는 시약—'아시아 덩굴'의 뿌리에서 채취한—도 같이 올려 놓았음은 물론이다.

다이얼을 특정 위치에다 맞춰 놓고 5~10분간씩 틀어 놓기를 몇 차례 한 뒤, 풍뎅이의 수를 꼼꼼하게 세어 봤더니, 사진을 통해 처방된 옥수수 밭에는 80~90퍼센트 가량의 벌레들이 죽거나 사라진 것으로 나타났다. 반면에 사진에서 잘려 나간 부분, 즉 처리를 받지 않은 곳은 벌레들이 100퍼센트 그대로 남아 있었다.

해리스버그에 있는 펜실베이니아 주의 농업협동조합의 연구부장 로크웰B. A. Rockwell은, 이 실험을 직접 목격한 후 이렇게 썼다. "인간이나 식물, 동물에게는 아무 해를 끼치지 않고, 32킬로미터의 거리를 두고 오직 해충들만 퇴치한다는 것은, 농작물에 대한 해충 퇴치 방법의 역사에 있어서 일찍이 유례가 없는 업적일 것이다. 이 분야에 관해 19년 동안이나 연구를 해온 내게 있어서, 이것은 비현실적이고, 불가능한 것으로서 단지 환상에 지나지 않는 미친 짓처럼 보일 수도 있다. 그러나 이 방법으로 처리한 옥수수와 그렇지 않은 옥수수를 정밀하게 조사한 결과를 보면, 처리한 옥수수 쪽의 살충 비율이 10배 가량 높다는 것이 엄연한 사실로 증명되고 있다."

업턴, 크너스, 암스트롱은 자기들의 머리 글자를 따서 'UKACO'라는 회사를 차렸다. 이 회사의 목적은, 과학적으로 납득이 되지 않을 만큼 단순하면서도, 농민들에게 부담이 안 되는 적은 비용이 드는 방법으로 해충을 퇴치하려는 것이었다. 이 회사는 해리스버그에서 가장 저명한 사람 중의 하나이자, 펜실베이니아 주 징병위원회의 회장인 헨리 그로스Henry M. Gross 장군의 후원을 받게 되었다.

업턴과 크너스는 서부의 아티초크 재배자 44명과 계약을 맺고, 그들의 작물에 기승을 부리고 있는 깃나방을 퇴치해 주기로 했다. 계약 조건은, 성과가 없으면 보수를 받지 않는다는 것이었다. 모든 농부들은 그 작업에 대한 비용으로 1에이커당 1달러의 비용만 지불하면 되었다. 그 같은 액수는 상업적 살충제를 사용하던 것에 비하면 지극히 하찮은 비용이었다. 펜실베이니아의 로크웰은 이에 대해, "아무 효과가 없을 때 농부들은 단 한푼도 지급할 필요가 없었으므로, 이것이 내가 주목을 하고 있던 UKACO의 방법에 대한 최고의 증명서가 될 것이다."라고 말했다.

해충을 퇴치하기 위한 새로운 혁명적 방법의 개발이 눈앞에 다다랐음을 확신한 로크웰은, 자신이 지도하는 농민들과 자신의 감독하에 일련의 장기적인 실험을 하기로 계약을 맺었다. 1949년에 포터 군에 있는 농업협동조합에 소속된 '감자 농장'과 이스턴에 있는 페어뷰 농장에서 UKACO의 방식으로 처리한 감자가 상업적인 살충제를 일곱 번 살포한 곳의 감자보다 30퍼센트나 더 많은 수확량을 나타냈다. 화학 약품 사용에 드는 비용을 절약한 것까지 합하면, 그들의 실질적 이윤은 그 수확량의 증가만 따진 것보다 훨씬 더 많았다.

이듬해, UKACO로부터 장비 조작술을 직접 배운 조합의 연구부 직원들은 살충제를 사용한 밭에서보다 22퍼센트나 더 많은 수확을 거둘 수 있었다. 허시Hershey의 제40번 개인 농장과 조합 소유의 가금 농장에서 행한 실험 결과를 보면, 양쪽 모두 실제로 옥수수를 세밀하게 조사해 봤더니 유럽산 조명충나방의 유충이 65퍼센트나 감소되었음을 확인할 수 있었는데,

이 같은 효과는 이전의 그 어떤 방법으로도 이룰 수 없었던 것이었다.

플로리다 주의 이턴빌에서도, 헝거퍼드 고등학교의 농업과 지도교사—그는 탤러해시 대학에서 농학을 이수했었다—가 UKACO의 방법을 실행하여 성공을 거두었다. 그는 그 방법으로 학교 부지의 배추밭에 있는 해충들과 순무의 뜀벼룩 갑충 따위를 효과적으로 감소시킬 수 있었던 것이다.

이 무렵, 메릴랜드의 벨츠빌에 있는 미국 농무부 연구소가 살충제를 사용하지 않는 이 새로운 방법에 흥미를 보이기 시작했다. 그곳의 관리 중 한 사람인 트루먼 힌턴Truman Hienton 박사는 그로스 장군에게 전화를 걸어, 자신이 UKACO가 어떤 방식으로 결실을 얻어 내는지 밝히고 싶다고 말했다. 힌턴과 다른 두 명의 동료 박사가 해리스버그에 도착했을 때, 누군가 그 장비의 원리는 어느 정도 라디오 방송과 관계가 있는 것 같다고 귀띔해 주었다. 그래서 그들은 UKACO의 하워드 암스트롱에게, 작물 밭에 송출하는 전파의 파장이 무엇이냐고 물었다. 그러나 암스트롱이 자기로서도 알 수 없다는 대답을 하자, 고개를 갸웃거리던 그들은 결국 벨츠빌로 그냥 되돌아가고 말았다.

1951년 여름, 암스트롱은 컴벌랜드 계곡을 여행하면서, 그 지방의 농부들이 부탁해 오는 옥수수나 기타 다른 작물들을 처리해 주었다. 그의 순회는 대단히 성공적이어서, 농부들은 나중에 살충제 상인이 찾아왔을 때 아무것도 필요하지 않다고 할 정도였다. 뿐만 아니라, 그 농부들은 암스트롱이 남겨 두고 간 많은 기구들을 직접 다룰 수도 있게 되었다. 이러한 사실은, 앨버트 하워드 경의 주장이 영국의 비료 업체들 사이에 엄청난 반발을 일으키게 했던 것처럼, 미국 살충제 업체들의 분노를 폭발시켰다. 이들 업체의 대변지인 〈농업화학Agricultural Chemicals〉지는 1952년 1월호에, UKACO의 방법은 사기행각일 뿐이라는 내용의 비방 기사를 실었다. 아무런 이해 관계가 없는 제3자는 그 방법을 행하더라도 결코 똑같은 결과를 얻을 수 없었다고 주장한 이 기사에 대해, 펜실베이니아 농업협동조합의 로크웰은 "나는 내가 본 죽은 벌레들이 알풍뎅이라는 것쯤은 알 만큼 과학 공부를 해온 사람이다."라고 일축해 버렸다. 1952년 3월, 요크 군의 농업 지도자 50명이 미심쩍어 하는 기색으로, 펜실베이니아 농업국의 사무국장인 벤저민 R. M. Benjamin의 이야기를 들으러 모여들었다. 벤저민은 그들에게 두 시간에 걸쳐, 자신들이 어떻게 원격 전자 조정법으로 여러 해충들을 퇴치할 수 있었는가에 대해 설명했다. 그러면서 그는 자신의 말을 뒷받침해 줄 수 있는 증빙 서류들을 제시했는데, 그 중에는 펜실베이니아 주 농무부 장관인 마일스 호스트 Miles Horst가 쓴 것도 있었다. 호스트는, 알딱정벌레에 시달리던 자기 집 정원의 셔런 덩굴장미에다 그 방법을 썼더니 효과가 대단하더라고 보고하고 있었다. 청중들 대부분은 처음에는 비록 벤저민을 힐문하고, 심지어 어떤 사람은 그들이 옥수수밭에다 '신앙의 묘약'을 투여했을 거라며 조롱하기까지 했지만, 그 회의가 끝나 갈 무렵이 되자, 각자의 마음속에 이번 여름에는 이 새로운 방법을 써 봐야겠다는 믿음이 싹트게 되었다.

이 회의의 전말을 보도했던 〈요크 디스패치 York Dispatch〉지는 워싱턴에 있는 미국 농무부의 한 관계자에게 UCAKO식 처리에 관한 견해를 요청했다가, 미국 농무부는 그 방법을 전혀 신뢰하지 않는다는 회답을 받고 놀라움을 금치 못했다. 미국 농무부에서 곤충과 식물의 검역을 담당하고 있는 농업 연구 행정부의 부부장인 비숍 F. C. Bishopp은 편지로, 당국의 야외 연구원이 남서부에서 크너스와 업턴의 실험을 관찰해 본 바에 따르면, 곤충들이 전혀 퇴치되지 않았음을 발견했다고 주장했다. 아울러 비숍은, "비록 우리가 그 장비들을 면밀히 검토해 볼 기회가 없었는데다, 그 실험 자체에 대해 적절한 시험을 해보지는 못했지만, 그 실험의 기대에 반대되는 보고들이 무수히 답지하고 있다."라고 덧붙였다. 그러면서 그는 〈애리조나 파머 Arizona Farmer〉지에 실렸던 다음과 같은 머리 기사를 인용했다. "전자 제어식 해충 퇴치기의 실패—마법의 검은 상자를 팔려던 사람들은 목화 재배자들이 그것이 효험이 없다는 것을 깨닫자, 텍사스의 팬핸들 지역을 떠나고 있다."

1주일 후, 비숍은 1952년 여름으로 계획된 실험이 예정대로 진행될 것이라고 깨닫고 자신의 논지가 먹혀들지 않았음을 느꼈다. 그리하여 그는 〈요크 디스패치〉지에다 다시 두번째 편지를 보냈다. "방사선을 이용하여 곤충을 퇴치하는 것에 관한 우리의 지식이 비록 한정적이긴 하지만, 우리는 그 회사의 주장이 과장이라고 느껴진다는 걸 고백하지 않을 수 없다. 우리는 그 회사가 어째서 그 방법을 보다 발전시킬 적당한 권위자를 찾지 않은 채 넓은 지역에서의 실험을 감행하려 드는가 하는 당연한 의문을 갖게 된다. 우리는 이 중대한 문제에 관해, 농민들이 이미 알려져 온 건전한 방식의 곤충 퇴치 방법을 따르지 않고, 불건전한 방식에 이끌리지 않을까 우려하는 바이다." 비숍의 의도는, 자신의 권위를 이용하여 전문적인 지식이 없다고 스스로 인정했던 그 방법을 단죄하려는 것이었다.

한편, 로크웰은 방사선을 이용하는 그 방법이 늘 성공적이지만은 않다는 사실을 결코 부정하지는 않았다. 그는 신문사에다 그 사실을 솔직하게 밝혔다. "관개용 파이프나, 고압 전류, 변압기로부터의 전기 누출, 철조망, 화분, 그리고 다양한 토질의 상태 등에 영향을 받아, 어떤 경우엔 그 실험이 실패할 수도 있다……. 그리고 UCAKO의 장치는 아직 정식 특허를 인가받지 못했기 때문에 벨츠빌의 연구소에 선보일 만한 형편이 못 된다."

같은 해 봄, UCAKO의 세 동료들과 그로스 장군은 해충 퇴치 작업을 수행할 비영리 단체를 결성했다. 사용되는 시약의 동종요법적인 성질 때문에 이 비영리 단체는, 전에 '다우Dow 화학 주식회사'의 유기화학 연구부에서 주임으로 일했던 윌리엄 헤일William J. Hale 박사의 제안에 따라 '호메오트로닉Homeotronic(전자를 동종요법적으로 쓴다는 뜻) 재단'이라고 이름지었다.

그러는 동안, 미국 농무부의 힌턴 박사는 비숍의 성명에도 불구하고 그로스 장군에게 거듭 전화를 걸어, 지난 해에 컴벌랜드 협곡에서 있었던 암스트롱의 작업에 대해 매우 흥미 있는 보고를 받았으며, UCAKO의 차후 노력을 지원하기 위해 벨츠빌 농업 연구소가 무엇을 할 수 있을까 궁리중에 있다고 말했다. 이에 그로스 장군은, 정부의 연구소에서 다섯 명의 대표단을 보내, 펜실베이니아 주의 각 군에서 농장들을 처리할 다섯 명의 UCAKO 직원들과 함께 여름 한철 동안 일하게 하면 어떻겠느냐고 제안했다. UCAKO의 처리 방법을 꾸준히 관찰한다면, UCAKO가 주장하는 대로 과연 효과가 있는지 직접 판명이 날 거라는 것이었다. 그러나 힌턴 박사는 그로스 장군의 그 제안을 받아들이는 대신 자기 나름의 독자적인 기준으로 UCAKO의 작업을 감독하기로 하고, 뉴저지에 있는 미국 농무부의 야외 연구원인 시글러E. W. Seigler 박사와 조수 한 명에게 그 일을 맡겼다.

1952년의 재배 기간 동안, 호메오트로닉 재단의 직원들은 몇 명의 펜실베이니아 농업국 직원, 한 명의 오하이오 주 농업국 직원과 함께 열심히 작업에 매달렸다. 그 결과, 5개 군에 걸쳐 61명의 농부들이 소유하고 있는 81곳의 개인 경작지 중 1,420에이커에 달하는 옥수수밭이 처리되었고, 7만 8,360개의 옥수수 대가 면밀하게 검사되었다.

8월 7일에 가서야, 미국 농무부의 직원들이 마침내 모습을 나타냈다. 그들을 이끌고 있는 시글러 박사는, 요크 군의 옥수수 농장들 중 비틴저 캐너리Bittinger Cannery라는 사람이 소유한 농장을 무작위로 선택한 후, 처리한 옥수수와 처리하지 않은 옥수수를 조사했다. 400개의 옥수수가 심어진 네 고랑을 조사해 봤더니, 처리하지 않은 쪽은 346개의 옥수수 수염이 해충에 피해를 입었는데, 처리한 쪽은 겨우 65개에 그쳤다. 펜실베이니아 농업국 관할의 가금 농장 조합 소유로 되어 있는 또 다른 곳에서는 그 비율이 339 대 64로 나타났다. 다른 지역도 모두 조사해 보았더니, 이 새로운 방법이 성공했다는 결론이 나왔다. 그런데 단 한 곳만은 불가사의하게도 이 방법이 전혀 먹혀들지 않았다. 어쨌든 종합적인 결론으로는, 알풍뎅이에는 92퍼센트, 조명충나방에는 58퍼센트라는 성공률이 나타났던 것이다.

UCAKO 팀은 이 결과가 미국 농무부 당국에 의해 확인되었다는 사실에 매우 흡족해 했다. 그러나 미국 농무부의 시글러 박사는 UCAKO 팀에다, 벨츠빌이 자기네 보고를 정식으로 발표할 때까지 펜실베이니아 농업국 회보에 아무런 발표도 하지 말아 달라고 요구했다. 몇 주일 후, 미국 농무부의 연구소로부터 아무런 발표가 없자, 그로스 장군은 벨츠빌에 전화를 걸어 그 보고문의 복사본을 30부 보내 달라고 청구했다. 그런데 그것은 배달되지 않고, 비숍의 다음과 같은 짧막한 편지만이 로크웰에게 왔다. 즉, 그 방법이 실시되기 '전'의 통계 수치가 없기 때문에, 자신이 보낸 연구원들이 펜실베이니아에서 보낸 그 보고서들은 아무런 가치가 없다는 것이었다.

그 소식을 접한 펜실베이니아 사람들은 실로 어이가 없었다. 항공사진을 찍고, 처리를 시작한 것은 그곳에 옥수수 이삭이나 알풍뎅이가 생기기 훨씬 이전이었다는 것을 벨츠빌로서도 잘 알고 있었기 때문이었다. 농무부의 의도는, UCAKO 방식을 초기에 말살시켜 버리려는 것으로 보였다. 또 장래의 큰 고객감인 몇 사람이 벨츠빌에 의견을 묻자, 모든 것은 사기이며, 그런 방식으로는 아무런 성과도 얻지 못한다는 통보를 보내왔다.

그 후 암스트롱은, 미국 농무부의 고위층과 결탁한 살충제 업체의 대표들이 UCAKO 방식을 택하고 있는 웨스트코스트의 농부들을 찾아가 그것은 철저한 사기극이라고 떠들고다닌다는 것을 알게 되었다. UCAKO 팀은, 벨츠빌이 자신들의 작업 진행을 직접 의도적으로 방해하고 있으며, 그런가 하면 워싱턴에서는 자기네 살충제 업계의 사업을 위험할 정도로 위협하는 것이라고 본 그 회사들의 로비스트들이 정부에다 이 새로운 해충 퇴치 방식을 승인해 주지 못하도록 강한 압력을 넣고 있다고 결론을 내렸다. 그러한 선전 활동은 대단히 효과적이어서, UCAKO는 새로운 농부 고객 확보에 상당히 어려움을 겪게 되었다. 미국 농무부의 대군단에 휘말린 농부들이 '업턴, 크너스, 암스트롱의 처리 방식'이 아무것도 아니라는 생각을 갖게 되었기 때문이었다.

그러는 동안, 특허 신청이 "과학적 배경을 가진 자격 있는 전문가로부터의 설득력 있는 증거가 결여되었다."는 이유로 반려되자, 업턴은 자신의 주장을 뒷받침할 22페이지 분량의 기록을 추가로 제출했다. 업턴은 이 추가 기록문에서, 이 새로운 방식의 본질과 작동 원리를 정확히 규명하는 일은 대단히 어려운 일이라고 주장했다. 아울러 그는, "이 방식은 분자, 원자, 전자에 영향을 미칠 수 있는 어떤 근본적인 에너지원에 대한 연구와 그 이용에 관한 연구도 내포한다. 자기장의 극성을 잘 조절한 상태에서 물질의 모든 입자는 고유한 주파수를 갖게 된다. 이때 이 주파수에 조화롭게 공명할 수 있는 힘이 있다면, 그것으로 그 물질의 입자에 위와 같은 영향을 미칠 수 있으리라고 추측된다."고 밝혔다.

그들은 자기들의 주장을 뒷받침하기 위해, 펠릭스 블로흐Felix Bloch 박사와 함께 1952년도 노벨 물리학상을 공동으로 수상했던 에드워드 퍼셀 Edward Purcell 박사가, 분극한 자기장 안에서 원소가 공명을 할 때, 그 고유한 공명 주파수에 관해 다룬 내용의 글을 발표한 11월 15일자 〈사이언스 뉴스레터 Sience News Letter〉지의 기사를 인용했다. 그런가 하면 블로흐 박사의 논문―그 논문에는 블로흐 박사 자신이 '핵 유도 nuclear induction'라고 명명한 방법을 이용하여, 원자 입자를 아주 작은 무선 전신기의 역할을 하도록 하는 데 성공한 내용이 담겨 있다―도 인용하여, 여기에서 나오는 전파를 확대하면 확성기에도 잡힐 수 있다는 것이다. 업턴에게는 블로흐의 연구에 응용된, "이제까지는 과학적으로 밝혀지지 않았고, 특히 식물과 동물의 생명에서 보여지는 복잡한 성질의 분자 구조에 적용할 때 더욱 알 수 없었던" 그 에너지의 형태가 자신의 무선음 처리 방식에 사용되는 것이 틀림없다는 생각이 들었다.

업턴은 또 조지 워싱턴 크라일 박사와 버 박사의 논문들도 인용했는데, 그것은 전자 전문가들의 연구와 정밀한 기구를 이용하여 전위를 검출하게 됨으로써, 생물체 내에는 전위의 다양한 진폭들이 존재한다는 것과, 그것을 측정할 수 있다는 것을 증명하게 되었다는 견해를 밝힌 내용이었다.

하지만 그 모든 노력에도 불구하고 특허를 얻어내는 데 실패하자, 그로스 장군은 몇몇 대산업체의 간부들과의 접촉을 시도했다. 그리하여 아이젠하워 대통령의 과학 고문인 배니버 부시 Vannevar Bush를 포함한 미국 정부의 비중 있는 과학자들에게 그 방법을 소개할 수 있게 되었다. 그로스 장군이 그들에게 UCAKO의 업적을 설명하면서, 예전에 크라일 박사가 했던 것처럼 단호한 태도로, 자신들의 이론은 모든 입자들은 자신들 고유의 주파수를 갖고 있다는 생각에 기초한 것이라고 하자, 과학자들은 UCAKO가 얻어 낸 결과들은 도저히 불가능한 것이라고 흥분하여 반박했다.

그로스 장군이 그 과학자들에게, 해리스버그로 와서 로크웰이나 무선음 처리 방식으로 자기네 작물들을 보호한 농부들과 대화를 나눠 보고, 그 결과들을 직접 눈으로 확인해 보라고 정중히 제안했지만, 그들은 그 초청을 거절했다. 그로스 장군은 워싱턴의 카네기 연구소 소장과도 접촉해 보았지만, 역시 별 성과를 거두지 못했다. 그는, 전자 과학에는 UCAKO의 방식이 효험이 있을 것임을 시사할 만한 게 없다고 잘라 말할 뿐이었다.

반감기半減期가 짧은 방사성 동위원소인 탄소14를 사용하여 물질의 연대 측정법을 개발한 공로로 노벨 화학상을 수상한 윌러드 리비 Willard F.

Libby 박사는 그로스 장군의 설명을 듣더니, "그 '상자'를 제대로 연구하려면 아마 100만 달러도 더 들 겁니다."라는 실망을 주는, 아니 어쩌면 정확할 말을 했다.

정부를 놀라게 한 것은 아마도 다음과 같은 생각 때문이 아닌가 싶다. 즉, 이 방법이 곤충들에게 습격당하고 있는 식물의 사진에다 독약을 방사하는 것만으로도 그 곤충 떼에 영향을 줄 수 있고, 심지어 죽일 수도 있다면, 적군이 밀집해 있는 지역에서 군사적으로도 이용될 수 있을 것이며, 나아가 전쟁이 일어났을 때 한 도시의 인구 전체에도 사용될 수 있을 거라는 생각 말이다. 곤충을 퇴치하려는 이 새로운 방법으로부터 농부들을 이간시키려는 이 모든 방해 ─ 정부와 업체들의 유력 인사들의 지능적인 방해 공작 등을 포함하여 ─ 로 말미암아 UCAKO는 결국 문을 닫아야만 했다. 그러나 '방사공학radionics'이라고 불리는 것에 관한 이야기는 그것이 시작이었다.

UCAKO 회사가 문을 닫기 30년 전, 캔자스 시 동력 전기 회사의 젊은 엔지니어인 갤런 하이어러니머스T. Galen Hieronymus ─ 그는 제1차 세계대전 이전에 아마튜어 무선 기사 자격증을 딴 초창기 인물 중 하나였다 ─ 는 이웃에 사는 플랭크Planck라는 의사로부터 한 가지 부탁을 받았다. 정밀한 부속품이 필요한 어떤 기계 장치에 쓸 거며, 은으로 만든 판을 몇 밀리미터의 단위로까지 정확하게 가늘고 길게 잘라서 코일로 감아 달라는 것이었다. 젊은 엔지니어가 작업을 하는 동안, 플랭크는 새롭고도 환상적인 치료 방법을 연구했던 샌프란시스코의 한 신비한 의학 천재에 관한 이야기를 들려주면서도, 자신이 만들고자 하는 기계의 용도에 관해서는 끝내 밝히지 않았다. 하이어러니머스가 자신이 만들었던 기계의 용도를 알게 된 것은, 프랭크가 죽은 직후 그의 미망인이 하이어러니머스에게 이상한 장치들로 가득 찬 박사의 작업실을 둘러보게 한 후, 자기한테는 필요치 않은 것들이니 원하는 게 있으면 가져 가라고 했을 때였다. 하이어러니머스는 그제서야 그 의사가 바로 앨버트 에이브럼스였다는 것도 알게 되었다.

한편, 발랄한 성격을 가진 로스엔젤레스의 한 젊은 척추 지압 요법사인 루스 드라운Ruth Drown 박사도 에이브럼스의 장치를 더욱 정교하게 만드는 작업을 진행하고 있었다. 드라운의 업적 중에서 가장 놀라운 것은, 환자가 수백 킬로미터, 아니 수천 킬로미터나 떨어져 있다 하더라도 그 환자의 피 한 방울만 있으면 그의 신체 기관과 세포 조직을 찍을 수 있는 카메라를 개발해 낸 것이었다. 더욱 놀라운 것은, 그녀가 이 방법으로 엑스레이로는 찍을 수 없는 횡단면까지도 찍을 수 있다는 것이었다. 그녀는 이 21세기형 기계로 영국의 특허까지 받아냈지만, 미국 식품의약국에서는 그녀의 주장을 허구의 과학이라면서 1940년대 초에 그 장비를 몰수해 버렸다. 아울러 당국에서는 그녀의 그러한 실상을 세상에 똑똑히 알려야 한다며 〈라이프〉지 기자들에게 그 장비 몰수 현장을 보여주었다. 그리하여 〈라이프〉지가 그녀를 사기꾼이라고 표현한 기사를 싣자, 루스 드라운 박사는 너무도 상심한 나머지 죽고 말았다. 알려지지 않은 한 천재의 비통한 죽음이었다.

드라운이 캘리포니아에서 활동하고 있던 무렵, 또 다른 에이브럼스의 추종자인 위젤스워스G. W. Wiggelsworth가 그의 동생—그는 진동 분쇄기를 완전한 사기라고 생각했다가 나중에 그 효능을 확신한 전자공학 엔지니어였다—의 도움을 받아 '에이브럼스의 상자'를 개량하는 일에 몰두하고 있었다.

그들은 저항 코일을 가변축전기로 대체함으로써 그것의 동조[3] 기능을 개선시킬 수 있음을 발견했다. 위젤스워스는 이 새로운 기계를 질병분쇄기 decease breaker 혹은 '병리분쇄기 pathoclast'라고 이름붙이고, 이 장치를 사용하는 사람들끼리 병리 계측 협회 Pathomatric Association를 결성했다.

1930년대에, 아칸소의 척추 지압 요법사이자 양계장에서 통구이용 닭을 증산할 수 있는 방법을 개발하여 사업적으로도 성공한 그렌 윌스 Gren Wills는 병리 계측 협회에서 전자 이론에 대한 하이어러니머스의 강연을 듣게 되었다. 윌스는 그 자리에서 하이어러니머스에게 병리분쇄기를 보다 정교하게 만들 수 없겠느냐고 물었다.

3—기계적 전동체, 또는 전기적 진동 회로가 외부로부터 오는 진동에 공진共振하도록, 그 고유의 진동수나 주파수를 조절하는 일.

하이어러니머스는 그전에, 병들거나 건강한 신체 세포 조직에서가 아니라, 금속으로부터 방사되는 이상한 에너지에 관해 독자적으로 상세한 연구를 한 바가 있었다. 그는 자신의 그 이론에 토대를 두고, 부러진 숟가락이나 조미료통 따위 같은, 부엌에서 아내 몰래 가져 나올 수 있는 순은 제품이라면 무엇이든지 다 모아 가지고 캔자스의 평원에다 묻어 두었었다.

하이어러니머스는 은을 숨겨 둔 곳을 잘 기억해 둔 뒤, 그곳으로부터 방사되는 에너지를 추적하려 했다. 그러나 그가 알아낸 것은, 놀랍게도 은으로부터는 아무런 에너지도 방사되지 않는다는 것이었다. 그는 처음에 누군가 자기가 묻어 둔 것을 파내 간 게 아닐까 하고 생각했으나, 몇 시간이 지나자, 자기가 은을 묻어 둔 곳으로부터 강력한 에너지를 포착할 수 있었다.

하이어러니머스는 사고가 경직된 사람이 아니었다. 그래서 그는 어느 기간 동안 에너지를 포착할 수 없었던 것은, 그 시간 동안에 방사선이 지표면 바깥으로 나오지 않고 지구의 중심 방향인 아래 쪽으로 방사되었기 때문이 아닐까 하고 생각했다. 자신의 추론을 확인해 보기 위해, 그는 구리를 입힌 쇠막대기를 가져다가 묻어 놓은 은뭉치 아래쪽에 닿도록 땅 속에다 비스듬히 때려 박았다. 막대기가 은의 위치나 그 아래쪽에 이르면 막대기의 다른 쪽에 연결한 기계가 에너지의 급증을 나타내 보이지만, 그 막대기를 은의 위쪽으로 어느 정도 잡아 빼면 아무런 에너지도 나타나지 않았다. 하이어러니머스는 몇 주일에 걸쳐 그 실험을 반복하며 측정해 본 결과, 은으로부터 나오는 에너지가 이틀 반나절마다 몇 시간씩 아래쪽으로 방향을 바꾼다는 사실을 알아냈다. 그것을 달력으로 검토해 보니, 어느 정도 달의 위상과 관계가 있는 것으로 나타났다. 파이퍼가 연구했던 식물에 미치는 달의 영향은 금속에도 적용되는 듯했다.

금속을 땅에다 파묻고 하는 실험을 더욱 진전시킨 끝에, 하이어러니머스는 또 이 에너지들은 에이브럼스의 실험에서 보여졌던 에너지들처럼 자기 인력에 많은 영향을 받는다는 것을 확신하게 되었다. 이리하여 이 두 20세기 연구가들—한 사람은 메스머처럼 의사였고, 다른 한 사람은 라이헨바흐처럼 실험실 연구자였는데—은 광물자기와 '동물자기' 사이의 연결 고리를 재발견한 것으로 보여진다.

하이어러니머스는 아직까지는 그 정체를 확실히 알 수 없지만, 금속으로부터 방사되는 이 에너지는 어쩌면 햇빛과 관련이 있을지도 모른다고 생각했다. 그리고 이 에너지는 전선을 통해 식물의 성장에 영향을 줄 수 있지 않을까 하고 추론했다.

그것을 확인해 보고자 하이어러니머스는 알루미늄 줄을 두른 상자들 속에 씨앗을 심고는 자기 집의 칠흑같이 어두운 지하실에 놓아 두었다. 그 상자들 중 어떤 것들은 각기 분리시킨 채, 햇빛에 노출된 옥외의 금속판과 구리 철사로 연결시켜 물 파이프 위에 올려 놓고, 다른 것들은 연결시키지 않고 그냥 두었다. 그 결과, 연결시킨 상자 속의 씨앗들은 건강한 녹색 식물로 자라났지만, 연결시키지 않은 상자 속의 것들은 녹색의 기미가 전혀 없이 가늘고 약하게 자라나 축 늘어져 있었다.

이로 말미암아, 하이어러니머스는 가히 혁명적인 결론에 도달하게 되었다. 식물의 엽록소 생성을 유발하는 것은, 햇빛 그 자체가 아니라 햇빛에 관계된 그 무엇, 즉 빛과는 종류가 다른, 전선을 통해 전달될 수 있는 그 어떤 것이라는 것이었다. 하지만 그로서는 이 에너지가 전자기 스펙트럼 중에서 어떤 주파수인지, 심지어 전자기와 과연 관련이 있는 것인지도 알 수가 없었다.

의사들을 위한 장치를 계속 만들어내는 한편, 그것을 가지고 실험을 해 보면 해볼수록 하이어러니머스는, 이 장치로 조절되는 에너지는 전자기와 관계가 없다는 생각이 점점 더 굳어져 갔다. 이 같은 생각은, 라디오의 전기 회로는 물에 잠겼을 때 합선되어 흐름이 단절되는 데 반해, 이 장치는 햇빛에 노출되었을 때 그런 현상이 일어나는 것을 발견함으로써 더욱 확실해졌다.

그 다음에 하이어러니머스는 방사되는 방사선을 분석하여 멘델레예프 주기표상의 여러 원소들의 상태를 확인할 수 있는 특별한 분석기를 개발했는데, 처음에는 렌즈를 이용했다가 나중에는 분광기를 이용했다. 그는 그 원소들에서 방사되는 에너지는 분광기로 굴절시킬 때 더 예리한 굴절각을 나타내며, 빛과 똑같은 방식으로 진동한다는 것을 발견했다. 그리고 여러 원소들로부터 방사되는 이 에너지의 굴절각도는, 원소들의 핵 용량에 따른 순서와 동일한 순서로 나타난다는 것을 알아냈다. 각 물질들로부터 나오는 방사선으로 그 물질들을 구별해 낼 수 있다는 것은, 하이어러니머스로 하여금 에이브럼스의 기계나 그 아류의 기계들을 이용하여, 분자 구조를 유지하게 하는 결합 에너지에 방사선을 가함으로써 질병을 치료할 수 있으리라는 확신을 갖게 했다.

하이어러니머스는 방사선의 주파수나 굴절각도들은 원소의 핵 속에 들어 있는 입자의 수와 정비례한다고 말한다. 그러므로 아무리 복잡한 구조의 물질이라도 방출되는 주파수의 양상이나 굴절각도 등으로 그 물질이 포함하고 있는 것들을 밝혀낼 수 있다는 것이다. 이 방출되는 에너지는 전자기 에너지처럼 거리의 제곱에 반비례해서 약해지거나 하지 않는다. 이 에너지는 일정한 범위까지만 방사되는데, 그 범위는 그 물질이나 그것이 놓여진 방향, 혹은 측정한 시기 등과 관계가 있다. 이 방사선의 강도가 변화하는 이치는, 안개나 연기 때문에 공기의 밀도가 바뀌어져 빛의 강도를 변하는 것과 같은 이치이다.

이 방사선을 묘사하기 위해, 하이어러니머스는 먼저 다소 장황스러운 설명을 해야 했다. "이 에너지는 어느 정도 전기의 법칙을 따르고 있지만, 전부 그렇다는 것은 아니다. 또 광학의 법칙도 어느 정도 따르고 있지만, 역시 전부 그런 것은 아니다." 그는 반복을 피하기 위해, 최종적으로 '전기광학적 에너지eloptic energy'라는 용어를 만들어냈다.

그는 이 에너지가 비록 전자기 에너지와 별개이기는 하지만 어느 정도 관계는 있다고 결론을 지었다. 그러면서 바로 그러한 점 때문에 양쪽 주파수의 스펙트럼이 불가피하게 연관되는 것이라고 추론했다. 그는 모든 주파수의 전기 광학적 에너지를 '순수 매개체fine medium'라고 부르기로 했다. 그는 이 순수 매개체를 가리켜, "전자공학 엔지니어들이나 물리학자들이, 도저히 경험할 수 없을 만큼 높은 고조파高調波[4]에서 활동하는 에테르라고 묘사했던 것과 같은 것일 수 있다."고 설명했다.

1940년대 초반, 하이어러니머스는 한 특허 신청을 했다. 그는 자신의 발

4—기본 주파수의 정수배가 되는 주파수의 사인sine파.

명품이 '단일한 것이든 복합적인 것이든, 또 그것이 고체, 액체, 기체를 망라한 어떤 형태이건 그 물질 속에 존재하고 있는 어떤 원소라도 간파해 내고, 또 그 농도나 양을 측정해 낼 수 있는 기술과 관련된' 장치라고 주장했다. 그의 생각에 따라 이 장치를 이용하려는 사람에게는 하나의 중요한 조건이 있다. 그것은 "이 장치를 다룸에 있어서는 촉각이라는 요소가 매우 중요시된다. 다시 말해서, 조작자의 숙련도에 달린 것이다."

그것은 에이브럼스가 환자의 몸을 타진했던 것처럼 조작자가 검출기를 손으로 쳐야 하기 때문이었다. 특허국에 제출한 그 발명품에 대한 설명서에는 다음과 같은 내용이 적혀 있었다. "이때 사용하는 전도체는 가급적 특정한 성질을 갖는 물질로 코팅을 해야 한다. 그 성질이란, 전도체를 통해 에너지가 흐를 때 조작자가 그 전도체에 에너지의 흐름이 존재한다는 것을 느낄 수 있도록, 코팅의 표면장력이나 점성이 변화되는 것이어야 한다. 즉, 손이나 손가락 같은 조작자의 신체 일부분의 움직임에 따라 보다 큰 장애와 저항이 발생되는 것이어야 한다."

검출기가 조작자의 손의 움직임에 따라 저항이 증가하거나 감소하는 현상은 아직도 이해되기 어렵다. 그러나 그 설명서의 불충분한 설명에 의하면, "그 원리를 완전히 밝히지는 못했지만, 원자의 방사선을 분명하게 분석해 낼 수 있는 이 장치에 그런 현상이 있는" 것만은 분명한 사실이라는 것이다.

히로시마와 나가사키에 원자 폭탄이 투하되고 1년이 채 지나지 않은 1946년에 하이어러니머스는 캔자스 시의 라디오 방송국 WHAM의 초청으로 자신의 새로운 방법을 소개하게 되었다. 그 자리에서 하이어러니머스는 자신의 업적은 전적으로 에이브럼스 덕분이었다며, 그에게 감사의 뜻을 표했다. "20여 년 전에 한 캘리포니아 사나이가 어떤 발견을 했습니다. 그것은 실로 믿기지 않는 것이었으며, 그것을 믿으려 들지 않는 완강한 사람들에게는 더욱 그러하였습니다. 따라서 세계는 자신들의 불신으로 발전의 수레바퀴를 몇 년이나 늦추어 버렸습니다. 그러나 극소수의 사람들이 그의 발견을 믿고, 오늘날에 와서는 그의 생각을 중요하게 여길 만큼 비중 있게 끌어 올렸던 것입니다. 사실 이것은 인류에게는 원자폭탄보다도 더 중요한 것입니다. 원자폭탄은 인류에게 파멸을 가져다 주는 것을 의미하지만, 그의 발견은 생명의 연장과 질병의 경감을 가져다준다는 것을 의미하기 때문입니다."

10년 전에 생물체의 방사선에 관한 책을 펴내 동료들을 당황하게 만들었던 세균학자 오토 란은, 하이어러니머스의 연구와 실험들을 검토한 후 그에게 편지를 썼다. "이들 방사선이 생명의 비밀을 간직하고 있다면, 죽음의 비밀도 간직하고 있는 것이 분명합니다. 현재 그 가능성에 대해 알고 있는 사람은 별로 없으며, 또 그 모든 사실을 알고 있는 사람은 더더욱 드뭅니다. 그 사실을 알고 있는 극소수의 사람들은 자신이 알고 있는 정보를 비밀로 하고, 질병 치료에 있어서 필요로 할 경우라도 꼭 필요한 만큼만 그 비밀을 드러내야 합니다. 귀하의 발견은 원자폭탄처럼 엄청난 가능성을 열었습니다. 그리하여 원자 에너지처럼 이 방사선들은 인류의 복지뿐만 아니라, 재앙을 위해 쓰이게 될지도 모릅니다." 그럴 즈음, 〈새터데이 이브닝 포스트〉지는, 로버트 요더Robert M. Yoder가 20년도 더 전에 〈사이언티픽 아메리칸〉지에서 '에이브럼스 박사의 기적의 상자'라는 제목으로 "에이브럼스는 비밀스런 상자를 팔아 부와 명성을 얻었다."라고 비방했던 기사를 전재했다.

하이어러니머스는 이 같은 중상에 대항하여 〈포스트〉지의 편집자 벤 힙스Ben Hibbs에게 다음과 같이 즉각 편지를 보냈다. "이 작은 비밀 상자의 실상에 관한 비밀이 대중들에게 알려지게 되면, 재정적인 손해를 입을 사람들 때문에 이런 논란이 일어나고 있을 뿐입니다. 지금 상황에서 한심스럽게 느껴지는 것은, 이미 주지의 사실을 놓고 거대한 압력 집단이 그것이 공개되는 것을 막고자 사생결단으로 달려들고 있다는 사실입니다. 그리고 본인은 귀사의 그 기사가 그 압력 집단의 사주를 받았기 때문이 아닌가 하고 의심하는 바입니다." 이 편지는 《방사공학과 그 적들이 제기한 몇 가지 비평에 관한 진실》이라는 소책자에 실렸다. 이 책자를 출판한 사람들은, 에이브럼스의 발견에 기초하여 실용화되고 있는 치료법에 '방사공학Radionics'이라는 새로운 용어를 붙이고, '국제 방사공학 협회'라고 자칭한 단체였다.

1949년에 하이어러니머스는 '물질이 발하는 방사물의 검출과 그 양의 측정법'으로 제2482773호 미국 특허를 받았다. 그리고 후일에 영국과 캐나다에서도 다른 특허를 받게 되었다.

UCAKO와 호메오트로닉 재단의 이야기는, 그들이 한창 연구를 진행하고 있을 때, 하이어러니머스가 암스트롱 일행을 만나 상담과 원조를 하기 위해 해리스버그로 찾아갔었다는 사실에서 더욱 복잡해진다. 하이어러니머스는 그들에게, 자기가 윌스에게 만들어 준 증폭기를 보강한 장치가 펜실베이니아에서는 거의 100퍼센트의 성공률을 보였노라고 알려 주었다. 그러나 하이어러니머스는, 그들 UCAKO 팀은 그 장치가 오직 전자기적이거나 전기적인 원리로 작동된다는 생각에 집착하고 있었기 때문에, 새로운 '전기광학적 에너지'가 그 과정에서 중요한 몫을 차지한다는 자신의 생각을 이해하지 못하는 것 같았다고 말했다.

그의 장치는 UCAKO 팀에 의해 더욱 개조되면서 완전함에는 조금 못 미치는 성과를 거두기 시작했다. 그러나 그 성과가 완전하지 못했음에도 불구하고, 하이어러니머스의 눈에는 매우 심각한 것으로 받아들여졌을 뿐만 아니라 그 스스로에게 심각한 충격을 안겨주었다. 그는 허시 농장에서 UCAKO의 대표자 한 사람과 함께 벌레 먹히고 있는 옥수수 이삭 세 개를 골라냈다.

하이어러니머스는 벌레들이 달아나지 못하게 그 이삭들을 다른 이삭들과 격리시킨 후, 방사선 방사 장치로 처리하기 시작했다. 3일 동안 매시간당 10분씩 그렇게 처리를 한 결과, 두 개의 이삭에서는 벌레들의 횡포가 근절되었지만, 이상하게도 나머지 하나는 처음과 마찬가지의 상태를 유지하고 있었다. 그래서 똑같은 처리를 다시 24시간 동안 계속 해보았더니, 그 끈질긴 벌레들도 결국 녹아 버리고 말았다. 남은 것은 그저 '물기'뿐이었다.

하이어러니머스는 동조 방사선의 치명적인 효력에 간담이 서늘해져서, 언젠가 자신이 발견해 낸 것에 대한 가능성을 정확히 밝혀 줄 수 있도록 도와줄 빈틈없는 성격의 진지한 연구자를 만나게 될 때까지는, 그 장치의 설계법이나 작동법을 절대로 공개하지 않겠노라고 마음먹었다.

몇 년에 걸쳐 방사선을 이용하여 인체와 그 속의 여러 기관들의 상태를 측정해 오던 하이어러니머스와 그 장치의 조작자인 그의 부인 루이스 Louise는 1968년에 인류 최초로 달 여행을 떠나는 우주인들의 생리적 기능들을 추적해 보고자 했다.

그들은 워싱턴으로부터 이들 세 우주인의 사진을 얻은 다음, 자기네들의 '상자' 속에다 각기 따로따로 넣었다. 그 결과, 이 부부는 그 우주인들이 지구에서 달을 왕복하는 동안에 일어나는 그들의 생리적 기능들을 추적하고 관찰할 수 있었다. 그들로부터의 송신 에너지는 금속 덩어리인 우주선에 의해 차단되지도 않았으며, 지구와 그 위성인 달과의 엄청난 거리에도 불구하고 전혀 영향을 받지 않았던 것이다. 이들 부부는 또 그 우주인들이 오랜 무중력 상태의 생활에서 받는 영향이나, 우주선이 대기권을 벗어나거나 재진입할 때 발생하는 엄청난 고중력에서 받게 되는 영향도 측정할 수 있었다고 말했다.

하이어러니머스의 주장 중에서 가장 놀랄 만한 것은, '달 주위에 치명적인 방사선대'가 있다는 것이었다. 이 방사선대는 아폴로 11호가 달 표면에 착륙해 있는 동안, 달 표면 상공의 약 4.5킬로미터에서 104킬로미터에 걸쳐 뻗쳐 있었다는 것이다. 하이어러니머스의 아내가 측정한 바에 의하면, 우주인들이 이 방사선대를 통과할 때 그들의 생명력이 급격히 떨어졌었다는 것이다. 그러나 두 우주인이 우주선으로부터 사다리를 타고 내려와 달 표면에 다다르자, 이 생명력 저하의 현상이 극적으로 회복되었다는 것이다.

그 후 아폴로 계획의 연이은 우주 여행을 추적한 결과, 하이어러니머스는 이 정체 불명의 치명적인 방사선대가 달 표면 위 3.2킬로미터 정도의 높이로까지 낮아져 있는 것을 발견했다. 하이어러니머스는 이 고도는 아마도 일정한 시간대에 의해, 혹은 달 표면상의 각 위치에 따라, 혹은 그 모두에 의해 변화되는 것일 거라고 믿고 있다. 그러나 그는 이 같은 생각을 증명하기 위해서는 광범위한 관찰이 요구된다고 주장했다.

또 흥미로운 사실은, 우주인이 보낸 이 에너지는 전자기 범위 내의 어떤 에너지와도 상관이 없는 것으로 보인다는 것을 확인한 일이다. 지구에서 볼 때 달의 반대쪽에 우주선이 위치할 때는 무선이나 다른 원격 측정 신호들을 휴스턴 기지로 보낼 수 없다. 그래서 우주인들은 그들의 지구 안내자들과 접촉을 할 수 없게 된다. 그럼에도 불구하고, 하이어러니머스는 자기의 분석기로는 그동안에도 여전히 그들을 관찰할 수 있었다고 말했다. 그러나 우주선이 태양으로부터 반대쪽에, 즉 달의 그늘 부분에 위치하게 될 때는 무선 신호는 지구와 쉽게 교신을 할 수 있지만, 하이어러니머스의 분석기는 아무것도 수신할 수가 없었다. 이것은 하이어러니머스가 지하실에서 식물을 재배할 때 떠올랐던 생각, 즉 분석기로 받아들인 에너지는 햇빛과 밀접한 관계가 있다는 생각을 확인시켜 주는 것 같았다.

미우주항공국과 계약을 맺고 있는 앨라배마 주의 헌츠빌의 한 미국인 회사에서 추진력 전문가로 일하고 있는 독일 출신의 롤프 샤프랑케 Rolf Schaffranke—학생 시절에 페네뮌데의 비밀 기지에서 인류 최초의 로켓인 V-2호가 발사되는 것을 지켜보았던—는 하이어러니머스의 실험에 관해 다음과 같이 말했다. "완전히 정신 나간 소리 같지만, 그 실험은 분명한 사실이다. 수많은 관찰자들은 그 실험이 반복적으로 재현될 수 있다는 것을 마침내 믿게 되었다. 그 실험은 언제, 어느 곳에서건 원하는 사람은 누구라도 참관을 허용하면서 반복해 보일 수 있는 것이다."

하이어러니머스는 또 이 전기광학적 에너지가, 우리의 태양에서 나오는 광선뿐만 아니라, 모든 천체에서 나오는 광선을 통해 전달되지 않을까 하는 연구를 하기 시작했다. 그리하여, 일반적인 항해용 육분의 중 배율이 10인 망원경을 조지아 주 레이크몬트에 있는 자기 집 지붕 위에다 설치하고는 천체의 한 지점을 계속 가리키도록 고정시켜 놓았다.

그는 접안 렌즈 대신 가운데에다 구멍을 뚫은 금속 원판으로 바꿔 끼운 그 망원경의 초점을 금성에다 맞추었다. 그리고는 집 안에서 그의 아내가 조작하는 방사선 장치에 전기광학적 에너지를 내려 보낼 수 있도록 원판의 가장자리에 전선을 납땜질해서 연결시켜 놓았다. 그리하여 하이어러니머스 부인은 우주인들의 생명력을 측정했었던 것과 비슷한 실험을 하기 시작했다. 그것은 금성의 표면에도 그와 비슷한 반응을 일으키는 것이 있는가를 알아보기 위한 것이었다. 우주인을 관찰했을 때는 35종류의 파장이 검출되었었는데, 금성에서는 그 절반 가량만 검출될 뿐, 나머지는 전혀 발견되어지지 않았다.

  그 결과를 놓고 난감해 하던 하이어러니머스 부부는 문득, 자기네가 수신한 에너지는 동물로부터가 아니라 식물의 기관으로부터 나오는 것일지도 모른다는 생각을 하게 되었다. 그래서 그들은 지구상의 식물들의 기관을 마치 인간을 대상으로 하듯 일일이 분석하기 시작했다.

  망고나무, 버드나무, 소나무 이렇게 세 종류의 나무들을 조사하다가 하이어러니머스는 이 나무들이 모두 인간의 허파, 송과선, 흉선, 뇌하수체, 부신, 갑상선, 위, 결장, 전립선, 난소, 신경 조직 등에 해당되는 기관들을 갖고 있는 듯하며, 또 그들 사이에는 각기 이상한 차이점이 존재한다는 것을 발견하게 되었다. 예를 들자면, 망고나무는 임파 구조와 비슷한 것을 가지고 있는 듯한데, 버드나무나 소나무 등에서 보여지는 비장이나 십이지장 같은 기관은 없는 것으로 보인다는 것이었다.

  다음으로 하이어러니머스가 조사한 식물은 버뮤다 풀이었다. 이것은 씨를 퍼뜨려 번식하는 것이 아니라 땅 속으로 뿌리를 끝없이 뻗음으로써 번식을 하는 식물이다. 따라서 그의 판독에 따르면, 보통 잡초들은 씨앗을 제거해도 난소가 기록되는데 비해 버뮤다 풀은 당연히 성적 기관이 탐지되지 않았다. 또 이상한 점은 이 버뮤다 풀은 맹장과 유사한 기관을 가진 것으로 보인다는 것이었다.

  인체의 각 기관이나 조직에서 나오는 것과 비슷한 전기광학적 에너지를 발하는 금성의 기록을 보면, 그곳에 있는 그 무언가가 지구의 식물들이 발하는 것과 비슷한 에너지를 방사한다는 것을 분명히 알 수 있었다. 비록 그 종류도 확인할 수 없었고, 그 기관들의 생명력이 그가 실험해 보았던 지구 식물들의 그것보다 두 배 이상 활발한 이유도 알 수 없었지만, 하이어러니머스는 금성에는 식물 형태의 생명체가 살고 있을 가능성이 높다고 생각했다. 그리고 이 '식물들'이 신비주의자들이 말하는 에테르체 또는 아스트럴체인지, 아니면 또 다른 무엇인지 전혀 알길이 없지만 말이다.

  1973년 여름에 불가사의한 것들을 주로 다루는 미국의 잡지들에 그와 그의 연구에 관한 연재 기사들이 실려 나가자, 하이어러니머스는 이제 널리 주목을 받게 되었다. 더 자세한 정보를 부탁하는 편지와 전화들 때문에 그는 정신을 차릴 수가 없을 정도였다.

그러나 아직도 오토 란이 히로시마 원자폭탄에 빗대어 했던 경고의 말과, 옥수수 벌레가 녹아 없어지던 때의 가공스러운 상황을 똑똑히 기억하고 있는 하이어러니머스는 여전히 자기가 알고 있는 모든 것을 밝히기를 꺼리고 있다. 그는 이렇게 말하고 있다. "우리 부부는 과학적 탐구를 늦추고 싶진 않으나, 우리의 기술에 대한 완전한 정보를 일반 대중들에게 알리지는 않으려 한다. 그러지 않았다간 사람들은 무엇인지도 모르고 그것을 함부로 사용하게 될 것이다. 그것은 어린아이에게 다이너마이트나 성냥을 가지고 놀게 하는 것이나 다름없다. 그러나 인류의 평화를 위해 이 전기광학적 에너지를 적절하고 광범위하게 연구할 수 있도록 도와줄, 책임감 있고 도의적인 집단이 있다면, 나는 기쁜 마음으로 그들과 협력하여 내가 알고 있는 모든 것을 설명해 주려고 한다."

제20장
물질을 지배하는 정신

펜실베이니아의 농부들을 돕겠다는 UCAKO의 노력이 미국 농무부와 화학 약품 제조업체들에 의해 참담하게 무너지기 약 1년여 전, 영국에서는 한 색다른 책이 발표되었다. 그것은, 인도 의료국의 전지역 담당 의사로 있으면서 폭넓은 의학적 문제들을 경험할 수 있었던 가이언 리처즈Guyon Richards라는 외과의사에 의해 발간된 《생명의 고리 The Chain of Life》라는 책이었다.

그는 널리 알려지지 않은 이온화의 장점, 특히 질병을 치료하는 데 있어서의 그 두드러진 효과에 대한 동료 의사 캡틴 샌즈Captain Sandes의 이론에 자극을 받았다. 이 이론은 후에 독일, 그리고 특히 소련에서 더욱 발전하게 되었지만, 다른 나라들에서는 거의 철저하게 무시되었다. 리처즈는 자신의 표현대로 '모든 것을 전기적으로 생각하게' 되어, 인간과 식물에 관한 연구를 함에 있어서도 그 대상이 병에 걸렸든 건강하든간에 반드시 검류계를 통해 정밀하게 연구하려 했다. 리처즈는 에이브럼스에 관해 말하면서, 그의 진동 분쇄기가 질병에 대해 어째서 그런 효과를 나타내는지 완전하게 설명할 수 없었다는 이유만으로 의학계로부터 외면당한 것은 실로 유감스러운 일이라고 평했다.

리처즈의 책은, 새로운 치료법을 시도해 보고자 하는 영국의 상상력 풍부한 몇몇 의사들 사이에 방사공학에 대한 관심을 새롭게 불러일으켰다. 그래서 그들은 자신들에게 그 새롭고 신기한 장치를 만들어 줄 엔지니어를 갈망하게 되었다. '영국의 하이어러니머스'를 찾던 그들은 마침내 옥스퍼드 대학 출신의 조지 드 라 바르George de La Warr라는 영적 능력이 뛰어난 토목공학 엔지니어를 찾아내게 되었다.

UCAKO가 활동을 정지하고 1년쯤 지났을 때, 드 라 바르와 정골요법사인 그의 아내 마조리Marjorie는 검은 가죽으로 커버를 씌운 까닭에 '블랙박스'라고 알려진 일련의 장치들을 개발하면서, 병에 걸렸거나 영양 상태가 좋지 못한 식물들에게 렌즈 장치를 이용하여 방사선 에너지를 집중시켜 주면 그 생장에 영향을 줄 수 있으며, 이때의 그 에너지는 광학적으로 굴절성이 있다는 사실을 발견했다. 그리하여 그들은 자신들이 잘 알지도 못하던 하이어러니머스의 주장을 독자적으로 입증한 셈이 되었다.

드 라 바르 부부는 UCAKO의 방식처럼 식물에다 직접 방사선을 투사하거나, 그 잎사귀들 중의 한 개나 그 사진에다 에너지를 투사함으로써 성공적인 결과를 얻어 낼 수 있다는 것을 알아냈다. 하지만 어째서 그러한 현상이 일어나는지는 그들로서도 알 수가 없었다. "그 같은 효과를 내는 것이 사진의 감광유제인지, 아니면 조작자의 특수한 능력인지, 혹은 그 두 가지 모두에 의한 것인지는 아직 확실히 알 수 없다."

드 라 바르는 사진의 감광유제는 피사체로부터 그 정확한 성질이 밝혀지지 않은 다른 방사선들을 받아들인다는 이론을 상정했다. 또한, 에이브럼스의 환자와 그 환자에게서 뽑아낸 피의 관계처럼, 한 식물과 그 식물로부터 떼어낸 잎사귀 하나, 혹은 식물과 그 액즙 사이에는 지속적인 관계가 유지된다는 것을 증명할 만한 것도 발견하게 되었다.

드 라 바르는 이렇게 썼다. "물질의 각 분자들은 각기 고유한 특성을 갖는 미세한 전압을 발할 수 있으며, 작은 무선 송수신기처럼 그 신호를 '전달'할 수도 있다. 따라서 분자들의 집합체는 그 분자들이 공유하고 있는 독특한 형태의 신호를 발할 수 있는 것이다. 이것은 한 식물이나 인간으로부터 나오는 신호는 완전히 개별적인 것이며, 또 각 식물들이나 인간들은 자신이 속해 있는 종의 특성에 따른 신호를 송수신할 수 있다는 것을 의미한다. 사진이 그러한 역할을 하는 것처럼 보이는 원리가 바로 여기에 있다. 원판의 감광유제는 피사체의 고유 신호를 보관하고 있다가, 반송파搬送波 같은 것으로 그것을 재방사하는 것으로 보여진다. 따라서 식물의 사진만 가지고도 그 식물에 영향을 끼칠 수 있는 것이다."

이 이론은 결코 완벽한 것은 아니다. 그러나 방사공학의 결과는 실로 환상적이 아닐 수 없다. 드 라 바르 부부는 토양 속에 살아 있는 유기체의 존재가 농업에 필수적인 것임을 깨닫고, 식물의 영양분에 상당하는 에너지 형태를 방사한다면 토양 내의 미생물을 효과적으로 이용하여 토양 관리를 할 수 있지 않을까 하는 생각으로 연구를 시작했다. 이를 확인하기 위해, 그들은 정원의 흙을 사진으로 찍어, 그 사진을 방사선으로 처리한 뒤 그 땅에 야채를 심고 어떻게 되는지 알아보는 실험을 해보기로 했다.

그들은 먼저 양배추를 가지고 실험을 시작했다. 연구소 앞마당에서 서로 24미터 가량 떨어진 두 곳을 선정한 뒤, 그곳의 표토를 전부 긁어냈다. 그런 뒤 그 흙 속에 들어 있을지 모르는 불순물들을 가려내고 토양의 질을 고르게 하기 위해 체로 거르고 잘 흔들어 섞었다. 그리고는 그 흙을 다시 원래의 자리에다 흩뿌리고는 1주일 정도 그대로 두어 자리를 잡게 했다.

1954년 3월 27일, 그들은 그로부터 매일같이 암실에서 그 땅을 찍은 사진들 중 한쪽은 아무런 처리도 하지 않은 채 그냥 두고, 다른 쪽에만 방사선을 투사하면서 한 달간에 걸친 실험을 시작했다. 토양 처리를 마친 그들은 양쪽의 땅에다 모양과 발육 정도가 비슷한 어린 양배추 4포기씩을 나누어 심었다. 2주일이 지났건만 생장률에 그리 큰 차이가 발견되지 않자, 그들은 자신들의 실험에 의문을 품게 되었다. 그러나 그때부터 6월 말까지, 방사선 처리했던 토양에 심은 양배추들이 그냥 놔 둔 쪽의 것보다 훨씬 크게 자라는 것이었다. 완전히 다 자라기 전 약 4주일 전에 찍은 사진을 보면, 처리한 쪽의 양배추가 다른 쪽의 것보다 무려 3배 가량이나 더 컸다.

이 성공에 힘입어, 그들 부부는 똑같은 실험을 보다 더 큰 규모로 해보기로 했다. 그들은 정원의 한 좁고 긴 땅을 주목했다. 그곳은 길이가 11미터 가량 되는 땅이었는데, 세 줄로 심은 콩들이 거의 동일한 모습으로 자라는 것으로 보아, 그 토질이 전반적으로 일정할 것이라는 생각이 들었다.

그들은 콩을 뽑아 낸 뒤 그 자리에다 새로운 식물을 심기 위한 준비를 했다. 그 땅을 먼저 15구역으로 나눈 뒤, 그 중 6개의 구역을 조감鳥瞰으로 촬영하여 그 사진을 한 달 동안 매일같이 방사선으로 처리했다. 그리고 나머지 2개 지역은 아무런 처리도 하지 않았으며, 7개 지역은 완충 지대로 두었다.

8월 초순경, 그들은 18센티미터 크기로 자란 모란채의 일종인 얼리 잉글리시 96포기를 구역당 여섯 포기씩 나눠 심었다. 방사선 처리했던 구역은 식물이 심어진 그 상태대로 다시 사진을 찍은 뒤, 1955년 1월 중순—얼음과 눈 때문에 식물들의 생장이 멈추어 실험을 중단했을 때—까지 매일 방사선 처리를 했다. 이 실험을 처음부터 끝까지 지켜 본 옥스퍼드 대학 농학과의 러셀 E. W. Russell 박사가 전문가다운 정밀한 검사로 식물들의 무게를 신중하게 달아 본 결과, 처리한 쪽의 무게는 처리하지 않은 쪽에 비해 전체 평균이 81퍼센트나 증가한 것으로 나타났다.

생장 속도가 빠르다는 이유로 러셀 박사가 제안했던 상추를 대상으로 한 또 다른 실험을 성공적으로 마친 드 라 바르 부부는, 이번에는 거리가 먼 곳을 대상으로 실험해 보기로 했다. 그들은 옥스퍼드로부터 3.2킬로미터 가량 떨어진 올드 보어스 언덕의 채마밭을 골라 정사각형으로 구역을 정했다. 그리고는 그곳을 다시 '田'자 모양으로 4등분한 뒤, 각 칸마다 잎이 넓은 콩을 심었다. 그 중 한 칸은 사진을 찍어 5월부터 8월 초순까지 방사선을 투사했다. 실험이 끝나갈 무렵, 처리한 칸의 콩줄기는 다른 쪽의 것보다 24센티미터나 더 자랐으며, 콩 꼬투리의 수는 다른 칸들 쪽의 것들을 모두 합한 것보다도 더 많았다.

처리할 토지와 실험실과의 거리를 더욱 멀리 하면서 실험을 해나가던 그들은 스코틀랜드의 한 홍당무 재배자와 손을 잡게 되었다. 그의 농장은 전부 22에이커의 넓이였는데, 그 중 17에이커에다 그 작물의 생장 기간 동안 옥스퍼드의 연구실에서 매일 방사선 처리를 했다. 홍당무를 수확했을 때 보니, 처리한 쪽의 홍당무는 다른 쪽들보다 20퍼센트나 더 무거웠다. 그들은 자신들이 놀라운 결과를 얻었다는 사실에 기쁘기는 했지만, 그 기계장치에서 나온 방사선이 여러 작물들의 생장에 그처럼 효과적인 영향을 미칠 수 있는 이유가 무엇인지는 알 수가 없었다.

이듬해인 1956년의 작물 생장 기간 동안, 그들은 불활성 물질을 방사선 처리하여 흙과 섞어 놓으면, 발아나 생장기에 있는 작물에 영양분과도 같은 에너지 형태를 방사할 수 있게 되지 않을까 확인해 보기로 했다. 그들이 고른 물질은 절연체로서 건축 자재로 쓰이는, 운모 상태의 이산화규소인 질석蛭石이었다. 그것은 화학적으로 불활성인데다가 물에도 용해되지 않는 것이었다. 그들은 이 질석 가루를, 인간을 치료하는 데 쓰이는 일반적인 방사선 기구 앞에서 7시간 동안 바람으로 날리게 하는 식으로 방사선 처리했다.

그리고 나서 호밀, 새발풀 외에 여러 가지 작물의 씨앗과 줄기를 섞은 것과 이 방사선 처리한 질석을 혼합했다. 무게 대비로 질석 2에 씨앗과 줄기 섞은 것을 1로 섞은 이 혼합물을 두 개의 상자 안에다 나누어 담았다. 그리고 이와 똑같은 혼합물이지만 처리하지 않은 질석을 넣은 것도 다른 두 개의 상자 안에다 담았다. 토질은 어느 것이고 동일했다. 그 결과, 한 유수한 농업 관계 회사도 확인했듯이 방사선 처리한 질석을 섞은 곳에서는 무게가 186퍼센트나 더 나가고, 단백질 함량도 270퍼센트나 더 높은 곡물을 생산할 수 있었다. 그 어떤 농부도 거둘 수 없었던 놀라운 성과가 아닐 수 없었다.

1에이커당 2.8킬로그램의 밀을 산출하던 약 90평방센티미터의 토지에다 방사선 처리한 질석을 섞고 5개월 후 수확량을 재어 봤더니, 에이커당 약 2톤 가량이 생산되었다. 그것은 처리하지 않았을 때보다 270퍼센트나 증산된 것이었다. 더욱 신기한 일은, 아무런 영양분도 없이 증류수만 담겨 있는 비이커에다 방사선 처리한 질석을 넣으면 밀이 아주 훌륭하게 자란다는 사실이었다.

이 무렵, 전국적으로 유명한 어느 작물 재배 회사가 방사선 처리한 질석으로 여러 다양한 씨앗들에 실험을 해보겠다고 나섰다. 그러나 그 회사의 정밀한 실험 상황하에서는 그 현저한 수확 증가 현상이 잘 나타나지 않았다.

그 소식을 들은 드 라 바르 부부는 낙담하는 대신 놀랄 만한 깨달음을 얻게 되었다. 혹시 식물들은 그동안 기계에서 나오는 방사선에 반응한 게 아니라 실험에 간여했던 인간에게 간접적으로 반응했던 게 아닐까!

이 생각을 확인하기 위해, 그들은 그 식물 재배 회사 사람들을 불러와서는, 그들이 했던 것과 똑같은 실험을 똑같은 조건으로 다시 해보기로 했다. 그러자 그 회사의 원예부 직원들이 경악을 금치 못할 일이 벌어졌다. 드 라 바르 부부는 방사선 처리한 질석으로 식물의 생장 정도가 현저하게 증가하는 성공을 얻어냈지만, 식물 재배의 전문가들인 그들은 결코 그들과 같은 성공을 재현해 낼 수가 없었던 것이다.

식물을 대상으로 한 3년간의 노고와, 약 2만 달러라는 비용의 대가로 드 라 바르 부부는 마침내 문제의 핵심에 다다르게 되었다. 바로 인간이라는 측정할 수도 없을 만큼 중요한 요소가 문제의 핵심으로 떠오르게 된 것이다. 인간이라는 요소가 그 실험에서 어떻게 작용하는가를 알아보기 위해, 그들은 질석을 섞은 화분들에다 밀을 심어 보았다. 매일같이 양을 측정하여 그 화분들에다 물을 주던 그 조수들은, 어느 쪽이 방사선 처리한 질석이 섞인 화분이고, 어느 쪽이 그렇지 않은 화분인가 하는 이야기를 미리 들어 알고 있었다. 그러나 사실은 그 두 화분들 모두 방사선 처리되지 않은, 완전한 불활성의 질석만 들어 있었다.

그러므로 이 밀 씨앗들은 흙 자체 내에 있던 영양분 외에는 아무것도 섭취할 수가 없었던 것이다. 그러나 물을 주는 조수들이 방사선 처리한 질석이 들어있다고 믿고 있던 화분의 밀은 그렇지 않은 쪽보다 훨씬 빠른 생장을 나타내는 것이었다. 그러한 사실은 드 라 바르 부부를 흥분시키기에 충분했다. 어떤 특정한 식물이 보다 빨리 자랄 거라는 인간의 믿음이 실제로 빠른 생장을 낳게 하는 영양분으로 작용했음이 분명했다. '생각이 곧 식량이었다!'

이 실험이야말로 자기가 이제껏 해왔던 그 어떤 것들보다 중요하다고 믿은 드 라 바르는, 자신이 '인간의 정신은 세포의 형성에 영향을 미칠 수 있다.'라는, 가장 광범위한 의미를 내포한 새로운 진실에 직면했음을 알아차리게 되었다.

드 라 바르가 영국의 한 유수한 물리학자에게 그 실험을 설명하고, 어느 보편적인 에너지든 인간의 생각에 적절한 동조를 할 수 있다고 말하자, 그 물리학자는 단호하게 잘라 말했다. "드 라 바르 씨, 나는 당신을 믿지 않습니다. 만일 당신이 당신의 생각만으로 자라고 있는 식물의 원자 수에 영향을 미칠 수 있다면, 물질 구성에 관한 우리의 개념을 수정해야만 할 것입니다."

그러나 드 라 바르는 이에 맞서 다시 말했다. "설사 그 같은 수정 작업이 현존하는 지식의 전면적인 재검토를 의미한다 할지라도, 우리는 그래야만 합니다. 예를 들어, 이 에너지가 어떻게 수학적 방정식으로 풀릴 수 있겠습니까? 또 에너지 보존의 법칙만 해도 그렇습니다. 이 에너지가 그 법칙에 들어맞는다는 말입니까?"

식물의 꽃을 피우게 하는 진짜 열쇠는, 단지 그들에게 그렇게 하라고 부탁하는 것이라는 사실을 깨달은 드 라 바르는, 자신이 발행하는 〈마인드 앤드 매터 *Mind and Matter*〉지에다 '식물의 생장을 촉진시키는 축복'이라는 제목으로 글을 썼다. 그는 그 기사를 통해, 자신의 실험 결과는 현재 주류를 이루고 있는 유물론적 원자 이론과는 엄청난 차이가 있기 때문에, 그 실험 결과를 입증할 수 있는 증거들을 독자들에게도 부탁한다고 말했다.

그 기사에 설명된 15단계의 과정 중 가장 중요한 단계는, 실험자가 콩알들을 양손에 든 채 각기의 신앙이나 종파에 따라 경건하고 의미심장한 태도로 축원을 하는 것이다. 이 기사가 나가자, 독자들은 호의적인 반응을 보였으나, 로마 카톨릭 교회측에서는 대단히 언짢은 반응을 나타냈다. 그것은 그들로서는 부제 이하 직위의 사람이 축복의 행위를 한다는 것은 용납될 수 없는 일이며, 평신도들은 그저 창조주에게 축복을 내려 달라고 청할 수 있을 뿐이라고 생각되었기 때문이었다. 그리하여 드 라 바르 부부는 들끓는 비판을 잠재우기 위해, 결국 자기네 실험의 명칭을 '알려지지 않은 에너지의 정신적 투사에 의한 식물 생장률의 증가'라고 바꿔야 했다.

그의 기사들을 읽은 많은 독자들은, 프랭클린 로어Franklin Loehr라는 목사가 미국에서 거둔 것과 같은 성공 사례들을 알려왔다. 로어는 식물들—150여 명의 사람들이 돌보는 2만 7천여 개의 씨앗—에 기도를 했을 때의 효과를 알아보기 위해, 로스엔젤레스에 있는 자신의 종교 연구 재단의 주최로 700가지의 실험을 해보았는데, 그 결과는 《식물에 대한 기도의 효력 The Power of Prayer on Plants》이라는 그의 책에 보고되었다. 로어는 사람들이 개별적으로든 함께든 식물이 이상적인 조건하에 무성하게 자라는 것을 상상하는 것만으로도 그 생장률을 20퍼센트 가량 촉진시킬 수 있음을 보여주었다. 그들이 제시한 증거와 사진들로 그 실험 성과가 받아들여질 만도 했건만, 과학자들은 로어와 그 동료들이 과학적인 훈련을 받은 적이 없는데다가, 생장을 측정한 것도 조잡한 방법을 썼다는 이유로 그 결과들을 무시해 버렸다.

그러나 그러한 분위기에도 불구하고, 조지아 공대의 화학 기술 교수로 재직했었고, 현재는 산업체에서 연구직을 맡고 있는 과학자 로버트 밀러 Robert N. Miller 박사는, 앰브로스 워럴Ambrose Worrall과 올가 워럴 Olga Worrall 부부—이들 부부의 신통한 치유 능력은 미국 내에서 인정받고 있다—와 함께 일련의 실험에 착수했다. 밀러는 미국 농무부의 클류터 H. H. Kleuter 박사가 식물의 생장률을 시간당 0.0025센티미터까지 정확하게 측정할 수 있도록 개발한 대단히 정밀한 기계와 호밀 묘종을 가지고 실험을 했다. 그는 약 960킬로미터 떨어진 거리에 있는 볼티모어의 워럴 부부에게 그 호밀에다 생각을 보내 보라고 했다.

그들은 시간당 0.01587센티미터씩 자라는 것으로 관측된 호밀의 새 잎사귀 한 개에다 실험의 초점을 맞췄다. 워럴 부부가 생각을 하기 시작하기로 한 오전 9시가 막 지나자, 생장률을 나타내는 그래프가 즉시 상향을 그리더니 다음날 오전 8시경에는 생장률이 84퍼센트나 더 빨라졌다. 호밀 묘종은 그 시간 동안 0.01587센티미터로 자라게 될 것이라는 당초의 예상보다 1.27센티미터나 더 자랐던 것이다. 밀러는 이 실험의 극적인 결과들은, 민감한 실험 도구가 물질을 지배하는 정신의 효과를 정확하게 측정하는 데 매우 적절하게 이용될 수 있음을 시사한다고 보고했다.

인간의 정신이 UCAKO, 하이어러니머스, 드 라 바르 등이 사용했던 것과 같은 방사선 장치를 통해 어떻게 작용하는가에 대한 신비는 아직도 설명되지 못하고 있는 실정이다. 이 문제에 관한 놀라운 사실 중의 하나는, 하이어러니머스가 먹으로 그렸던 기계 회로도가 그 기계 자체와 마찬가지로 잘 작동한다는 사실을 〈경이의 공상과학 소설 Astounding Science Fiction〉지—이 잡지는 현재 〈공상과학 소설과 과학적 사실 Analog Science Fiction/Science Fact〉로 바뀌었다—의 편집장이었던 고 존 캠벨 John Campbell이 1950년대에 확인했다는 것이었다. 그는 하이어러니머스에게 이런 편지를 썼었다. "귀하의 전기 회로도는 '상호 관련'의 형태를 표현한 것입니다. 여기서 전기적 특성은 중요하지 않으며, 완전히 제외시킬 수도 있습니다."

영국의 보이지 Voysey라는 한 다우저는 그에 대한 증거를 제시했다. 그는 종이 위에 연필로 선을 그으면서, 이 선은 어떤 금속체를 나타내는 것이라고 강렬한 암시를 보내면, 그의 진자가 그 연필 선이 마치 금속체인 양 그 연필선에 반응했다는 것이다.

의료 실험기술 대학을 운영하고 있는 프랜시스 패럴리 Frances Farrelly 역시 의식 연구 재단—벨 헬리콥터의 발명자인 아서 영 Arther M. Young이 설립한 재단—의 후원으로 방사 장치에 대해 오랫동안 연구한 끝에, 효과를 얻는 데 있어서 장치가 반드시 필요한 것은 아니라는 결론에 도달하게 되었다.

영국에서 한 일류 의사와 함께 연구하는 동안, 그녀는 자신의 팔을 뻗어 환자의 앞으로 다가가면, 그녀 자신의 몸을 통해 환자의 몸 어디에 이상이 있는가를 느낄 수 있음을 발견했다. 그녀는 자신이 말한 대로, 단지 그 기계를 머리 속으로 혹은 정신적으로 연상하기만 했던 것이다. 그 이후, 그녀는 방사 장치를 사용하지 않았을 뿐만 아니라, 핏방울이나 사진 등 그 어떤 도구도 사용하지 않은 채 환자들을 진단할 수 있게 되었다. 단지 그녀의 마음속에 환자의 심적 이미지만 있으면 충분했던 것이다. 그녀는 이것을 '공명 반사 현상'이라고 불렀다.

1973년 여름, 체코슬로바키아의 수도인 프라하에서 제1차 국제 사이코트로닉스Psychotronics—물질에 미치는 심적 에너지의 효과를 뜻하는 체코슬로바키아의 용어—회의가 열렸을 때, 참가자 중 한 사람이 회의가 열리고 있는 철도 노동자 회관—동굴같이 복잡한 구조로 된 4층짜리 건물—에서 지갑을 잃어버리게 되었다. 패럴리는 몇 분도 채 안 되어 그 잃어버린 지갑을 찾아냈다. 그녀는, 세탁부가 어두운 화장실 깊숙한 곳에 있는 상자 속에 안전하게 보관해 둔 지갑을 정확하게 찾아냈던 것이다.

다음날, 그녀는 체코슬로바키아 과학 아카데미 소속의 한 교수로부터 다음과 같은 질문을 받게 되었다. 그 교수는 많은 사람들이 보는 앞에서 그녀에게 광물질 덩어리인 돌조각 하나를 건네주면서, 그 돌의 출처와 연대를 알아낼 수 있겠느냐고 물었다. 다우징 지팡이의 역할을 할 방사선의 이미지를 얻어 내기 위해, 그녀는 자기 앞에 놓여진 탁자를 문지르며 자신에게 10여 가지의 질문을 던진 후, 이윽고 그 광물질은 운석에서 나온 것이며, 연대는 약 320만 년 정도 되었다고 말했다. 그 대답은 체코슬로바키아의 전문적인 광물학자들이 심사숙고 끝에 얻은 견해와 정확하게 들어맞는 것이었다.

패럴리는 영국에 머무는 동안, 드 라 바르 부부가 살아 있는 모든 식물들은 '결정적 방향소critical rotational position(CRP)'[1]를 갖는다는 것을 방사선적으로 발견한 것 같다는 사실에 이끌렸다. 이 결정적 방향소는 씨앗이 땅을 뚫고 나올 때, 지구 자기장에 의해 형성된다고 보여지는 것으로서, 한 묘목을 자신의 결정적 방향소 내에서 자랄 수 있도록 잘 조절하여 옮겨 심으면, 그 묘목은 그 방향에서 벗어나게 옮겨 심은 것보다 훨씬 잘 자랄 것이라는 생각이었다. 이러한 현상은 하이어러니머스도 독자적으로 발견했었는데, 그는 식물이 어떤 특정한 방향에 맞추어졌을 때, 방사 장치의 다이얼 수치가 최대로 나타나는 것을 발견했었다.

드 라 바르 부부는 또 식물과 지구 자기장과의 이러한 관계 때문에 식물의 주위에 방사선의 형태가 나타난다는 것을 발견했다. 그들은 이 방사선의 형태, 즉 거미줄 모양 속의 결절점들이 이 방사선의 장을 결집시킨다고

1—어느 특정한 방향으로 자리를 잡았을 때 식물들의 성장이 더욱 촉진되는데, 이때의 그 방향을 가리키는 말.

생각했으며, 자기네들의 방사선 기구에 사용되었던 것과 비슷한 마찰판이나 탐침이 달린 휴대용 탐지기로 그 위치를 확인할 수도 있었다.

영국에 있을 때, 패럴리는 간단한 다우징 진자만 있으면, 한 나무와 그 나무를 둘러싼 돔형의 기하학적인 형태 안에서 X선 필름을 감광시킬 수 있는 에너지의 결절점을 찾아낼 수 있음을 알아냈다.

이 에너지장은 어느 정도 자기장과 관계가 있는 듯했다. 왜냐하면 그 두 가지가 모두 다우징으로 발견될 수 있기 때문이었다. 버지니아의 로턴에서, 한 다우저가 자기장에 놀라울 만큼 민감하다는 것을 보여주는 실험이 있었다. 실험 대상이 된 사람은, 독일의 한자Hansa 자유시 브레멘에 사는 루텐마이스터Rutenmeister—독일 사람들이 다우징의 대가를 가리키는 말—인 빌헬름 드 뵈어Wilhelm de Boer였다. 자보이 하벌리크 박사가 드 뵈어에게, 껐다 켰다 할 수 있는 자기장 속을 통과해 보라고 했다. 그러자 자기장을 작동시킬 때마다 드 뵈어의 손끝에 들린 다우징 막대기가 회전을 했으나, 자기장을 껐을 때는 막대기가 전혀 움직이지 않았다.

드 뵈어는 같은 막대기로 나무와 인간의 오라들도 측정할 수 있었다. 커다란 떡갈나무로부터 멀찌감치 떨어진 곳에 서 있다가, 천천히 앞으로 나아가다 보면 그 나무로부터 약 6미터 가량 떨어진 지점에서 막대기가 아래로 수그러들었다. 그보다 작은 나무일 때는 보다 가까이 다가가야만 막대기에 반응이 나타났다.

"이 큰 나무에서 나오는 에너지는 인간의 오라나 활력을 일시적으로 증강시켜 줄 수 있습니다." 드 뵈어는 보통 때의 하벌리크의 가슴에서 나오는 에너지장은 그 범위가 2.7~3미터 정도지만, 커다란 떡갈나무를 끌어안은 후에는 그것이 약 2분간 두 배로 확장되었다고 했다. 그러면서 그는 과거에 독일의 '철혈 재상' 비스마르크가 주치의의 조언에 따라, 과중한 업무에서 오는 피로를 풀기 위해 30분 가량씩 양팔을 활짝 벌린 채 나무를 감싸 안았다는 일화를 들려주었다.

하벌리크는 드 뵈르가 측정한 오라는, 영매가 볼 수 있는 인간의 오라—영국의 월터 킬너Walter Kilner 박사와 오스카 배그널Oscar Bagnall 박사 등이 특히 많은 관심을 가지고 연구했었던—와는 다르다고 말했다. 그 이유로 드 뵈어의 오라가 인체로부터 훨씬 더 멀리까지 퍼지고 있다는 점을 들었다. 하벌리크가 언급한 바와 같이, 우리는 "이 뻗쳐 있는 오라가 정확히 무엇인지 알지 못한다. 그리고 이것을 물리적 실험으로 분석해 낼 만한 방법도 아직까지는 전혀 없다."

드 뵈어가 측정한 오라와, 프랜시스 패럴리가 X선 필름으로 발견했던 결절점을 담고 있는 에너지가 서로 동일한 것인가의 여부도 아직은 분명하지 않다. 그런데, 이 오라를 발하는 어떤 물질이 부서지게 되면, 그 각각 나뉘어진 조각들도 각기 오라를 발하며, 심지어 서로 좀 떨어져 있다 할지라도 여전히 상호 접촉을 하는 것으로 보여진다. 이로 말미암아 드 라 바르 부부는 어떤 식물한테서 잘라낸 조각은 그 모체로부터 나오는 방사선의 영향으로 여전히 싱싱함을 유지하다가, 그 방사선이 없어지면 시들어 버리는 게 아닌가 하는 생각을 하게 되었다. 모체 식물을 뿌리 끝까지 전부 태워 버리자, 그 어미 없는 자식은 과연 큰 나뭇가지에서 잘라내어 이식한 새싹처럼 무성하게 자라지 못했다.

드 라 바르 부부의 실험을 성공적으로 재현했던 로데일에게 있어 무엇보다 믿기지 않았던 것은, 모체 식물은 어린 식물이 자신의 '보호'로부터 영양을 섭취하게 하는 데 있어 반드시 그 싹 가까이에 있을 필요는 없다는 주장이었다. 그 어미는 다른 도시나 다른 나라, 심지어 바다를 건너 지구 어느 곳에 있더라도 상관이 없다는 거였다. 만약 그것이 사실이라면, 인간의 아기를 포함한 모든 생명체는 그의 모체로부터 보호 방사선을 받아들일 수 있고, 또 '첫눈에 반한다는 것'은 이 방사선의 영향일 것이며, '녹색의 손'을 가졌다고 알려진 사람들은 그들이 기르는 식물에 유익한 방사선을 발하는 사람일지도 모르는 일이었다.

예수 그리스도의 이적에서처럼 이 에너지는 안수 치료자의 손끝에서 나오며, 또 이 에너지가 식물의 생장을 촉진시킬 수 있다는 것은, 몬트리얼에 있는 맥길 대학의 정신 의학 연구소의 생화학 연구원인 버나드 그레이드 Bernard Grad 박사의 씨앗의 발아에 관한 과학적 실험으로 증명되고 있는 듯하다. 그는 자신의 실험실에다 '치료에 관한 논쟁'을 끌어들였다. 즉, 그는 자신의 실험실에서 헝가리의 예비역 육군 대령인 오스카 에스테바니

Oscar Estebany와 함께 몇 가지 면밀한 실험들을 했다. 에스테바니는 1956년에 헝가리에서 소련의 점령에 반대하여 일어난 폭동 사건 때 자신에게 뛰어난 치유 능력이 있다는 것을 깨닫게 된 사람이었다.

〈심령 연구 잡지 Journal of the Society for Psychical Research〉와 〈국제 초심리학 잡지 International Journal of Parapsichology〉에 발표된 그레이드의 주도면밀한 실험들에 의하면, 곡물의 발아와 그에 따른 곡물의 총생산량은 에스테바니의 손에서 발해지는 치유 에너지를 받은 물을 주었을 때 확실히 증가했음을 보여주고 있다.

그레이드는 엄밀한 통제하에 실시한 첫번째 실험 결과, 에스테바니가 상처 입은 쥐를 직접 건드리지 않고 쥐통만 잡는 것으로도 그 쥐들의 상처를, 그냥 아무런 조치도 취하지 않고 내버려둔 쥐들보다 빨리 치유시킬 수 있었음을 확인할 수 있었다. 또 에스테바니는 요오드가 부족한 먹이와 갑상선종 유발 물질로 일으킨 쥐들의 갑상선종을 완화시킬 수 있었으며, 거기다가 다시 정상적인 먹이를 줌으로써 치유를 촉진시킬 수도 있었다.

그레이드는 에스테바니가 아닌 다른 사람으로부터는 어떤 결과가 나올지 궁금했다. 그래서 그는 연구소에서 임상실험을 할 수 있을 만한 환자들 중 신경성 우울 반응을 보이는 26세의 여성과, 37세의 정신 질환적 우울증 남자를 골랐다. 그리고 정신 면에서 정상인 52세의 남자를 추가로 더 골랐다. 그레이드는, 정신 면에서 정상인 사람이 30분간 들고 있던 용액과, 신경성 환자나 정신질환자가 같은 시간 동안 들고 있던 용액이 각기 식물의 생장 촉진에 어떤 차이가 있는가를 알아보고자 했다.

그 세 사람이 각기 들고 있었던 밀봉된 소금물을 흙에 심은 보리의 씨앗에다 주어 보았다. 그레이드는 정신적으로 정상인 사람이 들고 있던 소금물을 준 식물이 정신질환자가 들고 있던 물을 준 식물보다, 그리고 아무런 처리도 하지 않은 것보다 확실히 빨리 자라고, 정신질환자가 들고 있던 물을 준 쪽이 가장 늦게 자라는 것을 볼 수 있었다. 그런데 신경성 여환자가 들고 있던 물을 준 쪽의 식물은, 그레이드가 예상했던 것과는 달리, 다른 어느 것들보다 조금 높은 생장률을 보이는 것이었다.

정신질환자에게 밀봉된 소금물 병을 들고 있으라고 주자, 그는 아무런 반응이나 감정도 나타내지 않은 채 그저 시키는 대로만 했다. 그러나 신경성 여환자는 이와는 대조적으로 병을 들고 있으라고 하자, 그 실험의 의도를 물어 왔다. 그레이드가 설명을 해주자, 그녀는 흥미를 보이면서—그레이드의 말을 빌리자면—'명랑한 기분'이 되었다. 그녀는 그 병을 무릎 위에다 올려놓고는 마치 어머니가 어린 아기에게 하듯이 가볍게 흔들었다. 그레이드는 "이 실험에서 중요하게 작용한 요소는, 그녀가 앓고 있는 병의 상태가 아니라, 그녀가 병瓶을 안고 있었던 '당시'의 마음 상태"라는 결론에 도달했다. 그레이드가 미국 심령 연구 협회에 보고한 그 실험의 상세한 설명에 따르면, 그 용액을 처리하는 동안 보내진 실의, 근심, 증오 같은 부정적인 감정은 나중에 그 물을 식물에게 주었을 때 그 식물 세포의 생장을 억제시킨다는 것이다.

그레이드는 그 실험 결과의 적용 범위가 대단히 넓다고 생각했다. 한 사람의 감정이 그 손에 들려진 소금물에 영향을 줄 수 있다면, 요리사나 주부의 감정이 요리하고 있는 음식의 질에 영향을 줄 수 있을 거라고 보는 것은 아주 자연스러운 일이다. 그는 여러 나라들에서 생리중인 여자는 박테리아 배양균에 좋지 못한 영향을 끼친다며 치즈 만드는 곳에 얼씬도 못하게 한다거나, 또 생리중인 여자는 야채나 생선 같은 것을 저장하거나 달걀의 흰자를 숙성시키거나, 꺾은 꽃을 오래도록 싱싱하게 하는 일 따위에 부정적인 영향을 끼친다고 여겨 왔음을 상기시켰다. 만약 그레이드의 실험이 맞는 것이라면, 그러한 영향을 끼치는 것은 생리 그 자체가 아니라, 그로 인해 어떤 여자들에게 야기되는 우울증 때문이라는 결론이 나올 것이고, 이는 '부정한' 여인에 대한 성서적인 금지라는 편견의 세계를 과학의 세계로 옮겨 놓는 발견이 될 것이다.

이제 방사공학이라는 포괄적인 숙제와, 그것이 인간의 정신 활동에 의해 어떻게 작용하는가 하는 것을 밝혀 내는 부분적인 숙제가 남아 있다. 그런데 이 숙제들은 드 라 바르, 하이어러니머스, 드라운, 에이브럼스, 기타 여러 사람들이 만든 다양한 방사 장치들이 과연 상호 관련이 있는가 하는 문제와 더불어, 물리학과 초자연학의 중간지대에 미개척인 채로 남아 있다.

갤런 하이어러니머스는 이 책의 저자들에게 이런 말을 했다. "미지의 힘과, 그 힘을 능란하게 다루는 것은 기본적으로 심령의 영역에 속하는 일일까요? 우리는 프랜시스 패럴리처럼 강한 영적 능력을 가진 사람은 아무 장치의 도움 없이도 그러한 결과를 이끌어낼 수 있다는 것을 알고 있습니다. 하지만 다른 사람들은 방사공학 기구의 도움을 받아야만 하는 것 같습니다. 심지어 드 라 바르 부부처럼 영적 능력이 뛰어난 경우에도 말입니다."

하이어러니머스는 인간의 정신 활동을, 그것과 상호작용을 하고 있는 듯한 여러 다양한 '상자'들과 분리시켜 보고자 최선을 다해 노력했다. "나는 특별한 기구가 아닌, 보통의 빈 담배 상자 위에다 조절 다이얼 하나만을 올려놓고서, 어떤 초능력자들이 방사선 장치를 가지고 일정한 주파수에다 맞춤으로써 질병을 치료하는 것과 똑같은 효과를 얻을 수 있습니다. 나는 그들이 그러한 일을 할 수 있는 것은, 그 사람들이 '사용하고 있는' 그 상자들을 '믿기' 때문이라고 생각합니다. 사실은 그들 자신의 심령 능력 때문인데도 말입니다."

"그런가 하면, 우리는 질문 없이 살펴보는 것만으로도 그 환자를 진단할 수 있습니다. 또 방사공학에 전혀 문외한이라서 단지 지시만 따르는 사람일지라도 그 치료 장비의 주파수를 어디에 맞춰야 하는지만 가르쳐 준다면, 얼마든지 그렇게 할 수 있습니다. 이때 다이얼을 잘 맞춘다는 것은 매우 중요한 효과를 가져온다고 보여집니다. 따라서 바로 그러한 점에 해결되어야 할 문제의 양면성이 있는 것입니다." 그러면서 하이어러니머스는 자신의 친구인 플로리다 주의 한 성공회 신부에 관한 이야기를 전하고 있다. 그 신부는, 영국에서 죽은 스코틀랜드의 한 나이 많은 교구 목사의 가족으로부터 흑단黑檀으로 만든 수공예 제품인 검은색 십자가를 선물로 받게 되었다. 감동을 받은 그는 미사를 집전할 때마다, 평소 목에 두르던 금속 십자가 대신 그 흑단 십자가를 목에 걸었다. 그리고 얼마 지나지 않아서 그 신부는 하이어러니머스에게, 미사를 마치고 나면 아주 기진맥진할 정도로 지치는 기분을 느끼게 된다고 토로했다.

하이어러니머스는 오랜 세월 동안 방사선 세계에서 연륜을 쌓아온 탐정처럼 그 신부 친구에게, 혹시 미사를 진행하는 동안 그렇게 지칠 만큼 무언가 별 다른 일을 하지 않았느냐고 물었다. 그 성직자가 목걸이를 바꿔 찼다는 것을 기억해 내자, 하이어러니머스는 흑단 목걸이를 찼을 때와 차지 않았을 때의 그의 활력을 비교 측정해 보았다. 그러자 그 흑단 목걸이를 차기만 하면, 그 신부의 활력이 측정기 다이얼의 거의 0까지 떨어지는 것이 측정되었다.

하이어러니머스는 친구에게 그 선물받은 십자가의 살풀이를 하라고 권유했다. 그러고 나자, 그 신부는 더이상 피로를 느끼게 되지 않았다. 두 친구는 늙은 교구 목사의 부정적인 사고들이 그 흑단 목걸이에 깃들여져, 거기에서 나오는 에너지가 새 주인에게 영향을 끼쳤을 거라고 생각했다.

멕시코의 과나화토 주에 있는 아캄바로Acambaro라는 도시에서 왈데마르 홀스루드Waldemar Julsrud에 의해 발견된, 구운 진흙과 돌, 뼈 등으로 기괴하게 만들어진 작은 입상들에 대한 실험은, 물질은 어떤 악기惡氣를 받아들이고, 또 오랜 세월 동안, 아니 수천 년 동안이라도 그것을 간직할 수 있다는 것에 대한 아주 강렬하고도 인상 깊은 증거를 제공해 주었다.

《아캄바로에서의 보고서》라는 필사본의 저자 찰스 햅굿Charles H. Hapgood 교수는, 3만 3천 개가 넘는 인공적인 유물인 홀스루드의 수집품이 이제까지 알려진 멕시코의 그 어떤 문화와도 맥이 닿지 않는 것으로 보아, 아마 서반구의 특정한 인디언 부족들이나 남태평양과 아프리카 주민들과 관계 있는 것이 아닐까 하는 생각을 제시했다. 아서 영 재단의 후원을 받는 연구가들이 그것들 중 눈으로 보기에도 대단히 사악하고 불길한 느낌을 주는 몇 가지 입상들을 골라, 각기 쥐가 들어 있는 상자들 속에 넣어 보았다. 그랬더니 어떤 쥐들의 꼬리는 까맣게 변하여 떨어져 나갔고, 다른 쥐들은 단지 하룻밤 동안만 그 입상들과 함께 두었을 뿐이었는데도 죽어버렸다. 대체로 부두Voodoo교[2]와 연결짓는 종류의 어떤 사악한 에너지가 이 불길해 보이는 입상에 깃들어 쥐를 죽게 한 것임이 분명했다.

만약 정신적인 중개가 생명을 파괴하는 사악한 일을 할 수 있다면, 방사공학이 증명하는 바와 같이 생명을 북돋우는 호의적인 일도 할 수 있을 것

2—타히티를 중심으로 한 서인도 제도에서 전래된 미국의 주술적 신앙.

임이 틀림없다. 스탠퍼드 대학의 재료과학과 과장인 윌리엄 틸러 교수―영국에 머물면서 약 1년간 드 라 바르 연구소에서 방사공학을 연구하기도 했었던―는 '초심리학과 의학 학회'에서 출판된 〈방사공학, 방사감지학, 그리고 물리학〉이라는 독특한 논문에서, 어떻게 그러한 일이 가능한가에 관한 자신의 생각을 제시했다.

"방사공학의 기본이 되는 생각은, 모든 유기체라든가 물질들은 각기 독특한 기하학적인 특징을 나타내는 주파수라든가, 방사선 형태를 나타내는 고유한 파동의 장wave field을 통해 에너지를 방사하거나 흡수할 수 있다는 것이다. 그것은 활성적인 것이든 불활성적인 것이든 모든 형태의 물질 주위에 모종의 '힘의 장force field'이 존재함을 뜻한다. 실례를 들어 설명할 것 같으면, 물질은 전기 쌍극자의 진동 운동과 열 진동으로 말미암아 끊임 없이 전자기 에너지를 파동장의 형태로 방사하는데, 이때 물질의 구조가 복잡할수록 그 파동장의 형태도 따라서 복잡해진다. 인간와 같은 생명체는 대단히 복잡한 파동장의 스펙트럼을 발산한다. 그리고 그 스펙트럼의 각 부분들은 신체의 여러 기관이나 조직과 관계가 있다."

틸러는, "우리의 몸 속에서 매일 수백만 개의 세포가 새로이 태어나, 방사선의 작용으로 분극화된 장의 안으로 들어오면, 그 새로운 세포들은 보다 건강한 형태의 원자 배열을 하며 자라나는 경향이 있다. 이로써 병들거나 비정상적인 세포 조직의 세력장을 약화시킬 수 있으며, 이러한 과정이 계속되면서 마침내 건강한 조직 구조가 형성되고, 병세가 치유된다."는 생각을 갖게 되었다.

틸러는 힌두교의 요가 철학에 따라, 인간이라는 구성체에는 일곱 가지의 원리가 작용하고 있다고 보았다. 그런데 이 원리들은 제각기 독자적인 자연의 여러 법칙에 따르는 서로 다른 형태의 실체를 구성하고 있다는 것이다. 그 실체들 중 그는 첫째, 물질적physical 존재, 즉 대개 '육체body'라고 불리는 것을 들었다. 둘째는 에테르체를 들었다. 이것은 소련 사람들이 바이오플라스마체라고 부르는 것과 동일하다. 셋째, 아스트럴체가 있는데,

이것은 감성적 신체emotional body를 뜻한다. 나머지 다섯 가지 구성 요소는 정신에 해당하는 것으로서, 직관적intuitive 정신, 지성적intellectual 정신, 영적spiritual 정신, 그리고 마지막으로 신성한 정신divine mind을 뜻하는 순수 영혼pure spirit을 들었다.

"이 일곱 가지 실체들은 자연계의 모든 곳에 존재하며, 인간의 육체 내부로 스며들어 합해지는 것으로 보여진다. 즉 그 모든 것들은 물질적 원자에 존재하며, 육체의 내부에서 스스로 조직화한다는 것이다." 하고 말한 그는, 각기 색깔과 형태가 다른 회로를 그려 놓은 일곱 장의 얇고 투명한 종이를 가정해 보라고 했다. 그리고 그것들을 한데 겹쳐 놓으면, 육체 속의 다양한 실체들의 완벽한 구성체에 관한 이미지가 떠오를 거라고 했다. 그는 또 이 각기 다른 에너지장들은 서로를 거의 교란하지 않지만, 정신이라는 매개를 통해서 서로가 아주 강한 영향을 주고받을 수 있다고 말했다.

틸러는 또 인체 속의 일곱 가지 내분비선—성선, 리디히Lydig 세포, 부신, 흉선, 갑상선, 송과선, 뇌하수체—은 힌두 철학에서 말하는 일곱 가지의 에너지 소용돌이, 즉 생명력의 흐름에 의해 에테르체와 관계가 맺어지는 일곱 가지 차크라chakra³와 유사한 것이라고 말했다. 이 생명력의 흐름은 침술의 경락經絡과 관계가 있다. 예전에는 한의학의 침술에서만 알려졌었던 그 경락상의 경혈經穴들은 최근 들어 전기 저항을 측정하는 기구로 검출되고 있다. 틸러의 말은 계속 이어진다.

"우리의 목표 중 하나는, 주변의 에너지의 흐름으로부터 얻을 수 있는 최대한의 힘을 물질적 육체 속으로 끌어들일 수 있도록 우리의 에테르체와 육체의 체계를 잘 정렬하는 것이다. 차크라와 내분비선의 체계를 잘 동조同調시키고자 하는 이유 중의 하나는, 우리의 영적인 특성과 치유적 특성을 우리를 둘러싼 지구의 환경에다 전달하는 것과 관계가 있다. 이 일곱 가지의 내분비 중추는 우리에게 있어 신성한 중추로 불리워졌던 것으로서, 우리는 이를 통해 이 중추와 관계되는 고유한 특성(주파수)의 정보를 방사

3—에너지가 깃들여 있다고 하는 몸의 일곱 가지 핵심부. 그 위치는 미저골, 방광, 배꼽, 심장, 갑상선, 미간, 머리 위쪽의 허공이라고 하며, 각기 그 역할도 다르다고 한다.

하게 되는 것이다."

　틸러는 어떤 종류의 사랑을 막론하고, 그 사랑의 질을 조절해 주는 것으로 여겨지는 중추인 흉선을 그 한 예로 들고 있다. 그는 어떤 사람의 흉선으로부터 그 사람의 장場이 공간으로 방사되어 다른 사람의 흉선으로 흡수되는 것을 상정했다. 그것은 그것을 받은 사람의 흉선을 자극하여 그의 몸으로부터 모종의 생물학적 활동을 야기시킨다. 이때 그 사람도 같은 모양의 진동을 처음의 사람에게 방사한다면, 두 사람 사이에 사랑의 느낌이 생겨나 두 사람을 굳게 결속시켜 주게 된다. 우리들 대부분은 제한된 방법으로만 사랑을 표현하려 든다. 따라서 아주 미미하고 제한적인 힘만 방사되기 때문에 극소수의 사람들만이 그것을 받아들이고 느끼게 된다고 틸러는 보고 있다. 그러나 우리가 아주 큰 힘으로, 그리고 대단히 넓은 주파수역을 갖는 방사선을 발할 수 있게 된다면, 아주 많은 사람들이 그 방사선을 받아들여 사랑을 느끼게 되고, 그로 인해 세상은 아름답고 풍요로워질 것이다. 틸러의 이 말은, 이타주의는 이기주의보다 더 높고도 더 강력한 주파수의 조합을 갖는다는 렉스퍼드 다니엘스의 생각과 잘 들어맞는다.
　그것은 또한 마르셀 보겔이 최근에 내놓은 결론과도 상응하는 것이다.

　"사고란 창조 행위이다. 이 자리의 우리는, 생각을 수단으로 삼아 스스로 만들어지고 창조된 것이다. 하나의 식물이라는 단순한 생물 형태를 통해 사고를 관찰하고 측정하는 방법은, 인간과 식물간의 놀라운 상호 관계를 보여주고 있다. 우리가 사랑을 할 때, 우리는 사고 에너지를 방출하여 그 사랑을 받아들이는 사람에게 옮겨 준다. 우리의 근본적인 책임은 바로 사랑하는 것이다."

　정신의 힘을 인정한 또 한 사람의 연구자는, 신경학자이자 의료 전자 공학 전문가인 안드리야 푸하리치Andrija Puharich이다. 그는 최근에, 엄청나게 놀라운 영적 능력이라든가 정신력의 위업 몇 가지를 보고했는데, 그것은 물리학자나 심리학자 및 다른 학자들이 이제껏 접해 온 것들 중 가장 놀라운 것들이었다. 그는 페이오트 같은 환각성 식물을 다룬《신성한 버섯 *The sacred Mushroom*》(Doubleday : New York, 1959)과 《텔레파시를 넘어서 *Beyond Telepathy*》(London : Darton, Longman and Todd, 1962)의 저자이기도 했다. 전자는 전세계의 젊은이들이 마리화나에서 LSD에 이르는 갖가지 환각 약품에 빠져들기 시작한 지 10년 전에 발표된 것이고, 후자는 직접적인 상념 전달에 관한 연구가 '책임 있는' 과학계로부터 미친 짓이라고 간주되기 10년 전에 발표된 것이었다. 푸하리치는 유리 겔러 Uri Geller라는 한 이스라엘 젊은이의 몸 안에 실로 기절초풍할 정도의 놀라운 영적 능력—수많은 관중들을 깜짝 놀라게 하고, 열린 마음을 가진 많은 과학자들로 하여금 그 능력이 내포한 의미에 경악을 금치 못하게 한—이 있음을 발견했다.

　유리 겔러는 엄격한 시험대 위에서, 겉보기엔 모두 똑같아 보이는 밀봉된 금속 깡통 속에 든 물이나 쇠공을, 그 깡통을 직접 만지지 않고도 정확하게 짚어 낼 수 있었다. 또 물리학계에 알려진 그 어떤 종류의 에너지도 사용하지 않은 채 조금 떨어진 거리에서 고체 물질을 움직이게 할 수도 있었다. 그런가 하면, 역시 얼마간의 거리를 두고 멕시코 은화 같은 금속 물질을 마치 손 안에 든 플라스틱 조각처럼 구부려뜨리는가 하면, 고장난 시계가 저절로 고쳐져 움직이게 하기도 했다. 뿐만 아니라 특수합금강으로 만든 시계 수선공의 드라이버를 부숴뜨리는가 하면, 심지어는 어떤 물건을 그 자리에서 사라지게 했다가 다른 곳에서 나타나게 하기도 했다. 그는 또 텔레비전에 사용되는 자기 테이프에 기록된 물질에다 의지만으로 영향을 미칠 수도 있었다.

　푸하리치는 현재 유리 겔러의 능력을 정밀하게 연구할 각 전문 분야의 과학자들로 구성된 국제적 조직을 결성했다. 아마 앞으로 유리 겔러와 비슷한 능력을 지닌 사람들이 부지기수로 나타날 것이다. 그들을 무슨 이상한 별종처럼 여기지 않고 진지하게 받아들인다면 말이다. 그러한 실험들의 결과를 받아들여 그에 대한 물리학적 구조를 수학적으로 제공하고자 하는 이론가들의 모임이 물리학자인 에드워드 배스틴 Edward Bastin 박사의 주도로 이끌어지고 있다. 배스틴 박사는 케임브리지 대학의 '에피파니

Epiphany⁴ 철학자회'의 회원인 동시에, 최첨단의 물리 이론인 양자론⁵의 주창자이기도 하다.

그 모임의 회원들은 다음과 같은 근본적인 질문들을 던지고 있다. 어떻게 동전이 사라지게 되었을까? 어떤 종류의 공간, 혹은 그 공간의 누락된 부분으로 사라진 것일까? 유리 겔러가 물체를 옮기거나 사라지게 하는 동안 작용했던 에너지 역학은 무엇인가? 등등.

푸하리치는, '과학을 구부러뜨린 사나이'라는 제목으로 유리 겔러에 대한 기사를 쓴 코니 베스트Connie Best에게 다음과 같이 말했다.

"우리는 어떻게 이 모든 원자들이 분리될 수 있었는가를 설명해 줄 만한 모델을 개발하는 데 주력하고 있습니다. 미시적 물리학에는 소멸 등에 관한 이론이 있습니다만, 거시적인 규모로서의 소멸에 관한 설명을 해줄 수 있는 이론은 현재로서는 전혀 없는 상태입니다. 이 모든 원자들을 분리시켜—그렇지 않으면 눈으로 볼 수 없을 만큼 무한정으로 압축시키든가—어딘가 알지 못하는 다른 공간에다 맡겨 두었다가, 그 원자들을 다시 복귀시킬 수 있는 것은 도대체 무엇 때문일까요?"

유리 겔러는 소위 무생물에만 그런 놀라운 능력을 발휘한 것이 아니라, 생물의 세계에도 그 힘을 발휘했다. 그는 신뢰할 만한 여러 목격자들 앞에서 한 장미꽃 봉오리 위에다 약 15초 가량 손을 올려 놓았다. 그리고 손을 치웠더니 장미가 활짝 피어나 아름다움을 뽐내고 있는 게 아닌가.

코니 베스트의 말을 들어 보자.

"물리학은 정확한 것이며, 꺾이지 않는 것이다. 그러나 유리 겔러는 과학

4—아기 예수를 세 동방박사가 배알한 일을 뜻하는 말로, 신, 초자연적 존재의 출현 따위를 의미한다.
5—양자역학을 기초로 하는 물리 이론의 통칭. 플랑크의 양자기설, 아인슈타인의 광양자설, 보어의 원자구조론을 거쳐, 양자역학에 의하여 체계화되었다. 양자역학 이전의 양자론을 고전 양자론 또는 전기양자론이라 일컬을 때도 있다.

에서 장미 한 송이를 잡아 뽑아낼 수 있을 만큼의 허점을 찾아냈다. 유리 겔러는 정신의 '초상적超常的'인 힘을 인정하도록 강요하면서 물리학을 구부러뜨리고 있다. 물리학은 얼마나 많은 변화를 겪어야 할까? 만약 미터기에 나타나는 것이 실험실 조수의 희망을 반영하는 것이고, 실험자가 그 자리에 있다는 것이 아원자 입자의 운동을 방해하는 것이라면, 우리가 서 있는 곳이 어디인지 어떻게 알 수 있겠는가?"

시베리아 출신의 천재적인 미국인 발명가 니콜라 테슬라Nikola Tesla가 죽기 직전에 했던 말처럼, "과학이 비물리적인 현상을 연구하기 시작하는 날, 그날로부터 10년 동안에 이루어질 발전은 과학이 지난 모든 세기 동안에 이루어낸 것보다 더 눈부실 것이다."

아마 그 10년이 우리에게 개막되고 있는 듯하다.

제21장
황무지에서 에덴의 낙원으로

식물과의 커뮤니케이션에 관계된 실험들 중, 가장 괄목할 만한 것이 현재 스코틀랜드 북부의 벽지에서, 그것도 이제까지의 그 어떤 방법으로 얻어 냈던 것보다 훨씬 더 빛나는 성과를 거두면서 진행되고 있다. 머리 Moray 만이 내려다보이는 그곳의 한 작은 모래밭은 온통 가시금작화 덩굴만 무성할 뿐, 바람 드세고 황량하기 그지없는 곳이다. 바로 그곳에 한 무더기의 묘목 씨앗이 바야흐로 도래할 물병자리 시대[1]의 경이로움처럼 무성한 뿌리를 내리기 위해 심어졌다.

갈가마귀가 음습하게 울어 대는 포레스의 던컨 성으로부터 5킬로미터 가량 떨어져 있고, 세 마녀가 맥베스에게 글래미스와 커도어의 영주가 되

---

[1] 비교 occult 전통에 의하면, 인류에 미치는 천체의 영향력은 2,100년을 단위로 변화되며, 각 단위 기간은 각 zodiac(황도 12궁宮)의 지배를 받는다. 각 시기의 기점은 명확히 알려져 있지 않으나 대체로 예수 탄생 무렵부터 지금까지는 물고기자리 시대 piscean age이며, 21세기부터는 물병자리 시대 aquarian age가 시작된다고 한다. 물병자리 시대가 오면 인류의 영적 각성이 현저하게 활발해지며 보편적 형제애에 입각한 평화로운 인류공동체가 실현된다고 한다.

리라고 예언했던 바로 그 황야의 남쪽에다 삶의 터를 정하려고 마음먹은 한 사나이가 있었다. 과거에 영국 공군 비행대의 중대장이었다가 호텔 지배인으로 직업을 바꾸었던 그는, 아내와 어린 아들 셋과 함께, 이곳 핀드혼 Findhorn 만의 버려진 한 캐러밴 caravan² 공원에다 터를 잡고자 하는 중이었다. 그곳은 깡통 부스러기와 병 조각, 들장미와 가시금작화 덩굴 같은 것이 한데 뒤엉켜 흡사 쓰레기장 같았다.

전형적인 영국 학교의 교장 같은 품격을 풍기는 건장하고 훤칠한 체격에 시골의 유지같이 차려입은 피터 캐디 Peter Caddy가 바로 그 사람으로서, 그는 청소년 시절, 이 지구는 아름답고 경이로운 세계로 회복되어야 한다고 주장하는 어떤 단체의 신봉자가 되어, 한때 히말라야를 넘는 3,200킬로미터의 여행길에 나서서 카슈미르를 질러 티벳까지 걸어간 적도 있었다. 자신의 의식이 명령하는 바에 따라, 혹은 그 자신의 표현을 빌면, "투시능력자인 아내 에일린 Eileen에 의해 자신에게 보여진 전능한 창조적 힘의 의지"에 따라 캐디는 1962년 11월의 어느 눈 내리던 날, 자신의 안주처를 박차고 이곳 핀드혼으로 이주해 왔던 것이다. 캐디의 일행 중에는, 역시 영적으로 민감하며 수피즘 Sufism³을 연구하기 위해 캐나다 외무부에서의 직업을 포기한 도로시 매클린 Dorothy Maclean이라는 여성도 있었다.

그들은 한동안, 캐디가 '수행과 준비를 위한 오랜 기간'이라고 일컬은 것에 몰입하기 위해 세속적인 직업과 유물론적인 실리주의자들의 일에 종사해 오던 것을 그만두고, 한동안 자신들의 생활을 철저하게 바꾸려는 데 그 뜻이 있었다. 그러는 동안 그들은 사적인 의지를 포함한 모든 것을 '무한한 힘과 사랑'이라고 부르는 존재의 의지에 따르기로 작정했다. 그 존재의 의지는, 고인이 된 장미십자단의 한 지도자를 통해 그들에게 명확히 현시되었는데, 그들이 말하는 지도자란, 육체적인 면으로 부를 때는 설리번 G. A. Sullivan 박사, 영적인 면으로 부를 때는 아우레올루스 Aureolus, 생 제르맹 St. Germain 혹은 '제7광선의 대사 大師'⁴를 가리키는 것이었다.

2—자동차로 끄는 이동식 주택.
3—9세기 경에 일어난 이슬람교의 한 종파. 금욕과 고행을 중시하고 청빈한 생활을 이상으로 삼으며, 범신론적 신비주의의 경향을 띤다.

핀드혼 캐러밴 공원으로 알려진, 이동식 가옥들로 북적거리는 이 지저분한 곳은 캐디 일가가 정착하기에는 마땅치 않아 보였다. 수년에 걸쳐 야영객들이 그곳을 통과하여 포레스로 오가느라 북새통을 떨어 댔기 때문이었다. 그러나 모종의 신비한 힘은 그들로 하여금 그런 것에 대한 혐오감을 묵살시켜 버렸다. 그들은 수정 공의 점괘에 인도되어, 자기들의 새 집을 지을 곳으로 낡은 이동식 가옥을 끌고 왔다. 그곳은 이동식 가옥들이 몰려 있는 곳에서 그리 멀리 떨어지지 않은 계곡 안의 반 에이커도 안 되는 자갈과 모래투성이의 땅으로서, 가시금작화나 개밀속 따위의 덤불이 끊임 없이 불어오는 질풍과도 같은 바람으로부터 그곳의 땅을 그나마 간신히 보호하고 있었다. 게다가 그곳은 주변에 온통 가시투성이의 전나무들이 우거져 있었기 때문에 그늘까지 져 있었다.

겨울이 다가오자, 그곳은 정말 음산한 곳으로 변해 갔다. 캐디 일가는, 맨손으로 수도원을 지으면서 돌을 하나씩 쌓을 때마다 그 돌에 사랑과 빛을 주입하곤 했던 수도승들을 떠올리면서, 그 쓰러질 듯한 이동식 가옥을 꼭대기에서부터 바닥까지 말끔히 청소하고, 부속물들도 깨끗이 닦아 냈다. 그들은, 사람들이 돈을 벌겠다는 일념만으로 이 이동식 가옥을 만들었기 때문에 그것이 만들어질 때 어쩔 수 없이 부정적인 진동들이 스며들었으리라고 보고, 그것들을 지워 버리기 위해 열심히 사랑의 진동을 뿜어 주었다. 그 이동식 가옥을 깨끗이 하고 새로 칠하는 것은, 그들 자신의 빛의 중심지를 만들기 위한 첫걸음이라고 볼 수 있었다.

핀드혼의 이 개척자들은 모두 직업이 없는데다 가진 것도 빈약하여, 스코틀랜드의 암울한 겨울 한철을 그저 참고 견뎌야만 할 뿐이었다. 그래서 그들은 그 겨울 내내, 따뜻한 봄날과 아름다운 정원—그들 주위에 빛의 보호막을 증대시키고, 건강한 영양을 제공해 줄—을 가꾸는 꿈을 꾸면서 지

4―비밀 의식에 참가했던 18세기의 수수께끼 같은 인물로서, 생몰 연대가 불확실하다. 정치적으로도 여러 가지 활약을 하고 다방면에 걸쳐 재능을 보였다고 한다. 신지학에 의하면, 지구상 만물의 물질적, 영적 진화를 촉진시키는 작용을 하는 일곱 종류의 우주 광선이 있는데, 그 중 제7광선은 마법의 광선이라 하며, 이상理想을 구체적(물질적)으로 실현시키는 작용이 있다고 한다. 또한 각 광선마다 인류에 대한 작용을 관리하는 담당 '초인'들이 있는데, 생 제르맹은 제7광선을 담당하고 있다고 한다.

냈다.

 캐디는 밤낮을 가리지 않고 원예용 책을 들여다보았는데, 그는 그 책들에서 권하고 있는 내용이 자신들에게는 부적당하다는 것을 알게 되었다. 그것은 주로 영국 남부 해안의 따뜻한 지역에 사는 원예 애호가들을 위해 쓴 것이었기 때문에, 안타깝게도 자기들의 교과서로 삼기에는 부적당했던 것이다. 부활절 주일이 돌아와, 대지가 소생하는 것을 알려주고 있었지만, 그들의 이동식 가옥 주위의 건조하고 아무 생명력이 없는 토양에서는 먹을 만한 것이 자라리라는 희망이 전혀 없어 보였다. 일생 동안 야채 씨라곤 단 한번도 뿌려 보지 못했던 캐디는, 물도 없는 곳에서 방주를 만들라는 계시를 받았던 노아와도 같은 기분을 느꼈다. 그러나 그는 성실하게 씨 뿌리는 일을 해나갔다. 그 계시를 충실하게 이행하지 않았다간 다시 사업의 세계로 돌아가야 할 판이었던 것이다. 장미십자단의 지도자들은 그에게 삶의 중요한 원칙 하나를 일러 주었었다. 그것은, "내가 있는 곳을 사랑하라. 나와 함께 있는 자를 사랑하라. 그리고 내가 하고 있는 일을 사랑하라."라는 경구였다.

 이 미숙한 집단이 모든 행동을 의지할 수 있는 비밀스런 계시를 받기 위해, 에일린은 매일 밤 자정에 규칙적으로 일어나서 몇 시간이고 묵상에 잠겼다. 그녀는 스코틀랜드의 싸늘한 밤 냉기를 물리치기 위해 오버코트로 몸을 둘둘 말고는 그 공원 주차장의 얼어붙은 화장실로 갔다. 그곳만이 자신만의 안정을 찾을 수 있는 유일한 곳이었기 때문이었다. 에일린은 언젠가 어떤 책에서, 모든 사람들은 인생의 어느 한 특정한 순간에 자신의 영적인 이름을 갖게 되고, 또 그렇게 된 연후에라야만 영적인 작업을 본격적으로 시작할 수 있다는 대목을 읽은 적이 있었다. 1953년에 그녀는 엘릭서 Elixir(불로장수의 영약이라는 뜻)라는 이름이 뇌리에 강한 인상을 준다는 것을 느꼈다. 그래서 그녀는 그 이름을 사용하게 되었고, 그때부터 계속해서 계시가 내려졌다.

 그녀는 투시력으로, 울창한 정원의 한가운데에 삼나무로 지은 산뜻하고 잘 단장된 일곱 채의 방갈로가 한데 모여 있는 광경을 보았다. 그러한 광경이 어떻게 그 이동식 가옥이 있는, 불결의 극치를 이루는 그곳에서 실현될 수 있는지는 도무지 수수께끼일 뿐이었다. 그러나 그들 모두는 그녀가 투시한 바를 믿을 준비가 갖춰져 있었다.

그곳에서 정원을 일군다는 것은 초인적인 일처럼 여겨졌다. 그곳은 온통 미세한 먼지 같은 모래와 자갈들로 이루어져 있어서, 거칠고 뾰죽한 잡초 외에는 아무것도 자랄 수가 없었다. 엘릭서는, 그들이 땅을 한 삽 파면, 그것은 곧 그들의 사랑의 진동을 집어넣는 것이며, 올바른 진동은 자석과도 같아서 그와 유사한 다른 진동까지도 흡수하게 된다는 계시를 받았다. 피터 캐디는 흔쾌한 마음으로, 잡초의 떼를 폭 90센티미터, 길이 2.7미터의 장방형으로 벗기듯 파내어 한옆에다 쌓아 두었다. 그리고는 그 자리를 45센티미터 깊이로 파내어, 자갈과 굵은 모래 알갱이를 가려내 한쪽 옆에다 쌓아 올렸다. 그런 뒤 그 파낸 구덩이에다 벗겨낸 떼를 뒤집어 엎어 놓고는 삽으로 부숴뜨렸다. 이것은 그 떼가 다시 살아나지 못하게 하는 동시에 분해되어 영양분이 되게 하려는 의도에서였다.

같은 작업으로 구덩이 두 개를 더 만든 결과, 캐디는 가로 2.7미터, 세로 2.7미터의 정방형 채마밭을 갖게 되었다. 이제 그에게 남은 문제는 생각했던 것보다 훨씬 어려운 것으로서, 그 밭에다 물을 대는 일이었다. 그 땅의 모래흙은 너무나 고와서, 물을 부으면 수은처럼 작은 물방울로 흩어져 버릴 뿐이었다. 오로지 끈질긴 인내심을 가지고 물발이 아주 가늘게 뿜어지는 분무기로 장기간에 걸쳐 물을 뿌린 결과, 습기를 충분히 머금을 수 있을 만큼 땅을 적실 수 있게 되었다. 그러고도 수없이 많은 돌덩이와 자갈들을 긁어 낸 후에야, 마침내 씨를 뿌릴 수 있을 만한 여건이 갖춰지게 되었다. 그 지방의 농업 전문가나 원예용 교과서에 따르면, 핀드혼 같은 토양에서는 극히 한정된 종류의 상추나무 외에는 아무것도 기르지 못한다는 것이었다. 호텔에서 매일같이 스테이크와, 고급 포도주로 냄새를 제거한 오리 고기에 길들여져 있던 그들에게는 보잘것없는 음식이 아닐 수 없었다.

다행히 엘릭서는 계시에 의해, 부적절한 음식과 부적절한 음료를 먹고, 좋지 못한 생각을 하면서, 몸을 생기 있게 가꾸기는 커녕 오히려 살만 찌우는 사람들에 대한 경고를 듣게 되었다. 그들은 부담을 주는 음식은 먹지 않고, 오직 참다운 정원을 가꾸는 일에만 전념하기 시작했다. 그 정원에서 나오는 과일과 채소들이야말로 꿀과 맥아와 함께, 잘 정제된 신체를 가진 새로운 세대의 식량이 될 것이었다.

캐디는 자신이 삽날로 직접 2.5센티미터 깊이로 판 밭고랑에다 상추 씨를 30센티미터 간격을 두고 성실하게 심었다. 그리고는 갈퀴로 흙을 고르게 덮어 주었다. 햇볕에 앉아 채마밭의 자라나는 채소들을 바라보기 위해서는, 머리 만을 건너 끊임없이 불어오는 세찬 바람을 막아줄 담장과 콘크리트로 된 파티오patio[5]가 필요했다. 그것을 짓는 데 필요한 모래는 무진장으로 있었다. 그러나 시멘트가 없었고, 그것을 살 만한 돈도 없었다.

담장을 지을 목재는, 한 남자가 차고를 철거함으로써 기적적으로 얻을 수 있었다. 담장을 막 다 짓고 나자 한 이웃사람이 달려와서, 길 건너편에 트럭에서 떨어져 옆구리가 터진 시멘트 부대가 있다고 알려주었다. 그리하여 그들은 매우 짧은 기간 동안에 담장을 둘러친 파티오를 갖게 되었다. 그러나 그곳에서 바라다보이는 광경은 어린 상추들이 무성하게 자라나는 모습이 아니라, 방아벌레들의 공격을 받아 발육이 지지부진한 모습이었다.

무엇을 해야 하는가? 캐디는 엘릭서의 계시로 화학 살충제를 쓰지 말라는 주의를 들었다. 한 이웃사람이 그곳을 지나가다가, 공원 입구를 바로 나서면 잘 마른 검댕더미가 쌓여 있는데, 그것이 방아벌레 퇴치에 특효라고 캐디에게 알려주었다.

그날 밤, 캐디는 그 이동식 가옥 안에서 바람에 날려 머리카락이며 책, 옷가지들이 마구 더럽혀지는 것도 아랑곳하지 않고 채마밭을 향해 조심스럽게 검댕을 뿌렸다. 다행히 비가 내려서 검댕들은 흙 속으로 스며들었다. 5월 말경, 그들은 상큼한 상추와 무를 먹을 수 있게 되었다.

엘릭서에 의한 계시가 그들에게 화학 비료는 인체에 독극물이 된다고 알려주었으므로, 그들이 더 많은 야채를 재배하기 위해서는 많은 양의 퇴비가 필요했다. 자, 어디에서 그 퇴비를 만들 재료를 구할 수 있을 것인가? 그들은 한 이웃으로부터 썩은 풀더미를 얻게 되었다. 또 인근에 사는 한 농부는 양 한 마리를 구해준 것에 감사하는 뜻으로 캐디에게 쇠똥 거름을 한

5—스페인식 집 안뜰.

짐 갖다주었다. 그리고 승마용 마굿간을 운영하는 한 친구의 호의로, 그들은 양동이와 삽을 들고 그 말들을 좇아다닐 수도 있게 되었다. 그런가 하면, 가까운 곳에 있는 한 양조업자는 그들에게 무료로 토탄 찌꺼기와 보리 싹으로 된 천연 비료인 커밍을 갖다주었다. 해변가에서는 해초들을 얼마든지 공짜로 거둬들일 수 있었다. 또 공원 입구 가까운 곳에서 지나가는 트럭들이 떨어뜨린 건초더미들은 마치 하늘에서 내려진 것처럼 반가운 것으로서, 퇴비를 만드는 데 아주 유용하게 쓰였다.

이같이 '초현세적인 도움들'에 의지한 그들은, 그것들을 마치 하늘로부터 기증받은 것처럼 여겼다. 그들 중 한 사람은 이렇게 썼다. "우리의 처지는 사실 아주 비관적이었으며, 그 토양도 쓸모없는 것이었다. 그럼에도 불구하고 우리는 우리가 하는 모든 일에 근면과 긍정적인 생각을 쏟아 부었다." 캐디는 아침부터 밤까지 줄곧 일하면서, 다가올 몇 달 동안 자기네들의 먹거리의 대부분을 차지할 야채들을 충분히 공급해 줄 토지에다 자신의 땀과 방사선을 쏟아 부었다. 그와 더불어 그들은 맑은 공기, 햇빛, 해수욕, 시원하고 깨끗한 물 등으로 생활하면서 자신들의 신체가 점차 정화되고, 활력으로 충만해지기를 바랐다. 신체를 정화하면 할수록 우주의 에너지를 더 많이 흡수할 수 있게 됨과 동시에 음식을 먹을 필요가 점점 줄어들게 되리라는 생각 때문이었다.

핀드혼의 개척자들은 이제 양갓냉이, 토마토, 오이, 시금치, 파슬리, 호박, 아스파라거스 등을 심었다. 무례하기 그지없는 달마티아종 개들을 막기 위해 정원 주위에다 '살아 있는 벽'으로 검은딸기와 나무딸기를 심었더니, 이것들은 2에이커의 땅을 온통 뒤덮고 이동식 가옥 위로 뻗어 가기 시작했다. 야채들이 심어진 땅의 흙들은 지난번의 떼를 부숴뜨린 것과 근래의 퇴비로 조성된 것인데, 그 사이에 몇 차례나 그런 일을 반복하여 잘 가꿔진 것이었다.

두 달이 채 안 되어 나타난 결과는 이웃들을 깜짝 놀라게 했다. 캐디 일가가 정원을 가꾸고자 하는 깊은 뜻을 알지 못하는 그들로서는 일어난 현상을 도무지 이해할 수 없었다. 특히 그 지방의 다른 모든 곳에서는 양배추의 뿌리를 갉아먹는 애벌레가 창궐하는 바람에 대규모의 낭패를 보았는데,

유독 캐디네 양배추만 무사했다는 사실에서 더욱 그러했다.

이제 핀드혼의 점심 식탁에는 20종류가 넘는 야채 샐러드가 올라올 수 있게 되었다. 상추, 무, 시금치, 파슬리 같은 것의 잉여분은 다른 지역으로 팔려 나가게까지 되었다. 그들의 저녁 식사에는 화학 비료와 살충제를 전혀 사용하지 않고 정원에서 직접 재배한 두세 가지의 야채를 갓 따서 바로 요리한 것들도 곁들여졌다. 스프는 양파, 부추, 마늘, 당근, 방풍나물, 순무, 아티초크, 양배추, 샐러리, 호박, 감자 같은 야채들로 만들어졌으며, 여러 가지 식용 풀로 맛을 냈다.

엘릭서는 샐러드나 야채 스튜를 만들 때는, 자신의 생각과 감정이 그 재료 하나하나의 생명을 유지시키는 데 매우 중요하다는 것을 알고 신중히 요리하라는 계시를 받았다. 그녀는 당근 껍질을 벗기거나 콩을 삶거나간에 자신이 하고 있는 일의 의미를 깊이 음미했으며, 손에 들린 콩알 하나라도 살아 있는 생명체로 여기게 되었다. 깎아 낸 껍데기나 쓰레기도 전혀 버릴 것이 없었다. 그 모든 것은 퇴비로, 흙 속으로 돌아가야 했으며, 그렇게 해서 생명의 진동을 끊임없이 증가시키게 되는 것이었다. 이 생활에서 유일하게 어려운 점은, 그들이 읍내로 나간다거나 짧은 휴가를 보내기 위해 외지로 나갈 때였는데, 그럴 때면 그들은 자기네들의 일상적인 식단을 유지하기가 매우 어렵다는 것을 느끼게 되었다. 엘릭서는 대단히 민감해져서 소위 문명이라고 부르는 유해한 진동에 가까이 가기만 해도 고통을 느끼게까지 되었다.

한여름이 되자, 그들은 나무딸기와 검은딸기에 열린 열매들이 너무 많다는 것을 알고, 그것들을 따내 45킬로그램의 딸기 잼을 만들었다. 그들은 또 6.8킬로그램의 붉은 양배추와 엄청난 양의 오이를 절였다. 새로 지은 창고에는 감자, 당근, 비트 등이 가득 저장되었고, 선반에는 마늘, 양파, 골파 같은 양념류가 가득했다. 그들은 겨울 동안에도 토지를 잘 관리하여, 이듬해 봄엔 사과, 배, 오얏, 양자두, 앵두, 살구, 로건베리, 보이센베리 등을 포함한 20여 종의 과일나무들을 심었다. 1964년 5월경, 그 과일나무에서 싹이 텄다.

다음해에 캐디는 양배추를 심기 위해서 핀드혼의 식구들에게 필요한 개수를 따져 봤을 때, 한 포기당 평균 무게가 1.3~1.8킬로그램 정도 나간다면 8개 이상은 심을 필요가 없다고 보았다. 그런데 수확할 무렵에 달아 보니, 양배추들은 놀랍게도 어떤 것은 17.2킬로그램, 또 어떤 것은 19킬로그램이나 나가는 것이었다. 양배추 씨인 줄 알고 심었던 모란채도 그와 비슷하게 엄청난 크기로 자라났다. 그것들은 제대로 들기도 힘들 만큼 커서, 하나만 가지고도 몇 주일분의 야채거리로 충분할 정도였다.

캐디는 이 핀드혼에서 일어나고 있는 일들의 이면에는 무언가 중요한 목적이 있다는 것을 깨닫기 시작했다. 자신들은 이 모종의 신비하고 모험적인 개척의 분야에 빠져든 게 분명하며, 이 정원이야말로 새로운 세대를 위한 거대한 실험, 즉 '생명은 곧 전체이다.'라는 깨달음을 얻기 위한 일종의 훈련 과정이라는 사실을 차츰 깨닫게 되었던 것이다.

1964년 6월, 그 지방의 원예 고문이 그 정원의 토양을 분석하고자 표본을 얻으러 왔다. 그는 도착하자마자 대뜸, 이곳의 토양은 1평방야드당 최소한 62그램의 황산칼륨을 뿌려야 한다고 충고했다. 그러자 캐디는, 자신은 화학 비료를 믿지 않으며, 퇴비와 나무 재를 사용하는 것에 만족한다고 대답했다. 그랬더니 그 고문은 그런 식으로는 절대로 안 된다는 것이었다.

6주 후, 그 고문은 에버딘에서 실시했던 그 토양의 분석 결과를 가지고 왔다. 그는 도무지 이해가 안 간다는 표정을 지으며, 자기네의 분석 결과 토양에 아무런 부족 성분이 없다는 것을 인정했다. 아주 희귀한 미세 원소를 포함하여 필요한 모든 성분들이 고루 다 들어 있었다는 것이다. 그 결과에 몹시 놀란 그는 캐디에게 원예에 대한 방송 프로에 참가해 보라고 권했다. 자신의 사회로, 화학 비료를 이용한 상업적 방법을 택하고 있는 원로 원예가들과 캐디와의 토론 프로를 가져 보는 게 어떻겠느냐는 것이었다. 그러자 캐디는, 자신은 아직 대중들에게 자기네 작업의 영적인 측면에 관해 설명할 만한 처지가 못 되며, 이 성공의 공로는 오로지 유기 거름과 퇴비 덕분이라고 대답했다.

현재, 그들은 65종류의 야채와 21종류의 과일, 그리고 40종류가 넘는 약용과 식용 풀을 재배하고 있다. 도로시 매클린 또한 얼마 동안 특별한 영적 계시를 받고는, 자신의 영적인 이름을 디비나Divina로 결정했다. 그녀는 정원의 향기가 나는 식물로부터, 그것들의 고유한 파장이 인간에게 각기 특별한 영향을 미칠 수 있음을 배우게 되었다. 그것들은 인간의 정신뿐만 아니라 신체의 각 부위에 영향을 미치는데, 어떤 것은 상처 입은 데에 좋고, 어떤 것은 시력에, 또 어떤 것은 인간의 감정에 좋은 영향을 미친다는 것을 알게 되었다. 그녀는 자신의 진동의 질을 높임으로써, 식물의 생명에 관한 완전히 새로운 영적인 세계의 문을 열 수 있게 되었음을 깨달았다. 그녀는, 인간의 정열, 생각, 분노, 친절, 애정 같은 것들은 모두 식물의 세계에 광범위한 영향을 미치며, 식물들은 자기들의 에너지에 영향을 주는 인간의 생각과 감정에 민감하다는 사실을 분명하게 깨닫게 되었다. 행복하고 고양된 파장은 식물에게 유익한 효과를 주지만, 악의적이고 나쁜 분위기의 파장은 식물에게 압박감을 주게 된다. 그리고 식물에게 주어진 나쁜 효과는 인간이 그것을 먹고 좋지 못한 진동에 감염됨으로써 되갚음된다. 이렇게 해서 전체적인 생명의 순환은, 악의에 의해 하락되면 더욱 큰 불행이나 고통, 질병 쪽으로, 호의에 의해 상승되면 더욱 큰 즐거움과 광명 쪽으로 가속화하게 된다.

디바나는 캐디가 정원을 만드는 데 있어서 가장 중요하게 작용했던 요소는—물이나 퇴비보다 더욱 중요한 것으로서—그가 토지를 개간하면서 흙 속에 투입했던 사랑의 감정 같은 방사선이었으며, 자기들 모두도 각기 건강하고 행복한 방사선을 보냄으로써 그 일에 무언가 기여했음을 깨달았다고 말했다. 이러저러한 영감을 통해 인간에게 들어왔던 모든 것은, 관계된 그 사람의 의지에 의해 파장이나 기분, 기질로 바뀌어져 다시 밖으로 배출된다. 남자든 여자든 인간은 그 밖으로 배출되는 것의 특성을 개선시킬 수 있으며, 그 파장의 밝기를 높일 수도 있다.

그와 동시에 그녀는, 토양과 식물이 지구의 방사선과 먼 우주로부터 오는 방사선들에 끊임없이 영향을 받는다는 것을 깨달았다. 이 두 종류의 방사선은 식물과 토양을 풍성하게 가꾸어 주는 것으로서, 만일 그것들이 없다면 모든 것이 황폐해질 것이다. 그리고 이 방사선들은 식물들에게 있어서 화학적 원소들이나 미생물적 유기체들보다 더욱 기본적인 것으로 필요한 것이며, 또 인간의 정신에도 대단히 중요하게 작용한다는 것을 깨달았다. 그러므로 반신반인半神半人의 역할을 하는 것으로 보이는 인간은 자연과 협력만 잘 한다면, 이 지구상에서 못 얻을 게 없다는 것을 알게 될 것이다.

1967년 봄, 그 사업에 대한 종합적인 계시를 받아 오고 있는 엘릭서는, 그 정원은 더욱 확대되어야 하고, 수많은 종류의 꽃들을 심어 아름다운 곳으로 가꾸어야 한다는 계시를 받게 되었다. 중심부가 확장되고, 방갈로들이 지어졌다. 핀드혼에 도착했을 때 처음 받았었던 그 영상이 이제 현실화되기 시작한 것이다. 그들은 무슨 기적처럼 구해진 자금으로 방갈로들을 지었는데, 삼나무로 지은 그 방갈로들은 이내 나무랄 데 없이 훌륭한 꽃밭으로 둘러싸이게 되었다.

1968년, 한 무리의 숙련된 원예가들과 농경 전문가들이 핀드혼을 방문했다. 그들은 자기들 앞에 펼쳐진 광경에 찬탄을 금치 못하면서, 한 정원 안에서 이처럼 여러 종류의 식물들이 각자 드높은 품위를 자랑하듯 자라고 있는 것은 한번도 본 적이 없노라고 말했다. 새로 가꾼 화단의 꽃들은 그 성장 상태나 색깔 등이 너무도 훌륭하였다. 이는 그 지방의 척박한 토양과 북부 지방의 혹독한 기후를 고려해 볼 때 도저히 설명이 불가능한 현상이라, 방문객들은 그만 말문이 막히고 말았다. 애팅엄에서 유명한 성인 교육 재단을 24년간 운영했던 조지 트레블리언 경이 부활절 주간에 잠시 그곳을 들렀는데, 그는 화단에서 자라고 있는 수선화와 금잔화의 상태를 보고는 놀라움을 금치 못했다. 그 꽃들은 모두 이제껏 그가 보아 왔던 그 어느 것들보다 크고 아름다웠으며, 색깔도 각기 찬란하게 아름다운 빛을 발하고 있었던 것이다. 그는 또 그곳에서 이제까지 먹어 본 것 중에서 가장 맛있는 구근 식물도 맛보았다. 그를 놀라게 한 것은 그것만이 아니었다. 세찬 바람이 몰아치는 해변의 모래 언덕에는 관목과 교목들이 한데 어울려 무성하게 자라고 있었는데, 가까이 가보니, 2.5미터쯤 되는 한 그루의 어린 밤나무 주위에 온갖 종류의 과일나무들이 일제히 꽃을 피우고 있는 것이었다.

토양 협회의 회원으로서 유기 재배법에 대해 많은 관심을 보이고 있던 조지 경으로서는, 퇴비와 갈대짚만을 섞어서는 이 척박한 모래땅에서 그처럼 훌륭한 정원을 가꾸지 못한다는 것을 익히 잘 알고 있었다. 그리하여 그는 다음과 같이 결론을 내리게 되었다. "여기에는 어떤 미지의 요소가 추가된 게 틀림없다. 이처럼 짧은 시일에 핀드혼에서 이루어진 것을 잘 활용한다면, 사하라 사막이라도 꽃밭으로 바꿀 수 있을 것이다."

1968년 6월에는 방사공학 협회 Radionic Association의 회원이자, 영국 웨일스에서 20년 동안 시판용 채소 농원을 꾸려 왔던 아민 워드하우스 Armine Wodehouse라는 미혼 여성이 그곳을 찾아왔다. 그녀는 세찬 바람이 끊임없이 몰아치는 그곳의 모래투성이 땅에다 얇게 퇴비만을 뿌렸을 뿐인데도, 그처럼 작물들이 무성하게 자란 것을 보고는 몹시 놀라워했다. 그러면서 이곳에 있는 작물들, 심지어 나무딸기 한 그루에라도 경의를 표하지 않을 원예가는 없겠다고 생각했다. 그녀는 또 까실쑥부쟁이나 프리뮬라같이 물을 많이 먹어치우는 것으로 악명이 높은 종류의 식물들까지도 이러한 토양에서 그처럼 무성하게 자라는 것을 보고는 그저 찬탄만을 연발할 뿐이었다.

그해 7월에는 역시 토양 협회의 회원이자, 독자적인 유기 원예가인 엘리자베스 머리 Elizabeth Murray 여사가 그곳을 방문했다. 그녀는 그곳의 나무, 꽃, 과일, 야채 등이 그토록 싱싱하고 건강한 것은 상식적으로는 도저히 설명할 수 없는 일임을 느꼈다. 그녀는 보잘것없는 퇴비를 모래와 섞었다는 것만으로는 색깔이나 향기, 모양, 크기 등이 이처럼 훌륭하게 자랄 수 없다고 생각했다. 그래서 그녀는 결국, 적절한 경작과 퇴비만으로는 이 척박한 땅에서 이러한 성과를 얻을 수 없다고 결론을 내렸다.

같은 해 9월에는 이브 여사의 언니이자, 스스로를 '유기농법파의 보통 원예가'라고 칭한 메어리 벨포어 Mary Balfour 여사가 이곳을 찾아왔다. 그녀는 그곳에서 하루를 머문 뒤 다음과 같이 썼다. "그곳의 날씨는 항상 음울했으며, 때로 습하기까지 했다. 그러나 회고해 보건대, 나는 그 정원이 구름 한 점 없이 맑은 하늘 아래 밝은 햇살을 받고 있었던 것으로 기억된다. 그것은 필경 그곳에서 보았던 대단히 아름다운 꽃들 때문일 것이다. 그 화단은 온갖 색깔들이 아름답게 어우러져 있었다."

루돌프 슈타이너의 생명역학적 농법의 추종자인 신시아 챈스Cynthia

Chance 여사는, 피터 캐디가 자신에게 들려준 말을 듣고 아연실색했다. 피터 캐디는 그녀에게 "저는 슈타이너의 방법을 써야 할 필요를 느끼지 않습니다. 같은 효과를 얻는 데 있어서 저는 더 직접적이고 영적인 방법을 쓰기 때문이니까요."라고 말했던 것이다.

　또 UN의 농업 전문가이자 여러 대학교에서 그 분야의 강의를 맡고 있는 린드세이 로브Lindsay Robb 교수는 크리스마스 직전에 핀드혼을 방문한 뒤 이렇게 썼다. "거의 모래 가루로만 이루어진 불모의 땅에서, 그것도 한 겨울에 그 정원의 식물들이 그토록 싱싱하고, 또 꽃까지 만발한 것은 퇴비를 알맞게 주었다는 것만으로는 설명될 수 없다. 그 어떤 전통적인 유기 농법을 적용한다 하더라도 마찬가지다. 여기에는 분명 어떤 결정적인 다른 요소가 있을 것이다."

　이쯤 되었을 때, 피터 캐디는 조지 트레블리언 경에게 자기네들이 이처럼 성공을 거둘 수 있었던 비결을 밝혔다. 이 세상 어디에나 식물의 생명을 양육하는 자연의 영혼이 있는데, 도로시 매클린, 즉 디비나 같은 투시능력자는 이 자연의 영혼을 다스리는 데바나 천사와 같은 존재들과 직접 교신을 한다는 것이었다. 조지 경은 점성술이라든가 연금술 같은 비학秘學에 대해 많은 연구를 해온 사람이었기 때문에, 다음과 같은 사실을 인정하고 있었다. 즉 수많은 민감한 사람들이 자기네가 데바의 세계와 접촉하면서 그것과 더불어 살아가고 있다고 주장한다는 것과, 루돌프 슈타이너가 그러한 지식에 기초하여 생물역학적 방법을 확립했다는 것을 말이다. 그래서 그는 캐디의 설명에 비웃기는커녕, 그러한 세계에 대한 의식적인 연구는 생명에 대한 우리의 이해, 특히 식물의 생명에 대한 우리의 이해에 대단히 중요하다고 말하면서, 오히려 캐디의 설명에 신용을 부여하고 그것을 확인시켜 주고자 했다.

　피터 캐디는 곧 핀드혼 실험의 진상을 설명한 일련의 팜플렛을 내놓았다. 디비나는 자신이 데바로부터 직접 받았다는 계시들을 자세히 설명해 줌으로써 그것을 작성하는 데 도움을 주었다. 그녀는 데바의 세계를 설명하면서, 각 등급의 천사들은 각기 꽃이나 야채, 과일, 잡초 등의 생명에 대한 책임을 지고 있다고 말했다. 이러한 이야기는, 뉴욕의 백스터가 열어젖였던 것보다 더 어마어마한 판도라의 상자를 의미하는 것이었다.

핀드혼은 순식간에 1백 명도 넘는 추종자들로 이루어진 공동체로 급속히 발전했다. 젊은 정신적 지도자들은 새로운 세대의 복음을 전파하고자 나섰으며, 그리하여 이 공동체 내에 새로운 세대의 교리를 가르칠 학교도 세워지게 되었다. 일개 신기한 소농장에 지나지 않았던 것이, 이제 물병자리 시대를 밝혀 주기 위한 빛의 핵심으로 떠오르게 되었다. 그곳에는 일년 내내 세계 각지로부터 찾아오는 순례자들의 발길이 끊이지 않고 있다.

장막을 젖히고 다른 세계, 즉 전자기 스펙트럼의 한계를 뛰어넘는 다른 진동의 세계로 들어가는 신비를 설명할 수 있기 위해서는 오랜 시일이 소요될 것이다. 이러한 신비는, 자신들의 시야를 육안과 기계 장치를 통해 볼 수 있는 것으로만 제한시킨 물리학자들에게는 도저히 이해될 수 없는 것이다. 그러나 에테르와 아스트럴적인 시각을 체득했다고 주장하는 투시능력자들에게는 보다 영적인 세계, 즉 식물과 인간, 지구, 그리고 우주와의 관계를 둘러싼 모든 새로운 전망이 펼쳐져 있는 것이다. 파라켈수스가 언급했듯이, 식물과 씨앗의 성장은 사실, 달이나 행성들의 위치, 그리고 행성들과 태양 혹은 천체의 다른 별들과의 관계에 의해 아주 강한 영향을 받는지도 모른다.

식물에 대한 페히너의 애니미즘적 견해는 이제 괴테의 원형식물 개념이 그러했던 것처럼 터무니없는 생각이라는 인식에서 벗어나 새로이 소생하려 하고 있다. 인간이 원하는 것은 무엇이든 자연의 도움으로 얻어낼 수 있다는 버뱅크의 지식과, 자연의 혼이 숲에 가득하여 식물의 성장을 돕는다는 카버의 주장은, 신지학자, 특히 조프리 호드슨Geoffrey Hodson과 같이 자연의 혼을 볼 수 있는 비범한 인물들의 발견에 힘입어 재조명되어야 할 것이다. 헬레나 블라바츠키와 엘리스 베일리Alice A. Bailey 같은 선지자가 묘사했던 고대의 지혜는, 인간과 식물의 각 세포와 우주 전체와의 관련성뿐만 아니라, 그 몸체의 에너지 자체에 대해 또 다른 빛을 비춰 주고 있다.

과학적으로도 그 탁월한 효과가 입증된 파이퍼의 생명역학적 퇴비에 숨겨진 비밀은, 쐐기풀과 카모밀 잎사귀로 채운 사슴의 방광과 쇠똥으로 채운 소 뿔을 땅에 묻어 유기적으로 술을 빚는다는 슈타이너의 동화 같은 이야기에 근거를 둔 동종요법적인 기적으로 밝혀졌다. 이제 슈타이너의 인지학人智學 혹은 영적 과학은, 그것을 따르는 과학자들에 의해 식물의 생명과 농업에 서광을 비추게 될 것이다.

미학적으로 볼 때, 데바의 세계와 자연의 정령들은 스크랴빈Scriabin[6]과 바그너의 작품들보다 그 색채나 음향, 향기가 훨씬 더 충일하다. 그리고 신령, 요정, 물의 정령, 불의 정령, 흙의 정령, 공기의 정령들이라든가 그에 관한 탐구는, 적어도 성배聖杯를 찾고자 하는 영원한 탐색보다는 훨씬 더 현실적이다.

오브리 웨스트레이크Aubrey Westlake 박사가 《건강의 패턴Pattern of Health》이라는 책 속에서 물질에 구속된 우리의 상태를 묘사했던 것처럼, 우리는 유물론적 개념의 골짜기에 갇혀 있다. 우리의 오감에 의한 물질적, 물리적 세계 외에도 무언가 다른 것이 있다는 것을 믿지 않으려 하면서 말이다. 우리는 장님 나라의 백성들처럼, 영혼의 눈으로 보다 위대한 초감각의 세계를 보았다고 주장하는 사람들을 무시하고 있다. 그들이 보았다는 그 세계가 바로 우리가 침잠해 있는 세계임에도 불구하고, 그러한 주장들을 '헛된 공상'이라고 넘겨짚고는, '건실한' 과학적 설명과는 거리가 멀다며 거부하고 있는 것이다.

그 선지자들의 초감각적 세계, 혹은 한 세계 안의 또 다른 세계는 그냥 팽개쳐 버리기에는 너무도 매력적이다. 그리고 그것이 갖는 이해 관계는 대단히 중요하여, 그것에 지구의 생존이 달려 있을 수도 있다. 현대의 과학자들이 식물 생명의 비밀을 캐내려 고투하고 있는 동안, 선지자들은 비록 불가사의해 보일지 몰라도 학자들의 애매모호한 설명보다는 훨씬 더 의미 있는 해답을 제시한다. 즉, 그들은 삶 전체에 철학적 의미를 부여하는 것이다. 이 책에서는 잠깐 손을 대다 만, 식물과 인간에 관계된 이 초감각적 세계는 《식물의 우주적 삶The Cosmic Life of Plants》라는 또 다른 책에서 보다 심도 깊게 탐구될 것이다.

6―러시아의 작곡가, 피아니스트(1872~1915). 인상주의적 피아노곡과 신비주의적 경향이 강한 교향곡을 많이 작곡했다.

옮긴이의 말

여행을 즐기는 사람이라면, 발길 닿는대로 가다가 우연히 들르게 된 곳이 기막힌 비경이었던 경험이 있을 것이다. 이 책을 접하게 된 독자는, 지금까지 알려지지 않은 그러한 절경지에 첫발을 디딘 나그네가 된 셈이다. 경치를 완상하며 한발 한발 걷는 사이에 길섶에 핀 들꽃과 자갈, 나무들 하나하나뿐만 아니라 저 멀리 빛나는 무수한 별들까지도 다 제각기의 의미를 지니고서 한데 어우러진 모습으로 마음 속 깊이 스며드는 것을 알게 될 것이다. 그리고는 자신도 느끼지 못하는 사이에, 끌리듯 안개가 그윽히 서린 탈속脫俗의 비경에 다다르게 된다. 그곳까지 다다른 나그네는 그 안개 속에서, 자신을 포함한 만물이 서로를 구별할 수 없는 연관 속에서 역동적으로 변화하는 것임을 어슴푸레 느끼게 된다. 나그네들은 어렴풋한 그것만으로도 발견의 기쁨에 취할 수 있다. 그 기쁨은 자연의 무한함을 새삼 돌이키게 하고, 보다 넓고 깊은 세계로 여행하게 하는 동력이 된다. 그리하여 후일 본격적으로 행장을 꾸려 그 안개 너머의 세계로 걸음을 내딛고 싶어지는 것이다.

이 책은 식물학, 동물학, 물리학, 화학, 전기학, 의학, 심리학, 심령과학 등 실로 다양한 분야의 지식을 바탕으로 하고 있다. 그러면서도 마치 식물이라는 주인공이 등장하는 추리소설을 읽는 것과 같은 흥미를 제공한다. 지은이들의 이야기 전개를 따라가다 보면 어느덧 그 주인공은 오묘한 우주의 진리로 바뀌고, 마침내 우주 삼라만상의 조화로운 화음이 들려오는 것을 깨닫게 된다. 오묘한 진리는 복잡하고 묵직한 경전에서만 찾을 수 있다는 도그마를 비웃듯, 이 책이 우리에게 요구하는 것은 책의 내용을 이해하기 위한 전문 지식이 아니라 스스로를 가두고 있는 기존 인식의 틀에 대한 부정이라는, 대단히 생산적인 '여유'이다.

식물은 무기물에서 유기물을 창조하는, 경이로운 생명 현상을 영위함으로써 무생물과 생물 사이의 중개자 역할을 하고 있다. 따라서 식물은 생명의 비밀을 풀 수 있는 열쇠이기도 하다. 그러므로 우리는 식물을 연구함으로써 식물뿐만 아니라 무생물과 동물, 나아가 인간까지도 이해할 수 있게 된다. 또한 그러한 유기적인 긴밀성에 대한 인식은 결국 인간의 오만을 질타한다. 사실, 인류가 그렇게 자부해 마지않는 문명의 건설은, 식물의 창조적인 생명 활동에 비하면 단지 하나의 부산물에 지나지 않는다. 우주선을 쏘아 올리는 업적과 같은 것은, 아득한 태고적부터 단지 흙과 빛과 물만으로 생명을 창조해 온 식물의 생명 활동에 비하면 얼마나 보잘것없는 것인가? 그럼에도 불구하고 인간은, 이 우주에서 오직 자기만이 가장 위대한 존재라고 여기고 있다. 우리의 시야를 가리는 안개의 정체는 바로 이러한 오만과 아집이다. 이와 같은 오만과 아집을 버린다는 것은 곧 우주 만물의 조화와 운행 질서를 통시적으로 보고자 하는 인식의 자유를 의미한다. 그 자유로운 인식 안에서는 나와 너, 인간과 동물, 생물과 무생물, 물질과 정신, 차안과 피안 등 모든 것의 구별이 무너진다. 한편 이러한 인식의 자유는 우주의 주민으로서의 인간에게 중요한 의무를 상기시킨다. 그것은 우주의 조화를 파괴하지 말라는 것이다. 이 메시지는 산업사회 속에서 효용의 단맛에 빠져 있는 인류에게 보내는 가장 급박한 경고이다. 이런 의미에서 이 책 속에는 환경 문제에 대한 '근본적 래디컬리즘fundamental radicalism'이 내포되어 있다고 하겠다.

우연히 이 책을 접하게 되었고 아무런 사전 지식 없이 덜컥 번역을 맡았었는데, 돌이켜보니 엄청난 만용이었다. 수많은 밤을 지새우며 벌였던 우리 남매의 치열한 논쟁을 지켜보면서 주위의 화초들은 무슨 생각을 했었을까. 이렇게 부족한 가운데 책이 나오게 된 데는 참으로 많은 분들의 도움이 있었다. 먼저, 우리와 대면한 적은 한번도 없지만 시공을 초월하여 우리를 도운, 많은 보이지 않는 존재들에게 감사한다. 그들은 책이라는 분신으로 도서관의 서가에서 우리를 언제나 기다리고 있었다. 또한 참고 자료들을 찾는 데 많은 도움을 준 개포 시립 도서관 직원 여러분들께 감사드리며, 정신세계사의 송순현 사장님과 직원 여러분께도 진심으로 감사드린다.
　옮기는 과정에서 이 책의 치밀한 구성과 섬세한 문체에 감탄했었는데, 원문의 깊은 맛을 제대로 옮기지 못하여 지은이들이 의도하는 바를 곡해하지나 않았나 염려된다. 이 책에 허물이 있다면 그것은 전적으로 우리 남매의 책임이며, 혹 공이 있다면 위의 모든 분들께 돌아가는 것이 마땅하다.

황금용 · 황정민

부록

참고문헌

Abrams, Albert. *New Concepts in Diagnosis and Treatment.* San Francisco : Philopolis Press, 1916.
———. *Icongraphy* : *Electronic Reactions of Abrams.* San Francisco, 1923.
Acharya Jagadis Chandra Bose.(Transactions of the Bose Research Institute, Calcutta, volume 22.) Calcutta : Bose Institute, 1958.
Acres USA, a Voice for Eco-Agriculture.(Monthly newspaper.) Raytown, Mo.
Adam, Michel. *La Vie et les Ondes ; l'oeuvre de Georges Lakhovsky.* Paris : E. Chiron, 1936.
Adamenko, Viktor. 〈*Living Detectors*(*on the Experiments of K. Bakster*) 〉, *Tekhnika Molodezhi,* no.8, 1970, pp.60-62(in Russian).
Adams, George, and Olive Whicher. *The Living Plant and the Science of Physical and Ethereal Spaces.* Clent, Worcestershire, England : Goethean Science Foundation, 1949.
Albus, Harry. *The Peanut Man.* Grand Rapids, Michigan : Wm B. Eerdman Pub. Co., 1948.

Albrecht, William A. *Soil Fertility and Animal Health.* Webster City, Iowa, 1958.

——— . *Soil Reaction(pH) and Balanced Plant Nutrition.* Columbia, Missouri, 1967.

Alder, Vera Stanley. *The Secret of the Atomic Age.* London : Rider, 1958-1972.

Aldini, Giovanni. *Orazione di Liuigi Galvani.* Bologna : Monti,1888.

Allen, Charles L. *The Sexual Relations of Plants.* New York, 1886.

Andrews, Donald Hatch. *The Symphony of Life.* Leeg's Summit, Missorui : Unity Books, 1967.

Applewhite, P. B. 〈*Behavioral Plasticity in the Sensitive Plant, Mimosa*〉, *Behavioral Biology,* vol.7, Feb. 1972, pp.47-53.

Arditti, Joseph, and Dunn, Arnold. *Experimental Plant Physiology: Experiments in Cellular and Plant Physiology.* New York : Holt, Rinehart and Winston, 1969.

Audus, L. J. 〈*Magnetotropism: A New Plant Growth Response*〉, *Nature,* Jan. 16, 1960.

Bach, Edward. *Heal Thyself.* Ashingdon, Rochford, Essex, England : C. W. Daniel Co. Ltd.

——— . *The Twelve Healers and Other Remedies.* Ashingdon, Rochford, Essex, England : C. W. Daniel Co. Ltd, 1933.

Backster, Cleve. 〈*Evidence of a Primary Perception in Plant Life*〉, *International Journal of Parapsychology,* vol.10, no.4, Winter 1968, pp.329-348.

——— . 〈*Evidence of a Primary Perception at Cellular Level in Plant and Animal Life*〉, unpublished. Backster Research Foundation, Inc., 1973, 3pp.

Bacon, Thorn. 〈*The Man who Reads Nature's Secret Signals*〉, *National Wild-life,* vol.7, no.2, Feb-Mar. 1969, pp.4-8.

Bagnall, Oscar. *The Origin and Properties of the Human Aura.* New York : University Books, 1970.

Baitulin, I. O., Inyushin, V. M., and Scheglov, U. V. 〈*On the Question of Electrobioluminescence in Embryo Roots*〉, *Bioenergetic Questions-and Some Answers,* Alma Ata, 1968(in Russian).

Balfour, Lady Eve B. *The Living Soil.* London : Faber & Faber, 1943.

Balzer, Georg. *Goethe als Gartenfreund.* Munich : Bruckmann, 1966.

Barnothy, Madeleine F.(ed.). *Biological Effects of Magnetic Fields.*

New York : Plenum Press, 1964.
Barr, Sir James(ed.). *Abram's Methods of Diagnosis and Treatment.* London : W. Heinemann, 1925.
Basu, S. N. *Jagadis Chandra Bose.* New Delhi : National Book Trust, 1970.
Beaty, John Yocum. *Luther Burbank, Plant Magician.* New York : J. Messner, Inc., 1943.
Bentley, Linna. *Plants That Eat Animals.* London : Bodley Head, 1967.
Bertholon, M. L'Abbé. *De l'Electricité des Végétaux.* Alyon, 1783.
Bertrand, Didier. *Recherches sur le Vanadium dans les Sols et dans les Plantes.* Paris : Jouve et Cie, 1941.
Best, Connie. 〈*The Man Who Bends Science.*〉 … *And It Is Divine.* Denver, Colorado : Shri Hans Productions, May 1973.
Bhattacharya, Benoytash. *Magnet Dowsing or The Magnet Study of Life.* Calcutta, India : K. L. Mukhopadhyay, 1967.
〈*Billions of Transmitters Inside Us? An Unknown Bio-information Channel has Been Discovered: Using this 'Wireless Telegraph', the Cells of the Organism Transmit Danger Signals.*〉 *Sputnik,* May 1973, pp.126-130.
Bio-Dynamics(periodical.). Stroudsburg, Pa. : Bio-Dynamic Farming and Gardening Association.
Bird, Christopher. 〈*Dowsing in the USSR.*〉 *The American Dowser,* Aug. 1972.
―――. 〈*Dowsing in the USA : History, Achievement, and Current Research.*〉 *The American Dowser,* Aug. 1973.
Boadella, David. *Wilhelm Reich : The Evolution of His Work.* London : Vision Press, 1972.
Bock, Hieronymus. *Teütsche Speiszkammer.* Strassburg : W. Rihel, 1550.
Bontemps, Arna. *The Story of George Washington Carver.* New York : Grosset & Dunlap, 1954.
Bose, D. M. 〈*J. C. Bose's Plant Physiological Investigation Relating to Modern Biological Knowledge*〉, *Transactions of the Bose Research Institute,* vol.37. Calcutta : Bose Research Institute, 1947-48.
Bose, Jagadis Chandra. *Izbrannye Proizvedeniya po Razdrazhimosti*

Rastenii. I. I. Gunar(ed.), 2vols. Moscow : Izdatel'stvo Nauka, 1964.

―――. 〈*Live Movements in Plants*〉, *Transactions of the Bose Research Institute*, vols.1-6. New York : Longmans, Green & Co., 1918-1931.

―――. *Response in the Living and Non-Living*. New York : Longmans, Green & Co., 1902.

―――. *Plant Response as a Means of Physiological Investigation*. New York : Longmans, Green & Co., 1906.

―――. *Researches in Irritability of Plants*. New York : Longmans, Green & Co., 1913.

―――. *The Physiology of the Ascent of Sap*. New York : Longmans, Green & Co., 1923.

―――. *The Physiology of Photosynthesis*. New York : Longmans, Green & Co., 1924.

―――. *The Nervous Mechanism of Plants*. New York : Longmans, Green & Co., 1926.

―――. *Plant Autographs and Their Revelations*. New York : Longmans, Green & Co., 1927.

―――. *Motor Mechanisms of Plants*. New York : Longmans, Green & Co., 1928.

―――. *Growth and Tropic Movements of Plants*. New York : Longmans, Green & Co., 1929.

―――. 〈*Awareness in Plants.*〉 *Consciousness and Reality*. : The Human Pivot. Charles Musè's and Arthur M. Young(eds.). New York : Outerbridge and Lazard, Inc., 1972, pp.142-150.

Boulton, Brett. 〈*Do Plants Thank?*〉 *The Ladies' Home Journal*, May, 1971.

Bovis, André. Pamphlets on dowsing privately printed in Nice, 1930-1945.

Bragdon, Lillian *J. Luther Burbank, Nature's Helper*. New York : Abingdon Press, 1959.

Brier, Robert M. 〈*PK on a Bio-electrical System*〉, *Journal of Parapsychology*, vol.33, no.3, Sept. 1969, pp.187-205.

Borwn, Beth. *ESP With Plants and Animals : A Collection of True Stories that Glow with the Power of Extrasensory Perception*. New York : Essandess Special Edition, 1971.

Brown, Jr., Frank A. 〈*The Rhythmic Nature of Animals and Plants.*〉 *American Scientist*, vol.47, June 1959, p.147.

Brunor, Nicola. *La medicina e la teoria elettronica della materia.* Milan : Instituto editoriale scientifico, 1927.

Budlong, Ware T. *Performing Plants.* New York : Simon & Schuster, 1969.

Burbank, Luther. *The Training of the Human Plant.* New York : The Century Co., 1907.

―――. *My Beliefs.* New York : The Avondale Press, 1927.

―――. *How Plants Are Trained to Work for Man.* New York : P. F. Collier & Son, 1921.

Burbank, Luther, with Hall, Wilbur. *The Harvest of the Years.* Boston and New York : Houghton Mifflin, 1927.

Burr, Harold Saxton. *Blueprint for Immortality* : *The Electric Patterns of Life.* London : Neville Spearman Ltd., 1972.

Camerarius, Rudolf Jakob. *Über das Geschlecht der Pflanzen*(*De sexu plantorum epistula*). Leipzig : W. Engelmann, 1899.

Carson, Rachel. *Silent Spring.* Boston : Houghton Mifflin, 1962.

Chase, Thomas T. 〈*The Development and Use of Electronic Systems for Monitoring Living Trees*〉, M. S. Thesis, Department of Electrical Engineering, University of New Hampshire, November 1972, 48pp.

Clark, Laurence. *Coming to Terms with Rudolf steiner.* Rickmansworth, Herts., England : Veracity Ventures Ltd., 1971.

Cocannouer, Joseph A. *Weeds* : *Guardians of the Soil.* New York : Devin-Adair Co., 1964.

Commoner, Barry. *The Closing Circle.* New York : Bantam Books, 1971.

Conrad-Martius, Hedwig. *Die 'Seele' der Pflanze.* Breslau : Frankes Verlag, 1934.

Cremore, John Davenport. *Mental Telepathy.* New York : Fieldcrest Pub. Co., 1956.

Crile, George Washington. *The Bipolar Theory of Living Processes.* New York : Macmillan, 1926.

―――. *The Phenomena of Life* : *A Radio-Electrical Interpretation.* New York : W. W. Norton, 1936.

Crow, W. B. *The Occult Properties of Herbs.* London : The Aquarian

Press, 1969.

Culpeper, Nicholas. *Culpeper's English Physician Complete Herbal Remedies.* North Hollywood, Calif : Wilshire Book Co., 1972.

Darwin, Charles R. *The Power of Movement in Plants.* New York : Da Capo Press, 1966.

———. *Insectivorous Plants.* London : J. Murray, 1875.

———. *The Movements and Habits of Climbing plants.* New York : D. Appleton and Co., 1876.

———. *The Variation of Animals and Plants Under Domestication.* New York : D. Appleton and Co., 1896.

Davis, Albert Roy, and Bhattacharya, A. K. *Magent and Magnetic Fields.* Calcutta : K. L. Mukhopadhyay, 1970.

Day, G. W. Langston, and De La Warr, George. *Matter in the Making.* London : Stuart, 1966.

———. *New Worlds Beyond the Atom.* London : Stuart, 1956.

De Beer, sir Gavin. *Charles darwin : Evolution by Natural Selection.* Garden City, N.Y. : Doubleday, 1967.

De La Warr, George. ⟨*Do Plants Feel Emotion?*⟩ *Electrotechnology,* April, 1969.

———. ⟨*Seeds Respond to Sound of Music*⟩, *News Letter,* Radionic Centre Organization, Spring 1969, pp.6-7.

De La Warr, George, and Baker, Douglas *Biomagnetism.* Oxford : De La Warr Laboratories, 1967.

De La Warr, Marjorie. ⟨*Thought Transference to Plants.*⟩ *News Letter,* Radionic Centre Organization, Autumn 1969, pp.3-11.

———. ⟨*Plant Experiments-Series 2.*⟩ *News Letter,* Radionic Centre Organization, Summer 1970, pp.1-72.

Dibner, Bern. *Alessandro Volta and the Electric Battery.* New York : F. Watts, 1964.

———. *Galvani-Volta; A Controversy That Led to the Discovery of Useful Electricity.* Norwalk, Conn. : Burndy Library, 1952.

———. *Dr.William Gilbert.* New York : Burndy Library, 1947.

Dixon, Royal. *The Human Side of Plants.* New York : Frederick A. Stokes Co., 1914.

Dixon, Royal and Brayton, Eddy. *Personality of Insects.* New York : Charles W. Clark Co., 1924.

Dixon, Royal, and Fitch, Franklyn E. *Personality of Plants.* New

York : Bouillon-Biggs, 1923.

Dodge, Bertha Sanford. *Plants That Changed the World.* Boston : Little, Brown, 1959.

Dombrovskii, B., and Inyushin, V. M. 〈*This Experiment Calls for Thought*〉(on the Experiments of C. Backster). *Tekhnika Molodezhi,* no.8, 1970, p.62(in Russian).

〈*Do Plants Feel Emotion?*〉 in *Ahead of Time,* Harry Harrison and Theodore J. Gordon(eds.). Garden City, N.Y. : Doubledy, 1972, pp.106-116.

〈*Do Plants Have Feelings? Researcher Is Communicating.*〉 Bardwell, Kentucky, *Carlisle County News,* March 8, 1973.

Dowden, Anne Ophelia. *The secret Life of the Flowers.* New York : Odyssey Press, 1964.

Drown, Ruth Beymer. *The Theory and Technique of the Drown H. V. R.* and *Radiovision Instruments.*(Private Printing.) Los Angeles : Artists Press, 1939.

――――. *The Science and Philosophy of the Drown Radio Therapy.* Los Angeles, 1938.

Du Hamel du Monceau, Henri Louis. *La Physique des Arbres.* 1758.

Du Plessis, Jean. *The Electronic Reactions of Abrams.* Chicago : Blanche and Jeanne R. Abrams Memorial Foundation, 1922.

Du Puy, William A. *Wonders of the Plant World.* Boston : D. C. Heath & Co., 1931.

Ellicott, John. *Several Essays Towards Discovering the Laws of Electricity.* London, 1748.

Elliott, Lawrence. *George Washington Carver: The Man Who Overcame.* Englewood Cliffs, N. J. : Prentice-Hall, 1966.

〈*Electroculture in Plant Growth.*〉 Compiled by the staff of Organic Gardenig and Farming. Emmaus, Pa. : Rodale Press, 1968.

Emrich, Hella. *Strahlende Gesundheit durch Bio-electrizität.* Munich : Drei-Eichen Verlag, 1968.

〈*ERA : Electronic Reactions of Abrams*〉, *Pearson's Magazine,* 1922.

Esall, Katterine. *Plants, Viruses and Insects.* Cambridge : Harvard University Press, 1961.

〈*ESP : More Science, Less Mysticism*〉, *Medical World News.* vol.10, no.12, Mar. 21, 1969, pp.20-21.

Fairchild, David. *The World Was My Garden.* New York and

London : Charles Scribner's Sons, 1938.
Faivre, Ernest. *Oeuvres Scientifiques de Goethe.* Paris :L. Hachette, 1862.
Farb, Peter. *Living Earth.* New York : Harper Colophon Books, 1959.
Farrington, Benjamain. *What Darwin Really Said.* New York : Schocken Books, 1966.
Frulkner, Edward H. *Plowman's Folly.* Norman, Oklahoma : University of Oklahoma Press, 1943-63.
Fechner, Grstav Theodor. *Nanna Oder über das Seelenleben der Pflanzen.* Leipzig : Verlag von Leopold Voss, 1921.(1st edition, 1848.)
──── . *Zend-Avesta, Pensieri Sulle Cose Del Cielo e Dell'AL Di La.* Milan : Fratelli Bocca, 1944.
──── . *Life After Death.* New York : Pantheon Books, 1943.
──── . *Elements of Psychophysics.* New York : Holt, Rinehart and Winston, 1966.
Fenson, D. S. 〈*The Bio-electric Potentials of Plants and Their Functional Significance, 1 : An Electrokinetc Theory of Transport.*〉 *Canadian Journal of Botany*, vol.35, 1957, pp.573-582.
──── . 〈*The Bio-electric Potentials of Plants and Their Functional Significance, 2 : The Patterns of Bio-electric Potential and Exudation Rate in Excised Sunflower Roots and Stems.*〉 *Canadian Journal of Botany*, Vol.36, 1958, pp.367-368.
──── . 〈*The Bio-electric Potentials of Plants and Their Functional Significance, 3 : The Production of Continuos Potential Across Membranes in Plant Tissue by the Circulation of the Hydrogen Ion.*〉 *Canadian Journal of Botany*, Vol.37, 1958, pp.1003-1026.
──── . 〈*The Bio-electric Potentials of Plants and Their Functional Significance, 4 : Some Daily and Seasonal Changes in the Electric Potential and Resistance of Living Tress.*〉 *Candian Journal of Botany*, vol.41, 1963, pp.831-851.
Findhorn News(periodical). Findhorn Bay, Forres, Mordy, Scotland : Findhorn Foundation.
Foster, Catherine Osgood. *The Organeic Gardener.* New York : Vintage Books, 1972.
Francé, Raoul Heinrich. *Pflanzenpsychologie als Arbeitshypothese der*

 Pflanzen-physiologie. Stuttgart : Frankh, 1909.
―――― . *Das Sinnesleben der pflanzen.* Stuttgart : Kosmos Gesellschaft der Naturfreunde, 1905.
―――― . *La Vita Prodigosa delle Piante.* Milan : Genio, 1943.
―――― . *Plants as Inventors.* New York : A. and C. Boni, 1923.
―――― . *The Love Life of Plants.* New York : A. and C. Boni, 1923.
―――― . *Germs of Mind in Plants.* Chicago : Charles H. Kerr & Co., 1905.
Freedland, Nat. *The Occult Explosion.* New York : Berkley Pub. Corp., 1972.
Friend, Rev. H. Ideric. *Flowers and Flower Lore*(Vol.2). London : George Allen and Co. Ltd.
Fryer, Lee, and Simmons, Dick *Earth Foods.* Chicago : Follett, 1972.
⟨*Galaxies of Life* : *The Human Aura in Acupuncture and Kirlian Photography.*⟩ Krippner Stanley and Daniel Rubin(eds.). New York : Interface, 1973.
Gallert, Mark L. *New Light on Therapeutic Energies.* London : James Clarke & Co. Ltd., 1966.
Glavani, Luigi. *Commentary on the Effect of Electricity on Muscular Motion-A Translation of Luigi Galvani's De Viribus Electricitatis in Motu Musculari Commentarius.* Cambridge, Mass. : E. Licht, 1953.
―――― . *Opere Scelte.* Torino : Unione Tipografico Editrice Torinese, 1967.
Geddes, Patrick. *The Life and Work of Sir Jagadis C. Bose.* London : Longmans, Green & Co., 1920.
Gilbert, William. *De Magnete.* New York : Dover Pubs., 1958.
Goodavage, Joseph F. *Astrology, The Space-Age Science.* West Nyack, N.Y. : Parker Pub. Co., 1966.
Grad, Bernard. ⟨*A Telekinetic Effect on Plant Growth.*⟩ *International Journal of Parapsychology,* vol.5, no.2, 1963, pp.117-133.
―――― . ⟨*A Telekinetic Effect on Plant Growth, 2: Experiments Involving Treatment of Saline in Stoppered Bottles.*⟩ *International Journal of Parepsychology,* vol.6, no.4, 1964, pp.473-98.
―――― . ⟨*Some Biological Effects of the 'Laying on of Hands'* : *A Review of Experiments with Animals and Plants.*⟩ *Journal of the American Society for Psychgical Research,* vol.59., no.2, 1965, pp.

95-127.
Graham, Shirley, and Lipscomb, George. *Dr. George Washington Carver, Scientist.* New York : Julian Messner, Inc., 1944.
Grayson, Stuart H., and Swift, Sara. ⟨*Do Plants Have Feelings? Cleve Baskster's Remarkable Experiments Suggest Heretofore Unknown Levels of Consciousness in Living Things.*⟩ Dynamis, vol.1, nos.6-7, Nov, -Dec., 1971, pp.1-8.
Grohmann, Gerbert. *Die Pflanze als Lichtsinnesorgan der Erde und Andere Aufsätze.* Stuttgart : Verlag Fries Geistesleben, 1962.
Guilcher, Jean Mickel. *La vie Cachée des Fleurs.* Paris : Flammarion, 1951.
Gumpert, Martin. *Hahnemann: The Adventurous Career of a Medical Rebel.* New York : L. B. Fischer, 1945.
Gunar, Ivan I., et al. ⟨*On the Transmission of Electrical Stimulaion in Plants.*⟩ Izvestiya(News) of the Timiryazev Academy of Agricultural Sciences, USSR, no.5, 1970, pp.3-9(in Russian with summary in English.)
——— . ⟨*The Evaluation of Frost and Heat Resistance of Plants Through Their Bioelectric Reactions.*⟩ Izvestiya(News) of the Timiryazev Academy of Agricultural Sciences, USSR. No.5, 1971, pp.3-7(in Russian with summary in English).
——— . ⟨*Bioelectric Potentials of Potato Tubers in Varying Phytopathological States.*⟩ Izvestiya(News) of the Timiryazev Academy of Agricultural Sciences, in Russian with summary in English, USSR, no.6, 1971, pp.212-213.
——— . ⟨*Electro-Physiological Characteristics of Reproduction and the Combined Values for Hybrids of Winter Wheat in Connection with Frost Resistance.*⟩ Doklady(Reports) of the Lenin Academy of Agricultural Sciences, in Russian, USSR, No.9, Sept. 1971.
——— . ⟨*The Influence of Thermic Factors on the Dormancy Potentials of the Root Epidermal Cells of Winter Wheat.*⟩ Izvestiya (News) of the Timiryazev Academy of Agricultural Sciences, in Russian with summary in English, USSR, no.2, 1972, pp.12-19.
Gupta, Monoranjon. *Jagadis Chandra Bose, A Biography.* Chaupatty, Bombay : Bharatiya Vidya Bhavan, 1964.
Gurvich, Aleksandr G. *Mitogenetic Radiation; Physico-chemical Bases and Applications in Biology and Medicine.* In Russian.

Moscow : Medgiz, 1945.

―――― . *The Theory of the Biological Field.* In Russian. Moscow : Sovyetskaya Nauka, 1944.

―――― . *Mitogenetic Analysis of the Biology of the Cancer Cell.* In Russian. Moscow : All-Union Institute for Experimental Medicine, 1937.

Gurwitsch, A. and L. *L'Analyse Mitogénétique Spectrale.* Paris : Hermann, 1934.

Gurwitsch, A. G. *Mitogenetic Analysis of the Excitation of the Nervous System.* Amsterdam : N.V. Noord-Hollandsche Uitgeversmaatschappij, 1937.

Haase, Rudolf. *Hans Kayser. Ein Leben für die Harmonik der Welt.* Basel, Stuttagart : Schwabe, 1968.

Hahn, Fritz. *Luftelektrizität Gegen Bakterien für Gexundes Raumklima und Wohlbefinden.* Minden : Albrecht Philler Verlag, 1964.

Hahnemann, Samuel. *The Chronic Diseases, Their Specific Nature and Homoeopathic Treatment.* New York : W. Radde, 1845.

Halacy, Jr., Daniel S. *Radiation, Magnetism and Living Things.* New York : Holiday House, 1966.

Hall, Manly Palmer. *The Mystical and Medical Philosophy of Paracelsus.* Los Angeles : Philosophical Research Society, 1969.

Hapgood, Charles H. *Reports from Acambaro.*(Unpublished manuscript.)

Harvalik, Z. V. 〈*A Biophysical Magnetometer-Gradiometer.*〉 The Virginia Journal of Science, vol.21, no.2, 1970, pp.59-60.

Hashimoto, ken. *Chobutsurigaku Nyumon.*(Work in Japanese on fourth dimension.) Tokyo, 1971.

―――― . *Choshinrigaku Nyumon.*(Work in Japanese on psychical research.) Tokyo, 1964.

Hauschka, Rudolf. *The Nature of Substance.* London : Vincent Stuart Ltd., 1966.

Henslow, George. *The Origin of Floral Structure Through Insects and Other Agencies.* New York : D. Appleton & Co., 1888.

Hieronymus, Louise and Galen. 〈*Tracking the Astronauts in Apollo '11' with Data from Apollo '8' Included.* A Quantitative Evaluation of the Well-being of the Three Men Through the Period from Two Days Before Liftoff Until The Quarantine Ended ― A Consolidated Report. Self-published, Sept. 4, 1969.

———. ⟨ *Tracking the Astronauts in Apollo '8.'* ⟩ A Quantitative Evaluation of the Well-being of the Three Men Through the Period from Two Days Before Liftoff Until Two Days after Splashdown — A Preliminary Report. Dec. 30, 1968.

———. ⟨ *The Truth about Radionics and Some of the Criticism Made about It by Its Enemies.* ⟩ Springfield, Mo. : International Radionic Association, Mary 1947.

Hill, Harvey Jay. *He Heard God's Whispoer.* Minneapolis : Jorgenson Press, 1943.

Howard, Sir Albert. *The Soil and Health.* New York : Schockon Books, 1972.

———. *The War in the Soil.* Emmus, Pa. : Organic Gardening, 1946.

Howard, Sir Albert, and Yeshwant, D. Wad. *The Waste Products of Agriculture : Their Utilization as Humus.* London and New York : Oxford University Press, 1931.

Howard, Walter L. *Luther Burbank : A Victim of Hero Worship.* Waltham, Mass. : Chronica Botanica Co., 1945.

———. *Luther Burbank's Plant Contributions.* Berkely, Calif. : University of California, 1945.

Hudgings, William F. *Dr. Abrams and the Electron Theory.* New York : Century Co., 1923.

Human Dimensions(periodical). Buffalo, N.Y. : The Human Dimensions Institute, Rosary Hill College.

Hunt, Inez, and Draper, Wanetta W. *Lightning in His Hand-The Life Story of Nikola Tesla.* Denver : Sage Books, 1964.

Hutchins, Ross E. *Strange Plants and Their Ways.* New York : Rand McNally & Co., 1958.

Hyde, Margareet O. *Plants Today and Tomorrow.* New York : Whittlesey House, 1960.

Inglis, Brian. *The Case for Unorthodox Medicine.* New York : Berkley Medallion Books, 1969.

Innes, G. Lake. *I Knew Carver.* Self-published, 1943.

Inyushin, Vladimir M., and Fedorova, N. N. ⟨ *On the Quesion of the Biological Plasma of Green Plants.* ⟩ Thesis, in Russian. USSR : Alma Ata, 1969.

Jenness, Mary. *The Man Who Asked God Questions.* New York : Fri-

endship Press, 1946.
Jimarajadasa, Curuppmullagé. *Flowers and Gardens(A Dream Structure)*. Adyar, Madras. India : Theosophical Publishing House, 1913.
Joachim, Leland. 〈*Plants-The Key to Mental Telepathy.*〉 *Probe, the Unknown*, no.47329, Dec. 1972, pp.48-52.
Journal for the Study of Consciousness. Santa Barbara, Calif.
Journal of Paraphysics. Downton, Wiltshire, England : Paraphysical Laboratory.
Journal of the Drown Radio Therapy. Hollywood, Calif.
Karlsson, L. 〈*Instrumentation for Measuring Bioelectrical Signals in Plants*〉, *The Review of Scientific Instruments*, vol.43, no.3, Mar. 1972, pp.458-464.
Kayser, Hans. *Die Harmonie der Welt.* Vienna : Akademie für Musik und Darstellende Kunst, 1968.
──── . *Akroasis : The Theory of World Harmonics.* Boston : Plowshare Press, 1970.
──── . *Harmonia Plantarum.* Basel : B. Schwabe & Co., 1943.
──── . *Vom Klang der Welt.* Zurich-Leipzig : M. Niehans,1937.
Kervran, C. Louis. *Biological Transmutations.* London : Crosby Lodkwood, 1972.
──── . *A la Découverte des Transmutations Biologiques, une Emplication des Phémonènes Biologiques Aberrants.* Paris : Le Courrier du Livre, 1966.
──── . *Preuves Relatives à L'existence de Transmutations Biologiques, Échecs en Biologie à la loi de Lavoisier d`invariance de la Matiere.* Paris : Maloine, 1968.
──── . *Transmutations Biologiques, Metabolismes Aberrants de l'zote, le Potassium et le Magnésium.* Paris : Librairie Maloine, 1962.
──── . *Les Transmutations Biologiques en Agronomie.* Paris : Maloine,1970.
──── . *Biological Transmutation.* Binghamton, N.Y. : Swan House Publishing Co., 1972.
──── . 〈*Alchimie d'hier et D'aujourd'hui*〉, *L'Alchimie, Rêve ou Réalité*, Reveue des Ingénieurs de L`Institut National Supérieur de Rouen, 1972-73.

Kilner, Walter J. *The Human Atmosphere ; or the Aura made Visible by the Aid of Chemical Screens.* New York : Rebman Co., 1911.

King, Francis. *The Rites of Modern Occult Magic.* New York : Macmillan, 1970.

Kirlian Semyon D. and Valentina H. 〈*Investigation of Bilolgical Objects in High-Frequency Electrical Fields.*〉 *Bioenergetic Quesionsand Some Answers.* Alma Ata, USSR, 1968.

―――― . 〈*The Significance of Electricity in the Gaseous Nourishment Mechanism of Plants*〉, in *Bioenergetic Questions-and Some Answers.* Alma Ata, USSR, 1968.

Kraft, Ken and Pat. *Luther Burbank : The Wizard and the Man.* New York : Meredith Press, 1967.

Kreitler, Hans and Shulamith. 〈*Does Extrasensory Perception Affect Psychological Experiments?*〉 *Journal of Parapsychology,* vol.36. no.1, Mar. 1972, pp.1-45.

Kunz, F. L, 〈*Feeling in Plants.*〉 Main Currents of Modern Thought May-June 1969.

Lakhovsky, Georges. *La Cabale; Histoire d'unee Decouverte(L'oscilation Cellulaire.)* Paris : G Doin, 1934.

―――― . *La Formation Néoplasique et le Déséqulibre Oscillatoire Cellulaire.* Paris : G.Doin, 1932.

―――― . *La Matière.* Paris : G. Doin, 1934.

―――― . *La Nature et ses Merveilles.* Paris : Hachette, 1936.

―――― . *L'Origine de la Vie.* Paris : Editions Nilsson, 1925.

―――― . *L'oscillateur à Longeurs D'onde Multiples.* Paris : G Doin, 1934.

――――. *L'oscillation Cellulaire; Ensemnle des Recherches Experimentales.* Paris : G. Doin, 1931.

―――― . *La Science et le Bonheur.* Paris : Gautier- Villars, 1930.

―――― . *La Terre et Nous.* Paris : Fasquelle, 1933.

L'Alchimie, Rêve ou Réalité. Revue des Ingenieurs de L'Institut National Superieur de Rouen, 1972-73.

Lawrence, L. George. 〈*Biophysical AV Data Transfer.*〉 *AV Communication Reveiew,* vol.15, no.2, Summer 1967, pp.143-152.

―――― . 〈*Interstellar Communications Signals.*〉 *Information Bulletin* No.72/6. San Bernardino, Calif. Ecola Institute.

―――― . 〈*Interstellar Communications : What are the Prospects?*〉

Electronics World, Oct. 1971, pp.34ff.

―――. 〈*Electronics and the Living Plant.*〉 *Electronics World*, Oct. 1969, pp.25-28.

―――. 〈*Electronics and Parapsychology.*〉 *Electronics World*, April, 1970, pp.27-29.

―――. 〈*More Experiments in Electroculture.*〉 *Popular Electronics*, June, 1971, pp.63-68, 93.

―――. 〈*Experimental Electro-Culture.*〉 *Popular Electronics*, Feb. 1971.

Leadbeater, C. W. *The Monad.* Adyar, Madras, India : Theosophical Pub. House, 1947.

Lehrs, Ernst. *Man or Matter.* New York : Harper, 1958.

Lemström, Selim. *Electricity in Agriculture and Horticulture.* LondonL : The Electrician Pub. Co., 1904.

Lepinte, Christian. *Goethe et l'Occultisme.*(Publications de la Faculté des Lettres de I'Université de Strasbourg.) Paris : Societe d'Edition les Belles Letters, 1957.

Lewis, Joseph. *Burbank the Infidel.* New York : Freethought Press Assn, 1930.

Linné, Carl von. *Flower Calendar.* Stockholm : Fabel, 1963.

―――. *Reflections on the Study of Nature.* Dublin : L. White, 1784.

Loehr, Rev. Franklin. *The Power of Prayer on Plants.* New York : Signet Books, 1969.

Luce, G. G. *Biological Rhythms in Psychiatry and Medicine.* U.S. Public Health Service Pub. No.2088, 1970.

Lund, E. J. *Bioelectric Fields and Growth.* Austin : University of Texas Press, 1947.

Lyalin, O., and Pasiehngi, A. P. 〈*Comparative Study of Bioelectric Response of a Plant Leaf to Action of CO and Light.*〉 Agrophysics Research Institute, V. I. Lenin All-Union Academy of Agricultural Sciences, Leningrad. Bulletin issued by the Institrte of Plant Physiology, Academy of Sciences of the Ukrainian SSR, Kiev, Mar. 6, 1969.

Mackay, R. S. *Bio-Medical Telemetry.* New York : John Wiley, 1970.

Magnus, Rudolf. *Goethe as a Scientist.* New York : H. Schuman, 1949.

Manber, David. *Wizard of Tuskegee.* New York : Corwell-Collier. 1967.

Mann, W. Edward. *Orgone, Reich and Eros.* New York : Simon & Schuster, 1973.

Marha, Karel;Musil, Jan; and Tuhà, Hana. *Electromagnetic Fields and the Life Environment.* San Francisco : San Francisco Press, 1971.

Marine, Gene, and Van Allen, Judih. *Food Pollution : The Violation of our Inner Ecology.* New York : Holt, Rinehart & Winston, 1972.

Markson, Ralph. 〈*Tree Potentials and External factors*〉, in Burr, H. S., *Blueprint for Immortality : The Electric Patterns of Life.* London : Neville spearman, 1972, pp.166-184.

Martin, Richard. 〈*Be Kind to Plants — Or You Could Cause a Violet to Shrink.*〉 *The Wall Street Journal,* Jan. 28, 1972, pp.1, 10.

Matveyev, M. 〈*Conversation with Plants.*〉 *Nedelya.* Weekend supplement of Izvestia, no.17, April 17, 1972(in Russian).

McCarrison, Sir Robert. *Nutrition and National Health.* London : Faber & Faber Ltd., 1944.

McGraw, Walter, 〈*Plants Are Only Human.*〉 *Argosy,* June 1969, pp. 24-27.

Merkulov, A. 〈*Sensory Organs in the Plant Kingdom.*〉 *Nauka i Religiya(Science and Religion)*, no.7, 1972, pp.36-37, in Russian.

Mermet, Abbé. *Principles and practice of Radiesthesia.* New York : Thomas Nelson, 1935-59.

Mesmer, Franz Anton. *Le Magnétisme Animal.* Paris : Payot, 1971.

———. *Memoir of F. A. Mesmer, Doctor of Medicine, on His Discoveries.* Mt. Vernon, N.Y. : Eden Press, 1957.

Mességué, Maurice. *C'est la Nature qui a Raison.* Paris : R. Laffont, 1972.

———. *Cherches et tu Trouveras.* Paris : La Passerelle, 1953.

———. *Des Hommes et des plantes.* Paris : R. Laffont, 1970.

Meyer, Warren. 〈*Man-and-Plant Communication : Interview with Marcel Vogel*〉. *Unity,* vol.153, no.1, Jan. 1973, pp.9-12.

Miller, Robert N. 〈*The Positive Effect of Prayer on Plants.*〉 *Psychic,* vol.3, no.5, Mar-Aprl 1972, pp.24-25.

Milne, Lorus and Margery. *The Nature of Plants.* Philadelphia : J. B. Lippincott, 1971.

Mind and Matter.(Quarterly periodical) Oxford, England : The De La Warr Laboratories.

Mitchell, Henry. 〈Spread a Little Sunshine and Love and Reap Sanity from Plants That Really Care〉, The Washington Post, July 1, 1973, pp.GI, G4.

Morgan, Alfred P. The Pasgeant of Electricith. New York : D. Appleton Century Co., 1939.

Mother Earth. Journal of the Soil Association, London.

Murr, L. E. 〈Physiological Stimulation of Plants Using Delayed and Regulated Electric Field Environments.〉 International Journal of Biometeorology, vol.10, no.2, pp.147-53.

─── . 〈Mechanism of Plant-Cell Damage in an Electrostatic Field.〉 Nature, vol.201, no.4926, March 28, 1964.

Naumov, E. K., and Vilenskaya, L. V. Soviet Bibliography on Parapsychology(Psychoenergetics) and Related Subjects, Moscow, 1971. Translated from Russian by the Joint Publications Research Service, JPRS No.55557, Washington, D.C., May 28, 1972, 101 pp.

Natural Food and Farming.(Monthly journal.) Atlanta, Texas : Natural Food Associates.

Neiman, V. B.(ed.) Problems of Transmutations in Nature : Concentration and Dissipaion.(Collection of papers). In Russian. Erevan, Armenia, USSR : Aiastan Pub. House, 1971.

Nicholson, Shirley J. 〈ESP in Plants〉, American Theosophist, pp.155-158.

Nichols, J. D. Please Doctor, Do Something! Atlanta, Texas Natural Food Associates.

Nollet, M. L'Abbé. Recherches sur les Causes Particulieres des Phénomènes Electriques. Paris, 1754.

─── . Lettres sur L'Electricité. 1753.

Norman, A. G. 〈The Uniqueness of Plants.〉 American Scientist, vol.5, no.3, Autumn 1962, p.436.

Northern, Henry and Rebecca. Ingenious Kingdom. Englewood Cliffs, N.J. : Prentice-Hall, 1970.

Obolensky, George. 〈Stimulaion of Plant Growth by Ultrasonic Waves.〉 Radio-Electronics, July 1953.

O'Donnell, John P. 〈Thought as Energy.〉 Science of Mind, July 1973, pp.18-24.

Old and New Plant Lore. Smithsonian Scientific Series. New York : Smithsonian Institution Series, Inc., 1931.

Organic Gardening and farming. (Monthly journal.) Emmaus, Pa. : Rodale Press.

Osborn, Fairfield. *Our Plundered Planet.* Boston : Little, Brown, 1948.

The Osteopathic Physician, Oct. 1972. (special issue devoted to Kirlian photography and bioenergetics).

Ostrander, Sheila, and Schroeder, Lynn. *Psychic Discoveries Behind the Iron Curtain.* New York : Bantam Boods, 1970.

Ott, John N. *My Ivory Cellar-The Story of Time-Lapse Photography.* Self-published, 1958.

——— . *Health and Light-The Effects of Natural and Artificial Light on Man and Other Living Things.* Old Greenwich, Conn. : Cevin-Adair, 1973.

Paracelsus, *Sämtliche Werke von Theophrast von Hohenheim gen. Paracelsus.* 20vols. Munich : R. Oldenbourg, 1922-65.

Parasnis, D. S. *Magnetism.* London : Hutchison, 1961.

Parker, Dana C., and Wolff, Michael F. ⟨*Remote Sensing.*⟩ *International Science and Technology,* July 1965.

Payne, Alan. ⟨'*Secret Life of Plants*' *Revealed by Biologist.*⟩ *Performance,* vol.1, no.41, Mar. 29, 1973.

Pekin, L. B. *Darwin.* New York : Stackpole Sons, 1938.

Pelt, Jean-Marie. *Evolution et Sexualité des Plantes.* Paris : Horizons de France, 1970.

Perkins, Eric. *The Original Concepts of the Late Dr. Albert Abrams.* A lecture delivered to the Radionic Association, March 17, 1956. Burford, Oxon, England : Radionic Association.

Pfeffer, Wilhelm. *Pflanzenphysiologie.* Leipizig : W.Engelmann, 1881.

Pfeiffer, Ehrenfried. *The Compost Manufacturer's Manual.* Philadelphia : Pfeiffer Foundation, 1956.

——— . *Sensitive Crystalization Processes* : *A Demonstration of Formative Forces in the Blood.* Dresden : E.Weises Buchandlung, 1936.

——— . *The Earth's Face and Human Destiny.* Emmaus, Pa. : Rodale Press, 1947.

——— . *Formative Forces in Crystalization.* New York : Anthroposophic Prss, 1936.

——— . *Practical Guide to the Use of the* Bio-Dynamic Preparations.

London : R.Steiner Pub. Co., 1945.

―――. *Weeds and What They Tell*. Bio-Dynamic Farming and Gardening Association, Inc.

Philbrick, Helen, and Gregg, Richard. *Companion Plants and How to Use Them*. Old Greenwich, Conn. : Devin-Adair Co., 1966.

Philbrick, John and Helen. *The Bug Book : Harmless Insect Controls*. Self-published, 1963.

Picton, Lionel James. *Nutrition and the Soil : Thoughts on Feeding*. New York : Devin-Adair, 1949.

Pierrakos, John C. *The Energy Field in Man and Nature*. New York : Institute of Bioenergetic Analysis, 1971.

Pressman, A. S. *Electromagnetic Fields and Life*. New York and London : Plenum Press, 1970.

Priestley, Joseph. *The History and Present state of Electricity with Original Experiments*. London, 1767.

Pringsheim, Peter, and Vogel, Marcel. *luminescence of Liquids and Solids and Its Practical Application*. New York : Interscience Pubs, 1943.

Preuss, Wilhelm H. 〈*Aus 'Geist und Stoff*, die Arbeiten von Herzeles〉, in Hauschka, Rudolf, *Substanzlehre*, V. Klosterman, Frankfurt am Main, 1942.

Prevention : The Magazine for Better Health.(Monthly journal.) Emmaus, Pa. : The Rodale Press.

Puharich, Andrija. *The Sacred Mushroom : Key to the Door of Eterniy*. Garden City, N.Y. : Doubleday, 1959.

―――. *Beyond Telepathy*. London : Darton, Longman and Todd, 1962.

Pullen, Alice Muriel. *Despite the Colour Bar*. London : S.C.M. Press Ltd., 1946.

Pushkin, V. N. 〈*Flower Recall*〉, *Znaiya Sila*, Nov. 1972, in Russian.

Rahn, Otto. *Invisible Radiations of Organisms*. Berlin : Gebruder Borntraeger, 1936.

Ravits, L. J. 〈*Periodic Changes in Electromagnetic Fields*〉, *Ammals*, *New York Academy of Sciences*, vol.46, 1972, pp. 22-30.

Regnault, Jules Emile J. *Les Methodes d'Abrams*. Paris : N. Maloine, 1927.

Reich, Wilhelm. *The Discovery of the Orgone : Volume 2, The Func-*

tion of the Orgasm, Sex-Economic Problems of Biological Energy. New York : Orgone Inst. Press, 1942.

——— . *The Discovery of the Orgone : Volume 2, The Cancer Biopathy.* New York : Orgone Inst. Press, 1948.

Reichenbach, Karl L. F., Freiherr von. *The Odic Force, Letters on Od and Magnetism.* New Hyde Park, N.Y. : University Books, 1968.

——— . *Physico-Physiological Researches on the Dynamics of Magnetism, Heat, Light, Electricity and Chemism, in Their Relations to Vital Force.* New York : J. S. Redfield, 1851.

Retallack, Dorothy. *The Sound of Music and Plants.* Santa Monica, Calif. : De Vorss and Co., 1973.

Richards, Guyon. *The Chain of Life.* London : John Bale Sons and Danielsson Ltd., 1934.

Robbins, Janice and Charles. ⟨*Startling New Research from the Man Who 'Talks' to Plants.*⟩ *National Wildlife*, vol.9, no.6, Oct-Nov. 1971, pp.21-24.

Rocard, Y. *Le Signal du Sourcier.* Paris : Dunod, 1963.

Rodale, J. I. *The Healthy Hunzas.* Emmaus, Pa. : Rodale Press, 1949.

Russell, Sir Edward John. ⟨*The Soil as a Habitat for Life.*⟩ In Smithsonian Institution Annual Report, 1962.

Russell, Walter B. *The Russell Genero-Radiative Concept.* New York : L. Middleditch, 1930.

——— . *The Universal One.* New York : Briefer Press, 1926.

——— . *The Secret of Light.* New York : Self-published, 1947.

Sanderson, Ivan T. ⟨*The Backster Effect : Commentary.*⟩ *Argosy*, June 1969, p.26.

Scott, Bruce I. H. ⟨*Electricity in Plants.*⟩ *Scientific American*, Oct. 1962, pp. 107-115.

Scott, Cyril Meir. *Music, Its Secret Influence Throughout the Ages.* New York : S. Weiser, 1969.

Scott, G, Laughton, ⟨*The Abrams Treatment*⟩, in *Practice; an Investigation.* London : G. Bles, 1925.

Selsam, Millicent. *Plants That Move.* New York : Morrow, 1962.

——— . *Plants That Heal.* New York : Morrow, 1959.

Semenenko, A. D. ⟨*Short Term Memory of Plants*⟩, in Russian. Institute of Photosynthesis, Academy of Sciences of USSR and Timiryazav Academy, Inst. of Plant Physiology, Academy of

Science of USSR, Nov. 1968.

Sergeyev, G. A. ⟨*Principles of Mathematical Modulation of Bioplasmic Radiations of a Living Organism*⟩, in Russian;in the anthology *Voprosy Bioenergetike*;Kazakh State University, Alma Ata, USSR, 1969.

Shaffer, Ron. ⟨*Your Plants May Be Perceptive*⟩, *The Washington Post*, April 18, 1972.

Sherrington, Sir Charles Scott. *Goethe on Nature and Science*. Cambridge, England : Cambridge Univ. Press, 1942.

Simonéton, André. *Radiations des Aliments, Ondes Humaines, et Santé*. Paris : Le Courrier du Livre, 1971.

Singh, T. C. N. ⟨*On the Effect of Music and Dance on Plants.*⟩ *Bihar Agricultural Colloge Magazine*, vol.13, no.1, 1962-63. Sabour, Bhagalpur, India.

Sinyukhin, A. M., and Gorchakov, V. V. ⟨*Role of the Vascular Bundles of the Stem in Long-Distance Transmission of Stimulation by Means of Bioelectric Impules.*⟩ *Soviet Plant Physiology*, vol.2, 1972.

Soloukhin, Vladimir. *Trava(Grass)*. In Russian, serialized in *Nauka i Zhizn*, nos.9-12, 1972.

⟨*Some Plants are 'Wired' for Growth* : *Electricity in the Garden.*⟩ *The Washington Post*, Feb. 13, 1968, p.34.

Spangler, David. *Revelation, The Birth of a New Age*. Findhorn, Scotland : Findhorn Pubs., 1971.

Spraggett, Allen. *Probing the Unexplained*. New York : World Pub. Co., 1971.

Steiner, Rudolf. *Agriculture*. London : Biodynamic Agricultural Assn., 1924-1972.

Stephenson, W. A. *Seaweed in Agriculture and Horticulture*. London : Faber and Faber, 1968.

Sutherland, Halliday. *Control of Life*. London : Burns Oates, 1951.

Swanholm, A. L. *The Brunler-Bovis Biometer and Its Uses*. Los Angeles : De Vorss, 1963.

Sykes, Friend. *Food, Farming and the Future*. Emmaus, Pa. : Rodale Press, 1951.

―――. *Humus and the Farmer*. London : Faber and Faber, 1946.

Synge, Patrick. *Plants with Personality*. London : Lindsay Drummond

Ltd., 1939.

Taylor, J. E. *The Sagacity and Morality of Plants*. London : Chatto & Windus, 1884.

Thomas, Henry. *George Washington Carver*. New York : Putnam, 1958.

Thompson, Sylvanus. *Magnetism in Growth*.(8th Robert Boyle Lecture) London : Henry Frowde, 1902.

Tiller, William A. 〈*On Devices for Monitoring Non-Physical Energies.*〉(Unpublished article, 41pp.)

——— . 〈*Radionics, Radiesthesia and Physics.*〉 Proceedings of the Academy of Parapsychology and Medicine, Syposium on the Varieties of Healing Experience, 1971.

Tompkins, Peter, and Bird, Chirstopher. 〈*Love Among the Cabbages : Sense and Sensibility in the Realm of Plants.*〉 Harper's Magazine, Nov. 1972, pp.90-96.

Turner, Gordon. 〈*I Treated Plants not Patients.*〉 *Two Worlds*, vol.92. no.3907, Aug. 1969, pp232-234.

Voisin, André. *Soil, Grass and Cancer*. New York : Philosophical Library, Inc., 1959.

Volta, Alessandro. *Opere Scelta di Alessandro Volta*. Torino : Uni-one Tipografico Editrice Torinese, 1967.

Voprosy Bioenergetiki.(Problems of Bioenergetics.) In Russian. Kazakh State University, Alma Ata, USSR, 1969.

Watson, Lyall. *Supernature*. Garden City, N.Y. : Anchor Press, 1973.

Weeks, Nora. *The Medical Discoveries of Edward Bach, Physician*. Ashingdon, Rochford, Essex England : C. W. Daniel Co. Ltd.

Weinberger, Pearl, and Measures, Mary. 〈*The Effect of Two Sound Frequendies on the Germination and Growth of a Spring and Winter Wheat*〉, *Canadian Journal of Botany*.

Westlake, Aubrey T. *The Pattern of Health ; A Search for A Greater Understanding of the Life Force in Health and Disease*. London : V. Stuart, 1961.

〈*What Noise Does to Plants.*〉 *Science Digest*, Dec. 1970, P.61.

Wheaton, Frederick Warner. 〈*Effects of Various Electrical Fields on Seed Germination*〉, Ph.D. dissertation, Iowa State University, Ames, Iowa, 1968.

Wheeler, F. J. *The Bach Remedies Repertory*. Ashingdon, Rochford,

Wheeler, F. J. *The Bach Remedies Repertory.* Ashingdon, Rochford, Essex, England : C. W. Daniel Co. Ltd.

Whicher, Olive, and Adams, George. *Plant, Sun and Earth.* Stuttgart : Verlag Freies Geistesleben.

White, John W. 〈*Plants, Polygraphs and Paraphysics.*〉 *Psychic*, vol.4, no.2, Nov-Dec., pp.12-17, 24.

Wickson, Edward J. *Luther Burbank, Man, Methods and Achievements.* San Francisco : Southern Pacific Co.

〈*The Wonderful World of Plants.*〉 *Za Rubezhom*, no.15, April 7-13, 1972, pp.28-29. In Russian.

Wrench, G. T. *The Wheel of Health.* New York Schocken Books, 1972.

Yogananda, Paramahansa. *Autobiography of a Yogi.* New York : Rider, 1950.

인명색인

ㄱ
가너 Garner 179
가르디니 Gardini 211, 219
가스너 J. J. Gassner 215
가우스 Karl Friedrich Gauss 75
가이텔 Hans Geitel 219
갈바니 Luigi Galvani 21, 140, 213, 214, 243, 244, 366
개릿 Eileen Garret 30
거슈윈 George Gershwin 189
게디스 Patrick Geddes 128
겔러 Uri Geller 436-438
골드스타인 Norman Goldstein 53
괴테 Johann Wolfgang von Goethe 7, 139-154, 204, 219, 302, 358, 361, 376, 396, 452
구나르 Ivan Isidorovich Gunar 89, 90, 98, 103
구르비치 Aleksandr Gurvich 78-80, 234, 243, 246, 247, 253, 388
굿어베이지 Joseph F. Goodavage 78
그레고리 William Gregory 217
그레이드 Bernard Grad 428-430
그레이버 Glenn Graber 329-333
그로스, 샤를르 Charles Gros 75
그로스, 헨리 Henry M. Gross 364, 365, 398-400, 404, 405
그리시첸코 V. S. Grishchenko 253
그린웰 Sir Bernard Greenwell 284
그릴리 Horace Greeley 296
길버트, 윌리엄 William Gilbert 208, 209, 214, 215, 217
길버트 Gilbert 340

ㄴ
나우모프 Edward Naumov 256
네빌 Long John Nebel 55
네이만 V. B. Neiman 355

넬슨 Elmer Nelson 280
노스럽 F. S. C. Northrop 243
놀레 Jean Antoine Nollet 210-212, 224, 225
뉴먼 John Newman 222
뉴턴 Issac Newton 150-152, 204
니콜스 W. S. Nichols 397
니콜스, 조 Joe Nicoles 272, 297-299, 302-304, 306, 307, 309, 310, 312-317, 321, 373

ㄷ

다니엘스 Rexford Daniels 365, 435
다르송발 Jacques Arsène d'Arsonval 233
다우어티 John Francis Dougherty 67
다우트 Reverend R. William Daut 68
다윈, 찰스 로버트 Charles Darwin 6, 7, 10, 23, 109, 115, 117, 119, 131, 139, 144, 149, 152, 153, 160-166, 185, 186, 289, 290
다윈, 프랜시스 Francis Darwin 109
더글러스 William O. Douglas 311
데스코스 Descosse 362
데슬롱 Charles D'Eslon 215
데피아 Maréchal d'Effiat 362
두브로프 A. P. Dubrov 355
드 라 바르, 마조리 Marjorie de La Warr 418-421, 426, 428, 431
드 라 바르, 조지 George de La Warr 418-422, 425, 426, 428, 430-432
드 뵈어 Wilhelm de Boer 427, 428
드 브로이 Louis-Victor de Broglie 353, 370
드 브리스 Hugo De Vries 162-164
드라운 Ruth Drown 405, 406, 430
드레이크 Frank Drake 77

드리슈 Hans Driesch 244
디오스코리데스 Dioscorides 135
딘 Douglas Dean 25, 259

ㄹ

라마르크 Jean Lamarck 139
라부아지에 Antoine Laurent Lavoisier 337, 338, 345, 348
라이스너 Robert S. Leisner 198
라이헨바흐 Karl von Reichenbach 217, 218, 234, 407, 408
라이히 Wilhelm Reich 49, 52, 217, 218, 347-349
라인 J. B. Rhine 22
라퐁 Lafont 108
라호프스키 Georges Lakhovsky 230-234, 369, 375, 391
란 Otto Rahn 234, 243, 246, 411, 416
랑베르 Alfred Lambert 363
래비츠 2세 J. Ravitz Jr. 245-247
랭먼 Louis Langman 244
러더퍼드 Ernest Rutherford 338
러셀, 존 Sir E. John Russel 291
러셀 E. W. Russell 420
런드 E. J. Lund 233, 234
런드버그 Lundberg 326, 327
레닌 Vladimir Illich Lenin 355
레베딘스키 A. V. Lebedinsky 104
레어스 Ernst Lehrs 143, 144, 150
레이너 M. C. Rayner 291
레일리 Sir John Williams S. Rayleigh 109, 110, 116, 130, 131
렌치 G. T. Wrench 279, 280
렘슈트룀 Selim Lemström 221, 222
로데일, 로버트 Robert Rodale 357, 428
로데일 J. I. Rodale 192, 288, 289, 294, 298, 357
로렌스 George Lawrence 57, 58, 70-75, 78, 80, 82-87, 191, 234
로렌츠 H. A. Lorentz 131
로맹 롤랑 Romain Rolland 131

로버츠 Kenneth Roberts 364, 365
로브 Lindsay Robb 451
로스, 윌리엄 William Ross 219
로스, 클레온 Cleon Ross 201
로스 Lawes 340
로어 Franklin Loehr 424
로이스터 L. H. Royster 199
로젠크로이츠 Rosenkreuz, Christian 140
로즈 Mason Rose 334
로지 Sir Oliver Lodge 110, 131, 222
로카르 Yves Rocard 362
로커 Arthur Locker 188
로크웰 B. A. Rockwell 397-400, 402, 404
로프스 Paul Ropes 243
롤 W. G. Roll 83
롱바르 Jean Lombard 353
루이 14세 215, 362
루이스 Myrna I. Lewis 377
르모니에 Pierre Charles Lemonnier 211, 220
르팽트 Christian Lepinte 141
리드비터 C. W. Leadbeator 145
리비 Willard F. Libby 404
리비히 Justus von Liebig 276
리샤르 Richard 362
리스터 Lister 111
리처즈 Guyon Richards 417, 418
리치오니 Bindo Riccioni 227
리털랙 Dorothy Retallack 193-202
리트로우 J. J. von Littrow 75
린나에우스 Linnaeus → 린네
린네 Carl von Linné 6, 117-119, 138, 204
립셋 Mortimer Lipsett 308

□

마르코니 Guglielmo Marconi 61, 72, 110, 126
마르크스 Karl Marx 125
마리아 테레지아 Maria Theresia 20

마이클 Leo Michl 270
마트베예프 M. Matveyev 91, 92
마하리시 Ramana Mohan Maharishi 384, 385
매랑 Jean-Jacques Dertous de Mairan 206-208
매클린 Dorothy Maclean 440, 447, 451
맥거리 William McGarey 90
맥니스 Alick McInnes 381-386, 394
맥린 Gordon MacLean 364
맥스웰 James Clerk Maxwell 109, 110
맥캐리슨 Robert McCarrison 276-280, 284, 285, 294, 295, 298
맥켄지 Sir Alexander Mackenzie 110
맥키븐 E. G. Mckibben 228
머 Larry E. Murr 225, 226
머리, 길버트 Gilbert Murray 131
머리, 엘리자베스 Elizabeth Murray 450
머린 Gene Marine 305
메르메 Mermet 362
메르쿨로프 A. Merkulov 93-95
메르타 Jan Merta 84, 85, 260, 368, 371
메세게 Maurice Mességué 380, 381
메스머 Franz Anton Mesmer 37, 140, 215, 216, 234, 243, 244, 407
메이런 Lewis W. Mayron 242
메이어 Jean Mayer 314
메저스 Mary Measures 191-193, 198
메츠 Johann Friedrich Metz 140
멘델 Gregor Johann Mendel 162
멘델레예프 Dmitrii Ivanovich Mendeleev 140, 337, 408
모스 Thelma Moss 253-258, 264
몬텔보노 Tom Montelbono 46
몬티스 Henry C. Monteith 257
몰리슈 Hans Molisch 132

몰리에르 Molière 128
몰리토리츠 Joseph Molitorisz 224, 225
몽골피에, 자크 에티엔 Jacques Etienne Montgolfier 212
몽골피에, 조제프 미셸 Joseph Michel Montgolfier 212
무솔리니 Benito Mussolini 82
뮤어헤드 Muirhead 110
밀러, 로버트 Robert N. Miller 424
밀러, 하워드 Howard Miller 29
밀스타인 George Milstein 199-201

ㅂ
바 James Barr 392
바그너 Wilhelm Richard Wagner 453
바랑제 Pierre Baranger 341-343
바머키언 Richard Barmakian 357
바이얼리 T. C. Byerly 271
바인스 Sidney Howard Vines 117
바크 Edward Bach 376-381
바흐 Johann Sebastian Bach 188, 189, 197
반 타셀 George W. van Tassel 82, 83
발몽 Vallemont 362
배그널 Oscar Bagnall 427
배브콕 Mary Reynolds Babcock 32
배스틴 Edward Bastin 436
백스터 Cleve Backster 19-37, 40, 41, 47, 48, 55, 56, 58-61, 63-66, 70, 71, 80-83, 85, 90-93, 95, 96, 200, 201, 451
밸포어, 메어리 Mary Balfour 450
밸포어, 이브 Eve Balfour 285, 287, 295
버 Harold Saxton Burr 33, 243-247, 404
버드 Eldon Byrd 63-66
버든-샌더슨 Sir John Burdon-Sanderson 115, 116

버뱅크 Luther Burbank 85, 163-172, 179, 294, 385, 452
버틀러 Robert N. Butler 377
베르그송 Henri Bergson 130, 244
베르크 Alban Berg 197
베르트랑 Didier Bertrand 344
베르트로 Marine de Bertereau 362
베르틀로 Pierre Berthelot 237
베르틀롱 Abbé Berthlon 212, 225
베베른 Anton von Webern 197
베스트 Connie Best 437
베일리, 리버티 하이드 Liberty Hyde Bailey 167
베일리, 앨리스 Alice A. Bailey 452
베일리 A. R. Bailey 99
베전트 Annie Besant 145
베토벤 Ludwig van Beethoven 195
벤저민 R. M. Benjamin 400
벨 Allan Bell 65, 66
벨로프 I. Belov 252
벨튼 Peter Belton 191
보겔 Marcell Vogel 35-53, 59, 70, 245, 435
보르그스트롬 Georg Borgstrom 293
보비스 André Bovis 365-371, 374, 394
보솔레유 de Beausoleil 362
보스 Sir Jagadis Chandra Bose 104, 108-132, 156, 175, 179, 233, 381
보이지 Voysey 425
보일 Robert Boyle 209
보클랭 Louis Nicolas Vauquelin 337-339
본듀런트 William M. Bondurant 33
볼타 Alessandro Volta 213, 214, 217, 366
볼테르 Voltaire 206
뵈메 Jakob Böhme 44, 140
부시 Vannevar Bush 404
부아쟁 André Voisin 273-275, 295, 358
부크홀츠 Wilhelm Heinrich Sebastian Buchholz 141

불리 Bouly 362
브라헤 Brache 204
브람스 Johannes Brahms 195
브래들리 C. W. Bradley 76
브런튼 Sir Lauder Brunton 125
브로먼 Francis F. Broman 194, 195, 198
브롱냐르 Adolphe Théodore Brongniart 137
브루노 Giordano Bruno 140
블라바츠키 Helena Blavatsky 145, 452
블로흐 Felix Bloch 403, 404
블리잘 Andréde Belizal 363
비브 William Beebe 290
비숍 F. C. Bishopp 400-402
비스마르크 Bismarck 427
빈센트 Warren Vincent 326
빙클러 Winkler 140

ㅅ
사바스 Erica Sabarth 300-302, 322, 323
사이크스 Friend Sykes 285-287, 295, 311, 343
새프 Debbie Sapp 44, 45
샌드버그 Carl Sandburg 99
샌즈 Captain Sandes 417
샐리스베리 Frank B. Salisbury 201
생 로슈 Saint Roch 363
생 제르맹 St. Germain 440
샤틀레 Jean du Chatelet 362
샤프랑케 Rolf Schaffranke 414
샹카르 Ravi Shankar 197, 199
서미내러 Gina Cerminara 39
설리번 G. A. Sullivan 440
세르게예프 Genady Sergeyev 256
세체니 Szechenyi 303, 304
셰링턴 Sir Charles Sherrington 131
셴베르크 Christoper von Schenberg 361
셸리 John Shelly 364
소로 Henry David Thoreau 164

소뱅 Pierre Paul Sauvin 55-62, 64, 66-68, 70
소에르 de Sauer 388
솔루힌 Vladimir Soloukhin 97-102, 291, 292
솔리 Edward Solly 219
쇤베르크 Arnold Schönberg 197, 198
쇼 George Bernard Shaw 125
슈뢰더 Lynn Schroeder 252
슈베르트 Franz Peter Schubert 195
슈타이너 Rudolf Steiner 7, 153, 263, 299-301, 345, 346, 354, 450, 451, 453
슈페너 Philipp Jacob Spener 140
스미스, 조지 George Smith 189-191, 194
스미스 J. E. Smith 117
스미스 M. Justa Smith 259
스완 Ingo Swann 51
스완슨 Robert Swanson 53
스콧 Cyril Meir Scott 203
스크랴빈 Scriabin 453
스크리브너 James Lee Scribner 226, 227
스트라이샌드 Babra Streisand 240
스티븐슨 W. A. Stephenson 328
스팽들레 Henri Spindler 339-341
스페어 Fred Spare 314
스펜서 Herbert Spencer 119
스피노자 Spinoza 140
시거, 찰스 Charles Seeger 78
시거, 피트 Pete Seeger 99
시글러 E. W. Seigler 402
시뉴힌 A. M. Sinyukhin 103
시몬통 André Simoneton 361, 365, 368-375, 377, 387, 394
시얼 Eldred Thiel 327
시추린 S. P. Shchurin 246, 247
실러 Johann Christoph Friedrich von Schiller 149
심스 2세 Fletcher Sims, Jr. 320-325, 328

싱, 라빈다르 Rabindar N. Singh 294
싱, 패트릭 Patrick Synge 236, 237
싱 R. L. M. Synge 274
싱 T. C. Singh 186-188, 191
싱콘 Cinchon 395
싱클레어 Upton Sinclair 393

ㅇ
아가시 Louis Agassiz 164
아다멘코 Viktor Adamenko 252, 254, 257
아르놀트 Gottfried Arnold 140
아리스토텔레스 Aristoteles 6, 12, 134, 145, 208, 244, 289
아리스토파네스 Aristophanes 136
아우레올루스 Aureolus 440
아이젠하워 Dwight David Eisenhower 315, 404
아인슈타인 Albert Einstein 131, 348, 437
악바르 Akbar 186
안구셰프 Georgi Angushev 95
알렉산더 Alexander 277
알브레히트 William Albrecht 273, 276, 295
암스트롱, 루이 Louis Armstrong 197
암스트롱, 하워드 Howard Armstrong 397-400, 403, 412
앤드류스 Donald Hatch Andrews 203
앨런, 주디스 Judith Allen 305
앨런, 플로이드 Floyd Allen 327
업턴 Curtis P. Upton 394, 396-398, 400, 403, 404
업홉 Uphop 6
에드워즈 Chales C. Edwards 315
에디슨 Thomas A. Edison 179, 394
에리오 Edouard Herriot 380
에서 Aristide H. Esser 25, 26
에스테바니 Oscar Estebany 428, 429

에이브럼스 Albert Abrams 387-394, 405-407, 409-411, 417, 418, 430
엘리엇 George Eliot 86
엘리자베스 1세 208
엘링턴 Duke Ellington 197
엘스터 Julius Elster 220
영 Ather M. Young 264, 425, 432
오더스 L. J. Audus 228
오스본 Fairfield Osborn 356
오스트랜더 Sheila Ostrander 252
오스틴 Sir Robert Austen 115
오트 John Nash Ott 207, 235-243, 245
와인버거 Pearl Weinberger 191-193, 198
월러 Waller 119, 130
외르스테드 Hans Christian Örsted 216
요가난다 Paramahansa Yogananda 170
요더 Robert M. Yoder 411
요페 Abram Fyodorovich Ioffe 91
우들리프 C. B. Woodlief 199
울먼 Montague Ullman 254-256
우드하우스 Armine Wodehouse 450
워럴, 앰브로스 Ambrose Worrall 424
워럴, 올가 Olga Worrall 424
워서먼 G. D. Wasserman 83
워시번 Washburn 304
워싱턴 Booker T. Washington 175
원 Howard Worne 351
월리스, 조지 George J. Wallace 311
월리스, 헨리 켄트웰 Henry Cantwell Wallace 174
월잭 Michael Walczak 356, 357
월터스 2세 Charles Walters, Jr. 333, 357
왓슨 John Broadus Watson 158
웨버 H. J. Webber 168 왓
웨스트레이크 Aubrey Westlake 453

위젤스워스 G. W. Wiggelsworth 406
위크 John Wieck 325
위태커 John Whittaker 333
윌리 Vivian Wiely 38, 39
윌리엄 Roger J. William 312
윌스 Gren Wills 406, 407, 412
유얼 Raymond Ewell 317
융 Carl Jung 37
이뉴신 Vladimir Inyushin 253, 254, 255

ㅈ
자라투스트라 Zarathustra 159
자벨린 I. Zabelin 101
제임스 William James 159
조지 5세 280
조지 Lloyd George 362
존슨 Ed Johnson 86
존슨 Kendall Johnson 257, 258
지멘스 Werner Siemens 65
진스 James Jeans 81, 109

ㅊ
챈스 Cynthia Chance 450, 451
체르트코프 V. Chertkov 88
체살피노 Andrea Cesalpino 135
침발리스트 Tatiana Tsimbalist 89

ㅋ
카라마노프 Vladimir Grigorievich Karamanov 91-93
카루소 Enrico Caruso 387, 388
카르노 Nicolas Léonard S. Carnot 347
카리 Carrie 362
카메라리우스 Rudolf Jakob Camerarius 135, 138
카버 George Washington Carver 173-180, 269, 308, 452
카슨 Rachel Carson 286, 311
카이저 Hans Kayser 204
카이절링 Keyserling 300
카자말리 Federico Cazzamalli 82

칸트 Immanuel Kant 149
칼손 L. Karlson 64
캐너리 Bittinger Cannery 402
캐디, 에일린 Eileen Caddy 440, 442
캐디, 피터 Peter Caddy 440-448, 451
캐러굴러 Shafica Karagulla 261
캐럴 Lewis Carroll 19
캔비 Eugene Canby 188, 189
캘빈 Melvin Calvin 102
캠벨 John Campbell 425
커머너 Barry Commoner 272, 273, 353, 358
커즌 Sir Curzon 281
커티스 Olga Curtis 197, 198
케르브랑 Louis Kervran 336-339, 344-347, 349-358, 368
케이시 Edgar Cayce 39, 90, 178
케플러 Johannes Kepler 204
켈러 Hellen Keller 171
켈빈 William Thomson Kelvin 111
코롤코프 P. A. Korolkov 355, 356
코벳 William Cobbet 13
코캐너 Joseph A. Cocannouer 292-294
코페르니쿠스 Nicolaus Copernicus 204
코프 J. A. Kopp 369, 370
콕스 H. Len Cox 229, 230
콕토 Jean Cocteau 380
콜 Daniel H. Kohl 273
콜럼버스 Christoper Columbus 87
쿠마리 Gouri Kumari 187
쿠에 Emile Coué 37
쿠푸 Khufu 10, 366
쿨라기나 Nina Kulagina 50, 256
크너스 William J. Knuth 394, 396, 398, 400, 403
크라일 Grorge Washington Crile 234, 235, 243, 246, 391, 404
크롱카이트 Walter Cronkite 199
크룩스 Sir William Crookes 115

크리프너 Stanley Krippner 256, 258
크릴로프 A. V. Krylov 228
클라우지우스 Rudolf J. E. Clausius 347
클류터 H. H. Kleuter 424
키를리안 Semyon Davidovich Kirlian 247, 249-262, 264
키퍼 Robert F. Keefer 294
킬너 Walter Kilner 427

E

타고르 Rabindranath Tagore 111, 117
타라카노바 G. A. Tarakanova 228
타켓 Arnold C. Tackett 243
테니슨 Tennyson 181
테슬라 Nikola Tesla 72, 438
테오프라스투스 Theophrastus 134, 135
토마셀리 Tommaselli 214
토머스 Wesley Thomas 262
토알도 Giuseppe Toaldo 212
톰슨, 실바누스 Silvanus Thompson 209
톰슨, 존 아서 John Arthur Thomson 129
투르네포르 Joseph Pitton de Tournefort 135
투탕카멘 Tutangkhamen 180
트레블리언 George Trevelyan 142, 145, 146, 449, 451
티미랴제프 Kliment Arkadievich Timiryazev 88, 103
티서랑 Tisserant 362
틸러 William A. Tiller 256-258, 260, 433-435

ㅍ

파니슈킨 Leonid A. Panishkin 89, 90
파라켈수스 Paracelsus 140, 141, 215, 375-377, 379, 452
파블로프 Ivan Petrovich Pavlov 94, 96
파이퍼 Ehrenfried Pfeiffer 299-302, 321-324, 354, 358, 407, 452
패러데이 Michael Faraday 28, 70, 71, 73, 216, 217
패럴리 Francis Farrelly 425-428, 431
퍼셀 Edward Purcell 403
퍼토프 Hal Puthoff 49
펑크 Casimir Funk 278
페도로프 Lev Pedorov 251, 252
페랑 Ferran 362
페어차일드 David Fairchild 168
페티소프 V. M. Fetisov 95
페퍼 Wilhelm Pfeffer 185, 186
페히너 Gustav Theodor Fechner 154, 155-162, 172, 452
포겔 Vogel 340
포니아 Stella Ponniah 186, 187
포드, 프랭크 Frank Ford 319, 320
포드, 헨리 Henry Ford 179
포르헨브룬 Herwerd von Forchenbrun 151
포스터 Michael Foster 114
포트시브야킨 Anatoly Podshibyakin 255
포포프 Popov 110
포피노 Oliver Popenoe 331
폰티스 Randall Fontes 53
푸슈킨 V. N. Pushkin 95-97
푸하리치 Andrija Puharich 435-437
퓌롱 Réne Furon 354
프라우트 William Prout 339
프라이어 Lee Fryer 328
프랑세 Raoul Francé 6-8, 11, 12, 138
프랑스 Henry de France 363
프랭클린 Benjamin Franklin 211, 216, 221
프로이트 Sigmund Freud 159, 245
프로클로스 Proklos 145

프리스틀리 Joseph Priestly 208, 216
프링스하임 Peter Pringsheim 35, 36
플라톤 Platon 136, 145
플로베르 Gustave Flaubert 337
플뤼거 Pflüger 123
플리에스 Wilhelm Fliess 245
피에라코스 John Pierrakos 261-264
피트먼 U. J. Pittman 228, 388
픽턴 Lionel J. Picton 299

ㅎ

하네만 Christian Samuel Hahnemann 394-396
하벌리크 Zaboj V. Harvalik 363-365, 369, 370, 427, 428
하시모토 겐橋本健 66, 67
하우슈카 Rudolf Hauschka 301, 345, 346, 395, 396
하우스 T. K. Howes 117
하워드 Albert Howard 280-285, 288, 291, 292, 294, 295, 298, 358, 399
하이든 Franz Joseph Haydn 195
하이어러니머스, 갤런 T. Galen Hieronymus 405-416, 418, 425, 426, 430-432
하이어러니머스, 루이스 Louise Hieronymus 413, 415
하트 Don Hart 325
할스 Jorgen Hals 76
해니 Eldore Hanni 327
해럴 Alvin M. Harrell 87
핼러시 D. S. Halacy 218
핼블립 Ernest Halbleib 327, 328
햄머스타인 Oscar Hammerstein 202
햅굿 Charles H. Hapgood 432
허바드 L. Ron Hubbard 50, 82
헉슬리, 올더스 Aldous Huxley 117, 185, 186

헉슬리, 토머스 Thomas H. Huxley 117, 185
헤라클레스 Heracles 13
헤로도투스 Herodotus 135
헤르더 Johann Gottfried von Herder 146, 147
헤르메스 트리스메기스투스 Hermes Trismegistus 203
헤르첼레 Albrecht von Herzeele 340, 341, 343, 345, 346
헤르츠 Heinrich Rudolph Hertz 109, 110, 113
헤이 Randall Groves Hay 226
헤이지세트 Gaylord T. Hageseth 193
헤일 William J. Hale 401
헤켈 Ernst Haeckel 139
헨드릭스 Jimi Hendrix 196
헨리 Joseph Henry 216
헬 Maximilian Hell S. J. 20, 37, 214, 215
헬몬트 Jan Baptista Helmont 339
호드슨 Geoffrey Hodson 452
호스트 Miles Horst 400
호일 Fred Hoyle 352
호프먼 Samuel O. Hofman 392
홀 Manly P. Hall 170
화이트 George Starr White 226
황 B. H. Huang 199
후페란트 Hufeland 396
훌스루드 Waldemar Julsrud 432
훔볼트 Alexander von Humboldt 164
휘트먼 Walt Whitman 99
휘트스톤 Sir Charles Wheatstone 21
히사토키 코마키 小牧久時 354
힌즈 Phillip M. Hinze 333, 334
힌턴 Truman Hienton 399, 400
힐 W. B. Hill 175
힙스 Ben Hibbs 411

사항색인

ㄱ

검류계 galvanometer 19-21, 23, 25-27, 31, 33, 40, 50, 57, 63
과학 아카데미(구소련) 91, 92, 98, 103, 354
과학 아카데미(미국) 80, 234, 315
과학 아카데미(체코슬로바키아) 426
과학 아카데미(프랑스) 207, 211, 216, 233
광합성 5, 6, 103, 131, 227, 237, 273
교육과학 아카데미(구소련) 256

ㄴ

냉광 luminesciene 35, 36, 250-253

ㄷ

다우징 dowsing 99, 260, 361-365, 369, 370, 426, 427
데바 deva 12, 451
동물자기 animal magnetism 37, 140, 215, 217, 234, 408
동물전기 animal electricity 20, 213, 366
동종요법 homeopathy 324, 394, 400
DDT 286, 307, 311, 314, 331

ㄹ

런던 심령 연구 협회 222
린네 학회 Linnean Society 117-119

ㅁ

마이크로더미스터 microthermister 91
메스메리즘 mesmerism 37, 140, 217
물병자리 시대 aquarian age 439, 452
미국 과학 진흥 협회 242, 272

미국 농화학자 협회　322
미국 다우저 협회　364
미국 사이버네틱스 학회　63, 64
미국 심령 연구 협회　255, 430
미국 우주항공국(NASA)　77, 229, 414
미국 의학 협회　313, 314, 392
미토겐선 mitogenetic rays　79, 80, 253

ㅂ
바이오플라스마 bioplasma　64, 65, 253-257, 260, 433
방사공학 협회 Radionic Association　412, 450
방사공학 radionics　405, 418, 419, 430-433
백스터 효과　20, 30, 32, 65, 71, 82, 83, 85, 86
범과학 연구 재단　53
병리 계측 협회 Pathomatic Association　406
비슈누　186

ㅅ
사이 장 psy-field　83
사이버네틱스 cybernetics　63, 64, 91-93, 353
사이언톨로지 scientology　50, 51, 82
사이코트로닉스 Psychotronics　425, 426
사이클롭스 계획 Project Cyclops　78
색층 분석 chromatography　322-324, 332
생기론 vitalis　244, 348, 355
생명장 life-fields　245, 246, 254
생물역학 biodynamic　72, 87, 300, 324, 325, 328, 332, 333, 354, 451
생체 교신 biological communication　73, 74, 86
생체 방사선 biological radiation　71, 79, 91

생체전위 bio-potential　64
생태학 ecology　13, 273, 286, 334
세포 의식 cellular consciousness　29
수정 fertilization　136, 137, 144, 161
수피즘　440
식물과 다른 생명체의 죽음　28-31, 60, 93
식물과 성(性)　49, 61, 135, 136, 160, 204
식물과 인간의 교감　26, 27, 40-47, 51, 53, 66, 96, 97
식물과의 대화　59, 66, 93
식물의 감각　5, 9, 11, 23, 42, 89, 92, 160
식물의 감정　7, 43, 48, 84, 85, 88
식물의 영혼　6, 13, 155, 156, 157, 203
식물의 지각 능력　11, 12, 19-23, 27, 31, 53, 55, 63, 81, 92, 96, 160, 170
식품의약국(FDA)　280, 308, 309, 313-315, 328, 395, 406
신연금술 연구 협회 New Alchemy Institute　334, 335
신지학 theosophy　145, 203, 441, 452
심리 분석기 psychanalyser　37, 50
심리 전기 반응 Psycho-galvanic Responce(PGR)　50
심적 에너지 psychic energy　37-39, 426

ㅇ
아스트럴체 astral body　253, 254, 415, 433, 452
아스트럴파 astral wave　233
IBM　35-39, 53
아프로디테 Aphrodite　5
애니미즘 animism　159
에너지장 energy-field　33, 39, 52, 57, 58, 60, 64, 83, 250-252, 263, 427, 434

에테르 ether 110, 208-210, 218, 232, 254, 263, 300, 346, 355, 356, 409, 452
에테르체 etheric body 253, 263, 415, 433, 434
엔텔레키 entelechy 244
엔트로피 entropy 347, 353, 355
연구 계몽 협회(ARE) 90
연금술 alchemy 140, 173, 203, 334-336, 341, 349, 357, 451
염력 psychokinesis 67
영국 과학 진흥 협회 111, 113
영국 다우저 협회 99
영국 심령연구 학회 32
영국 왕립 학회 110, 111, 114-119, 124, 125, 130, 131, 178
영국 의학 협회 392
오라 aura 250, 251, 254, 257, 258, 260, 261, 263, 264, 427, 428
오르곤 orgone 49, 218, 252, 348
오실로스코프 oscilloscope 58
오즈마 계획 Project Ozma 77
오컬트 occult 12, 203, 207, 439
우주 에너지 cosmic energy 44
유기농법 276, 284, 289, 309, 316, 320, 326, 327, 330-333, 357, 450, 451
UCAKO 398-405, 412, 417, 418, 425
인도 과학 사원 Indian Temples of Science 107
인지학 anthroposophy 453

ㅈ
자연식품 동호회(NFA) 272, 312, 313, 314
잡종강세 161
장미십자단 Rosicrusian 140, 442
전자기 electromagnetism 70, 75, 207, 209, 217, 218, 229, 230, 235, 240, 363-365, 408, 412, 413, 452
전자기장 electromagnetic field 75, 83, 243, 244, 254, 388
전자기파 electromagnetic wave 74, 79, 110, 111, 190, 206, 210, 216, 246, 365
정상 우주론 352
정신 에너지 mental energy 37, 159, 353
정신물리학 psychophysics 157
조건 반사 conditioned reflex 94
중력 gravity 7, 78, 83, 150, 151, 157, 218, 228, 413
질량 보존의 법칙 337, 340, 347

ㅊ
차크라 434
철학 연구 협회 170
초감각적 지각(ESP) 22, 23, 32, 55, 81, 82, 251
초상(超常) 현상 83, 84
초심리학 재단 30
초심리학 parapsychology 22, 53, 57, 64, 82, 85, 255-258
초심리학과 의학 협회 433

ㅋ
캘리포니아 심령 학회 47
크레스코그래프 crescograph 127, 130
크리슈나 186
키를리안 효과 253

ㅌ
텔레파시 telepathy 54, 82, 170, 232, 254
토양 협회 287, 288, 352, 449, 450

ㅍ
패러데이 상자 Faraday cage 28, 70, 71, 73
펄서 pulsar 72
플라스마 plasma 76, 77, 253, 348
피부 전기 반응 Galvanic skin responce(GSR) 50

ㅎ

핵물리학 48, 337, 342-346
행동주의 158
홀로그래피 holography 258
홀로그램 hologram 258

휘트스톤 브리지 Wheatstone Bridge 21, 58, 80
힘의 장 force field 33, 247, 251, 258, 433

잡지 및 정기간행물 /저서 /논문 색인

잡지 및 정기간행물
〈가드너스 크로니클 *Gardener's Chronicle*〉 219
〈경이의 공상과학 소설 *Astounding Science Fiction*〉 425
〈과학과 생명 *Science et Vie*〉 341, 343, 348
〈국제 초심리학 잡지 *International Journal of Parapsychology*〉 32, 429
〈나우카 이 렐리지야 *Nauka i Religiya*〉 93
〈내셔널 와일드라이프 *National Wildlife*〉 32
〈내이션 *Nation*〉 125
〈내이처 *Nature*〉 112, 123, 132, 228
〈농업화학 *Agricultural Chemicals*〉 399
〈뉴 스테이츠먼 *New Statesman*〉 129
〈뉴욕 타임스 *New York Times*〉 201
〈라이프 *Life*〉 406
〈레지스터 *Resister*〉 202
〈르 마탱 *Le Matin*〉 131
〈리더스 다이제스트 *Reader's Digest*〉 25
〈리테라투르나야 가제타 *Literaturnaya Gazetta*〉 101
〈마인드 앤드 매터 *Mind and Matter*〉 423
〈맹인의 전망 *Outlook for the Blind*〉 171
〈머큐리 *Mercury*〉 39

〈메디컬 월드 뉴스 Medical World News〉 32
〈메트로 선데이 뉴스페이퍼 Metro Sunday Newspaper〉 198
〈미국의 토지 Acres USA〉 333, 357
〈바이오다이내믹스 Bio-dynamics〉 302
〈바이오사이언스 매거진 Bio-Science Magazine〉 198
〈벨트보케 Weltwoche〉 90, 91
〈보물선 Argosy〉 36
〈보타니컬 가제트 Botanical Gazette〉 122
〈브리티시 메디컬 저널 British Medical Journal〉 392
〈사이언스 뉴스레터 Sience News Letter〉 403, 404
〈사이언스 Science〉 62
〈사이언티픽 아메리칸 Scientific American〉 62, 127, 393, 411
〈새터데이 이브닝 포스트 Saturday Evening Post〉 365, 411
〈선 Sun〉(볼티모어) 25
〈센츄리 매거진 Century Magazine〉 169
〈스펙테이터 Spectator〉 111
〈심령 연구 잡지 Journal of the Society for Psychical Research〉 429
〈아스티어패틱 피지션 Osteopathic Physician〉 259
〈애리조나 파머 Arizona Farmer〉 400
〈엠파이어 매거진 Empire Magazine〉 198
〈연금술, 꿈인가, 실재인가 Alchemy:Dream or Reality?〉 349
〈영국 의학 잡지 British Medical Journal〉 278
〈예방 Prevention〉 192, 289
〈왕립 학회 회보 Proceedings of Royal Society〉 112
〈요크 디스패치 York Dispatch〉 400
〈워싱턴 포스트 Washington Post〉 280
〈원예협회지 Journal of the Horticultural Society〉 219
〈월리시즈 파머 Wallace's Farmer〉 174
〈월즈 워크 World's Work〉 168
〈위크앤드 리포터 Weekend Reporter〉 395
〈유기원예와 유기농법 Organic Gardening and Farming〉 86, 288, 298, 327, 357
〈이즈베스티야 Izvestiya〉 91, 93
〈인도 의학 연구 잡지 Indian Journal of Medical Research〉 279
〈일렉트로닉스 월드 Electronics World〉 81
〈일렉트리시언 Electrician〉 110
〈작물과 토양 Crops and Soils Magazine〉 228, 229
〈전설 Saga〉 78
〈주간 우주항공 기술 Aviation Week and Space Technology〉 229
〈즈나니야 실라 Znaniya Sila〉 95
〈차 루베좀 Za Lubezhom〉 91
〈초물리학 저널 Journal of Paraphysics〉 259
〈캐나다 식물학 저널 Canadian Journal of Botany〉 192
〈크리스천 크루세이드 위클리 Christian Crusade Weekly〉 198

〈키미야 이 지즌 *Khimiya i Zhizn*〉 102
〈타임 *Time*〉 238
〈타임스 *Times*〉 111, 129, 130, 201
〈파퓰러 일렉트로닉스 *Popular Electronics*〉 36, 57, 84, 85
〈포스트 *Post*〉 197, 198, 411
〈프라우다 *Pravda*〉 88, 89, 98
〈피지코 클리니컬 저널 *Physico-Clinical Journal*〉 392
〈필로소피컬 트랜젝션 *Philosophical Transactions*〉 118, 124
〈회보 *Proceeding*〉(유니버설 위스덤 대학) 83

저서
《개성을 지닌 식물 *Plants with Personality*》 236
《건강을 찾는 사람 *The Health Finder*》 289
《건강의 수레바퀴 *The Wheel of Health*》 279
《건강의 패턴 *Pattern of Health*》 453
《과일과 꽃의 새로운 창조 *New Creations in Fruits and Flowers*》 162
《광합성의 생리학 *The Physiology of Photosynthesis*》 131
《괴테와 신비주의 *Goethe et l'occultism* 140, 141
《난나, 식물의 영적 생활 *Nanna, or the Soul Life of Plants*》 155, 156, 159, 160
《난초의 수정 *The Fertilization of Orchids*》 161
《노화와 정신 건강 *Aging and Mental Health*》 377
《농업 폐기물: 부식토로서의 그 활용 *The Waste Products of Agriculture:Their Utilization as Humus*》 283
《농업과 원예에 이용되는 바닷말 *Seaweed in Agriculture and Horticulture*》 328
《농업전서 *An Agriculture Testaments*》 288, 298
《다우저의 신호 *Le Signal du Sourcier*》 362
《마그네슘과 생명 *Magnesium and Life*》 344
《먹거리의 방사선 *Radiations des Aliments*》 368
《메스메리즘 또는 상호 영향의 체계, 또는 동물자기의 이론과 실제 *Mesmerism or the System of Reciprocal Influences;or The Theory and Practice of Animal Magnetism*》 216
《무기물질의 기원 *The Origin of Inorganic Substances*》 340
《물질의 본성 *The Nature of Substance*》 345
《물질의 제4상태 *The Fourth State of Matter*》 253
《방사공학과 그 적들이 제기한 몇 가지 비평에 관한 진실 *The Truth about Radionics and Some of the Criticism Made about It by Its Enemies*》 411
《부바르와 페퀴셰 *Bouvard et Pécuchet*》 337
《비교 전기-생리학 *Comparative Electro-Physiology*》 123
《4차원 세계의 신비》 67
《사육에 의한 동물과 식물의 변종 *The Variation of Animals and Plants Under Domestication*》 165
《사후의 생에 관한 소고 *Little Book of Life After Death*》 156
《살아 있는 토양 *The Living Soil*》 285

《생리학적 연구 과제로서의 식물의 반응 Plant Response as a Means of Physiological Investigation》 122
《생명력과의 관계에 있어서 전기, 자기, 열, 빛의 연구 Physico-Physiological Researches on the Dynamics of Magnetism, Heat, Light, Electricity and Chemism, in Their Relations to Vital Force》 217
《생명의 고리 The Chain of Life》 417
《생명의 교향곡 The Symphony of Life》 203
《생명의 기원 L'Origine de la Vie》 231
《생명의 제현상:그 방사-전기적 해석 The Phenomena of Life:A Radio-Electrical Interpretation》 234
《생명장 이론 The Theory of a Biological Field》 253
《생물 전기장과 생장 Bioelectric Field and Growth》 234
《생물과 무생물에 있어서의 반응 Responce in the Living and Non-Living》 104, 119
《생물학 원리 Principles of Biology》 119
《생물학적 원소 변환 Biological Transmutations》 344, 354, 357
《수액 상승의 생리학 The Physiology of the Ascent of Sap》 130
《수탈당한 지구 Our Plundered Planet》 356
《식량, 농업, 그리고 미래 Food, Farming and the Future》 286
《식물 세계에 있어서의 자화수정과 타화수정의 효과 The Effects of Cross and Self Fertilisation in the Vegetable Kingdom》 165
《식물생리학 편람 Handbuch der Pflanzenphysiologie》 185
《식물에 대한 기도의 효력 The Power of Prayer on Plants》 424
《식물에 미치는 전기 효과에 관하여 De l'Electricité des Végétaux》 212
《식물에 있어서의 운동력 The Power of Movement in Plants》 160
《식물원인론 On the Cause of Plants》 134
《식물의 성에 관한 서한 De Sexu Platorum Epistula》 135
《식물의 신경 메커니즘 The Nervous Mechanism of Plants》 131
《식물의 신비생활 Secret Life of Plants》 12
《식물의 운동 메커니즘 Motor Mechanisms of Plants》 132
《식물의 자극 반응에 관한 연구 Researches in Irritability of Plants》 125
《식물의 조화 Harmonia Plantarum》 204
《식물지 On the History of Plants》 134
《식품 공해 Food Pollution》 305
《신성한 버섯 The sacred Mushroom》 436
《실용식물사전 Dictionary of Economic Plants》 6
《아캄바로에서의 보고서 Reports from Acambaro》 432
《액체와 고체에 있어서의 냉광과 그 실용 Luminescense in Liquids and Solids and Their Practical Application》 36
《에녹의 서 Book of the Secrets of Enoch》 203
《영양과 토양 Nutrition and Soil》 299
《영양학적이고 자연적인 건강 Nutritional and Natural Health》 298
《옥토를 일구는 벌레들의 작업 The Formation of Vegetable Mould through the

Action of Worms》 289, 290
《우주의 조화 Die Harmonie der Welt》 204
《우주전기 재배 Cosmo-elecric Culture》 226
《유기체의 보이지 않는 방사선 Invisible Radiation Organisms》 234
《유물론과 경험비판론 Materialism and Empirocriticism》 355
《음악 소리와 식물 The Sound of Music and Plants》 202
《ESP 입문》 67
《인간이라는 식물 기르기 Training of the Human Plant》 171
《인간인가 물질인가 Man or Matter》 143
《자석 De Magnete》 209
《자연의 원소 변환 Natural Transmutations》 353
《자연의 원소 변환에 관한 문제들 Problems of transmutations》 355
《잡초:토양의 수호자 Weeds:Guardian of the Soil》 292
《저에너지의 원소 변환 Low Energy Transmutations》 354
《전기 기술자를 위한 표준 편람 Standard Handbook for Electrical Engineers》 222
《전기 재배 Electro Cultur》 221, 222,
《점성학:우주 시대의 과학 Astrology : The Space-Age Science》 78
《젠다베스타 Zendavesta》 159
《종의 기원 Origin of Species》 160
《창조성으로의 돌파구 Breakthrough to Creativity》 261
《천사들의 비교해부학 Comparative Anatomy of the Angels》 156
《1781년 장미십자단 황금 고리 주석집 Rosicrucian Aurea Catena of 1781》 151
《철의 장막 저편의 심령 발견 Psychic Discoveries Behind Iron Curtain》 252
《침묵의 봄 Silent Spring》 286, 311
《텔레파시를 넘어서 Beyond Telepathy》 436
《토양, 풀, 암 Soil, Grass and Cancer》 274
《토양의 상태와 식물의 성장 Soil Conditions and Plant Growth》 291
《특성 분석을 위한 색층 분석 Chromatography Applied to Quality Testing》 302
《폐쇄적 서클 The Closing Circle》 273
《표준 원예 백과사전 Standard Cyclopedia of Horticulture》 222
《풀 Trava(Grass)》 97, 99, 291

논문
〈광물질과 암석의 자발적인 변환 Spontaneous Metamorphism of Minerals and Rock〉 355
〈농업과 생리학에 응용되고 있는 화학 Chemistry in Its Application to Agriculture and Physiology〉 276
〈무기물과 생물에 있어서의 전기적 작용으로 야기된 분자 현상의 공통성 De la Généralité des Phénoménes Moleculaires Produits par l'Electricité sur la Matière Inorganique et sur la Matière Vivante〉 112
〈방사공학, 방사감지학, 그리고 물리학 Radionics, Radiesthesia and Physics〉 433

〈색층 분석으로 증명되는 식물들간의 연계성 *Plant Relationships as Made Visible by Chromatography*〉 302,
〈생체 세포의 진동에 미치는 아스트럴파의 영향 *Influence of Astral Waves on Oscillations of Living Cells*〉 223
〈식물 경작에 있어서의 자동화와 사이버네틱스의 적용 *The Application of Automation and Cybernetics to Plant Husbandry*〉 92
〈식물의 변태에 대해 *On The Metamorphosis of Plants*〉 147
〈식물의 삶에 있어서의 근원적 지각 능력에 대한 증명 *Evidence of Primary Perception in Plant Life*〉 32
〈식물의 생장에 있어서의 여러 가지 소음이 미치는 영향 *Response of Growing Plants to a Manipulation of Their Sonic Environment*〉 199
〈인체에 미치는 행성의 영향 *The Influence of the Planets on the Human Body*〉 215
〈위험한 착각 *Dangerous Delusions*〉 101
〈자기굴성, 식물의 새로운 생장 반응 *Magnetotropism:A New Plant Growth Response*〉 228
〈자연의 원소 변환-현재의 문제와 앞으로의 연구 과제 *Problems of Transmutations in Nature:Concentration and Dissipaion*〉 355
〈키를리안 효과의 생물학적 본질 *The Biological Essence of the Kirlian Effect*〉 253
〈토양 생산성의 회복과 유지 *The Restoration and Maintenance of Fertility*〉 284